"十二五"职业教育国家规划教材
经全国职业教育教材审定委员会审定
全国高等职业教育示范专业规划教材
(热能动力类专业)

热工基础

第2版

主　编　张红霞
副主编　王玉召　胡月红
参　编　孙　冰

机械工业出版社

本书是“十二五”职业教育国家规划教材，经全国职业教育教材审定委员会审定。本书是在第1版的基础上，总结近几年教学改革经验修订而成的。

本书对“工程流体力学”“工程热力学”和“传热学”三门课程内容进行整合，既考虑其相对的独立性，又考虑知识的前后关联，力求整体上的协调统一。第一篇工程流体力学包括流体的基本概念和物理性质、流体静力学和流体动力学，共三章，流体动力学部分以一元稳定流动为主；第二篇工程热力学包括热力学基本概念、热力学第一定律、常用工质的性质及热力过程、热力循环、热力学第二定律、气体和蒸汽的流动，共六章，其中常用工质包括理想气体、水蒸气和湿空气，热力循环包括蒸汽动力循环和制冷循环；第三篇传热学包括传热学基本概念、导热、对流换热、辐射换热、传热过程与换热器，共五章。

本书每一篇章前均有表示重点内容和知识点之间联系的主要知识框图，每一章后面设有复习思考题、讨论思考题和习题，书后有附表和附图。本书配有教学课件以及思考题、习题的参考答案。有需要的读者可登录机械工业出版社教育服务网 www.cmpedu.com 下载，或发送电子邮件至 cmpgaozhi@sina.com 索取，咨询电话：010-88379375。

本书可作为高职高专院校热能动力设备与应用专业、供热通风与空调工程技术专业及其相近专业的专业基础课教材，也可作为相关专业的工程技术人员的参考书和培训教材。

图书在版编目（CIP）数据

热工基础/张红霞主编. —2版. —北京：机械工业出版社，2014.8（2025.1重印）

“十二五”职业教育国家规划教材　全国高等职业教育示范专业规划教材. 热能动力类专业

ISBN 978-7-111-47879-9

Ⅰ.①热…　Ⅱ.①张…　Ⅲ.①热工学-高等职业教育-教材　Ⅳ.①TK122

中国版本图书馆 CIP 数据核字（2014）第204908号

机械工业出版社（北京市百万庄大街22号　邮政编码100037）

策划编辑：王海峰　责任编辑：王海峰

责任印制：邓　博　责任校对：刘秀丽　程俊巧

北京盛通数码印刷有限公司印刷

2025年1月第2版·第6次印刷

184mm×260mm·24.5印张·2插页·599千字

标准书号：ISBN 978-7-111-47879-9

定价：64.80元

电话服务　　　　　　　　网络服务

客服电话：010-88361066　机工官网：www.cmpbook.com

010-88379833　机工官博：weibo.com/cmp1952

010-68326294　金书网：www.golden-book.com

　机工教育服务网：www.cmpedu.com

前 言

本书是在第1版的基础上，总结近几年教学改革经验修订而成的。编写过程中结合了全国示范性高职专业承德石油高等专科学校热能动力设备与应用专业热工基础课程改革和承德市教育科学研究“十一五”规划重点课题“适应于高等职业教育的《热工基础》教学改革研究”的成果，参考了国内大量相关的基础课程和专业课程教材及文献。

本书以“强化应用”为目的，以“必需、够用”为度，以“实用、好用”为目标，“工程流体力学”“工程热力学”和“传热学”三门课程内容进行整合，合并重复的内容，删掉在工程应用中不常见的内容，简化繁冗的推导，突出工程实际应用的实例和例题，既考虑相对的独立性，又考虑知识的前后关联，力求整体上的协调统一。每一篇章前有主要知识框图，指出重点内容和知识点之间的关系。主体不但有理论知识及其应用的叙述，而且有“知识拓展”内容，加深知识的深度或引入专业知识或拓宽知识的应用视野。每一章后面以“复习思考题”的形式对主要知识点进行总结，以“讨论思考题”引导读者对知识应用进一步讨论加深理解，以“习题”巩固知识的应用。为了便于教学，还有配套的教学课件和思考题、习题的参考答案。第2版教材在编写体例上做了一定修改，力求在每一章和每一节前设计增加工程实际问题，然后按照分析问题和解决问题的顺序编写知识点；在结构上，将第二篇工程热力学过多的章节进行了合并和删减，将理想气体、水蒸气和湿空气等常用工质的性质及热力过程合并为一章，将蒸汽动力循环和制冷循环合并为一章，删除了气体压缩和动力循环，由原来的九章简化为六章；将第三篇传热学由原来的四章调整为五章，将传热学基本概作为一章统领全篇，便于后面相关问题的讨论，在导热、对流换热、辐射换热和传热过程每章最后都增加了换热的增强与削弱一项内容，突出研究换热的目的性；在内容上，进一步强化知识的实践性，增加知识的专业实践应用，尤其是新技术，增加了学科发展简史、有压管流的水击、水蒸气焓熵图软件介绍、肋的稳态导热和传热过程、导热、对流换热、辐射换热和传热过程的增强与削弱等内容涉及的知识拓展和新技术，并对原有知识的不足进行了补充和更正。

本书可作为高职高专院校热能动力设备与应用专业、供热通风与空调工程技术专业及其相近专业的专业基础课教材，也可作为相关专业的工程技术人员的参考书和培训教材。本书所包含的知识点比较全面、丰富，在章节的编排上考虑了不同专业的需求，各专业可以根据实际需要灵活选取教学内容。

本书第2版共有三篇十四章。第一篇工程流体力学包括流体的基本概念和物理性质、流体静力学和流体动力学，共三章，流体动力学部分以一元稳定流动为主；第二篇工程热力学包括热力学基本概念、热力学第一定律、常用工质的性质及热力过程、热力循环、热力学第二定律、气体和蒸汽的流动，共六章，其中常用工质包括理想气体、水蒸气和湿空气，热力循环包括蒸汽动力循环和制冷循环；第三篇传热学包括传热学基本概念、导热、对流换热、辐射换热、传热过程与换热器，共五章。

本书第1版由承德石油高等专科学校张红霞、胡月红和王玉召编写，张红霞担任主编，胡月红担任副主编。第2版由承德石油高等专科学校张红霞、王玉召、胡月红和孙冰进行修订，其中绪论、第一、二、三、四、五、八和九章由张红霞完成，第六、七章由王玉召完成，第十一、十二和十三章由胡月红完成，第十、十四章由孙冰完成，全书由张红霞统稿。承德石油高等专科学校热能工程系的领导、老师和学生以及承德市环能热电厂工程师张建生在教材编写和修订过程中给予了很多支持和帮助，在此表示感谢。

由于编者水平有限，书中难免有不妥之处，恳请同行和读者批评指正。

编 者

目 录

第三篇 传 热 学

绪　论

第一节　能源及其利用

人们在日常生活和生产过程中需要各种形式的能量。能够提供各种有效能量的物质资源统称为能源。自然界中天然存在的煤、石油、天然气、水力、风力、地热、太阳能、核燃料等能源没有经过加工和转换就可以为人类提供能量，被称为天然能源或一次能源；由一次能源加工转换而获得的热能、电能、机械能及各种石化制品被称为人工能源或二次能源。其中，水能和风能可以直接转换成机械能被利用，其他主要以热能或转换为热能的形式供人们利用。据统计，世界上平均超过85%的能量直接或间接以热能的形式被利用，我国则在90%以上。可见，热能的开发和利用是能量转换与利用的重点，对人类社会的发展有着重要意义。

热能的利用形式通常有两种：一种是直接利用，即将热能直接用于加热物体，也称热利用，是一种具有几千年历史的古老方式；另一种是间接利用，即通过热力发动机将热能转换成机械能或再通过发电机转换成电能，又称动力利用，自18世纪中叶蒸汽机发明以来已有二百多年的历史，是促进社会生产力和科学技术发展的重要方式，开创了热能利用的新纪元。

第二节　热工基础的研究内容

热工基础是研究热能利用的理论基础的学科，主要研究热能热利用和动力利用的基本规律，即研究热量的传递规律和热能与机械能之间的相互转换规律以及实现能量传递和转换所应用的媒介物流体的性质和运动规律，所以本书由工程流体力学、工程热力学和传热学三部分综合组成。

流体力学是一门应用很广的学科，是力学的一个分支。它的应用随着生产的需要和科学的发展不断深化、扩大和更新，从古代的农业、水利为主推广到现代的能源、化工、石油、建筑、环保、机械、航运、航空、航天等工程技术领域。流体力学按研究的侧重点不同，分为理论流体力学和工程流体力学。理论流体力学侧重于理论分析，主要采用严密的数学推理方法，力求准确性和严密性。工程流体力学侧重于解决工程实际中出现的问题，采取理论分析与实验研究相结合的方法，具有工程实用性，应用广泛。工程流体力学主要研究流体的宏观机械运动规律及其在工程技术领域中的应用，其基础理论主要包括流体静力学和流体动力学两大部分。流体静力学主要研究作用在处于平衡状态的流体上的力之间的关系。流体动力学主要研究作用于流动状态的流体上的力和流动之间的关系。

热力学是研究物质的能量、能量的传递和转换以及能量与物质性质之间的普遍关系的科学，工程热力学是它的工程分支。工程热力学着重研究热能与机械能之间的转换规律及其工程应用，在电力、运输、船舶、航空、制冷等行业都有应用。工程热力学主要采用宏观的研究方法，以热力学第一定律和第二定律为基础，以动力循环和制冷（热泵）循环为核心，以理想气体和实际气体的性质和热力过程为主要研究内容。

传热学主要研究热量的传递规律，在能源、电力、冶金、石油、化工、建筑、航空、航天、环保、电子、生物等技术领域应用广泛。传热学主要采用理论分析、数值模拟和实验研究相结合的方法，以导热、对流换热、辐射换热及其应用的理论基础为主要内容。

动力循环将热能转换为机械能。热能动力装置可分为蒸汽动力装置和燃气动力装置两大类。蒸汽动力循环的主要设备和系统流程如图 0-1 所示。在这个循环中，水在锅炉中吸热而成为蒸汽，蒸汽进入汽轮机做功将其热能转换为机械能在汽轮机轴上输出，乏汽在冷凝器中被循环水冷却成水，给水泵又将凝结水送入锅炉再次吸热。设置这个循环的主要目的是将蒸汽所具有的热能通过汽轮机转换为机械能，蒸汽的循环产生和凝结水的回收利用则通过锅炉、冷凝器这两个换热器及给水泵的工作实现，其中的工质——水和水蒸气作为能量转换和输送的媒介物在循环中扮演了重要角色。从以上分析可知，这是一个典型的热能动力利用的装置，其中涉及了工程热力学、传热学和流体力学的知识。

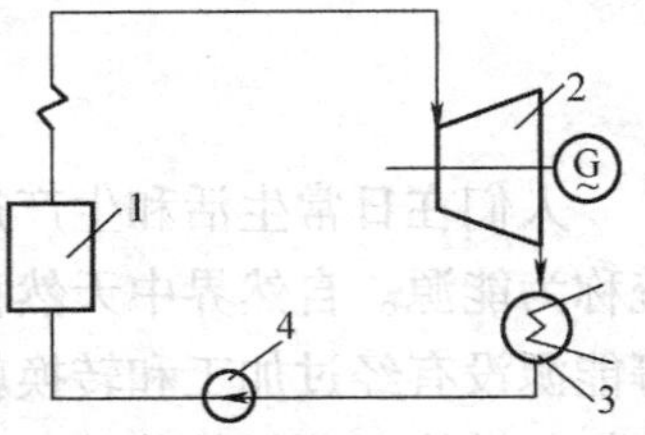

图 0-1　简单蒸汽动力循环系统

1—锅炉　2—汽轮机　3—冷凝器

4—给水泵

制冷循环将热量由低温物体传给高温物体，需要通过消耗机械能实现，最终的结果是机械能转换为热能传向高温物体，蒸气压缩式制冷系统如图 0-2 所示。在这个循环中，制冷剂在蒸发器中吸热汽化，蒸气在压缩机中被压缩而升压，再进入冷凝器被冷却，通过节流阀降压后又进入蒸发器吸热制冷，工质——制冷剂在 1 状态点为低压蒸气，在 2 状态点是高压蒸气，在 3 状态点成为高压液体，在 4 状态点变为低压液体。蒸发器和冷凝器是换热器，压缩机消耗机械功，节流阀降压，共同作用实现热量从冷库被吸走。热工基础的知识在制冷循环中得到了应用。

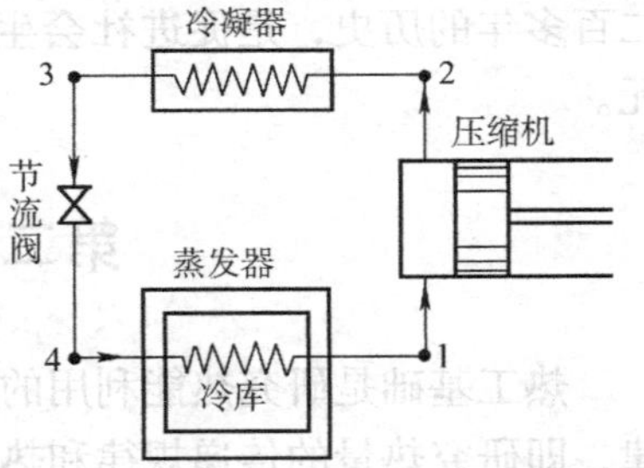

图 0-2　蒸气压缩式制冷系统

在温差的作用下会进行自发的传热过程。热量的传递有三种基本方式：热传导、热对流、热辐射，大多数情况下是两种或三种方式同时进行。如图 0-3 所示的热水供热管道，热水的温度高于周围环境的温度，在热水流过管道时会存在热量损失，同时存在着三种热量传递方式。内壁面的温度高于外壁面的温度，热量就会由内壁面通过热传导的方式传向外壁面；外壁面的温度高于紧贴壁面的静止空气的温度，热量又会以热传导的方式由外壁面传给空气。流动的热水与管道内壁之间的热量传递过程，热量首先由流动的热水以热对流的方式传给紧贴内壁面的静止热水，再通过热传导的方式传给管道内壁。这种由热对流和热传导共同作用而产生的传热现象称为对流换热。管道的外壁面与周围空气之间也存在着对流换热，所不同的是，空气的流动是由温度差存在而产生的密度不同引起的，热水的流动是由水泵的作用而产生的，前者称为自然对流换热，后者称为强迫对流换热。由于物体自身温度的原因向外发射辐

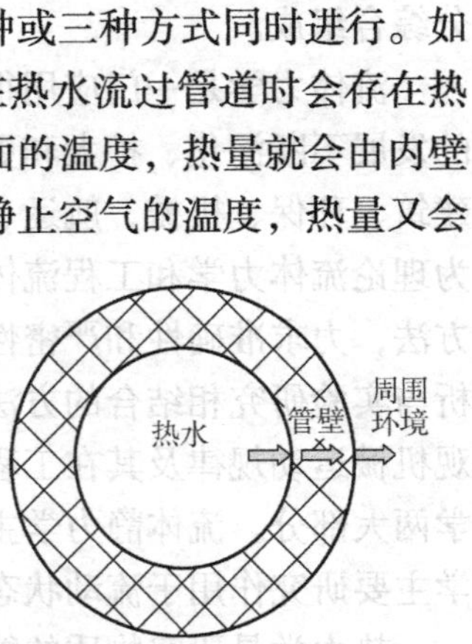

图 0-3　热水供热管道

射能的现象称为热辐射。当物体之间存在温差时，它们之间会以热辐射的方式相互交换热量，这种热量传递现象称为辐射换热。管道的内外壁面分别与热水和环境空气之间进行着辐射换热。

工程上经常遇到像图 0-3 那样的固体壁面两侧流体之间的热量交换，在传热学中这种过程有特定的称谓——传热过程，指热量从固体壁面一侧的流体通过固体壁面传递到另一侧流体的过程。在一个实际的传热过程中，往往同时存在着多种热量传递方式。如暖气片的散热过程与图 0-3 所示的热量由热水传递到周围环境的情况类似：有暖气片内的热水与内壁面的对流换热和辐射换热（以对流换热为主，辐射换热往往可忽略），暖气片内、外壁面的导热，暖气片与周围空气的对流换热以及与房间内墙壁、物体之间的辐射换热等。又如锅炉炉膛内的传热过程，高温烟气以辐射和对流方式（辐射为主，对流换热量约占 5%）把热量传给水冷壁和过热器管（小型锅炉为锅炉管束），管壁将热量导向内壁，再通过对流换热传给管内的汽、水混合物，不断把水加热成蒸汽。

图 0-3 中的由热源产生的热水输送到换热站，再由换热站输送到热用户，最后回收再利用，需要一个供热管道系统，系统的设计和运行需要工程流体力学的知识。

第三节　热工基础的发展简史

人类的生产实践和探索欲望是科学技术发展的动力。热现象是人类最早广泛接触的自然现象之一，从远古时代就开始了，但是直到十八世纪发明蒸汽机才开始热能的动力利用。1824 年卡诺（Sadi Carnot）提出了卡诺定理和卡诺循环，为热力学第二定律奠定了基础。1842 年迈耶（Julius Robert Mayer）提出了热能和机械能可以相互转换的能量守恒原理，1850 年焦耳（James Prescotl Joule）通过热功相当实验证实了热力学第一定律。1850 ~ 1851 年间克劳修斯（Rudolf Clausius）和开尔文（lord Kelvin）先后独立地从热量传递和热功转换的角度提出了热力学第二定律。1906 年能斯特（Walter Nernst）通过低温下化学反应的大量实验事实归纳出了热力学第三定律，使经典热力学更加完善。1942 年，凯南（Joseph Henry Keenan）提出有效能的概念，使人们对能源利用和节能的认识又上了一个台阶。传热学是从热的一般学说基础上发展起来的。人们对热机的研究发现，减少各种热损失，改善热量传递过程，也是提高热机效率的重要方面，同时发现机械制造、建筑、制冷、冶炼等领域也都涉及到热量的传递，因此有关传热问题的研究蓬勃发展起来。进入 21 世纪，传热学在理论和研究方法上都获得了迅速发展，很快成为一门独立的学科。流体力学原理有明确记载的是公元前 250 年阿基米德（Archimedes）发表的《论浮体》一文。16 世纪以后流体力学随着欧洲生产力的发展而发展起来。18 ~ 19 世纪，流体力学成为一门独立学科，逐渐向理论与实验研究相结合发展，不断拓宽应用领域。20 世纪中叶以后，形成许多新分支和交叉学科。

第一篇　工程流体力学

流体是实现能量输送、传递和转换的媒介物，流体的性质和运动规律是“热工基础”的基础，所以我们首先来学习“工程流体力学”。静止是一种特殊的运动形式，在这一篇中，我们主要学习流体的主要物理性质、流体静力学和流体动力学三方面的基础知识，主要知识点之间的关系表示如下：

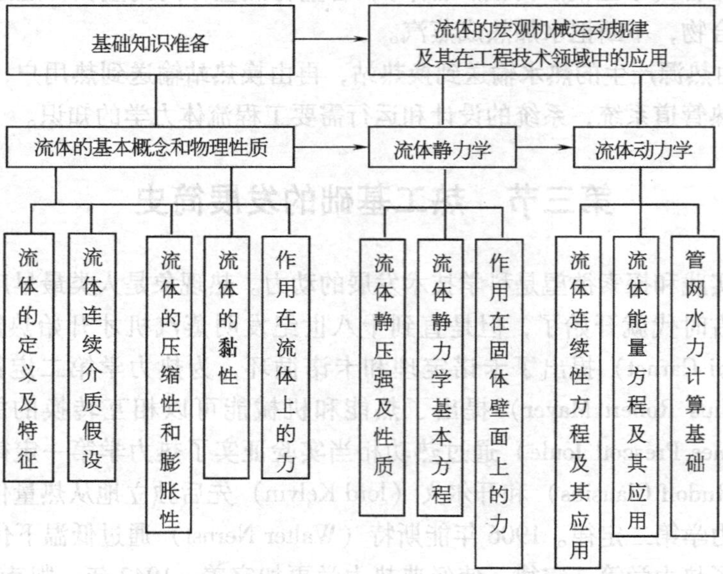

流体静力学的核心问题是压强⊖，流体动力学的重点是连续性方程和能量方程的应用，核心问题是管网水力计算基础。

第一章　流体的基本概念和物理性质

流体的平衡和运动规律，与其性质和受力有直接联系，因此在这一章中，我们要学习流体的定义和特征、连续介质假设等基本理论，压缩性、膨胀性、黏性等主要物理性质和作用在流体上的力，重点是流体的压缩性、膨胀性和黏性。本章主要内容和知识点之间的联系如图 1-1 所示。

⊖ 物理、力学上称为压强，工程上称为压力。本书第六章、第七章中称压力。

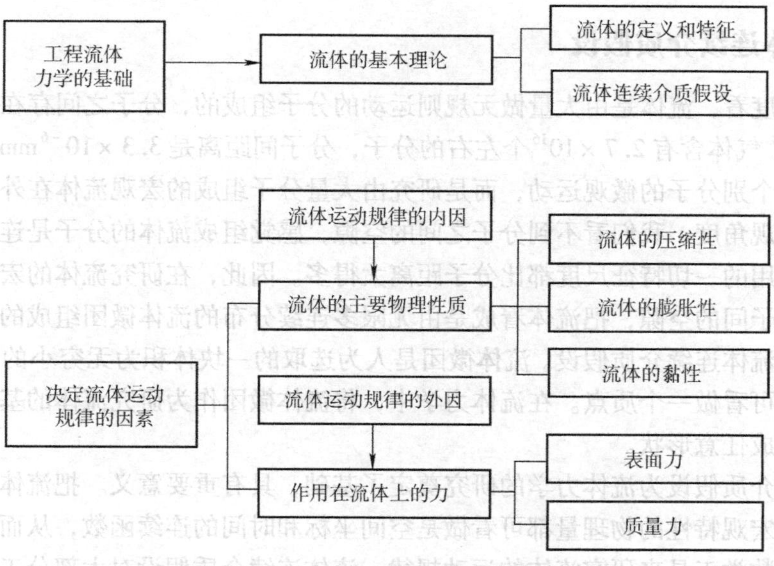

图 1-1　本章主要内容和知识点之间的联系

第一节　流体的定义和连续介质假设

一、流体的定义和特征

生活中常见的空气、水、油等物质给我们的印象是都能够流动。所谓流体，通俗地说，就是指像空气、水、油等能流动的物质。物质常见的存在状态是固态、液态和气态，处在这三种状态下的物质分别被称为固体、液体和气体，其中液体和气体能流动，统称为流体。严格地说，用力学语言定义流体应为：在任何微小剪切力的持续作用下能够连续不断变形的物质称为流体。由流体的定义可知，流体区别于固体的基本特征是具有流动性。流动性可理解为流体在静止时不能承受切向力的性质。另外，流体没有固定的形状，它的运动和变形联系在一起。

同为流体的液体和气体，还具有不同的性质：气体比液体易压缩；液体有一定的体积，存在一个自由表面，而气体能充满容纳它的容器，没有自由表面；气体比液体易变形。

知识拓展：流体与固体、气体与液体性质不同的原因

造成流体与固体、气体与液体性质不同的主要原因是集态不同决定分子间的作用力不同。集态不同，微观结构就不同，主要是分子间距有差别。在相同体积的固体和流体中，流体所含的分子数目比固体少得多，分子间的空隙就大得多，分子间的作用力就小得多，分子运动就剧烈，所以流体具有流动性和不能保持一定的形状。在相同的外界条件下，气体分子和液体分子大小无显著差别，而分子间距却相差很多，如在标准状态下，液体的分子间距大约与分子平均直径相当，而气体的分子间距约是分子平均直径的 10 倍，这样气体分子间的空隙很大，分子间主要存在微弱的引力，分子热运动起决定性的作用，所以气体没有一定的体积，比液体更容易压缩和变形。

二、流体连续介质假设

从微观角度看，流体是由大量做无规则运动的分子组成的，分子之间存在空隙。在标准状态下，$1mm^3$ 气体含有 2.7×10^{16}个左右的分子，分子间距离是 $3.3\times10^{-6}mm$。但工程流体力学并不研究个别分子的微观运动，而是研究由大量分子组成的宏观流体在外力作用下的宏观运动。从宏观角度，我们看不到分子之间的空隙，感觉组成流体的分子是连续分布的，因为工程上所采用的一切特征尺度都比分子距离大得多。因此，在研究流体的宏观运动时，可以忽略流体分子间的空隙，把流体看成是由无限多连续分布的流体微团组成的无空隙的连续介质，这称为流体连续介质假设。流体微团是人为选取的一块体积为无穷小的含有众多分子的微量流体，可看做一个质点。在流体力学中，将流体微团作为研究流体的基本单元，可根据具体情况取成任意形状。

流体连续介质假设为流体力学的研究奠定了基础，具有重要意义。把流体看做连续介质后，描述流体宏观特性的物理量都可看做是空间坐标和时间的连续函数，从而可用连续函数的解析方法等数学工具来研究流体的运动规律。流体连续介质假设对大部分工程技术问题都是适用的，但对某些特殊问题具有局限性：当所研究问题的特征尺寸小于或相当于分子间距离时，此假设不适用。如火箭在高空非常稀薄的气体中飞行、高真空技术等。本书只研究连续介质假设适用的流体力学问题。

第二节 流体的压缩性和膨胀性

在图 1-2 所示的小型采暖系统中，水在锅炉中被加热升温，将热量传递给热用户后被回收回水池循环利用，通过水泵升压后再次送入锅炉加热供暖。在这个循环中，水温和水压都有所变化，水的体积流量 q_{V0}、q_{V1}和 q_{V2}也有所不同。这种由于温度和压力变化而引起体积变化的性质就是流体的膨胀性和压缩性。在生活和生产中经常会遇到流体的膨胀性和压缩性体现而产生的现象。例如，自行车胎在烈日下暴晒会爆裂，热水膨胀会使换热器的连接件松动，温度计内的液柱高度随温度的升高而增长，烟囱能抽烟等体现了流体的膨胀性；充气筒能给车胎充气，注射器进行注射，水管阀门突然关闭引起水击现象等体现了流体的压缩性。流体具有膨胀性和压缩性的根本原因是由于流体分子间存在空隙，当流体的压强和温度发生变化时，分子间的距离发生变化。对于一定质量的流体，压强增加可使分子间距离减小，体积随之减小，密度增加，体现压缩性；温度升高可使分子间距离增大，体积随之增大，密度减小，体现膨胀性。

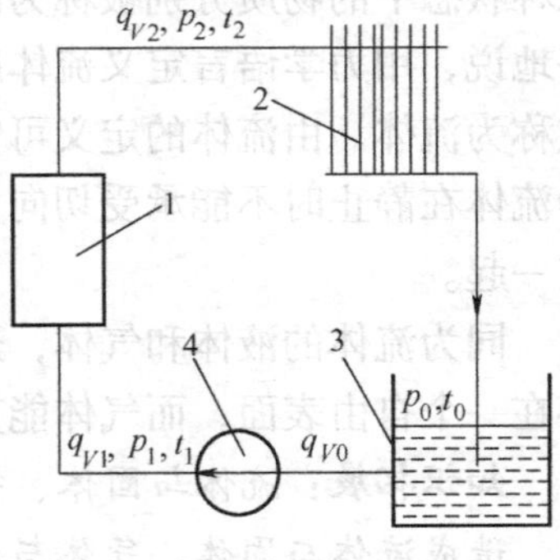

图 1-2 小型采暖系统简图

1—锅炉 2—热用户 3—水池 4—水泵

一、流体的压缩性

在一定的温度下，流体的体积随压强的升高而缩小的性质称为流体的压缩性。流体的压缩性的大小用体积压缩率 κ 和体积弹性模量 E_V 表示。

1. 体积压缩率 κ

体积压缩率 κ 表示当温度保持不变时，单位压强增量引起的流体体积的相对缩小量，即

$$\kappa=-\frac{1}{\mathrm{d}p}\frac{\mathrm{d}V}{V} \tag{1-1}$$

式中　κ——流体的体积压缩率，单位为 m^2/N；

$\mathrm{d}p$——流体压强的增加量，单位 Pa；

V——流体的原有体积，单位为 m^3；

$\mathrm{d}V$——流体体积的增加量，单位为 m^3。

由于压强增加时流体的体积减小，即与压强的变化方向相反，故在上式中加个负号，以使体积压缩率 κ 恒为正值。压缩率 κ 越大，表明流体的压缩性越大。

2. 体积弹性模量 E_V

体积弹性模量 E_V 表示在一定的温度下受压时，压强撤消后流体恢复到原有状态的能力。工程上常用体积弹性模量 E_V 来衡量流体压缩性的大小。体积弹性模量为体积压缩率的倒数，即

$$E_V=\frac{1}{\kappa}=-V\frac{\mathrm{d}p}{\mathrm{d}V} \tag{1-2}$$

式中　E_V——流体的体积弹性模量，单位为 N/m^2。

体积弹性模量 E_V 与压缩率 κ 互为倒数，其越大，表明流体的压缩性越小。

实验表明，液体的压缩性很小，气体的压缩性要比液体的压缩性大得多。表 1-1 列出了 20℃水在不同压强下的体积压缩率 κ 和体积弹性模量 E_V。可见，若压强增加 1MPa，水的体积的相对增量仅约为 0.05%。由于水的压缩性很小，它的体积弹性模量 E_V 很大。体积压缩率 κ 和体积弹性模量 E_V 随压强的增高变化不大，工程计算中估取 E_V 为 2.0GPa。图 1-2 所示的小型采暖系统中，水被水泵加压后体积流量 q_{V1} 比 q_{V0} 略有减小。

表 1-1　20℃水在不同压强下的体积压缩率 κ 和体积弹性模量 E_V

压强 p/MPa	0.49	0.98	1.96	3.92	7.84
体积压缩率 $\kappa/(10^{-9}m^2/N)$	0.515	0.505	0.495	0.481	0.461
体积弹性模量 $E_V/(10^9N/m^2)$	1.94	1.98	2.02	2.08	2.17

二、流体的膨胀性

在一定的压强下，流体的体积随温度的升高而增大的性质称为流体的膨胀性。流体的膨胀性的大小用体胀系数 α_V 表示，它表示当压强不变时，升高单位温度所引起的流体体积的相对增加量，即

$$\alpha_V=\frac{1}{\mathrm{d}t}\frac{\mathrm{d}V}{V} \tag{1-3}$$

式中　α_V——流体的体胀系数，单位为$℃^{-1}$或 K^{-1}；

$\mathrm{d}t$——流体温度的增加量，单位为℃或 K；

V——流体的原有体积，单位为 m^3；

$\mathrm{d}V$——流体体积的增加量，单位为 m^3。

实验表明，液体的膨胀性很小，气体的膨胀性要比液体的膨胀性大得多。水的体胀系数 α_V 见表 1-2。在 0.098MPa 下，10～20℃范围内，温度每升高 1℃，水的体积相对增加量仅

为0.015%。流体的体胀系数还与压强有关。对于大多数液体，体胀系数 α_V 随压强的增加而稍为减小。而水的 α_V 在高于50℃时也随压强的增加而减小，在低50℃时却随压强的增加而增大。图1-2所示的小型采暖系统中，水经过锅炉加热后体积流量 q_{V2} 比 q_{V1} 有所增大。

表1-2 水的体胀系数 α_V （单位：10^{-6}℃$^{-1}$）

压强 p/MPa	温度 t/℃				
	1~10	10~20	40~50	60~70	90~100
0.098	14	150	422	556	719
19.6	72	183	426	539	—
49	149	236	429	523	661
88.2	229	289	437	514	621

知识扩展：水暖系统中要设膨胀水箱以保证安全

如果容器盛满流体，流体温度升高时就没有膨胀的空间，就会使流体的压力升高，产生膨胀力。水的膨胀性虽然小，但是产生的膨胀力很大，能够引起管道、设备的连接件松动，甚至使管道、设备等破裂，所以水暖系统中要设膨胀水箱使水有膨胀的余地以保证安全工作。小型家用供暖系统见图1-3。图1-2中的水池所起的作用同膨胀水箱。

知识扩展：体温计的工作原理

医用温度计也叫体温计，它的刻度范围通常为35~42℃。体温计的玻璃泡的容积要比上面的细管的容积大得多，泡里水银受热产生微小的膨胀，就使细管内水银柱的长度显著变化，这样使它的测量能准确到0.1℃。体温计的细管在玻璃泡附近非常细（图1-4），水银可以通过这里升到上面去，当体温计离开人体后水银变冷收缩，水银就在这里断开，使上面的水银退不回来，所以体温计离开人体后还能表示人体的温度。要使水银再回到玻璃泡里，拿着体温计上部往下甩即可。

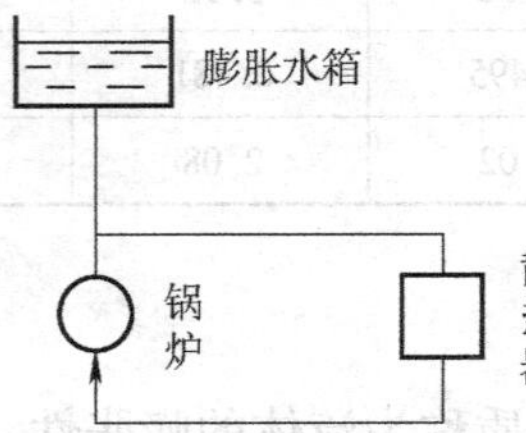

图1-3 小型家用供暖系统

图1-4 体温计工作原理示意图

例1-1 图1-2所示为采暖系统。已知水池内水的温度 $t_0=40$℃，压强 $p_0=101325\text{Pa}$，水泵从水池吸水的体积流量 $q_{V0}=48\text{m}^3/\text{h}$，水泵出口水压 $p_1=4.9\times10^5\text{Pa}$，锅炉出口水温 $t_2=90$℃。查工程技术手册得40℃水的体积弹性摸量 $E_V=2.02\text{GPa}$，$p_1<10^7\text{Pa}$，40℃ $\leqslant t_0\leqslant$ 90℃时，水的平均体胀系数 $\alpha_V=5.4\times10^{-4}$℃$^{-1}$。求水泵出口水管体积流量 q_{V1} 和锅炉出水管体积流量 q_{V2}。

解题分析 在工程中，近似认为水在水泵进、出口之间为等温压缩过程，水在锅炉进、出口之间为等压膨胀过程。所以有 $t_1 = t_0$，水通过水泵时只考虑压强对流量的影响即可；$p_2 = p_1$，水通过锅炉时只需考虑温度对流量的影响即可。

解 本题必须先求水泵出口流量：

因为 $$\kappa = \frac{1}{E_V} = -\frac{1}{\mathrm{d}p}\frac{\mathrm{d}q_{V\mathrm{p}}}{q_{V0}}$$

所以 $$\mathrm{d}q_{V\mathrm{p}} = -\frac{q_{V0}\mathrm{d}p}{E_V} = -\frac{48 \times (4.9 \times 10^5 - 101325)}{2.02 \times 10^9}\mathrm{m}^3/\mathrm{h} = -0.0092\mathrm{m}^3/\mathrm{h}$$

则有 $$q_{V1} = q_{V0} + \mathrm{d}q_{V\mathrm{p}} = (48 - 0.0092)\mathrm{m}^3/\mathrm{h} = 47.9908\mathrm{m}^3/\mathrm{h}$$

再求锅炉出口流量：

由于 $$\alpha_V = \frac{1}{\mathrm{d}t}\frac{\mathrm{d}q_{V\mathrm{t}}}{q_{V1}}$$

所以 $$\mathrm{d}q_{V\mathrm{t}} = \alpha_V q_{V1}\mathrm{d}t = 5.4 \times 10^{-4} \times 47.9908 \times (90 - 40)\mathrm{m}^3/\mathrm{h} = 1.2958\mathrm{m}^3/\mathrm{h}$$

那么 $$q_{V2} = q_{V1} + \mathrm{d}q_{V\mathrm{t}} = (47.9908 + 1.2958)\mathrm{m}^3/\mathrm{h} = 49.2866\mathrm{m}^3/\mathrm{h}$$

从上例计算可看出：水的压缩量很小，可以忽略不计，而膨胀量却大得多，需要引起注意。此装置中的水池可以解决膨胀带来的影响，在这里起到了膨胀水箱的作用，缓冲掉膨胀力，保证了系统的安全稳定运行。

三、流体的密度与不可压缩流体

从流体的压缩性和膨胀性可知，压强和温度的变化都可以引起流体体积的改变，对于一定质量的流体，其密度的变化是压缩性和膨胀性的直接体现。在工程实际问题中是否考虑流体密度随温度和压强变化要视具体情况而定。

1. 流体的密度

密度 ρ 是流体的重要物理参数之一，用它来表示物质质量在空间的分布状况。各点质量密集程度相同的流体称为均质流体。不相容的流体互相掺混，密度大的流体总是自然分布在下面，由于密度差会形成自然循环、热对流和自然对流换热等现象。常用的密度有两种，即密度和相对密度，前者一般直接用于计算，后者便于密度的比较。

由于气体的膨胀性和压缩性都很大，其密度随温度和压强的变化都很大，所以在不同的温度和压强下，气体的密度需要进行修正，ρ 可按下式计算：

$$\rho = \rho_0 \frac{273}{273 + t}\frac{p}{101325}$$

式中 ρ——温度为 t 和压强为 p 时气体的密度，单位为 $\mathrm{kg/m^3}$；

ρ_0——标准状态（0℃、101325Pa）下气体的密度，单位为 $\mathrm{kg/m^3}$；

p——气体的压强，单位为 Pa；

t——气体的摄氏温度，单位为℃。

知识扩展：自然循环锅炉

锅炉按蒸发受热面内工质的流动方式分类，有一种叫做自然循环锅炉，其工作流程如图1-5所示。给水经给水泵送入省煤器，预热后进入锅筒。水从锅筒流向不受热的下降管，下降管内的工质是单相的水，经集箱进入蒸发受热面后不断受热而使部分水变为水蒸气，故蒸发受热面内的工质是汽水混合物。由于汽水混合物的密度小于水的密度，下集箱两侧因工质密度不同而形成压力差，推动蒸发受热面的汽水混合物向上流动进入锅筒。汽水混合物在锅筒内进行汽水分离，蒸汽由锅筒顶部送至过热器，水则和省煤器来的给水混合后再次进入下降管继续循环。这种循环的动力是由密度差而产生的压力差，完全是由蒸发受热面受热而自然形成的，故称自然循环。图1-3中的供暖系统也是靠自然循环进行工作的。

相对密度指某种流体的密度与某一参考流体密度的比值，用符号d来表示。液体的相对密度指与4℃时纯水的密度之比，气体的相对密度一般指与标准状态下干空气的密度之比，天然气的相对密度是指与相同压力和温度的干空气密度之比。

$$d=\frac{\rho}{\rho_f} \tag{1-4}$$

式中 ρ_f——参考流体的密度，单位为kg/m^3。4℃时纯水的密度$1000kg/m^3$，标准状态下干空气的密度$1.293kg/m^3$。

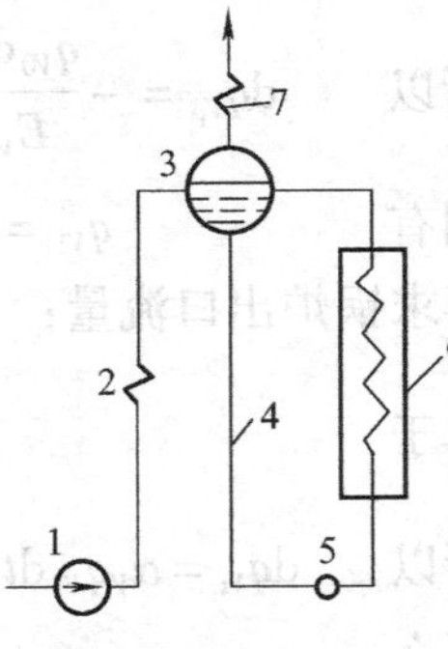

图1-5 自然循环锅炉

1—给水泵 2—省煤器 3—锅筒 4—下降管 5—集箱 6—蒸发受热面 7—过热器

知识扩展：根据物质的相对密度推测其消防特性

相对密度小于1的易燃和可燃液体发生火灾不应用水扑救，因为它会浮在水面上，非但不能灭火，反而随水流散，扩大了火势，因此应使用泡沫、干粉灭火。相对密度小于1的易燃气体和蒸气容易扩散，和空气形成爆炸性混合物，容易沿地面、沟渠远距离流动，如遇明火，会发生返燃。在确定车间、库房通风口位置时，比空气轻的气体，通风口应设在空间的上方；比空气重的气体，通风口应设在空间的下方。

表1-3列出了通常状况下一些常用流体的密度和相对密度。

表1-3 通常状况下常用流体的密度

流体种类	密度$\rho/(kg/m^3)$	相对密度d	流体种类	密度$\rho/(kg/m^3)$	相对密度d
空气	1.205	0.93	纯水	998	1.00
二氧化碳	1.84	1.42	汞	13555	13.56
一氧化碳	1.16	0.90	酒精	789	0.79
氧	1.33	1.03	四氯化碳	1588	1.59
氦	0.166	0.13	润滑油	918	0.92
氮	1.16	0.90	海水	1026	1.03
氢	0.0839	0.06	氟利昂-12	1335	1.34
甲烷	0.688	0.53	汽油	678	0.68
天然气	0.70~0.75	0.58~0.62	煤油	808	0.81
石油伴生气	0.84~1.02	0.70~0.85	原油	850~928	0.85~0.93
气态液化石油气	1.94~2.59	1.5~2.0	液态液化石油气	500	0.50

知识扩展：水的反常膨胀现象

受温度影响，一般物质体积热胀冷缩，但也有少数物质在某种条件下热缩冷胀，如水、锑、铋、液态铁等，这种现象称为反常膨胀。实验证明，0℃的水被加热到4℃时，其体积不但不增大，反而缩小；当水的温度高于4℃时，它的体积才会随着温度的升高而膨胀。因此，水在4℃时的体积最小，密度最大。冬季湖泊里表层的水，温度在4℃以上时，上层的水冷却，体积缩小，密度变大，于是下沉到底部，而下层的暖水就升到上层来，上层的冷水跟下层的暖水不断地交换位置，整个的水温逐渐降低，这种热对流现象只能进行到所有水的温度都达到4℃时为止；当水温降到4℃以下时，上层的水反而膨胀，密度减小，于是冷水层停留在上面继续冷却，一直到温度下降到0℃时，上面的冷水层结成了冰为止，这阶段热的交换主要形式仍是对流。当冰封水面之后，水的冷却就完全依靠水的热传导方式来进行热传递。由于水的导热性能很差，因此湖底的水温仍保持在4℃左右。这种水的反常膨胀特性，保证了水中的动植物，能在寒冷季节内生存下来。冰与一般物质相同，也是体积热胀冷缩。

2. 不可压缩流体

流体的压缩性和膨胀性是流体的基本属性，任何流体的密度都是随温度和压强变化的，只不过程度不同而已。如果流体的密度不随温度和压强变化，即流体的密度保持常数，我们将此流体称为不可压缩流体。反之，密度随温度和压强的变化而变化的流体被称为可压缩流体。

一般情况下，大多数液体都可以看做是不可压缩流体，气体看成是可压缩流体（特别是在流速较高、压强变化较大的场合）。这样处理，可以使工程问题大为简化。特殊情况时，如管道中水击和水下爆炸时，水的压强变化较大，水的密度变化就不可忽略，要把水当作可压缩流体来处理；气体对物体流动的相对速度比声速小得多时，气体的密度变化也很小$\left(\dfrac{\rho_2-\rho_1}{\rho_1}\times 100\% \leqslant 20\%\right)$，可以当做不可压缩流体处理，如在锅炉的尾部烟道和通风管道中，气体在整个流动过程中压强和温度的变化都很小，其密度变化很小，就可作为不可压缩流体处理。在我们所遇到的工程问题中，绝大多数情况下都将液体作为不可压缩流体，特殊情况具体分析。

第三节　流体的黏性

图1-6所示是一个径向滑动轴承装置，轴瓦与轴之间充满了润滑油，工作时轴在轴承中转动需要消耗功率，说明润滑油对轴的运动有阻碍作用。流体流动过程中会产生机械能损失，说明流体具有阻碍运动的性质。流体具有流动性，但不同的流体之间流动性是有差异的，比如油比水流得慢，说明不同流体阻碍运动的效果不同。这些现象说明，流体具有一种抵抗剪切变形，阻碍流体微团间相对运动的性质，被称之为黏性。流体黏性的作用相当于固体运动中摩擦力的作用，总是阻碍流体的相对运动。

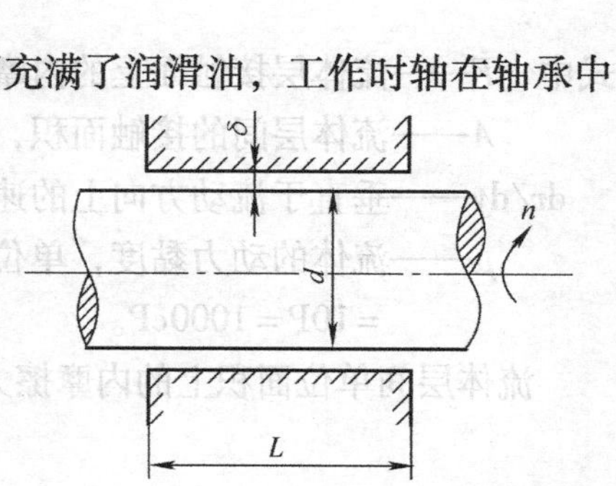

图1-6　径向滑动轴承装置简图

一、流体的黏性的概述

流体产生黏性的原因是分子间的吸引力和分子热运动。分子间的吸引力是液体产生黏性的主要因素，分子热运动是气体产生黏性的关键。

由于黏性作用，流体微团间发生相对运动而产生的内摩擦力称为黏滞力，流体与固体间的吸引力称为附着力。黏滞力阻碍流体的相对运动，附着力使流体粘附在它所接触的固体表面上。流体的黏性一般通过一个典型的实验说明，实验装置如图 1-7 所示。

在黏性实验中，将两块平板相隔一定较小的距离 δ 水平放置，其间充满某种流体，并使下板固定，上板以匀速 v_0 水平向右运动。由于流体具有黏性，附着力使紧贴上板的一层流体以速度 v_0 同上板一起运动，使紧贴下板的一层流体静止不动，这样在 y 方向上就出现了流层之间的相对运动，就会产生内摩擦力，而且内摩擦力成对出现，使流速较低的流层阻碍流速较高的流层向前运动，同时流速较高的流层带动流速较低的流层向前运动，但是内摩擦力损失了流体的机械能，最后出现在 y 方向距离 δ 内速度由 v_0 一直减小到 0。通常情况下，δ 间流体的流速按曲线变化，如图 1-7 中虚线所示，但由于 δ 很小，可以近似认为速度的变化是线性的，如图 1-7 中的斜直线所示。

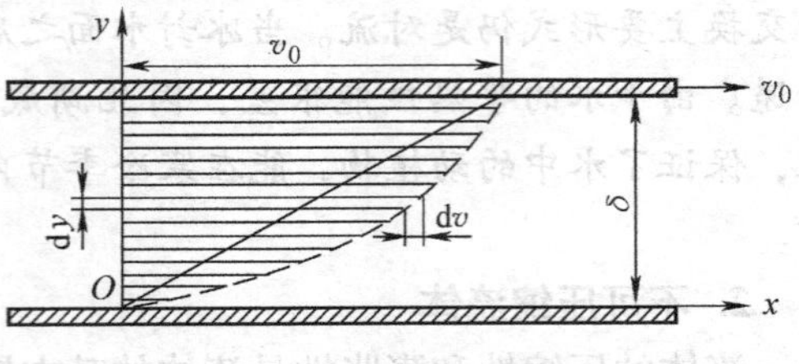

图 1-7　流体黏性实验装置简图

二、牛顿内摩擦定律

在图 1-6 所示的滑动轴承中，紧贴轴的润滑油随轴一起转动，而紧贴轴瓦的润滑油静止不动，在间隙中不同的流层间转速不同，出现了相对运动，产生了内摩擦力，因而体现出黏性的作用，消耗了功率。具有相对运动的流体层间的内摩擦力大小与哪些因素有关？牛顿于 1687 年提出假说，并通过实验研究证明，后人称之为牛顿内摩擦定律，即内摩擦力 F 的大小与垂直于流动方向的速度梯度 $\mathrm{d}v/\mathrm{d}y$ 成正比，与接触面的面积 A 成正比，并与流体的种类有关，其数学表达式为

$$F=\mu A\frac{\mathrm{d}v}{\mathrm{d}y} \tag{1-5}$$

式中 F——流体层接触面上的内摩擦力，单位为 N；

A——流体层间的接触面积，单位为 m^2；

$\mathrm{d}v/\mathrm{d}y$——垂直于流动方向上的速度梯度，单位为 s^{-1}；

μ——流体的动力黏度，单位为 Pa · s，工程中也常用泊（P）、厘泊（cP），1Pa · s = 10P = 1000cP。

流体层间单位面积上的内摩擦力称为内摩擦切应力 τ，则

$$\tau=\frac{F}{A}=\mu\frac{\mathrm{d}v}{\mathrm{d}y} \tag{1-6}$$

式中 τ——内摩擦切应力，单位为 Pa。

对牛顿内摩擦定律的说明：

1）适用对象为牛顿流体，即符合牛顿内摩擦定律的流体。自然界的大部分分子结构简

单的液体和一般气体，如水、空气及其各组分气体、各种油类（汽油、煤油、柴油、润滑油等）、甲苯、乙醇等都是牛顿流体，本书只涉及牛顿流体的宏观机械运动规律。

2）dv/dy 为垂直于流动方向上的速度梯度，注意其方向。当 $dv/dy=0$ 时，$\tau=0$，说明流体在静止或以相同速度运动时，内摩擦力等于零，即使流体有黏性也表现不出来。

3）A 为存在速度梯度的流层间的接触面积，面积的法向与速度梯度方向一致。

4）动力黏度 μ 是衡量流体黏性大小的物理量，与流体种类有关，它的实质是牛顿内摩擦定律的比例系数。相同的速度梯度时，μ 越大，τ 越大，说明黏度大的流体间的内摩擦力作用强。

例 1-2 一平板距另一固定平板 $\delta=0.5\text{mm}$，两板水平放置，其间充满流体，如图 1-7 所示。上板在 $\tau=2\text{N/m}^2$ 的力作用下以 $v=0.25\text{m/s}$ 的速度移动，求该流体的动力黏度 μ。

解题分析 由已知条件可知，这是一个直接应用牛顿内摩擦定律的问题，但是已知内摩擦切应力 τ 和两板间的速度梯度，求解的是动力黏度 μ，这也可以看作是一种测量流体黏度的理论方法。由于两平板间隙很小，速度分布可以认为是线性分布，可用增量来表示微分。

解 因为

$$\tau=\mu\frac{dv}{dy}$$

所以

$$\mu=\tau\frac{\delta}{v-0}=2\times\frac{0.0005}{0.25}\text{Pa}\cdot\text{s}=0.004\text{Pa}\cdot\text{s}$$

例 1-3 直径 $d=10\text{cm}$ 的轴在轴承中空载地运转，转速 $n=5000\text{r/min}$。轴和轴瓦同心，径向间隙 $\delta=0.005\text{cm}$，其间充有润滑油，轴瓦长 $L=8\text{cm}$，测得润滑油产生的摩擦力矩 $M=3.5\text{N}\cdot\text{m}$，见图 1-6。求：（1）轴与轴瓦之间润滑油的速度梯度；（2）润滑油的动力黏度；（3）轴与轴瓦间润滑油的切向应力，并将此切向应力与标准大气压作比较，以便对切向应力的大小有数量级的概念；（4）润滑油消耗的功率。

解题分析 这是一个滑动轴承工作的例子，轴在轴承中转动，由于黏性的作用，径向间隙中的润滑油存在径向的速度梯度，产生牛顿内摩擦力，从而形成摩擦力矩。注意：润滑油对轴的作用面积应是轴瓦长度内轴的侧面面积，而不是轴的横截面面积。

解 （1）求轴与轴瓦之间润滑油的速度梯度

轴外径的切向速度

$$u=\frac{\pi dn}{60}=\frac{\pi\times0.1\times5000}{60}\text{m/s}=26.2\text{m/s}$$

轴瓦速度为0，轴外径的切向速度为 u，由于间隙很小，速度可看作是沿直线变化，则径向的速度梯度为

$$\frac{du}{dy}=\frac{26.2-0}{0.005\times10^{-2}}\text{s}^{-1}=524000\text{s}^{-1}$$

（2）求润滑油的动力黏度

因为

$$M=Fr=F\frac{d}{2}$$

所以有

$$F=\frac{2M}{d}$$

又因为

$$F=\mu A\frac{du}{dy}=\mu\cdot\pi dL\frac{du}{dy}$$

所以 $\mu=\frac{2M}{\pi d^2 L}\cdot\frac{\mathrm{d}y}{\mathrm{d}u}=\frac{2\times3.5}{\pi\times0.1^2\times0.08}\times\frac{1}{524000}\mathrm{Pa\cdot s}=5.3\times10^{-3}\mathrm{Pa\cdot s}$

(3) 求润滑油对轴产生的切向应力

切向应力可以直接用切向力与面积的比值计算，即

$$\tau=\frac{F}{A}=\frac{2M}{\pi d^2 L}=\frac{2\times3.5}{\pi\times0.1^2\times0.08}\mathrm{Pa}=2786.6\mathrm{Pa}$$

切向应力也可以通过牛顿内摩擦定律计算：

$$\tau=\mu\frac{\mathrm{d}u}{\mathrm{d}y}=5.3\times10^{-3}\times524000\mathrm{Pa}=2777.2\mathrm{Pa}$$

一个标准大气压为101325Pa，我们将切向应力（取两种方法的平均值约为2782Pa）与其比较：

$$\frac{2782}{101325}=2.7\%$$

由计算结果可知，在5000r/min的转速下润滑油对轴产生的应力仅为一个标准大气压的2.7%，相对较小。

(4) 求润滑油消耗的功率

$$P=Fu=F\cdot r\omega=M\omega=3.5\times\frac{2\pi\times5000}{60}\mathrm{W}=1831.7\mathrm{W}$$

三、流体的黏度

黏性是流体固有的物理性质，黏性大小用黏度来衡量。根据应用的场合不同，常用的黏度有两种，即动力黏度μ和运动黏度ν，两者之间的关系为

$$\nu=\frac{\mu}{\rho}\tag{1-7}$$

式中 ν——运动黏度，单位为$\mathrm{m^2/s}$，工程上实际测定中常用厘斯（cSt），$1\mathrm{cSt}=1\mathrm{mm^2/s}$。

运动黏度在工程设计中应用很广，是滑动轴承、液压系统的设计和油质选择、流体流动状态等的参数。运动黏度也广泛用于测定流体的黏度，一般先测出运动黏度，如需要再计算出动力黏度。

知识扩展：流体黏度在工程中的应用举例

1）输送流体时，在同样的A和$\mathrm{d}v/\mathrm{d}y$条件下，动力黏度μ越大，消耗的功率就越大。

2）在间壁式换热器中，ν大的流体流动性差，故换热效果差。

3）滑动轴承的润滑油，动力黏度μ大则消耗功率大，运动黏度ν小时又不能使轴承正常工作。选择轴承润滑油时，运动黏度ν是很重要的参数。像汽轮机、发电机等大轴颈、高转速的轴承，通常在保证正常工作的前提下，运动黏度ν可以取得小些以减小所耗功率。

4）液压传动系统中，运动黏度ν大的油泄漏量小，但消耗功率大。通常低油压系统中用运动黏度ν小的油提高效率，高油压系统中用运动黏度ν大的油保证正常工作。

5）选择齿轮传动系统用油时，运动黏度ν也是一个重要参数。对于齿轮啮合，要求齿间形成油膜油楔和功率消耗小、效率高，这就要求油有一定的运动黏度ν。齿轮总是存在齿间隙才能正常工作，而间隙的存在必然带来振动和噪声，所以齿轮传动系统常选用运动黏度

ν 大的齿轮油消除振动和噪声。

6）工程机械设备要求工作油的黏性在高温和严寒环境中都变化不太大，常采用季节性更换油的方法，或用其他混合液代替油类。

例 1-4　长度 $L=1\text{m}$，直径 $d=200\text{mm}$ 水平放置的圆柱体，置于内径 $D=206\text{mm}$ 的圆管中以 $v=1\text{m/s}$ 的速度移动，如图 1-8 所示。已知间隙中油液的相对密度为 $d=0.92$，运动黏度 $\nu=5.6\times10^{-4}\text{m}^2/\text{s}$，求所需拉力 F。

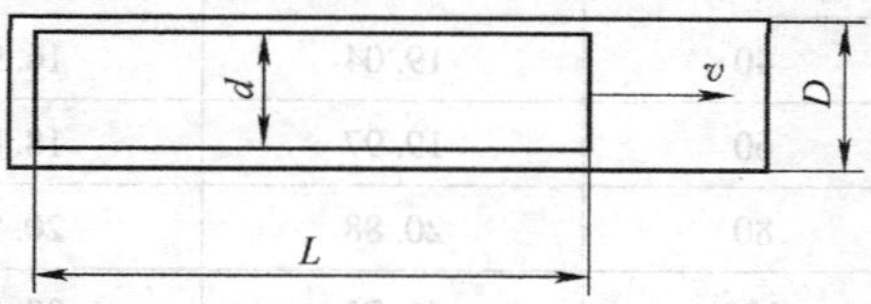

图 1-8　例 1-4 图

解题分析　从求解的问题可知，这是一个直接应用牛顿内摩擦定律求解的问题，但需要先根据已知条件求出速度梯度和动力黏度。

解　间隙中油的密度为

$$\rho=\rho_w d=1000\times0.92\text{kg/m}^3=920\text{kg/m}^3$$

则油的动力黏度为

$$\mu=\rho\nu=920\times5.6\times10^{-4}\text{Pa}\cdot\text{s}=0.5152\text{Pa}\cdot\text{s}$$

由于间隙很小，速度可认为是线性分布，则径向速度梯度为

$$\frac{\mathrm{d}v}{\mathrm{d}y}=\frac{v-0}{\dfrac{D-d}{2}}=\frac{1}{\dfrac{0.206-0.2}{2}}\text{s}^{-1}=333.33\text{s}^{-1}$$

由牛顿内摩擦定律求所需拉力

$$F=\mu\pi dL\frac{\mathrm{d}v}{\mathrm{d}y}=0.5152\times\pi\times0.2\times1\times333.33\text{N}=107.8\text{N}$$

对于同一种流体，流体的黏度取决于温度和压强。在通常压强下（$p\leqslant1\text{MPa}$），压强对黏度影响很小，可以忽略不计。高压下，流体的黏度随压强的增加而增大。温度对黏度的影响，对于液体和气体有所不同：液体的黏度随温度的升高而减小，气体的黏度随温度的升高而增大。造成不同的原因在于液体和气体产生黏性的主要因素不同。温度升高，液体分子间距离增大，吸引力减小，黏度减小；气体分子运动加快，动量交换频繁，黏度增大。在一个标准大气压下，水和空气的黏度与温度的关系分别见表 1-4 和表 1-5。

表 1-4　水的黏度与温度的关系

温度/℃	$\mu/(10^{-6}\text{Pa}\cdot\text{s})$	$\nu/(10^{-6}\text{m}^2/\text{s})$	温度/℃	$\mu/(10^{-6}\text{Pa}\cdot\text{s})$	$\nu/(10^{-6}\text{m}^2/\text{s})$
0	1.792	1.792	40	0.656	0.661
5	1.591	1.519	45	0.599	0.605
10	1.308	1.308	50	0.549	0.556
15	1.140	1.141	60	0.469	0.477
20	1.005	1.007	70	0.406	0.415
25	0.894	0.897	80	0.357	0.367
30	0.801	0.804	90	0.317	0.328
35	0.723	0.727	100	0.284	0.296

表 1-5 空气的黏度与温度的关系

温度/℃	μ/ (10^{-6}Pa·s)	ν/ ($10^{-6}m^2/s$)	温度/℃	μ/ (10^{-6}Pa·s)	ν/ ($10^{-6}m^2/s$)
0	17.09	13.00	260	28.06	42.40
20	18.08	15.00	280	28.77	45.10
40	19.04	16.90	300	29.46	48.10
60	19.97	18.80	320	30.14	50.70
80	20.88	20.90	340	30.80	53.50
100	21.75	23.00	360	31.46	56.50
120	22.60	25.20	380	32.10	59.50
140	23.44	27.40	400	32.77	62.50
160	24.25	29.80	420	33.40	65.60
180	25.05	32.20	440	34.02	68.80
200	25.82	34.60	460	34.63	72.00
220	26.58	37.10	480	35.23	75.20
240	27.33	39.70	500	35.83	78.50

流体的黏度不能直接测量，它们的数值往往是通过测量与其有关的其他物理量，再由有关方程计算而得到。根据原理不同，测量方法有多种，工业上测定液体黏度的最常用仪器是工业黏度计，其测得的黏度称为条件黏度，其测量方法为泄流法：使已知温度和体积的待测液体通过仪器下部已知管径的短管自由泄流而出，测定液体全部流出的时间，与相同体积的已知黏度的液体的泄流时间相比较，从而推求出待测液体的黏度。工业黏度计有几种类型，我国和德国采用恩格勒（Engler）黏度计，英国和日本采用 Redwood 黏度计，美国采用 Saybolt 黏度计。它们的主要区别是测量的条件不同。恩格勒黏度计结构简图见如图 1-9 所示，测定方法是先用木杆塞塞住贮液罐，向贮液罐中注入 $220cm^3$ 的蒸馏水，将蒸馏水加热到 20℃ 并保温，然后提起木杆塞，使蒸馏水泄入带刻度的量筒中至容积为 $200cm^3$，记录所需的时间 t；再用同样的程序将被测液体加热到所需温度，记录其泄流 $200cm^3$ 所需的时间 t'。

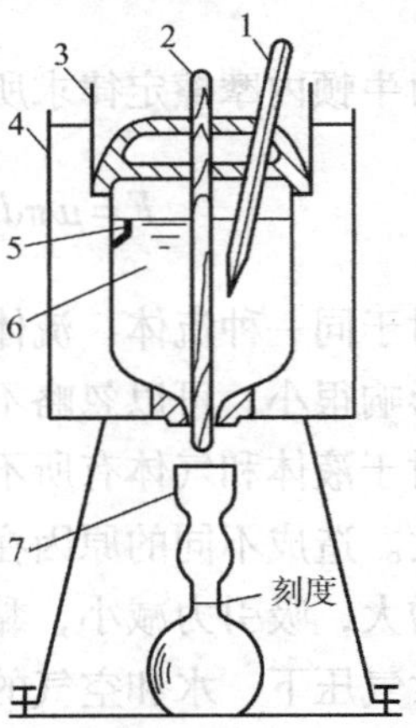

图 1-9 恩格勒黏度计

1—温度计 2—木杆塞 3—贮液罐 4—恒温水箱 5—定量指示针 6—待测流体 7—量筒

恩格勒黏度计的测定结果为恩氏度，则待测液体在给定温度下的恩氏度°E 为

$$°E = t'/t \tag{1-8}$$

可按下式转换为待测液体在给定温度下的运动黏度（单位为 m^2/s）

$$\nu = (0.0731°E - 0.0631/°E) \times 10^{-4} \tag{1-9}$$

知识扩展：测量流体黏度的其他方法

（1）毛细管法 测定一定体积的液体在重力作用下流过一个标定好的毛细管黏度计的

时间，时间与毛细管常数的乘积即为流体的运动黏度。可以测量喷气燃料油、柴油、润滑油等液体石油产品、深色石油产品、原油等的黏度。

（2）落球法　使已知直径和质量的小球沿盛有实验液体的玻璃管中心线垂直降落，测量小球自由沉降的速度，由此速度计算液体的黏度。一般用于黏度大的流体，如蓖麻油、变压器油、机油、甘油等透明或半透明液体。

（3）旋转法　在两个有不同直径的同心圆筒的环形间隙中充以实验液体，其中一筒固定，另一筒以已知角速度旋转，测定出旋转力矩便可以计算出流体的黏度。旋转法适用于所有的液体，特别适用于黏度比较大的液体或非牛顿流体。

（4）振动法　根据处于流体内的物体振动时受到流体的阻碍作用，测量流体的黏度。常用于低黏度液体（如多数熔体）的黏度测量。

四、无黏性（理想）流体假设

黏性是流体产生流动阻力的内在原因，对流体运动有重要影响，实际流体的运动一般较复杂，为了使问题简单化，在流体力学中引入了理想流体假设，即不具有黏性的流体称为理想流体。在静止流体中或不存在速度梯度的流动的流体中，黏性表现不出来，此时完全可以按理想流体处理。对黏性不起主要作用的问题，可以先不考虑黏性的影响，掌握了流体流动的基本规律以后，再根据实验进行修正。在流体力学中，总是先研究理想流体的流动，再研究具有黏性的实际流体的流动，这样符合认识事物由简到繁的规律。

为了与工程热力学中理想气体的概念相区别，在工程流体力学部分，我们将理想流体用“无黏性流体”代称。

知识拓展：非牛顿流体

凡作用在流体上的切向应力与速度梯度之间的关系不满足牛顿内摩擦定律的流体均称为非牛顿流体。非牛顿流体根据其流变特性（流体流变曲线如图1-10所示）可分为三类。

（1）理想塑性流体　具有初始屈服应力 τ_0，切向应力大于 τ_0 时流体才流动的流体，如油漆、油脂、牙膏、污泥浆、低温含蜡原油。

（2）拟塑性流体　动力黏度 μ 随速度梯度 dv/dy 增大而减小的流体。如高分子化合物溶液、水泥浆、乳状液。

（3）膨胀型流体　动力黏度 μ 随速度梯度 dv/dy 增大而增大的流体，如浓糖溶液、浓淀粉糊等。

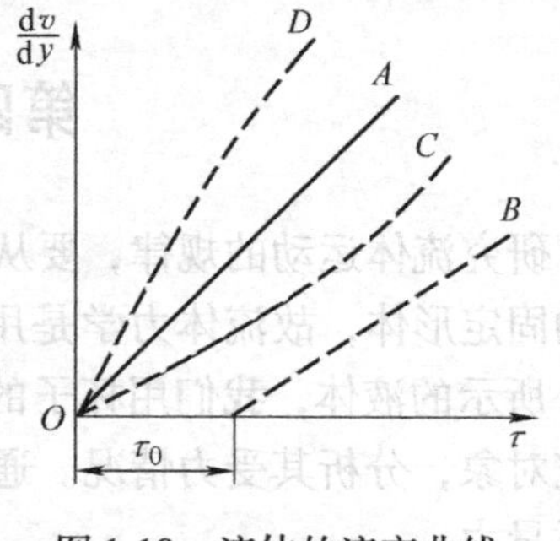

图1-10　流体的流变曲线

A—牛顿流体　B—理想塑性流体

C—拟塑性流体　D—膨胀型流体

知识拓展：液体的表面性质——表面张力和毛细现象

当液体与气体及液体与气体、固体有交界面，即当出现液体的自由表面时，液体的表面性质必须加以考虑。在流体力学中，重要的是液体的表面张力以及由表面张力引起的毛细现象。

（1）表面张力　如图1-11所示，在液体和气体的分界面，液体表面部分可划出一表面层（液面下 $10^{-8} \sim 10^{-6}$cm），处在表面层以下的液体分子，在各方向上受到周围分子的作用力（吸引力与排斥力）处于平衡状态，而处在表面层中的液体分子，受到的内部液体分子的吸引力与其上部气体分子的吸引力不相平衡，其合力指向液体内部。在这个力的作用下，液体表面层中的分子有挤入液体内部的趋势，因而液体要尽可能地缩小它的表面积。在宏观上，液体表面就好像是拉紧的弹性膜，使液体表面有收缩的趋势，这种使液体表面有收缩趋势的力称为表面张力。液体在自由表面上能承受微小张力，这一特性称为表面张力特性。由于气体不能形成固定的自由表面，因此表面张力特性是液体特有的性质。一定量的液体在表面张力的影响下总是取自由表面能为最小时的形状。例如，一滴液体，如无其他力的影响，对于给定的体积必定取自由表面面积为最小的球形。自然界中存在着许多表面张力作用的现象，一般情况下，其影响可不予考虑，但在液滴和气泡的形成、液体的雾化、液体射流的破碎、气液两相流的传热、液柱式测压计等问题中，表面张力起着重要作用，不可忽略。

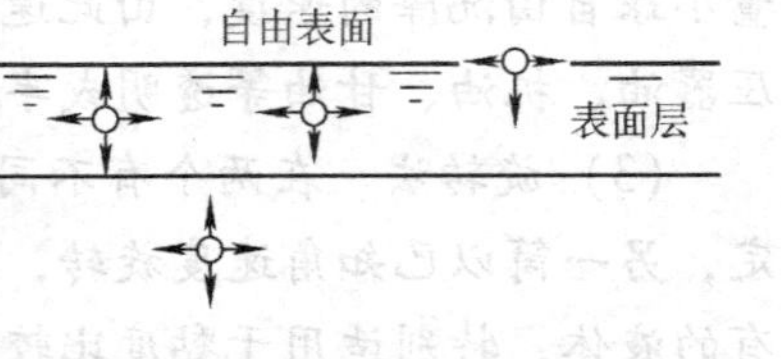

图 1-11 近液面分子的受力情况

(2) 毛细现象 液体与固体壁面接触时，若液体间的吸引力小于液体与固体壁面间的附着力，就会产生液体能润湿固体壁面的现象，自由表面为上凹面；反之，则不能湿润固体壁面，自由表面为上凸面。表面张力在曲面上会产生一个附加压力，这个附加压力将参与液体的受力平衡，使液体的平衡状态发生变化。例如，当将一根两端敞口的细玻璃管竖立在液体中时，液面为曲面（玻璃管很细），表面张力在垂直方向产生一个附加压力，在该压力作用下，液体便会在细管内上升或下降一定的高度，如图 1-12 所示，这种现象称为毛细现象。用玻璃管作测压管测压强时，对于水，管内径应大于 20mm，对于汞，管内径应大于 15mm，否则会造成较大的测量误差。对于 U 形管测压计，因为两侧均受毛细现象的影响，相互抵消，可以不进行修正。

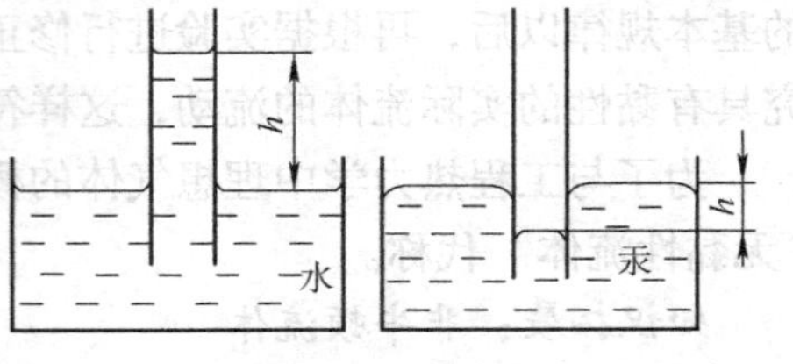

图 1-12 毛细现象

第四节 作用在流体上的力

研究流体运动的规律，要从分析作用于流体上的力开始。流场中的流体因为不能成为单独的固定形体，故流体力学是用封闭曲面隔离出局部流体即隔离体作为研究对象的。如图 1-13 所示的液体，我们用杯子的侧面、底面以及自由表面将其从周围环境中隔离出来作为研究对象，分析其受力情况。通常将外界作用于流体上的力按其作用方式分为两类：表面力和质量力。

一、表面力

如图 1-13 所示，液体会受到来自于杯壁和自由表面上大气的作用力，这种周围流体或固体通过直接接触作用于流体表面上的力称为表面力。表面力用单位表面积上所作用的力（应力）来表示大小，可分为法向应力和切向应力两种，如图 1-14 所示。流体的压强就是法向应力，流体的摩擦应力就是切向应力。

法向应力和切向应力的数学表达式分别为

$$p=\lim_{\Delta A\to 0}\frac{\Delta P}{\Delta A}=\frac{\mathrm{d}P}{\mathrm{d}A}$$

$$\tau=\lim_{\Delta A\to 0}\frac{\Delta T}{\Delta A}=\frac{\mathrm{d}T}{\mathrm{d}A}$$

法向应力 p 和切向应力 τ 的单位都为帕斯卡（Pa）。

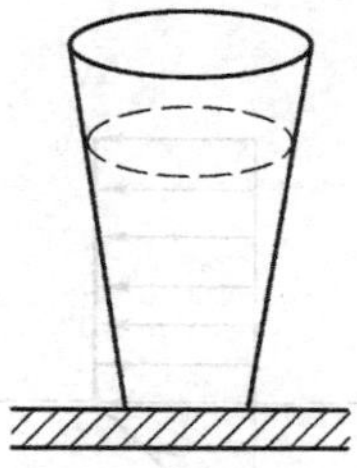

图 1-13　表面力和质量力示例

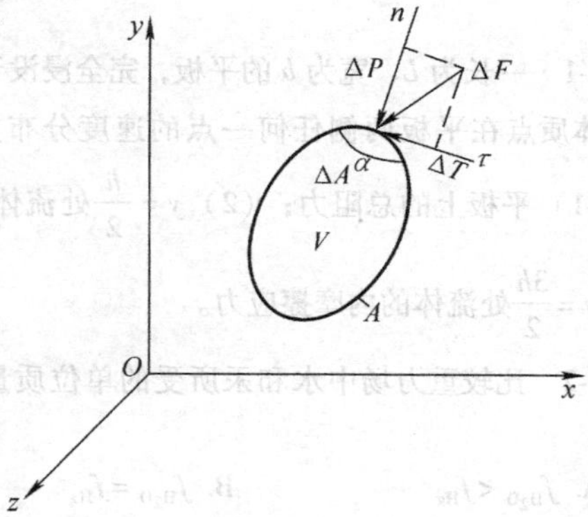

图 1-14　作用在流体上的表面力

二、质量力

如图 1-13 所示，液体还会受到重力的作用，像这种作用在流体某体积内所有流体质点上并与这一体积的流体质量成正比的力称为质量力。由于流体处于地球的重力场中，重力是最普遍的一个质量力，另外还有电磁力、静电力、惯性力等质量力。在均匀流体中，质量力与受作用流体的体积成正比。质量力的大小以作用在单位质量流体上的质量力，即单位质量力度量，单位质量力的单位为 m/s^2，与加速度的单位相同。

知识拓展：达朗贝尔原理与惯性力

我们可以通过固体的运动理解达朗贝尔原理与惯性力，如图 1-15 所示。达朗贝尔原理将作用于被研究对象上的实际力和附加的惯性力构成形式上的平衡力系（$\boldsymbol{F}_1+\boldsymbol{F}_2+\boldsymbol{G}=0$），它的意义在于将动力学问题变为静力学问题解决。惯性力就是某物体在其他物体作用下产生加速度时虚加在物体上的力，它的大小为 $G=ma$，方向与加速度 a 的方向相反。惯性力的单位质量力的大小等于加速度 a。

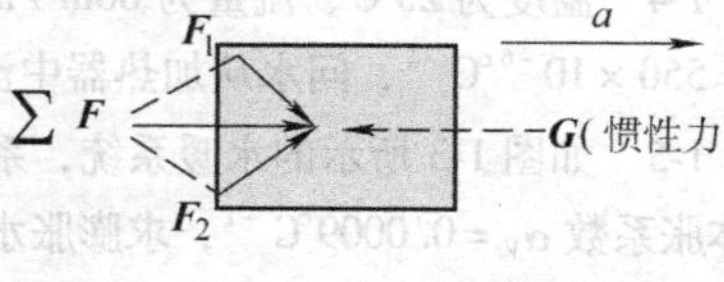

图 1-15　达朗贝尔原理与惯性力示意图

复习思考题

1-1　流体有哪些特性？试述液体和气体特征的异同。

1-2　什么是连续介质？在流体力学中为什么要建立连续介质这一理论模型？

1-3　试述流体的密度、相对密度的概念，并说明它们之间的关系。

1-4　何谓流体的压缩性和膨胀性？各用什么指标表示？

1-5　举例说明怎样确定流体是可压缩的或是不可压缩的？

1-6　何谓流体的黏性？流体的黏性与流体的宏观运动是否有关？流体流动产生机械能损失的根本原因是什么？

1-7 流体的黏滞力如何计算？静止流体内部是否有黏性切向应力？静止流体是否有黏性？

1-8 流体的黏度有哪两种表示方法？它们之间有什么关系？

1-9 温度对气体和液体黏度的影响有什么不同？为什么？

1-10 按照作用方式不同，作用在流体上的力有哪两种？

讨论思考题

1-1 一长为L、宽为b的平板，完全浸没于动力黏度为μ的流体中，流体以速度v_0沿平板平行流过。设流体质点在平板两侧任何一点的速度分布如图1-16所示，求：(1) 平板上的总阻力；(2) $y=\frac{h}{2}$处流体的内摩擦应力；(3) $y=\frac{3h}{2}$处流体的内摩擦应力。

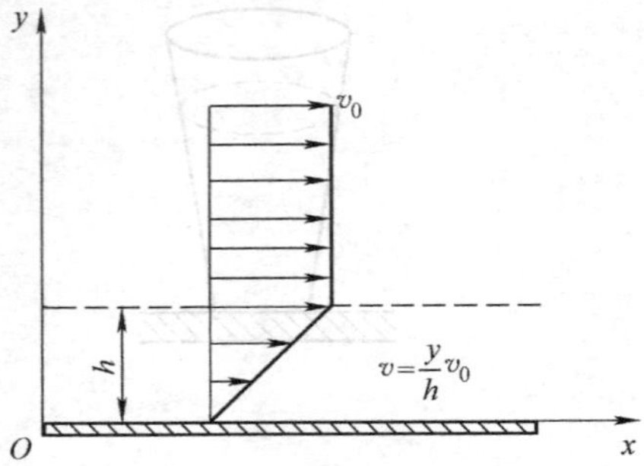

图1-16 讨论思考题1-1图

1-2 比较重力场中水和汞所受的单位质量力f_{H_2O}和f_{Hg}的大小。

A. $f_{H_2O}<f_{Hg}$　　B. $f_{H_2O}=f_{Hg}$

C. $f_{H_2O}>f_{Hg}$　　D. 不一定

1-3 你还知道哪些流体是非牛顿流体？非牛顿流体有何特性？

1-4 请再举一些体现流体的压缩性和膨胀性的例子。

习 题

1-1 容器中盛有500cm^{3}的某种液体，在天平上称得质量为0.453kg，试求该液体的密度和相对密度。

1-2 在温度为0℃、压强为101325Pa的标准状态下，烟气的密度为1.34kg/m^3，当压强不变、温度为400℃时，求烟气的密度。

1-3 某封闭容器内空气的压强提高5倍（原压强为101325Pa），温度则由20℃升高到78℃，问该空气的体积将为原有体积的百分之多少？

1-4 温度为20℃、流量为60m^3/h的水流入加热器，经加热后水温升高到80℃，如果水的体胀系数$\alpha_V=550\times10^{-6}$℃$^{-1}$，问水从加热器中流出时，体积流量变为多少？

1-5 如图1-3所示的水暖系统，系统内水的总体积为8m^3，加温前后温差为50℃，在其温度范围内水的体胀系数$\alpha_V=0.0009$℃$^{-1}$，求膨胀水箱的最小容积。

1-6 海水在海面附近的密度为1025kg/m^3，在海面下8km处的压强为81.7MPa，设海水的平均体积弹性模量为2340MPa，试求该深度处海水的密度。

1-7 用活塞油缸来测定某种液体的体积压缩率。当压强为1MPa时，液体的体积为1L，当压强升高到2MPa时，液体的体积为995cm^3，求这种液体的体积压缩率κ。

1-8 图1-17所示为压力表校正器。器内充满体积压缩率$\kappa=4.75\times10^{-10}$m^2/N的油液，器内压强为$10^5$Pa时油液的体积为200mL。现用手轮丝杆和活塞加压，活塞直径为1cm，丝杆螺距为2mm，当压强升高至20MPa时，问需将手轮摇多少转？

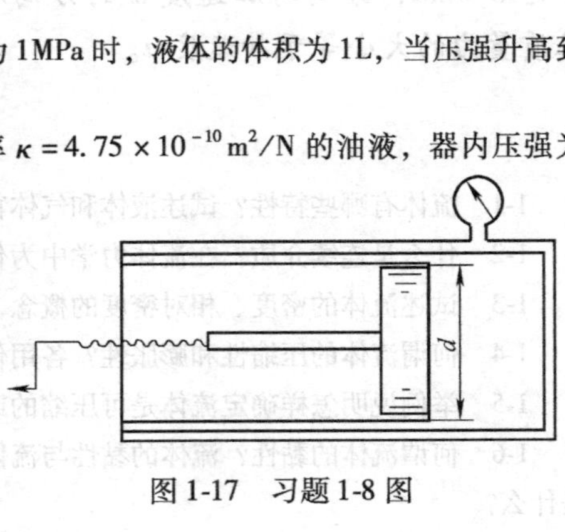

图1-17 习题1-8图

1-9 某气体的密度为1.17kg/m^3，运动黏度为0.157×10^{-4}m^2/s，试求其动力黏度。

1-10 某液体的密度为850kg/m^3，动力黏度0.005Pa·s，求其运动黏度。

1-11　有一块 30cm×50cm 的矩形平板，浮在油面上，其水平运动的速度 10cm/s，油层厚度 $\delta=10\text{mm}$，油的动力黏度 $\mu=0.09807\text{Pa}\cdot\text{s}$，求平板所受的阻力。

1-12　直径为 250mm 的管中，有温度为 20℃的空气在流动。在距管壁 1mm 处空气流速为 30cm/s，求：（1）管壁处的切向应力；（2）单位管长的黏性阻力。

1-13　如图 1-6 所示，直径 $d=20\text{cm}$ 的轴在轴承中空载地运转，转速 $n=5000\text{r/min}$。轴和轴瓦同心，径向间隙 $\delta=0.05\text{mm}$，其间充有润滑油，轴瓦长 $L=10\text{cm}$，测得润滑油产生的摩擦力矩 $M=5\text{N}\cdot\text{m}$。求：（1）轴与轴瓦之间润滑油的速度梯度；（2）润滑油的动力黏度；（3）轴与轴瓦间润滑油的切向应力。

1-14　如图 1-6 所示，转轴的直径 $d=0.25\text{m}$，轴瓦的长度 $L=0.5\text{m}$，轴与轴瓦间的间隙 $\delta=0.2\text{mm}$，其中充满动力黏度 $\mu=0.82\text{Pa}\cdot\text{s}$ 的油，若轴的转速 $n=200\text{r/min}$，求克服油的黏性阻力所需要的功率。

1-15　如图 1-6 所示，已知轴的直径 $d=20\text{cm}$，轴瓦的长度 $L=30\text{cm}$，间隙 $\delta=0.08\text{cm}$，间隙内充满 $\mu=0.245\text{Pa}\cdot\text{s}$ 的润滑油。已知润滑油阻力消耗的功率 $P=50.7\text{W}$，试求轴的转速 n。

1-16　图 1-8 所示为一个活塞机构，活塞直径 $d=152.4\text{mm}$，活塞缸直径 $D=152.6\text{mm}$，活塞长 $L=30.48\text{cm}$，活塞与缸间的缝隙充满润滑剂，其运动黏度 $\nu=0.9144\times10^{-4}\text{m}^2/\text{s}$，相对密度 $d=0.92$，如果活塞以 $v=6\text{m/s}$ 的平均速度运动，求克服摩擦力所需要的功率。

1-17　一块长 180cm、宽 10cm 的平板在另一块平板上滑动。两平板之间的间隙是 0.3mm，用密度为 918kg/m^3、运动黏度为 $0.893\times10^{-4}\text{m}^2/\text{s}$ 的润滑油充满此间隙，如果以 30cm/s 的稳定速度拖动上面的平板，求需要的力。

第二章　流体静力学

流体静力学重点研究流体在外力作用下处于静止平衡状态的规律及其在工程实际中的应用。静止的流体中有压力，我们通过日常生活和生产实际中遇到的问题能够感觉到，例如当我们站在淹过胸部的深水中会感到呼吸困难；当开启水库闸门时要用很大的力量等。生活中和工程中有许多问题涉及到静止流体，有时要确定压强，有时要求解压力。如图 1-13 所示的一杯水，是我们日常生活中经常接触到的，自由表面上作用有大气压，水面下不同深度的压强会有所不同，杯子的底面和侧面都受到来自水的压力。如果把这杯水放在静止的桌子上，自由表面是水平的，放在行驶的车辆上自由表面则会产生晃动或倾斜。可能我们平时不会特别关注这杯水中各点压强或水与杯子之间的压力，但是在工程中会经常要研究静止流体的压强和流体与固体壁面之间的压力。如图 2-1 所示的压力容器中，压力表 M 测量的是自由表面上气体的压强，液体内部不同深度压强有所不同，压力容器设计制造时都要考虑所承受的流体的压力，确定螺栓的拉力时要计算液体对 *AB* 板的作用力。再例如，水坝要多厚才能挡住水压而不倾覆溃堤，开启水库的闸门时要用多大的力，锅炉锅筒、除氧器水箱、各种换热器要多大壁厚才能不破裂和变形，远洋货轮怎样才能经受海水的挤压和风浪，潜水艇如何在水中上升和下降等等。所以流体静力学在生产和生活中应用非常广泛。

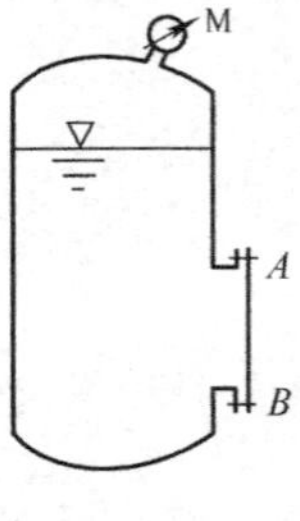

图 2-1　压力容器

静止包括绝对静止和相对静止，绝对静止指相对于惯性参考坐标系（地球）的静止，相对静止指相对于非惯性参考坐标系（其他参照物）的静止。我们重点研究绝对静止状态的流体静力学问题。静止流体的特点：

1）能承受法向力，不能承受切向力。流体平衡问题中的力学规律实际上就是静止流体的法向应力——压强的分布规律。

2）不表现黏性作用。静力学规律对实际流体和无黏性流体都适用。

3）流体所受合外力为零。流体处于受力平衡状态，符合牛顿第一定律，是流体受力分析的理论依据。

在这一章中，我们要学习流体静压强及其性质、表示方法，等压面及其性质，流体静力学基本方程及其应用，静止流体对固体壁面的压力等，重点是流体静力学基本方程及其应用。本章主要内容和知识点之间的联系见图 2-2。

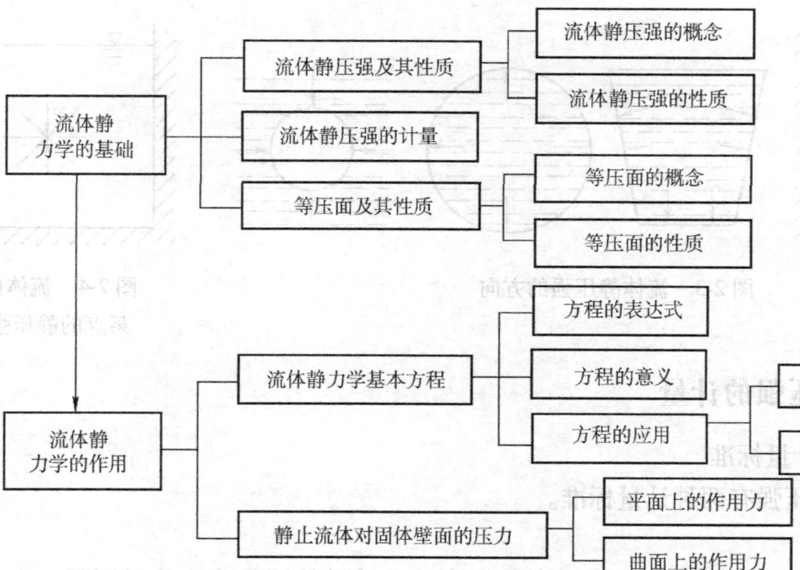

图 2-2　本章知识点之间的联系

第一节　流体静压强

当研究压力容器的承压问题时，首先要确定容器内流体的压强分布规律，所以流体静压强是流体静力学的核心问题。流体作为工质时，静压强是研究其流动和能量转换的重要参数。我们首先了解流体静压强概念和性质。

一、流体静压强的概念

流体静压强是指流体处于静止状态时单位面积上承受的固体壁面或周围流体垂直作用于该表面的力，简单地说，就是静止流体的压强，用符号 p 表示，单位为 Pa。

二、流体静压强的性质

1. 流体静压强的方向

流体静压强的方向总是与作用面相垂直，并指向作用面。流体具有流动性，受任何微小剪切力作用都将连续变形，也就是说流体要流动，这与我们假设是静止流体相矛盾。所以流体要保持静止状态，不能有剪切力存在，所以作用在流体上的表面力只有法向力，静压强为单位面积上的法向力，所以静压强的方向与作用面相垂直，也必然指向其作用面。图 2-3 示意了流体作用于固体壁面和周围流体的压强方向，根据作用力与反作用力的关系，可知固体壁面和周围流体施加于流体的压强方向。

2. 流体静压强的大小

在静止流体中，任意一点压强值的大小与作用面的方向无关，只与该点的位置有关。如图 2-4 所示，在 M 点，任意方向上的静压强值均相等。若不是均相等，则 M 点的流体所受的合外力就不为零，流体就不能静止，与静止流体的假设相矛盾。

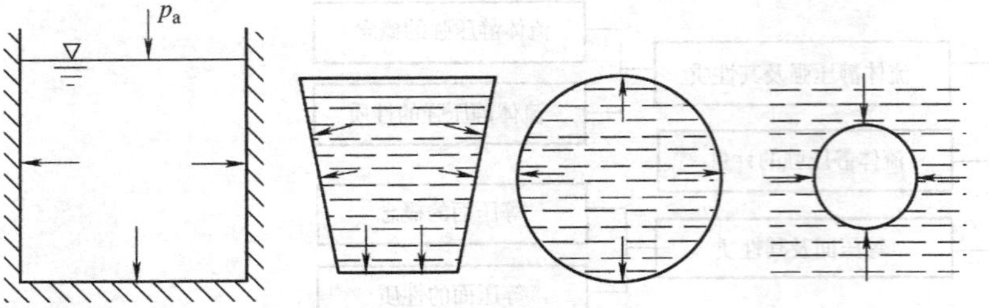

图 2-3 流体静压强的方向

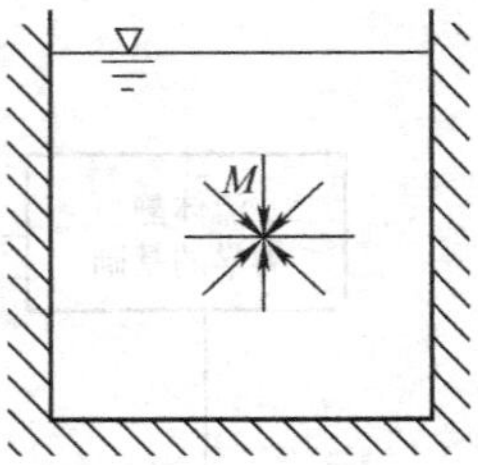

图 2-4 流体内某点的静压强

三、流体静压强的计量

(一) 压强的计量标准

工程计算中，压强有两种计量标准。

1. 绝对压强

以完全真空时的绝对零压强（绝对真空）为基准计量的压强称为绝对压强，也就是流体的真实压强。在工程热力学中作为状态参数进行能量转换计算时，一般采用工质的绝对压强。

2. 相对压强

在工程中，常采用相对压强，即以同高程的当地大气压 p_a 作为零点计量的压强。因为一般工程建筑物或工业设备、测压计都处于当地大气压的作用之下，如用绝对压强计算流体的作用，则还应考虑外界大气压的作用，如果采用相对压强，则计算比较简便。例如图 2-1 所示的压力容器，在计算液体对 *AB* 板的作用力，以及确定螺栓的拉力时，如用绝对压强，还必须考虑容器外侧作用的大气压；如采用相对压强，因容器内被扣除的一个大气压与容器外部的大气压正好抵消，所以只要计算容器内部液体对 *AB* 板的作用力就行了。又如流体压强通常用压力计测量，如图 2-5 所示是弹簧管测压计和 U 形管测压计。由于测压计的测量通常在大气环境中进行，因此测得的压强值不是工质的真实压强，而是工质的真实压强与环境压强之差，也就是相对压强。

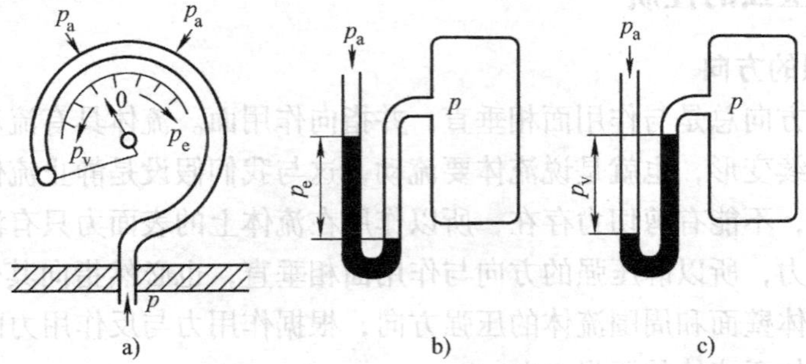

图 2-5 压强的测量

a) 弹簧管测压计 b) U 形管测压计（$p>p_a$） c) U 形管测压计（$p<p_a$）

工程上的测压计，其读数一般都为相对压强，所以相对压强又称计示压强。

当流体的压强高于当地大气压时，计示压强为正，测压计（压强计）上的读数称为表

压，用符号 p_e 表示，如图 2-5b 所示，于是有

$$p_e = p - p_a \tag{2-1}$$

那么

$$p = p_e + p_a \tag{2-2}$$

表压越大，表明绝对压强越大。

当流体的压强低于当地大气压时，计示压强为负，测压计（真空表）上的读数称为真空，用符号 p_V 表示，如图 2-5a 和图 2-5c 所示，于是有

$$p_V = |p - p_a| = p_a - p \tag{2-3}$$

那么

$$p = p_a - p_V \tag{2-4}$$

真空越大，说明绝对压强越低。真空的实质是表明流体的真实压强比当地大气压低多少，流体计示压强为负，说明流体的压强比大气压低。

弹簧管压力表有压力表、真空表和压力真空表三种。压力表测得的都是表压，适用于压强均高于大气压的测量，0 刻度在一侧，读数为正。真空表测得的都是真空，适用于压强都低于大气压的测量，0 刻度在一侧，读数为负，即 $-p_V$。压力真空表可以测得表压和真空，适用于在大气压附近波动的压强的测量，0 刻度在中间，读数有正有负，如图 2-5 所示，0 刻度的具体位置由表的量程确定。

3. 绝对压强与相对压强的关系

绝对压强与相对压强的关系可用图 2-6 来表示。显然，绝对压强永为正值，而相对压强可能出现负值，如某处绝对压强小于当地大气压时计示压强为负值，其绝对值即为真空。由于大气压的数值不是恒定值，会随时间和地点而变，所以当流体的绝对压强不变时，如果大气压发生变化，表压力和真空也会随之变化，因此计示压强不能作为工质的状态参数，尤其是对于气体，因为气体的压缩性大，参数受压强的影响大。液体的压缩性较小，一般情况下用计示压强影响不大，但在汽化点时必须用绝对压强。大体来说，在工程技术问题中，属于流体的物性和状态的有关公式、计算、资料数据等多采用绝对压强，例如理想气体状态方程，饱和蒸气压，汽轮机主汽门前的蒸汽参数，冷凝器或除氧器参数等的压强值。属于流体

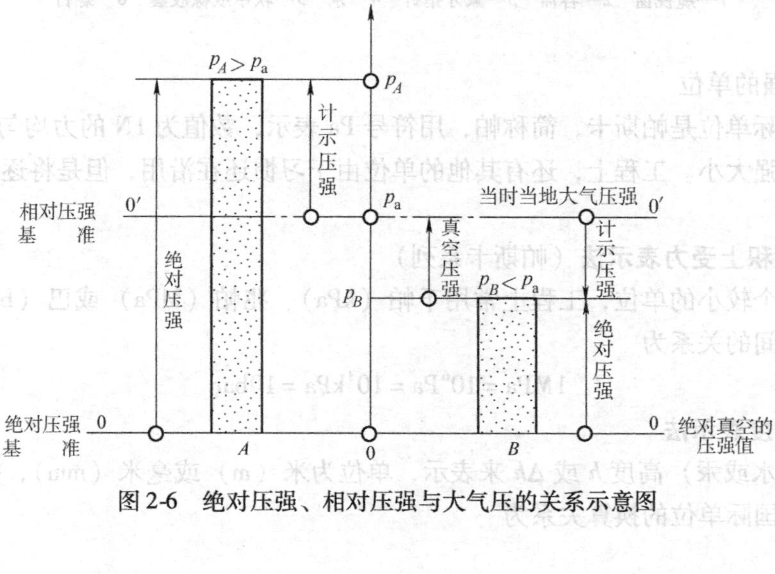

图 2-6　绝对压强、相对压强与大气压的关系示意图

工程的强度、测试等有关压强值多采用计示压强，例如计算压力容器强度、管道附件公称压力、高压加热器水侧压力、汽轮机调节和润滑油压、泵与风机进出口压强等。以上区分都不是绝对的，故遇到有关压强参数时，应搞清楚：是绝对压强，还是相对压强；是表压还是真空。大气压的数值可以用大气压强计测量。

知识扩展：大气压测量

大气压强值首先由托里拆利用封闭顶端的灌汞的玻璃管测出，至今标准的大气压强计仍用托式方法，如图2-7a所示。常用的汞柱大气压强计还有如图2-7b和图2-7c所示的简氏气压计和福廷式气压计。简氏气压计多用于试验现场，两侧均可测出大气压汞柱高。福廷式气压计多作为试验单位的大气压基准量器，使用与运输中均需保持垂直状态。福廷式气压计由玻璃管及连接的容器2构成，下部为一软革或橡胶囊5，内盛汞4。安装时校准铅直状态。每次使用时先调节螺钉6，使之顶起革囊，使玻璃钟罩内的象牙指针3尖端与汞面接触，再以上部有游标刻度的窥视窗1内的挡板对准管内汞面，从游标尺上量出汞柱高度。

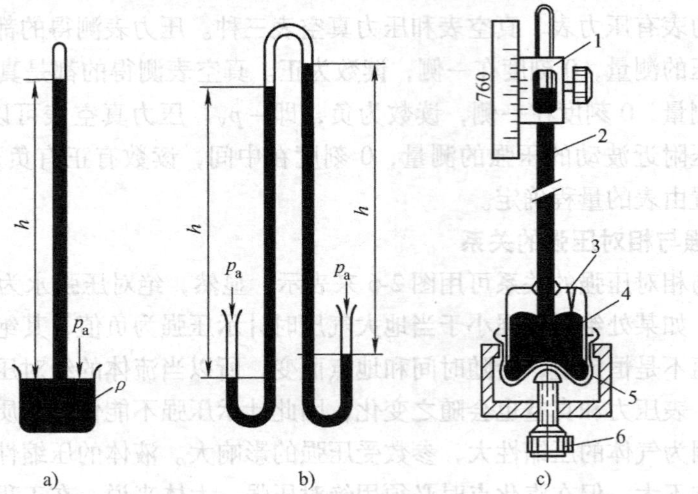

图2-7　大气压强计

a）托里拆利管　b）双U形管简氏气压计　c）福廷式气压计

1—窥视窗　2—容器　3—象牙指针　4—汞　5—软革或橡胶囊　6—螺钉

（二）压强的单位

压强的国际单位是帕斯卡，简称帕，用符号Pa表示，数值为1N的力均匀地作用在$1m^2$的面积上的压强大小。工程上，还有其他的单位由于习惯还在沿用，但是将逐渐被国际单位取代。

1. 单位面积上受力表示法（帕斯卡系列）

帕斯卡是个较小的单位，工程上常用千帕（kPa）、兆帕（MPa）或巴（bar）作为实用单位，它们之间的关系为

$$1\text{MPa} = 10^6\text{Pa} = 10^3\text{kPa} = 10\text{bar}$$

2. 液柱高度表示法

用液柱（水或汞）高度h或Δh来表示，单位为米（m）或毫米（mm），并附上所用液体的种类，与国际单位的换算关系为

$$p=\rho gh \text{ 或 } p=\rho g\Delta h$$

3. 大气压表示法

以大气绝对压强值作为度量单位 1，称压强为若干“大气压”。

1 标准大气压（或称物理大气压）指在纬度 45°的海平面上 0℃时的大气压强，为 760mmHg（毫米汞柱）产生的压强，单位符号为 atm，与国际单位的换算关系为

$$1\text{atm}=101325\text{Pa}$$

1 工程大气压指 1 千克力（符号 kgf，大小为 9.80665N）作用在 1cm^2 面积上产生的压强，单位符号为 at，与国际单位的换算关系为

$$1\text{at}=1\text{kgf/cm}^2=9.80665\times10^4\text{Pa}$$

各种单位之间的换算关系见表 2-1。

表 2-1　压强单位换算

帕斯卡（Pa）	米水柱（mH_2O）	毫米汞柱（mmHg）	标准大气压（atm）	工程大气压（at）
1	1.01971×10^{-4}	7.50062×10^{-3}	9.869×10^{-6}	1.019×10^{-5}
9.80665×10^3	1	73.5559	9.67841×10^{-2}	0.1
133.322	1.3595×10^{-2}	1	1.31579×10^{-3}	1.35951×10^{-3}
101325	10.3323	760	1	1.03323
9.80665×10^4	10	735.559	0.967841	1

第二节　等压面及其性质

在流体静力学的分析和计算中经常要应用等压面，等压面是流体静力学研究的基础。

一、等压面的概念及性质

流体中压强相等的点组成的面称为等压面。不同的等压面上压强值不同。等压面的性质：

（1）等压面互不相交　流体中任意一点只能有一个等压面通过。等压面是不能突然转折的光滑曲面。对应于不同的压强值，在流体中就应有不同的等压面，因此在流体中存在着若干个（确切说是无数多个）等压面。

（2）等压面与质量力互相垂直　等压面上的每一个空间点上的单位质量力，必与过该点的等压面垂直。根据这一特性，可以根据流体所受质量力的情况判断等压面的方向，或根据等压面的方向判断质量力的方向。质量力只有重力时，等压面与重力相垂直，所以等压面应为曲面，在小范围内为水平面。

二、常见的等压面

（1）重力场（质量力只有重力）中静止的连通的均质的水平面为等压面　在图 2-8 中，a、b 两点不在一个等压面上，因为两点不连通。a、c 两点不在一个等压面上，因为两点既不连通，流体密度又不

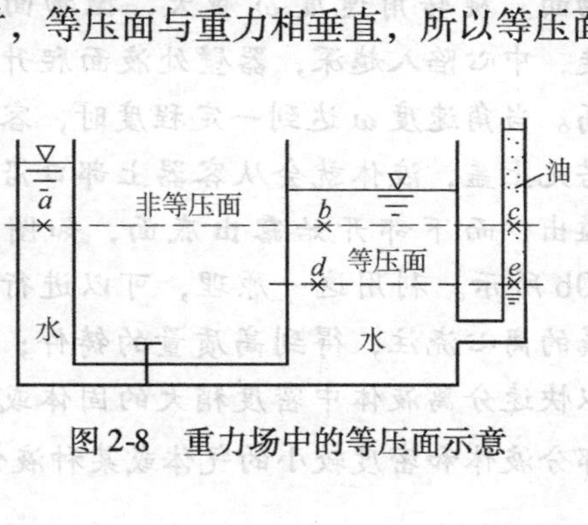

图 2-8　重力场中的等压面示意

同。b、c两点不在一个等压面上，因为两点流体密度不同。d、e两点在一个等压面上，因为两点流体密度相同，而且是在连通的水平面上。

（2）气液分界面为等压面　如图2-1和图2-8中所示的液体的自由表面为等压面，其上各点压强均等于分界面上气体的压强，图2-8中处于大气中的液体自由表面上均为一个大气压。

（3）互不掺混的两种液体的分界面为等压面　如水和汞的分界面、水与油的分界面等。

知识扩展：相对静止状态的等压面

图2-9和图2-10中给出了两种相对静止的示例，其中图2-9所示是液体相对于作水平加速运动的容器静止，图2-10所示是液体相对于作等角速度旋转的容器的静止。

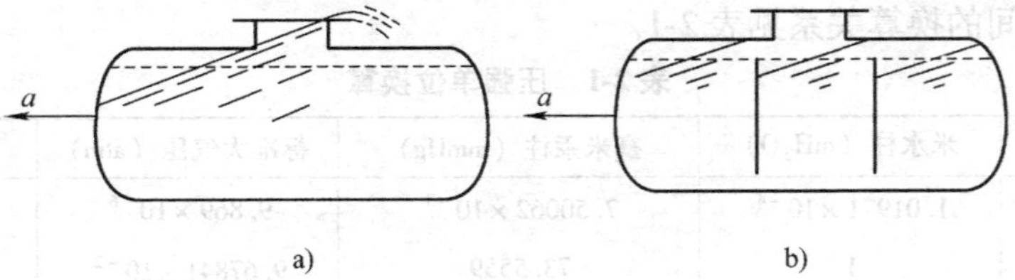

图2-9　运输液体的容器

a）无隔板　b）有隔板

如图2-9a所示，对于运输液体的容器，例如油罐车、油船的贮油箱，在车辆或船舶加速或制动时液体就会挤向一端（加速时挤向后部，制动时挤向前部），使得车辆或船舶载重不均衡，操纵困难，甚至造成液体冲开上盖而溢出。这种现象的发生是因为在容器加速时，液体所受的质量力不但有重力，而且有惯性力，此时等压面与两种质量力的合力的方向相垂直，就出现了液面的倾斜。因此运输用的罐体内部均安有隔板，以消除或减弱这种影响，如图2-9b所示。

如图2-10a所示，盛有均质液体的圆柱形容器绕其中心轴转动，当旋转角速度ω逐渐加大时，原来容器内的水平静止的液面中央部分开始向下凹下去，而周围的液体随其半径加大而上升。当容器稳定在某一角速度时，容器内的液面形成一个稳定不变的旋转抛物面。加速旋转时，液体所受的质量力有重力和离心惯性力，等压面与两者的合力相垂直，形成压强不同的旋转抛物面。旋转角速度ω越大，抛物面越陡，中心陷入越深，器壁处液面爬升越高。当角速度ω达到一定程度时，容器若无上盖，液体就会从容器上部口沿处溢出，而下部开始露出底面，如图2-10b所示。利用这一原理，可以进行金属的离心浇注，得到高质量的铸件；可以快速分离液体中密度稍大的固体或某部分液体和密度较小的气体或某种液体，如电站中用离心分离机处理润滑油使油质净化。

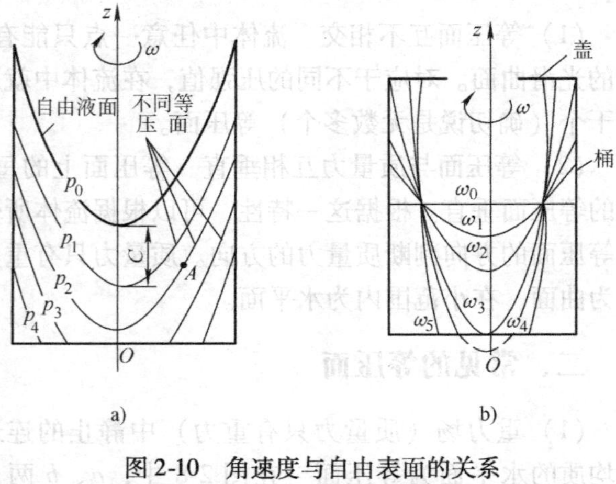

图2-10　角速度与自由表面的关系

a）旋转圆桶中的等压面簇　b）高角速度时旋转圆桶中液体的等压面

例 2-1　判断图 2-11 中的等压面。

分析

图中Ⅰ、Ⅱ、Ⅲ、Ⅳ是四个水平面。

在Ⅰ水平面上：

1 与 2，同种液体但不连通，故为非等压面。

2、3 与 4，同种液体且连通，故是等压面。

在Ⅱ水平面上：

5、6 与 7 同在同种液体中，并连通，故是等压面。

在Ⅲ水平面上：

8 与 10，同一液体并连通，故是等压面。

8 与 9，不是同种液体，故为非等压面。

在Ⅳ水平面上：

11 与 12，不是同种液体，为非等压面。

12 与 13，同种液体但不连通，为非等压面。

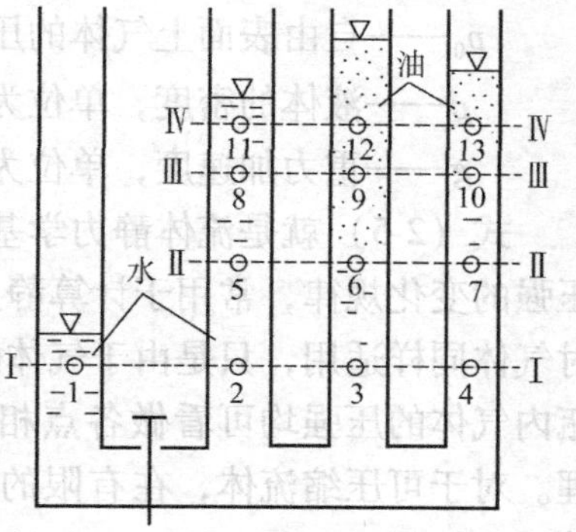

图 2-11　连通器中的等压面

第三节　流体静力学基本方程及其应用

工程中处于静止状态的流体通常所受到的质量力只有重力，用于描述重力作用下液体内部压强变化规律的数学表达式称为流体静力学基本方程。流体静力学基本方程是流体静力学的重点和基础，在工程中有广泛的应用。

一、流体静力学基本方程

1. 方程的推导

将图 2-1 所示的压力容器置于直角坐标系中，取某一水平面为零势面，容器高方向为 z 轴，如图 2-12 所示。在液体中取一垂直的小液体柱（图中虚线所示），其截面积为 A，高度为 h，上表面与自由表面重合，压强为 p_0，下底面压强为 p。因为液体柱处于静止状态，也就是处于平衡状态，根据受力平衡条件，液体柱所受到的一切外力，在空间任意一轴上投影的代数和等于零。现取 z 轴为投影轴，向上的作用力为正，则液体柱所受到的外力在 z 轴上的投影如下。

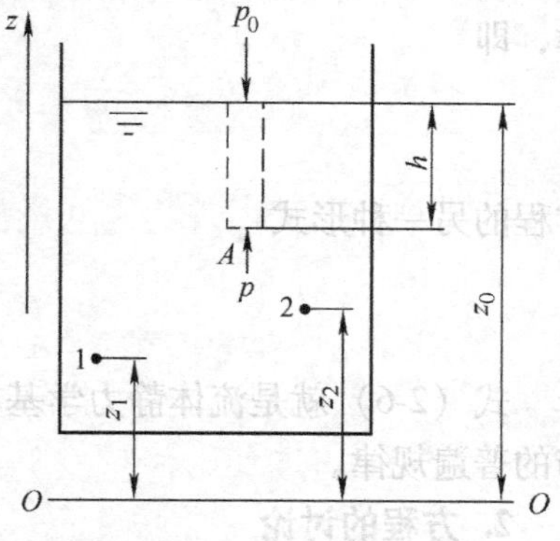

图 2-12　流体静力学基本方程式推导

液体柱受到的质量力有重力 ρghA。

液体柱受到的表面力有：上表面的总压力为 p_0A，下底面的总压力为 pA，液体柱侧面上的流体静压力方向与侧面垂直，即与 z 轴垂直，因而在 z 轴上的投影为零。

由受力平衡条件 $\sum F_z = 0$ 有

$$pA - p_0A - \rho ghA = 0$$

化简得

$$p = p_0 + \rho gh \tag{2-5}$$

式中 h——静止液体中某点在液面下的深度，单位为 m；

p——液体内深为 h 处的压强，单位为 Pa；

p_0——自由表面上气体的压强，单位为 Pa；

ρ——液体的密度，单位为 kg/m^3；

g——重力加速度，单位为 m/s^2，$g = 9.806m/s^2$。

式（2-5）就是流体静力学基本方程的形式之一，它表明了在重力作用下静止流体内部压强的变化规律，常用于计算静止流体内部任意点的压强的大小。虽然推导模型是液体，但对气体同样适用，只是由于气体的密度很小，ρgh 项通常忽略不计，如蒸汽锅炉汽包或氧气瓶内气体的压强均可看做各点相等。由于液体的压缩性和膨胀性都很小，密度可按常数处理。对于可压缩流体，在有限的高度范围内，压强变化很小，密度可取其平均值而视为常数。

流体静力学基本方程还有另一种形式。如图 2-12 所示，O-O 为任意选定的水平面，把其作为基准面，设自由表面相对于基准面的高度为 z_0，从液体中任选 1、2 两点，相对于基准面的高度分别为 z_1 和 z_2，则 1、2 两点的压强 p_1、p_2 为

$$p_1 = p_0 + \rho g(z_0 - z_1)$$

$$p_2 = p_0 + \rho g(z_0 - z_2)$$

以上两式同除以 ρg，整理后得

$$z_1 + \frac{p_1}{\rho g} = z_0 + \frac{p_0}{\rho g}$$

$$z_2 + \frac{p_2}{\rho g} = z_0 + \frac{p_0}{\rho g}$$

两式联立得

$$z_1 + \frac{p_1}{\rho g} = z_2 + \frac{p_2}{\rho g}$$

由于 1、2 两点是任意选的，上述关系式可以推广到整个液体，得出具有普遍意义的规律，即

$$z + \frac{p}{\rho g} = C \text{（常数）} \tag{2-6}$$

方程的另一种形式

$$zg + \frac{p}{\rho} = C \text{（常数）}$$

式（2-6）就是流体静力学基本方程的另一种形式，它也表明了静止流体中各点压强分布的普遍规律。

2. 方程的讨论

1）方程的适用范围：重力作用下的平衡状态均质不可压缩的连通的流体。

2）式（2-5）表明以下两点。

①在质量力只有重力的静止液体中，任意一点的静压强由两部分组成：一部分是自由表面上的压强 p_0，另一部分是该点到自由表面的单位面积上的液柱重量 ρgh。在 ρ、g 一定时，任意一点的静压强只与自由表面上的压强 p_0 和该点在液体中的深度 h 有关；当 p_0 和 h 不变

时，该点的静压强不变，与容器形状无关；当 p_0 有变化时，液体内部各点的压强也发生同样大小的变化，这就是著名的帕斯卡原理，该原理在水压机、液压传动等水力机械中得到广泛应用；当 p_0 不变时，液体内部各点的静压强随深度按线性规律变化，即随深度的增加，静压强值成正比增大；位于同一深度的各点的静压强相等，即任意水平面都是等压面。

②将其改写为 $\frac{p-p_0}{\rho g}=h$ 可看出，压强差的大小可以用一定高度的液柱表示，这就是压强的单位可以用液柱高度表示的依据。当用液柱高度表示压强或压强差时，必须注明是何种液体，否则就失去了意义。

3）从式（2-6）可以分析静止流体中的能量关系。

①方程的物理意义：z 表示单位重量液体的位势能，$\frac{p}{\rho g}$ 表示单位重量液体的压强势能，两者之和为常数，表明重力作用下静止液体内部各点的单位重量液体所具有的总势能相等。

②方程的几何意义：单位重量流体所具有的能量用液柱高表示称为水头。z 表示位置水头，$\frac{p}{\rho g}$ 表示压强水头，两者之和为常数，说明重力作用下静止液体中各点的静水头（压强水头和位置水头之和）都相等。如果在同一个盛有重力作用下的静止液体的容器上同时接几根测压管，那么液体将在测压管中上升到同一高度。图 2-13 所示为两根测压管的液面位于同一水平面的情况，测压管水头线水平，说明两测压管的测压管水头相等，也即静水头相等。根据这一性质，只要有一根测压管就可以测得容器内任意一点的压强，这是测压管和其他液柱式测压计的测量依据。

知识拓展：水压机工作原理

如图 2-14 所示为一水压机的装置简图，它由一个杠杆装置 1、一个小活塞缸 2 和一个大活塞缸 3 组成，4 是被挤压的物体。通过杠杆装置在小活塞上施加一个较小的作用力，根据帕斯卡原理，产生的压强通过连通管内的水传递到大活塞上，由于大活塞的面积比小活塞面积大许多倍，因此传递过来的压强在大活塞上产生放大的力，从而使被挤压物体受力变形。

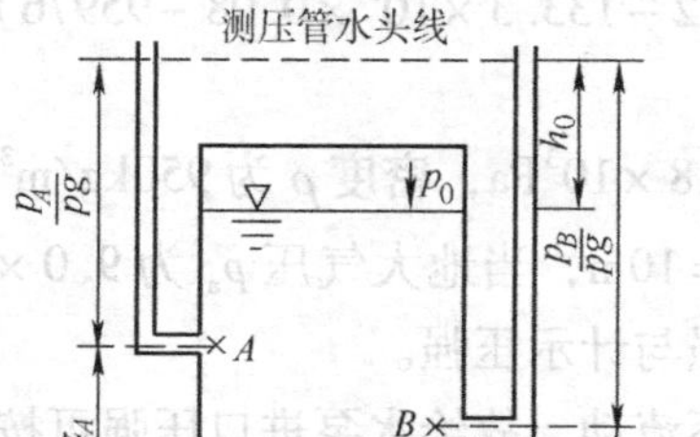

图 2-13　测压管水头

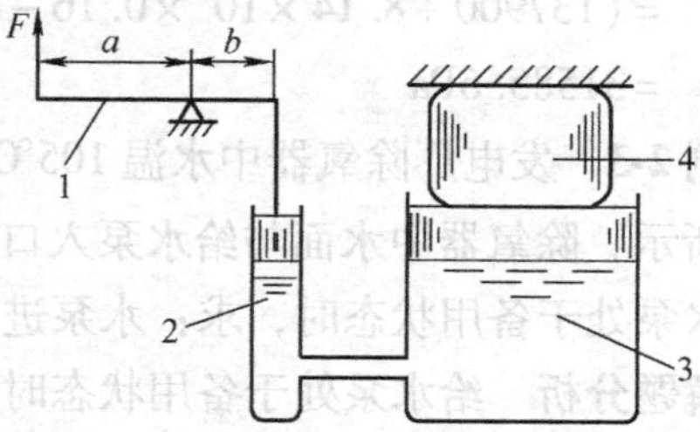

图 2-14　水压机装置简图

1—杠杆装置　2—小活塞缸　3—大活塞缸

4—被挤压的物体

二、流体静力学基本方程的应用

（一）一般应用

在求解静力学问题时，应用质量力只有重力作用的静止液体中等压面是水平面的结论可以比较简便地求解问题。求解此类问题的步骤如下：

1）正确选择等压面。选择等压面是解决问题的关键，根据等压面的条件，选择包含已知条件和未知量的符合条件的水平面为等压面，一般选在两种液体的分界面或气液分界面上。

2）确定等压面压强。根据具体情况，结合流体静力学基本方程列出每个等压面的压强表达式。

3）列等压面方程，求解未知数。令等压面压强相等，从而把等压面压强与已知点压强、未知点压强联系起来，得到求解未知点压强的方程式，进而代入数据得到答案。

下面通过几道例题学习流体静力学基本方程的应用。

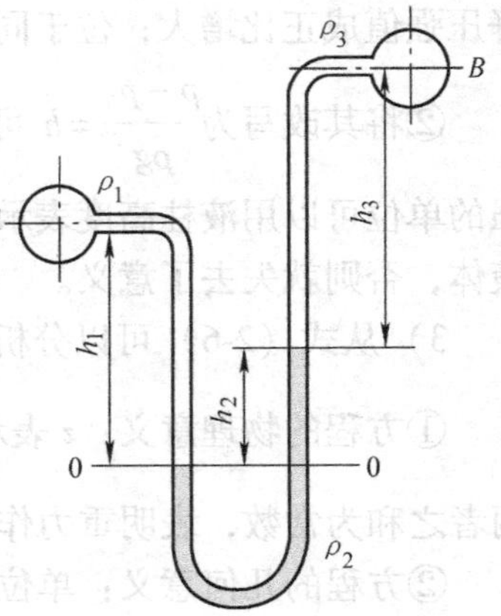

图 2-15 例 2-2 图

例 2-2 如图 2-15 所示，液体 1 和液体 3 的密度相等，$\rho_1 g=\rho_3 g=8.14\text{kN/m}^3$，液体 2 的 $\rho_2 g=133.3\text{kN/m}^3$。已知：$h_1=16\text{cm}$，$h_2=8\text{cm}$，$h_3=12\text{cm}$。求：（1）当 $p_B=68950\text{Pa}$ 时，p_A 等于多少。（2）当 $p_A=137900\text{Pa}$ 时，且大气压强计的读数为 95976Pa 时，B 点的表压为多少。

解 （1）根据静止、均质、连通的液体中水平面是等压面的原则，选定等压面 0-0，等压面左右两侧的压强分别是

$$p_0=p_A+\rho_1 g h_1$$

$$p_0=p_B+\rho_3 g h_3+\rho_2 g h_2$$

上两式相等，得

$$\begin{aligned}p_A&=p_B+\rho_3 g h_3+\rho_2 g h_2-\rho_1 g h_1\\&=(68950+8.14\times10^3\times0.12+133.3\times10^3\times0.08-8.14\times10^3\times0.16)\text{Pa}\\&=79288.4\text{Pa}\end{aligned}$$

（2）根据两侧等压面的压强关系，B 点的表压为

$$\begin{aligned}p_{Be}&=p_A+\rho_1 g h_1-\rho_3 g h_3-\rho_2 g h_2-p_a\\&=(137900+8.14\times10^3\times0.16-8.14\times10^3\times0.12-133.3\times10^3\times0.08-95976)\text{Pa}\\&=31585.6\text{Pa}\end{aligned}$$

例 2-3 发电厂除氧器中水温 105℃，压强 p_0 为 $118\times10^3\text{Pa}$，密度 ρ 为 950kg/m^3。如图 2-16 所示，除氧器中水面与给水泵入口位置高度差 $H=10\text{m}$，当地大气压 p_a 为 $9.0\times10^4\text{Pa}$。当给水泵处于备用状态时，求：水泵进口处的绝对压强与计示压强。

解题分析 给水泵处于备用状态时，给水管中水不流动，故给水泵进口压强可按静力学基本方程计算。

解 （1）绝对压强

$$p=p_0+\rho g H=(118\times10^3+950\times9.806\times10)\text{Pa}=211.157\times10^3\text{Pa}$$

（2）计示压强

$$p_e=p-p_a=(211.157\times10^3-9.0\times10^4)\text{Pa}=121.157\times10^3\text{Pa}$$

例 2-4 热电厂内一台 200MW 汽轮机组，配套 N—11220 型的冷凝器，其运行真空 p_0 为 95445Pa，冷凝器底装有收集凝结水的热水井，由水管通向凝结水泵（图 2-17）。热水井底到水泵进口高 $h_1=3.2\text{m}$，凝结水泵要求在流量为 0 时的最低压强 $p_1=5\times10^4\text{Pa}$ 才不会产生

气蚀。已知大气压强$p_a = 1.01 \times 10^5 \text{Pa}$，凝结水密度$\rho = 995\text{kg/m}^3$。求热水井应保持的最低水位$h_2$。

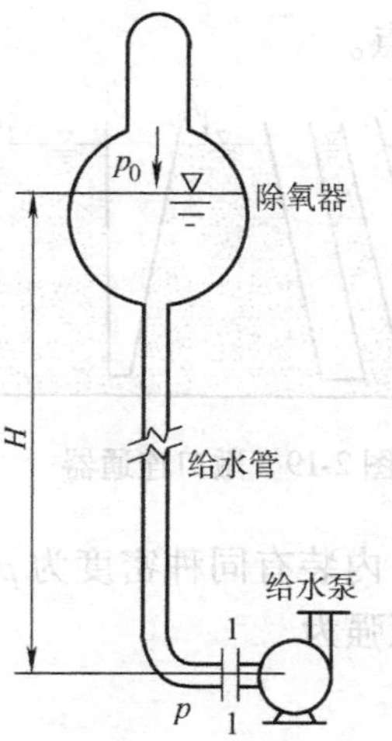

图 2-16　例 2-3 图

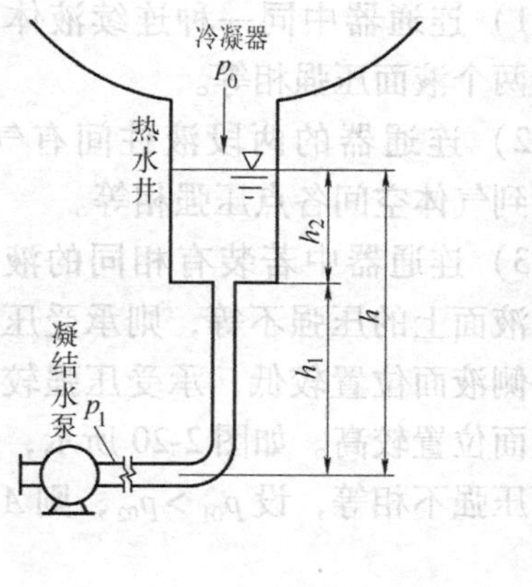

图 2-17　例 2-4 图

解题分析　凝结水泵流量为 0 时，即水管中水不流动，故可用静力学方程求解。通过已知的p_0和p_1，可以求得保证凝结水泵不会产生气蚀的凝结水上液面距凝结水泵入口的最低高度h，再根据h_1、h_2和h的关系，求h_2。

解　因为$p_1 = p_0 + \rho g h$

所以$h = \dfrac{p_1 - p_0}{\rho g} = \dfrac{5 \times 10^4 - (1.01 \times 10^5 - 95445)}{995 \times 9.806}\text{m} = 4.55\text{m}$

所以$h_2 = h - h_1 = (4.55 - 3.2)\text{m} = 1.35\text{m}$

例 2-5　试推导锅炉垂直烟囱的自生通风力。

烟气在烟囱中具有自动流通的能力，俗称"烟囱能抽烟"。这是因为烟囱内的气温高于周围空气，因此它的密度ρ_2低于周围空气的密度ρ_1，因此它在烟囱底产生的压强小于空气而被挤出烟囱。故可以用这个压差来表示烟囱的自生通风能力。图 2-18 表示一烟囱，其高为H，其顶部大气压强为p_a。设烟囱底与周围大气相通，故A点气体受B点气体所挤的压差为Δp，即烟囱的自生通风力。

解　因为$p_A = p_a + \rho_2 g H$，$p_B = p_a + \rho_1 g H$

所以$\Delta p = p_B - p_A = (\rho_1 - \rho_2) g H$

从以上结果可以看出以下两点。

1）烟囱越高，烟囱的自生通风能力越强，所以高烟囱比矮烟囱抽烟效果好。

2）被抽送气体与周围空气的密度差越大，烟囱的自生通风能力越强，这就是烟囱冬天的抽烟效果比夏天好的原因。

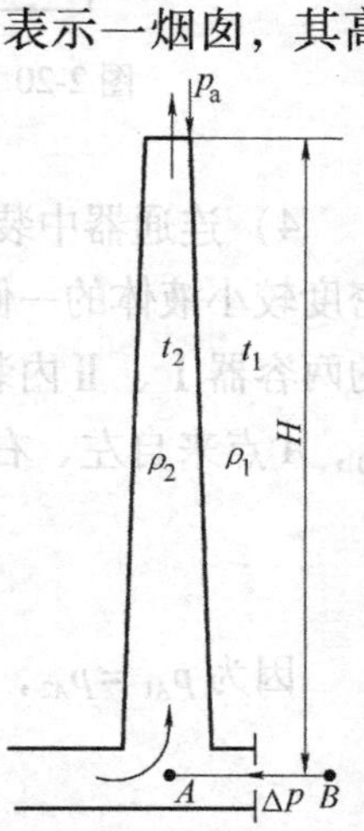

图 2-18　例 2-5 图

（二）仪器应用

1. 连通器

所谓连通器就是两个或多个在液面下相互连通的液体容器，如图 2-19 所示。连通器在生产生活中有广泛的应用，如日常生活中常用的茶壶、牲畜的自动饮水器、水渠的过路涵洞、监测容器和设备的液面高度的液位计、航运中的船闸、实验室中的液柱式测压计等。

根据流体静力学基本方程，连通器内流体具有如下特点。

1）连通器中同一种连续液体相同高度的两个液面压强相等。

2）连通器的两段液柱间有气体时，认为到气体空间各点压强相等。

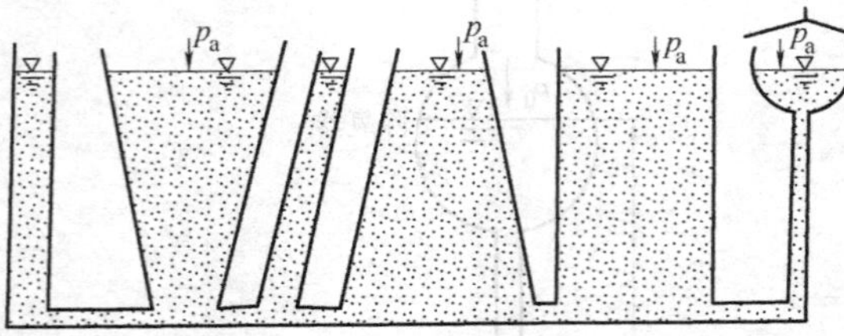

图 2-19 敞口连通器

3）连通器中若装有相同的液体，但两边液面上的压强不等，则承受压强较高的一侧液面位置较低，承受压强较低的一侧液面位置较高。如图 2-20 所示，连通的两个容器Ⅰ、Ⅱ内装有同种密度为 ρ 的液体，但表面压强不相等，设 $p_{01} > p_{02}$，则 A 点来自左、右两侧的压强为

$$p_{A1} = p_{01} + \rho g h_1$$
$$p_{A2} = p_{02} + \rho g h_2$$

因为液体为平衡状态，所以 $p_{A1} = p_{A2}$，即

$$p_{01} + \rho g h_1 = p_{02} + \rho g h_2$$
$$p_{01} - p_{02} = \rho g (h_2 - h_1)$$

因为 $p_{01} > p_{02}$，所以有 $h_2 > h_1$。上式说明了Ⅰ、Ⅱ两容器由于表面压强不相等，即使是同种流体，液面高度也不相等。

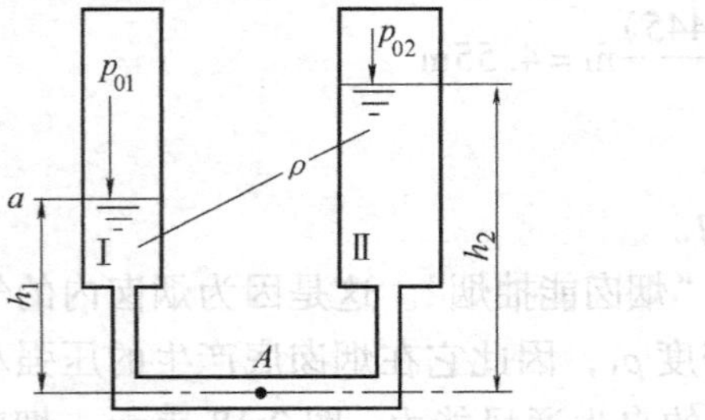

图 2-20 封闭连通器一

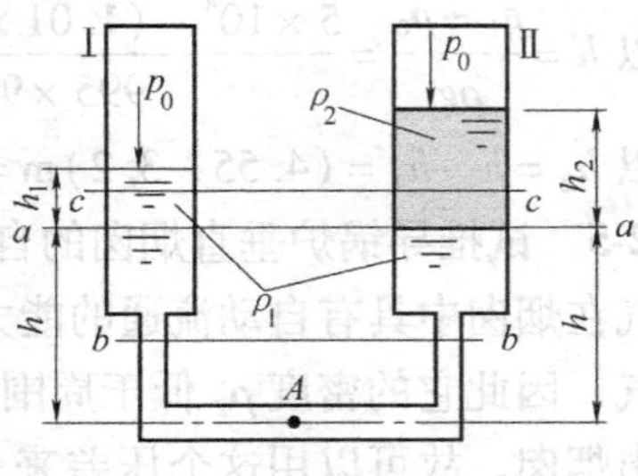

图 2-21 封闭连通器二

4）连通器中装有密度不同而又互不相混的两种液体，且两侧液面上压强相等时，装有密度较小液体的一侧液面较高，装有密度较大液体的一侧液面较低。如图 2-21 所示，连通的两容器Ⅰ、Ⅱ内装有不相混合的两种液体，设 $\rho_1 > \rho_2$，两容器中液体表面压强相等，均为 p_0，A 点来自左、右两侧的压强为

$$p_{A1} = p_0 + \rho_1 g h_1 + \rho_1 g h$$
$$p_{A2} = p_0 + \rho_2 g h_2 + \rho_1 g h$$

因为 $p_{A1} = p_{A2}$，所以有

$$\rho_1 g h_1 = \rho_2 g h_2$$
$$\frac{h_2}{h_1} = \frac{\rho_1}{\rho_2}$$

上式表明，当连通器内装有两种互不相混的液体时，液体自分界面算起的液体高度与液体的密度成反比。利用这一原理可以测定液体密度或进行液柱高度换算。

知识拓展：液位计

液位计是监测容器和设备内液面高度的装置，如水箱、油箱、锅炉汽包等设备上都装有液位计，或称为水位计，如图 2-22 所示。在火力发电厂锅炉运行中，监视和正确测量锅炉汽包内的水位以及保持水位在规定范围内是非常重要的。水位不能太高，也不能太低。太高时，易使蒸汽带水，锅炉长期在较高水位下运行会导致蒸汽含盐量微量增加，使过热器管壁上及汽轮机动、静叶片上结盐垢；水位太低时，会使某些水冷壁管水循环变差，致使水冷壁管烧坏。特别是现代大型锅炉，出力大，汽包的水容量小，如果因某种原因致使锅炉在满负荷下中断汽包给水，只要一两分钟甚至更短的时间就可“干锅”，发生重大设备损伤事故。为了保证对锅炉汽包水位进行准确的监视和测量，现代大型锅炉常装有多支、多种类型的水位计，如高读水位计、低读水位计、电感应水位计、机械水位计、光学水位计等。

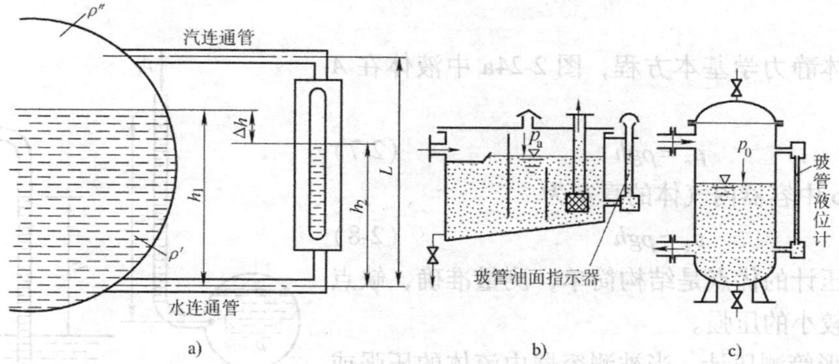

图 2-22 液位计

a）锅炉汽包的高读水位计 b）汽轮机组油箱的油面指示器 c）化学处理水罐液位计

知识拓展：船闸

利用河水灌溉农田，或者利用水力推动水力发电机进行工作时需要在河流上修建拦河坝，用以提高水位。这样，河水被大坝隔断，上下游的水位差较大，航船无法通过。于是人们就利用连通器的原理，在运输频繁的江河上，在大坝的旁边修建了船闸。船闸是利用向两端有闸门控制的航道内灌、泄水，以升降水位，使船舶能克服航道上的集中水位落差的厢形通航建筑物。船闸由设有闸门和阀门的闸首、放置船舶的闸室、导引船舶入闸室的上游及下游引航道、为闸室灌水与泄水的输水系统，以及闸门与阀门的启闭机械和控制系统组成，如图 2-23 所示。当船下行时，先将闸室充水，待室内水位与上游相平时，将上游闸门开启，让船只进入闸室。随即关闭上游的闸门，闸室放水，待其降至与下游水位相平时，将下游闸门开启，船只即可出闸。上行时与上述过程相反。

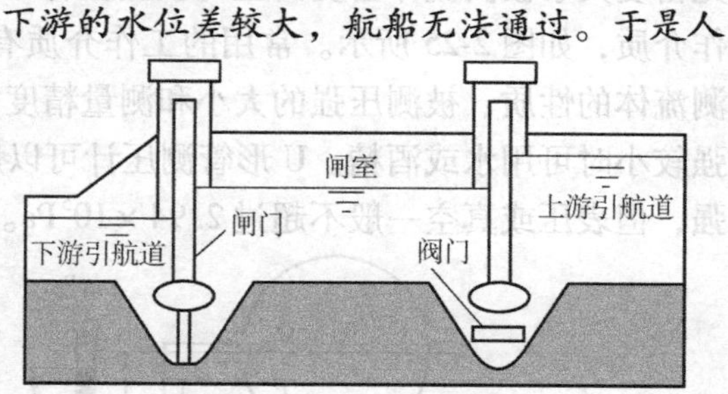

图 2-23 船闸示意图

2. 液柱式测压计

测量流体压强的仪器被称为测压计，按工作原理不同可分为三类：金属式、电测式和液柱式。金属式通过金属元件的变形量测取压强，特点是量程较大，常用在现场，就地读取数据。电测式利用传感器将压强转变为电阻、电容等电信号，特点是便于遥控和自记。液柱式根据连通器原理，以流体静力学基本方程式为依据，用液柱高度或液柱高度差显示流体的压强或压强差，特点是精度较高，量程较小，常用于实验室。常见的液柱式测压计有以下几种。

(1) 测压管　测压管是一种结构最简单的液柱式测压计，它就是一根标有刻度的玻璃管，测量时将它直接连接在盛装流体的容器上。当测量压强高于大气压的液体的压强时，测压管上端开口于大气，在液体压强的作用下液体在测压管中上升一定的高度，通过被测点距离测压管中自由表面的高度读取液体的表压，如图 2-24a 所示；当测量气体的真空时，需要将测压管置于另一个盛有液体且开口于大气的容器中，根据测压管中液柱上升的高度得到气体的真空，如图 2-24b 所示。为了减小毛细现象造成的测量误差，要求玻璃管的内径一般不小于 10mm。为了方便测量，测压管一般主要用于测量表压不超过 1mH_2O 或 9800Pa 的液体的压强。

根据流体静力学基本方程，图 2-24a 中液体在 A 点的表压为

$$p_e = \rho g h \tag{2-7}$$

图 2-24b 中容器内气体的真空为

$$p_v = \rho g h \tag{2-8}$$

这种测压计的优点是结构简单，测量准确，缺点是只能测量较小的压强。

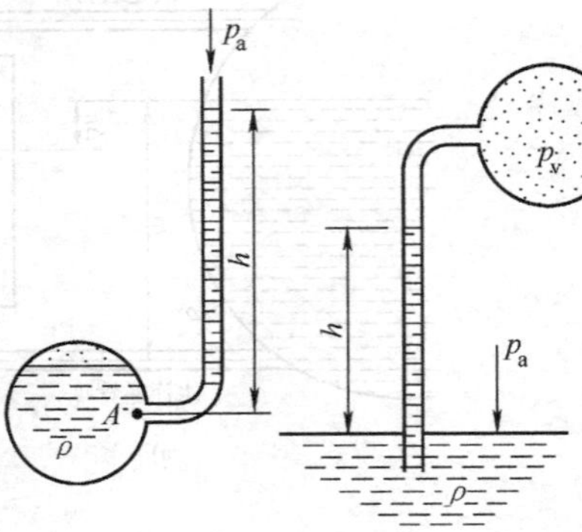

a)　　b)

图 2-24　测压管

a) 测表压　b) 测真空

(2) U 形管测压计　当被测容器内流体的压强或真空度较大时，采用 U 形管测压计。U 形管测压计是一个装在刻度板上两端开口的 U 形玻璃管，测量时管的一端接被测容器，另一端与大气相通，管中需要填充密度大于被测流体密度而且与被测流体不相混的工作介质，如图 2-25 所示。常用的工作介质有酒精、水、四氯化碳（CCl_4）和汞等，根据被测流体的性质、被测压强的大小和测量精度等选择。一般，被测压强较大时可用汞，被测压强较小时可用水或酒精。U 形管测压计可以用来测量表压和真空，可以测量气体和液体的压强，但表压或真空一般不超过 2.94×10^5Pa。

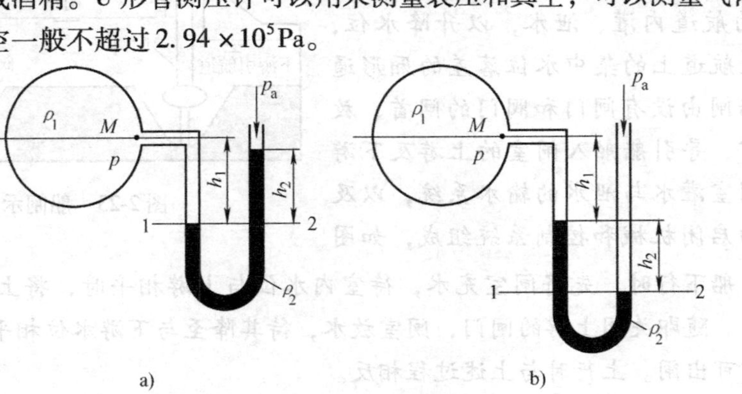

a)　　b)

图 2-25　U 形管测压计

a) $p > p_a$　b) $p < p_a$

测量时先根据连通器原理找到等压面，由等压面上压强相等列方程，从而计算得到被测

压强。

当被测容器中的流体压强高于大气压强（$p>p_a$）时，如图 2-25a 所示，根据流体静力学基本方程式和等压面的性质，得到 U 形管左右两管中的 1-2 等压面上两点 1 和 2 的静压强，即

$$p_1 = p + \rho_1 g h_1$$

$$p_2 = p_a + \rho_2 g h_2$$

由于 $p_1 = p_2$，则 M 点的绝对压强为

$$p = p_a + \rho_2 g h_2 - \rho_1 g h_1 \tag{2-9}$$

M 点的表压为

$$p_e = \rho_2 g h_2 - \rho_1 g h_1 \tag{2-10}$$

于是，可以根据测得的 h_1 和 h_2 以及已知的 ρ_1 和 ρ_2 计算出被测点的绝对压强和计示压强。

当被测容器中的流体压强小于大气压强（$p<p_a$）时，如图 2-25b 所示，计算过程相似，由 U 形管左右两管中的 1-2 等压面上两点 1 和 2 的静压强相等得

$$p + \rho_1 g h_1 + \rho_2 g h_2 = p_a$$

则 M 点的绝对压强为

$$p = p_a - \rho_1 g h_1 - \rho_2 g h_2 \tag{2-11}$$

M 点的真空为

$$p_v = \rho_1 g h_1 + \rho_2 g h_2 \tag{2-12}$$

用 U 形管测压计来测量气体压强时，因为气体的密度很小，则式（2-9）~式（2-12）中的 $\rho_1 g h_1$ 项可以忽略不计，公式得到简化。

若被测流体的压强较高时，用一个 U 形管则过长，可以采用串联的 U 形管组成多 U 形管测压计，或称复式 U 形管测压计，如图 2-26 所示。通常采用双 U 形管或三 U 形管，计示压强可达 3~4 个大气压。

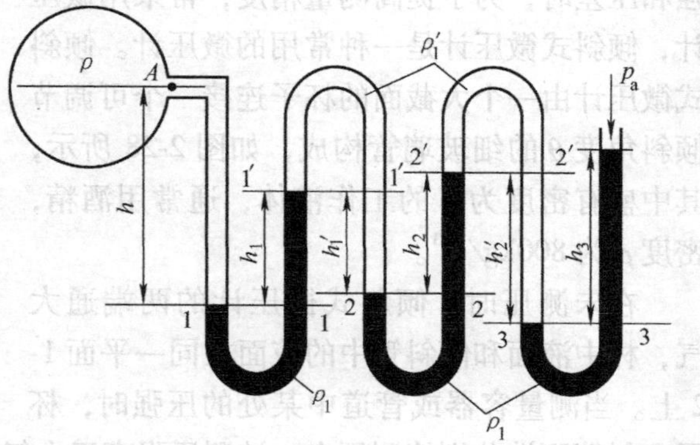

图 2-26 多 U 形管测压计

以三 U 形管测压计为例，以互不掺混的两种流体为工作介质（$\rho_1>\rho_1'$），则在平衡的同一种工作介质连续区内，同一水平面即为等压面，图 2-26 中有 1-1、1′-1′、2-2、2′-2′和 3-3 五个等压面，对各等压面依次列平衡方程，联立得 A 点的绝对压强为

$$p = p_a + \rho_1 g h_3 - \rho_1' g h_2' + \rho_1 g h_2 - \rho_1' g h_1' + \rho_1 g h_1 - \rho g h$$

即

$$p = p_a - \rho g h - \rho_1' g (h_1' + h_2') + \rho_1 g (h_1 + h_2 + h_3) \tag{2-13}$$

（3）U 形管差压计　U 形管差压计用来测量两个容器或同一容器（如管道）流体中不同位置两点的压强差。测量时，把 U 形管两端分别连于被测点 A 和 B，如图 2-27 所示。要求工作介质不与被测流体相混合，当被测量的压强差较大时，工作介质的密度 ρ 要高于被测

流体的密度 ρ_A 和 ρ_B，如图 2-27a 所示；当被测量的压强差较小时，可用倒置 U 形管差压计，如图 2-27b 所示，工作介质的密度 ρ 要低于被测流体的密度 ρ_A 和 ρ_B。

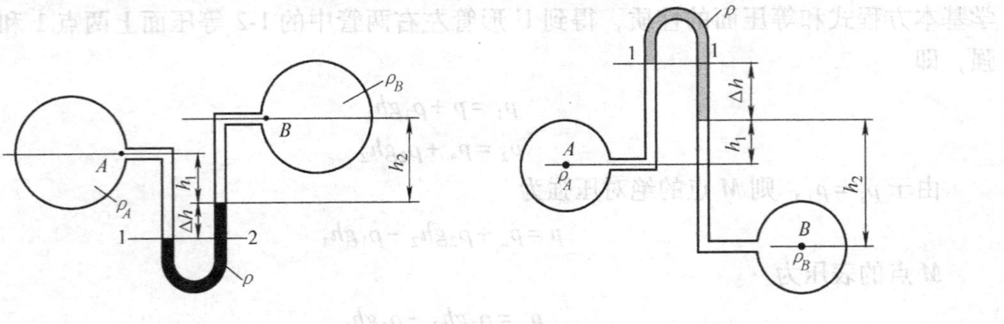

图 2-27 U 形管差压计

a）U 形管差压计 b）倒置 U 形管差压计

当 A、B 的压强差较大时，若 $p_A > p_B$，由 1-2 等压面列平衡方程得

$$p_A + \rho_A g(h_1 + \Delta h) = p_B + \rho_B g h_2 + \rho g \Delta h$$

则 A、B 的压强差为

$$\Delta p = p_A - p_B = (\rho - \rho_A) g \Delta h + \rho_B g h_2 - \rho_A g h_1 \tag{2-14}$$

（4）倾斜式微压计 在测量气体的微小压强和压差时，为了提高测量精度，常采用微压计，倾斜式微压计是一种常用的微压计。倾斜式微压计由一个大截面的杯子连接一个可调节倾斜角度 θ 的细玻璃管构成，如图 2-28 所示，其中盛有密度为 ρ 的工作液体，通常用酒精，密度 ρ 为 800kg/m³。

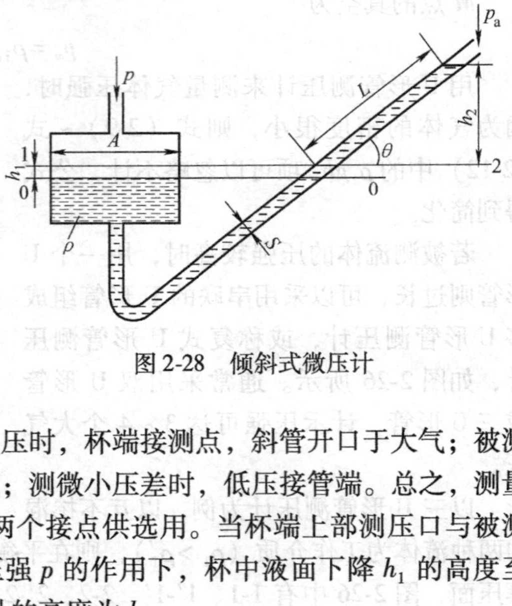

图 2-28 倾斜式微压计

在未测压时，倾斜式微压计的两端通大气，杯中液面和倾斜管中的液面在同一平面 1-2 上。当测量容器或管道中某处的压强时，杯子和斜管两端分别接测压点，被测压强高于大气压时，杯端接测点，斜管开口于大气；被测压强为负压时，斜管端接测点，杯子开口于大气；测微小压差时，低压接管端。总之，测量时小压强信号接管端，仪器上有“+”、“-”两个接点供选用。当杯端上部测压口与被测气体容器或管道的测点相连接时，在被测气体压强 p 的作用下，杯中液面下降 h_1 的高度至平面 0-0，而玻璃管中液面上升了长度 L，即上升的高度为 h_2。

根据流体静力学方程和等压面原理得被测气体的相对压强为

$$p_e = \rho g(h_1 + h_2) \tag{2-15}$$

设 A 和 S 分别为杯子和玻璃管的横截面积，由于杯内液体下降的体积等于管中液体的上升体积，则有

$$h_1 A = LS$$

又

$$h_2 = L\sin\theta$$

于是

$$p_e = \rho g\left(\frac{S}{A} + \sin\theta\right)L = KL \tag{2-16}$$

式中　K——倾斜式微压计常数，$K = \rho g\left(\frac{S}{A} + \sin\theta\right)$。

当ρ、S、A一定时，不同的θ对应不同的K值，改变θ的大小，可得到不同的K值，仪器的K值标在斜管对应的位置上，其值一般有0.2、0.3、0.4、0.6和0.8五个数据以供选用。测量时读取液柱L（单位为m），再乘以K值，就得到相应的压强（单位为Pa）。

倾斜式微压计的放大作用体现在两个方面：一是通过细管的倾斜，将较小的高度信号转换成相对较大的长度信号显示压强；二是通过杯子与玻璃管的横截面积的较大差别将信号放大，即工作液在截面积较大的杯子中液面下降较小，在细玻璃管中液面上升则较长。

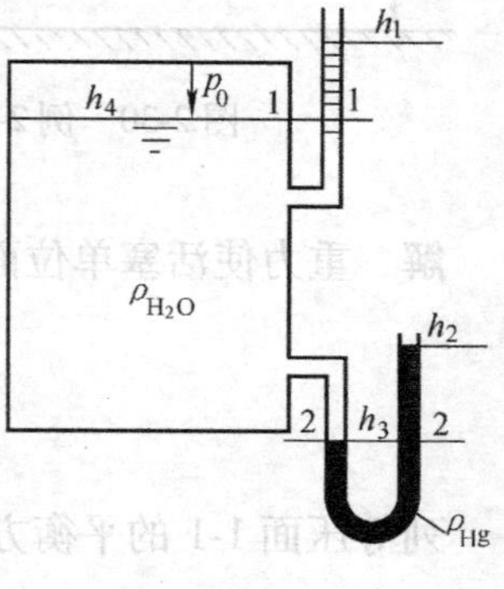

图2-29　例2-6图

例2-6　如图2-29所示，已知封闭水箱中的液面高度$h_4 = 60\text{cm}$，测压管中的液面高度$h_1 = 100\text{cm}$，U形管中右端工作介质高度$h_2 = 20\text{cm}$。求U形管中左端工作介质高度h_3为多少。（汞密度为13600kg/m^3，水的密度为1000kg/m^3，下同）

解题分析　此装置中用到了两种液柱式测压计——测压管和U形管测压计，液位以相对于同一个基准面的标高表示。解题的核心问题还是正确选择等压面，根据已知条件和求解问题选择图示的等压面1-1和2-2。

解　列等压面1-1的平衡方程有

$$p_{0e} = \rho_{H_2O}(h_1 - h_4)$$

列等压面2-2的平衡方程为

$$p_{0e} + \rho_{H_2O}g(h_4 - h_3) = \rho_{Hg}g(h_2 - h_3)$$

两式联立，并将已知条件代入得

$$h_3 = 136.5\text{mm}$$

例2-7　用U形管测压计测定管A和管B的压强差，如图2-30所示。如果管A中的压强是$2.744\times10^5\text{Pa}$，管B中的压强是$1.372\times10^5\text{Pa}$，试确定U形管测压计的读数h值。

解　设U形管测压计左侧水银面距底面的距离为y，$h_1 = 548\text{cm}$，$h_2 = 304\text{cm}$，根据等压面之间压强的关系有

$$p_A + \rho_{H_2O}g(h_1 - y) = p_B - \rho_{H_2O}g(y + h - h_2) + \rho_{Hg}gh$$

整理得

$$h = \frac{p_A - p_B + \rho_{H_2O}g(h_1 - h_2)}{(\rho_{Hg} - \rho_{H_2O})g}$$

$$= \frac{2.744\times10^5 - 1.372\times10^5 + 1000\times9.806\times(5.48 - 3.04)}{(13600 - 1000)\times9.806}\text{m}$$

$$= 1.30\text{m}$$

例2-8　如图2-31所示的测量装置，活塞直径$d = 35\text{mm}$，油的相对密度$d_{oil} = 0.92$，汞

的相对密度 $d_{Hg}=13.60$，活塞与缸壁无泄漏和摩擦。当活塞重量为15N 时，$h=700$mm，试计算 U 形管测压计的液面高差 Δh 值。

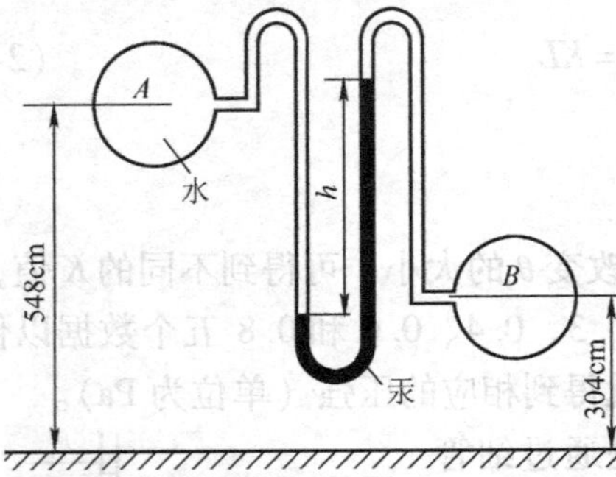

图 2-30 例 2-7 图

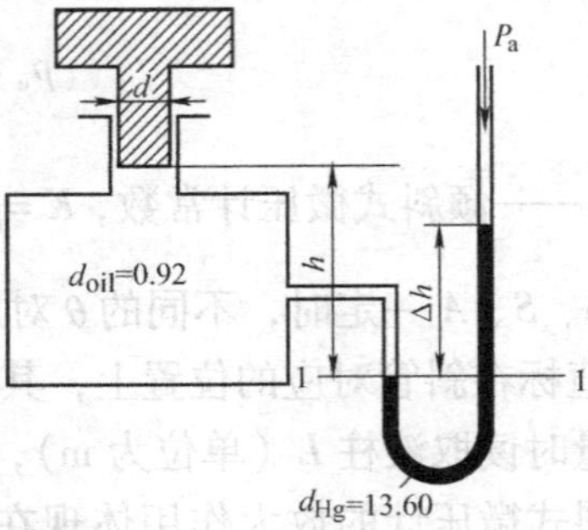

图 2-31 例 2-8 图

解 重力使活塞单位面积上承受的压强为

$$p=\frac{G}{\frac{\pi}{4}d^2}=\frac{15}{\frac{\pi}{4}\times 0.035^2}\text{Pa}=15590\text{Pa}$$

列等压面 1-1 的平衡方程

$$p+\rho_{oil}gh=\rho_{Hg}g\Delta h$$

解得

$$\Delta h=\frac{p}{\rho_{Hg}g}+\frac{\rho_{oil}}{\rho_{Hg}}h=\left(\frac{15590}{13600\times 9.806}+\frac{0.92\times 1000}{13600}\times 0.7\right)\text{m}=0.164\text{m}$$

例 2-9 复式汞 U 形管测压计如图 2-32 所示。已知测压管中各液面的相对高度为 $h_{12}=1.3$m，$h_{34}=0.8$m，$h_{54}=1.7$m。求容器水面上的表压。

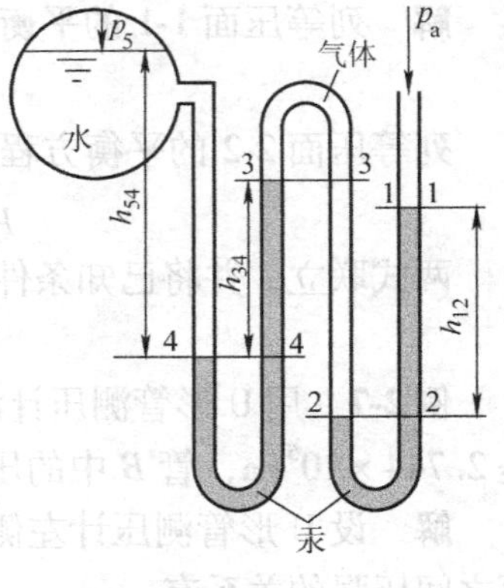

图 2-32 例 2-9 图

解 取等压面 2-2、3-3、4-4，则

$$p_{2e}=\rho_{Hg}gh_{12}$$

由于气体密度远小于液体密度，所以面 2-2 与面 3-3 间由气柱产生的压强可忽略不计，即认为 $p_2=p_3$，于是

$$p_{4e}=p_{3e}+\rho_{Hg}gh_{34}$$

容器水面上的相对压强为

$$\begin{aligned}p_{5e}&=p_{4e}-\rho_{H_2O}gh_{54}=\rho_{Hg}g(h_{12}+h_{34})-\rho_{H_2O}gh_{54}\\&=[13600\times 9.806\times(1.3+0.8)-1000\times 9.806\times 1.7]\text{Pa}\\&=263389.16\text{Pa}\end{aligned}$$

第四节 静止流体对固体壁面的压力

工程实际问题中，往往要求静止液体作用在固体壁面上的总压力。如图 2-1 所示的压力容器中，气体和液体对容器底面和侧面都有作用力，气体对顶面也有作用力。这些壁面，有的是平面，有的是曲面，它们受到的流体的总压力的计算方法不同，故我们分别来讨论。力

是矢量，要求解它的大小、方向和作用点。

一、静止流体作用于平壁上的总压力

由式（2-5）已知静止流场中任意一点的压强由自由表面上的压强 p_0（简称气体压强）和液体淹深所产生的压强 ρgh（简称液体压强）两部分组成，这两部分共同作用在壁面上。故壁面上受到的气体压强是均布的连续载荷，而液体压强是一种按淹深成线性分布的连续载荷。为计算方便，这两部分载荷分别计算后再合成。对于敞口于大气的容器，液面压强即大气压强，容器又放置于大气之中，故壁面两侧所受气体压力互相抵消，无需计算。对于较高压强的受压容器，淹深又不大时（如 p_0 在 1MPa 以上，而淹深只有几米时），工程计算中就只求气体压强，忽略液体压强，p_0 按表压取值，扣除大气压强的作用。对于以上两种情况以外的情况，则需同时考虑气体压强和液体压强。

（一）气体压强作用力 F_1

根据帕斯卡原理，气体压强 p_0 被等值地传递到流体中各处，所以壁面受到的是等值的均匀分布的连续载荷。根据静压强各向等值的性质，壁面无论是水平的底面或顶面，还是垂直或倾斜的侧壁面，表面应力都是 p_0，故气体压强作用力 F_1 为

$$F_1 = p_0 A \tag{2-17}$$

式中　A——平壁的面积，单位为 m^2。

作用力方向为垂直指向受压平面，作用点与平面的形心 C 重合。

（二）液体压强作用力 F_2

受压平面的位置有多种，根据其与水平面的夹角大小可以大致分为三类，即夹角为 0 的水平面，夹角为 90°的铅垂面和夹角在 0°～90°之间的倾斜平面。

1. 水平面的液体压强作用力

由于平面水平放置，其上各处的流体的淹深相同，则平面上各处的液体压强 ρgh 相等，所以此时平面上所受的是均匀分布的连续载荷，液体压强对平面的作用力为

$$F_2 = \rho ghA \tag{2-18}$$

方向为垂直指向受压平面，作用点与平面的形心 C 重合，如图 2-33 所示。

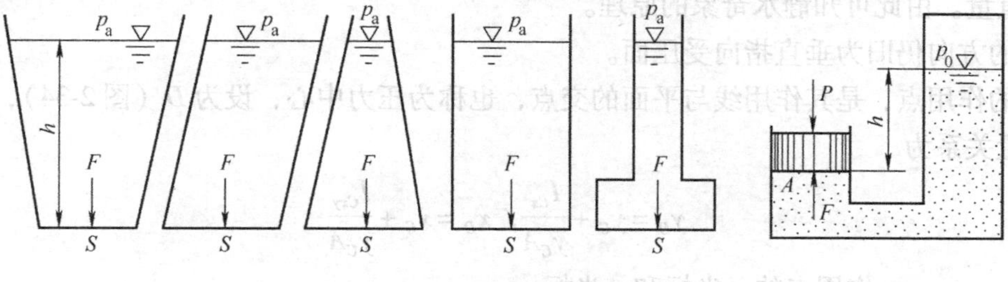

图 2-33　水平面的液体压强作用力
a）底面的总压力（静水奇象）　b）顶面的总压力

知识拓展：静水奇象和静水压力

（1）静水奇象　水平面的液体压强作用力只与液体的密度、平面形心的淹深平面面积的大小和重力加速度有关，所以即使容器形状不同，只要盛装高度相同的同一种液体，当底

面面积相等时，液体对容器底部的作用力则相同，此现象被称为静水奇象，如图 2-33a 所示。工程上可以利用这一现象对容器底部进行严密性检查。液体作用在容器底面上的压力不要和容器所盛液体的重量相混淆。

(2) 静水压力的应用　如图 2-33b 所示，如果顶面上部有作用力 P。

当 $F=P$ 时，活塞处于平衡状态。在发电厂中利用此原理制成往复式活塞液压缸来开启或操纵很重的设备，如汽轮机主汽门、调节汽门、旋转隔板等的开启或操纵等。

若 $P<F$，顶面将会被冲开，液体外溢。如开采石油钻井时，当地下油、水和气体压强太大时就会发生“井喷”，高速的流体冲刷井壁，使其坍塌，这时要立即用重晶石（硫酸钡，性质与石膏相似，而密度是石膏的 1.5 倍）泥浆进行压井。

2. 倾斜平面的液体压强作用力

与水平面夹角为 α 的任意形状的倾斜平面在液面下的受力情况如图 2-34 所示。

由于液体压强随淹深的增加而增大，平面上所受载荷不是均匀的。为了计算压力的大小，建立如图 2-34 所示的坐标系，在平面 A 上取一微元面积 dA，其淹深为 h，到 Ox 轴的距离为 y，则液体作用在微元面积上的压力为

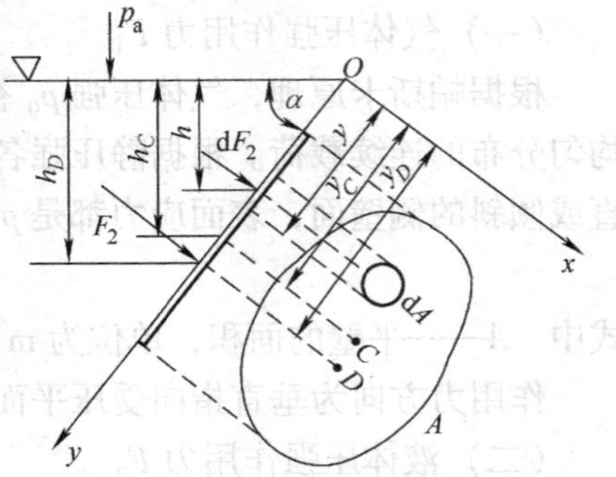

图 2-34　倾斜平面上的液体总压力

$$dF_2=\rho ghdA=\rho gy\sin\alpha dA$$

沿面积 A 积分，得到面积 A 上的液体压力为

$$F_2=\iint_A dF_2=\rho g\sin\alpha\iint_A ydA$$

式中 $\iint_A ydA=y_CA$ 为面积 A 对 Ox 轴的面积矩，y_C 为平面 A 的形心 C 到 Ox 轴的距离。设平面 A 的形心 C 的淹深为 h_C，则有

$$F_2=\rho g\sin\alpha y_CA=\rho gh_CA \tag{2-19}$$

F_2 的大小与 ρ、g、h_C 和 A 有关，与平面的倾斜角度 α 无关，所以式（2-19）同样适用于水平平面和垂直平面。F_2 的大小相当于以平面面积 A 为底、平面形心淹深 h_C 为高的柱体的液体重量。由此可知静水奇象的原理。

F_2 的方向仍旧为垂直指向受压面。

F_2 的作用点，是其作用线与平面的交点，也称为压力中心，设为 D（图 2-34），其与形心的位置关系为

$$y_D=y_C+\frac{I_{Cx}}{y_CA},\quad x_D=x_C+\frac{I_{Cxy}}{y_CA} \tag{2-20}$$

式中　x_D、y_D——作用点的 x 坐标和 y 坐标；

x_C、y_C——平面形心的 x 坐标和 y 坐标；

I_{Cx}——面积 A 对通过形心且平行于 Ox 轴的轴线的惯性矩，工程上常用的截面的几何性质见附表 1；

I_{Cxy}——面积 A 对通过形心且平行于 Oxy 坐标系的两轴的惯性矩。

若通过形心的两轴中有任何一轴是该平面的对称轴，则 $I_{Cxy}=0$，压力中心便在通过形心而平行于 y 轴的直线上。工程中遇到的许多平面都是对称的，所以一般不计算 x_D。许多

不完全对称的平面，也常常可以分成几个规则的面积去计算。x_D、y_D 恒为正，故压力中心永远在平面形心的下方，其间距为$\frac{I_{Cx}}{y_C A}$，而且平面形心的淹深越大，即 y_C 越大，y_D 越接近 y_C。

（三）总压力 F

平面所受的总压力 F 应为气体压强作用力 F_1 和液体压强作用力 F_2 按平行力合成原则合成：

$$F = F_1 + F_2 \tag{2-21}$$

设总压力 F 的作用点的 y 坐标为 y_E，则有

$$Fy_E = F_1 y_C + F_2 y_D$$

即

$$y_E = \frac{F_1 y_C + F_2 y_D}{F} \tag{2-22}$$

若平面为对称平面，总压力 F 的作用点的 x 坐标 x_E 为

$$x_E = x_C = x_D \tag{2-23}$$

平面所受的总压力等于液体表面气体压强作用力和液体压强作用力之和，方向为垂直指向受压面，作用点的 x 坐标在平面对称的情况下与形心相同，y 坐标在形心坐标与液体压强压力中心之间。

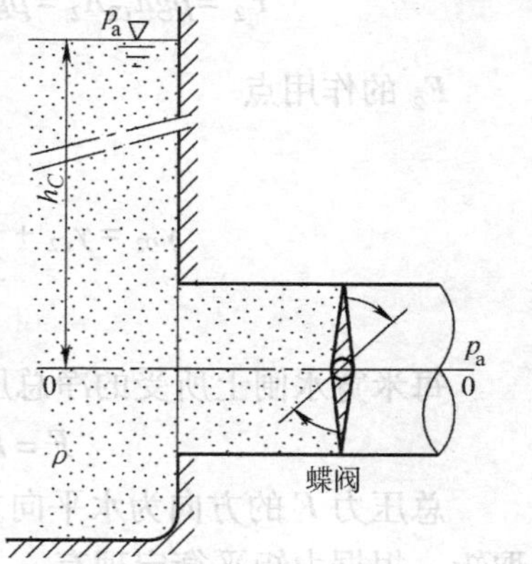

图 2-35　例 2-10 图

例 2-10　在如图 2-35 所示的容器垂直壁水面下 12m 处安有一直径为 1m 的出水管，水面上气体压强为大气压 p_a，水管出口敞开，管道中安装一蝶阀来调节流量。求蝶阀关闭时所受的总压力大小及压力中心。

解题分析　由于阀门两侧均有大气压强的作用，故气体压强作用力互相抵消，只计算液体压强作用力 F_2 即可。阀门的阀板为圆形，由于其厚度较小，近似为平面，形心在圆心处。

解　阀门阀板所受的总压力为

$$F = \rho g h_C A = 1000 \times 9.806 \times 12 \times \frac{\pi}{4} \times 1^2 \text{N} = 9.24 \times 10^4 \text{N}$$

阀板圆盘为轴对称形，故压力中心在圆盘的中心轴线上，距圆心的垂直距离为

$$y_D - y_C = \frac{I_{Cx}}{y_C A} = \frac{\frac{\pi}{4} \times \left(\frac{1}{2}\right)^4}{12 \times \frac{\pi}{4} \times 1^2} \text{m} = 5.2\text{mm}$$

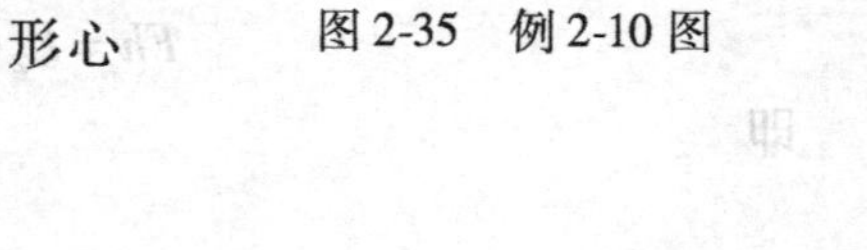

图 2-36　例 2-11 图

例 2-11　一个两边都承受水压的矩形水闸，如图 2-36 所示，如果两边的水深分别为 $h_1 = 2\text{m}$，$h_2 = 4\text{m}$，试求每米宽度水闸上所承受的净总压力及其作

用点的位置。

解题分析 此闸门两面都受到大气压强和水压的作用力，大气压强的作用力互相抵消，但液体压强的作用力要两面分别计算，在两侧分别建立各自的坐标系。由于两侧液面高度不同，两侧液体压强的压力中心不在一个水平面线上，所以在分别计算完两侧的压力之后，要再根据力矩平衡求得总压力的作用点。

解 左侧压力

$$F_1=\rho g h_{C1}A_1=\rho g\frac{h_1}{2}h_1\times 1=1000\times 9.806\times\frac{2}{2}\times 2\times 1\text{N}=19612\text{N}$$

F_1 的作用点

$$y_{D1}=y_{C1}+\frac{I_{Cx}}{y_{C1}A}=\frac{h_1}{2}+\frac{\frac{1}{12}bh_1^3}{\frac{h_1}{2}\times bh_1}=\frac{2}{3}h_1=\frac{2}{3}\times 2\text{m}=\frac{4}{3}\text{m}$$

右侧压力

$$F_2=\rho g h_{C2}A_2=\rho g\frac{h_2}{2}h_2\times 1=1000\times 9.806\times\frac{4}{2}\times 4\times 1\text{N}=78448\text{N}$$

F_2 的作用点

$$y_{D2}=y_{C2}+\frac{I_{Cx}}{y_{C2}A}=\frac{h_2}{2}+\frac{\frac{1}{12}bh_2^3}{\frac{h_2}{2}\times bh_2}=\frac{2}{3}h_2=\frac{2}{3}\times 4\text{m}=\frac{8}{3}\text{m}$$

每米宽水闸上所受的净总压力为

$$F=F_2-F_1=78448\text{N}-19612\text{N}=58836\text{N}$$

总压力 F 的方向为水平向左，其作用点距底面 O 点的距离设为 h。F_1 和 F_2 分别对 O 点取矩，根据力矩平衡定理有

$$Fh=F_2(h_2-y_{D2})-F_1(h_1-y_{D1})$$

即

$$h=\frac{F_2(h_2-y_{D2})-F_1(h_1-y_{D1})}{F}=\frac{78448\times\left(4-\frac{8}{3}\right)-19612\times\left(2-\frac{4}{3}\right)}{58836}\text{m}=1.56\text{m}$$

二、静止流体作用于曲壁面上的总压力

作用在各点的流体的静压强都垂直于容器壁，所以曲壁面上各点所受的液体的作用力形成了复杂的空间力系，求总压力的问题便成为空间力系的合成问题，计算方法与平壁面上的总压力的方法不同。工程中用得最多的是二维曲面，三维曲面与二维曲面的计算方法相类似，因此主要研究液体作用在二维曲面上的总压力。

（一）总压力的求解

图 2-37 所示为某一水坝的一部分曲面 AB 上承受液体静止压强的情况，曲线 AB 为曲面 AB 在平面 xOz 上的投影。

1. 总压力的大小

壁面在弧长为 ds、宽度为 b 的面积 dA 上所受到的液体的压力方向相同，但对于不同的微元面积，它们所受到的液体的静止压力的方向各不相同，为了便于求解合力，将每个微元面积上的作用力都分解为水平方向的分力和垂直方向的分力，这样水平方向分力和垂直方向分力分别构成平行力系，分别求出两方向的合力后，再按矢量合成求解总压力的大小。

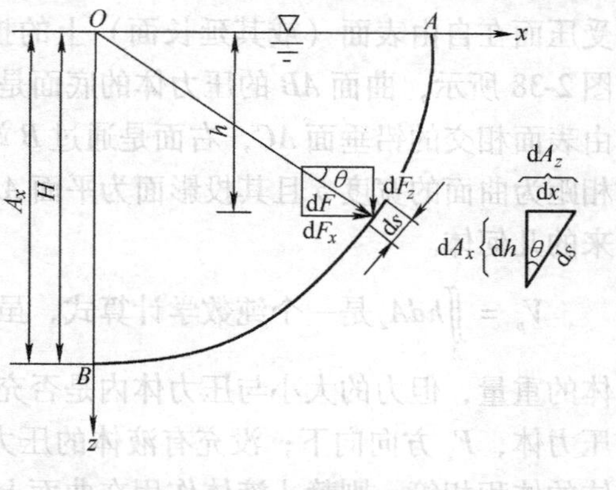

图 2-37　作用在曲面上的总压力

在淹深 h 处的微元面积 dA 所受的液体总压力为

$$dF = \rho ghb\mathrm{d}s = \rho gh\mathrm{d}A$$

（1）水平分力　dF 沿 Ox 轴方向的水平分力为

$$dF_x = dF\cos\theta = \rho gh\mathrm{d}A\cos\theta = \rho gh\mathrm{d}A_x \tag{2-24}$$

由式（2-24）可见，水平分力的求解与平面上的静止压强的作用力的求解同理，则有水平分力

$$F_x = \rho gh_{Cx}A_x \tag{2-25}$$

式中　A_x——曲面在铅垂面，即平面 yOz 上的投影面积，单位为 m^2；

h_{Cx}——曲面在铅垂面上的投影面积的形心淹深。

由此可知，静止液体作用在曲面上的总压力的水平分力等于作用在这一曲面的垂直投影面上的总压力。由例 2-11 可知，F_x 的作用线位于自由表面下 $2H/3$ 处。

（2）垂直分力　dF 沿 Oz 轴方向的水平分力为

$$dF_z = dF\sin\theta = \rho gh\mathrm{d}A\sin\theta = \rho gh\mathrm{d}A_z \tag{2-26}$$

因此可知

$$F_z = \rho g\iint_A h\mathrm{d}A_z = \rho gV_p \tag{2-27}$$

式中　A_z——曲面在水平面，即平面 xOy 上的投影面积，单位为 m^2；

V_p——曲面与自由表面间的柱体体积，称为压力体，单位为 m^3。

由此可知，静止液体作用在曲面上的总压力的垂直分力等于压力体的液体重量，F_z 的作用线通过压力体的重心。

（3）总压力　根据矢量合成原理，静止液体作用在曲面上的总压力为

$$F = \sqrt{F_x^2 + F_z^2} \tag{2-28}$$

2. 总压力的方向

总压力与水平线间的夹角为

$$\theta = \tan^{-1}\frac{F_z}{F_x} \tag{2-29}$$

3. 总压力的作用点

总压力的作用线通过 O 点和 F_x 与 F_z 作用线的交点与曲面相交，交点即为总压力的作用点。

（二）压力体

压力体是所研究的曲面（淹没在静止液体中的部分）与其在自由表面或自由表面的延长面上的投影所包围的一块空间体积。构成压力体的几何面有三种：底面是受压面，顶面是受压面在自由表面（或其延长面）上的投影面，中间是由受压面边界所确定的铅垂面。如图2-38所示，曲面AB的压力体的底面是曲面AB，顶面是自由表面，左面是通过A端与自由表面相交的铅垂面AC，右面是通过B端与自由表面相交的铅垂面BD，前面和后面分别是相距为曲面的宽度b且其投影面为平面$ABDC$的两个平面，此压力体是一个由六个面所围起来的几何体。

$V_p=\iint_A h\mathrm{d}A_z$是一个纯数学计算式，虽然作用在曲面上的垂直分力的大小等于压力体内液体的重量，但力的大小与压力体内是否充满液体无关。充满液体的压力体称为实压力体或正压力体，F_z方向向下；没充有液体的压力体称为虚压力体或负压力体，F_z方向向上。压力体的体积相等，则静止液体作用在曲面上总压力的垂直分力的大小是相等的，但方向可能不同。虚压力体和实压力体可作代数运算。如图2-39所示，曲面AB上的压力体为实压力体，曲面BC上的压力体为虚压力体，曲面ABC上的压力体为曲面AB上的压力体和曲面BC上的压力体的代数和，由图示可知，曲面BC上的压力体的体积比曲面AB上的压力体的体积大，所以曲面ABC上的压力体为虚压力体，F_z的方向向上。

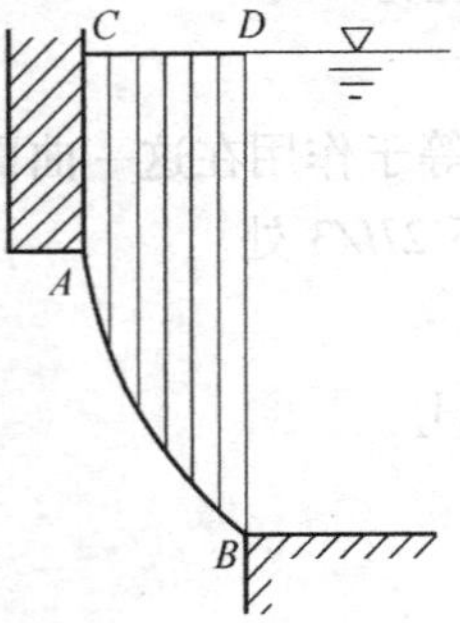

图2-38 压力体示意图

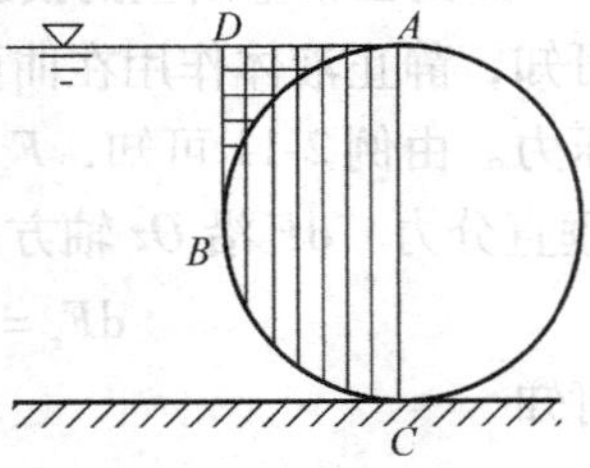

图2-39 半圆柱面上的压力体

（三）静止液体作用在曲面上的总压力的计算程序

1）将总压力分解为水平分力和垂直分力。

2）水平分力的计算：$F_x=\rho g h_{Cx}A_x$。

3）确定压力体的体积。

4）垂直分力的计算：$F_z=\rho g V_p$，方向由虚、实压力体确定。

5）总压力大小的计算：$F=\sqrt{F_x^2+F_z^2}$。

6）总压力方向的确定：$\theta=\tan^{-1}\dfrac{F_z}{F_x}$。

7）总压力作用点的确定：总压力的作用线与曲面的交点。

例2-12 图2-40所示为一水箱，左端为一半球形端盖，右端为一平板端盖。水箱上部有一加水管。已知$h=600\text{mm}$，$R=150\text{mm}$。试求两端盖所受的总压力及方向。

解题分析 左端盖的总压力为曲面上的压力，右端盖的总压力为平面上的压力，应分别按相应的方法计算。值得注意的是，壁面形心的淹深应自加水管的自由表面算起。

解 （1）左端盖的总压力

水平分力：

$$F_x=\rho g h_{Cx}A_x=\rho g(h+R)\pi R^2=1000\times9.806\times(0.6+0.15)\times\pi\times0.15^2\text{N}=520\text{N}$$

方向为水平向左。

垂直分力：

先绘制压力体。由于半球面 ABE 上下两部分的压力体虚实不同，将其分为 AB 和 BE 两部分。AB 部分的压力体如图中左斜线所示，为实压力体。BE 部分的压力体如图中右斜线所示，为虚压力体。实压力体的体积大于虚压力体的体积，其差值正好为半球的体积，所以总压力体为实压力体，大小为半球体积。所以

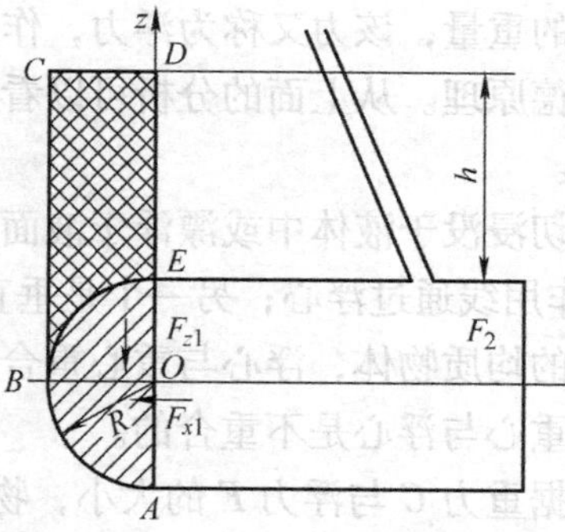

图 2-40　例 2-12 图

$$F_z=\rho g V_p=\rho g\times\frac{1}{2}\times\frac{4}{3}\pi R^3=1000\times9.806\times\frac{2}{3}\pi\times0.15^3\text{N}=69.3\text{N}$$

方向为垂直向下。

总压力：

$$F_1=\sqrt{F_x^2+F_z^2}=\sqrt{520^2+69.3^2}\text{N}=524.7\text{N}$$

方向为通过球心，而且与水平方向的夹角为

$$\theta=\tan^{-1}\frac{F_z}{F_x}=\tan^{-1}\frac{69.3}{520}=7°35'28''$$

（2）右端盖的总压力

$$F_2=\rho g h_C A=\rho g(h+R)\pi R^2=1000\times9.806\times(0.6+0.15)\times\pi\times0.15^2\text{N}=520\text{N}$$

方向为水平向右。

（四）浮力的原理

如图 2-41 所示的球体 $ABCD$ 浸没在静止液体中，它受到的静水总压力 F 分解为水平分力 F_x 和垂直分力 F_z。水平分力 F_x 为曲面 BAD 的水平分力（向右）和曲面 BCD 的水平分力（向左）的代数和，由于球面关于过球心的垂直方向的大圆面对称，而且曲面 BAD 和曲面 BCD 在铅垂面上的投影面积相等，所以水平分力 F_x 为 0。垂直分力 F_z 的求解主要取决于压力体，根据压力体的虚实情况，要分别计算曲面 ADC 的压力体（虚）和曲面 ABC 的压力体（实）。曲面 ADC 的压力体为图中右斜线所示，曲面 ABC 的压力体为图中左斜线所示，二者的代数和为球体体积，所以垂直分力为

$$F_z=\rho g V_q=\rho g V_p$$

这样球体 $ABCD$ 受到的静水总压力为

$$F=F_z=\rho g V_p \tag{2-30}$$

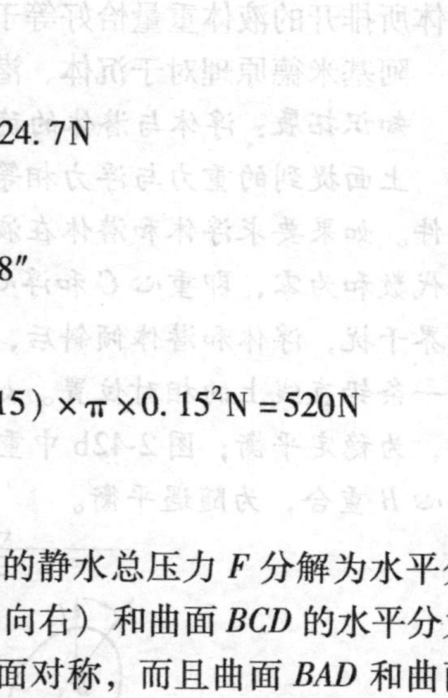

图 2-41　浮力原理示意

总压力的方向为垂直向上。其他形状的物体所受到的静止液体的总压力的大小同式（2-30）所示，方向也为垂直向

上。

上面的分析结果同样适用于漂浮在液面上的物体。此时，压力体的形状应为物体在自由表面以下部分的外表面与自由表面的延展面所包围的空间的形状，体积仍然为物体所排开的液体体积。

综上所述，液体作用在沉没或漂浮物体上的总压力的方向垂直向上，大小等于物体所排开液体的重量，该力又称为浮力，作用线通过压力体的几何中心，又称浮心，这就是著名的阿基米德原理。从上面的分析可以看出：浮力的存在就是物体表面上作用的液体压强不平衡的结果。

一切浸没于液体中或漂浮于液面上的物体都受到两个力的作用：一个是垂直向上的浮力 F，其作用线通过浮心；另一个是垂直向下的重力 G，其作用线通过物体的重心。对浸没于液体中的均质物体，浮心与重心重合，但对于浸没于液体中的非均质物体或漂浮于液面上的物体，重心与浮心是不重合的。

根据重力 G 与浮力 F 的大小，物体在液体中将有三种不同的存在方式。

1）重力 G 大于浮力 F，物体将下沉到底，称为沉体。

2）重力 G 等于浮力 F，物体可以潜没于液体中，称为潜体。

3）重力 G 小于浮力 F，物体会上浮，直到部分物体露出液面，使留在液面以下部分的物体所排开的液体重量恰好等于物体的重力为止，称为浮体。

阿基米德原理对于沉体、潜体和浮体都是正确的。

知识拓展：浮体与潜体的稳定性

上面提到的重力与浮力相等，物体既不上浮也不下沉，这是浮体和潜体维持平衡的必要条件。如果要求浮体和潜体在液体中不发生转动，还必须满足重力和浮力对任何一点的力矩的代数和为零，即重心 C 和浮心 B 在同一条铅直线上。但这种平衡的稳定性（也就是遇到外界干扰，浮体和潜体倾斜后，恢复到原来的平衡状态的能力）取决于重心 C 和浮心 B 在同一条铅直线上的相对位置。如图 2-42 所示的三种情况：图 2-42a 中重心 C 在浮心 B 的下方，为稳定平衡；图 2-42b 中重心 C 在浮心 B 的上方，为不稳定平衡；图 2-42c 中重心 C 和浮心 B 重合，为随遇平衡。

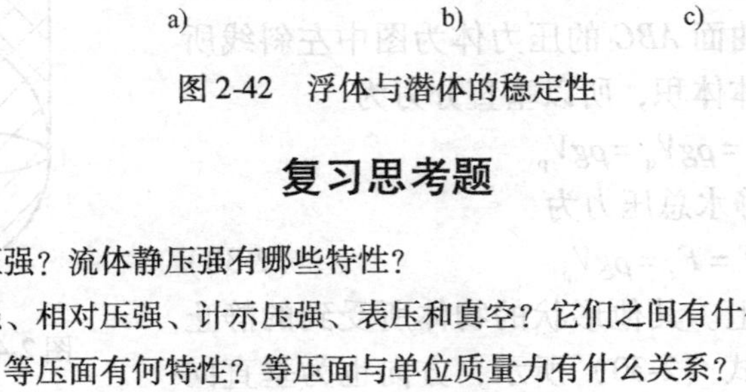

图 2-42 浮体与潜体的稳定性

复习思考题

2-1 什么是流体静压强？流体静压强有哪些特性？

2-2 什么是绝对压强、相对压强、计示压强、表压和真空？它们之间有什么关系？

2-3 什么是等压面？等压面有何特性？等压面与单位质量力有什么关系？

2-4　写出流体静力学基本方程的几种表达式，并说明流体静力学基本方程的物理意义和几何意义。

2-5　什么是连通器？连通器中的流体有何特点？

2-6　不同形状的盛有同种液体的储液容器，若深度相同，容器底面积相等，液体作用在底面上的压强和总压力是否相同？为什么？

2-7　液柱式测压计的工作原理是什么？测压管、U 形管测压计和倾斜式微压计适合的测压范围各是什么？

2-8　有一倾斜平板浸没在静止液体中，当此平板绕其形心转动时，其上的液体总压力如何变化？

2-9　什么是压力体？什么是实压力体和虚压力体？

2-10　重力为 G 的物体在液体中有哪些存在方式？如何确定？

讨论思考题

2-1　如图 2-43 所示，密度不同而且不相混合的两种液体置于同一容器中，$\rho_1 < \rho_2$，试问甲、乙两根测压管中的液面哪一个高？哪一个液面和容器中的液面高度相等？

2-2　如图 2-44 所示，有一连通器装有两种液体密度不同而且不相混合的液体，试比较两种液体的密度 ρ_1 和 ρ_2 的大小。

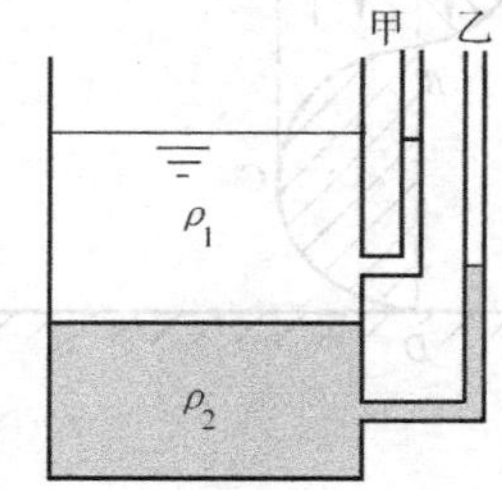

图 2-43　讨论思考题 2-1 图

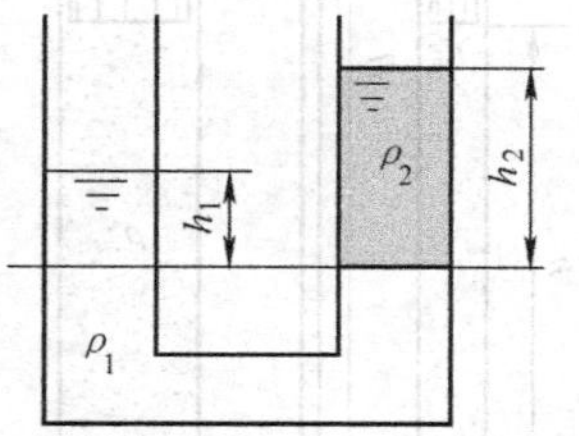

图 2-44　讨论思考题 2-2 图

2-3　如图 2-45 所示的装置，请判断水平面 A-A、B-B、E-E 是否是等压面？为什么？

2-4　如图 2-46 所示，有一个无阻力的手风琴式橡胶囊，自由状态时，压力-真空表 A 的指示为 0。（1）在图 a 中，将橡胶囊推压到体积为原来的 1/3 时，A 的指示读数为多少？拉长到体积为原来的 2 倍时，A 的指示读数又为多少？（2）在图 b 中，若压力-真空表 B 的指示读数是 2 个大气压，A 的读数是多少？此时橡胶囊的体积是多大？若压力-真空表 B 的指示读数是负 1/3 个大气压呢？（3）在图 c 中，若压力-真空表 B 的指示读数是 2 个或负 1/3 个大气压时，A 的读数是多少？橡胶囊的体积是多大？

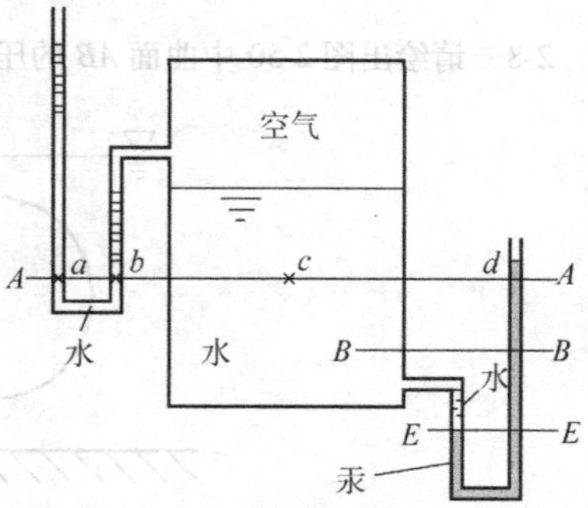

图 2-45　讨论思考题 2-3 图

2-5　如图 2-47 所示，某一容器被一刚性壁分为两部分，在容器不同部位装有 3 个压强计。压强计 B 的读数为 1.75bar，压强计 A 的读数为 1.10bar。如果大气压强为 0.97bar，试确定压强计 C 的读数及两部分容器内气体的绝对压强。

2-6　由两个带有活塞的长筒体组成的水压机，如图 2-48 所示，在两筒的联管上装一根测压管。已知 $d_1 = 2d_2$，两侧的活塞上放砝码使之平衡于 h 高处（$M_1 = 4M_2$），测压管的液柱高度为 H。再将一个小砝码 $m = 0.1M_2$ 放在左边的活塞上，则这个装置将发生怎样的变化？测压管中的液柱将会发生怎样的变化？重新平衡时 h 和 H 的关系如何？如果将小砝码放在右边的活塞上，又将是什么情况？

2-7　判断图 2-49 所示的曲面 $ABCD$ 的压力体是否正确。

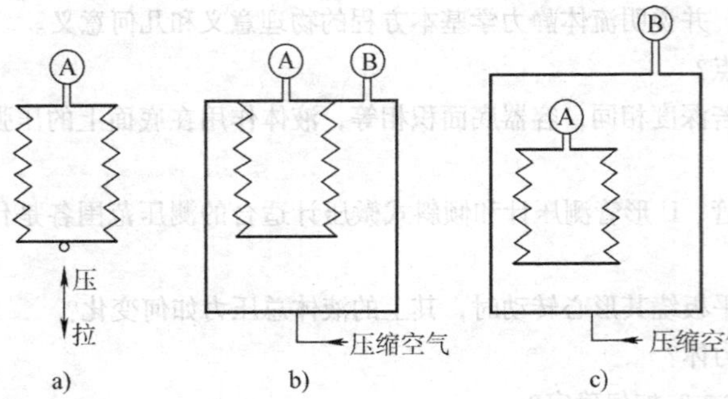

图 2-46　讨论思考题 2-4 图

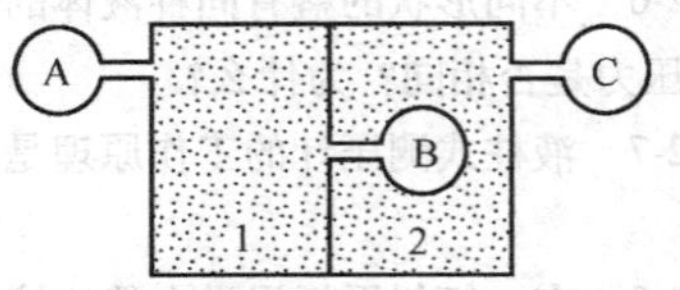

图 2-47　讨论思考题 2-5 图

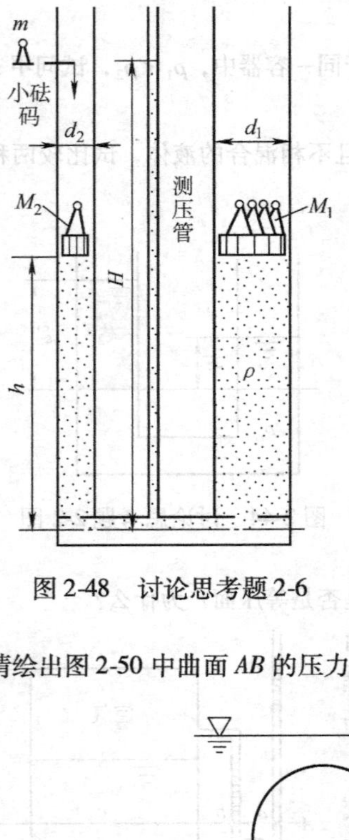

图 2-48　讨论思考题 2-6

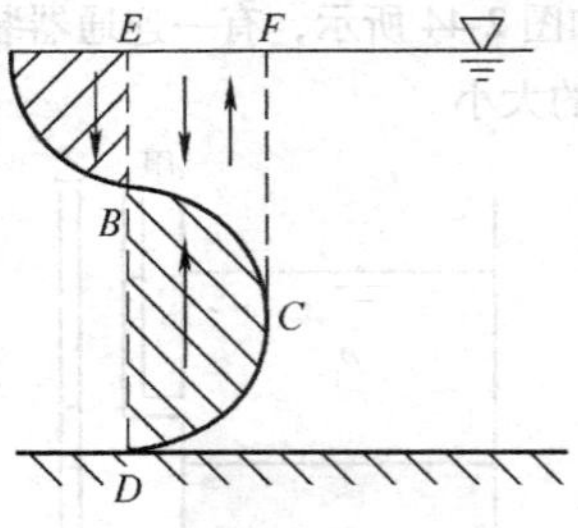

图 2-49　讨论思考题 2-7

2-8　请绘出图 2-50 中曲面 *AB* 的压力体，并指明压力体的虚实。

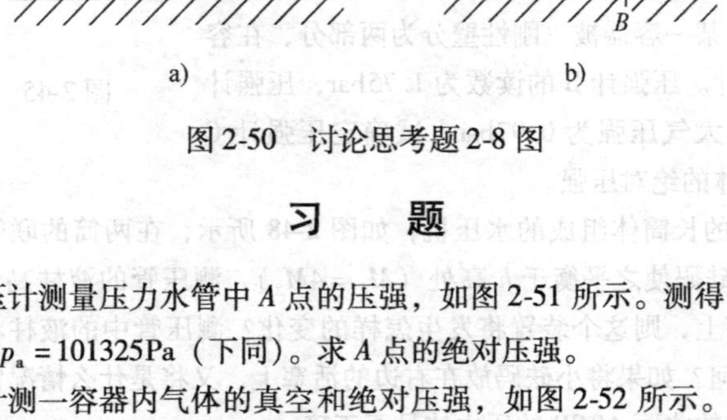

图 2-50　讨论思考题 2-8 图

习　题

2-1　用汞 U 形管测压计测量压力水管中 *A* 点的压强，如图 2-51 所示。测得 $h_1=800\text{mm}$，$h_2=900\text{mm}$，设大气压强为标准大气压 $p_a=101325\text{Pa}$（下同）。求 *A* 点的绝对压强。

2-2　用 U 形管测压计测一容器内气体的真空和绝对压强，如图 2-52 所示。U 形管内工作液体为四氯化碳，其密度 $\rho=1594\text{kg/m}^3$，液面差 $\Delta h=900\text{mm}$，求容器内气体的真空和绝对压强。

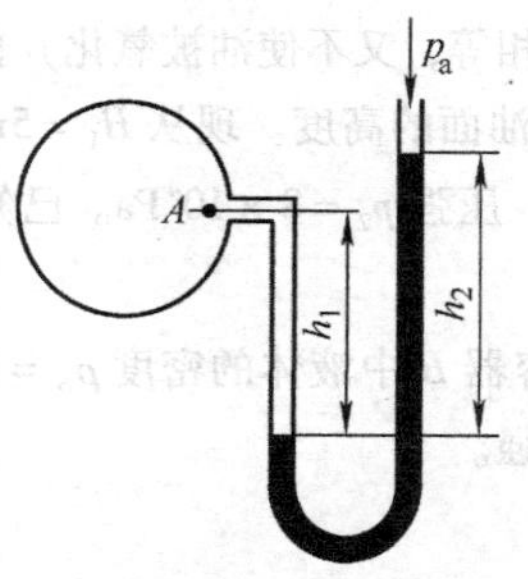

图 2-51　习题 2-1 示意图

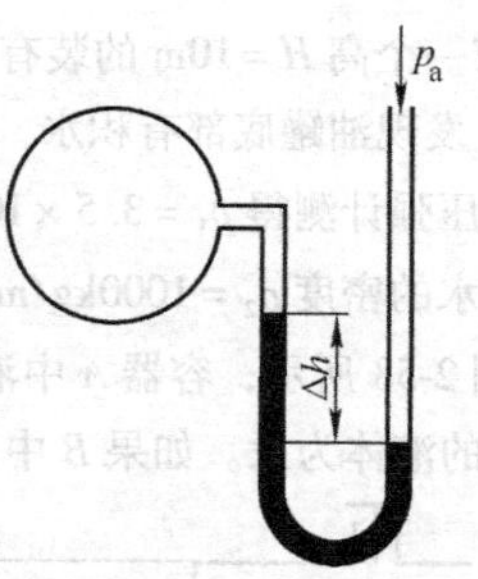

图 2-52　习题 2-2 示意图

2-3　如图 2-53 所示为一 U 形管测压计，用来测量容器的压强：（1）如果流体 A 是空气，流体 B 是水；（2）如果流体 A 是空气，流体 B 是油（相对密度为 0.83）；（3）如果流体 A 是水，流体 B 是汞。试计算被测容器的压强值。

2-4　如图 2-54 所示的容器中，左侧玻璃管顶端封闭，液面上气体的绝对压强为 $p'_{01}=0.75\text{at}$，右侧倒装玻璃管内的液体为汞，其密度为 $\rho=13555\text{kg/m}^3$，汞柱高 $h_2=120\text{mm}$，容器内 A 点的淹没深度 $h_A=2.0\text{m}$。求：（1）容器内空气的绝对压强 p'_{02} 和真空 p_{v2}；（2）A 点的相对压强 p_{Ae}；（3）左侧玻璃管内水面高出容器内水面的高度 h_1。

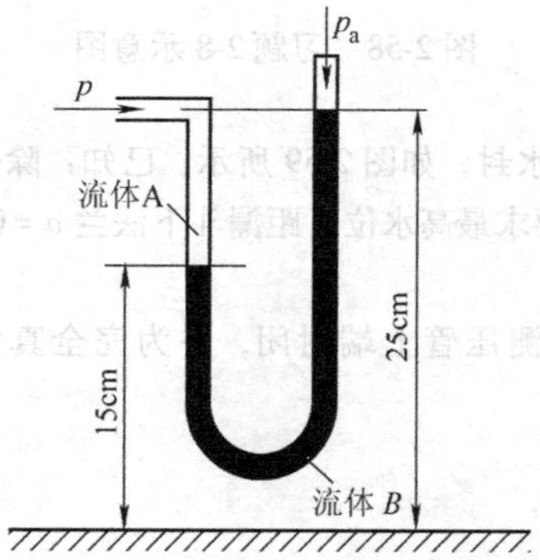

图 2-53　习题 2-3 示意图

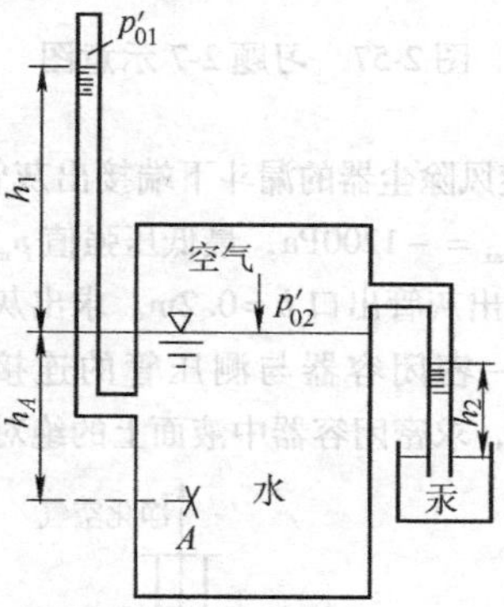

图 2-54　习题 2-4 示意图

2-5　如图 2-55 所示，烟囱高 $H=20\text{m}$，烟气温度 $t_s=300℃$，压强 p_s。试确定引起火炉中烟气自动流通的压强差。烟气密度可按下式计算：$\rho_s=(1.25-0.0027t_s)\text{kg/m}^3$，空气的密度 $\rho_a=1.29\text{kg/m}^3$。

2-6　图 2-56 所示为一密闭水箱，当 U 形管测压计的读数为 12cm 时，试确定压强计的读数。

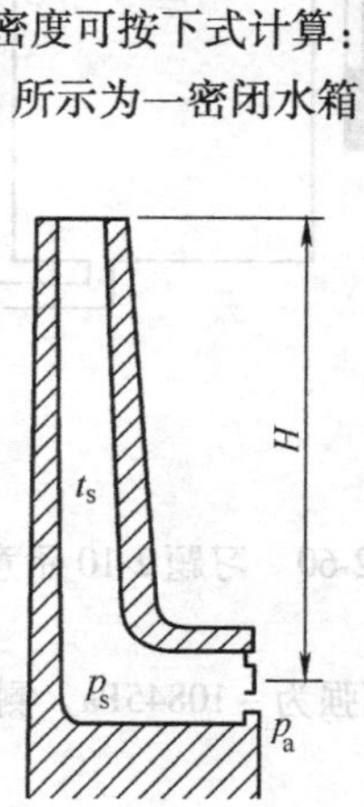

图 2-55　习题 2-5 示意图

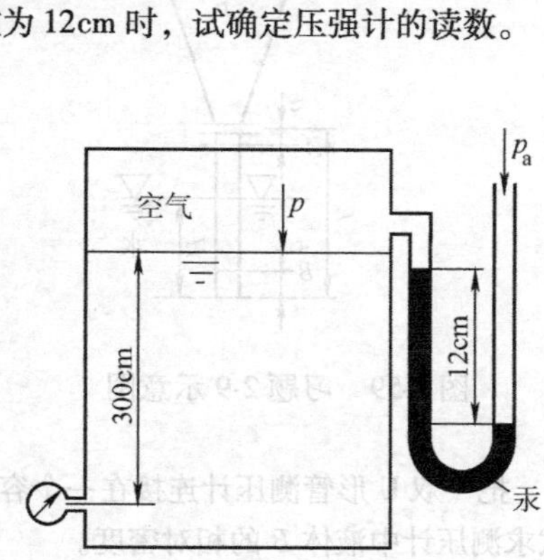

图 2-56　习题 2-6 示意图

2-7 设有一个高 $H=10\text{m}$ 的装有呼吸阀（保持液面气压与大气相等，又不使油被氧化）的储油罐，如图 2-57 所示，发现油罐底部有积水，但从钢罐的外部看不到水面与油面的高度。现从 $H_1=5\text{m}$ 的出管放出的是油，安装压强计测得 $p_1=3.5\times10^4\text{Pa}$，在罐底出管放出的是水，压强 $p_2=8\times10^4\text{Pa}$。已知油的密度 $\rho_1=890\text{kg/m}^3$，水的密度 $\rho_2=1000\text{kg/m}^3$。求油层高 h_1 和水层高 h_2。

2-8 如图 2-58 所示，容器 A 中液体的密度 $\rho_A=856.7\text{kg/m}^3$，容器 B 中液体的密度 $\rho_B=1254.3\text{kg/m}^3$，U 形差压计中的液体为汞。如果 B 中的压强为 200kPa，求 A 中的压强。

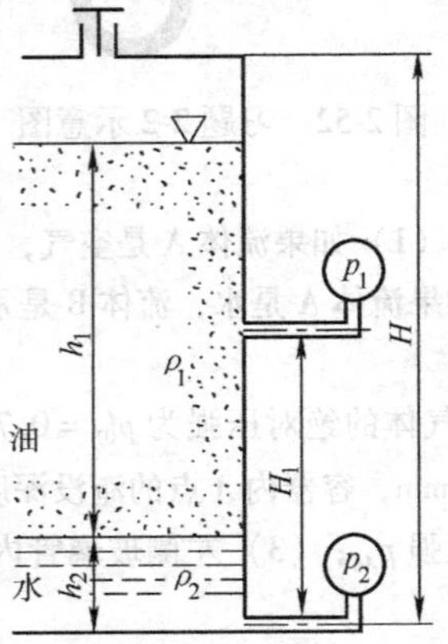

图 2-57 习题 2-7 示意图

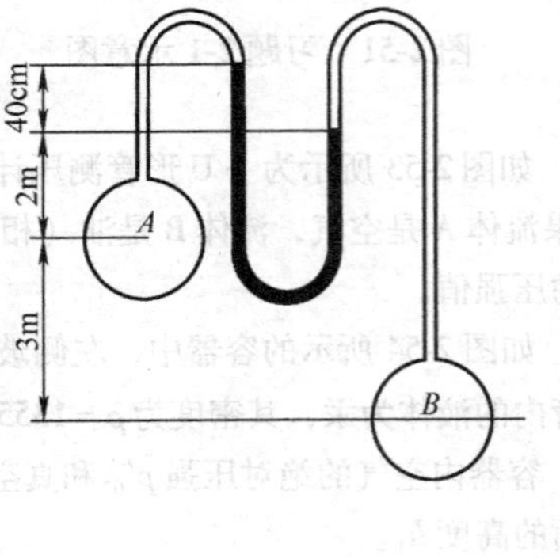

图 2-58 习题 2-8 示意图

2-9 旋风除尘器的漏斗下端接出灰管，此管插入水中作为水封，如图 2-59 所示。已知：除尘器内最高压强值 $p_{\max}=-1200\text{Pa}$，最低压强值 $p_{\min}=-1500\text{Pa}$。出灰管要求最高水位 A 距漏斗下法兰 $a=0.1\text{m}$，最低水位 B 距出灰管出口 $b=0.2\text{m}$。求出灰管长 L。

2-10 一密闭容器与测压管的连接，如图 2-60 所示。若测压管上端封闭，并为完全真空，测得 $\Delta h_1=50\text{mm}$，求密闭容器中液面上的绝对压强 p 及 Δh_2 的值。

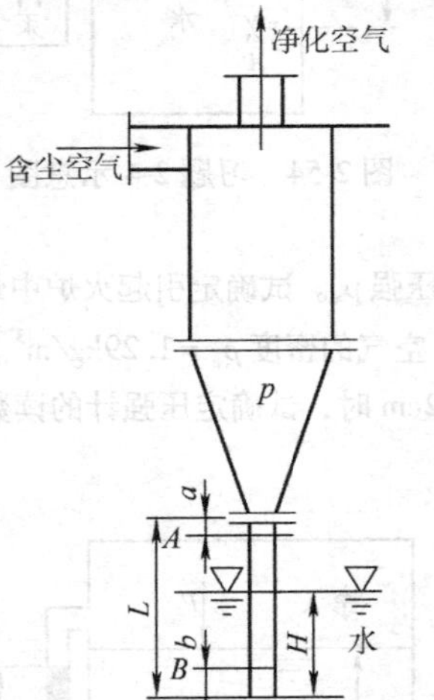

图 2-59 习题 2-9 示意图

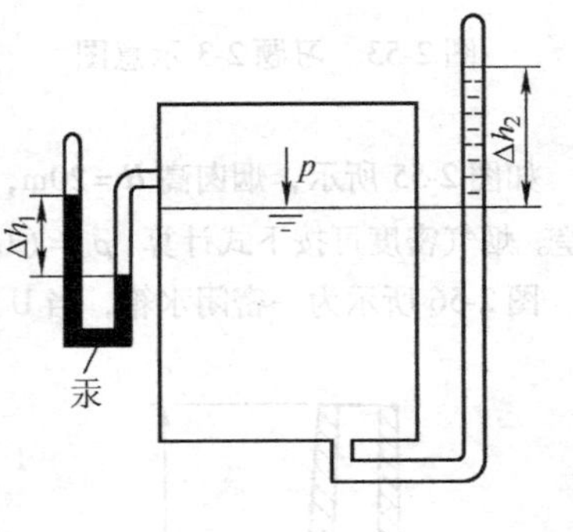

图 2-60 习题 2-10 示意图

2-11 把一双 U 形管测压计连接在一个容器上，已知 A 点的计示压强为 -10845Pa，测量读数如图 2-61 所示，试求测压计中液体 B 的相对密度。

2-12 在一水平布置的管道上，取两个横截面 A 和 B，连接一 U 形管差压计，如图 2-62 所示。如果管道中水流动时，U 形管差压计中汞液面的高差是 59cm，试计算管道截面 A 和 B 之间的压强差。

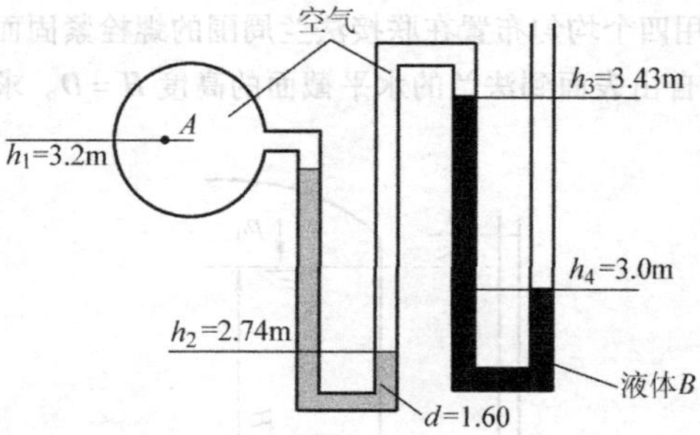

图 2-61 习题 2-11 示意图

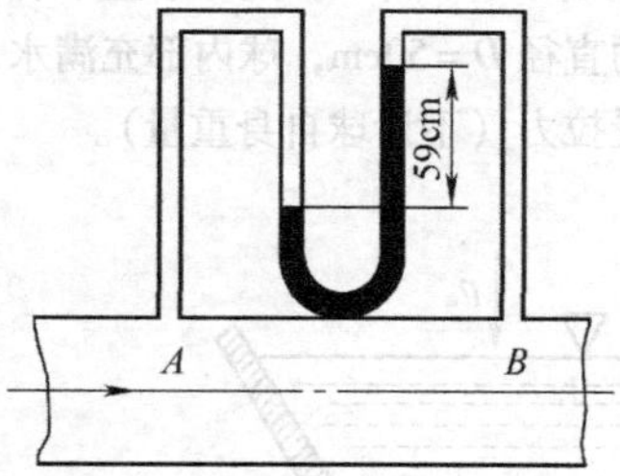

图 2-62 习题 2-12 示意图

2-13 如图 2-63 所示，一块面积为 91.5cm × 183cm 的长方形平板 *AB* 和一个底边长 122cm、高 183cm 的三角形平板 *CD* 浸没在水中，求水作用在面积 *AB* 和 *CD* 上的作用力的大小和位置。

2-14 如图 2-64 所示，闸门 *AB* 宽为 1.219m，用铰链接合于 *A* 处。闸门左侧箱中是水，右侧箱中是相对密度为 0.75 的油。压强计 *C* 的读数是 -1.49×10^4Pa。为了平衡闸门 *AB*，必须施加于 *B* 点的水平力是多少？

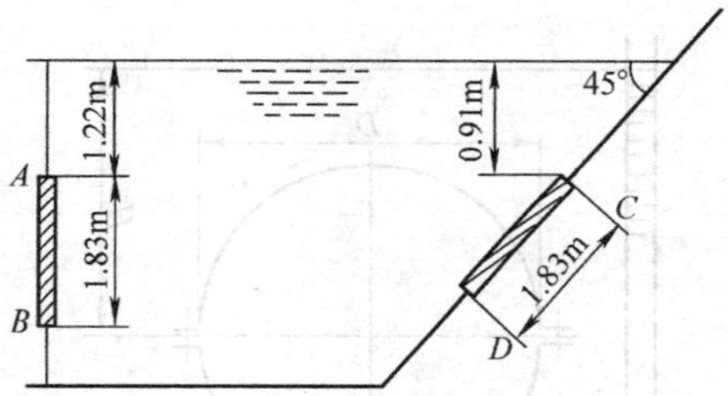

图 2-63 习题 2-13 示意图

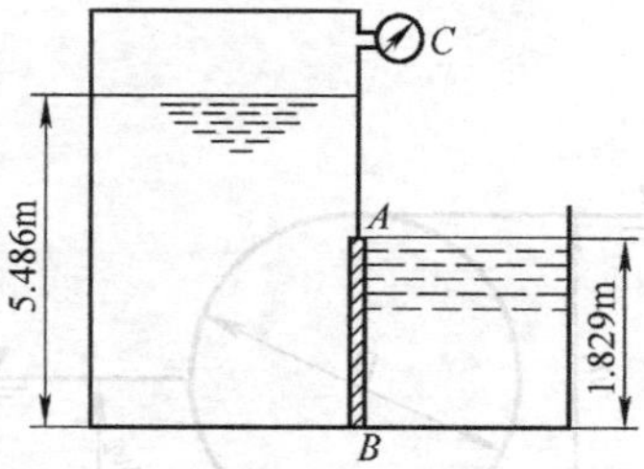

图 2-64 习题 2-14 示意图

2-15 图 2-65 所示为一水闸门，求水作用在曲面 *AB* 单位长度面积上的总压力的分量 F_x、F_z。

2-16 如图 2-66 所示为一储水设备，在 *C* 点测得绝对压强 $p=196120$Pa，$h=2$m，$R=1$m，求作用于半球 *AB* 的总压力。

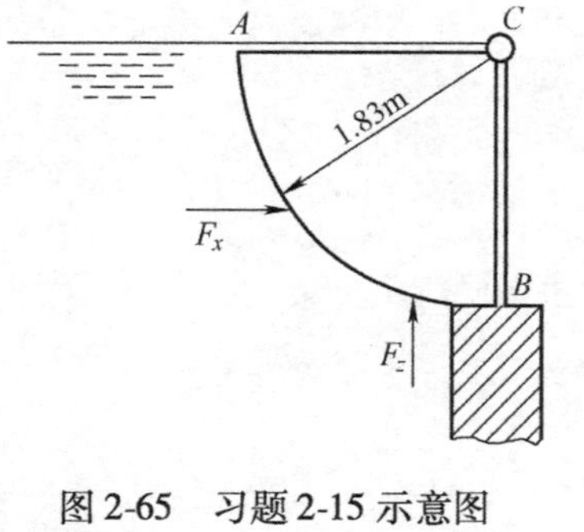

图 2-65 习题 2-15 示意图

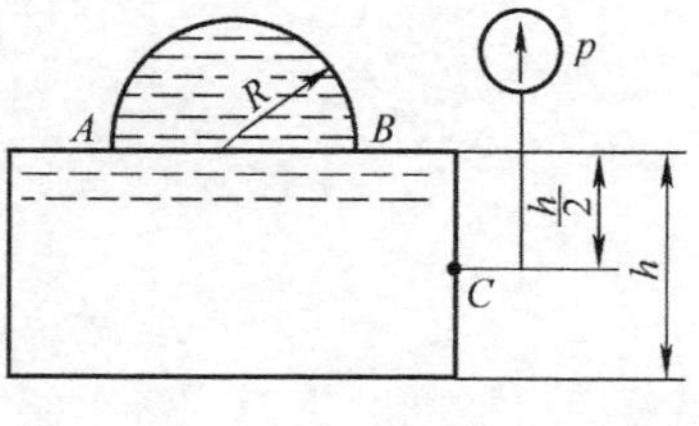

图 2-66 习题 2-16 示意图

2-17 如图 2-67 所示为绕铰链 *O* 转动的倾斜角 $\alpha=60°$的自动开启式水闸，当水闸一侧的水位 $H=2$m，另一侧的水位 $h=0.4$m 时，闸门自动开启，求铰链至水闸下端的距离 x。

2-18 如图 2-68 所示，油库侧壁有半球形盖，直径 $d=0.6$m，半球中心在液面下的淹没深度 $H=2.0$m，测压管中液面高出油库中液面的高度 $h=0.6$m，石油密度 $\rho=700\text{kg/m}^3$。求液体作用在半球盖上的压力。

2-19 如图 2-69 所示，一圆柱形闸门，长 $l=10$m，直径 $D=4$m，上游水深 $h_1=4$m，下游水深 $h_2=2$m，求作用在该闸门上的静水总压力的大小与方向。

2-20　如图 2-70 所示，圆球形盛水容器是由两个半球用四个均匀布置在联接法兰周围的螺栓紧固而成的。圆球的直径 $D=50\text{cm}$，球内部充满水，如果连通管的自由表面到法兰的水平截面的高度 $H=D$。求每个螺栓所受拉力（不计球自身重量）。

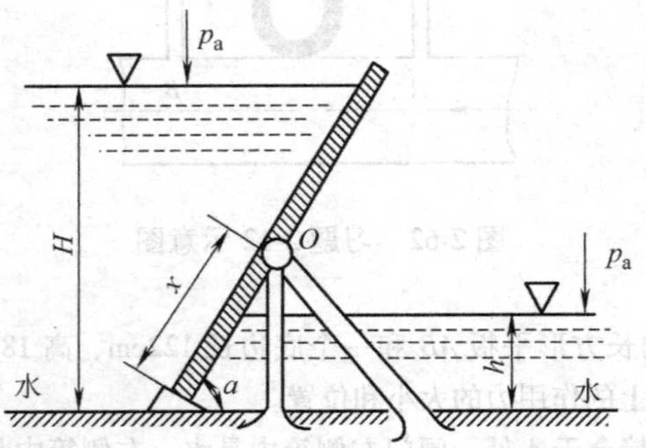

图 2-67　习题 2-17 示意图

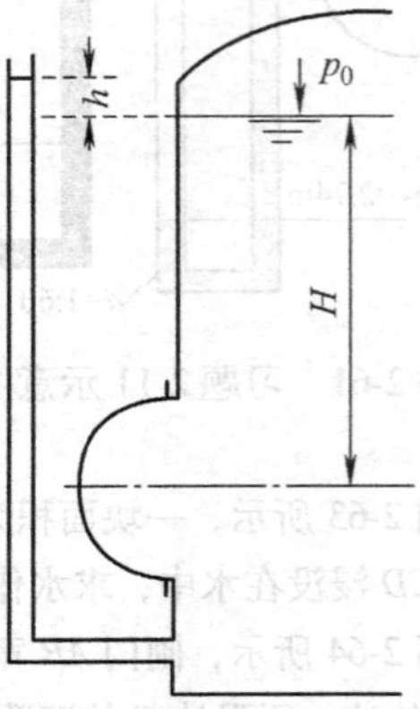

图 2-68　习题 2-18 示意图

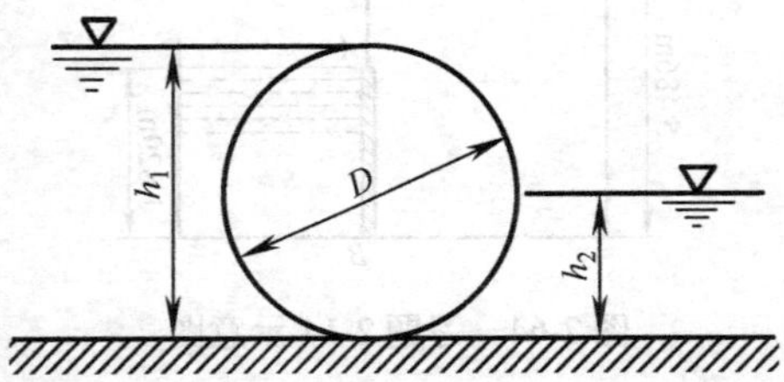

图 2-69　习题 2-19 示意图

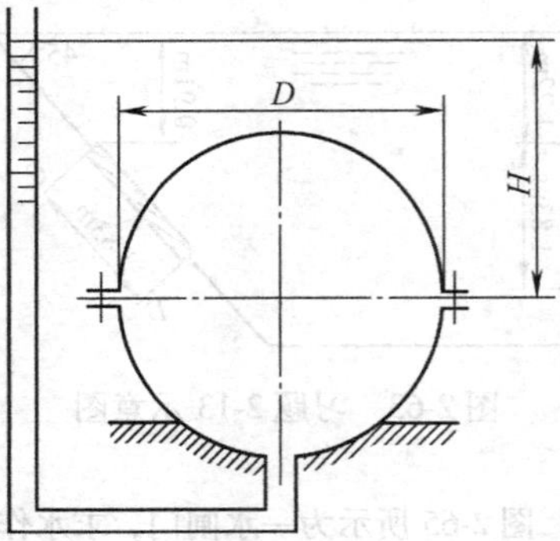

图 2-70　习题 2-20 示意图

第三章　流体动力学

在生产和生活中，流体多处于运动状态，研究流体的运动规律具有重要和普遍的意义。流体动力学研究流体在外力作用下的运动规律及其在工程实际中的应用。

实际工作中，管道和附属件连接起来组成的流体输送系统被称为管路，流体通过管路输送，管路以不同的连接方式构成管网，实现不同的功能，如图 3-1 所示。管网的设计和校核都需要进行水力计算。管路的水力计算是指确定管路的流量、流动损失和管道几何尺寸之间相互关系的计算过程。图 3-1c 所示的消防管网中，消防水由消防水池供到室内消火栓，是管网的管路之一。在此管路中，必须设消防泵以补充消防水流动过程中损失的能量。流动损失是根据管路实际结构、尺寸和流体流量确定的，是管路水力计算的核心问题。

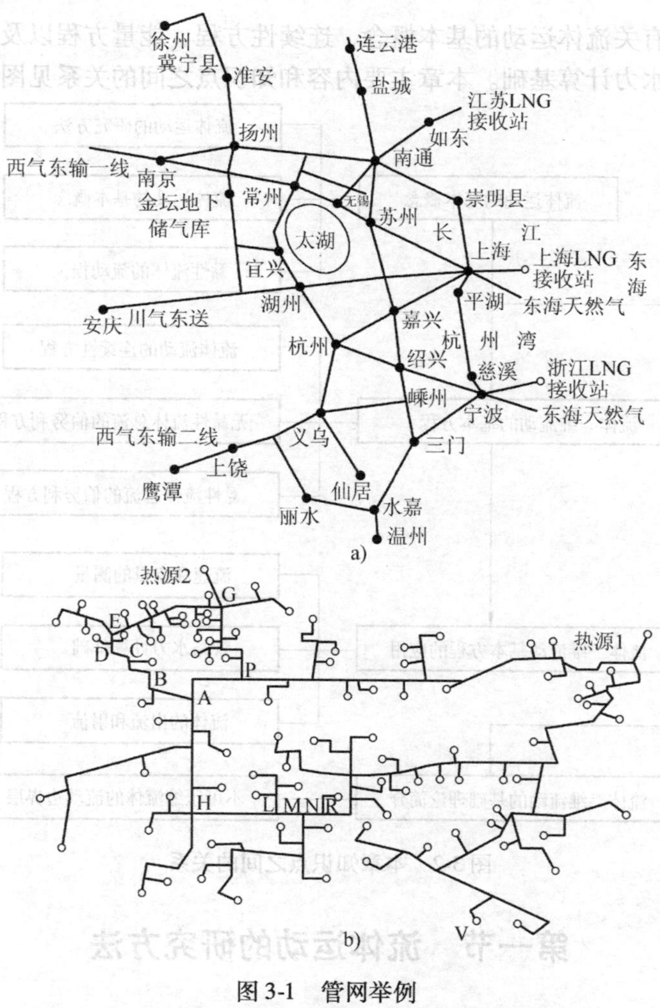

图 3-1　管网举例

a）苏浙沪地区燃气管网　b）某供热管网

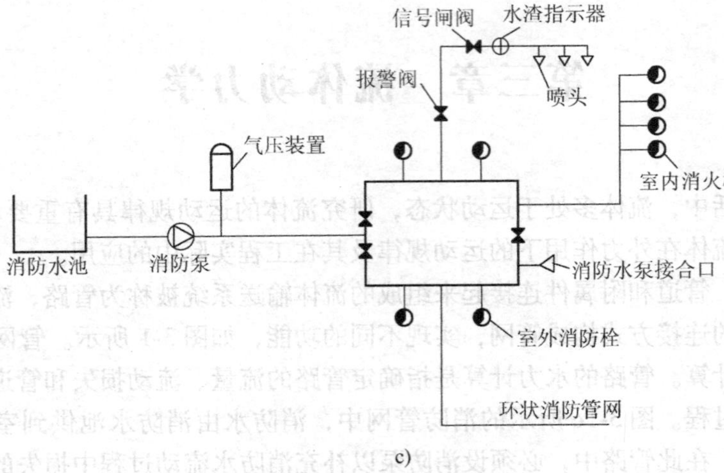

c)

图 3-1 管网举例（续）

c）某厂消防管网

本章主要学习有关流体运动的基本概念、连续性方程、能量方程以及它们在工程中的应用，重点在于管路水力计算基础。本章主要内容和知识点之间的关系见图 3-2。

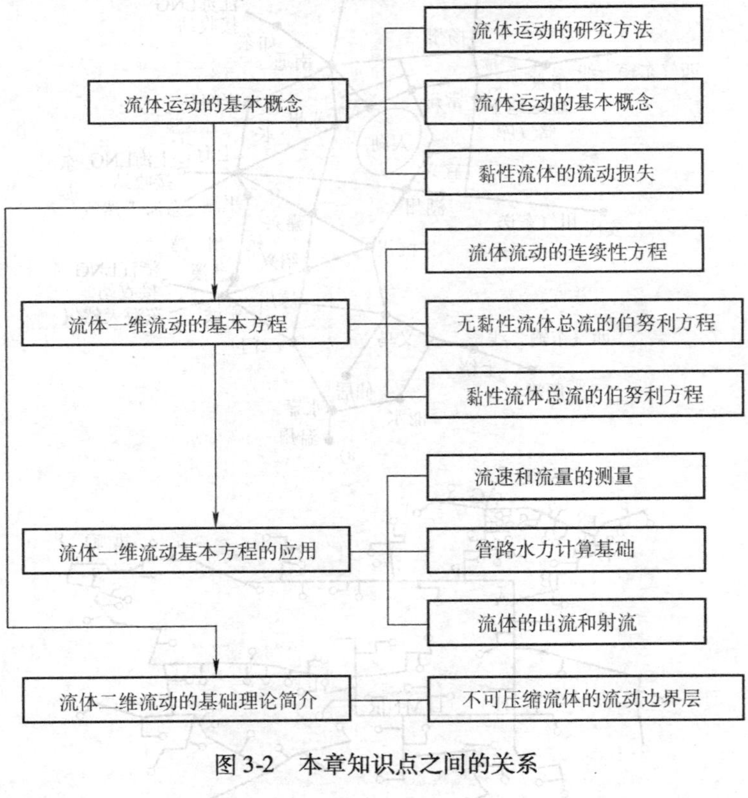

图 3-2 本章知识点之间的关系

第一节 流体运动的研究方法

流体和刚体不同，它是一种易流动的物质，那么怎样用数学方法描述流体的运动，从而研究它的运动规律呢？在连续介质假设的基础上，我们可以把流体看作由无数流体质点组成的连续介质，并且其无间隙地充满它所占据的空间。我们把流体质点运动的全部空间称为流场。由于流体是连续介质，描述流体运动的各物理量（如速度、加速度等）均应是空间点的坐标和时间的连续函数，这样就可以采用连续函数对流体的运动规律进行研究。根据着眼点的不同，流体运动的研究方法有两种，即拉格朗日法（又称随体法）和欧拉法（又称局部法）。

一、拉格朗日法

如果要研究图 3-1c 所示的消防水由消防水池供到室内消火栓的流动，可以将这些消防水的每一个流体微团质点作为研究对象，分别研究它们的运动参数随时间的变化规律，再把所有质点的运动情况综合到一起，就得到流过流场的流体的运动规律。这种研究方法就是拉格朗日法。拉格朗日法是从分析流场中个别流体质点着手来研究整个流体运动的研究方法，就是用不同质点的运动参量随时间变化来描述流体的运动。用这种方法可以表示和了解流体个别质点的各种参量从头到尾的变化情况，从而可以描述整个流场中流体的运动情况。就像一辆行驶中的汽车，我们可以将它看成质点，记录它在不同时刻的位置，从而得到它的运动情况。对于每个流体质点的运动，我们都可以用同样的方法，从而得到整个流场中流体的运动情况。拉格朗日法的基本参数是位移，位移对时间的一阶导数为速度，二阶导数为加速度。拉格朗日法的局限性在于数学求解困难，而且大多数工程问题并不需要了解每个质点的运动情况，只要了解流体的宏观整体状况就可以了，所以对于解决工程问题不太方便。当然，拉格朗日法在研究爆炸现象以及计算流体力学的某些问题中还是方便的。

二、欧拉法

银行中的监视器可以定点记录每天出入人员的情况，这给我们以启发：是否也可以采用定点观察的方法研究流体的运动呢？

欧拉法就是从分析流场中每一个空间点上的流体质点的运动情况着手研究流体运动的，即研究流体质点在通过某一空间点时流动参数随时间的变化规律。欧拉法的总体思路是以流体运动的空间作为观察的对象，描述某一时刻位于各空间上流体质点的速度、压强及其他流动参数的分布，然后把各个时刻的流体运动情况汇总起来，得到整个流场中的流体在不同时刻的整体运动情况。比如用欧拉法研究图 3-1c 所示的消防水由消防水池供到室内消火栓的流动，就要分别记录下不同时刻水在流经消防水池、消防泵、室外消火栓等设备设施时的流量、压力等参数，然后把一段时间内的情况综合，就得到流动的规律。现场实际运行时就是这样记录运行数据的。

设有一个直角坐标系，流体质点连续不断地流过坐标系的每个空间点，t 时刻观察空间上各质点的运动情况，并汇总所有时刻的情况得到速度场、压强场等。由于流体假设为连续介质，各个空间点上的流体质点的运动参数随空间点的位置和时间的不同而改变，所以流动参数也是空间坐标和时间的连续函数。欧拉法的实质就是研究有时间的矢量场和标量场。

由上述可知，采用欧拉法研究流体的流动，常常比采用拉格朗日法优越，其原因有三：一是利用欧拉法得到的是场，便于采用场论这一数学工具来研究；二是在数学上采用欧拉法比采用拉格朗日法求解容易；三是在工程实际中并不关心每一流体质点的来龙去脉，欧拉法的着眼点更适合实际情况。因此，欧拉法在流体运动研究中被广泛采用。本书中所有问题都采用欧拉法讨论。

第二节 流体运动的基本概念

一、欧拉法研究流体运动的基本概念

用欧拉法研究流体运动时，要应用到以下几个概念。

（一）流线与流束

欧拉法用流线描述流体的运动速度。流线是人为地在某一瞬时在速度场中所作的曲线，位于曲线上的每个质点在该瞬时的速度矢量都与此线在该点相切，如图3-3所示为流场中的某一条流线。另一时刻，得到另一组流线。流线的作用是表示某一瞬时流场中流体质点的速度的大小和方向。流线的形状显示出流场中流体的流速的方向，流线的疏密程度表示流场中流体流速的大小。流线密集的地方表示流场中该处的流速较大，流线稀疏的地方表示流场中该处的流速较小。

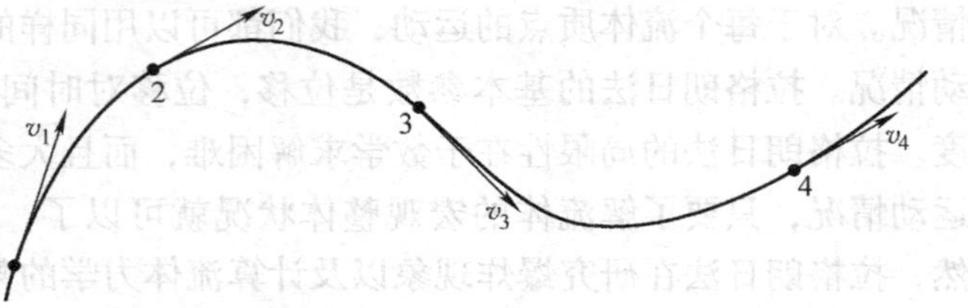

图3-3 流线示意

在流场中任意取一不与流线重合的封闭曲线，过其上各点作流线，流线构成的管状曲面称为流管，如图3-4a所示。流管和其内部包围的流线合称流束。和流束上所有流线都正交的截面称为有效截面，或过流断面，如图3-4所示。在流线互相平行的地方，流线的曲率半径无穷大，有效截面是平面。有效截面无穷小的流束为微元流束，简称元流，其有效截面上各点的流动参数可认为相同。无限多元流组成的流束为总流，工程中的研究对象一般为总流。

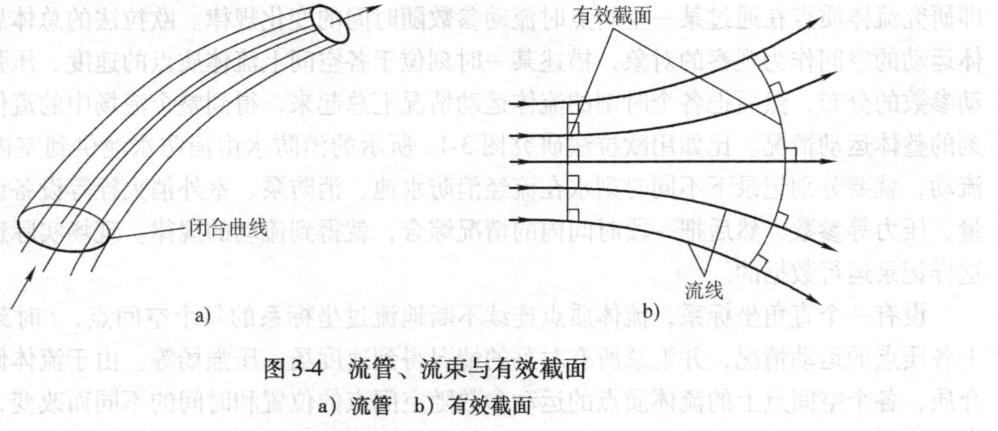

图3-4 流管、流束与有效截面

a）流管 b）有效截面

（二）流量与平均流速

流量是一个重要参数。单位时间内通过某一有效截面的流体的量称为流量。流体的量以体积计量时，称为体积流量，以 q_V 表示，其单位为 m^3/s。流体的量以质量计量时，称为质

量流量，以 q_m 表示，其单位为 kg/s。体积流量应用广泛。

对于均质流体，流体的体积流量和质量流量之间的关系为

$$q_m = \rho q_V \tag{3-1}$$

由于气体的压缩性和膨胀性都很大，体积随压强和温度的变化而变化，气体流量以体积流量表示时，应注明温度和压强。

根据流量的定义可知，元流体积流量 dq_V 等于某一微元有效截面面积 dA 与其上流速 v 的乘积，即

$$dq_V = v dA \tag{3-2}$$

总流体积流量 q_V 等于某一有效截面面积 A 上的无数元流的 dq_V 的和，即

$$q_V = \iint_A dq_V = \iint_A v dA \tag{3-3}$$

实验证明，由于流体具有黏性，流体流经管道的任一截面时，其上各点的轴向速度 v 不同，流速 v 随管道半径 r 的增大而减小，如图 3-5 所示。管道截面所对应的总流的流量计算，必须先找出流速在总流的有效截面上的分布规律，这样不仅使计算复杂，而且在大部分工程问题中这种规律不能用解析法来确定。为了方便起见，在工程计算中引入有效截面的平均流速，简称平均流速。假定在有效截面上各点流体都以相同的速度沿轴向流过，且此时通过该有效截面的体积流量仍与流体以真实流速流过此有效截面的体积流量相同，那么此假想的流速即为平均流速，即流量与有效截面面积的比值即是平均流速，如图 3-5 所示。若以 $\bar{v}$ 表示平均流速，则有

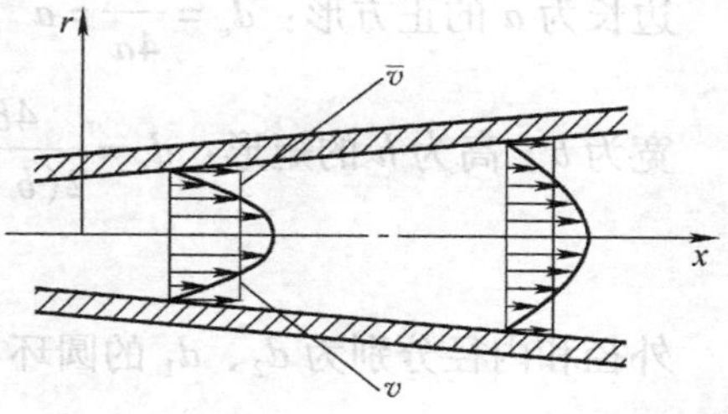

图 3-5　管内流动速度分布

$$\bar{v} = \frac{q_V}{A} \tag{3-4}$$

为书写方便，通常仍以 v 表示平均流速，特殊情况将会注明。

（三）湿周、水力半径和当量直径

在总流的有效截面上，流体同固体边界接触部分的长度称为湿周，如图 3-6 所示，以 L 表示，其单位为 m。湿周与周长是两个不同的概念，只有在满管流的情况下两者才相等。

总流的有效截面的面积 A 与湿周 L 之比称为水力半径，以 R_h 表示，其单位为 m。则水力半径 R_h 为

$$R_h = \frac{A}{L} \tag{3-5}$$

在工程上大多数管道都是圆形截面的，但也常用到非圆形截面的，如方形和矩形截面的风道和烟道、锅炉尾部受热面中的空气预热器管束的通道等，图 3-7 所示为几种非圆形截面的管道的横截面示意。工程上为了方便，通常将非圆形截面的管道折算成圆形截面管道计算，找出与圆管直径 d 相当的、代表非圆形截面管道的截面尺寸的当量值，称其为当量直径，以 d_e 表示，单位为 m。则当量直径 d_e 为

$$d_e = 4R_h = \frac{4A}{L} \tag{3-6}$$

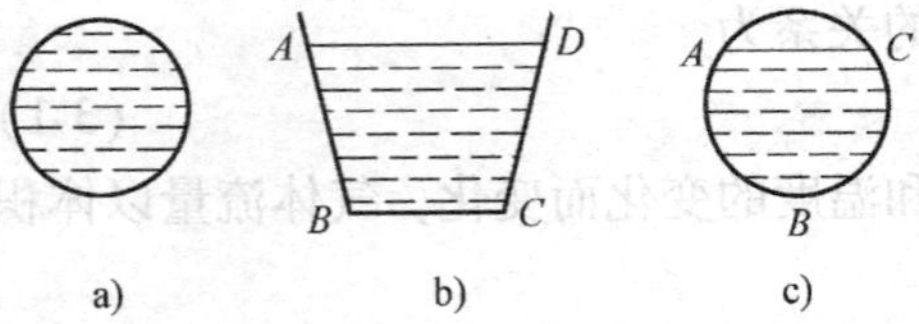

图 3-6 湿周

a) $L=\pi d$ b) $L=\overline{AB}+\overline{BC}+\overline{CD}$ c) $L=\widehat{ABC}$

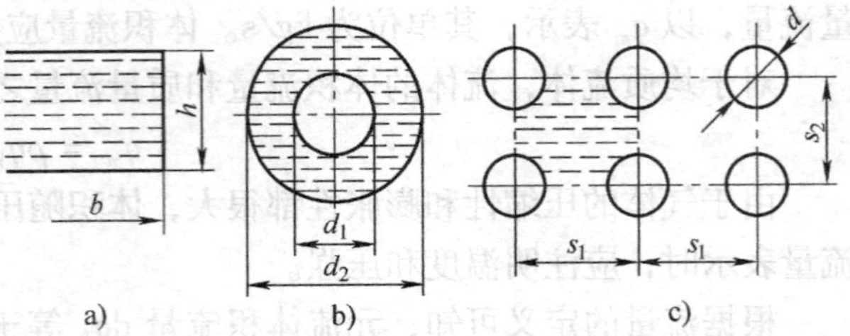

图 3-7 非圆形截面管道的横截面

a) 矩形 b) 圆环 c) 顺排管束

几种常用形状截面的当量直径如下：

边长为 a 的正方形：$d_e=\dfrac{4a^2}{4a}=a$

宽为 b、高为 h 的矩形：$d_e=\dfrac{4bh}{2(b+h)}=\dfrac{2bh}{b+h}$

外径和内径分别为 d_2、d_1 的圆环：$d_e=\dfrac{4(d_2^2-d_1^2)\times\dfrac{\pi}{4}}{\pi(d_1+d_2)}=d_2-d_1$

如图 3-7c 所示的顺排管束：$d_e=\dfrac{4\left(s_1s_2-\dfrac{\pi}{4}d^2\right)}{\pi d}=\dfrac{4s_1s_2}{\pi d}-d$

为避免计算时误差过大，矩形截面的长边最长不超过短边的 8 倍，圆环形截面的大径至少要大于小径的 3 倍。

二、流动的分类

由于流体运动形式很复杂，故为研究方便，一般根据工程实际问题抓住主要因素，在允许的精度范围内忽略次要因素对流体的运动从流体的性质、运动的特征等方面进行分类，如图 3-8 所示。

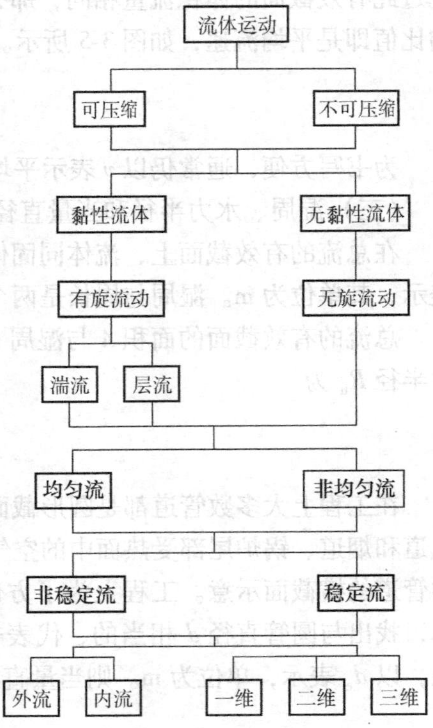

图 3-8 流动的分类

（一）按流体的性质分类

1. 可压缩流体的流动和不可压缩流体的流动

不可压缩流体的流动为工程上常见的流动，即忽略流体运动过程中密度的变化，认为密度 ρ 为常数。

2. 黏性流体的流动和无黏性流体的流动

黏性流体的流动要考虑能量的损失，是工程中的主要流动类型。流体的主要性质在第一章中已有表述，在此不再赘述。

（二）按流动的形式分类

1. 有旋流动和无旋流动

实际流体在运动中，流体微团同时存在平移、旋转、线变形和角变形运动。根据流场中流体微团的旋转角速度是否可以忽略，可将流体运动划分为无旋流动和有旋流动。流体在流动中，如果流场中有若干处流体微团具有绕自身轴线的旋转运动，则称为有旋流动；如果在整个流场中各处的流体微团均不绕自身轴线旋转，则称为无旋流动。流体流动是有旋流动还是无旋流动，仅由流体微团本身是否存在绕自身轴线的旋转运动来决定，而与流体微团的运动轨迹无关。无旋流动，不论是物理问题本身，还是数学问题的求解，都比有旋流动简单得多。但自然界和工程中实际流体的运动基本上都是有旋流动，特别是靠近固体表面处的流动。无黏性不可压缩流体在质量力仅有重力的流场中的流动非常接近于无旋流动，一般可认为是无旋流动。

2. 层流流动和湍流流动

黏性流体在流动中同时受到惯性力和黏性力的作用，当两种力的相对强弱不同时，流体呈现出分层流动和紊乱流动两种状态，分别被称为层流和湍流（又称紊流）。层流流动和湍流流动的流动损失不同。工程中以湍流流动居多。关于层流和湍流以及它们对流动损失的影响将在下一节中讲解。

3. 均匀流和非均匀流

根据流场中同一条流线各空间点上的流速是否相同，可将总流分为均匀流和非均匀流。若流速相同称为均匀流，否则称为非均匀流。不可压缩流体中均匀流的流线为平行直线，有效截面是平面，如在等直径的直管道内的水流都是均匀流，如图3-9所示。注意在均匀流中各流线上的流速大小不一定彼此相等。均匀流的特点可总结为以下几点。

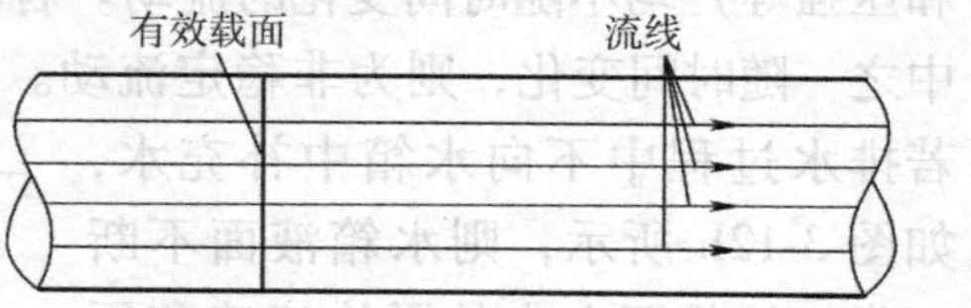

图3-9　均匀流

1）各流线彼此平行，有效截面为平面。

2）位于同一流线上的各个流体质点速度相等。

3）各有效截面上流速分布情况相同。

4）有效截面上压强分布规律与静止流体相同，即同一有效截面上各点的测压管水头相同。

非均匀流的同一条流线上的流速的大小和方向沿流线是逐渐改变的，流线或者是不平行的直线，如图3-10a所示；或者是曲线，如图3-10b所示。有效截面一般是曲面，有时可近似为平面。非均匀流按流速的大小和方向沿流线变化的缓、急程度又可分为缓（渐）变流

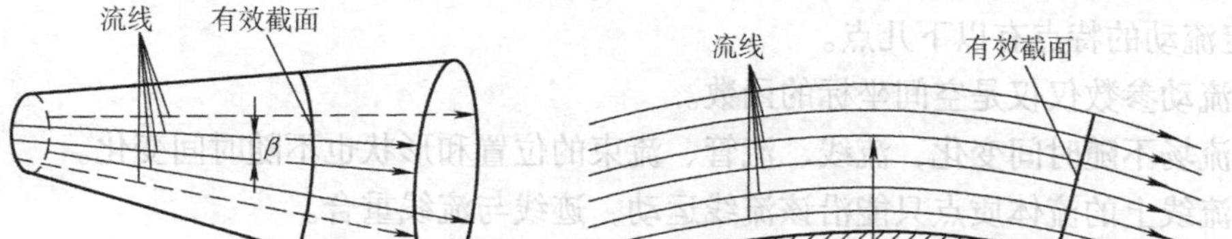

图3-10　非均匀流

a）直管变截面非均匀流　b）弯管非均匀流

和急变流两种，如图 3-11 所示。流速的大小和方向沿流线逐渐变化的非均匀流称为缓（渐）变流。显然，缓（渐）变流的流线的曲率半径 r 较大，流线之间的夹角 β 较小。因此，缓（渐）变流是一种流线几乎平行又近似直线的流动，其极限情况就是均匀流。缓（渐）变流的有效截面可看作平面，但各个有效截面的形状和大小是沿程逐渐改变的，各个有效截面上的流速分布也是沿程逐渐改变的。流速的大小和方向沿流线急剧变化的非均匀流称为急变流。急变流流线之间的夹角 β 较大，或者流线曲率半径较小，或者两者兼而有之。

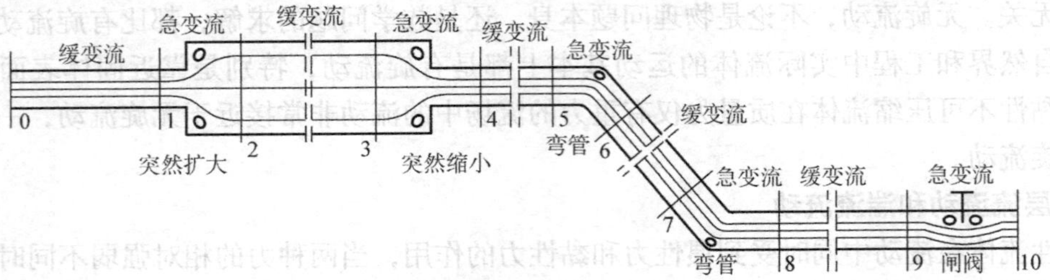

图 3-11 缓变流和急变流

（三）按流动与时间的关系分类

按流体的流动参数是否随时间变化，可将流体的流动分为稳定流动和非稳定流动。稳定流动是指流场中任一点的流体的物理性质（如密度、黏度等）和运动参数（如流量、流速和压强等）均不随时间变化的流动。若流场中任一点流体的物理性质和运动参数全部或其中之一随时间变化，则为非稳定流动。如图 3-12 所示的输水系统，水箱底部有排水管路。若排水过程中不向水箱中补充水，如图 3-12b 所示，则水箱液面不断下降，各截面上水的平均流速和压强值也随之下降，各截面上的流速和压强值不仅随位置的变化而变化，也随时间的推移而变化，这种情况属于非稳定流动。若排水过程中不断向水箱中补充水，并用溢流管保持水箱中的水面高度不变，如图 3-12a 所示，则排水管同截面上的平均流速和压强是恒定的，并不随时间变化，这种情况属于稳定流动。

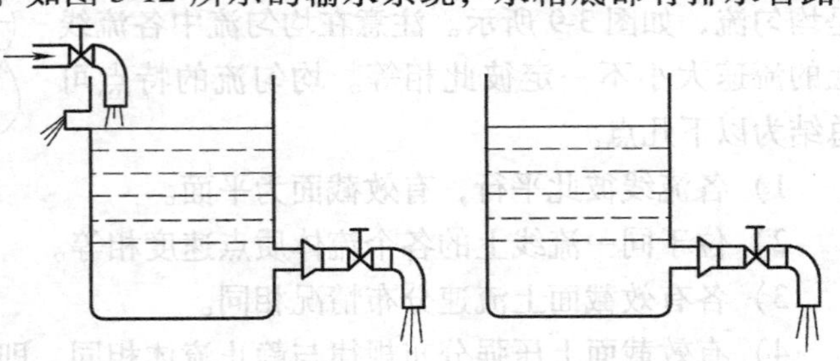

图 3-12 稳定流动与非稳定流动

a）稳定流动 b）非稳定流动

稳定流动的特点有以下几点。

1）流动参数仅仅是空间坐标的函数。

2）流场不随时间变化，流线、流管、流束的位置和形状也不随时间变化。

3）流线上的流体质点只能沿该流线运动，迹线与流线重合。

严格地讲，稳定流动在自然界是不存在的。但工程上的许多流动，其流动参数随时间变化很小，以至于可以忽略不计。工程上认为，在连续操作相当长的一段时间内，只要流体的流速、压强等流动参数变化不大，都可以近似按稳定流动处理。流体机械在额定工况或某一稳定工况下运行时流体的流动都可视为稳定流动。如火力发电厂中，锅炉和汽轮机都稳定在某一工况下运行时，主蒸汽管道和给水管道中的流体流动可视为稳定流动；供水和通风系统中，泵和风机的转速不变，运转稳定，水管和风道中的流体都可视为稳定流动。但在设备起动、调节或停机时应按非稳定流动处理。本篇只研究稳定流动。

（四）按流动与空间的关系分类

1. 一维流动、二维流动和三维流动

三维流动的流动参数是 x、y、z 三个坐标的函数。二维流动的流动参数在某些情况下，仅是两个坐标的函数。一维流动的流动参数是一个坐标的函数。

流体在空间的流动可以说都是三维流动，对其求解比较复杂。如果能选择合适的坐标系，或者忽略其次要的流动，将其在某一个或两个主要方向上的流动参数作为研究对象，这就将一个空间的三维流动分别简化为一维流动或二维流动，使得数学解析大为简化。平面流动是二维流动。实际流体由于具有黏性，故其流动至少是二维的，例如带锥度的圆管内黏性流体的流动，可视为二维流动问题。无黏性流体在圆管内的流动，因其同一有效截面上的流速相同而可视为一维流动。实际流体以平均速度描写管内流动，可简化为一维流动问题。工程中常见的管内流动，由于引入了平均流速的概念，其流速只沿管道长度方向有变化，则简化为一维流动。一维流动是本篇的研究重点。

2. 内流和外流

流体与外界物体接触的表面简称边界面。流体在边界面内部流动的问题称为内流问题，如流体在管道或明渠中的流动。流体在边界面外部流动的问题称为外流问题，如飞机在大气中飞行，或船舶在水面上航行。

内流问题按边界性质不同，分为以下三类（如图 3-13 所示）。

（1）压力流　又称有压流动，指总流各过流断面的整个边界都是固体壁面的流动，即流体充满流道的流动，如流体充满整个管道断面的管流。这是最常见的流动类型，是本篇的研究重点。

（2）重力流　又称无压流动，指总流的过流断面一部分是固体壁面，另一部分是自由表面的流动，如河道或明渠中的水流。

（3）射流　指总流各过流断面的全部边界都是另一种流体介质的流动，如流体由孔口或喷嘴射入另一部分流体介质中的流动。射流又可分为淹没射流和非淹没射流。流体射入与本身性质相同的介质中称为淹没射流，如气体射入空气或液体射入液体中。流体射入与本身性质不同的介质中称为非淹没射流，如液体射入气体中。

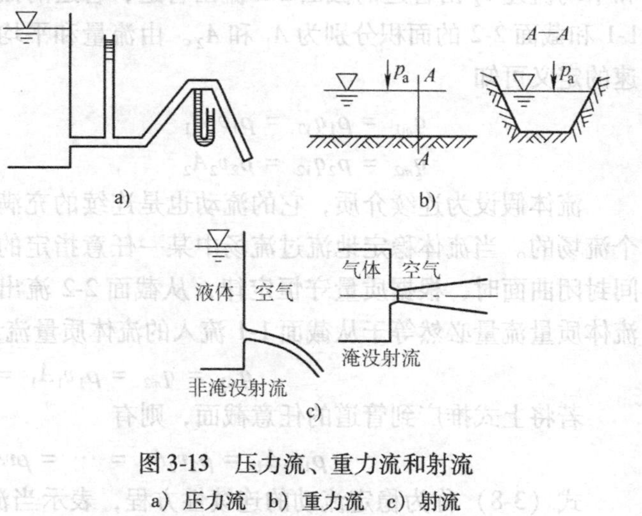

图 3-13　压力流、重力流和射流
a）压力流　b）重力流　c）射流

知识拓展：有旋流动的利与害

有旋流动有时以明显可见的旋涡形式表现出来，如桥墩后的旋涡区，船只运动时船尾后面水中形成的旋涡，大气中的龙卷风、台风等；但在更多的情况下，流体运动的旋涡不能明显地看出来，例如当物体在实际流体中运动时物体表面形成的很薄的流体层中每一点都是旋涡，自然界中大量存在的湍流运动更是充满着尺度不同的大小旋涡。旋涡的产生和变化，有时有利于生产实际，有时却对生产实际不利。有利的一面的实例有：飞机机翼上产生升力、汽轮机叶栅上的绕流升力等依赖于旋涡的产生；为保证大型水坝坝基不被急泻而下的水流冲坏而采用的消能设备，其原理是人为制造涡旋运动；工程中的旋涡泵、液压联轴器、射水抽气器等机械设备均为利用流体涡旋运动的实例。不利的一面的实例有：实际流体在管道中流动时产生的旋涡消耗了流体的能量；汽轮机、风机、泵等流体机械运行时产生的旋涡降低了其输出的有效功率；船只和飞机在流体中运动时，尾部产生的旋涡使绕流前后压力分布不对称，形成了阻力。

第三节　流体稳定流动总流的连续性方程

自然界中一切物质运动都遵循质量守恒定律，流体流动也不例外，流体流动的连续性方程是质量守恒定律在流体力学中的应用。在这里我们仅讨论常用的流体稳定流动总流的连续性方程。

一、稳定流动总流的连续性方程

如图 3-14 所示，流体稳定流过一段管道。流体以质量流量 q_{m1}、密度 ρ_1 和平均流速 v_1 由管道的截面 1-1 进入管道，以质量流量 q_{m2}、密度 ρ_2 和平均流速 v_2 由管道的截面 2-2 流出管道，管道的截面 1-1 和截面 2-2 的面积分别为 A_1 和 A_2。由流量和平均流速的定义可知

$$q_{m1} = \rho_1 q_{V1} = \rho_1 v_1 A_1$$

$$q_{m2} = \rho_2 q_{V2} = \rho_2 v_2 A_2$$

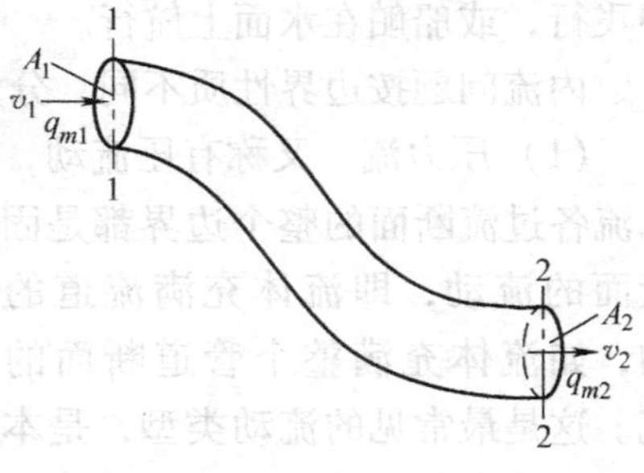

图 3-14　连续性方程的推导

流体假设为连续介质，它的流动也是连续的充满整个流场的。当流体稳定地流过流场中某一任意指定的空间封闭曲面时，根据质量守恒定律，从截面 2-2 流出的流体质量流量必然等于从截面 1-1 流入的流体质量流量，即

$$q_{m1} = q_{m2} = \rho_1 v_1 A_1 = \rho_2 v_2 A_2 \tag{3-7}$$

若将上式推广到管道的任意截面，则有

$$\rho_1 v_1 A_1 = \rho_2 v_2 A_2 = \cdots = \rho v A = C(\text{常数}) \tag{3-8}$$

式（3-8）称为稳定流动的连续性方程，表示当流体流动为稳定流动时，沿流动方向的质量流量为一个常数，各截面的流速随截面面积和流体密度的不同而变化。

对于不可压缩流体，ρ 为常数，则稳定流动的连续性方程可写为

$$q_{V1} = q_{V2} = v_1 A_1 = v_2 A_2 \tag{3-9}$$

该式说明不可压缩流体流动为稳定流动时，沿流动方向的体积流量也为一个常数，平均流速与有效截面面积成反比，即有效截面面积较大的地方平均流速较小，有效截面积较小的地方平均流速就较大。

例 3-1　有一输水管道，如图 3-15 所示，水自截面 1-1 流向截面 2-2。测得截面 1-1 的水

流平均流速 $v_1=2\text{m/s}$，已知 $d_1=0.5\text{m}$，$d_2=1\text{m}$，试求截面2-2处的平均流速 v_2。

解题分析　这是一个典型的应用稳定流动总流连续性方程的例子，也是最简单的问题。通常情况下，水作为不可压缩流体处理，所以可以应用式（3-9）解此题。

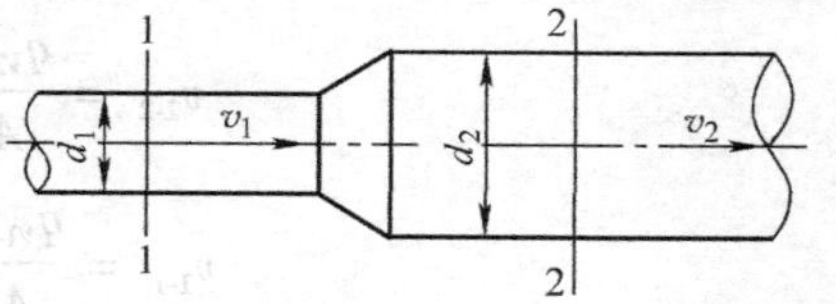

图3-15　例3-1图

解　因为 $v_1A_1=v_2A_2$

所以 $v_1\dfrac{\pi}{4}d_1^2=v_2\dfrac{\pi}{4}d_2^2$

所以 $v_2=v_1\left(\dfrac{d_1}{d_2}\right)^2=2\times\left(\dfrac{0.5}{1}\right)^2\text{m/s}=0.5\text{m/s}$

由此例题可知，不可压缩流体在圆形截面管道中的流速与管道内径的平方成反比。

二、有分流和合流时的连续性方程

当有多个入口和多个出口时，流体的流动仍旧遵循质量守恒定律。对于 n 个入口和 m 个出口的管道，不可压缩流体稳定流动总流的连续性方程为

$$\sum_{i=1}^{n}q_{Vi}=\sum_{j=1}^{m}q_{Vj}\tag{3-10}$$

式（3-10）表明，流向分合点的流量之和等于自分合点流出的流量之和。

工程上遇到的分流和合流的情况主要是流体通过三通和四通的流动。对于如图3-16所示的分流和合流三通中的流动，若流体可看成是不可压缩的，则分流和合流情况下的连续性方程分别为

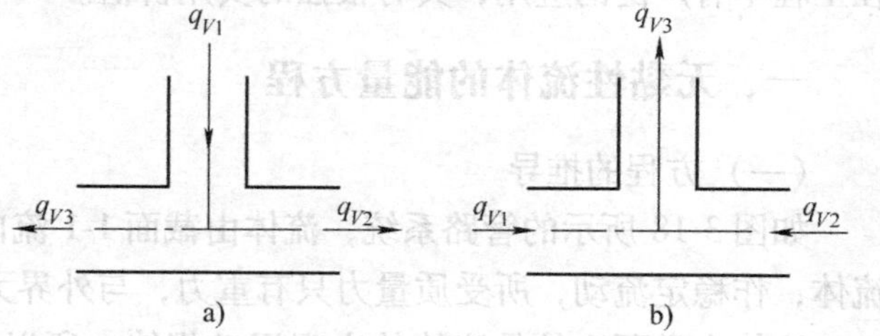

图3-16　分流和合流

a）分流三通　b）合流三通

分流情况 $q_{V1}=q_{V2}+q_{V3}$

合流情况 $q_{V1}+q_{V2}=q_{V3}$

例3-2　截面为500mm×400mm的矩形送风道，通过 a、b、c、d 四个300mm×300mm的送风口向室内输送冷空气（按不可压缩流体处理），如图3-17所示。若送风口的平均流速均为5m/s，求过1-1、2-2、3-3截面上的风量和风速。

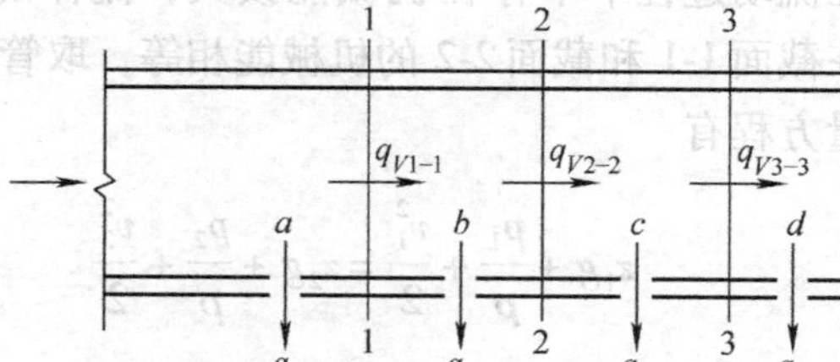

图3-17　例3-2图

解　每个送风口的尺寸和平均流速均相等，则它们的体积流量相同，都为

$$q_V=0.3\times0.3\times5\text{m}^3/\text{s}=0.45\text{m}^3/\text{s}$$

根据分流连续性方程有

$$q_{V3\text{-}3}=q_V=0.45\text{m}^3/\text{s}$$

$$q_{V2\text{-}2}=2q_V=2\times0.45\text{m}^3/\text{s}=0.9\text{m}^3/\text{s}$$

$$q_{V1\text{-}1}=3q_V=3\times0.45\text{m}^3/\text{s}=1.35\text{m}^3/\text{s}$$

根据流速与流量之间的关系有

$$v_{3\text{-}3} = \frac{q_{V3\text{-}3}}{A} = \frac{0.45}{0.5 \times 0.4}\text{m/s} = 2.25\text{m/s}$$

$$v_{2\text{-}2} = \frac{q_{V2\text{-}2}}{A} = \frac{0.9}{0.5 \times 0.4}\text{m/s} = 4.5\text{m/s}$$

$$v_{1\text{-}1} = \frac{q_{V1\text{-}1}}{A} = \frac{1.35}{0.5 \times 0.4}\text{m/s} = 6.75\text{m/s}$$

第四节　流体稳定流动总流的能量方程

流体得以流动的必要条件是系统两端有压力差或位差，如用高位水槽向设备输送流体时，部分位能转化为动能而使流体能够流动；而要想将流体从低位送往高位，则必须由外界（如通过泵或风机）输入能量才能完成输送任务。在流动过程中，由于黏性阻力的作用还会存在机械能的损失，损失的机械能转变为热量又被流体所吸收。由此可见，流体流动过程实质上是各种形式能量之间的相互转化过程，它们之间的转化遵循能量守恒定律。流体流动的能量方程是能量守恒定律在流体力学中的应用。该能量方程又被称为伯努利方程，它反映了流体流动时动能、压能和位能之间的变化关系。不可压缩流体一维稳定流动总流的能量方程在工程中有广泛的应用，具有很强的实用价值。

一、无黏性流体的能量方程

（一）方程的推导

如图 3-18 所示的管路系统，流体由截面 1-1 流向截面 2-2，假设流体为不可压缩无黏性流体，作稳定流动，所受质量力只有重力，与外界无能量交换。

流体力学研究的是流体的宏观运动规律，所以只研究流体流动过程中宏观能量的关系，不涉及内部能量。由于流体无黏性，其在流动过程中不存在机械能损失，流体的机械能守恒，即流体在截面 1-1 和截面 2-2 的机械能相等，取管道中心线的流线列能量方程有

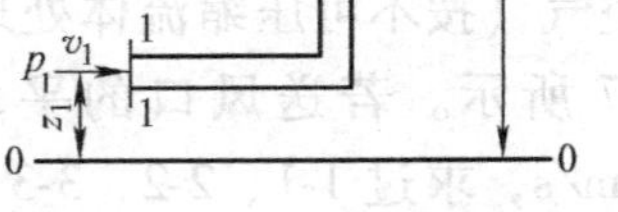

图 3-18　能量方程的推导示意

$$z_1 g + \frac{p_1}{\rho} + \frac{v_1^2}{2} = z_2 g + \frac{p_2}{\rho} + \frac{v_2^2}{2} \tag{3-11a}$$

方程的另一种形式为

$$z_1 + \frac{p_1}{\rho g} + \frac{v_1^2}{2g} = z_2 + \frac{p_2}{\rho g} + \frac{v_2^2}{2g} \tag{3-11b}$$

式中　z_1、z_2——截面 1-1、2-2 至基准面 0-0 的垂直距离，单位为 m；

p_1、p_2——流体在截面 1-1、2-2 的上的压强，单位为 Pa；

v_1、v_2——流体在截面 1-1、2-2 的上的平均流速，单位为 m/s；

g——重力加速度，$g = 9.806\text{m/s}^2$。

（二）方程的意义

1. 物理意义

zg 表示单位质量流体的位势能，$\frac{p}{\rho}$表示单位质量流体的压强势能（在一内部有流体流动的管壁上开孔并连接一根垂直玻璃管，液体就会在玻璃管内上升到一定的高度，这是液体静压强作用的结果，如图 3-19 所示），$\frac{v^2}{2}$表示单位质量流体的动能，$zg+\frac{p}{\rho}$表示单位质量流体所具有的总势能，$zg+\frac{p}{\rho}+\frac{v^2}{2}$表示单位质量流体所具有的总机械能。

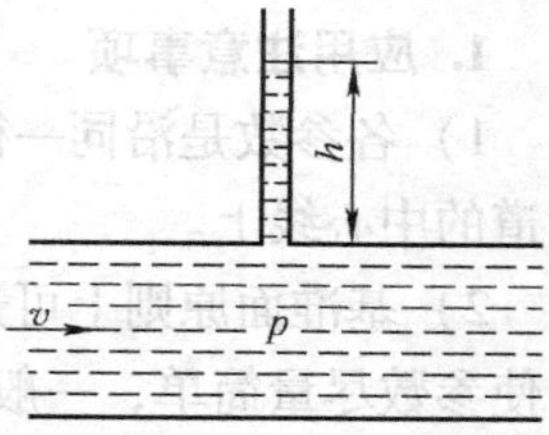

图 3-19　压强势能的表现

2. 几何意义

z 表示位置头，$\frac{p}{\rho g}$表示压强头，$\frac{v^2}{2g}$表示流体的速度头（它表示所研究流体由于具有速度 v，在无阻力的情况下，流体所能垂直上升的最大高度），$z+\frac{p}{\rho g}$表示流体所具有的静能量头（测压管头），$z+\frac{p}{\rho g}+\frac{v^2}{2g}$表示流体所具有的总能量头。

式（3-11）说明，理想流体作稳定流动且与外界无能量交换时，在任一截面上，单位质量流体的总机械能恒为常量，但各个截面上的同一种形式的能量并不一定相等，即各种形式的机械能可以互相转换。例如，某无黏性流体在一水平管道中作稳定流动（位能没有变化），若某处的截面积缩小，根据连续性方程可知该处流速必增大，即一部分压能转变为动能，以保证机械能恒定；反之，当另一处截面积增大时，该处流速将减小，即部分动能转变成压能，但两种能量的总和值恒定。又如某无黏性流体在一内径相同的倾斜直管中作稳定流动（动能没有变化），但因流体从高处流向低处，在低处位能减小，而压能增加，这说明位能转化为压能，根据总的机械能守恒，压能的增加量应该等于位能的减小量。由以上分析可知，在三种能量转化的过程中，位能取决于管道的敷设高度，动能由管道的截面积决定，压能由前面两者变化来确定，图 3-20 所示为能量方程的几何图示，即位置水头、压强水头和速度水头相互转化的几何图示。

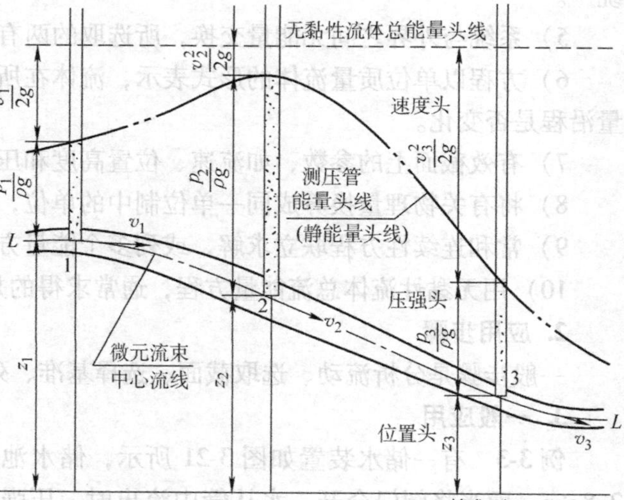

图 3-20　位置水头、压强水头和速度水头相互转化的几何图示

由于气体密度较小，气体的能量方程不采用单位质量流体能量的形式表示，而改为单位体积流体能量的形式表示，所以将式（3-11a）两侧同时乘以 ρ，并忽略位势能项，得

$$p_1 + \frac{\rho v_1^2}{2} = p_2 + \frac{\rho v_2^2}{2} \tag{3-12}$$

（三）方程的应用

1. 应用注意事项

1）各参数是沿同一微元流束，也就是沿同一流线的参数。对总流，一般流线通常取在管道的中心线上。

2）基准面原则上可选任意水平面，因为实际过程中主要是为了确定两截面的位差。为了使参数尽量简单，一般选在位置较低的一个有效截面上，这样各截面的位置水头均为正。当截面与地面平行时，基准面与该截面重合；若截面与地面垂直，则基准面通过该截面的中心。

3）有效截面应与流动方向垂直，两截面要取在均匀流或缓变流处，使已知参数尽可能多。一般取水库、渠道、敞口容器的自由表面和所求参数所在截面（敞口容器的自由表面上的压强为大气压，管道出口截面上的压强为大气压）。通常认为流体在水箱、水槽等截面较大的容器中的流速为零。

4）方程中的压强可取绝对压强或相对压强，但在计算中方程两侧的压强计量标准必须统一。

5）系统与外界之间无能量交换，所选取的两有效截面之间无其他能量的输入和输出。

6）方程以单位质量流体的形式表示，流体在所选取的两截面之间流动时，不用考虑流量沿程是否变化。

7）有效截面上的参数，如流速、位置高度和压强应为同一点的。

8）将有关物理量换算成同一单位制中的单位，若无特制就采用国际单位制。

9）常和连续性方程联立求解，或列多个能量方程联立求解。

10）用无黏性流体总流能量方程，通常求得的是近似解。

2. 应用步骤

一般步骤是分析流动、选取截面、选择基准、列解方程。

3. 一般应用

例 3-3 有一储水装置如图 3-21 所示，储水池足够大，当阀门关闭时，压强计读数为 2.8atm。而当将阀门全开，水从管中流出时，压强计读数是 0.6atm，试求当水管直径 d = 12cm 时，通过出口的体积流量q_V（不计流动损失）。

解题分析 求解流量的问题是一类常见的问题，在管道截面积已知的情况下，转化为求截面平均流速的问题，要应用到能量方程。此题中水由足够大的水池中流出，是一个典型的稳定流动问题，其他条件也符合能量方程的假设，而且不计流动损失，可以应用无黏性流体的能量方程求解。可取如图 3-21 所示的两有效截面 1-1 和 2-2，这样截面 1-1 上的流速和压强均为 0；取水管轴线为计算流线，并设其所在水平面为基准零势面，那么截面 1-1 的位置高度也就是水管中心线在水下的深度 H，但没有直接给出，需要首先通过阀门关闭时的压强计读数求出。

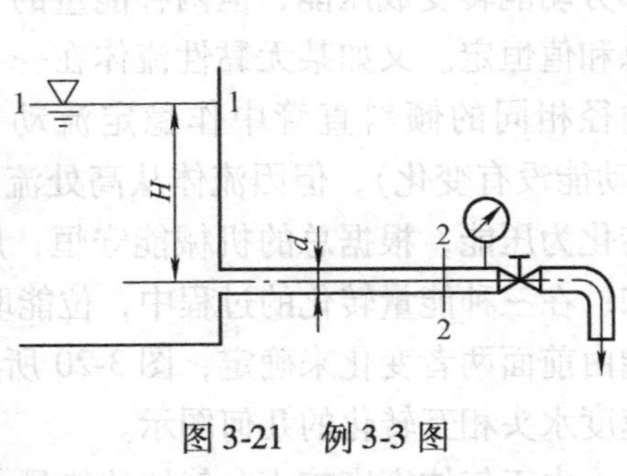

图 3-21 例 3-3 图

解　当阀门关闭时，根据压强计的读数 p_{e1}，应用流体静力学基本方程求出 H 值。

因为 $p_{e1}=\rho g H$

所以 $H=\dfrac{p_{e1}}{\rho g}=\dfrac{2.8\times101325}{1000\times9.806}\text{m}=28.93\text{m}$

当阀门全开时列截面1-1、截面2-2的能量方程，采用相对压强，取水管轴线所在水平面的位置水头为0，则有

$$H+0+0=0+\frac{p_{e2}}{\rho g}+\frac{v_2^2}{2g}$$

所以 $v_2=\sqrt{2g\left(H-\dfrac{p_{e2}}{\rho g}\right)}=\sqrt{2\times9.806\times\left(28.93-\dfrac{0.6\times101325}{1000\times9.806}\right)}\text{m/s}=21.11\text{m/s}$

所以管内流量为

$$q_V=\frac{\pi}{4}d^2v_2=\frac{\pi}{4}\times0.12^2\times21.11\text{m}^3/\text{s}=0.24\text{m}^3/\text{s}$$

例3-4　水流通过如图3-22所示管路流入大气，已知：U形管测压计中汞柱高差 $\Delta h=0.2\text{m}$，$h_1=0.72\text{m}$（水柱），管径 $d_1=0.1\text{m}$，管嘴出口直径 $d_2=0.05\text{m}$，不计管中水头损失，试求管中流量 q_V。

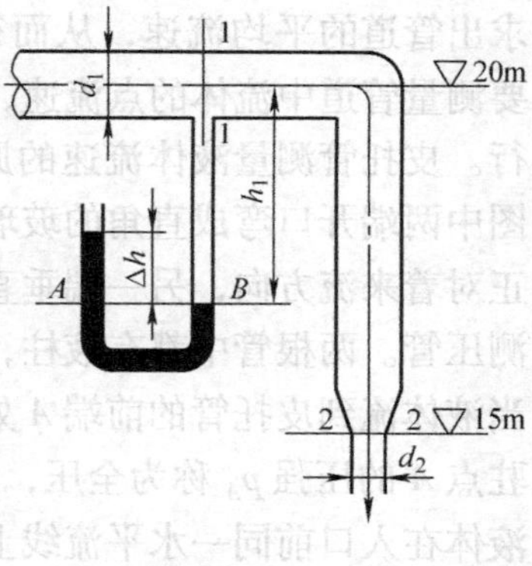

图3-22　例3-4图

解　首先计算截面1-1管路中心的压强。因为 A-B 为等压面，列等压面方程得

$$\rho_{Hg}g\Delta h=p_{e1}+\rho g h_1$$

所以 $\dfrac{p_{e1}}{\rho g}=\dfrac{\rho_{Hg}}{\rho}\Delta h-h_1=\left(\dfrac{13600}{1000}\times0.2-0.72\right)\text{m}=2\text{m}$

列截面1-1、截面2-2的能量方程有

$$z_1+\frac{p_{e1}}{\rho g}+\frac{v_1^2}{2g}=z_2+0+\frac{v_2^2}{2g}$$

由连续性方程得 $v_1=v_2\left(\dfrac{d_2}{d_1}\right)^2$，将已知数据代入上式，得

$$20+2+\frac{1}{16}\frac{v_2^2}{2g}=15+0+\frac{v_2^2}{2g}$$

解得　$v_2=12.10\text{m/s}$

管中流量　$q_V=\dfrac{\pi}{4}d^2v_2=\dfrac{\pi}{4}\times0.05^2\times12.10\text{m}^3/\text{s}=0.024\text{m}^3/\text{s}$

例3-5　为测量风机的流量，常用如图3-23所示的集流管试验装置。在距入口适当远处安装静压测压管，若水在管中上升高度 $h=12\text{mm}$，风管的直径 $d=100\text{mm}$，空气密度 $\rho=1.28\text{kg/m}^3$，忽略压强损失，求风机的流量。

解题分析　这是一个气体应用能量方程的问题。

对于测量风机流量的问题，通常一个截面取在距风机入口有一段距离的未受气流扰动的平面上，此平面上气体的压强为大气压，流速为零；另一个截面取在有测压装置的截面上。

解 列截面1-1、截面2-2的能量方程有

$$0+0=p_{e2}+\frac{\rho v^2}{2}$$

由流体静力学基本方程得

$$p_{e2}=-\rho_{H_2O}gh$$

所以 $v=\sqrt{\frac{2\rho_{H_2O}gh}{\rho}}=\sqrt{\frac{2\times1000\times9.806\times0.012}{1.28}}\text{m/s}=13.56\text{m/s}$

所以 $q_V=\frac{\pi}{4}d^2v=\frac{\pi}{4}\times0.1^2\times13.56\text{m}^3/\text{s}=0.11\text{m}^3/\text{s}$

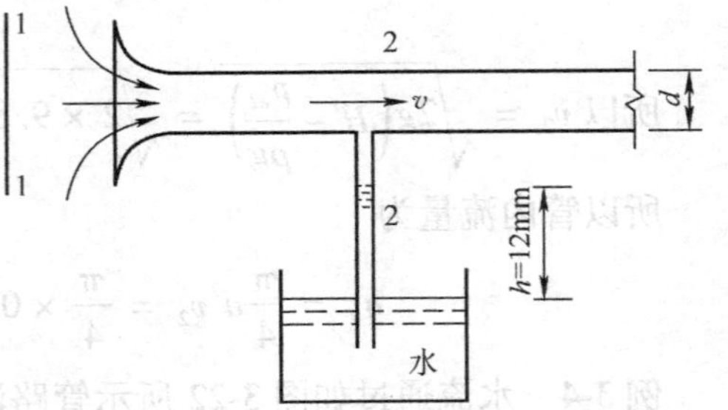

图3-23 例3-5图

4. 仪器应用

（1）皮托管 在工程实际中，常常需要测量某管道中某截面上各点流体流速的大小，然后求出管道的平均流速，从而得到管道中的流量。要测量管道中流体的点流速，可采用皮托管来进行。皮托管测量液体流速的原理如图3-24所示，图中两端开口弯成直角的玻璃管是皮托管，测量流速时安装在液体管道的某一截面处，一端正对着来流方向，另一端垂直向上。同时在皮托管正对来流的开口所在管道截面处装有一个测压管。两根管中都有液柱，但这时皮托管中上升的液柱比测压管内的液柱高 h。这是由于当液体流到皮托管的前端 A 处时受到阻挡，流速变为零，则在皮托管入口形成一个驻点 A。驻点 A 的压强 p_A 称为全压，它是流体原来在 A 点的静压强和由动能转化来的压强之和。设液体在入口前同一水平流线上未受到扰动处的 B 点的压强为 p_B，流速为 v。应用伯努利方程于同一流线上的 B、A 两点，则有

$$z+\frac{p_B}{\rho g}+\frac{v^2}{2g}=z+\frac{p_A}{\rho g}+0 \tag{3-13}$$

则

$$h=\frac{p_A}{\rho g}-\frac{p_B}{\rho g}=\frac{v^2}{2g} \tag{3-14}$$

那么

$$v=\sqrt{2\frac{p_A-p_B}{\rho}} \tag{3-15}$$

式（3-15）表明，只要测量出液体在某点的运动全压头和静压头的差值 h，就可以确定流体在该点的流速。由于流体具有黏性会产生流动损失，皮托管本身也对流动产生扰动，实际流速与用此式计算出的数值不完全一致，需要修正，因此实际流速为

$$v=\psi\sqrt{2gh} \tag{3-16}$$

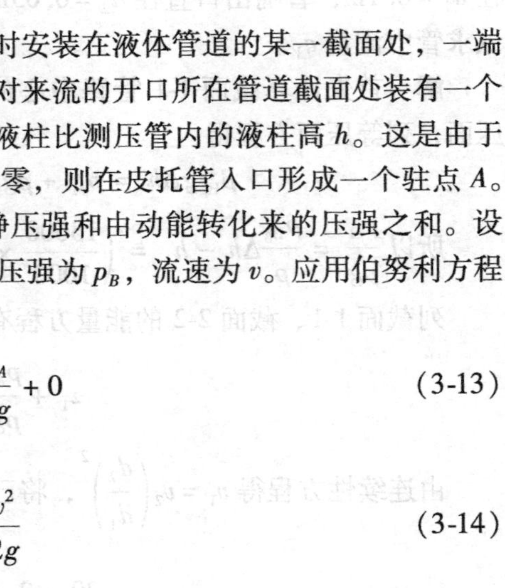

图3-24 皮托管-静压管测量液体流速原理

式中 ψ——流速修正系数，一般由实验确定，通常为0.97～1.03。

如果测量气体的流速，则无法直接用皮托-静压管测出气柱差来，必须把两根管子连接到一个U形管差压计上，从U形管差压计上的液面差来求得流速，如图3-25所示。则

$$p_A - p_B = h_1 g(\rho_1 - \rho)$$

将A、B两点压强差代入式（3-15）得

$$v = \sqrt{2g\frac{\rho_1 - \rho}{\rho}h_1} = \sqrt{2gh_1\left(\frac{\rho_1}{\rho} - 1\right)} \tag{3-17}$$

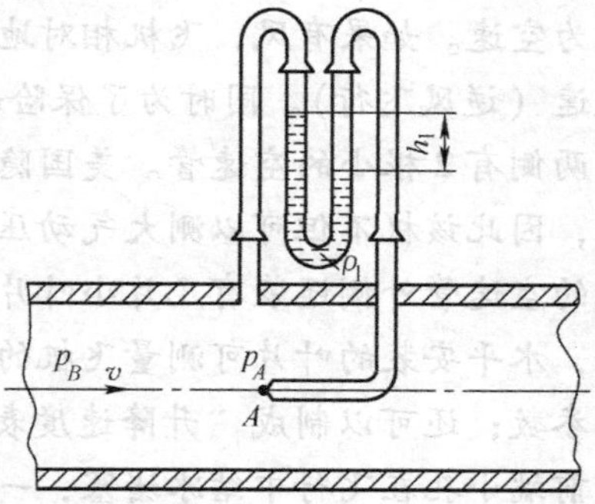

图3-25 皮托管-U形管差压计测量气体流速原理

考虑到实际情况，则

$$v = \psi\sqrt{2gh_1\left(\frac{\rho_1}{\rho} - 1\right)} \tag{3-18}$$

测量液体的流速时也可以采用如图3-25所示的装置，则流速的计算公式与式（3-17）和式（3-18）相同。式（3-15）是计算流体流速的基本公式，其中的压强差$(p_A - p_B)$根据实际使用的测量仪器读取即可。

知识拓展：皮托-静压管

在工程应用中多将皮托管和静压管组合成一件，称为皮托-静压管，又称动压管，习惯上常简称为皮托管，其构造尺寸及使用时的连接方式如图3-26所示。

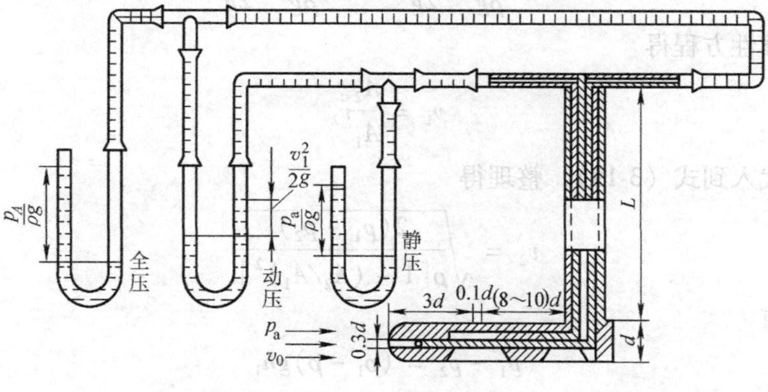

图3-26 皮托-静压管构造及连接方式

知识拓展：皮托管的应用

皮托管结构简单，使用方便，用途很广，可以测量温度较高的气体和流速较高的气体，还可以测量有颗粒的气体。应用皮托管原理的靠背管流量计，可用于测量气体、液体和蒸汽的流量。

飞机头部或机翼前缘常装设皮托管，测量相对空气的飞行速度，又称空速管，也叫风向标，也叫气流方向传感器或流向角感应器，与精密电位计（或同步机或解析器）连接在一起，提供出一个表示相对于大气数据的桁架纵轴的空气流方向的电信号。空速管是飞机上极为重要的测量工具，它主要是用来测量飞机速度的，同时还兼具其他多种功能。它的安装位置一定要在飞机外面气流较少受到飞机影响的区域，一般在机头正前方、垂尾或翼尖前方。

空速管测量出来的速度并非是飞机真正相对于地面的速度，而只是相对于大气的速度，所以称为空速。如果有风，飞机相对地面的速度（称地速）还应加上风速（顺风飞行）或减去风速（逆风飞行）。同时为了保险起见，一架飞机通常安装2副以上空速管。有的飞机在机身两侧有2根小的空速管。美国隐身战斗机F-117在机头最前方安装了4根全向大气数据探管，因此该机不但可以测大气动压、静压，而且还可以测量飞机的侧滑角和迎角。有的飞机上的空速管外侧还装有几片小叶片，也可以起到类似作用；垂直安装的用来测量飞机的侧滑角，水平安装的叶片可测量飞机的迎角。空速管测量出来的静压还可以用来作为高度表的计算参数；还可以制成“升降速度表”，即测量飞机高度变化快慢（爬升率）。为了防止空速管前端小孔在飞行中结冰堵塞，一般飞机上的空速管都有电加温装置。

（2）文丘里流量计　文丘里流量计主要用于管道中流体的流量测量，主要由收缩段、喉部和扩散段三部分组成，如图3-27所示。它利用收缩段造成一定的压强差，在收缩段前和喉部用U形管差压计测量出压强差，从而求出管道中流体的体积流量。

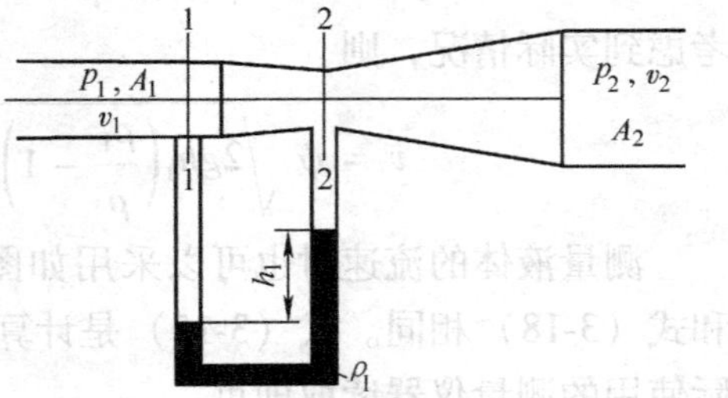

图3-27　文丘里流量计

以文丘里管水平轴线所在平面为基准面，设U形管差压计两端测点所在截面为1-1，2-2，列两截面的能量方程

$$0+\frac{p_1}{\rho g}+\frac{v_1^2}{2g}=0+\frac{p_2}{\rho g}+\frac{v_2^2}{2g} \tag{3-19}$$

由稳定流动连续性方程得

$$v_1=\frac{A_2}{A_1}v_2 \tag{3-20}$$

将式（3-20）代入到式（3-19），整理得

$$v_2=\sqrt{\frac{2(p_1-p_2)}{\rho[1-(A_2/A_1)^2]}} \tag{3-21}$$

由流体静力学有

$$p_1-p_2=(\rho_1-\rho)gh_1 \tag{3-22}$$

将式（3-22）代入到式（3-21），则

$$v_2=\sqrt{\frac{2g(\rho_1-\rho)h_1}{\rho[1-(A_2/A_1)^2]}} \tag{3-23}$$

式（3-23）表明，若ρ_1、ρ、A_1、A_2已知，只要测量出h_1，就可以确定流体的流速，从而得到流体的流量

$$q_V=A_2v_2=A_2\sqrt{\frac{2g}{1-(A_2/A_1)^2}}\cdot\sqrt{\frac{(\rho_1-\rho)h_1}{\rho}}=K\sqrt{\frac{(\rho_1-\rho)h_1}{\rho}} \tag{3-24}$$

设$K=A_2\sqrt{\frac{2g}{1-(A_2/A_1)^2}}$。对于一个既定的流量计，$K$是一个常数，称为流量计常数。

由于推导过程中没有考虑流体的黏性，因此通过式（3-24）计算出的流量比实际流量要大。为此，用一个修正系数ψ'修正流量

$$q_V = \psi' K \sqrt{\frac{(\rho_1 - \rho)h_1}{\rho}} \tag{3-25}$$

式中 ψ'——流量修正系数，通过实验确定，一般为0.95~0.98。

文丘里流量计制造加工较繁琐，故测量流量常采用在管道口安装喷嘴或孔板（图3-28）的方法来代替，其工作原理与文丘里管相似，但流动损失较大，流量修正系数较小。以上三种流量计统称为节流式流量计，其技术要求可在专用手册中查到。文丘里流量计所配差压计的测点选在收缩段，而没在扩散段，是收缩段的流动损失比扩散段小的缘故。

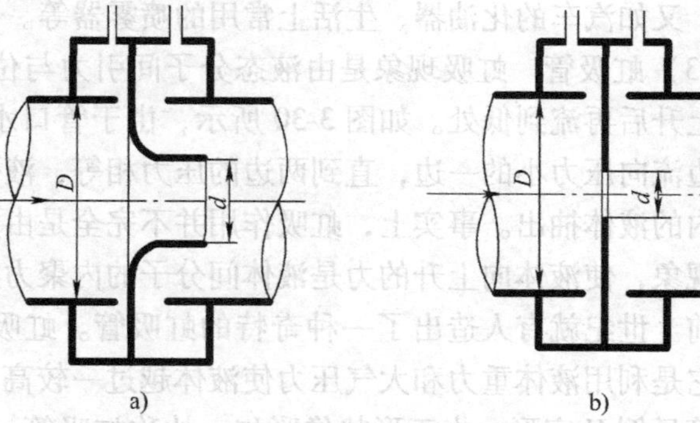

图3-28 喷嘴式流量计和孔板式流量计
a）喷嘴式流量计 b）孔板式流量计

例3-6 如图3-29所示，在大容器底部装有一带有文丘里管段的出流管，各参数见图，不计流动损失，求其喉部压强。

解 以2-2为基准面，列截面0-0与截面2-2的能量方程

$$h_2 + 0 + 0 = 0 + 0 + \frac{v_2^2}{2g}$$

所以有

$$v_2 = \sqrt{2gh_2}$$

由连续性方程得

$$v_1 = \frac{A_2}{A_1}v_2 = \frac{A_2}{A_1}\sqrt{2gh_2}$$

以2-2为基准面，列截面1-1与截面2-2的能量方程

$$h_2 - h_1 + \frac{p_1}{\rho g} + \frac{v_1^2}{2g} = 0 + \frac{p_a}{\rho g} + \frac{v_2^2}{2g}$$

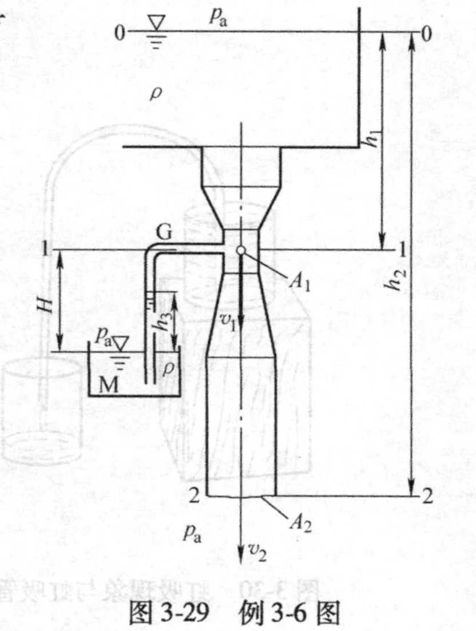

图3-29 例3-6图

将 v_1、v_2 代入上式，整理得

$$p_1 = p_a + \rho g\left[h_1 - h_2\left(\frac{A_2}{A_1}\right)^2\right]$$

讨论：由于 $A_2 > A_1$，$h_2 > h_1$，可知 p_1 低于大气压强。如在文丘里管喉部装一个测压管G，则管内水柱将高于水池M的水面，其值为 h_3。由静力学方程可知

$$h_3 = \frac{p_a - p_1}{\rho g}$$

联立上两个式子得

$$h_3 = \frac{p_a - p_1}{\rho g} = h_2\left(\frac{A_2}{A_1}\right)^2 - h_1$$

当水池 M 中的自由表面距喉部的高度 $H < h_3$ 时，水池 M 中的水就会连续不断地抽进喉部，从水管底（截面 2-2）排出。当水池 M 内的水全部抽完后，空气还会沿管 G 抽进喉部。在工程中我们利用此原理来抽提液体或获得真空，例如锅炉的喷水减温器、汽轮机的射水抽气器；又如汽车的化油器、生活上常用的喷雾器等。

（3）虹吸管　虹吸现象是由液态分子间引力与位能差所造成的，即利用液柱压力差使液体上升后再流到低处。如图 3-30 所示，由于管口水面承受不同的压力，液体会由压力大的一边流向压力小的一边，直到两边的压力相等，液体停止流动。利用虹吸现象很快就可将容器内的液体抽出。事实上，虹吸作用并不完全是由大气压力所产生的，在真空里也能产生虹吸现象，使液体向上升的力是液体间分子的内聚力。虹吸管是人类的一种古老发明，早在公元前 1 世纪就有人造出了一种奇特的虹吸管。虹吸管就是使液体产生虹吸现象所用的弯管，它是利用液体重力和大气压力使液体越过一较高障碍达到较低目的地的最简单的装置。虹吸管呈倒 U 字形，由于形状像彩虹，故称虹吸管。虹吸管使用时必须保证把液体由高液位引向低液位，并且要预先充满液体。下面进一步分析虹吸管的工作原理，及其正常工作的另一个重要条件。

如图 3-31 所示，在大容器侧装一虹吸管，管内灌满水，各项参数如图所示。列截面 0-0 与截面 2-2 的总流能量方程可得

$$v_2 = \sqrt{2gh_2}$$

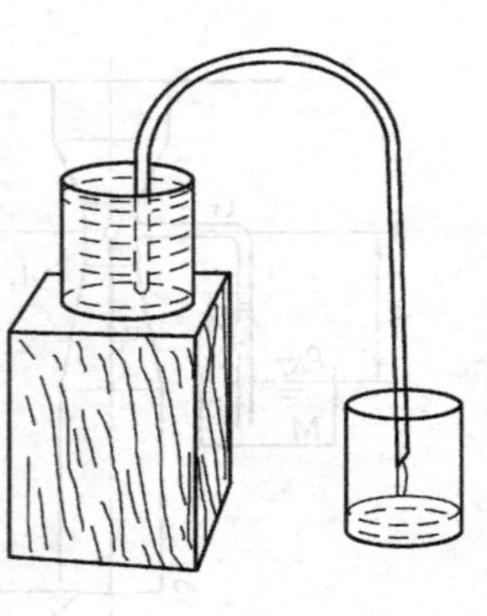

图 3-30　虹吸现象与虹吸管

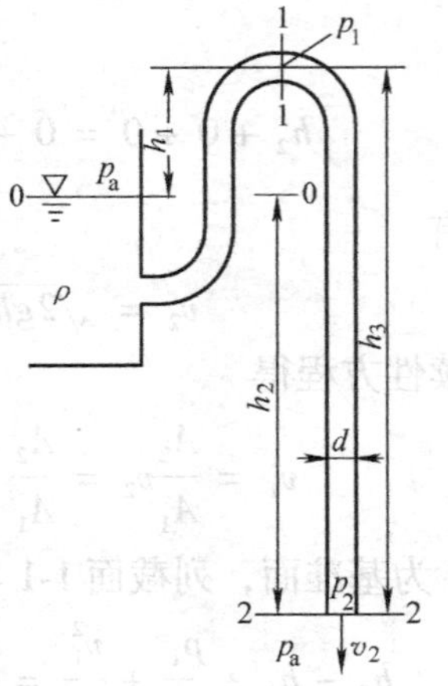

图 3-31　虹吸管的应用示意

故虹吸管的理论流量为

$$q_V = \frac{\pi}{4}d^2\sqrt{2gh_2}$$

以截面 2-2 为基准面，列截面 1-1 与截面 2-2 的总流能量方程

$$h_3 + \frac{p_1}{\rho g} + \frac{v_1^2}{2g} = 0 + \frac{p_a}{\rho g} + \frac{v_2^2}{2g}$$

由连续性方程可知 $v_1 = v_2$，则有

$$p_1 = p_a - \rho g h_3 \tag{3-26}$$

$$p_1 = p_a - \rho g(h_1 + h_2) \tag{3-27}$$

由式（3-26）和式（3-27）可知，虹吸管能将液体抽吸出来，是因为管中最高点是真空状态，截面0-0的压强高于截面1-1的压强，在两截面压力差的作用下液体被从容器中吸上来。液体由截面1-1流向截面2-2，是由于重力作用。在发生虹吸现象时，由于管内往外流的液体比流入管子内的液体多，两边的重力不平衡，所以液体就会继续沿一个方向流动。在液体流入管子里时，越往上压力就越低。在 h_2 一定时，h_1 越大，p_1 真空越大；h_1 一定时，h_2 越大，p_1 真空也越大。h_2 一定时，如果液体上升段的管子很高，即 h_1 很大，截面1-1的压强降低到液体温度对应的饱和压强 p_V 时，会使管内产生气泡（由空气或其他成分的气体构成），使截面0-0和截面1-1间的压力差为0，从而破坏了虹吸作用，会使液体断流，所以虹吸管的作用高度 $h_{1\max}$ 就是产生气泡时的高度 h_1。在正常的大气压下，虹吸管的作用比在真空时好，因为两边管口上所受到的大气压提高了整个虹吸管内部的压力。h_1 一定时，h_2 过大，也会在截面1-1处产生气泡而形成断流。所以虹吸管维持正常流动的条件是 $p_1 \geqslant p_V$，即 $h_3 \leqslant \dfrac{p_a - p_V}{\rho g}$。

知识拓展：虹吸管的应用

虹吸是大自然的赐予，是人类利用大气压与真空之间存在的压差及落差势能，源源不断地提供永不衰竭的能量支持，从而达到自动抽吸引水目的的水流现象。采用虹吸管输送流体无需任何外加动力，是新型的节能环保技术，应用领域广泛，诸如长距离引水、自来水配水、水力发电、防汛抗旱、溢洪灌溉、水库清淤、地下水回灌、海底矿石采吸等。由我国自行研制、被国家专利局授予发明专利的目前世界上直径最大的虹吸管，犹如一条巨龙卧匍在浙江省杭州市近郊区黄石垅水库大坝上，源源不断地自动抽吸引水。这条虹吸管直径1520mm，全长96m，高8m。这项世界纪录，不仅创下了虹吸管直径的世界第一，而且其虹吸管高度也大大突破了理论常规，开辟了超大型虹吸管在流体中的市场应用空间和发展空间，具有极大的经济效益。

二、实际流体的能量方程

实际流体的机械能衡算，除了要考虑各截面的机械能（位能、动能、压能）外，还要考虑因为实际流体具有黏性而产生的机械能损失。实际流体流动时有阻力存在，为克服此流动阻力要消耗流体的一部分机械能，这部分机械能转变为热量而不能直接用于流体的输送，因此从工程实用的观点来考虑，可认为这部分机械能损失掉了，故将其称为能量损失。要保证如图3-1所示的各种管网的运行，必须靠泵或风机提供能量，克服流动过程中的能量损失。

如所研究的流段无提供能量的流体机械，除考虑流体的黏性以外，实际流体的能量方程的假设条件和应用注意事项及推导示意图都与不可压缩无黏性流体相同，如图3-18所示。由于流体黏性的作用，实际流体用截面平均流速所得动能与其真实流速所得动能略有差别，可采用动能修正系数修正。层流的动能修正系数为2，湍流的动能修正系数接近于1。工程上湍流居多，所以通常忽略此差别。根据能量守恒，实际流体流动过程中，后一个截面上的总机械能与两截面之间的能量损失之和等于前一个截面上的总机械能（实际流体流动机械能转化示意如图3-32所示），则实际流体的能量方程为

$$z_1 g + \frac{p_1}{\rho} + \frac{v_1^2}{2} = z_2 g + \frac{p_2}{\rho} + \frac{v_2^2}{2} + h_W g \tag{3-28a}$$

方程的另一种形式为 $$z_1+\frac{p_1}{\rho g}+\frac{v_1^2}{2g}=z_2+\frac{p_2}{\rho g}+\frac{v_2^2}{2g}+h_W \tag{3-28b}$$

式中 h_Wg——单位质量流体由截面1-1流到截面2-2过程中的机械能损失，而 h_W 称能量头损失，单位为m。

若在截面1-1和截面2-2间安装有流体机械，如图3-33所示，该机械可能是增加流体机械能的泵或风机，也可以是消耗流体机械能的水轮机、水车等机械。此时，单位质量实际流体的能量方程为

$$z_1g+\frac{p_1}{\rho}+\frac{v_1^2}{2}+h_eg=z_2g+\frac{p_2}{\rho}+\frac{v_2^2}{2}+h_Wg \tag{3-29a}$$

方程的另一种形式为 $$z_1+\frac{p_1}{\rho g}+\frac{v_1^2}{2g}+h_e=z_2+\frac{p_2}{\rho g}+\frac{v_2^2}{2g}+h_W \tag{3-29b}$$

式中 h_eg——流体机械对单位质量流体增加或消耗的机械能，单位为 m^2/s^2。

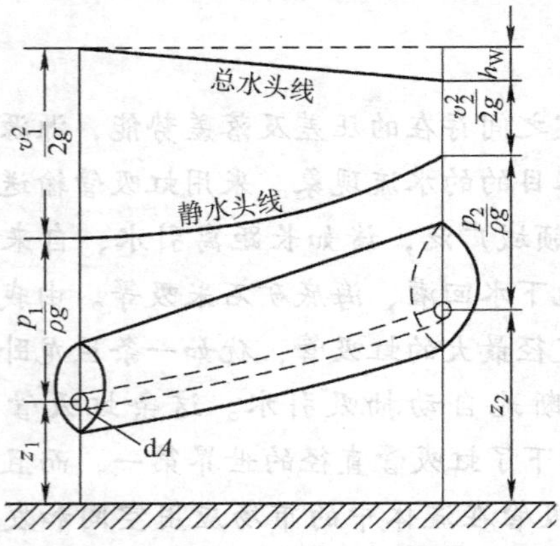

图3-32 实际流体总流能量转化示意

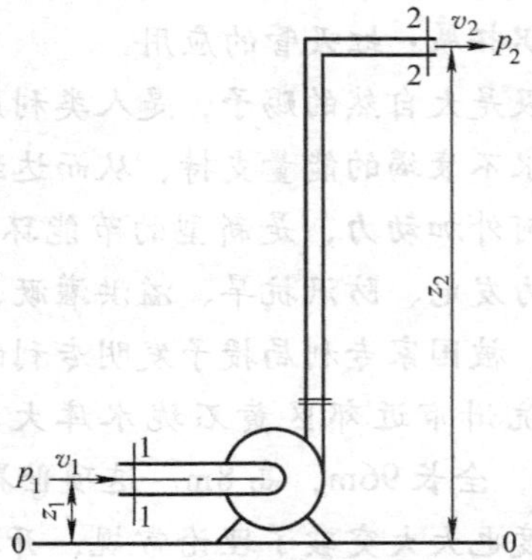

图3-33 有外加能量的能量方程推导示意

h_eg 是衡量流体机械对流体作用能量的重要数据，通过它可以得到机械对流体所做的机械功或机械由流体得到的能量，由此可以确定流体机械的功率，从而达到输送流体或利用流体得到能量的目的。

对于气体输送，以单位体积流体为衡算基准较为方便。将式（3-29a）两边同乘以 ρ，令 $\rho gh_e=\Delta p_e$，$\rho gh_W=\Delta p_W$，得

$$\rho gz_1+p_1+\frac{\rho v_1^2}{2}+\Delta p_e=\rho gz_2+p_2+\frac{\rho v_2^2}{2}+\Delta p_W \tag{3-30}$$

上式各项单位均为 J/m^3 或Pa，它表示单位体积气体所具有的能量。Δp_e 和 Δp_W 分别称为风压和压强降（压强损失）。风压指单位体积的气体通过风机后获得的能量。

对于可压缩流体的流动，当所取系统中两截面间的绝对压强变化小于原来绝对压强的20%时，即，上述式（3-28）、式（3-29）、式（3-30）仍可以使用，但公式中流体的密度 ρ 应以两截面间流体的平均密度代替。

讨论：

若流体处于静止状态，则流速为0，能量损失也为0，也不需要增加外功，则式（3-29b）转化为

$$z_1+\frac{p_1}{\rho g}=z_2+\frac{p_2}{\rho g}$$

上式即为流体静力学基本方程。由此可见，能量方程适用于流体运动的所有形式，不仅描述了流体流动的规律，还反映了流体静止状态的规律，而流体静止状态是一种特殊的流动状态。

例 3-7　如图 3-34 所示，在一液位恒定的敞口高位槽中，液面距水管出口的垂直距离为 7m，管路为 ϕ89mm × 4mm 的钢管。设总的能量头损失为 6.5m。求该管路的流量。

解　此流动为不可压缩流体的稳定流动，水由水箱通过管道进入环境。取高位槽中自由表面为截面 1-1，水管出口为截面 2-2。以过截面 2-2 中心线的水平面为基准面。列截面 1-1 和截面 2-2 间的能量方程

$$z_1=\frac{v_2^2}{2g}+h_W$$

将 $z_1=7\text{m}$，$h_W=6.5\text{m}$ 代入上式，得

$$v_2=3.13\text{m/s}$$

则管路的流量为

$$q_V=v_2\frac{\pi d^2}{4}=3.13\times\frac{\pi\times0.081^2}{4}\text{m}^3/\text{s}=0.016\text{m}^3/\text{s}$$

例 3-8　某制冷装置如图 3-35 所示，高压储液罐内的氨液制冷剂经节流降压后直接送到 145kPa（表压）的低压系统。已知储液罐内液面压强为 685kPa（表压），供液管内径 d_i = 50mm，管内限定流量为 $q_V=0.002\text{m}^3/\text{s}$，供液管的能量头损失 $h_W=2.5\text{m}$（氨柱），氨液密度为 636kg/m³。试确定氨液被压送的最大高度 H。

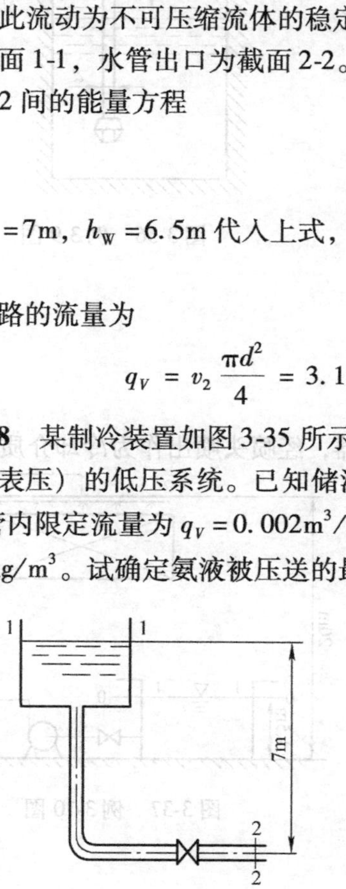

图 3-34　例 3-7 图

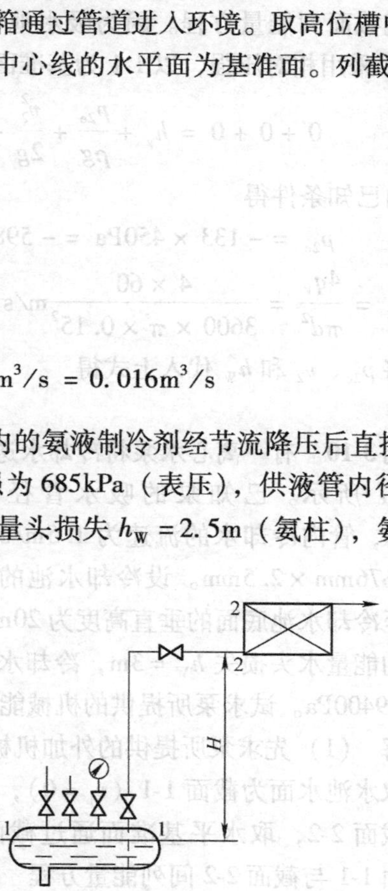

图 3-35　例 3-8 图

解　流体为稳定流动，且流体可视为不可压缩流体。取高压储液罐内液面为截面 1-1（$v_1=0$），低压系统入口为截面 2-2。以高压储液罐液面为基准面，$z_1=0$。在截面 1-1 与截面 2-2 间列能量方程

$$0+0+\frac{p_{1e}}{\rho g}=H+\frac{p_{2e}}{\rho g}+\frac{v_2^2}{2g}+h_W$$

由已知条件得

$$v_2=\frac{4q_V}{\pi d_i^{\ 2}}=\frac{4\times0.002}{\pi\times0.05^2}\text{m/s}=1.02\text{m/s}$$

将各个参数代入能量方程中得

$$H=84\text{m}$$

例 3-9 有一离心水泵装置如图 3-36 所示。已知该泵的输水量 $q_V=60\text{m}^3/\text{h}$，吸水管内径 $d=150\text{mm}$，吸水管路的总水头损失 $h_W=0.5\text{m}$，水泵入口 2-2 处，真空表读数为 450mmHg，若吸水池的面积足够大，试求此时泵的吸水高度 h_g。

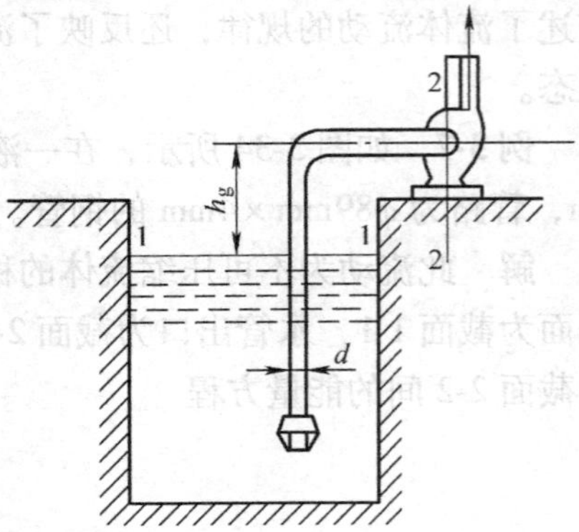

图 3-36 例 3-9 图

解 选取吸水池液面 1-1 和泵进口截面 2-2 这两个缓变流截面列能量方程。因为吸水池面积足够大，故 $v_1=0$。采用相对压强，以 1-1 为基准面，则得

$$0+0+0=h_g+\frac{p_{2e}}{\rho g}+\frac{v_2^2}{2g}+h_W$$

由已知条件得

$$p_{2e}=-133\times450\text{Pa}=-59850\text{Pa}$$

$$v_2=\frac{4q_V}{\pi d^2}=\frac{4\times60}{3600\times\pi\times0.15^2}\text{m/s}=0.94\text{m/s}$$

将 p_{2e}、v_2 和 h_W 代入上式得

$$h_g=5.56\text{m}$$

例 3-10 有一离心水泵将冷却水送到楼顶的冷却器，经喷头喷出作为冷却介质使用，如图 3-37 所示。已知泵的吸水管径为 $\phi108\text{mm}\times4.5\text{mm}$，管内冷却水的流速为 1.5m/s，泵的排水管径为 $\phi76\text{mm}\times2.5\text{mm}$。设冷却水池的水深为 1.5m，喷头至冷却水池底面的垂直高度为 20m，输送系统中管路的能量水头损失 $h_W=3\text{m}$，冷却水在喷头前的表压为 29400Pa。试求泵所提供的机械能及有效功率。

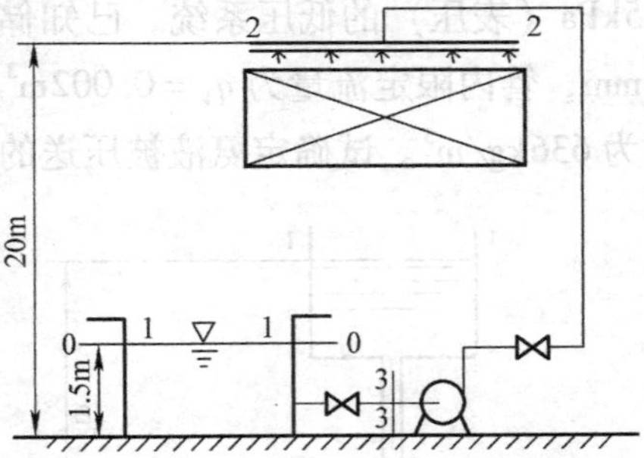

图 3-37 例 3-10 图

解 (1) 先求泵所提供的外加机械能水头

取水池水面为截面 1-1 ($v_1=0$)，喷头上方管口处为截面 2-2，取水平基准面通过截面 1-1，$z_1=0$。在截面 1-1 与截面 2-2 间列能量方程

$$0+0+0+h_e=z_2+\frac{p_{2e}}{\rho g}+\frac{v_2^2}{2g}+h_W$$

在泵吸水管上取截面 3-3，由连续性方程得

$$v_2=v_3\left(\frac{d_3}{d_2}\right)^2=1.5\times\left(\frac{108-4.5\times2}{76-2.5\times2}\right)^2\text{m/s}=2.92\text{m/s}$$

将以上各已知参数代入能量方程中得

$$h_e=25\text{m}$$

(2) 求泵所提供的有效功率

冷却水的体积流量

$$q_V=v_3\frac{\pi d_3^2}{4}=1.5\times\frac{\pi\times0.099^2}{4}\text{m}^3/\text{s}=0.0115\text{m}^3/\text{s}$$

泵所提供的有效功率

$$P_e = \rho g q_V h_e = 1000 \times 9.806 \times 0.0115 \times 25\text{W} = 2820\text{W}$$

第五节　流体流动的阻力和能量损失

实际流体在流动过程中必然要克服流动阻力而消耗一定的机械能，形成能量损失。从实际流体的能量方程可见，流体流动的能量损失对于工程实际来说是极为重要的问题，它直接关系到工程目的的实现和投资及运行费用的大小。流体流动的能量损失计算，是研究实际流体流动的重要内容，也是核心内容。由于流体本身的性质和流动边界条件的不同，流体的流动状态也不同，从而产生能量损失的规律也不同。

一、流体流动的阻力和能量损失概述

由于流体具有黏性和惯性，流动过程中又受到固体边壁的影响，流体流动过程中受到阻力，这个阻力称为流动阻力。流动阻力使流体的一部分机械能不可逆地转化为热能而散失掉，这种机械能损失称为能量损失。可见，流动阻力是造成能量损失的根本原因，而能量损失则是流动阻力在能量消耗上的反映。影响流动阻力的主要因素有两方面：流体的黏性和惯性是产生流动阻力的内因；固体边壁形状及壁面的粗糙度对运动流体的阻碍和扰动作用是产生流动阻力的外因。外因通过内因起作用。

工程实际中为了便于分析和计算，根据固体边壁条件的不同，将能量损失分为两种：沿程损失和局部损失。它们产生的机理和计算方法各不相同。

（一）沿程阻力与沿程损失

流体在固体边壁沿程不变的管段（直管段）上流动时，其所受的阻力是由于流体具有黏性而产生的沿流动路程存在的摩擦阻力（流体与固体边壁以及流体之间都存在），称为沿程阻力。流体流动克服沿程阻力而产生的能量损失称为沿程损失。由于流动情况沿程不变，所受阻力沿程也不发生变化，沿程损失沿流程是均匀分布的，所以沿程损失的大小与流程的长度成正比。沿程损失通常用沿程能量头损失 h_f 表示，单位为 m。工程上用于计算沿程损失的一般公式为

$$h_f = \lambda \frac{l}{d} \frac{v^2}{2g} \tag{3-31}$$

式中　λ——沿程阻力系数，与流体流动状态和固体边壁的粗糙度有关，由实验确定；

l——管长，单位为 m；

d——管内径，单位为 m；

v——截面的平均流速，单位为 m/s。

对于气体，沿程损失通常用沿程压强损失 Δp_f 表示，单位为 Pa，$\Delta p_f = \rho g h_f$。在直管段中流动时，沿程能量头损失的存在使流体的总水头线沿程逐渐向下倾斜，如图 3-38 所示。

（二）局部阻力与局部损失

流体流过弯管、变截面管、阀门及容器进出口（以下统称局部阻碍）等时，因固体边壁形状的改变，流体的流速和方向发生变化或产生旋涡，导致流动阻力增加。这种发生在局

部位置处的阻力称为局部阻力。流体流经局部阻碍时呈急变流，往往会产生旋涡，消耗能量。如图 3-39 所示是流体流经几种典型的局部阻碍时的情况。流体流动克服局部阻力而产生的能量损失称为局部损失。

局部损失通常用局部能量头损失 h_j 表示，单位为 m。工程上用于计算局部损失的一般公式为

$$h_j = \zeta \frac{v^2}{2g} \tag{3-32}$$

式中 ζ——局部阻力系数，与局部阻碍种类和状况有关，由实验确定；

v——截面的平均流速，单位为 m/s。

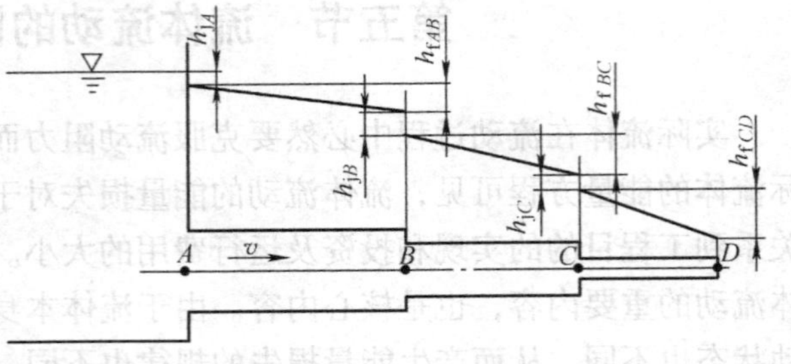

图 3-38 沿程能量头损失与局部能量头损失

局部损失也可用局部压强损失 Δp_j 表示，单位为 Pa，$\Delta p_j = \rho g h_j$。局部能量头损失使流体的总能量头线在每个局部阻碍处突然垂直下降，如图 3-38 所示。

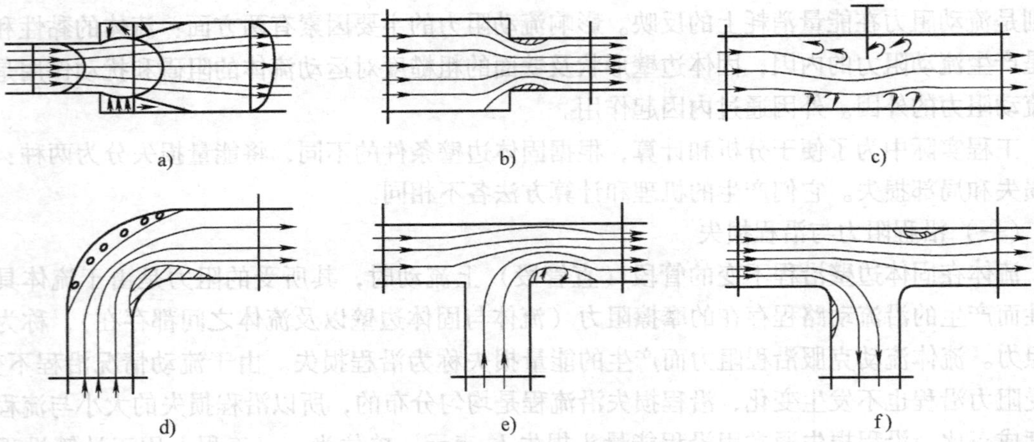

图 3-39 流体流经几种典型局部阻碍的情况

a）截面突然扩大 b）截面突然缩小 c）阀门 d）弯头 e）锐角合流三通 f）圆角分流三通

（三）总阻力与总能量损失

工程上把管道与附属件连接起来组成的流体输送系统称为管路。在工程实际中，绝大多数管路是由许多等径直管段和管道附件连接在一起组成的，如图 3-40 所示，所以一个管路中既有沿程阻力又有局部阻力，也就存在沿程损失和局部损失。一个管道系统的沿程阻力和局部阻力之和称为它的总阻力，沿程损失和局部损失之和称为它的总能量损失。总能量损失应等于各段沿程损失和局部损失的总和，即

$$h_W = \sum h_f + \sum h_j \tag{3-33}$$

$$\Delta p_W = \rho g h_W = \sum \Delta p_f + \sum \Delta p_j \tag{3-34}$$

式中 h_W——总能量头损失，单位为 m；

Δp_W——总压降（总压强损失），单位为 Pa。

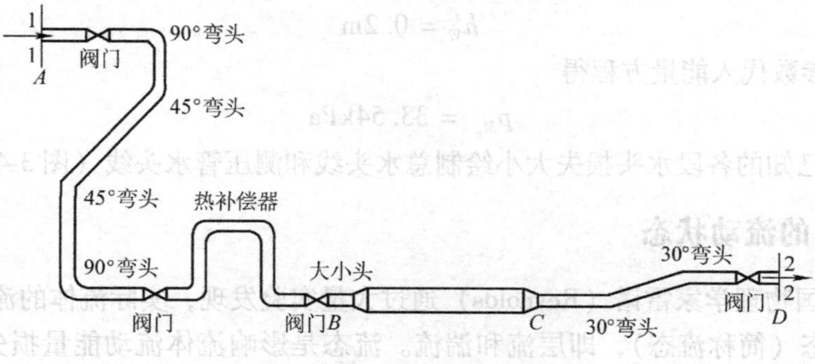

图 3-40　管路举例

例 3-11　如图 3-41 所示，水从水箱先后经直径为 $d_1=20\text{mm}$、$d_2=15\text{mm}$ 的两根管子流入大气，已知 $H=5\text{m}$，入口水头损失为 0.2m，变截面处水头损失为 0.15m，第一根管的沿程水头损失是 0.1m，第二根管的沿程水头损失是 0.2m。若水箱水面保持恒定，求：（1）管中水的流量；（2）进口 M 点的压强；（3）绘制总水头线和测压管水头线。

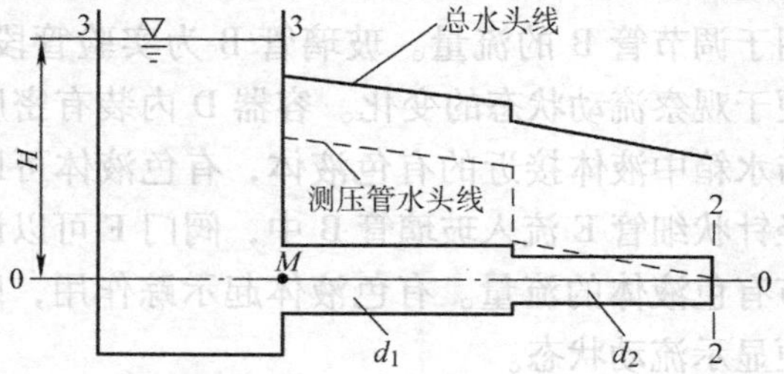

图 3-41　例 3-11 图

解　此流动为不可压缩流体的稳定流动。

（1）求管中水的流量

选过管中心线的水平面为基准面，取水箱自由表面 3-3 和第二根管子出口截面 2-2 列能量方程

$$H+0+0=0+0+\frac{v_2^2}{2g}+h_W$$

由已知条件求系统的总水头损失

$$h_W=(0.2+0.1+0.15+0.2)\text{m}=0.65\text{m}$$

将 $H=5\text{m}$ 和 $h_W=0.65\text{m}$ 代入能量方程，解得流速为

$$v_2=9.24\text{m/s}$$

则管中水的流量为

$$q_V=v_2\frac{\pi d_2^2}{4}=9.24\times\frac{\pi\times0.015^2}{4}\text{m}^3/\text{s}=1.63\times10^{-3}\text{m}^3/\text{s}$$

（2）求 M 点的压强

选过管中心线的水平面为基准面，取水箱自由表面 3-3 和第一根管子入口截面 M-M 列能量方程

$$H+0+0=0+\frac{p_{M_e}}{\rho g}+\frac{v_M^{\ 2}}{2g}+h'_W$$

由连续性方程可得

$$v_M=v_1=\left(\frac{d_2}{d_1}\right)^2v_2=\left(\frac{15}{20}\right)^2\times9.24\text{m/s}=5.2\text{m/s}$$

根据已知条件可知

$$h'_W = 0.2\text{m}$$

将以上各参数代入能量方程得

$$p_{M_e} = 33.54\text{kPa}$$

（3）根据已知的各段水头损失大小绘制总水头线和测压管水头线（图3-41）。

二、流体的流动状态

1883年英国物理学家雷诺（Reynolds）通过大量实验发现，实际流体的流动存在着两种不同的流动状态（简称流态），即层流和湍流。流态是影响流体流动能量损失的重要因素，对沿程阻力系数的影响更为突出。

（一）雷诺实验

雷诺实验装置如图3-42所示。利用水箱A上部的溢流装置保持水箱内水位恒定，形成稳定流动。水箱A侧壁引出玻璃管B，阀门C用于调节管B的流量。玻璃管B为实验管段，便于观察流动状态的变化。容器D内装有密度与水箱中液体接近的有色液体，有色液体可以经针状细管E流入玻璃管B中，阀门F可以调节有色液体的流量。有色液体起示踪作用，以便显示流动状态。

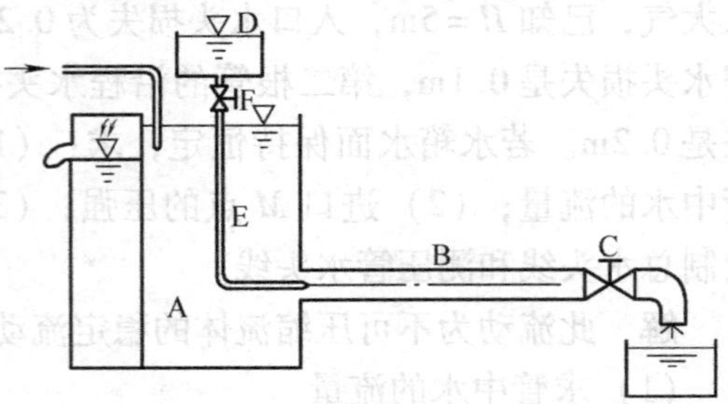

图3-42 雷诺实验装置示意

雷诺实验过程：逐渐开大阀门C，同时调节阀门F掺入有色液体，观察实验现象；然后再进行反方向的实验，即逐渐关小阀门C，观察实验现象。

雷诺实验现象：当玻璃管中水的流速较小时，细管流出的有色液体是一条界限分明的直线，与周围的清水不相混，如图3-43a所示；当流速增大到某一数值v_c时，有色细流开始出现波动而呈波浪形细线，如图3-43b所示；流速继续增大，有色液体的细线开始抖动、弯曲，然后断裂，并与周围清水完全混合，最后使整个玻璃管内的水呈现均匀的颜色，如图3-43c所示，显然此时流体的流动状况已发生了显著的变化。再逐渐关小阀门，玻璃管中的流动状况又会按与阀门逐渐开大时的相反顺序变化，但有色液体变成细直线的流速v'_c小于v_c。再换用各种不同直径的玻璃管做相同程序的实验，能够观察到相同规律的实验现象。

雷诺实验结论：流体流速在不同的范围时，会呈现不同的流动状态，比较典型的流动状态有两种：一是流体质点互不掺混而有规则分层流动的层流，另一种是流体质点相互混合的湍流（又称紊流）。两种流态在一定的流速下可相互转化，之间有过渡流，但层流开始向湍流转化的流速v_c与湍流完全转化为层流的流速v'_c不同，分别被称为上临界流速和下临界流速。实验证明，下临界流速v'_c比较稳定，而上临界流速v_c随流动起点和扰动的不同有较大的差异。流体的流速小于下临界流速时，流体为层流。流体的流速大于上临界流速时，流体为湍流。当流体的流速在下临界流速和上临界流速之间时，流体的流态可能是层流，也可能是湍流，这要看流速是由小增大，还是由大减

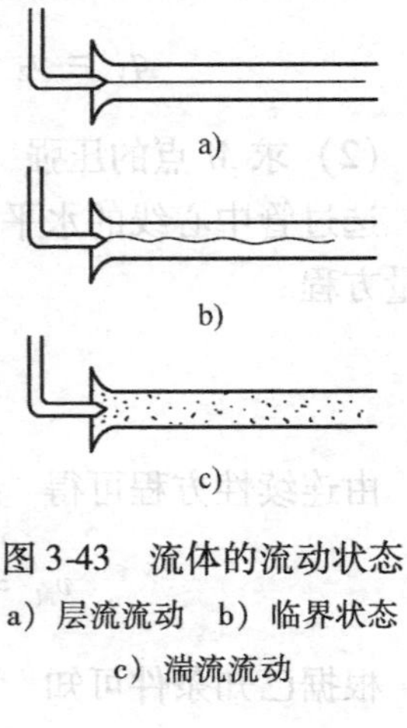

a)

b)

c)

图3-43 流体的流动状态
a）层流流动 b）临界状态
c）湍流流动

小；即使是层流，也是极不稳定的，只要稍有扰动就会变成湍流，所以湍流的情况居多。由于实际工程中扰动是普遍存在的，一般认为只要流体流速大于下临界流速，流体就是湍流。一般把下临界流速v_c'作为判别流态的流速界限，也直接称为临界流速。

（二）流态的判断依据

由上述实验结果看，流态的判断好像很简单，只要将实际流速与临界流速相比较即可。然而这种简易的判断方法没有多大的实用价值，因为临界流速不是一个孤立不变的量，它与流体的性质和管道几何尺寸、形状等因素有关。雷诺等人从对不同直径的圆管和多种液体的实验中进一步发现，流体的流动状态不仅与流体的速度v有关，还与流体的黏度μ、密度ρ和管径d有关，真正影响流态转变的是将上述4个参数按一定规律组合而成的无因次准则数，称为雷诺数，用Re表示。

$$Re=\frac{\rho vd}{\mu}=\frac{vd}{\nu} \tag{3-35}$$

式中　ρ——流体密度，单位为kg/m^3；

v——截面的平均流速，单位为m/s；

d——圆管的特征长度管内径，单位为m；

μ——流体的动力黏度，单位为Pa·s；

ν——流体的运动黏度，单位为m^2/s。

利用雷诺数的大小判断流体的流态时，无论管径大小，流体的密度、黏度、流动速度如何不同，只要雷诺数相同，流态必然相同。

对应于临界流速的雷诺数称临界雷诺数，用Re_c表示。实验表明：对于非常光滑、均匀一致的直圆管，下临界雷诺数等于2320；对于一般程度的粗糙壁管下临界雷诺数约为2000；不易测得上临界雷诺数的精确数值，一般取为13800。工程上，为简便安全起见，习惯上把$Re>2000$的流动都按湍流处理。

判断流体流态的方法是用流体流动的实际雷诺数Re与临界雷诺数Re_c比较，因此可得圆管内流体流态的判断依据为：$Re \leqslant 2000$时，流体是层流流动；$Re>2000$时，流体是湍流流动。工程上流体的流动以湍流居多，少数为层流，如水在毛细管中的流动，润滑油在管道中的流动，热重油在输油管道中的流动等。

雷诺数之所以能够作为判断流体流动状态的依据，是因为它反映了惯性力和黏性力的对比关系。流体流动时黏性力和惯性力同时存在，当黏性力较大时，雷诺数较小，流动比较稳定，显示出层流的特征；而惯性力较大时，雷诺数较大，扰动的作用超过黏性的稳定作用，流动就变为湍流。

例3-12　某低速送风管道，内径$d=200$mm，风速$v=3$m/s，空气温度为40℃。（1）判断风道内气体的流动状态；（2）求该风道内空气保持层流的最大流速。

解　（1）查表1-5，40℃时空气的运动黏度$\nu=16.90\times10^{-6}m^2/s$，则管中雷诺数为

$$Re=\frac{vd}{\nu}=\frac{3\times0.2}{16.90\times10^{-6}}=3.55\times10^4>2000$$

故风道内气体的流动状态为湍流。

(2) 空气保持层流的最大流速为

$$v_{max}=\frac{Re_c\nu}{d}=\frac{2000\times16.90\times10^{-6}}{0.2}\text{m/s}=0.169\text{m/s}$$

例 3-13 某油的动力黏度为 70×10^{-3}Pa·s，密度为 1050kg/m^3，在管径为 $\phi114\text{mm}\times4\text{mm}$ 的管道内流动，若油的流量为 $30\text{m}^3/\text{h}$，试确定管内油的流动状态。

解 管内径为

$$d=(114-2\times4)\text{mm}=106\text{mm}=0.106\text{m}$$

管内油的截面平均流速为

$$v=\frac{q_V}{A}=\frac{q_V}{\frac{\pi}{4}d^2}=\frac{4\times30}{3600\times\pi\times0.106^2}\text{m/s}=0.945\text{m/s}$$

雷诺数为

$$Re=\frac{\rho vd}{\mu}=\frac{1050\times0.945\times0.106}{70\times10^{-3}}=1502.55<2000$$

所以管内油的流动状态为层流。

（三）流体在圆形截面管内不同流动状态下的流速分布

前面计算中所用到的流体流速多指平均流速，即以体积流量除以管道横截面积的值，此值代表管道截面各点流体流速的平均值。流体流经管道时，在同一截面不同点的流速是不同的，即流速随位置的变化而变化，这种变化关系称为流速分布。由于黏性的存在，当流体流过固体壁面时，由于附着力使紧贴着固体壁面的流体的流速为零。同理，流体在圆形截面管内流动时，无论是层流还是湍流，管壁上的流速为零，其他部位的流体质点速度沿径向发生变化。离开管壁越远，其流速越大，直至管中心处流速最大。不同的流态，流速分布情况也不同。

1. 管内层流流速分布

层流一般发生在低流速、小管径的管路中或黏性较大的机械润滑系统和输油管路中。流体在圆管内层流流动时，流体质点仅随主流沿管轴向作规则的平行运动，由于各流层间质点互不混合，只存在由黏性引起的层间滑动摩擦阻力，所以流动的流体在圆管内好像无数层很薄的圆筒，平行地一个套着一个地相对滑动，如图 3-44a 所示。由实验测得其流速分布如图 3-43b 所示，呈抛物面状分布，管中心处的流体质点流速最大。管内流体的平均流速 v 等于管中心处最大流速 v_{max} 的一半。这样的截面流速分布导致以平均流速计算得到的流体的动能和由真实流速分布计算得到的动能相差较大，动能修正系数（实际流速比动能与平均流速比动能之比）为 2。

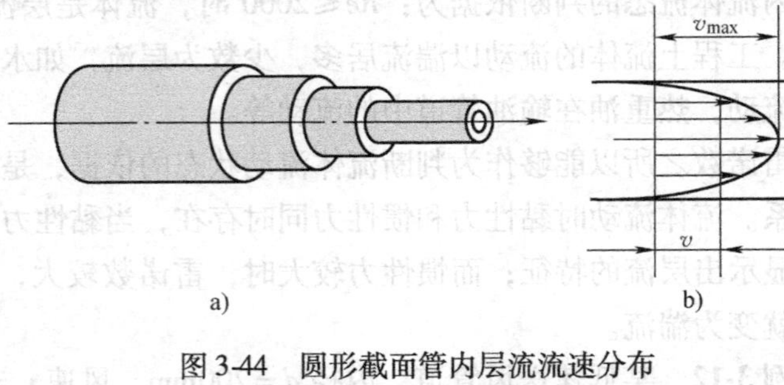

图 3-44 圆形截面管内层流流速分布
a) 流层示意 b) 层流截面流速分布

2. 管内湍流结构及流速分布

在工程实际中，绝大多数情况下流体的流动都是湍流。由于流体质点的运动极不规则，相互混合，相互碰撞，因此湍流结构和速度分布不同于层流。

实验证明，流体在管内作湍流运动时，并非整个管道截面上都为湍流。如图3-45a所示，在贴近管壁的地方，总有非常薄的一层流体由于管壁的阻碍作用流速很低，而处于层流运动状态，该流层称为层流底层。管中心部分由于受管壁的影响较小，流体质点相互混合，碰撞频繁，表现出明显的湍流特征，该部分称为湍流核心。湍流核心与层流底层之间是很薄的不完全湍流区，称为过渡区。层流底层厚度 δ 随雷诺数的增大而减小，也即湍流越强烈，雷诺数越大，层流底层越薄。层流底层厚度一般只有几十分之一到几分之一毫米，但它的存在对管壁粗糙的扰动和传热性能有重大影响，不可忽视。层流底层越薄，换热就越强，流动阻力就越大。

经实验测定，湍流时圆管内流体的流速分布如图3-45b所示。在层流底层内，仍按抛物面分布，速度梯度很大；在湍流核心区内，流速按对数规律分布，但由于流体质点的相互碰撞和混合，流速趋于均匀，速度梯度减小。湍流时的流速分布与 Re 值有关，Re 越大，湍流核心区内的流速分布曲面越平坦。湍流时，管内流体在管中心处流速最大，最大流速 v_{max} 随雷诺数 Re 的变化而变化，管内的平均流速 v 为管中心处最大流速 v_{max} 的0.75~0.9倍。由于截面平均流速与最大流速相差不大，湍流的动能修正系数较小，为1.02~1.12。

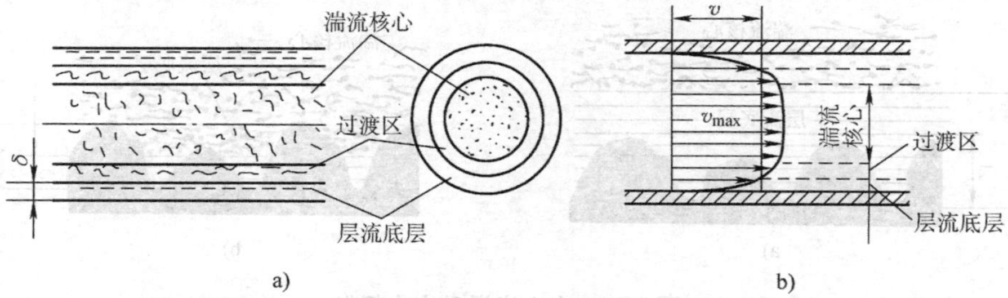

图3-45 圆形截面管内湍流结构及流速分布

a）湍流结构 b）湍流流速分布

任何管子由于材料、加工、使用条件和年限等的影响，管道内壁总是凹凸不平，其管壁粗糙凸出的平均高度 Δ 称为管壁的绝对粗糙度，Δ 与管内径 d 的比值 Δ/d 称为管壁的相对粗糙度。当 $\delta>\Delta$ 时，即管壁的粗糙凸出的高度完全被层流底层所掩盖，如图3-46a所示。这时管壁粗糙度对流动不起任何影响，流体好像在完全光滑的管道中流动一样，这种情况下的管道称为水力光滑管，简称为光滑管。当 $\delta<\Delta$ 时，即管壁的粗糙凸出部分突出到湍流区中，如图3-46b所示。当流体流过凸出部分时，在凸出部分后面将产生旋涡，增加了能量损失，管壁粗糙度将对湍流流动发生影响，这种情况下的管道称为水力粗糙管，简称粗糙管。在这里需要说明的是，对同一绝对粗糙度 Δ 的管道，当流速较低时，其层流底层厚度 δ 可能大于 Δ，当流速较高时，其层流底层厚度 δ 可能小于 Δ，因此同一根管道，在不同的流速下，可能是光滑管也可能是粗糙管。

（四）流体流动状态对沿程能量头损失的影响

将两根测压管接在雷诺实验装置中玻璃管B的前后两端，如图3-47所示，可测出两截面1-1和2-2间的沿程损失。

列截面1-1和截面2-2的能量方程

$$z_1 + \frac{p_1}{\rho g} + \frac{v_1^2}{2g} = z_2 + \frac{p_2}{\rho g} + \frac{v_2^2}{2g} + h_W$$

由于玻璃管B是等直径直管，有 $z_1 = z_2$，$v_1 = v_2$，$h_W = h_f$，所以上式为

$$h_f = \frac{p_1 - p_2}{\rho g}$$

在不同的流量下，得到流速 v 和沿程能量头损失 h_f 的关系，用对数坐标绘制二者的关系曲线，如图3-48所示。流速逐渐增大时，流体开始为层流，$\lg h_f$ 与 $\lg v$ 成正比关系增大，如图中的 MAB 直线；当流速增大到一定程度时层流转变为湍流，$\lg h_f$ 突然从 B 点上升到 C 点，以后再增大流速时，$\lg h_f$ 比 $\lg v$ 增加快得多，如图中的 CD 直线，其斜率比 MAB 直线的斜率大。再将流速逐渐减小，$\lg h_f$ 与 $\lg v$ 的关系曲线沿 $DCAM$ 线下降。A 点和 B 点所对应的流速分别为相应的下临界流速 v_c' 和上临界流速 v_c，ABC 为过渡区。由实验可知，当 $v < v_c'$，即流体为层流时，h_f 与 v 的一次方成正比；当 $v > v_c'$，即流体为湍流时，h_f 有时与 v 的1.75次方成正比（水力光滑管），有时与 v 的2次方成正比（水力粗糙管）。湍流的损失比层流的大。所以沿程损失与流态有关，计算沿程损失时首先要判别流体的流态，然后根据流态再选择相应的计算公式计算沿程阻力系数 λ，或由曲线图查取 λ。

图3-46　水力光滑和水力粗糙
a）水力光滑　b）水力粗糙

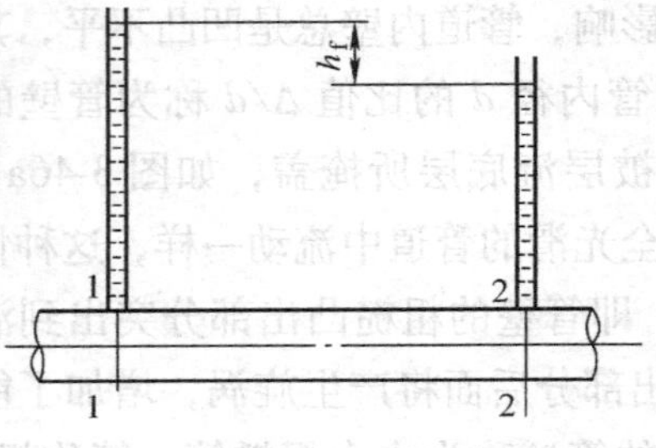

图3-47　沿程水头损失的测量

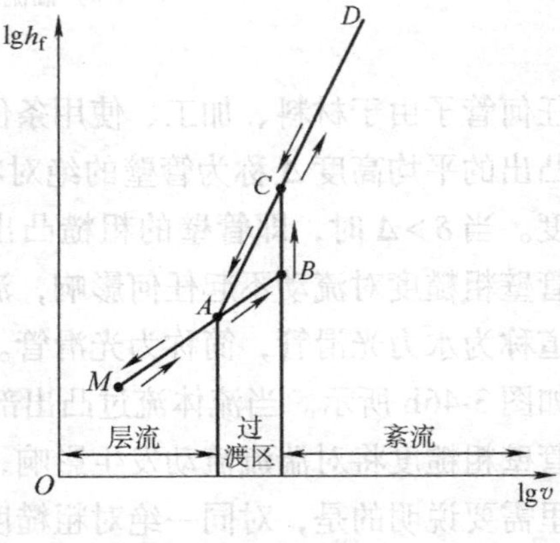

图3-48　不同流态沿程水头损失与流速的关系

三、流体的流动能量损失计算

式（3-31）和式（3-32）是长期工程实践的经验总结，公式的核心是沿程阻力系数 λ 和局部阻力系数 ζ 的确定。

（一）沿程损失的计算

前面提到过，沿程阻力系数 λ 与流体流动状态和固体边壁的粗糙度有关。由前面的分析可知，流体处于不同的流态，或同一流态的不同流动区域时，沿程损失的大小不同。由于流动的复杂性，沿程阻力系数 λ 不能完全由理论分析的方法推导出来。层流流动的沿程阻力系数 λ 可以得到$\left(\lambda=\dfrac{64}{Re}\right)$，而湍流流动的沿程阻力系数 λ 要根据对实验测得的数据进行整理归纳得到的经验公式计算得到。有许多学者和工程师做过关于 λ 的实验研究工作，以尼古拉兹（J. Nikuradse）实验和莫迪（F. Moody）实验具有一定的代表性。

1. 尼古拉兹实验

各种管道的管壁都有一定的粗糙度，但管壁的粗糙度是一个既不易测量也无法准确确定的数值。为了避免这个困难，尼古拉兹采用人工方法制造了各种不同粗糙度的圆管，即用漆胶将颗粒大小一样的砂粒均匀地贴在管壁上，砂粒直径表示管壁粗糙突出高度 Δ。实验时采用砂粒直径 Δ（即管壁的绝对粗糙度）与圆管半径 r 之比 Δ/r 表示以半径计算的管壁的相对粗糙度，用三种不同管径的圆管（25mm、50mm、100mm）和六种不同的 r/Δ 值（15、30.6、60、126、252、507）在不同的流量下进行实验。对每一个实验找出沿程阻力系数与雷诺数 Re 和 r/Δ 之间的关系曲线。为了便于分析起见，将所有的实验结果画在同一对数坐标图上，以 Re 为横坐标，以 100λ 为纵坐标，并以 r/Δ 为参变数，即属于同一 r/Δ 的实验点用线连起来。Re 为 $6\times10^2\sim10^6$，包括层流在内，这个实验结果反映了圆管流动中的全部情况，如图 3-49 所示。

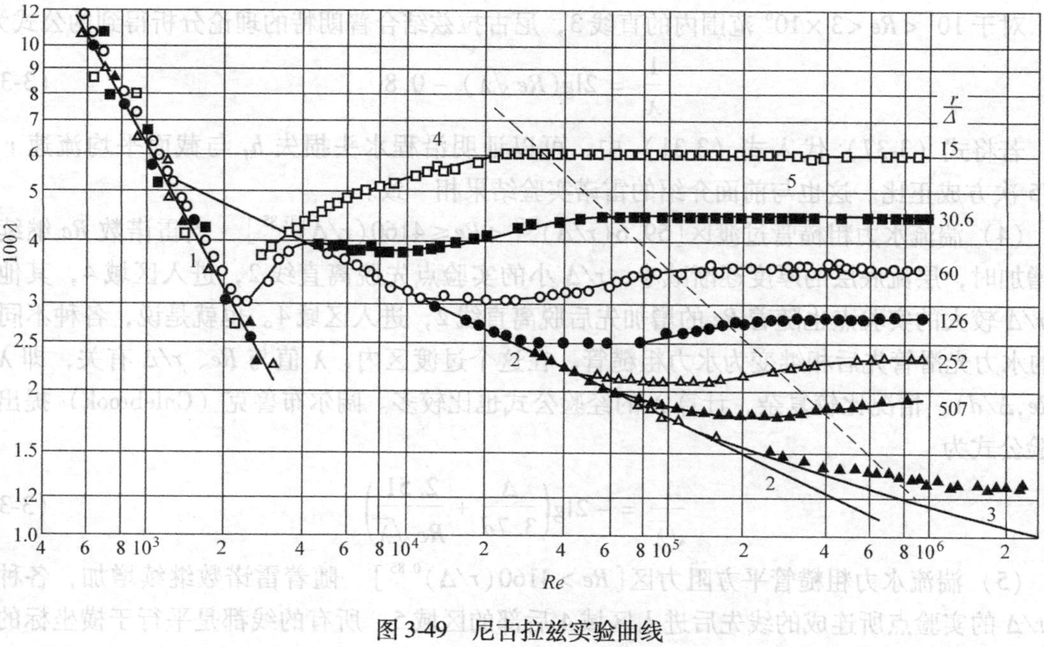

图 3-49　尼古拉兹实验曲线

现在将尼古拉兹实验曲线分成五个区域加以分析。

（1）层流区（$Re\leqslant2000$）　当 $Re\leqslant2000$ 时，所有六种不同的 r/Δ 的实验点都落在同一条直线 1 上。这说明在层流流动时，沿程阻力系数 λ 与管壁相对粗糙度 Δ/r 无关，仅与雷诺数 Re 有关。如图 3-49 所示的直线 1 满足方程

$$\lambda = \frac{64}{Re} \tag{3-36}$$

式（3-36）与理论分析的结果相同。若将式（3-36）代入式（3-31）进一步分析可知，层流区沿程水头损失 h_f 与有效截面平均流速 v 的1次方成正比，这与前面介绍的雷诺实验结果相一致。

（2）层流到湍流的过渡区（$2000 < Re \leqslant 4000$） 当雷诺数超过2000时，流动状态开始发生变化，各种 r/Δ 的实验点离开直线1，集中在一个很狭小的三角形区域内，这区域就是上、下临界雷诺数之间的不稳定区域，也就是层流到湍流的过渡区。由于这个区域很不稳定，工程上不在这个区域工作。

（3）湍流水力光滑管区［$4000 < Re \leqslant 59.6(r/\Delta)^{8/7}$］ 各种不同 r/Δ 的实验点都落在倾斜直线2上，在这个区域内沿程阻力系数 λ 仍与相对粗糙度 r/Δ 无关，而仅与 Re 有关，即 $\lambda = f(Re)$。这是由于层流底层的厚度还较大，足以掩盖粗糙突出高度 Δ 的影响，这个区域就是湍流水力光滑管区。但是不同的 r/Δ 所占该直线上区段的长短也不同，r/Δ 值越小所占区段越短，r/Δ 值越大所占区段越长。这是由于在相同的雷诺数下，即在同样的层流底层厚度的情况下，较大的粗糙突出高度 Δ 先露出层流底层，流动变为水力粗糙管。

对于 $4000 < Re < 10^5$ 的这段直线2，勃拉休斯（H. Blasius）归纳了大量的实验数据，得出下列计算式，即

$$\lambda = \frac{0.3164}{Re^{0.25}} \tag{3-37}$$

对于 $10^5 < Re < 3 \times 10^6$ 范围内的直线3，尼古拉兹结合普朗特的理论分析得到的公式为

$$\frac{1}{\lambda} = 2\lg(Re\sqrt{\lambda}) - 0.8 \tag{3-38}$$

若将式（3-37）代入式（3-31）中，可以证明沿程水头损失 h_f 与截面平均流速 v 的1.75次方成正比。这也与前面介绍的雷诺实验结果相一致。

（4）湍流水力粗糙管过渡区［$59.6(r/\Delta)^{8/7} < Re \leqslant 4160(r/\Delta)^{0.85}$］ 当雷诺数 Re 继续逐渐增加时，层流底层的厚度逐渐减小，r/Δ 小的实验点先脱离直线2，进入区域4，其他各种 r/Δ 较大的实验点也随着 Re 的增加先后脱离直线2，进入区域4。也就是说，各种不同 r/Δ 的水力光滑管先后相继变为水力粗糙管。在这个过渡区内，λ 值与 Re、r/Δ 有关，即 $\lambda = f(Re, \Delta/d)$，情况比较复杂，计算 λ 的经验公式也比较多。阔尔布鲁克（Cnlebrook）提出的经验公式为

$$\frac{1}{\sqrt{\lambda}} = -2\lg\left(\frac{\Delta}{3.7d} + \frac{2.51}{Re\sqrt{\lambda}}\right) \tag{3-39}$$

（5）湍流水力粗糙管平方阻力区［$Re > 4160(r/\Delta)^{0.85}$］ 随着雷诺数继续增加，各种相同 r/Δ 的实验点所连成的线先后进入区域4后部的区域5，所有的线都是平行于横坐标的直线，也就是说同一相对粗糙度的圆管有相同的 λ 值，而与 Re 无关，仅与相对粗糙度 Δ/r（或 Δ/d）有关，即 $\lambda = f(\Delta/d)$，这是因为此时层流底层的厚度已经非常薄，管壁粗糙度的作用已大大超过了层流底层内流体的黏性作用，这个区域就是湍流水力粗糙管区。同一 r/Δ 的圆管中 λ 值是一个常数，沿程损失与平均流速的平方成正比，所以这个区域又称为平方阻力区。平方阻力区的 λ 值可按尼古拉兹归纳的公式进行计算，即

$$\lambda = [1.74 + 2\lg(r/\Delta)]^{-2} \tag{3-40}$$

根据相似理论，在这区域中，要使两个流动的沿程阻力系数 λ 值相等，只要使这两个流动（模型与实型）的相对粗糙度 Δ/r 相等即可，无需雷诺数 Re 相等。因此湍流粗糙管平方阻力区又称为“自动模化区”，简称“自模区”。

以上介绍了尼古拉兹用人工制造的各种粗糙度的管子所进行的实验。由此实验可知，流动在不同的区域里，沿程阻力系数 λ 值的计算公式是不同的。因此在计算沿程损失时，应先判别流动处在哪个区域，然后采用相应的公式去计算 λ 值。

2. 莫迪实验

尼古拉兹的实验曲线是用具有各种不同的人工均匀砂粒粗糙度的圆管进行实验得到的，这与工业管道内壁的自然不均匀粗糙度有很大差别。因此在进行工业管道的阻力计算时，不能随便套用图 3-49 去查取 λ 值。为了得到实际管道的 λ 值，莫迪在 1848 年用天然粗糙的工业管道做了与尼古拉兹相类似的实验，图 3-50 为根据实测资料绘制的曲线图，简称莫迪图。该图反映了实际管道 λ 的变化规律。知道了 Re 和 Δ/d 的值，可在图中直接查出相应的 λ 值。该图按对数坐标绘制，整个图线分为五个区域，即层流区、临界区（相当于尼古拉兹曲线的过渡区）、光滑管区、过渡区（相当于尼古拉兹曲线的湍流水力粗糙管过渡区）、完全湍流粗糙管区（相当于尼古拉兹曲线的水力粗糙管平方阻力区）。利用莫迪曲线图确定沿程阻力系数 λ 值是非常方便的。在实际计算时根据 Re 和 Δ/d，从图 3-50 中查得 λ 值，即能确定流动是在哪一区域内。常用工业管道的当量粗糙度见表 3-1。所谓当量粗糙度，就是工业管道试验时相当于人工粗糙管的粗糙度。

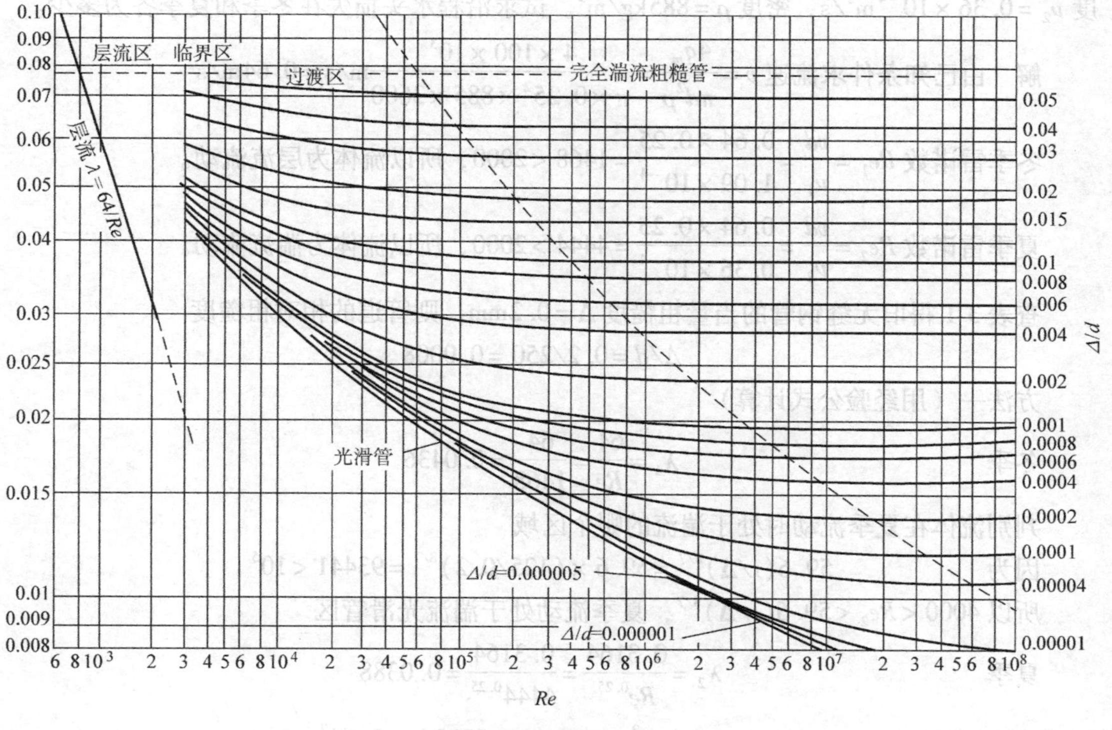

图 3-50　莫迪图

表 3-1 常用工业管道的当量粗糙度

管道	当量粗糙度 Δ/mm	管道	当量粗糙度 Δ/mm	管道	当量粗糙度 Δ/mm
新铜管	0.0015 ~ 0.01	新铸铁管	0.25 ~ 0.42	钢板制风道	0.15
新无缝钢管	0.04 ~ 0.19	旧铸铁管	0.5 ~ 1.6	塑料板制风道	0.01
旧无缝钢管	0.2	涂沥青铸铁管	0.12	胶合板风道	1.0
镀锌钢管	0.15	白铁皮管	0.15	混凝土管	0.3 ~ 3.0
新焊接钢管	0.06 ~ 0.33	玻璃管	0.01	矿渣混凝土板风道	1.5
生锈焊接钢管	0.5 ~ 3.0	橡皮软管	0.01 ~ 0.05	墙内砖砌风道	5 ~ 10

3. 圆形截面管道沿程损失的计算步骤

（1）已知流体流量 q_V、管道长度 l、管道内径 d、流体运动黏度 ν，求沿程水头损失 h_f

1）计算截面平均流速 v。

2）计算雷诺数 Re，判别流态。

3）计算相对粗糙度 Δ/d（Δ 已知，或根据管道状况查表 3-1 得，或由专业规范查得）。

4）确定沿程阻力系数 λ（方法一：根据雷诺数 Re 判断流动区域，选用经验公式计算 λ；方法二：由雷诺数 Re 和相对粗糙度 Δ/d 查莫迪图得 λ）。

5）计算沿程能量头损失 h_f。

例 3-14 输送石油的管道为长 $l=5000\text{m}$，内直径 $d=250\text{mm}$ 的旧无缝钢管，通过的质量流量 $q_m=100\text{t/h}$。所输送的石油在冬季的运动黏度 $\nu_1=1.09\times10^{-4}\text{m}^2/\text{s}$，在夏季的运动黏度 $\nu_2=0.36\times10^{-4}\text{m}^2/\text{s}$，密度 $\rho=885\text{kg/m}^3$。试求沿程水头损失在冬季和夏季各为多少。

解 由已知条件求流速 $v=\dfrac{4q_m}{\pi d^2\rho}=\dfrac{4\times100\times10^3}{\pi\times0.25^2\times885\times3600}\text{m/s}=0.64\text{m/s}$

冬季雷诺数 $Re_1=\dfrac{vd}{\nu_1}=\dfrac{0.64\times0.25}{1.09\times10^{-4}}=1468<2000$，所以流体为层流流动。

夏季雷诺数 $Re_2=\dfrac{vd}{\nu_2}=\dfrac{0.64\times0.25}{0.36\times10^{-4}}=4444>2000$，所以流体为湍流流动。

查表 3-1 得旧无缝钢管的当量粗糙度 $\Delta=0.2\text{mm}$，则管道的相对粗糙度

$$\Delta/d=0.2/250=0.0008$$

方法一（用经验公式计算）

冬季 $$\lambda_1=\frac{64}{Re}=\frac{64}{1468}=0.0436$$

判别流体在夏季流动时处于湍流的哪个区域

因为 $$59.6(r/\Delta)^{8/7}=59.6\times(125/0.2)^{8/7}=93441<10^5$$

所以 $4000<Re_2<59.6(r/\Delta)^{8/7}$，夏季流动处于湍流光滑管区

夏季 $$\lambda_2=\frac{0.3164}{Re^{0.25}}=\frac{0.3164}{4444^{0.25}}=0.0388$$

冬季沿程能量头损失 $h_{f1}=\lambda_1\dfrac{l}{d}\dfrac{v^2}{2g}=0.0436\times\dfrac{5000}{0.25}\times\dfrac{0.64^2}{2\times9.806}\text{m}$（石油柱）$=18.2\text{m}$（石油

柱）

夏季沿程能量头损失 $h_{f2}=\lambda_2\dfrac{l}{d}\dfrac{v^2}{2g}=0.0388\times\dfrac{5000}{0.25}\times\dfrac{0.64^2}{2\times9.806}$m（石油柱）$=16.2$m（石油柱）

方法二（用莫迪图查取 λ）

冬季：由 $Re_1=1468$ 查莫迪图得 $\lambda_1=0.044$

夏季：由 $Re_2=4444$ 和 $\Delta/d=0.0008$ 查莫迪图得 $\lambda_2=0.038$

冬季沿程能量头损失 $h_{f1}=\lambda_1\dfrac{l}{d}\dfrac{v^2}{2g}=0.044\times\dfrac{5000}{0.25}\times\dfrac{0.64^2}{2\times9.806}$m(石油柱)$=18.4$m(石油柱)

夏季沿程能量头损失 $h_{f2}=\lambda_2\dfrac{l}{d}\dfrac{v^2}{2g}=0.038\times\dfrac{5000}{0.25}\times\dfrac{0.64^2}{2\times9.806}$m(石油柱)$=15.9$m(石油柱)

(2) 已知管长 l、管内径 d、能量头损失 h_f，求流量 q_V

1）试取一个 λ（或根据 Δ/d 查莫迪图按完全湍流粗糙管区取值）。

2）由 $h_f=\lambda\dfrac{l}{d}\dfrac{v^2}{2g}$计算 v。

3）计算 Re。

4）由 Re 和 Δ/d 确定 λ'（用莫迪图查取 λ 比较简单）。

5）λ'与 λ 比较，满足误差要求$\left(\dfrac{|\lambda'-\lambda|}{\lambda}\leqslant5\%\right)$认为 λ 试取成立，否则以 λ'代入 $h_f=\lambda\dfrac{l}{d}\dfrac{v^2}{2g}$重新进行2）~5）步骤。

例 3-15　输送空气（$t=20$℃）的旧钢管，内壁面当量粗糙度 $\Delta=1$mm，管道长 $l=400$m，内直径 $d=250$mm，管道两端的静压强差 $\Delta p_f=9806$Pa。求该管道通过的空气流量 q_V。

解　由于管道是等直径的，管道两端的静压强差等于管道的沿程损失，有

$$\Delta p_f=\lambda\frac{l}{d}\rho\frac{v^2}{2}$$

查表 1-3 得 $t=20$℃空气的密度 $\rho=1.205\text{kg/m}^3$，查表 1-5 得空气的运动黏度 $\nu=15\times10^{-6}\text{m}^2/\text{s}$。

管道的相对粗糙度 $\Delta/d=1/250=0.004$，由莫迪图试取 $\lambda=0.027$。所以有

$$v=\sqrt{\frac{2d\Delta p_f}{\lambda l\rho}}=\sqrt{\frac{2\times0.25\times9806}{0.027\times400\times1.205}}\text{m/s}=19.41\text{m/s}$$

$$Re=\frac{vd}{\nu}=\frac{19.41\times0.25}{15\times10^{-6}}=323500$$

根据 Re 和 Δ/d 查莫迪图得 $\lambda'=0.027$，正好与试取的 λ 值相符，所以最后确定 $\lambda=0.027$。

管道通过的空气流量

$$q_V=\frac{\pi}{4}d^2v=\frac{\pi}{4}\times0.25^2\times19.41\text{m}^3/\text{s}=0.953\text{m}^3/\text{s}$$

4. 非圆形截面管道沿程损失的计算

工程上为了方便，通常将非圆形截面的管道折算成圆形截面管道计算沿程损失，以当量直径 d_e 代替圆管直径 d。涉及的计算公式有

$$v=\frac{q_V}{A} \tag{3-41}$$

$$Re=\frac{vd_e}{\nu} \tag{3-42}$$

$$h_f=\lambda\frac{l}{d_e}\frac{v^2}{2g} \tag{3-43}$$

式中 A——非圆形截面管道的实际面积，单位为 m^2。

例 3-16 有一长方形风道长 $l=40\text{m}$，截面积 $A=0.5\times0.8\text{m}^2$，管壁当量粗糙度 $\Delta=0.19\text{mm}$，输送 $t=20℃$ 的空气，流量 $q_V=21600\text{m}^3/\text{h}$，试求空气在此段风道中的沿程损失。

解 平均流速 $v=\frac{q_V}{A}=\frac{21600}{3600\times0.5\times0.8}\text{m/s}=15\text{m/s}$

当量直径 $d_e=\frac{2hb}{h+b}=\frac{2\times0.5\times0.8}{0.5+0.8}\text{m}=0.615\text{m}$

查表 1-2 得 $t=20℃$ 空气的密度 $\rho=1.205\text{kg/m}^3$，查表 1-6 得空气的运动黏度 $\nu=15\times10^{-6}\text{m}^2/\text{s}$。

雷诺数 $Re=\frac{vd_e}{\nu}=\frac{15\times0.615}{15\times10^{-6}}=6.15\times10^5$

相对粗糙度 $\frac{\Delta}{d_e}=\frac{0.19}{615}=0.00031$

查莫迪图得 $\lambda=0.0165$

沿程能量头损失

$$h_f=\lambda\frac{l}{d_e}\frac{v^2}{2g}=0.0165\times\frac{40}{0.615}\times\frac{15^2}{2\times9.806}\text{m(空气柱)}=12.3\text{m(空气柱)}$$

沿程压强损失 $\Delta p_f=\rho gh_f=1.205\times9.806\times12.3\text{Pa}=145.3\text{Pa}$

（二）局部损失的计算

1. 局部损失产生的主要原因

结合图 3-39 所示的流体流过几种局部阻碍的情况，分析局部损失产生的共同原因主要有两个方面。

1）边壁条件的急剧变化，使流体在惯性力的作用下，产生主流脱离固体壁面的现象（即边界层分离），主流与壁面之间形成旋涡区。旋涡区内流体的回旋需要一定的能量，这些能量来自主流流体，从而使主流流体的能量减少，产生能量损失。

2）边壁条件的改变，使流体受到压缩或扩张，引起流动速度重新分布。在流速重新分布的过程中，流体质点间必然要发生更多的摩擦和碰撞，从而消耗一定的能量，产生能量损失。

综上所述，产生局部损失的主要原因在于流体的流动分离形成的旋涡和速度重新分布引起的碰撞。

2. 影响局部损失的主要因素

从局部能量头损失计算式（3-32）看，局部损失主要与局部阻力系数 ζ 和截面平均流速 v 有关。实验研究表明，局部阻力系数同样与流体的流态有关，但是即使在雷诺数很小时，由于固体边壁的突然改变，也会使流体的流态变为湍流且处于湍流粗糙区。因此在实际工程中，局部损失的计算都是针对湍流粗糙区而言的。这样在计算局部阻力系数 ζ 时，就无需判断流体的流态。所以，一般说来，ζ 仅与形成局部阻力的局部阻碍的几何形状有关而与 Re 无关。

因此说，影响局部损失的主要因素是局部阻碍形状和流速。引起速度重新分布和旋涡的外部条件是边壁条件的变化，因此边壁条件变化的缓急程度成为决定损失大小的重要因素。在相同的流量和管道尺寸下，不同的局部阻碍，或者相同的局部阻碍在不同的变化条件下，其局部损失会不同，原因就在于边壁变化的缓急程度不同。如截面渐变的管道的局部损失比截面突然变化的要小，90°的直角弯头的损失比弧形弯头的损失大，管道入口作圆后的损失是未作圆损失的1/10，等等。总结起来就是，边壁条件变化越急剧，局部损失越大。另据实验表明，在相同的流量和管道尺寸下，截面扩大的损失比截面减小的损失大，即截面突然扩大的损失比截面突然减小的损失大，截面逐渐扩大的损失比截面逐渐减小的损失大。所以，为减小测量误差，文丘里管流量计所配差压计的测点选在收缩段，而没在扩散段。

3. 局部阻力系数及局部损失计算

局部能量头损失计算采用式（3-32），需要确定局部阻力系数 ζ 和截面平均流速 v。局部阻碍的种类很多，形状各异，边壁变化非常复杂，局部阻碍的局部阻力系数 ζ 值通常由实验测定。造成局部能量损失的管件前后均有流速，一般来说，当管件前后流速不同时，针对前后不同的流速 v_1 和 v_2，会有相应两个局部阻力系数 ζ_1 和 ζ_2，对应关系不能混乱。若未加说明，则 ζ 仅与管件后的流速 v_2 对应。一些比较典型的局部阻碍阻力系数见附表2。

需要说明的是，局部阻碍对流体流动的影响会延续到局部阻碍的下游一段距离内，当两个局部阻碍非常接近时，局部阻力会互相干扰。若将两个阻碍的损失叠加，常与实际损失有偏差，多数偏小，有时偏大，故叠加计算是安全的。若在两个局部阻碍之间装以 $l \geqslant 3d$ 的短管，能使前一个阻碍内的流体有充分的距离变为缓变流，两阻碍之间的干扰显著下降，可忽略相互影响。对于测量用途的管件（如文丘里管、孔板、皮托管等），其之前的管道应为直管，如安装阀门、弯头时，前面的直管段应满足 $l > (8 \sim 10)d$ 以上。

例 3-17 水平短管从水深 $H = 16\text{m}$ 的水箱中排水至大气，如图 3-51 所示，管路直径 $d_1 = 50\text{mm}$，$d_2 = 70\text{mm}$，阀门阻力系数 $\zeta_1 = 4.0$，只计局部损失，且水箱容积足够大，试求通过此水平短管的流量 q_V。

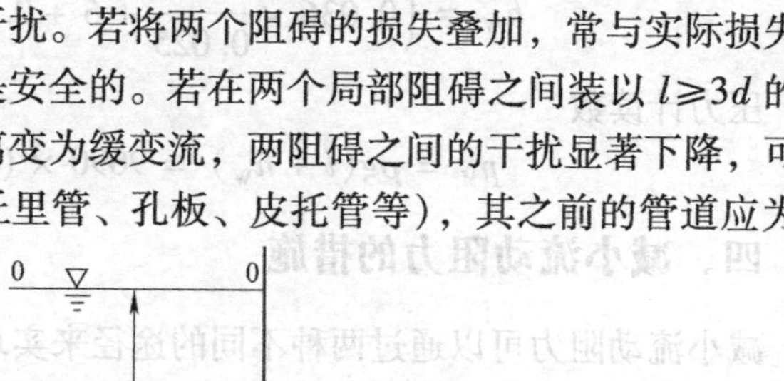

图 3-51 例 3-17 图

解 取短管轴线所在平面为基准面，设管子入口、截面突然扩大处和截面突然缩小处的局部阻力系数分别为ζ_2、ζ_3和ζ_4，列截面0-0和截面1-1的能量方程

$$H+0+0=0+0+\frac{v_1^2}{2g}+(\zeta_1+\zeta_2+\zeta_3+\zeta_4)\frac{v_1^2}{2g}$$

查附表2得$\zeta_2=0.5$，$\zeta_3=0.25$，$\zeta_4=0.25$，又已知$H=16\text{m}$，将它们代入上式，得

$$v_1=7.2\text{m/s}$$

通过水平短管的流量为

$$q_V=\frac{\pi}{4}d_1^2v_1=\frac{\pi}{4}\times0.05^2\times7.2\text{m}^3/\text{s}=0.014\text{m}^3/\text{s}$$

例3-18 水从密闭水箱沿一直立管路压送到上面的开口水箱中，如图3-52所示，已知$d=25\text{mm}$，$l=5\text{m}$，$h=0.5\text{m}$，$q_V=5.4\text{m}^3/\text{h}$，阀门$\zeta_1=6$，水温$t=50℃$（$\rho g=9690\text{N/m}^3$，$\nu=0.556\times10^{-6}\text{m}^2/\text{s}$），壁面当量粗糙度$\Delta=0.2\text{mm}$，求压力计读数$p_M$。

解 选截面1-1为基准面，列截面1-1和截面2-2的能量方程

$$0+\frac{p_M}{\rho g}+0=l+0+0+h_W$$

设管道入口和出口的局部阻力系数分别为ζ_2和ζ_3，管道系统的总水头损失为

$$h_W=\sum h_f+\sum h_j=\lambda\frac{l}{d}\frac{v^2}{2g}+(\zeta_1+\zeta_2+\zeta_3)\frac{v^2}{2g}$$

$$v=\frac{4q_V}{\pi d^2}=\frac{4\times5.4}{3600\times\pi\times0.025^2}\text{m/s}=3.06\text{m/s}$$

$$Re=\frac{vd}{\nu}=\frac{3.06\times0.025}{0.556\times10^{-6}}=137590$$

$$\Delta/d=0.2/25=0.008$$

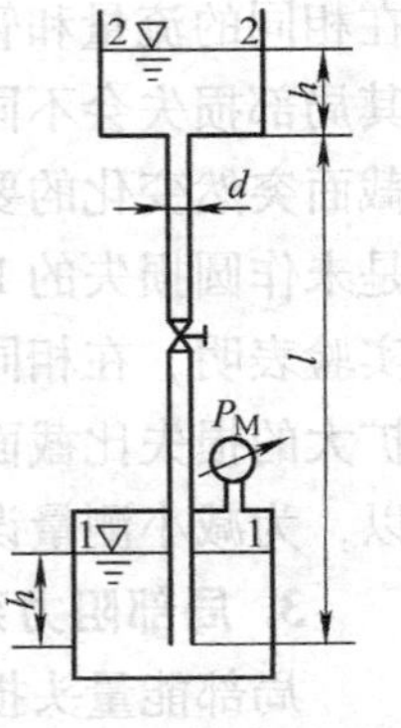

图3-52 例3-18图

由Re和Δ/d查莫迪图得$\lambda=0.036$。查附表2得$\zeta_2=0.5$，$\zeta_3=1$。故

$$h_W=\left(0.036\times\frac{5}{0.025}+6+0.5+1\right)\frac{3.06^2}{2\times9.806}\text{m}=7\text{m}$$

压力计读数

$$p_M=\rho g(l+h_W)=9690\times(5+7)\text{Pa}=116.28\text{kPa}$$

四、减小流动阻力的措施

减小流动阻力可以通过两种不同的途径来实现。一种是向流体内部投加添加剂，使流体运动的内部结构发生变化；另一种是改善边壁对流动的影响。添加剂减阻还是一个新的研究课题，这里主要介绍改善边壁的减阻措施。

1. 减小沿程阻力的措施

减小沿程阻力的最有效措施是减小管壁的粗糙度。用柔性边壁代替刚性边壁、缩短管段长度、适当增大管径也可以减小沿程阻力，但采取该措施时应综合考虑其经济性和安全性。

2. 减小局部阻力的措施

减小局部阻力的着眼点应在于避免旋涡区的产生或减小旋涡区的大小和强度。

1）在管道系统允许的条件下，尽量减少弯头、阀门等管件的安装数量，以减小整个系

统的ζ值。

2）对于管道系统必须安装的管件，可以从改善管件的边壁形状入手来减小局部阻力。

①管道进口。采用渐变的、平顺的管道进口有利于减小阻力，如图3-53所示。圆形进口比锐缘进口的阻力系数小50%，流线型进口比锐缘进口的阻力系数约小90%。

②渐扩管与突扩管。在相同的截面比下，渐扩管的阻力系数要比突扩管小得多，见附表2。可以采用如图3-54所示的复合式渐扩管或台阶式渐扩管代替突扩管，以减小阻力系数。

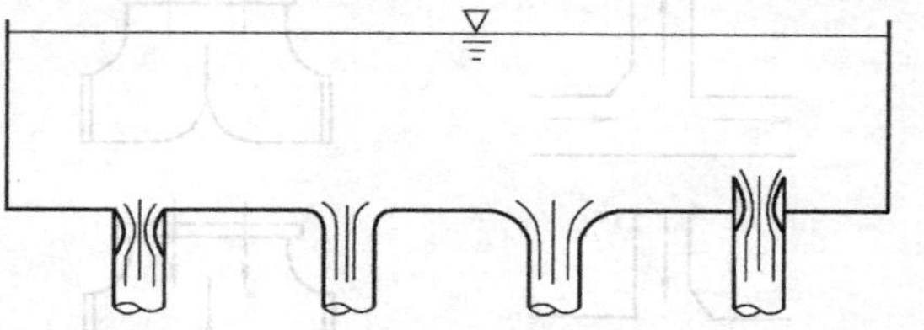

图3-53　管道入口

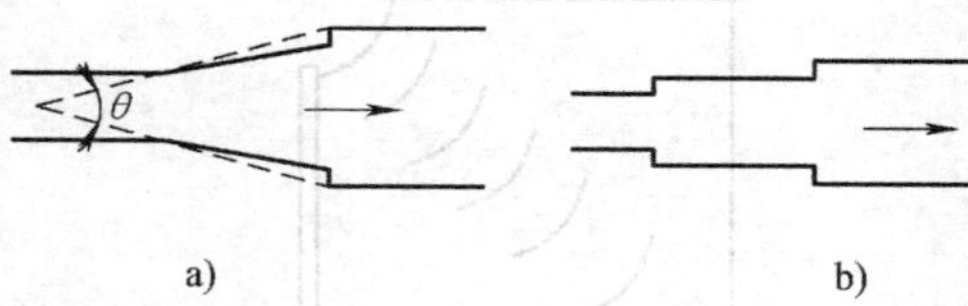

图3-54　复合式渐扩管和台阶式渐扩管

a）复合式渐扩管　b）台阶式渐扩管

③弯管。弯道的局部水力损失，来自于两个成因，一是离心惯性力产生旋涡区，二是二次流动。如图3-55a所示，流体流经弯管时，由于流线弯曲和伴随产生的离心力，使得管弧外侧的压强升高。压强升高由A点开始，到达B点时升到最大值，因此在AB段的流体是沿压强升高方向流动，故将会引起流点在这段壁面附近减速，并使慢速流点脱离壁面而形成旋涡区。在CD段流体也是沿压强升高方向流动，同样会产生另一个旋涡区。而这两旋涡区使流体流经弯管时，产生局部阻力损失。其损失的多少主要决定于管子的曲率半径与管壁内径的比值R/d。除上述损失外，在弯管中可观察到二次流动现象，如图3-55b所示。在弯道截面上，中心的流体流速高，它在惯性力作用下，冲向外侧的慢速流体，排挤这些流体从管壁左右两边向内侧流动，形成一对反向的旋涡流动的二次流动。这种二次流动附于主流之中，使整个流动呈现双螺旋形流动。这是弯管损失的第二个原因。对等径的90°弯管进行一系列测定可知，阻力系数ζ决定于Re，并与弯头的R/d和相对粗糙度有关。

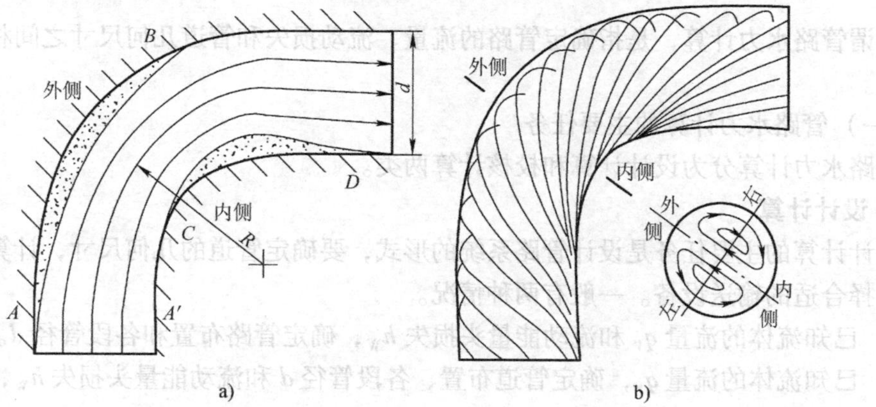

图3-55　弯管的阻力损失

a）弯管旋涡区　b）弯管螺旋形二次流

对于截面较大的风道，加大曲率半径或在弯道内装导流叶片可以使局部阻力系数减小，如图 3-56 所示。实验证明：没装导流叶片的直角弯头 $\zeta=1.1$，装薄钢板弯成的导流叶片 $\zeta=0.4$，装流线月牙形导流叶片 $\zeta=0.25$。

④三通。在流体转向的地方将折角转缓，可以使阻力系数减小，例如减小支流管与总流管之间的夹角，即切割成如图 3-57a 所示的 45°斜角，如能改为圆角则性能会更好。在总管上安装合流板或分流板，如图 3-57b 所示，也可减小三通的阻力系数。

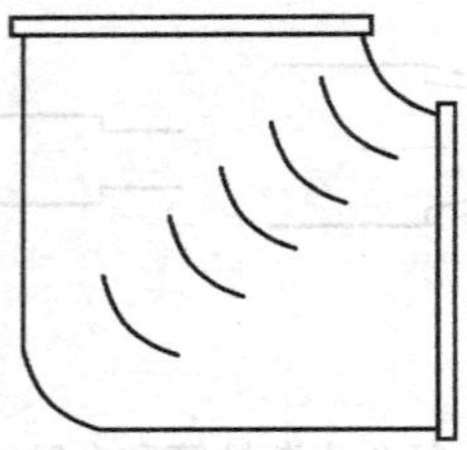

图 3-56　装有导叶的弯管

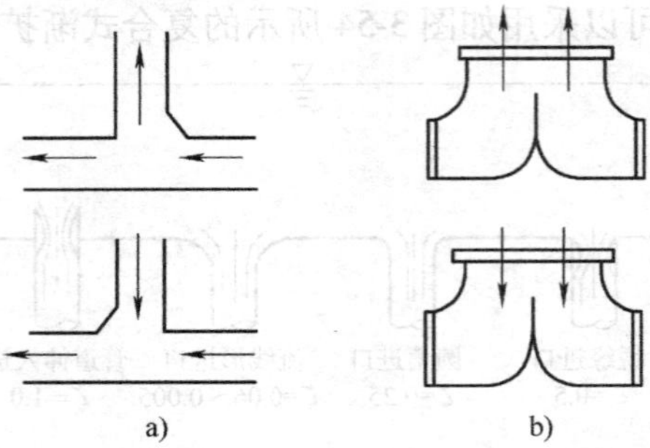

图 3-57　三通

a）切割折角的三通　b）安装合流板或分流板的三通

第六节　管路水力计算基础

管道与附属件连接起来组成的流体输送系统称为管路。图 3-1、图 3-40 和图 3-58 所示都为工程中的管路。设计一个工程管路是一项很复杂的任务，以发电厂的管路为例，先要根据发电厂的整体热力系统及各动力设备图样设计出发电厂布置图，基本上将管路的走向、节点的标高、管道两端的压差、流量等大体确定下来。然后管路设计工程师根据这些数据进行管路施工设计，首先要进行的就是管路水力计算，满足阻力平衡后，再绘制管路施工图，进行安装工艺设计等。

一、管路水力计算的基本概念

所谓管路水力计算，是指确定管路的流量、流动损失和管道几何尺寸之间相互关系的计算过程。

（一）管路水力计算的主要任务

管路水力计算分为设计计算和校核计算两类。

1. 设计计算

设计计算的主要任务是设计管路系统的形式，要确定管道的几何尺寸，计算流动能量损失，选择合适的输送设备。一般有两种情况。

1）已知流体的流量 q_V 和流动能量头损失 h_W，确定管路布置和各段管径 d。

2）已知流体的流量 q_V，确定管道布置、各段管径 d 和流动能量头损失 h_W，选择输送设备。

各种工业管道的管径均按统一标准制造，因此都有一定的规格。在进行管路计算时，管道的管径应按规格选取，即应标准化。各种工业管道的规格可在有关手册中查得。表 3-2 列出了流体输送常用钢管的规格尺寸。

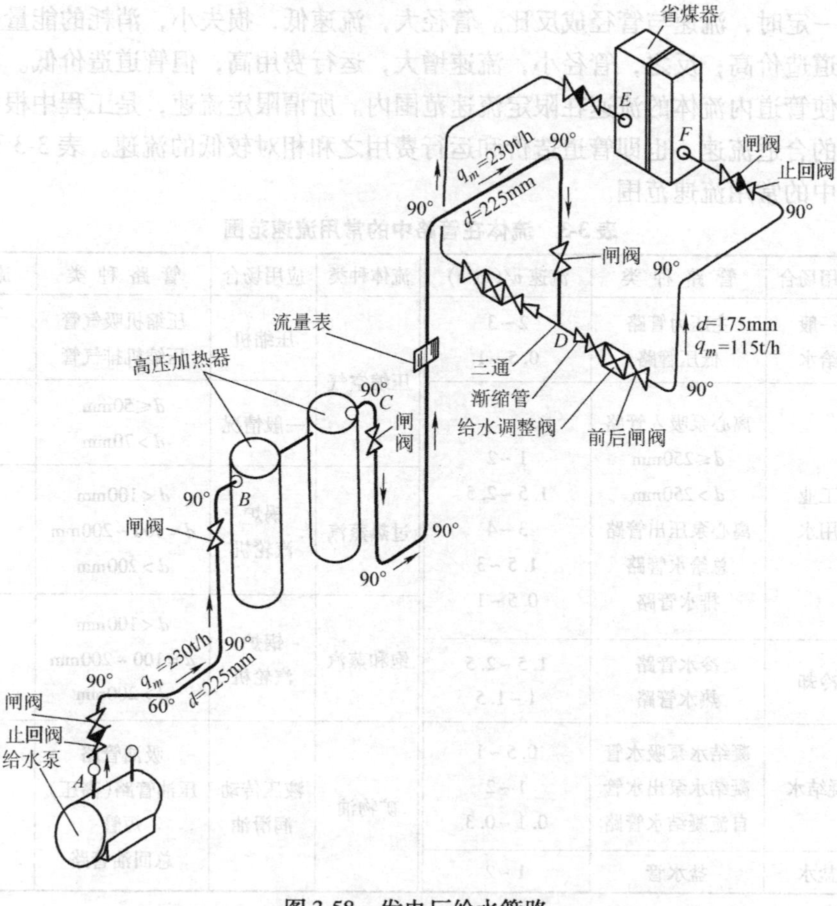

图 3-58　发电厂给水管路

表 3-2　常用钢管规格尺寸　　（单位：mm）

低压流体输送用焊接钢管							
公称直径 *DN*	外径 *D*	普通管壁厚	加厚管壁厚	公称直径 *DN*	外径 *D*	普通管壁厚	加厚管壁厚
6	10.0	2.00	2.50	40	48.0	3.50	4.25
8	13.5	2.25	2.75	50	60.0	3.50	4.50
10	17.0	2.25	2.75	65	75.5	3.75	4.50
15	21.3	2.75	3.25	80	88.5	4.00	4.75
20	26.8	2.75	3.50	100	114.0	4.00	5.00
25	33.5	3.25	4.00	125	140.0	4.00	5.50
32	42.3	3.25	4.00	150	165.0	4.50	5.50

常用无缝钢管			
公称直径 *DN*	外径×壁厚	公称直径 *DN*	外径×壁厚
10	$\phi 14\times 2$	80	$\phi 89\times 4$
20	$\phi 22\times 2$	100	$\phi 108\times 4$
25	$\phi 32\times 2.5$	125	$\phi 133\times 4$
32	$\phi 38\times 3.0$	150	$\phi 159\times 4.5$
40	$\phi 45\times 3.5$	200	$\phi 219\times 6$
50	$\phi 57\times 3.5$	250	$\phi 273\times 8$
70	$\phi 76\times 3.5$	300	$\phi 325\times 8$

当流量一定时，流速与管径成反比。管径大，流速低，损失小，消耗的能量少，运行费用低，但管道造价高；反之，管径小，流速增大，运行费用高，但管道造价低。在管路设计计算时，应使管道内流体的流速在限定流速范围内。所谓限定流速，是工程中根据技术经济要求所规定的合适流速，也即管道造价和运行费用之和相对较低的流速。表 3-3 列出了一些流体在管路中的常用流速范围。

表 3-3 流体在管路中的常用流速范围

流体种类	应用场合	管路种类	流速 v/(m/s)	流体种类	应用场合	管路种类	流速 v/(m/s)
水	一般给水	主压力管路	2~3	压缩空气	压缩机	压缩机吸气管	<10~15
		低压管路	0.5~1			压缩机排气管	15~20
	工业用水	离心泵吸入管路			一般情况	$d≤50$mm	≤8
		$d≤250$mm	1~2			$d>70$mm	≤15
		$d>250$mm	1.5~2.5	过热蒸汽	锅炉汽轮机	$d<100$mm	20~40
		离心泵压出管路	3~4			$d=100~200$mm	30~50
		总给水管路	1.5~3			$d>200$mm	40~60
		排水管路	0.5~1	饱和蒸汽	锅炉汽轮机	$d<100$mm	15~30
	冷却	冷水管路	1.5~2.5			$d=100~200$mm	25~35
		热水管路	1~1.5			$d>200$mm	30~40
	凝结水	凝结水泵吸水管	0.5~1	矿物油	液压传动润滑油	吸油管路	1~2
		凝结水泵出水管	1~2			压油管路(高压)	2.5~5
		自流凝结水管路	0.1~0.3			短管	≤10
	盐水	盐水管	1~2			总回油管路	1.5~2.5

2. 校核计算

校核计算的主要任务是对现有的管路系统进行流量或流动能量损失的计算，以校核现有的流量或输送设备是否满足要求。一般有两种情况。

1）已知管径 d、管路布置和流量 q_V，求流动能量头损失 h_W。

2）已知管径 d、管路布置和流动能量头损失 h_W，求流量 q_V。

本节主要介绍校核计算。

（二）管路系统分类

为了研究和计算方便，通常将管路进行分类。

1. 按能量损失比例大小

根据管路的沿程损失和局部损失占管路总损失的比例大小，将管路分为长管和短管。凡局部阻力在总阻力损失中所占比例不足5%的管路，称为长管。长管只需考虑沿程损失，局部损失可以忽略不计，或按沿程损失的5%进行估算。城市集中供热干线、给水干线、远距离输油干线等都可作为长管处理。局部阻力损失在总阻力损失中所占比例达到或超过5%的管路，称为短管。短管要同时考虑沿程损失和局部损失。管路的支线或室内管路，如供热管、通风管、空调管等，都需按短管处理。

按上述定义判断长管与短管，需要事先估算沿程损失和局部损失，比较麻烦。为方便起见，工程上常将 $l/d≥1000$ 的管路按长管处理，将 $l/d<1000$ 的管路按短管处理。

2. 按管路系统结构

按管路系统的结构可将管路分为简单管路和复杂管路。

简单管路是指管径、管壁粗糙度和流量沿程都不变化的一根或几根管道组成的管路，如图3-59a所示。它是组成各种管路系统的基本单元。

简单管路以外的管路系统都称为复杂管路。复杂管路的结构也不相同，可分为串联管路、并联管路和管网。串联管路是由几段简单管路首尾相接所组成的管路，如图3-59b所示。并联管路是由数段简单管路首首相连，尾尾相连所组成的管路，如图3-59c所示。由若干简单管路经过多次串并联组成的复杂管路称为管网。管网按其管线布置特点的不同，可以分为枝状管网（如图3-59d所示）和环状管网（如图3-59e所示）。枝状管网的特点是各不相同的出口管段在不同位置分流，各管线间只有分支点，没有汇合点，形状如树枝。这种管网管线少，布置简单，造价低，因此在工程上应用得较多，如图3-1所示。但其工作可靠性较低，在重要场合不宜采用。环状管网的特点是通过多路系统相互连接组成一些环形回路，节点的流量来自几个回路。相对于枝状管网，环状管网管线较多，布置复杂，造价较高，但其工作可靠性较高，在较重要的场合下被采用，如图3-1a、c所示。

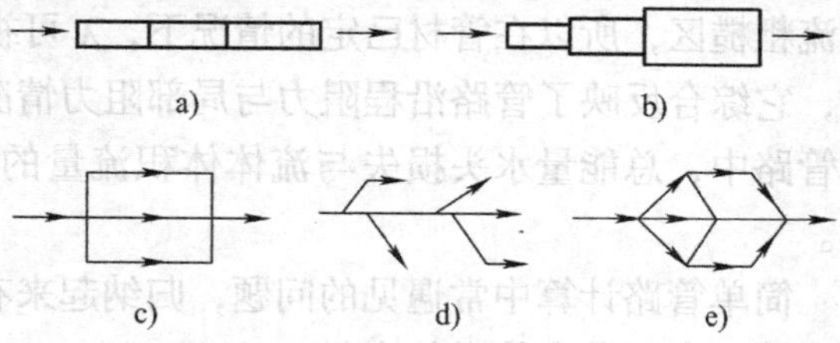

图3-59　管路系统分类示意

a）简单管路　b）串联管路　c）并联管路

d）枝状管网　e）环状管网

二、管路水力计算

（一）简单管路的计算

图3-60所示的排水管路为简单管路。对于简单管路，由于管径 d、管壁粗糙度 Δ 和流量 q_V 不变，所以，流速沿程也不变，管路的能量水头损失为

$$h_W = \lambda \frac{l}{d}\frac{v^2}{2g} + \sum\zeta\frac{v^2}{2g} = \left(\lambda\frac{l}{d} + \sum\zeta\right)\frac{v^2}{2g} \tag{3-44}$$

通常流量 q_V 为基本参数，以 q_V 来表达截面平均流速 v，将 $v = \dfrac{4q_V}{\pi d^2}$ 代入上式得

$$h_W = \frac{8\left(\lambda\dfrac{l}{d} + \sum\zeta\right)}{\pi^2 d^4 g}q_V^2 \tag{3-45}$$

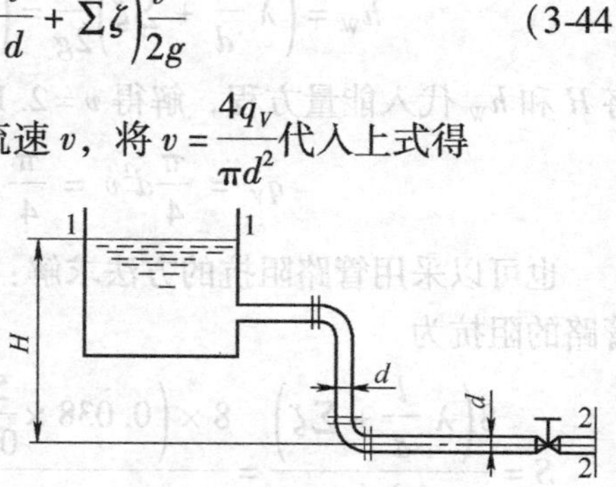

图3-60　简单管路

令

$$S = \frac{8\left(\lambda\dfrac{l}{d} + \sum\zeta\right)}{\pi^2 d^4 g} \tag{3-46}$$

式中　S——管路阻抗，单位为 s^2/m^5。

则管路的能量水头损失为

$$h_W = Sq_V^2 \tag{3-47}$$

由式（3-47）可知，在允许的损失 h_W 一定的情况下，增大阻抗，就会减小管路的流量。所以当我们关小阀门时，流体的流量会减小。

管路的压强损失为

$$\Delta p_W = \rho g h_W = \rho g S q_V^2 \tag{3-48}$$

上述计算式为简单管路水力计算的基本公式。

从式（3-46）可以看出，对于给定的流体（即 ρ 一定）和管路（即 l、Δ 和 d 一定），在各种局部管件已定（即 $\sum\zeta$ 已定）的情况下，S 仅随 λ 变化。而 λ 值与流动状态有关，当流体流动处于湍流粗糙区时，λ 仅与相对粗糙度 Δ/d 有关。在工程实际中，大多数流动处于湍流粗糙区，所以在管材已定的情况下，λ 可视为常数。因此，S 对于给定的管路是一个定数，它综合反映了管路沿程阻力与局部阻力情况，故称为管路阻抗。式（3-47）表明，在简单管路中，总能量水头损失与流体体积流量的平方成正比。这一规律在管路计算中广为应用。

简单管路计算中常遇见的问题，归纳起来有三种情况：①求管路流量；②求水泵的扬程及有效功率；③求管道的内径。

例 3-19 如图 3-60 所示，水从水箱中经管路排入大气。已知：水箱液面至管路出口的高度差保持 $H=5\text{m}$，管路的总长度 $l=50\text{m}$，直径 $d=100\text{mm}$，沿程阻力系数 $\lambda=0.038$，管路上装 90°铸钢弯头 2 个，闸阀 1 个（开度为 7/8）。求管路流量。

解 取水箱自由表面为截面 1-1，管路出口为截面 2-2，取过截面 2-2 的中心线的水平面为基准面。列截面 1-1 和截面 2-2 间的能量方程

$$H + 0 + 0 = 0 + \frac{v^2}{2g} + 0 + h_W$$

由于 $\dfrac{l}{d}=\dfrac{50}{0.1}=500<1000$，所以此管路应按短管计算。

查附表 2 得，$d=100\text{mm}$ 时，90°铸钢弯头的局部阻力系数 $\zeta_1=0.35$，闸阀开度为 7/8 的局部阻力系数 $\zeta_2=0.07$，管道入口局部阻力系数 $\zeta_3=0.5$。则管道的能量水头损失为

$$h_W = \left(\lambda\frac{l}{d}+\sum\zeta\right)\frac{v^2}{2g} = \left(0.038\times\frac{50}{0.1}+2\times0.35+0.07+0.5\right)\frac{v^2}{2g}$$

将 H 和 h_W 代入能量方程，解得 $v=2.15\text{m/s}$。所以管路的流量为

$$q_V = \frac{\pi}{4}d^2v = \frac{\pi}{4}\times0.1^2\times2.15\text{m}^3/\text{s} = 0.017\text{m}^3/\text{s}$$

也可以采用管路阻抗的方法求解：此时，应将管路出口的局部阻力系数 $\zeta_4=1$ 计入。则管路的阻抗为

$$S = \frac{8\left(\lambda\dfrac{l}{d}+\sum\zeta\right)}{\pi^2d^4g} = \frac{8\times\left(0.038\times\dfrac{50}{0.1}+0.35\times2+0.07+0.5+1\right)}{\pi^2\times0.1^4\times9.806}\text{s}^2/\text{m}^5 = 17600\text{s}^2/\text{m}^5$$

由于 $H+0+0=0+0+0+Sq_V^2$，所以有

$$q_V = \sqrt{\frac{H}{S}} = \sqrt{\frac{5}{17600}}\text{m}^3/\text{s} = 0.017\text{m}^3/\text{s}$$

例 3-20 图 3-61 所示为一水泵向有压水箱送水的简单管路。已知流量 $q_V=20\text{m}^3/\text{h}$，水池水面为大气压力，有压水箱的表压为 $p_2=44\times10^5\text{Pa}$，两液面的高度差 $H=4\text{m}$，水泵吸水

管和排水管的长度分别为 $l_1=5\text{m}$，$l_2=10\text{m}$，其管径为 $\phi89\text{mm}\times4\text{mm}$，沿程阻力系数为 $\lambda=0.02$，管路进口装有1个带底阀的滤水网，2个闸阀（开度100%），3个90°铸钢弯头。试求水泵的扬程及有效功率 P。

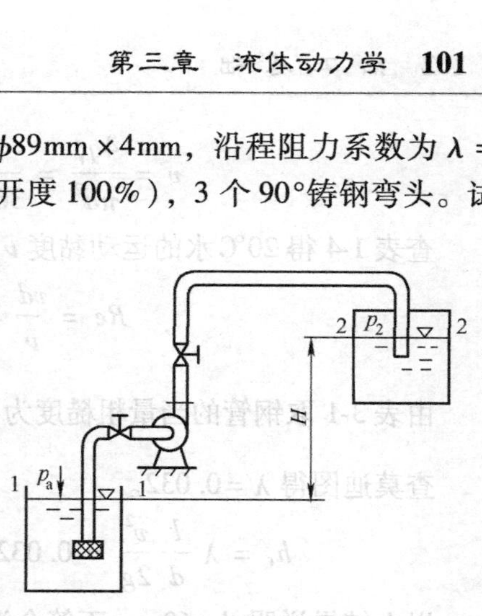

图 3-61　例 3-20 图

解　取水池水面为基准面，列截面1-1和截面2-2间的能量方程

$$0+0+0+h_e=H+0+\frac{p_2}{\rho g}+h_W$$

$$d=(89-4\times2)\text{mm}=81\text{mm}$$

由于 $\dfrac{l}{d}=\dfrac{5+10}{0.081}=185.20<1000$，故按短管计算。

查附表2得，$DN=80\text{mm}$ 时，90°铸钢弯头的局部阻力系数 $\zeta_1=0.34$，闸阀开度为100%的局部阻力系数 $\zeta_2=0$，管道入口局部阻力系数 $\zeta_3=0.5$，管道出口局部阻力系数 $\zeta_4=1$。则管路的总阻抗为

$$S=\frac{8\left(\lambda\dfrac{l_1+l_2}{d}+3\zeta_1+2\zeta_2+\zeta_3+\zeta_4\right)}{\pi^2d^4g}$$

$$=\frac{8\times\left(0.02\times\dfrac{5+10}{0.081}+3\times0.34+0+0.5+1\right)}{\pi^2\times0.081^4\times9.806}\text{s}^2/\text{m}^5=11951.08\text{s}^2/\text{m}^5$$

$$h_W=Sq_V^2=11951.08\times\left(\frac{20}{3600}\right)^2\text{m}=0.37\text{m}$$

$$h_e=H+\frac{p_2}{\rho g}+h_W=\left(4+\frac{44\times10^5}{1000\times9.806}+0.37\right)\text{m}=453\text{m}$$

泵的有效功率为

$$P=\rho q_V g h_e=1000\times\frac{20}{3600}\times9.806\times453\text{W}=24.68\text{kW}$$

例3-21　已知温度为20℃的冷却水在长 $l=100\text{m}$ 的新水平钢管内流动，要求水的流量为 $27\text{m}^3/\text{h}$，管内允许的沿程水头损失为4m，试确定管道的内径。

解题分析　由 $h_f=\lambda\dfrac{l}{d}\dfrac{v^2}{2g}$、$v=\dfrac{4q_V}{\pi d^2}$ 和已知条件可知，存在两个未知数 λ 和 d，而要确定 λ，又需知道 d，所以解此题需用试算法。可以根据推荐的流速范围选取一个流速，估算出管道内径，然后选取规范管径，再验算沿程损失是否在允许范围内。

解　参照表3-3，初选流速 $v_1=2\text{m/s}$，则

$$d_1=\sqrt{\frac{4q_V}{\pi v_1}}=\sqrt{\frac{4\times27}{3600\times\pi\times2}}\text{m}=0.069\text{m}$$

冷却水管属于低压管路，选用焊接钢管即可，由表3-2选 $\phi75.5\text{mm}\times3.75\text{mm}$ 的焊接钢管，其内径为 $d=(75.5-2\times3.75)\text{mm}=68\text{mm}$。管内的实际流速为

$$v = \frac{4q_V}{\pi d^2} = \frac{4 \times 27}{3600 \times \pi \times 0.068^2} \text{m/s} = 2.07\text{m/s}$$

查表 1-4 得 20℃水的运动黏度 $\nu = 1.007 \times 10^{-6} \text{m}^2/\text{s}$。

$$Re = \frac{vd}{\nu} = \frac{2.07 \times 0.068}{1.007 \times 10^{-6}} = 1.4 \times 10^5$$

由表 3-1 取钢管的当量粗糙度为 $\Delta = 0.1\text{mm}$，则相对粗糙度为 $\frac{\Delta}{d} = \frac{0.1}{68} = 0.0015$。

查莫迪图得 $\lambda = 0.032$。

$$h_f = \lambda \frac{l}{d} \frac{v^2}{2g} = 0.032 \times \frac{100}{0.068} \times \frac{2.07^2}{2 \times 9.806} \text{m} = 10.28\text{m} > 4\text{m}$$

以上结果说明 $d = 68\text{mm}$ 不符合沿程损失的要求。若要降低损失，需增大管径。故重新选取管径，由表 3-2 选 $\phi 88.5\text{mm} \times 4\text{mm}$ 的焊接钢管，其内径为 $d = (88.5 - 2 \times 4)\text{mm} = 80.5\text{mm}$。重新进行沿程损失的验算，得 $h_f = 3.08\text{m} < 4\text{m}$，符合要求。所以最后选用 $\phi 88.5\text{mm} \times 4\text{mm}$ 的焊接钢管，管道的内径 $d = 80.5\text{mm}$。

（二）串联与并联管路水力计算

工程上的管路系统，无论其多复杂，都是由简单管路经过串联和并联后形成的。串联管路和并联管路是复杂管路的基础。

1. 串联管路水力计算

图 3-62 所示两水箱之间的管路为一串联管路。根据串联管路的连接特点可知串联管路的流动规律：各管段的流量相等，总损失为各段管路流动损失的叠加，管路的总阻抗为各段管路阻抗之和。

对于不可压缩流体，串联管路体积流量之间的关系为

$$q_V = q_{V1} = q_{V2} = \cdots = q_{Vn} = C \tag{3-49}$$

串联管路流动损失之间的关系为

$$h_W = \sum_{i=1}^{n} h_{Wi} \tag{3-50}$$

串联管路阻抗之间的关系为

$$S = \sum_{i=1}^{n} S_i \tag{3-51}$$

例 3-22 两水箱用两段不同直径的管道相连接，如图 3-62 所示，1-3 管段长 $l_1 = 10\text{m}$，直径 $d_1 = 200\text{mm}$，$\lambda_1 = 0.019$；3-6 管段长 $l_2 = 10\text{m}$，直径 $d_2 = 100\text{mm}$，$\lambda_2 = 0.018$。管路中的局部管件有：1 为管道入口，2 和 5 为 90°焊接弯头，3 为渐缩管，4 为闸阀（开度为 3/4），6 为管道出口。若输送流量 $q_V = 20\text{L/s}$，求水箱水面的高度差 H。

解 取截面 2-2 为基准面，列两水箱水面之间的能量方程有

$$H + 0 + 0 = 0 + 0 + 0 + h_W$$

即

$$H = h_W$$

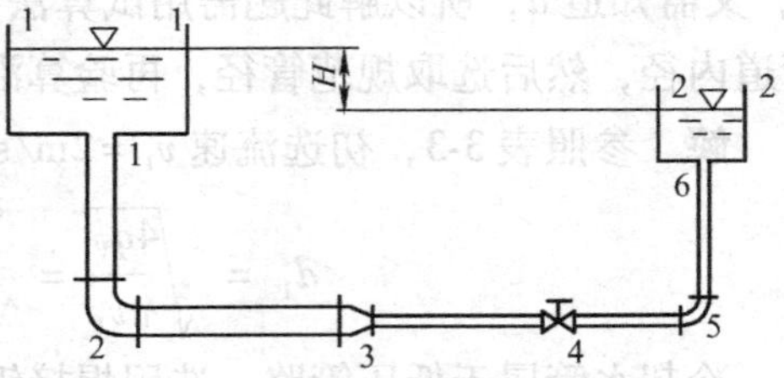

图 3-62 串联管路

由于$\frac{l}{d_{min}}=\frac{10+10}{0.1}=200<1000$，故按短管计算，1-3 管与 3-6 管为串联管路。

查附表 2 得局部阻力系数：管道入口 $\zeta_1=0.5$，90°焊接弯头 $\zeta_2=\zeta_5=0.5$，渐缩管 $\zeta_3=0.7$（对应大径 $d_1=200\text{mm}$ 的流速），闸阀 $\zeta_4=0.26$，管道出口 $\zeta_6=1$。则 1-3 管和 3-6 管的阻抗分别为

$$S_1=\frac{8\left(\lambda_1\frac{l_1}{d_1}+\Sigma\zeta_{1-3}\right)}{\pi^2 d_1^4 g}=\frac{8\times\left(0.019\times\frac{10}{0.2}+0.5+0.5+0.7\right)}{\pi^2\times0.2^4\times9.806}\text{s}^2/\text{m}^5=136.9\text{s}^2/\text{m}^5$$

$$S_2=\frac{8\left(\lambda_2\frac{l_2}{d_2}+\Sigma\zeta_{3-6}\right)}{\pi^2 d_2^4 g}=\frac{8\times\left(0.018\times\frac{10}{0.1}+0.26+0.5+1\right)}{\pi^2\times0.1^4\times9.806}\text{s}^2/\text{m}^5=2942.7\text{s}^2/\text{m}^5$$

两水箱水面高度差为

$$H=h_W=Sq_V^2=(S_1+S_2)q_V^2=(136.9+2942.7)\times(20\times10^{-3})^2\text{m}=1.23\text{m}$$

2. 并联管路水力计算

如图 3-63 所示为一并联管路。同串联管路一样，并联管路在节点上也遵循质量守恒定律，当 ρ 为常数时，并联管路的体积流量为

$$q_V=q_{V1}+q_{V2}+\cdots+q_{Vn} \qquad (3\text{-}52)$$

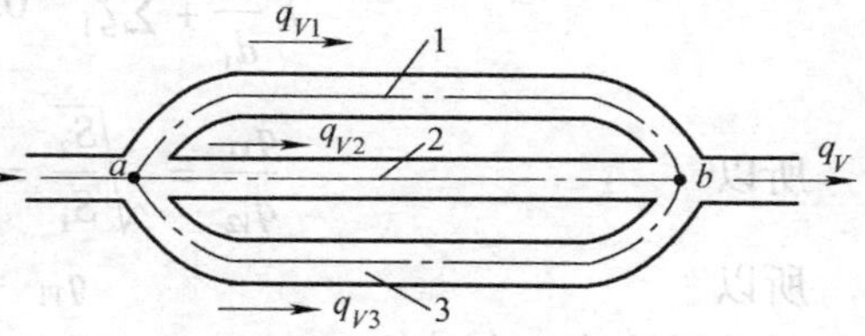

图 3-63　并联管路

由于流体在某一固定点的能量只能有一个值，因此单位质量流体无论通过哪根管段从 a 流到 b，产生的能量头损失应该相同，于是

$$h_W=h_{W1}=h_{W2}=\cdots=h_{Wn} \qquad (3\text{-}53)$$

设并联管路的总阻抗为 S，各分支管路的阻抗为 S_1、S_2、S_3、…、S_n，根据式（3-47），式（3-53）可写为

$$Sq_V^2=S_1q_{V1}^2=S_2q_{V2}^2=\cdots=S_nq_{Vn}^2 \qquad (3\text{-}54)$$

由式（3-53）和式（3-54）得 $q_V=\sqrt{\frac{h_W}{S}}$，$q_{V1}=\sqrt{\frac{h_W}{S_1}}$，$q_{V2}=\sqrt{\frac{h_W}{S_2}}$，…，$q_{Vn}=\sqrt{\frac{h_W}{S_n}}$，代入式（3-52）得

$$\frac{1}{\sqrt{S}}=\frac{1}{\sqrt{S_1}}+\frac{1}{\sqrt{S_2}}+\cdots+\frac{1}{\sqrt{S_n}} \qquad (3\text{-}55)$$

由式（3-52）、式（3-53）和式（3-55）可知并联管路的流动规律：并联后管路的总流量等于相并联的各支管的流量之和；相并联的各支管流动能量损失相等；并联管路总阻抗的平方根倒数等于各并联支管阻抗的平方根倒数之和。

由并联管路的流动规律，还可以得到

$$q_{V1}:q_{V2}:\cdots:q_{Vn}=\frac{1}{\sqrt{S_1}}:\frac{1}{\sqrt{S_2}}:\cdots:\frac{1}{\sqrt{S_n}} \qquad (3\text{-}56)$$

式（3-56）表明了并联管路流量分配规律：阻抗越大的支路，流量越小；阻抗越小的支路，流量越大。在并联管路的设计计算中，就是利用该式通过选择合适的管道尺寸及局部构

件满足用户流量要求的。这个过程也称管路的“阻力平衡”。

例 3-23 如图 3-64 所示，某两层楼的供暖立管，管道 1 的直径 $d_1=20\text{mm}$，管长 $l_1=20\text{m}$，$\sum\zeta_1=15$；管道 2 的直径 $d_2=20\text{mm}$，管长 $l_2=10\text{m}$，$\sum\zeta_2=15$，管道的沿程阻力系数各处相等，$\lambda=0.025$，干管的流量 $q_V=0.3\times10^{-3}\text{m}^3/\text{s}$，求各支管的流量 q_{V1} 和 q_{V2}。

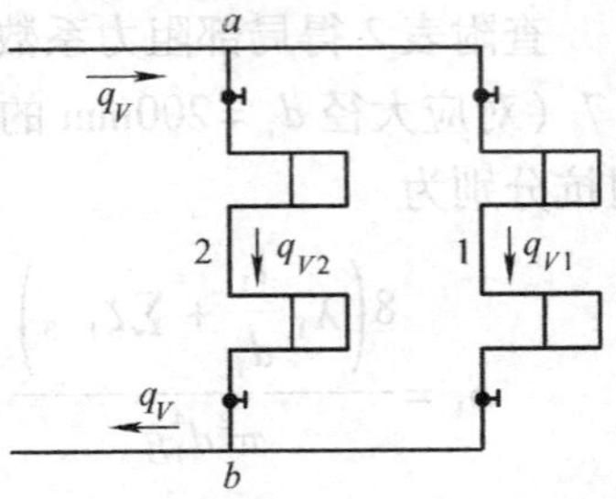

图 3-64 例 3-23 图

解 节点 a、b 间并联有 1、2 两支管，由式（3-56）有

$$\frac{q_{V1}}{q_{V2}}=\sqrt{\frac{S_2}{S_1}}$$

由于 $$d_1=d_2$$

所以 $$\frac{S_2}{S_1}=\frac{\lambda\dfrac{l_2}{d_2}+\sum\zeta_2}{\lambda\dfrac{l_1}{d_1}+\sum\zeta_1}=\frac{0.025\times\dfrac{10}{0.02}+15}{0.025\times\dfrac{20}{0.02}+15}=0.6875$$

所以 $$\frac{q_{V1}}{q_{V2}}=\sqrt{\frac{S_2}{S_1}}=\sqrt{0.6875}=0.829$$

所以 $$q_{V1}=0.829q_{V2}$$

对并联管路又有

$$q_V=q_{V1}+q_{V2}=0.3\times10^{-3}\text{m}^3/\text{s}$$

以上两式联立得 $q_{V1}=0.14\times10^{-3}\text{m}^3/\text{s}$，$q_{V2}=0.16\times10^{-3}\text{m}^3/\text{s}$。

从以上的计算可以看出，支管 1 的阻抗比支管 2 的阻抗大，所以支管 1 的流量小于支管 2 的流量。如果要求两支管的流量相等，则必须调整 d、l 和 $\Sigma\zeta$，使两支管的阻抗相等。这种计算被称为“阻力平衡计算”。

（三）管网水力计算基础

1. 枝状管网

（1）枝状管网的流动规律 枝状管网的特点是各管线间只有分支点没有汇合点。图 3-65 所示是由三个风口，六根简单管路并联、串联而成的排风枝状管网。风机应有的风量，即干管的流量为

$$q_V=q_{V1}+q_{V2}+q_{V3} \tag{3-57}$$

枝状管网的全程能量损失，应由能量损失最大的支路确定，通常是串联各管段能量损失的叠加。对于末端并联管段，应取管段最长或局部阻力最大的一支参加阻力叠加，而其他并联的支管均不应计入。设图 3-65 中 1-4 支管为阻力损失最大的支管，则全程的能量头损失为

$$h_W=h_{W1\text{-}4}+h_{W4\text{-}5}+h_{W5\text{-}6}+h_{W7\text{-}8} \tag{3-58}$$

由以上分析得知，枝状管网的流动规律是：总管的流量等于各支管流量之和；全程的能量头损失等于串联各管段能量水头损失的叠加。

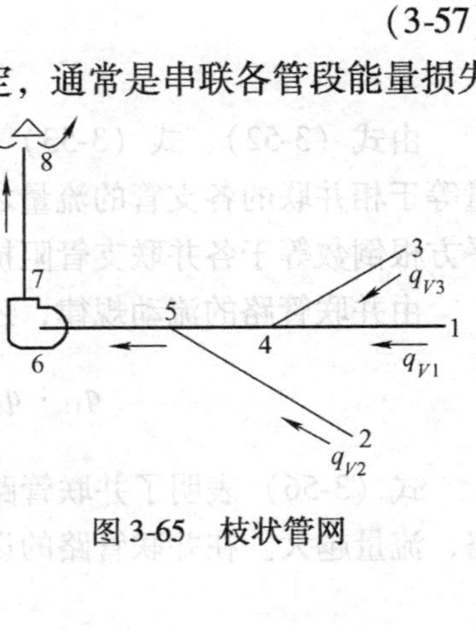

图 3-65 枝状管网

（2）枝状管网设计计算的步骤

1）划分计算管段。一根简单管路为一个计算管段。

2）确定主管线。一般管路较长、局部阻碍较多的管线为主管线。

3）确定主管线上各计算管段的管径及能量损失。

4）计算主管线的总能量损失，选择动力设备。

例 3-24 某住宅小区热水供应系统平面布置如图 3-66 所示。已知各管段长度为 $l_{AB}=200\text{m}$，$l_{BC}=180\text{m}$，$l_{CD}=150\text{m}$，$l_{BE}=70\text{m}$，$l_{CF}=80\text{m}$，各管段的局部阻力系数为：$\sum\zeta_{AB}=6.5$，$\sum\zeta_{BC}=7.1$，$\sum\zeta_{CD}=8.1$，$\sum\zeta_{BE}=9$，$\sum\zeta_{CF}=12$，管段的沿程阻力系数均为 0.025。热水用户 D、E、F 的热水流量分别为 $q_{VD}=20\text{t/h}$，$q_{VE}=15\text{t/h}$，$q_{VF}=10\text{t/h}$，各用户内部的压强损失为 $4\times10^4\text{Pa}$。试确定主管线各管段的管径及外网在 A 点应提供的单位体积能量（压强）（管内限定流速 $v=0.5\sim2\text{m/s}$，水的密度近似取 1000kg/m^3）。

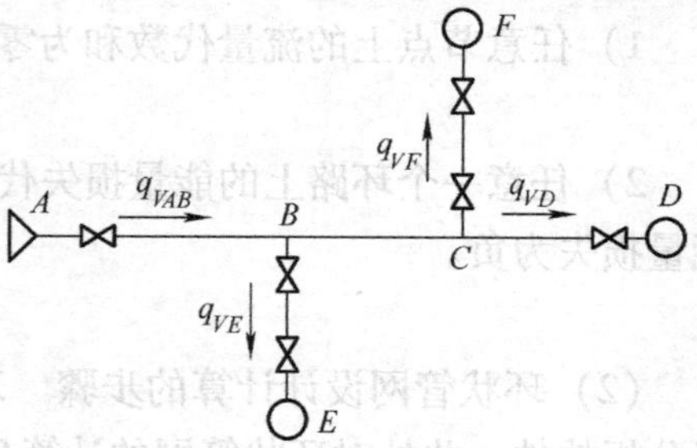

图 3-66 例 3-24 图

解 由已知条件分析，确定 A-B-C-D 为主管线。

首先根据流量和限定流速初选管径。

AB 管段 $q_{VAB}=q_{VE}+q_{VF}+q_{VD}=(15+10+20)\text{t/h}=45\text{t/h}=0.0125\text{m}^3/\text{s}$

取流速 $v'_{AB}=0.5\text{m/s}$，则有

$$d'_{AB}=\sqrt{\frac{4q_{VAB}}{\pi v'_{AB}}}=\sqrt{\frac{4\times0.0125}{\pi\times0.5}}\text{m}=0.178\text{m}$$

根据表 3-2 选 $\phi159\text{mm}\times4.5\text{mm}$ 的无缝钢管，$d=150\text{mm}$，则管内实际流速为

$$v_{AB}=\frac{q_{VAB}}{\frac{\pi}{4}d_{AB}^2}=\frac{0.0125}{\frac{\pi}{4}\times0.15^2}\text{m/s}=0.7\text{m/s}$$

此流速在限定流速范围内，故所选的 AB 管段的管径合适。

$$S_{AB}=\frac{8\left(\lambda\frac{l_{AB}}{d_{AB}}+\sum\zeta_{AB}\right)}{\pi^2d_{AB}^4g}=\frac{8\times\left(0.025\times\frac{200}{0.15}+6.5\right)}{\pi^2\times0.15^4\times9.806}\text{s}^2/\text{m}^5=6508\text{s}^2/\text{m}^5$$

$$h_{\text{w}AB}=S_{AB}q_{VAB}^2=6508\times0.0125^2\text{m}=1.017\text{m}$$

则 AB 段压强损失 $\Delta p_{AB}=\rho gh_{\text{w}AB}=1000\times9.806\times1.017\text{Pa}=9973\text{Pa}$

同理可以确定 BC 段、CD 段管的直径和压强损失，其计算过程及结果见表 3-4。

表 3-4 例 3-24 各管段计算过程及结果

管段	流量 q_V/（m^3/s）	初选流速 v'/（m/s）	初选管径 d'/mm	实际管径 d/mm	实际流速 v/（m/s）	阻抗 S/（s^2/m^5）	压强损失 Δp/Pa
AB	0.0125	0.5	178	150	0.7	6508	9973
BC	0.0083	0.6	133	125	0.68	14601	9867
CD	0.0056	0.7	101	100	0.71	37717	11603

总压强损失 $\Delta p_{AD}=\Delta p_{AB}+\Delta p_{BC}+\Delta p_{CD}=(9973+9867+11603)\text{Pa}=31443\text{Pa}$

外网在 A 处应提供的单位体积能量（压强）为

$$p_A=\Delta p_{AD}+\Delta p_D=(31443+4\times10^4)\text{Pa}=71443\text{Pa}$$

2. 环状管网

（1）环状管网的流动规律　由于环状管网的特点是管段在某一共同的节点分支，然后又在另一个共同的节点汇合，是由并联管路组合而成的，因此，环状管网符合并联管路流动规律。

1）任意节点上的流量代数和为零，也即流出节点的流量等于流入节点的流量。

$$\sum q_V=0 \tag{3-59}$$

2）任意一个环路上的能量损失代数和为零，一般取顺时针的能量损失为正，逆时针的能量损失为负。

$$\sum Sq_V^2=0 \tag{3-60}$$

（2）环状管网设计计算的步骤　环状管网的计算非常繁琐，目前已有相关的计算与工况分析软件，此处对环状管网的计算只介绍其大体步骤。

1）按节点 $\sum q_V=0$ 的原则，拟定各管段流量的大小和方向，并据此确定出管径。

2）计算各管段的损失 h_W（一般按长管考虑）。

3）校核各环路是否 $\sum Sq_V^2=0$（允许有一个小于 0.5m 的误差）。

4）若环路上 $\sum Sq_V^2\neq0$，重新拟定流量 q_V 值时，可以采取在原定流量 q_V 值的基础上加一个校正流量 Δq_V 的方式来确定。根据环路上 $\sum Sq_V^2=0$，有

$$\Delta q_V=\frac{-\sum Sq_V^2}{2\sum|Sq_V|}=\frac{-\sum h_W}{2\sum\left|\dfrac{h_W}{q_V}\right|} \tag{3-61}$$

5）进行其他计算，如选择驱动设备等。

第七节　液体有压管流的水击现象

在生活中，我们可能有过这样的体验，有时快速关闭自来水龙头时，水管会振动起来，同时产生很大的声响。这种在压力管道中，由于液体流速的急剧改变，从而造成瞬时压力显著、反复、迅速变化的现象，称为水击。发生水击时，由于压力水流的惯性，产生水流冲击波，就象锤子敲打一样，所以也称水锤。水击现象发生时，压力升高值可能达到额定工作压力的几十倍甚至几百倍，使管壁材料承受很大应力；压力的反复变化，会引起管道和设备的振动，严重时会造成管道、管道附件及设备的损坏，特别是大流量、高流速的长管中以及输送水温高、流量大的水泵中更为严重。水击不仅增加流体的流动阻力，而且也严重危及到管道系统及有关设备的安全运行。热力发电厂中汽水管道众多，对汽水管道水击现象的防范处理对于保证热力发电厂的安全运行具有重要意义。在水利管道建设中都要考虑水击这一因素。

水击是有压管道中的非稳定流现象，发生水击的外在条件是液流流速突然变化，而内在原因是由于液体本身存在惯性和可压缩性。水击现象的实质是由于管道内液体流速的改变，

导致液体的动量发生急剧改变而引起作用力变化的结果。也可以从能量转换的角度进行理解，即动能的急剧变化，转换为压能的大幅度变化。在发电厂实际的生产运行过程中，引起液流流速突然变化的原因，如：①阀门正常的快速开启和关闭；②阀门正常的快速调节；③阀门的事故开或关；④阀芯的损坏脱落；⑤泵的正常或事故启停；⑥泵的汽蚀或其叶轮、叶片不稳而发生的振动；⑦管道的事故泄漏；⑧机组负荷的快速调节。尤其在机组事故甩负荷或紧急停机时，发生水击的可能及其产生的危害性更大。

一、水击的有关概念

（一）水击的过程

水击是以压力波的形式在有限的管道边界内进行传播和反射的。水击波的传播一个周期内分为四个阶段，以阀门突然关闭为例描述。如图 3-67 所示，设想流速突然变化、波动过程无能量损失的水击模型，管道长为 l，上游接水池。第一阶段，当下游阀门突然关闭时，靠近阀门的液体流速由 v 减低至零，压强增大。这种减速增压的增压波以弹性波速 c 上行传播，历时 l/c 到达上游末端。第二阶段，以压强恢复为原始压强的常压波向下行传播，经历同样的时间（l/c）回到阀门。第三阶段，再以压强低于原值的减压波上行传播。第四阶段，又以常压波下行回到阀门。以后将不断地重复上述波动过程。实际上阀门不是瞬时关闭，因此实际波动可以看作一系列微段时间阀门关闭所导致一系列微小上行波及微小下行波之和。水击波在阀门和水池之间往返一次所需的时间 $T=2l/c$，称为一个相长。往返两次的时间 $2T$ 称为一个周期。在波动过程中，黏性作用消耗能量，使波动幅值逐渐趋于消失，如图 3-68 所示。

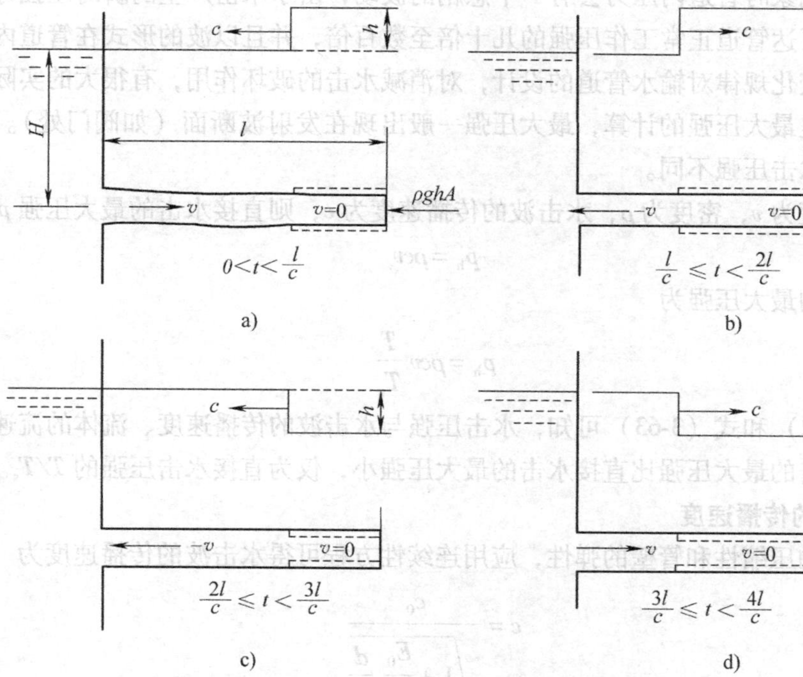

图 3-67　阀门突然关闭时水击现象的一个周期示意

（二）水击的分类

1. 直接水击和间接水击

根据闸门关闭（或开启）的时间 T_s 与相长 T 的比值，我们把水击分为两类：直接水击和间接水击。直接水击是指闸门关闭（或开启）的时间 $T_s < T$，即从水池反射的减（增）压波尚没有到达阀门处时，阀门已经关闭（开启）完毕，阀门处已达最大（小）水击压强。间接水击是指闸门关闭（或开启）的时间 $T_s > T$，即从水池反射的减（增）压波已到达阀门处，阀门尚未关（开）完毕，使阀门处水击压强不能再升高（降低）到最大（小）。间接水击使阀门断面处不致达到最大的水击压强，破坏性较直接水击小。在实际工程中应尽可能采取措施，避免产生直接水击破坏。

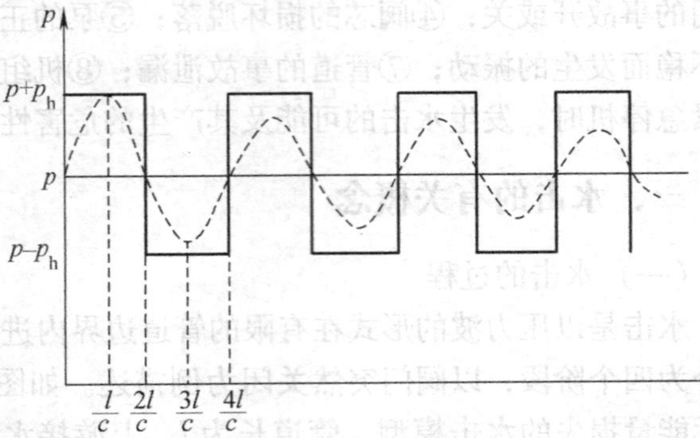

图 3-68　阀门突然关闭水击时阀门处压强随时间的变化

2. 正水击和负水击

当管道阀门迅速关闭时，管中流速迅速减小，压强显著增大，这种水击称为正水击。当管道阀门迅速开启时，管中流速迅速增大，压强显著减小，这种水击称为负水击。

（三）水击的参数

1. 水击压强

发生水击现象时管道内压力会有一个急剧的波动，由于水击产生的瞬时压强称为水击压强。水击压强可达管道正常工作压强的几十倍至数百倍，并且以波的形式在管道内传播。掌握水击压强的变化规律对输水管道的设计，对消减水击的破坏作用，有很大的实际意义。水击的基本问题是最大压强的计算，最大压强一般出现在发射波断面（如阀门处）。直接水击和间接水击的水击压强不同。

如液流速度为 v，密度为 ρ，水击波的传播速度为 c，则直接水击的最大压强 p_h 为

$$p_h = \rho c v \tag{3-62}$$

间接水击的最大压强为

$$p_h = \rho c v \frac{T}{T_s} \tag{3-63}$$

由式（3-62）和式（3-63）可知，水击压强与水击波的传播速度、流体的流速和密度成正比。间接水击的最大压强比直接水击的最大压强小，仅为直接水击压强的 T/T_s。

2. 水击波的传播速度

考虑到水的压缩性和管壁的弹性，应用连续性方程可得水击波的传播速度为

$$c = \frac{c_0}{\sqrt{1 + \frac{E_0}{E}\frac{d}{\delta}}} \tag{3-64}$$

式中　c_0——水中声波的传播速度，单位为 m/s，$c_0 = 1420\text{m/s}$；

E_0——水的弹性模量，$E_0=2\times10^5\text{N/cm}^2$；

E——管壁的弹性模量，单位为 N/cm^2，常用管壁材料的弹性模量见表 3-5；

d——管道内径，单位为 mm；

δ——管壁厚度，单位为 mm。

对于一般钢管，水击波传播速度的近似值为 1000m/s。当密度为 998kg/m³ 的水以 1m/s 的流速在管内流动，阀门突然关闭时，直接水击的最大压强相当于 9.95 个标准大气压。可见，水击压强是很大的。

表 3-5　常用管壁材料的弹性模量

管壁材料	弹性模量 $E/(10^5\text{N/cm}^2)$	管壁材料	弹性模量 $E/(10^5\text{N/cm}^2)$
钢管	206	铸铁管	88
木管	6.9	混凝土管	20.6

二、水击现象的预防措施

（一）水击的危害

水击时管道内压力会有一个急剧的波动，使管壁材料及管道上的设备及附件承受很大的压力，并伴随着管壁的扩张和收缩，发出强烈的振动和噪音，同时，高频交变压力作用在管壁上，加之流体的冲击，使金属表面打击出许多麻点。如果此时管道系统存在缺陷，则有可能对管系或设备造成破坏，如造成阀门破坏、管道接头断开、水泵受损、压力表弹性元件塑性变形等，严重时甚至发生管道爆裂等重大事故。

（二）防止和减弱水击危害的措施

为了消除或减弱水击的严重后果，在管路中需要采用一定的措施。

1）适当加大管径，限制管道流速。一般在液压系统中把速度控制在 4.5m/s 以内，Δp 不超过 5MPa 就可以认为是安全的。

2）正确设计阀口或设置制动装置，使运动部件制动时速度变化比较均匀。

3）延长阀门启闭和运动部件制动换向的时间，可采用换向时间可调的换向阀。

4）尽量缩短管长，以减小压力冲击波的传播时间。

5）在容易发生液压冲击的部位采用橡胶软管增大管道弹性或设置蓄能器，以吸收冲击压力，如图 3-69 所示；也可以在这些部位安装安全阀，以限制压力升高。

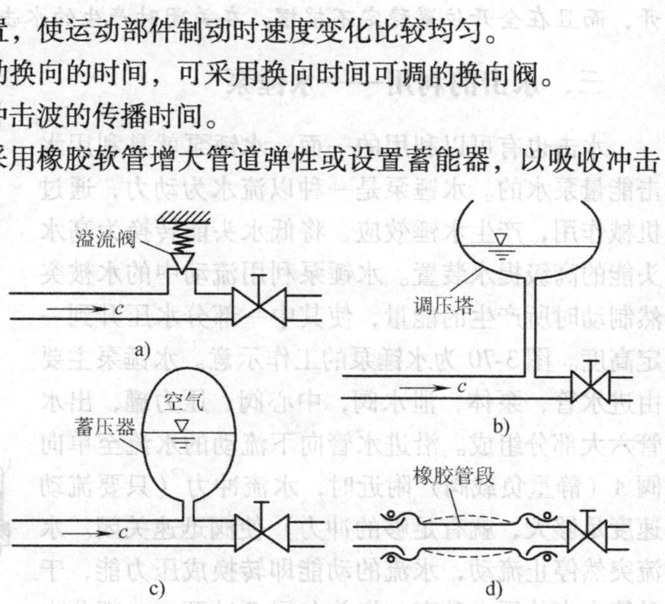

图 3-69　水击的消除措施

知识拓展：热力发电厂中的水击和预防措施

水管道的水击现象主要有以下几种：①水管道内存有蒸汽或空气，而起动给水泵或循环水泵没有关闭出口阀时，因管道内流体流速突然变化易发生水击现象。②水泵运行不正常（如汽蚀、叶轮损坏等），或水泵出口阀工作失效（如阀芯的损坏脱落、出口逆止阀摇摆不稳定），及管道内流体流量不稳、波动大等情况时比较容易引起管道内给水压力波动和惯性冲击。③管道内水温度剧烈变化时易发生水击。④水管道上阀关闭（或开启）时动作过快过猛，管道内流体的流动速度的水突然受阻或增大，管道内压力易发生反复急剧的变化，造成对管道的强烈冲击。蒸汽管道水击现象比较普遍：①蒸汽管道由冷态备用状态投入运行，因进汽阀门开启过快或过大致使管道暖管不足；或是管道疏水未开启及疏水管堵塞时，管道比较容易发生水击。②汽轮机或锅炉负荷增加速度过快，或是锅炉汽包发生满水、汽水共腾等事故，使蒸汽带水进入管道。③运行的蒸汽管道停运后相应疏水没有及时开启或开度不足，在相关联的进汽阀门未关闭严密情况下，漏入停运管道内的蒸汽逐渐冷却为水并积聚在管道中，在一定时间后，管道将发生水击。蒸汽管道发生上列水击现象时，主要的征象一是管道系统发生振动，管道本体、支（吊）架及管道穿墙处均有振动，水击越强烈振动也越强烈；二是管道内发出刺耳的声响，但不同情况下水击发出的声响各有特点，如投运时暖管或疏水不足的管道多阶段性地发出“咚咚”的声响；而蒸汽带水进入管道则多发出类似空袭警报声的连续啸叫声；停运后的蒸汽管道如前述发生水击时，多阶段性地发出如金属敲击般的尖锐声响。三是蒸汽带水进入管道时，在管道的法兰结合处易发生冒汽现象，水击严重时，法兰垫被冲坏致使大量漏汽。

在热力发电厂各类给水管道设计中，已经采取相当多的技术措施，如尽量缩短管道长度或保证阀门一定的启闭时间；如增大管道直径以降低管中流速，从而使水击发生时速度的变化量降低，相应地减小水击压力的数值；如在管道上装设安全阀及抗水击的专用阀门，当管中压力升高值超过允许数值时，安全阀开启泄压，使管中压力不致有过大的升高等一系列防范措施。运行时对于发生给水管道发生水击时，也能采取适当处理措施控制防范水击的产生与扩大。采用正确的阀门操作方法，水泵的启停过程应严格控制阀门的开关顺序，并打开管系中的连通阀；在管系中设置抗水击的专用阀门，如泵出口的逆止阀，在泵开启后能迅速打开，而且在全开位置稳定不摇摆，在关闭时产生的水击最小，从而有效地保护水泵。

三、水击的利用——水锤泵

水击也有可以利用的一面，水锤泵就是利用水击能量泵水的。水锤泵是一种以流水为动力，通过机械作用，产生水锤效应，将低水头能转换为高水头能的高级提水装置。水锤泵利用流动中的水被突然制动时所产生的能量，使其中一部分水压升到一定高度。图 3-70 为水锤泵的工作示意。水锤泵主要由进水管，泵体，泄水阀，中心阀，压力罐，出水管六大部分组成。沿进水管向下流动的水流至单向阀 A（静重负载阀）附近时，水流冲力（只要流动速度足够大，就有足够的冲力）使阀迅速关闭。水流突然停止流动，水流的动能即转换成压力能，于是管内水的压力升高，将单向阀 B 冲开，一部分水即进入空气室中并沿出水管上升到一定的高度。随

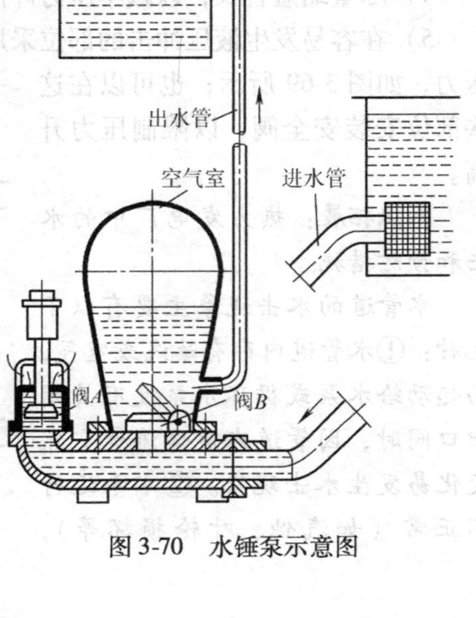

图 3-70　水锤泵示意图

后，由于进水管中压力降低，阀 A 在静重作用下自动落下，回复到开启状态。同时空气室中的压缩空气促使阀 B 关闭，整个过程又重复进行。利用水锤泵可以使进水管中流动的水大约15%压升到相当于5倍进水管落差的高度。好的水锤泵效率可达86%。水锤泵没有运动的工作元件，结构简单，而且不需要外部动力源，也无须专人看管。设计泵时须考虑泵构件的强度，避免因水锤作用而破裂。

水锤泵适用安装于低水头的水资源充足之地，最好长年有流水，并能满足水量要求。无需动力，要求进水有一定落差，最佳为4m。水锤泵的使用寿命很长，可使用30年左右。泵水高度可达30m甚至更高，越高流量越小。平时维护费用也很省，不需要建机房，不需要专人值班管理，只要适当时候重换密封圈和简单的保养即可，因此是非常经济的。

第八节　流体的出流和射流

一、出流

流体由容器中流出，称为出流。在工程实际中经常会遇到液体经孔口或管嘴出流的问题，如贮液容器的泄空，孔板等节流装置的出流，水闸闸孔的出流，采煤水枪和消防龙头的出流等。流体的出流有自由出流和淹没出流之分。液体流入大气的，称自由出流；液体流入大气液体空间的，称淹没出流。研究出流问题，主要研究出流的流量。

（一）重力作用下容器的管嘴出流

设一敞口大容器的侧面和底面，离自由表面深 h 处，装有面积为 A 的两个小出水管（管嘴），如图3-71所示。由于容器很大，虽然水不断地从管嘴流出，但淹深 h 保持不变。当液体经外伸锐缘管嘴自由出流时，由于流线不能突然转折，流束将收缩，并出现缩颈，而后又逐渐扩展充满整个管嘴。由于流束的收缩发生在管嘴内，在收缩的流束与管壁之间形成一个小的漩涡区。

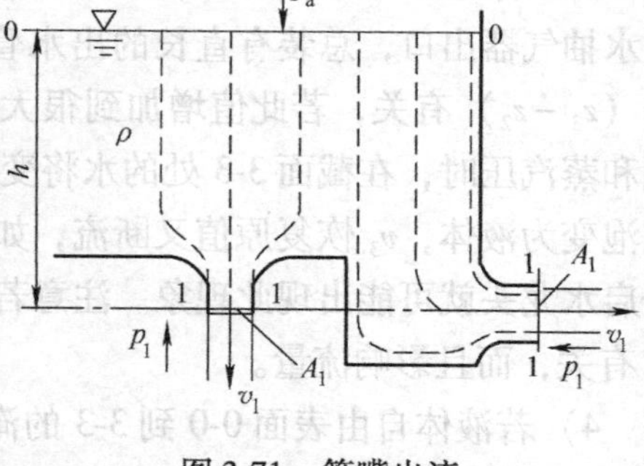

图3-71　管嘴出流

设管嘴出口截面积为 A 的流速 v_1 是均匀的，沿管嘴的中心轴流出，忽略流阻影响。取自由表面0-0为基准面，设管嘴出口截面1-1，列两截面的能量方程

$$h=\frac{v_1^2}{2g}$$

所以

$$v_1=\sqrt{2gh}$$

则管嘴出流的流量为

$$q_V=A_1\sqrt{2gh} \tag{3-65}$$

实际上，出流时有能量损失，包括进口损失、缩颈后的扩大损失和管嘴后半段的沿程损失。但工程问题中，也是应用上式计算，再根据实际流体情况稍加修正

$$q_V=\psi A_1\sqrt{2gh} \tag{3-66}$$

式中 ψ——速度修正系数。对水，ψ 为 0.96 ~1。

综合以上分析可知，重力作用下敞口容器的管嘴出流流速只与液体淹深有关，而与流体的密度和出流的方向无关。

例 3-25 图 3-72 所示的大容器底部装有同直径的长、短两根出水管道，两管出口与自由表面的距离（淹深）分别为 h 和 $2h$，分别计算其出口的平均流速及流量，并进行比较分析。

解 $v_1=\sqrt{2gh}$，$v_2=\sqrt{2g\cdot 2h}=\sqrt{2}\cdot\sqrt{2gh}$，所以 $v_2=\sqrt{2}v_1$。

两管直径相同，则有 $q_{V2}=\sqrt{2}q_{V1}$，即长管流量是短管的$\sqrt{2}$倍。

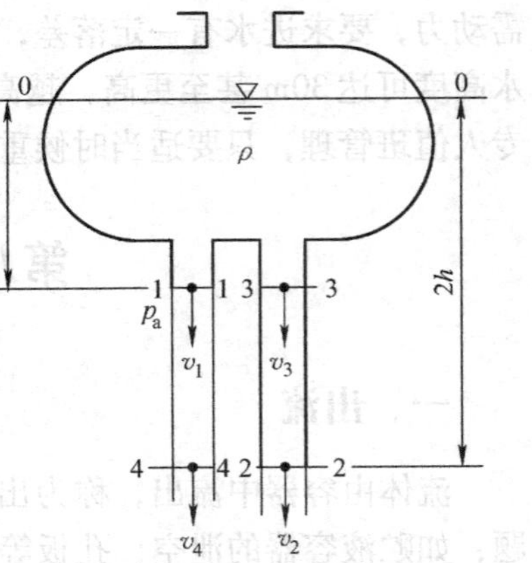

图 3-72 例 3-25 图

我们从此例中发现以下问题。

1）管径相同而流量差异的原因在于管内液体的淹深。故用长管作为容器的疏、排水是有利的（其他因素暂不讨论）。

2）短管出流从截面 1-1 到截面 4-4 已无管壁“保护”而受大气压作用，沿程水流直径在缩小变细，最终断裂为水滴，不再满足连续方程。所以流体由长管出流的流量比短管的流量大。

3）截面 3-3 处的压强 p_3 低于大气压，具有一定的真空。故汽轮机冷凝器的抽真空用的射水抽气器出口，总装有直长的出水管，即有利于抽真空也有利于排水及水封。p_3 的真空与（z_3-z_2）有关，若此值增加到很大时，p_3 将下降很多。当 p_3 等于或小于该温度下水的饱和蒸汽压时，在截面 3-3 处的水将变为蒸汽，产生汽泡而断流。随即 v_3 趋于 0 而 p_3 上升，汽泡变为液体，v_3 恢复原值又断流，如此循环，出现噪声和水管振动。在夏季水压不足时，开启水龙头就可能出现此现象。注意若容器上口封闭，流速 v_3 及压强 p_3 还与液面上的压强 p_0 有关，而且影响流量。

4）若液体自由表面 0-0 到 3-3 的淹深（z_0-z_3）太小时，出流管入口的液面会下凹形成漏斗形。这个漏斗壁的液体还会旋转（这是因为地球旋转的原故，这种旋转会使 p_3 下降得更多)，故称旋涡斗。在锅炉的下降管中，旋涡斗将蒸汽带入，会造成水冷壁水量分配不均匀而烧坏，锅炉自然循环阻力增大。故锅炉汽包水位必须控制，不能太低，在下降管口安装隔板或栅起消旋涡作用。

（二）孔口出流

若容器未装管嘴，流体沿尖锐壁孔的出流称孔口出流。孔口有薄壁孔口和厚壁孔口之分。d 代表孔口直径，δ 代表容器壁厚或孔口锐缘厚度，$\delta/d\leqslant 0.5$ 的，称薄壁孔口；$0.5<\delta/d\leqslant 4$ 的，称厚壁孔口。外伸管嘴一般 $\delta/d=3\sim4$，实际上就是厚壁孔口。孔口还有小孔口和大孔口之分。如果孔口截面上各点的静水头差异很小，以致于可以忽略各点流速差异，称小孔口，否则称大孔口。

1. 薄壁小孔口出流

如图 3-73 所示，由于水从锐沿流出时汇集孔口的流线不能突然转折为轴线方向（因为流点具有惯性），孔口出流在孔口外一定距离 l 处出现一个最小截面 A_1'，称为孔口出流的缩颈现象，而在此处总流的流线才是互相平行的，故只有将此处选为有效截面才满足能量方程有效截面必须选在平行流段的要求。

孔口出流的理论流量公式应为

$$q_V = v_1 A_1' = \psi A_1 \sqrt{2gh} \tag{3-67}$$

式中 A_1——孔口面积，单位为 m^2；

ψ——孔口收缩系数，$\psi = A_1'/A_1$。ψ 与孔口的几何形状（圆形、方形等）、孔口的尖锐和厚薄程度均有关。

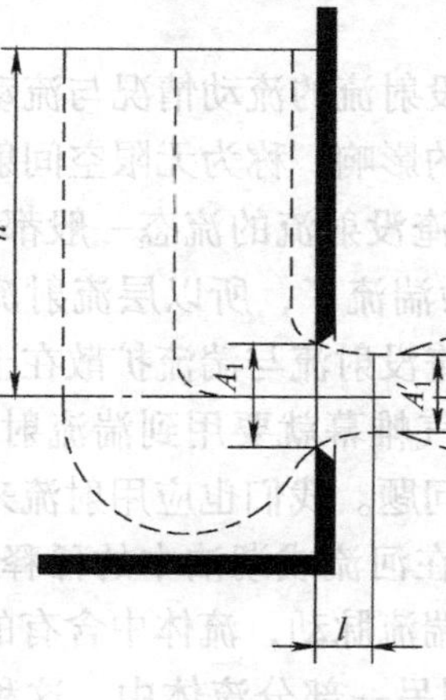

图 3-73 孔口出流

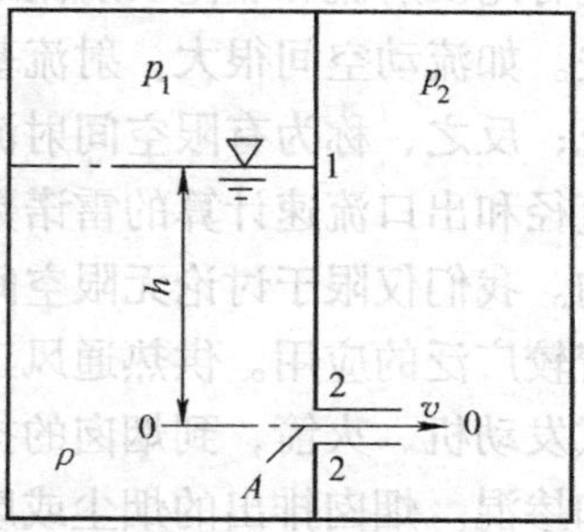

图 3-74 压力容器孔口自由出流

2. 压力容器的孔口自由出流

设一压力容器如图 3-74 所示，截面 1-1 和截面 2-2 间的能量方程为

$$\frac{p_1}{\rho g} + h = \frac{p_2}{\rho g} + \frac{v^2}{2g}$$

则出流的流速为

$$v = \sqrt{2g\left(\frac{\Delta p}{\rho g} + h\right)} \tag{3-68}$$

出流流量为

$$q_V = \mu A \sqrt{2g\left(\frac{\Delta p}{\rho g} + h\right)} \tag{3-69}$$

式中 Δp——两容器的压力差，单位为 Pa；

A——孔口横截面积，单位为 m^2；

μ——流量修正系数。

当 $\frac{\Delta p}{\rho g}$ 远大于 h，或左侧容器中流体是气体，则 h 可以忽略，上式化为

$$q_V = \mu A \sqrt{2\frac{\Delta p}{\rho}} \tag{3-70}$$

但注意：由于能量方程应用的前提之一是适用于不可压缩流体，故对于气体只能在 Δp

不大，ρ 为常数时才可以应用。

由上式推论知，当流体 ρ 变化不大时，孔口出流流量 q_V 与孔口面积 A 成正比，与 $\sqrt{\Delta p}$ 成正比。

二、射流

流体由孔口、喷嘴高速射出，在另一部分流体介质中形成的流动称为射流。射流在生产和生活中经常遇到，如空气淋浴、空调送风、厂房通风、烟囱排烟、煤粉炉的燃烧器出气等。

（一）射流的分类

射流有淹没射流和非淹没射流之分，见本章第二节。淹没射流的流动情况与流动空间的大小有关。如流动空间很大，射流基本上不受周围固体边壁的影响，称为无限空间射流，或自由射流；反之，称为有限空间射流，或（半）受限射流。淹没射流的流态一般都是湍流。按喷口直径和出口流速计算的雷诺数大约在 30 左右就过渡为湍流了，所以层流射流几乎是不存在的。我们仅限于讨论无限空间的湍流淹没射流。湍流淹没射流与湍流扩散在土建类专业中有着较广泛的应用。供热通风工程中设计空气淋浴和空气帷幕就要用到湍流射流理论。从喷气式发动机、火箭，到烟囱的排气都属于自由淹没射流问题。我们也应用射流来进行工质冲刷和掺混。烟囱排出的烟尘或废气对大气的污染、污水在河流或湖泊中的稀释等情况，则都是湍流扩散问题，需要我们研究解决。由于分子运动和湍流脉动，流体中含有的其他物质（如固体微粒、污染物、盐分等）能从一部分流体转移到另一部分流体中，这种现象称为扩散。广义地说，流体本身属性（如热量、动量、能量等）的转移也是扩散，但我们只讨论异质的扩散问题。

根据喷口形状不同，射流又可分为圆形射流、矩形射流和条缝射流。圆形射流是轴对称流动，故又称轴对称射流。如矩形喷口的长短边之比（b/h）不超过 3/1 时，矩形射流能迅速发展为圆形射流，只要算出喷口面积的当量直径（$1.13\sqrt{bh}$），就可采用圆形射流公式进行计算。当矩形喷口长短边之比超过 10/1 时，射流可按平面流动考虑，故条缝射流又称平面射流。空调送风口有圆形、矩形、条缝形、扇形、圆锥形等多种形状，射流的运动规律存在一定的差异。煤粉炉的燃烧器有圆形喷口和矩形喷口，出气可按圆形射流和矩形射流规律来研究。

根据射流是否旋转，分为旋流射流和直流射流。旋流射流不但具有轴向速度和切向速度，而且还有绕射流轴线旋转的速度。直流射流则没有旋转。煤粉炉的燃烧器有直流燃烧器，也有旋流燃烧器。

根据射流与周围流体温度间的差异，分为等温射流和温差射流。如果射流出口温度低于周围流体温度，称为冷射流，高于周围流体温度，称为热射流。夏天向热车间喷送冷空气以降温，冬天向工作区喷送热空气以取暖，都是温差射流。根据射流与周围流体所含固体颗粒及其他物质的浓度差异，分为等浓度射流和浓差射流。向含尘浓度高的车间喷送清洁空气以改善工作区的环境，属于浓差射流。

（二）射流的结构和基本特性

1. 湍流直流淹没射流

（1）射流结构　淹没射流的最简单情况是流体由喷口射出时流速为均匀分布，射入原先为静止的无限空间同类流体中。设喷口处流速为 u_0，当它离开喷口后，与周围流体之间立即出现速度不连续的间断面。这是不稳定的，很快发展成为一个个涡旋，产生强烈的湍动。流体质点的横向脉动把相邻的静止流体卷吸到射流中来，两者一起向前运动。于是射流截面沿程不断扩大，流量不断增加。与此同时，射流边界部分的流体由于静止流体的掺入，在动量交换的过程中速度减缓下来，使速度仍保持为 u_0 的射流核心区沿程逐渐缩小，以至流经一定距离后即行消失。在外边界与核心区之间，射流截面上的速度由零增大到 u_0。核心区以外的射流，横向尺寸远小于纵向尺寸，横向速度 u_y 远小于纵向速度 u_x，截面上速度梯度大，流动具有边界层的性质，故称为射流的边界层混合区，如图 3-75 所示。

射流具有核心区的流段称为起始段。离开起始段末端某一距离以后，射流变成似乎是从一点源流出来的那样，这段射流称为主体段（或基本段）。起始段与主体段之间有一个过渡段。由于过渡段很短，为了简化射流图形，可认为过渡段的长度为零，即连接主体段与起始段的只是一个过渡断面，或称为转折面。主体段外边界处的流速为零，轴线处流速最大。轴线流速 u_m 在主体段内是沿程逐渐减小的。

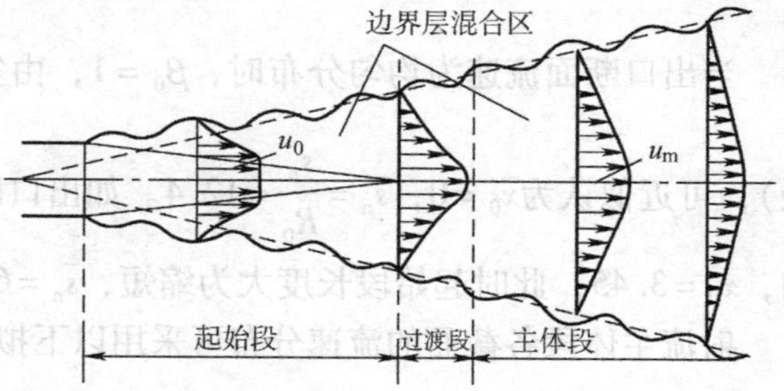

图 3-75　湍流淹没射流的结构

射流与周围流体的分界是一个很难分辨清楚的边界，射流外边界处实际上是由射流内部的湍流涡团与周围流体交错组成的具有间歇性的不规则流动，这里所指的射流边界是从统计平均意义上说的。射流的内、外边界都可近似地认为是一条直线，射流的外边界线相交之点称为源点，其交角称为扩展角。扩展角的大小与射流喷口的截面形状和喷口出口速度分布情况有关。

（2）射流的基本特性　由实验得知，湍流射流具有这样三个特性：射流厚度沿流程线性增加；各截面上轴向速度分布相似；单位时间通过各截面的动量守恒。

（3）射流主体段的运动分析　我们主要讨论射流主体段截面沿程扩大的范围，以及沿流程的速度变化和流量变化。主要介绍目前在我国通风工程中应用较普遍的阿勃拉莫维奇的理论。

阿勃拉莫维奇将射流结构简化成如图 3-76 所示的图形。射流主体段边界线延长线的交点 M 称为极点。喷口到极点的距离为 x_0，喷口到任一截面的距离为 s，该截面到极点的距离为 x，射流外边界线与轴线之间的夹角 α 称为扩散角。

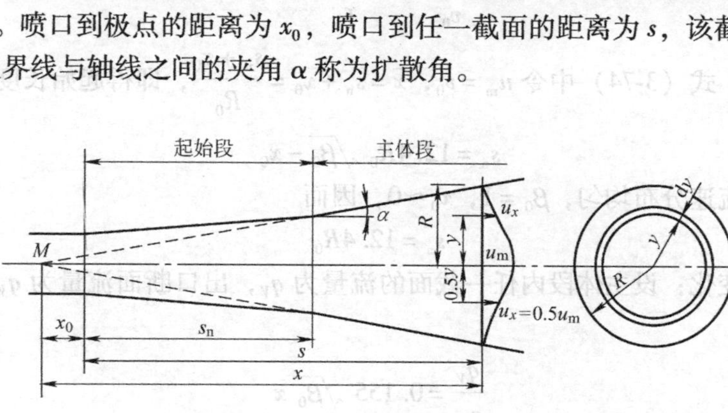

图 3-76　射流结构简化图

主体段与起始段的扩散角是不同的，因而射流的外边界线是一条在过渡断面转折的折线。主体段的扩散角 $\alpha = 12°25'$ 是个定值。起始段的扩散角与喷嘴结构及喷口处流速分布的不均匀程度有关，由极点的位置 x_0 与起始段长度 s_n 确定。为了反映出口断面流速分布的不均匀程度对射流运动的影响，阿勃拉莫维奇引入了出口断面的动量修正系数 β_0，它是出口断面面积 A_0 按实际流速 u 计算的动量与按平均流速 v_0 计算的动量之比，即

$$\beta_0 = \frac{\int_{A_0} \rho u^2 \mathrm{d}A}{\rho A_0 {v_0}^2} \tag{3-71}$$

当出口断面流速为均匀分布时，$\beta_0 = 1$，由实验得到 $\bar{x}_0 = \frac{x_0}{R_0} = 0.6$（$R_0$ 为圆形喷口的半径），可近似认为 $\bar{x}_0 = 0$，$\bar{s}_n = \frac{s_n}{R_0} = 12.4$。如出口断面全部为边界层所充满，流速分布很不均匀，$\bar{x}_0 = 3.45$，此时起始段长度大为缩短，$\bar{s}_n = 6.3$。

射流主体段各截面的流速分布可采用以下拟合公式计算：

$$\frac{u_x}{u_m} = \left[1 - \left(\frac{y}{b}\right)^{1.5}\right]^2 \tag{3-72}$$

式中 u_m——轴线流速，单位为 m/s；

y——任意点到对称轴的距离，单位为 m；

b——射流截面的半厚度，对圆形射流为射流截面的半径，单位为 m。

下面分别讨论圆形射流和平面射流在主体段的各流动参数。

1）圆形射流。射流半径沿程的变化：由图 3-76 可以看出，主体段任一截面的半径 $R = (x_0 + s)\tan\alpha$，因此无量纲半径

$$\frac{R}{R_0} = \frac{(x_0 + s)\tan\alpha}{R_0} = 0.22(\bar{x}_0 + \bar{s}) = 0.22\,\bar{x} \tag{3-73}$$

轴线流速 u_m 沿程的变化：根据射流各截面的动量通量守恒特性和各截面上轴向速度分布相似特性以及射流半径的变化得

$$\frac{u_m}{v_0} = \frac{12.4\sqrt{\beta_0}}{\bar{x}} \tag{3-74}$$

起始段长度：式（3-74）中令 $u_m = v_0$，$\bar{x} = \bar{s}_n + \bar{x}_0 = \frac{s_n + x_0}{R_0}$，即得起始长度

$$s_n = 12.4 R_0 \sqrt{\beta_0} - x_0 \tag{3-75}$$

如出口断面流速分布均匀，$\beta_0 = 1$，$x_0 \approx 0$，因而

$$s_n = 12.4 R_0 \tag{3-76}$$

流量沿程的变化：设主体段内任一截面的流量为 q_V，出口断面流量为 q_{V0}，则无量纲流量为

$$\frac{q_V}{q_{V0}} = 0.155\sqrt{\beta_0}\,\bar{x} \tag{3-77}$$

断面平均流速沿程的变化

$$\frac{v}{v_0}=\frac{3.2\sqrt{\beta_0}}{\bar{x}} \tag{3-78}$$

质量平均流速沿程的变化：比较式（3-74）和式（3-78），可得 $v=0.258u_m$。在通风工程中，通常需要使用的是轴线附近流速较高的区域，而 v 不能反映这个区域的流速值，为此引入质量平均流速 v'。它的定义是：某截面的 v' 与通过同一截面的质量流量 ρq_V 的乘积即为单位时间通过该截面的真实动量。根据这个定义，取出口断面与任一截面列动量方程

$$\beta_0\rho q_{V0}v_0=\rho q_V v'$$

$$\frac{v'}{v_0}=\frac{\beta_0 q_{V0}}{q_V}=6.45\frac{\sqrt{\beta_0}}{\bar{x}} \tag{3-79}$$

比较式（3-74）和式（3-79），可得 $v'=0.52u_m$，它比 v 约增大一倍，能更好地反映使用区的流速值。

2）平面射流。对于平面射流，b_0 为出口断面的半厚度，则有射流厚度沿程的变化

$$\frac{b}{b_0}=0.22(\bar{x}_0+\bar{s})=0.22\bar{x} \tag{3-80}$$

轴线流速沿程的变化

$$\frac{u_m}{v_0}=3.8\sqrt{\frac{\beta_0}{\bar{x}_0+\bar{s}}}=3.8\sqrt{\frac{\beta_0}{\bar{x}_0}} \tag{3-81}$$

起始段长度

$$s_n=14.4\beta_0 b_0-x_0 \tag{3-82}$$

流量沿程的变化

$$\frac{q_V}{q_{V0}}=0.375\sqrt{\beta_0(\bar{x}_0+\bar{s})}=0.375\sqrt{\beta_0\bar{x}} \tag{3-83}$$

断面平均流速沿程的变化

$$\frac{v}{v_0}=1.71\sqrt{\frac{\beta_0}{\bar{x}_0+\bar{s}}}=1.71\sqrt{\frac{\beta_0}{\bar{x}}} \tag{3-84}$$

质量平均流速沿程的变化

$$\frac{v'}{v_0}=2.67\sqrt{\frac{\beta_0}{\bar{x}_0+\bar{s}}}=2.67\sqrt{\frac{\beta_0}{\bar{x}}} \tag{3-85}$$

例 3-26　圆形射流的喷口半径为 200mm，喷口处流速分布均匀，今要求射程 10m 处在直径为 2m 的圆形截面范围内流速不小于 2m/s，求喷嘴流量及射程 10m 处截面的质量平均流速。

解　首先求起始段长度，以便确定该截面是否位于主体段内。因喷口流速分布均匀，故

$$s_n=12.4R_0=12.4\times0.2\text{m}=2.48\text{m}<10\text{m}$$

求射流在射程 10m 处的半径

$$R=0.22s=0.22\times10\text{m}=2.2\text{m}$$

求该截面的轴线流速：设 $y=1\text{m}$ 处流速 $u_x=2\text{m/s}$，由式（3-72）得

$$\frac{u_x}{u_m}=\left[1-\left(\frac{y}{b}\right)^{1.5}\right]^2=\left[1-\left(\frac{1}{2.2}\right)^{1.5}\right]^2=0.48$$

$$u_m = \frac{u_x}{0.48} = \frac{2}{0.48} = 4.16\text{m/s}$$

由式（3-74）可求得喷口流速

$$v_0 = \frac{u_m \bar{x}}{12.4\sqrt{\beta_0}} = \frac{4.16 \times 10}{12.4 \times 0.2}\text{m/s} = 16.77\text{m/s}$$

求喷嘴流量及截面的质量平均流速：

$$q_{V0} = \pi R_0^{\ 2} v_0 = \pi \times 0.2^2 \times 16.77 = 2.11\text{m}^3/\text{s}$$

$$v' = 6.45\frac{\sqrt{\beta_0}}{\bar{x}} v_0 = 6.45 \times 16.77 \times \frac{0.2}{10}\text{m/s} = 2.16\text{m/s}$$

2. 湍流旋转射流

（1）射流的基本特点　旋转射流不但具有轴向速度，而且有较大的切向速度，气体质点既有旋转向前的趋势，又有从切向飞出的趋势，因此，气流的初期的扰动非常强烈。但是由于射流不断卷吸周围气体，而且不断扩展，其切向速度的旋转半径也不断增大，切向速度衰减得很快，所以射流的后期扰动不够强烈。最大轴向速度也由于卷吸周围气体而衰减得很快，因而使旋转射流的射程比较短。旋转射流在离出口一段距离内轴线上的轴向速度为负值，射流有一个中心回流区。因此，旋转射流是从两方面卷吸周围气体的，一方面从回流区回流气体，另一方面也从射流的外边界卷吸周围气体。旋转射流的扩展角较大。

（2）旋流强度及其影响　决定旋转射流旋转强烈程度的特征参数是旋流强度 n。旋流强度 n 是用两个特征量——旋转动量矩 M 和轴向动量 K 为基础组成的一个无因次准则，我国在计算旋流强度时通常采用下式：

$$n = \frac{8M}{\pi DK} \tag{3-86}$$

式中　D——喷口直径，单位为 m。

旋流强度对旋转射流的特性有很大影响，分析其影响如下：

随着旋流强度的不同，旋转射流的气流结构形式不同。当旋流强度很小时，出口气流不旋转或者旋转很微弱，这时的气流称为弱旋转气流，如图 3-77a 所示。这时气流中心不出现回流区，或回流区很小，基本上是封闭气流，它不具有旋转射流的一般特性。当逐渐增大旋流强度时，射流内、外侧压力逐渐接近，这时，沿着主气流方向，有中心回流区，并且中心回流区延长到主气流速度很低时才封闭，这种气流称为开放气流，如图 3-77b 所示。如果再

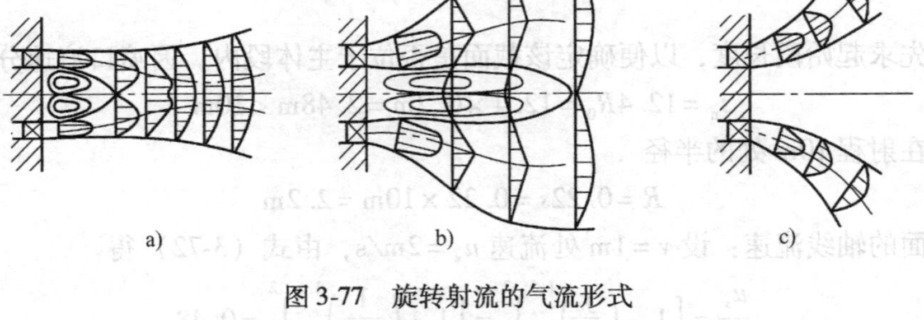

图 3-77　旋转射流的气流形式

a）弱旋转气流（封闭气流）　b）开放气流　c）全扩散气流

继续增大旋流强度到一定程度，扩展角随之增大，气流外侧压力小于中心回流区的压力。气流在内外侧压力差的作用下，向四周扩展开来，形成全扩散气流，如图3-77c所示。

随着旋流强度的增大，中心回流区的回流量增加，而回流区的长度是先增加而后又缩短的。扩展角是随着气流的旋流强度增大而增大的，也就是说，随着旋流强度的增大，射流将有一个较大的外边界面，会卷吸更多周围气体。气流的射程随着旋流强度的增大而减小。

知识拓展：煤粉炉的燃烧器

燃烧器是煤粉炉的主要燃烧设备，其作用是保证燃料和燃烧用空气在进入炉膛时能充分混合、及时着火和稳定燃烧。煤粉燃烧器按其出口气流特性可分为直流燃烧器和旋流燃烧器两大类。

直流燃烧器由一组矩形或圆形的喷口组成，喷出的一、二次风都是不旋转的直流射流。直流式燃烧器按圆形（或近圆形）或平面湍流射流规律来考虑其选型。喷嘴截面越扁平（平面射流），其中心速度衰减越慢，故其射流可以穿透环境介质，到达炉膛的火焰深处，而增强火焰内部的扰动，使燃烧深入炉膛中心部分。反之，喷嘴截面越近于正方形（近似圆形射流），射流衰减越快，穿透能力越差，但引射能力强，抽引周围气体，增强气流间互相掺混，使燃烧充分。所以设计锅炉时，要根据所用燃料种类及炉子的燃烧要求来确定喷燃器的一、二、三次风采用何种喷嘴形式和如何布置。直流燃烧器可以布置在炉膛四角、炉膛顶部或炉膛中部的拱形部分，从而形成四角布置切圆燃烧方式、W形火焰燃烧方式和U形火焰燃烧方式。在我国的燃煤电站锅炉中，应用最广的是四角布置切圆燃烧方式，如图3-78所示。直流燃烧器布置在炉膛四角，每个角的燃烧器出口气流的几何轴线均切于炉膛中心的假想圆，故称四角布置切圆燃烧方式。这种燃烧方式，由于四角射流着火后相交，相互点燃，有利于稳定着火；四股气流相切于假想圆后，使气流在炉内强烈旋转，有利于燃料与空气的扰动混合；而且火焰在炉内的充满程度较好。

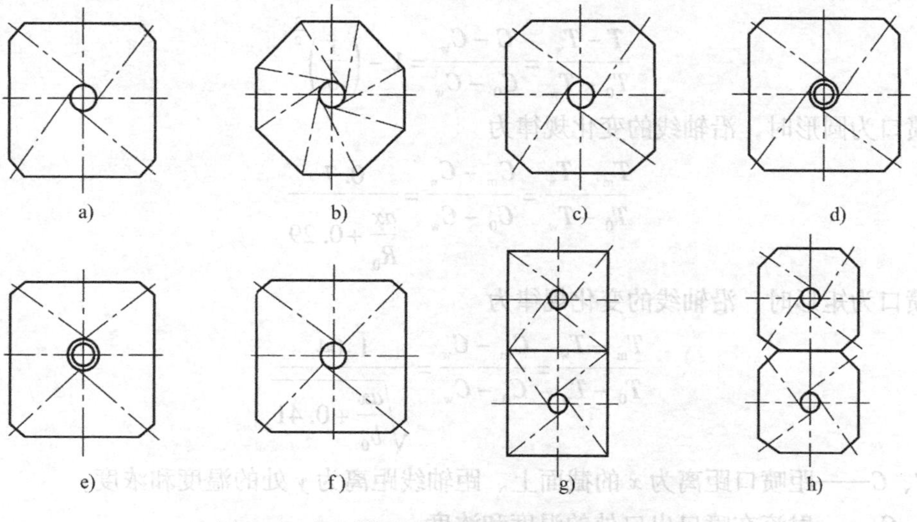

图3-78　切圆燃烧方式直流燃烧器的布置方式

a）正四角布置　b）正八角布置　c）大切角正四角布置　d）同向大小双切圆方式
e）正反双切圆方式　f）两角相切，两角对冲方式　g）双室炉膛切圆方式　h）大切角双室炉膛方式

在旋流燃烧器中，携带煤粉的一次风和不携带煤粉的二次风是分别用不同的管道与燃烧

器连接的。在燃烧器中，一、二次风的通道也是隔开的。二次风射流都是旋转射流，一次风射流可以是旋转射流或不旋转的直流射流，但燃烧器总的出口气流都是一般绕燃烧器轴线旋转的旋转射流。旋流的加入，增强掺混，有利于着火和燃烧，扩展角增大，穿透的深度减小。从旋流燃烧器出来的气体质点既有旋转向前的趋势，又有从切向飞出的趋势，因此，气流的初期扰动非常强烈。但是由于射流不断卷吸周围气体，而且不断扩展，其切向速度的旋转半径也不断增大，切向速度衰减得很快，所以射流的后期扰动不够强烈。旋转射流在离燃烧器出口一段距离内一个中心回流区，能回流高温烟气，帮助煤粉气流着火。全扩散气流离开燃烧器后便会贴墙运动（飞边），就会使燃烧器喷口烧坏，也会使燃烧器周围结渣。因此在实际应用时，应控制适当的旋流强度，使气流成为开放气流。

3. 温差射流和浓差射流

湍流混掺过程中不仅有动量交换，还会有温度和浓度的交换，这将使射流内出现温度或浓度的不均匀连续分布。温差射流或浓差射流的密度与周围流体不同，致使作用于射流质点上的重力和浮力不平衡，造成射流轴线的弯曲，如图3-79所示。例如热射流的密度比周围流体小，射流向上弯曲。冷射流则向下弯曲。

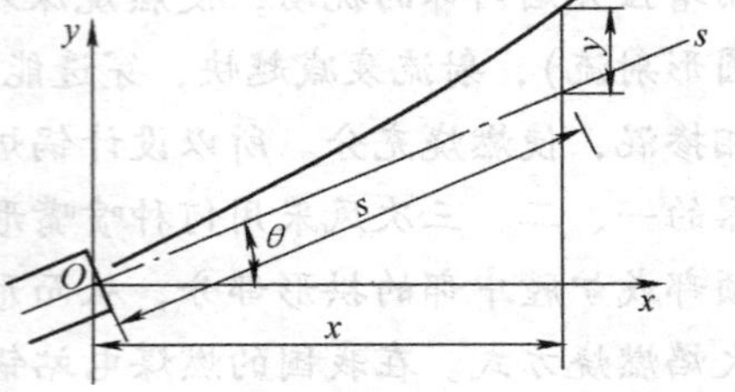

图 3-79 射流轴线的弯曲

通风工程中出现的温度差或浓度差一般都不大，引起的密度变化很小，在分析中仍可按不可压缩等密度流体处理，也不考虑异质的存在对流动的影响。

当射流的温度和成分与周围气体的温度及成分不同，而温差又不太大时，射流的速度变化基本上与上述的情况相似，而射流的浓度和温度变化的规律，基本上也与速度变化的规律相类似。基本段上的变化规律，可用下列公式表示：

$$\frac{T-T_w}{T_0-T_w}=\frac{C-C_w}{C_0-C_w}=1-\left(\frac{y}{b}\right)^{\frac{3}{2}} \tag{3-87}$$

当喷口为圆形时，沿轴线的变化规律为

$$\frac{T_m-T_w}{T_0-T_w}=\frac{C_m-C_w}{C_0-C_w}=\frac{0.7}{\dfrac{ax}{R_0}+0.29} \tag{3-88}$$

当喷口为矩形时，沿轴线的变化规律为

$$\frac{T_m-T_w}{T_0-T_w}=\frac{C_m-C_w}{C_0-C_w}=\frac{1.04}{\sqrt{\dfrac{ax}{b_0}+0.41}} \tag{3-89}$$

式中 T、C——距喷口距离为 x 的截面上、距轴线距离为 y 处的温度和浓度；

T_0、C_0——射流在喷口出口处的温度和浓度；

T_w、C_w——周围气体中的温度及浓度；

T_m、C_m——射流基本段内距喷口某一距离轴线上的温度和浓度；

a——湍流系数，对于圆形喷口，$a=0.066\sim0.076$；对于矩形喷口，$a=0.10\sim0.12$。

第九节　流动边界层理论基础

一、边界层的概念和基本特征

1904 年，在德国举行的第三届国际数学家学会上，德国著名的物理学家普朗特第一次提出了边界层的概念。他认为对于水和空气等黏度很小的流体，在大雷诺数下绕物体流动时，黏性对流动的影响仅限于紧贴物体壁面的薄层中，而在这一薄层外黏性影响很小，完全可以忽略不计，这一薄层称为边界层。普朗特的这一理论，在流体力学的发展史上具有划时代的意义。

图 3-80 所示为大雷诺数下黏性流体绕流翼型的二维流动，根据普朗特边界层理论，把大雷诺数下均匀绕流物体表面的流场划分为三个区域，即边界层、外部势流区和尾涡区。在边界层和尾涡区内，黏性力作用显著，黏性力和惯性力有相同的数量级，属于黏性流体的有旋流动区；在边界层和尾涡区外，流体的运动速度几乎相同，速度梯度很小，边界层外部的流动不受固体壁面的影响，即使黏度较大的流体，黏性力也很小，主要是惯性力，所以可将这个区域看做是无黏性流体势流区，可以利用前面介绍的无黏性流体能量方程来研究流场的速度分布。普朗特边界层理论开辟了用无黏性流体理论和黏性流体理论联合研究绕流问题的一条新途径。实际上边界层内、外区域并没有明显的分界面，一般将壁面流速为零与流速达到来流速度的 99% 处之间的距离定义为边界层厚度 δ。边界层厚度沿着流体流动方向逐渐增厚，这是由于边界层中流体质点受到摩擦阻力的作用，沿着流体流动方向速度逐渐减小，因此只有离壁面更远处才能达到来流速度，也就是边界层厚度更大些。

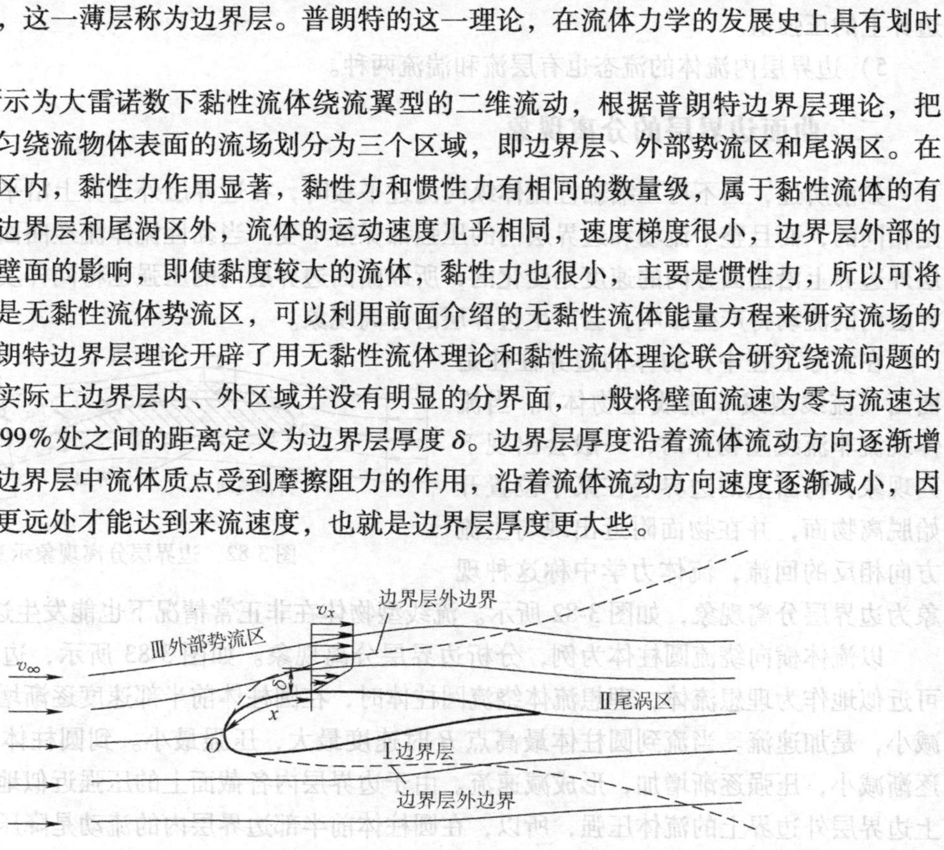

图 3-80　翼型上的边界层

根据实验结果可知，和管内流动一样，边界层内也存在层流和湍流两种流动状态。若全部边界层内部都是层流，则称为层流边界层。若在边界层起始部分内是层流，而后又过渡到湍流，则称为混合边界层。如图 3-81 所示，湍流边界层内紧靠壁面处也有一层极薄的层流底层。判别边界层流动状态的准则数仍然是雷诺数，特征流速取边界层外边界的速度，即来流速度 v_∞，特征尺寸根

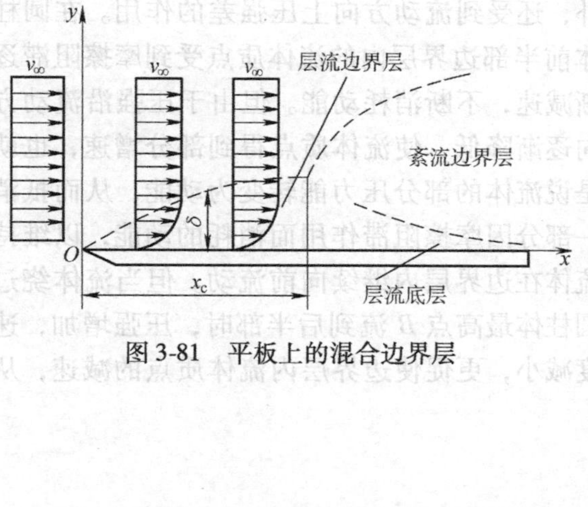

图 3-81　平板上的混合边界层

据固体壁面的形状和绕流的情况确定。平板边界层层流转变为湍流的临界雷诺数 $Re_{cx}=5\times10^5\sim3\times10^6$（特征尺寸用距离平板前缘点的距离 x）。横向绕流圆柱时边界层流态转变的临界雷诺数 $Re_{cd}=2\times10^5$（特征尺寸用圆柱的外径 d）。

综合以上情况，分析得到边界层的基本特征：

1）与物体的特征长度相比，边界层的厚度很小。

2）边界层内沿厚度方向，存在很大的速度梯度。

3）边界层厚度沿流体流动方向是增加的。

4）由于边界层很薄，可以近似认为边界层中各截面上的压强等于同一截面上边界层外边界上的压强值。

5）边界层内流体的流态也有层流和湍流两种。

二、曲面边界层的分离现象

如前所述，当不可压缩黏性流体纵向流过平板时，在边界层外边界上沿平板方向的速度是相同的，而且整个流场和边界层内的压强都保持不变。当黏性流体流经曲面物体时，边界层外边界上沿曲面方向的速度是变化的，所以曲面边界层内的压强也将同样发生变化，对边界层内的流动将产生影响，会产生边界层的分离现象。

在实际工程中，物体的边界往往是曲面（流线型或非流线型物体）。当流体绕流非流线型物体时，一般会出现下列现象：物面上的边界层在某个位置开始脱离物面，并在物面附近出现与主流方向相反的回流，流体力学中称这种现象为边界层分离现象，如图 3-82 所示。流线型物体在非正常情况下也能发生边界层分离。

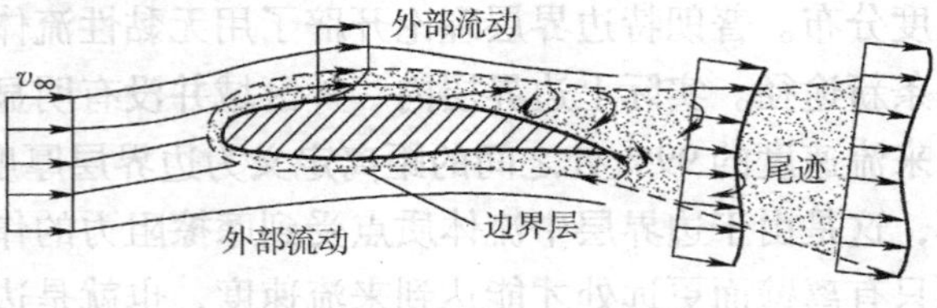

图 3-82 边界层分离现象示意

以流体横向绕流圆柱体为例，分析边界层分离现象。如图 3-83 所示，边界层外的流体可近似地作为理想流体，理想流体绕流圆柱体时，在圆柱体前半部速度逐渐增加，压强逐渐减小，是加速流。当流到圆柱体最高点 B 时速度最大，压强最小。到圆柱体的后半部速度逐渐减小，压强逐渐增加，形成减速流。由于边界层内各截面上的压强近似地等于同一截面上边界层外边界上的流体压强，所以，在圆柱体前半部边界层内的流动是降压加速，而在圆柱体后半部边界层内的流动是升压减速。因此，在边界层内的流体质点除受到摩擦阻力的作用外，还受到流动方向上压强差的作用。在圆柱体前半部边界层内的流体质点受到摩擦阻滞逐渐减速，不断消耗动能。但由于压强沿流动方向逐渐降低，使流体质点得到部分增速，也就是说流体的部分压力能转变为动能，从而抵消一部分因摩擦阻滞作用而消耗的动能，以维持流体在边界层内继续向前流动。但当流体绕过圆柱体最高点 B 流到后半部时，压强增加，速度减小，更促使边界层内流体质点的减速，从

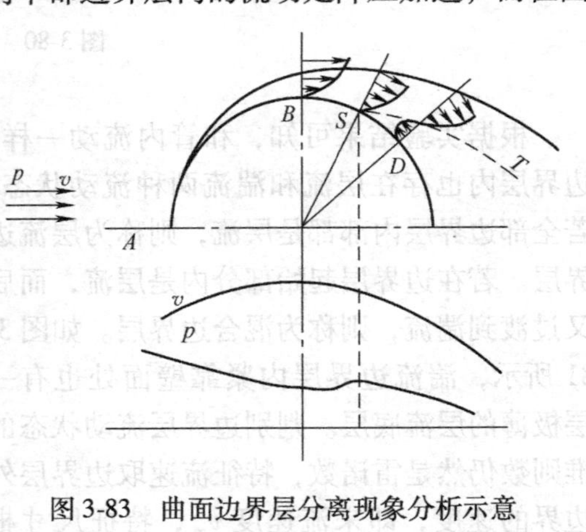

图 3-83 曲面边界层分离现象分析示意

而使动能消耗更大。当达到 S 点时，近壁处流体质点的动能已被消耗完全，流体质点不能再继续向前运动，于是一部分流体质点在 S 点停滞下来，过 S 点以后，压强继续增加，在压强差的作用下，除壁上的流体质点速度仍等于零外，近壁处的流体质点开始倒退。接踵而来的流体质点在近壁处都同样被迫停滞和倒退，以致越来越多被阻滞的流体在短时间内在圆柱体表面和主流之间堆积起来，使边界层剧烈增厚，边界层内流体质点的倒流迅速扩展，而边界层外的主流继续向前流动，这样在这个区域内以 ST 线为界，如图 3-83 所示，在 ST 线内是倒流，在 ST 线外是向前的主流，两者流动方向相反，从而形成旋涡，使流体不再贴着圆柱体表面流动，而从表面分离出来，造成边界层分离，S 点称为分离点。形成的旋涡，不断地被主流带走，在圆柱体后面产生一个尾涡区。尾涡区内的旋涡不断地消耗有用的机械能，使该区中的压强降低，即小于圆柱体前和尾涡区外面的压强，从而在圆柱体前后产生压强差，形成了压差阻力。压差阻力的大小与物体的形状有很大关系，所以又称为形状阻力。同样道理，当流体绕过钝头体、扩散角很大的扩散管、边缘为尖角的物体时，也出现边界层的分离，如图 3-84 所示，这也就是为什么汽轮机叶片前缘不采用尖角的缘故之一。

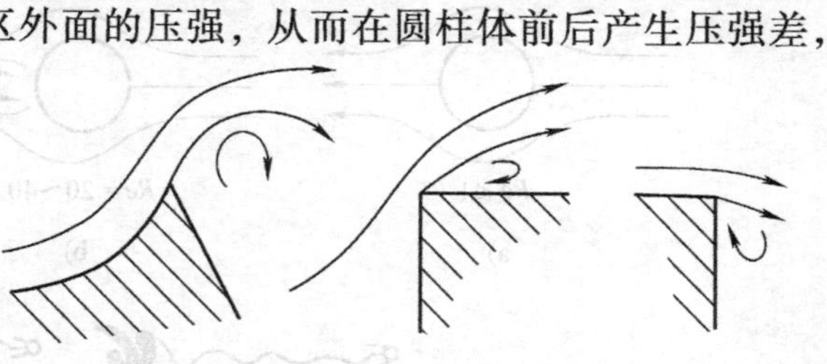

图 3-84　尖角边界层分离现象

影响边界层分离点位置的因素很多，如物体形状和位置：不同的形状分离状况不同，相同的形状位置不同时分离情况也不同；壁面粗糙度：壁面越粗糙摩擦阻力越大，越易分离；流动状态：层流比湍流易分离，因为湍流的流速高，动能不易耗尽，如图 3-85 所示。

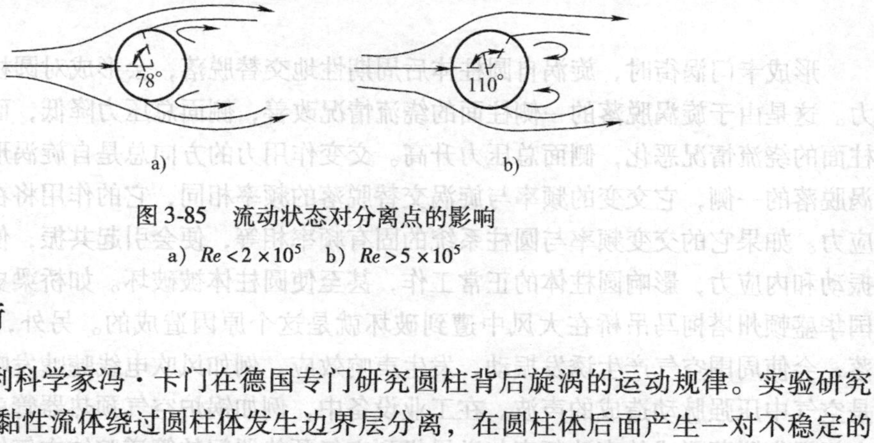

图 3-85　流动状态对分离点的影响

a）$Re<2\times10^5$　b）$Re>5\times10^5$

三、卡门涡街

1911 年，匈牙利科学家冯·卡门在德国专门研究圆柱背后旋涡的运动规律。实验研究表明，当 $Re\approx40$ 时黏性流体绕过圆柱体发生边界层分离，在圆柱体后面产生一对不稳定的旋转方向相反的对称旋涡，Re 超过 40 后，对称旋涡不断增长，至 $Re\approx60$ 时，这对不稳定的对称旋涡，最后形成几乎稳定的非对称性的、多少有些规则的、旋转方向相反的、上下交替脱落的旋涡，这种旋涡具有一定的脱落频率，称为卡门涡街，如图 3-86 所示。

圆柱体的卡门涡街的脱落频率与流体流动的速度 v 和圆柱体直径 d 有关，当 $250<Re<2.5\times10^5$ 时，由泰勒（F. Taylor）和瑞利（L. Rayleigh）提出下列经验公式

$$f=0.198\frac{v}{d}\left(1-\frac{19.7}{Re_d}\right) \tag{3-90}$$

由式（3-90）变形可得

$$\frac{fd}{v}=0.198\left(1-\frac{19.7}{Re_d}\right) \tag{3-91}$$

当 $800<Re<1.5\times10^5$ 时，有

$$\frac{fd}{v}=0.21 \tag{3-92}$$

根据这一性质制成了卡门涡街流量计，即在管道内与流体流动方向相垂直的方向插入圆柱体测杆，使圆柱体在 $800<Re<1.5\times10^5$ 范围内产生卡门涡街。利用热敏电阻丝法、超声波束法等方法测得卡门涡街脱落频率，由式（3-92）求得流体的流速，从而确定流体的流量。

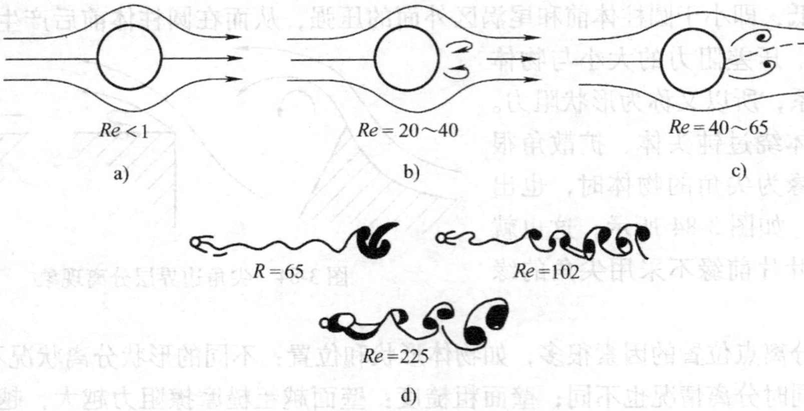

图 3-86　卡门涡街形成示意图

形成卡门涡街时，旋涡自圆柱体后周期性地交替脱落，会形成对圆柱体的横向交变作用力。这是由于旋涡脱落的一侧柱面的绕流情况改善，侧面总压力降低，而旋涡形成中的一侧柱面的绕流情况恶化，侧面总压力升高。交变作用力的方向总是自旋涡形成中的一侧指向旋涡脱落的一侧，它交变的频率与旋涡交替脱落的频率相同，它的作用将在圆柱体内引起交变应力。如果它的交变频率与圆柱系统的固有频率相等，便会引起共振，使圆柱体产生很大的振动和内应力，影响圆柱体的正常工作，甚至使圆柱体被破坏。如桥梁史上的重大事故，美国华盛顿州塔柯马吊桥在大风中遭到破坏就是这个原因造成的。另外，卡门涡街的交替脱落，会使周围空气产生诱发振动，发生声响效应。例如风吹电线嘘嘘发响的现象，这种响声是空气中压强脉动造成的声波。在工业设备中，例如锅炉空气预热器管束出现卡门涡街，当卡门涡街脱落形成的声波频率与送风机到空气预热器间的管道腔体内气体的固有振动频率相同时（包括各种高次谐波），就会发生声学共振（共鸣），产生噪声，同时，腔内气体压强的周期脉动致使管壁变形、形成纵向裂纹、矩形管道四角焊缝开裂，这个周期脉动的压强作用在送风机的叶轮上，会引起风机强烈振动，若与风机部件或叶片共振时，会使风机遭到破坏。这是第二类破坏——声振。若共振、声振同时发生，则破坏将很严重。所以设计流体绕流的设备或建筑结构时，应对卡门涡街问题加以考虑。

四、绕流阻力及升力

实际流体绕流物体时，物体总受到压力及摩擦切应力的作用。将法向及切向应力沿整个

物体表面上积分，可得到流体作用在物体上的合力。合力在绕流物体的未受扰动的来流速度方向上的分量 F_D，称为阻力，而与来流速度方向垂直的分量 F_L，称为升力，如图 3-87 所示。

（一）绕流阻力的一般分析

绕流阻力为摩擦阻力和压差阻力之和。摩擦阻力是黏性力直接作用的结果。压差阻力是黏性力间接作用的结果，主要是因边界层的分离，引起物面上压强分布与理想流体绕流时的压强分布不同所致。绕流阻力的大小通常采用下列经验公式计算

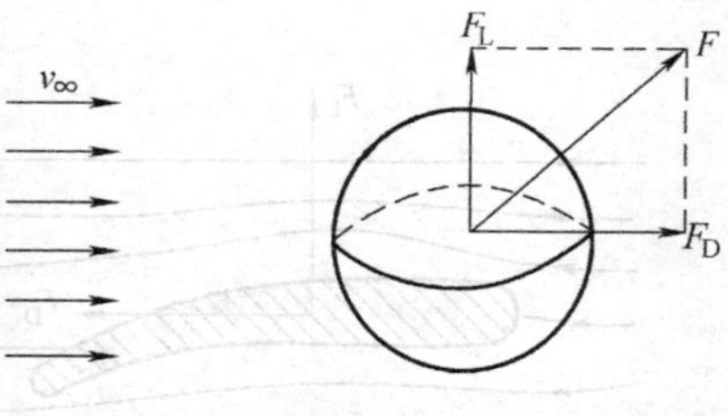

图 3-87　绕流物体引起的力

$$F_D = C_D \frac{1}{2}\rho v_\infty^2 A \tag{3-93}$$

式中　C_D——阻力系数，由实验测定，与物体的形状和位置有关；

ρ——流体的密度，单位为 kg/m^3；

A——物体的特征面积，单位为 m^2；

v_∞——来流速度，单位为 m/s。

知识拓展：悬浮速度

在研究气力输送工程中的固体颗粒在何时被气体带走，除尘设备中尘粒何时沉降及悬浮，燃烧技术中是层燃形式、沸腾形式还是悬浮形式，汽包中蒸汽带水等问题时，都要研究固体颗粒或液滴在气（汽）流中的运动条件，都需要悬浮速度的概念。在重力场中，颗粒在上升的气流中受到向上的阻力和浮力以及向下的重力的作用，当阻力和浮力之和大于重力时，颗粒随气流上升；阻力和浮力之和小于重力时，颗粒下降；阻力和浮力之和等于重力时，颗粒处于悬浮状态。颗粒处于悬浮状态时，气体与颗粒的相对速度称为悬浮速度。如果气体处于静止状态，在重力场作用下的颗粒将自由下降，当其受到的绕流阻力、浮力和重力相平衡时，颗粒以某一匀速下降，此速度称为自由沉降速度。

（二）绕流升力的一般分析

在制做飞机模型时，只要将机翼断面形状仔细修制成上下不对称的弯曲形状，如图 3-88 所示，则可能有升力出现，且可顺利飞行。大型飞机也要靠气流绕过机翼产生升力而升空。过热蒸汽流过汽轮机叶轮上的叶片时，叶片上的升力的一个分量可以产生使叶轮绕着其轴旋转的力矩，使轴旋转做功，如图 3-89 所示。船用的螺旋桨、泵与风机的叶轮、燃气轮机、水轮机和风力发电机的叶轮都是同样的工作原理。绕流升力的大小通常采用下列经验公式计算

$$F_L = C_L \frac{1}{2}\rho v_\infty^2 A \tag{3-94}$$

式中　C_L——升力系数，由实验测定，与物体的形状和位置有关；

ρ——流体的密度，单位为 kg/m^3；

A——物体的特征面积，单位为 m^2。

知识拓展：冲动式汽轮机级的基本工作原理

如图 3-89 所示，汽轮机叶轮是在一个旋转的圆盘周边，按等距安装一周同样弯曲度的叶片（称动叶栅）。汽流从汽轮机的高压端（进汽端）沿轴向流向低压端（排汽端）。在每

一级叶轮的前面，安装有带喷嘴的隔板（称静叶栅）。喷嘴使汽流在动叶栅前面产生很高的相对速度。当高速汽流通过叶栅的弯曲通道后，在每只叶片上都产生一个升力 F_L，它的方向与叶轮旋转方向相同，与轴向垂直，这个升力产生的力矩使轴旋转做功。

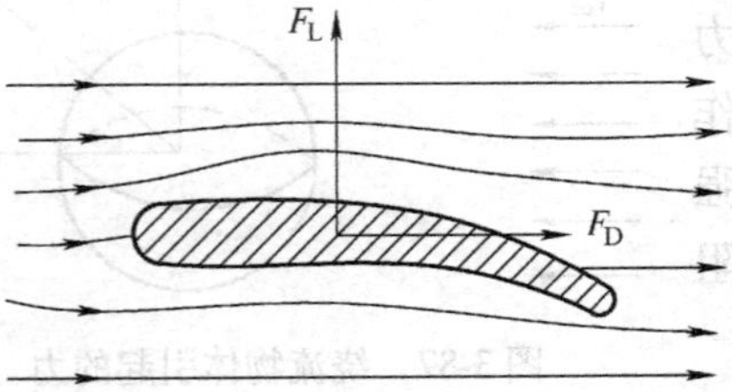

图 3-88 机翼的升力与阻力

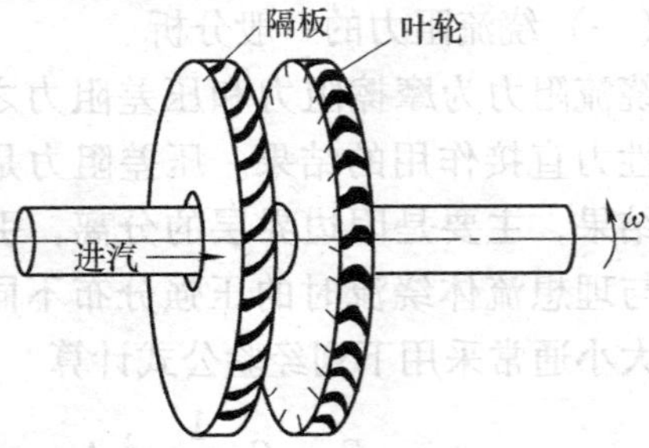

图 3-89 汽轮机某一级的叶轮

复习思考题

3-1 平均流速是如何定义的？引入平均流速有何意义？

3-2 说明流体在管道中流动的流速、流量之间的关系。

3-3 什么是稳定流动与非稳定流动？工程上的哪些流动可以被看成为稳定流动？举例说明。

3-4 一维稳定流动连续性方程表示什么意义？

3-5 黏性流体总流伯努利方程与无黏性流体总流伯努利方程有何不同？它们的应用条件是什么？在应用伯努利方程时应注意哪些事项？

3-6 节流式流量计的工作原理是什么？节流式流量计有哪几种？

3-7 流动阻力与能量损失分哪几种类型？说明它们产生的原因。对于有数段管道及数个管道附件的管道系统，其流动阻力应如何计算？

3-8 流体有哪两种基本流动状态？判断流动状态的依据是什么？为什么？

3-9 什么叫水力光滑管和水力粗糙管？它们与哪些因素有关？

3-10 按照尼古拉兹实验曲线可将流动分成几个区域？各区域有什么特点？如何判别？沿程阻力系数如何确定？

3-11 如何将非圆管折合成圆管计算沿程阻力系数？湿周如何定义？当量直径是水力半径的几倍？

3-12 减小流动阻力的主要措施有哪些？

3-13 管道系统是如何分类的？管道水力计算的任务是什么？

3-14 什么是管路阻抗？应用阻抗进行管路计算有什么好处？

3-15 串联管路、并联管路各有什么特点？枝状管网和环状管网有何区别？

3-16 射流与出流有何不同？射流分为几种？

3-17 什么是边界层？其基本特征是什么？

3-18 边界层在什么条件下发生分离？影响边界层分离点的因素有哪些？

3-19 什么是卡门涡街？其有何危害和可利用之处？

3-20 什么是绕流升力和阻力？绕流阻力包括哪几方面？

3-21 什么是水击现象？有何危害和可利用之处？怎样防止或减弱水击的危害？

讨论思考题

3-1 当输水管径一定时，流量增大，雷诺数是增大还是减小？当输水管道的流量一定时，管径增大，雷诺数是增大还是减小？

3-2　两根管路，其管径、长度和粗糙度都相同，其中一根输油，一根输水。试问：(1) 两根管路中流速相等时，沿程损失是否相等？(2) 两管中液流的 Re 相等时，沿程损失是否相等？

3-3　如图3-90所示的装置，请分析各段管路的连接关系。

3-4　在两个水库间，用一根水管连接两库底，如图3-91所示。若水管的入口、弯头处的局部阻力和管道沿程阻力很小而忽略不计时，此管中的流速 $v=[2g(z_1-z_2)]^{0.5}$，这是为什么？

3-5　图3-92所示是盥洗室的水龙头，我们的经验：龙头1的水流量总是大于龙头4（尤其当四个龙头全开和夏季水压低时最为明显），请解释此现象。

3-6　图3-93所示为一炉膛的送风管道系统。它由一个矩形总管向四个等径的喷嘴输送空气。而我们发现喷嘴4的流量最大，这与上题情况正好相反，这将作何解释？

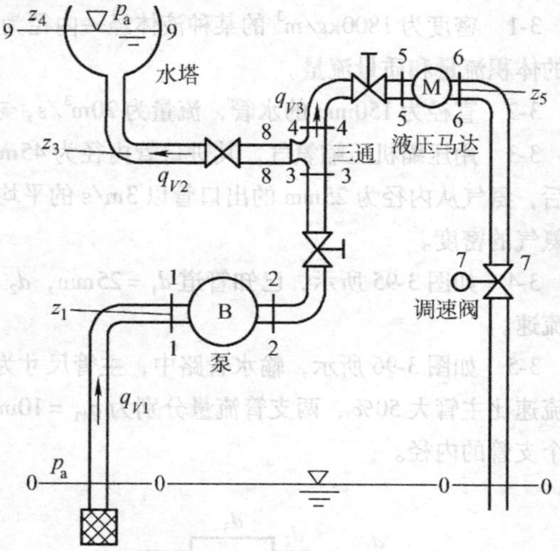

图3-90　讨论思考题3-3图

3-7　等量的20℃和50℃的水混合后，温度应为35℃。图3-94所示是一淋浴的供水管系。如果在调节时，阀门C始终不变，先关闭B，调节阀A，在某开度时冷水流量 $q_{V1}=q_V=q_{V31}$；再关闭阀A，调节阀B，在另一开度时，热水流量 $q_{V2}=q_V=q_{V32}$。再同时将阀A及阀B调节到各自的试验开度时，我们发现：(1) 水温不是35℃（通常偏低）；(2) 这时流量 $q_{V3}\neq 2q_V$（通常 $q_{V3}<2q_V$）。这是为什么？

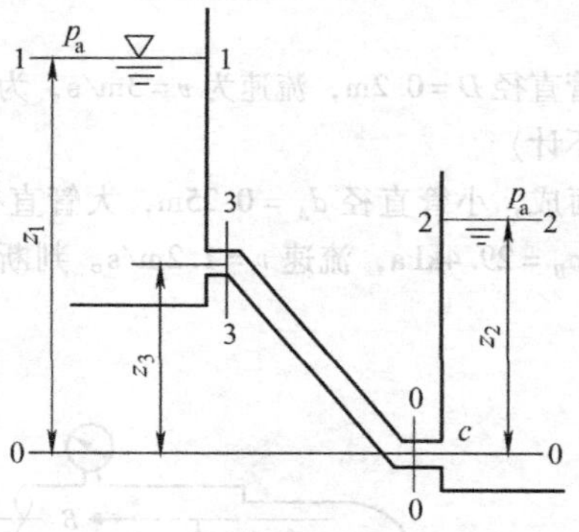

图3-91　讨论思考题3-4图

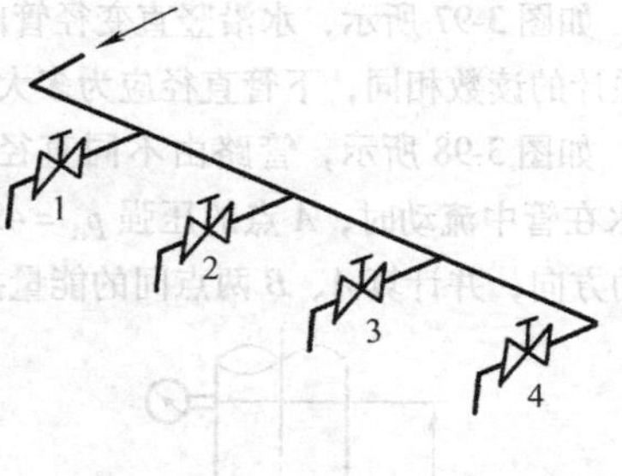

图3-92　讨论思考题3-5图

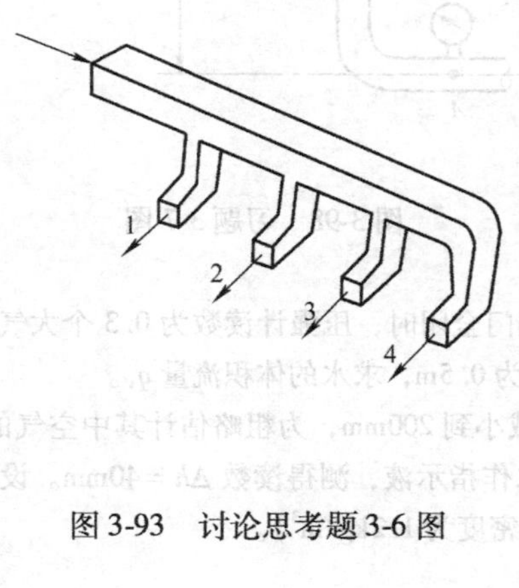

图3-93　讨论思考题3-6图

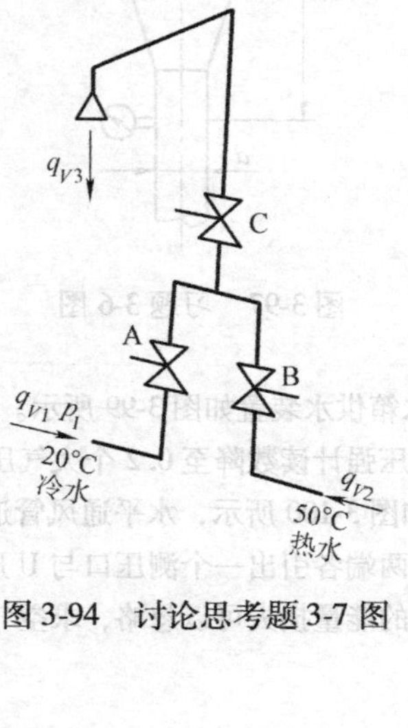

图3-94　讨论思考题3-7图

习 题

3-1 密度为 $1800kg/m^3$ 的某种液体经一内径为 60mm 的管道输送到某处，若其流速为 0.8m/s，求该液体的体积流量和质量流量。

3-2 直径为 150mm 的水管，流量为 $20m^3/s$，求流速。若流量增大到 $30m^3/s$，流速将增大到多少？

3-3 用压缩机压缩氨气，其进口管内径为 45mm，氨气的密度为 $0.7kg/m^3$，平均流速为 10m/s。经压缩后，氨气从内径为 25mm 的出口管以 3m/s 的平均流速流出。求通过压缩机的氨气的质量流量以及出口管内氨气的密度。

3-4 如图 3-95 所示，已知管道 $d_1=25mm$，$d_2=40mm$，$d_3=80mm$，当流量为 4L/s 时，求各管段的平均流速。

3-5 如图 3-96 所示，输水管路中，主管尺寸为 $d=100mm$，每小时输水量为 $30m^3$，在进入支管后，要求流速比主管大 50%，两支管流量分别为 $q_{V1}=10m^3/h$，$q_{V2}=20m^3/h$。试求：(1) 主管中水的流速；(2) 两个支管的内径。

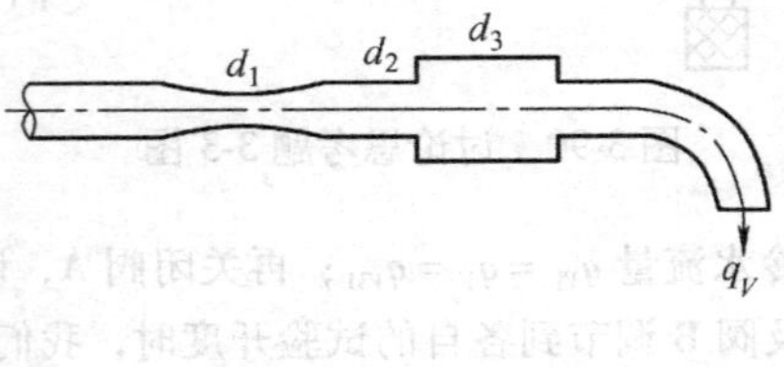

图 3-95 习题 3-4 图

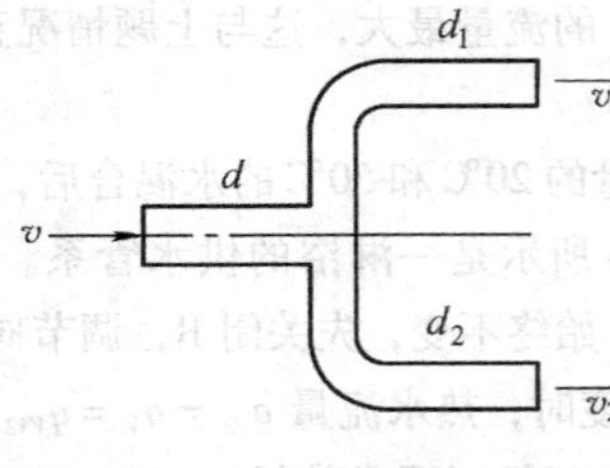

图 3-96 习题 3-5 图

3-6 如图 3-97 所示，水沿竖直变径管向下流动，已知上管直径 $D=0.2m$，流速为 $v=3m/s$，为使上下两个压强计的读数相同，下管直径应为多大？(能量损失忽略不计)

3-7 如图 3-98 所示，管路由不同直径的两管前后相连而成，小管直径 $d_A=0.25m$，大管直径 $d_B=0.5m$，水在管中流动时，A 点的压强 $p_A=49kPa$，B 点的压强 $p_B=29.4kPa$，流速 $v=1.2m/s$。判断水在管中的流动方向，并计算 A、B 两点间的能量损失。

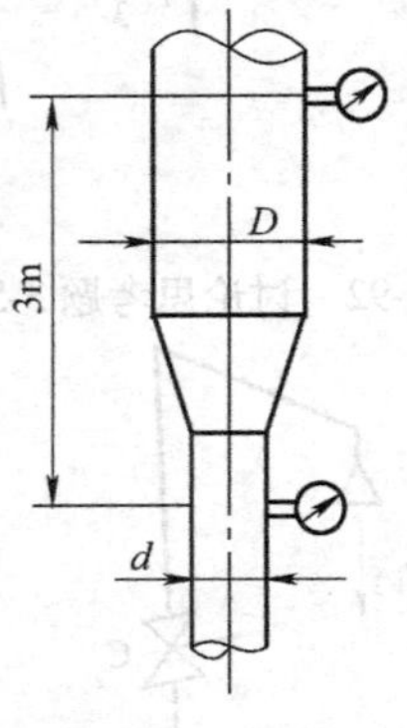

图 3-97 习题 3-6 图

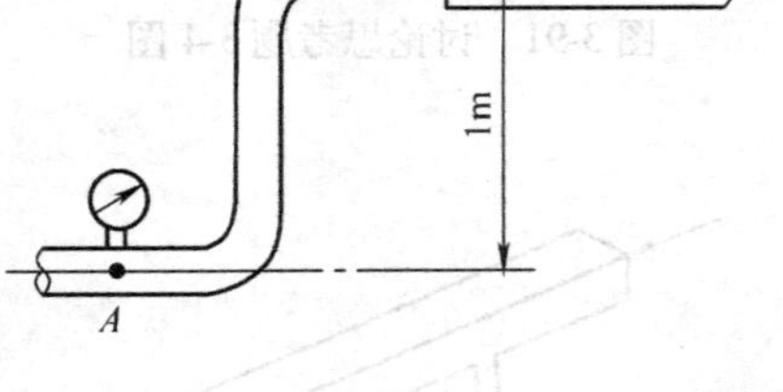

图 3-98 习题 3-7 图

3-8 水箱供水装置如图 3-99 所示。水管直径为 50mm，阀门全闭时，压强计读数为 0.3 个大气压，阀门开启后，压强计读数降至 0.2 个大气压，设总能量水头损失为 0.5m，求水的体积流量 q_V。

3-9 如图 3-100 所示，水平通风管道某段直径自 300mm 减小到 200mm，为粗略估计其中空气的流量，在锥形接头两端各引出一个测压口与 U 形管差压计相连，用水作指示液，测得读数 $\Delta h=40mm$。设空气流过锥形接头的能量损失可以忽略，求空气的体积流量（空气的密度为 $1.2kg/m^3$）。

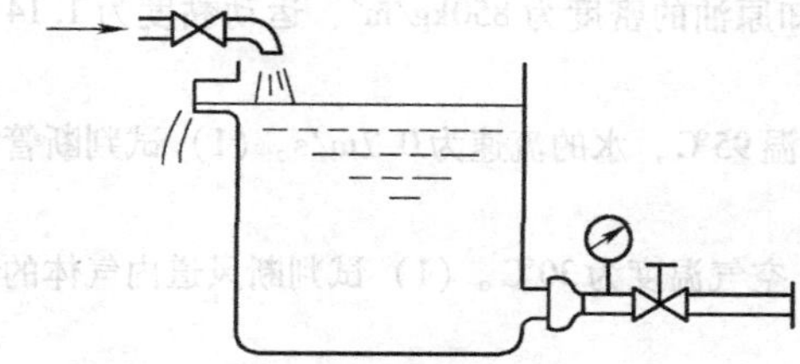

图 3-99　习题 3-8 图

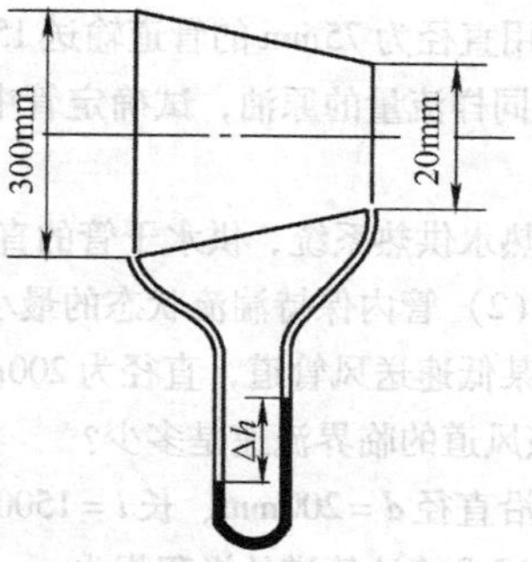

图 3-100　习题 3-9 图

3-10　如图 3-101 所示，从高位槽向立式设备内加料，高位槽和立式设备内的压强均为大气压。要求送液量为 $3.6\mathrm{m^3/h}$。管道用 $\phi45\mathrm{mm}\times4.5\mathrm{mm}$ 的钢管，设料液在管内的能量水头损失为 1.2m（料液柱），试求高位槽的液面距料液管进立式设备处的高度 H。

3-11　某锅炉给水系统，如图 3-102 所示。如水池液面高度为 10m，锅炉水面上的蒸汽压强 $p_0=569\mathrm{Pa}$（表压），管径 $d=30\mathrm{mm}$，流量 $q_V=2.5\mathrm{L/s}$，管路全部的能量水头损失 $h_W=5v^2/g$，求水泵所提供的机械能及有效功率。

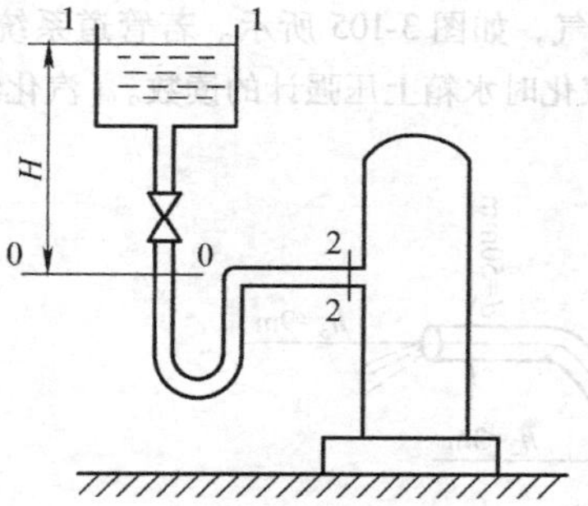

图 3-101　习题 3-10 图

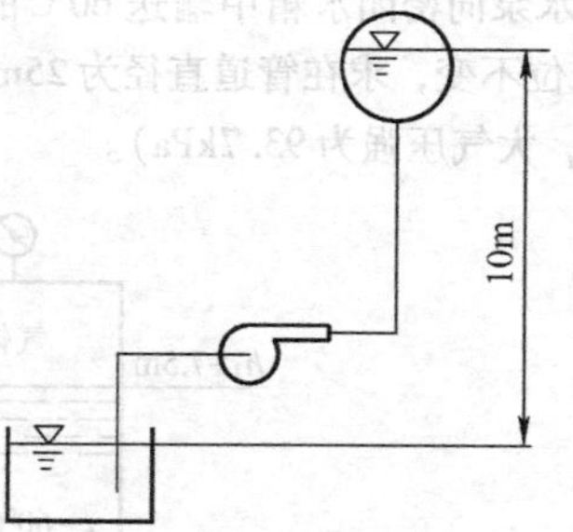

图 3-102　习题 3-11 图

3-12　如图 3-103 所示，密度为 $1.22\mathrm{kg/m^3}$ 的空气以 $2.12\mathrm{m^3/s}$ 的流量在管中流动，若使水从水槽中吸入管道，求截面面积 A_2。

3-13　如图 3-104 所示，水流由水箱经前后相接的两管流到大气中。已知大管直径 $d_1=200\mathrm{mm}$，小管直径 $d_2=150\mathrm{mm}$，$H=5\mathrm{m}$，管道入口能量水头损失为 0.2m，变径截面处能量水头损失为 0.15m，第一根管内的能量水头损失为 0.1m，第二根管内的能量水头损失为 0.2m，若水箱水面保持恒定，求：（1）管中的流量；（2）管道进口 M 点的压强。

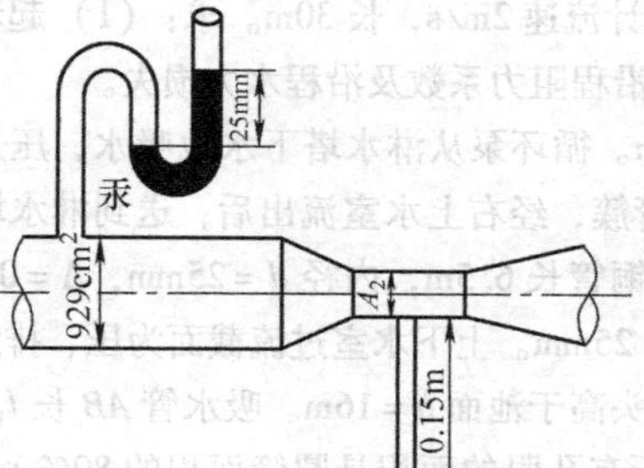

图 3-103　习题 3-12 图

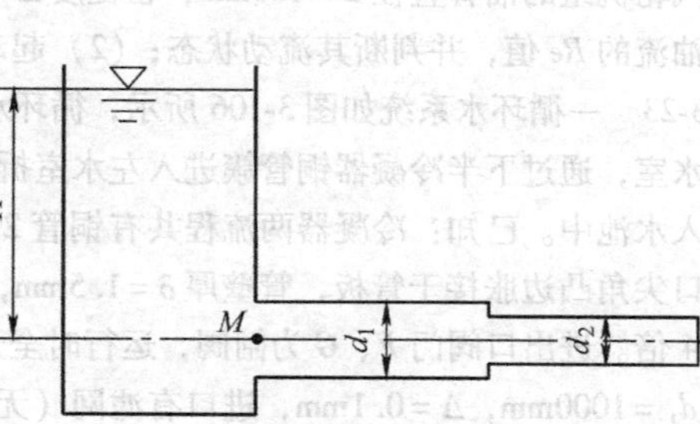

图 3-104　习题 3-13 图

3-14　用直径为75mm的管道输送15℃的水，若管中水的流量为10kg/s，试确定管中水的流态。若用该管道输送同样流量的原油，试确定管中原油的流态（已知原油的密度为850kg/m^3，运动黏度为$1.14\times10^{-4}m^2/s$）。

3-15　热水供热系统，供水干管的直径100mm，管内水温95℃，水的流速为0.7m/s。（1）试判断管中水的流态；（2）管内保持湍流状态的最小流速是多少？

3-16　某低速送风管道，直径为200mm，风速为3m/s，空气温度为30℃。（1）试判断风道内气体的流态；（2）该风道的临界流速是多少？

3-17　沿直径$d=200mm$、长$l=1500m$的镀锌钢管输送石油，流量为28L/s，石油的运动黏度为$1.01\times10^{-4}m^2/s$，试求输油管道的沿程损失。

3-18　某热水采暖管道，水温$t=80℃$，管长$l=10m$，内径$d=50mm$，管壁当量粗糙度$\Delta=2mm$，水的流速$v=0.7m/s$，试求该管段的沿程阻力系数、沿程损失和沿程压强损失。

3-19　有一钢板制矩形风道，截面尺寸为550mm×300mm，管长$l=60m$，管内平均流速$v=1.18m/s$。空气温度$t=20℃$，求风道上产生的沿程压强损失Δp_f。

3-20　某管路的管长为50m，管路中装有两个全开闸阀，三个90°铸钢弯头，管内径为150mm，管壁当量粗糙度$\Delta=0.3mm$，管内流体流速为1.5m/s，所输送的流体运动黏度为$0.661\times10^{-6}m^2/s$。试求该段的阻力损失。

3-21　水泵向密闭水箱中输送60℃的水，并沿管道流入大气，如图3-105所示。若管道系统无摩擦，保持箱内水位不变，求在管道直径为25mm的收缩截面处发生汽化时水箱上压强计的读数。（汽化绝对压强为19.9kPa，大气压强为93.7kPa）。

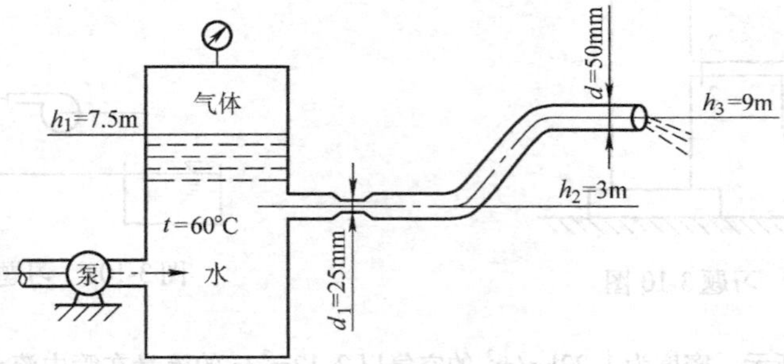

图3-105　习题3-21图

3-22　一台汽轮机组使用的机油为30号汽轮机油，这种油在50℃时$\nu=30\times10^{-6}m^2/s$，在25℃时$\nu=200\times10^{-6}m^2/s$。汽轮机起动之前，我们用电动辅助油泵先向各轴承供油（25℃），汽轮机正常运行后，由注油器供油。由于轴承消耗功和汽轮机主轴传来热量，使油温上升，故正常工作时机油温度在50℃左右。设此汽轮机组的油管直径$d=180mm$，粗糙度$\Delta=0.02mm$，设计流速2m/s，长30m。求：（1）起动前、后管内油流的Re值，并判断其流动状态；（2）起动前后油管的沿程阻力系数及沿程水力损失。

3-23　一循环水系统如图3-106所示，循环水量为4750t/h。循环泵从淋水塔下水池吸水，压入冷凝器右下水室，通过下半冷凝器铜管簇进入左水室折转入上半铜管簇，经右上水室流出后，送到淋水塔上部喷出落入水池中。已知：冷凝器两流程共有铜管2984根，每根铜管长6.5m，内径$d=25mm$，$\Delta=0.005mm$，进出口尖角凸边胀接于管板，管壁厚$\delta=1.5mm$，凸边高$b=1.25mm$。上下水室过流截面为压、排水管截面积的4倍。进出口阀门F、G为闸阀，运行时全开。淋水塔喷头高于池面$h=16m$。吸水管AB长$l_1=300m$，直径$d_1=1000mm$，$\Delta=0.1mm$，进口有滤网（无底阀，滤网所有孔眼的面积是圆管面积的80%）。压水管CE长$l_2=5m$，直径$d_2=820mm$，$\Delta=0.1mm$，有D、E两个90°焊接弯头。排水管GM长$l_3=350m$，直径$d_3=820mm$，$\Delta=0.1mm$，有H、I、J、K四个90°焊接弯头。在出水端M处，动能全部损失。求此时循环水泵的工作扬程和流动功率。

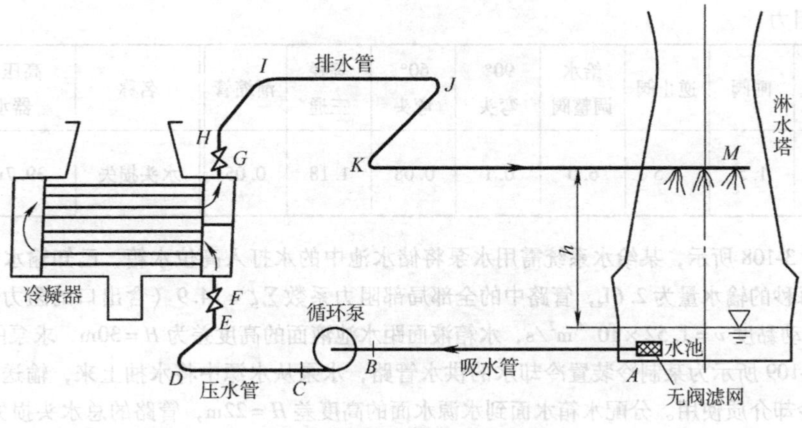

图 3-106　习题 3-23 图

3-24　为水泵设计进水装置，提出两种方案（图 3-107）：方案 a 按泵进口管径 d_1 选同样直径的进水管路，方案 b 在泵进口装一渐缩管段，以加大进水管直径，提高水泵进口处压强，防止水泵汽蚀。已知：泵流量 $q_V=55\mathrm{m^3/h}$，泵的安装高度（水面到泵出口中心高）$H=3.5\mathrm{m}$，进水管长 $l=4\mathrm{m}$，管径 $d_1=70\mathrm{mm}$，$d_2=100\mathrm{mm}$，进水滤网及底阀局部阻力系数 $\zeta_1=8.5$，$\zeta_2=7.0$，弯头 $\zeta_3=0.14$，渐缩管 $\zeta_4=0.04$（对应粗管的流速），$\lambda_1=0.03$，$\lambda_2=0.032$。求：p_1 与 p_2 的压强值（真空）。并说明以上两种方案中应选哪种？为什么？

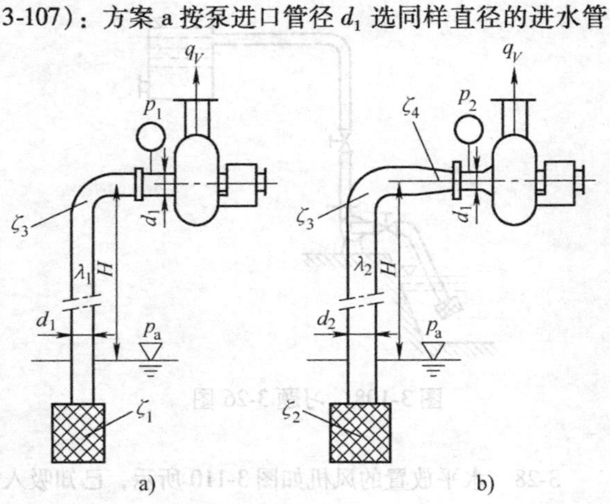

图 3-107　习题 3-24 图

3-25　如图 3-58 所示为一台机组的给水系统，共由三段管路组成：*AB* 段由给水泵出口通到两台高压加热器的进口，*CD* 段由两台高压加热器出口通到分流等径三通管分流，*DE* 段和 *DF* 段经三通分流后分成并联的两路，经渐缩管段缩小管径，流向锅炉省煤器进口。核算省煤器进口 *E*、*F* 点压强。已知参数：

（1）给水泵出口，*A* 点压强 $p=15\mathrm{MPa}$，流量 $q_m=230\mathrm{t/h}$，水温 $t=160℃$，饱和水比体积 $v'=0.0011\mathrm{m^3/kg}$。

（2）高压加热器出口水温 $t=240℃$。

（3）省煤器流量 $q_m=115\times2\mathrm{t/h}$，高压加热器流量 $q_m=230\mathrm{t/h}$。

（4）结构数据

项目	代号	单位	数值			
			AB	*CD*	*DE*	*DF*
管子内径	d	mm	225	225	175	175
绝对粗糙度	Δ	mm	0.2	0.2	0.2	0.2
管道长度	L	m	11	38	12	12
A 点标高	z_1	m	1.173			
B、*C*、*D* 点标高	z_2	m	8.20			
E、*F* 点标高	z_3	m	16.22			

（5）流动阻力

名称	闸阀	逆止阀	给水调整阀	90°弯头	60°弯头	等径三通	渐缩管	名称	高压加热器水阻	流量表损失
局部阻力系数	1.5	7.5	6.0	0.1	0.08	1.18	0.05	水头损失	39.7m/台	4m

3-26　如图 3-108 所示，某给水系统需用水泵将储水池中的水打入高位水箱，已知输水管为 $d=50\text{mm}$ 的镀锌钢管，每秒的输水量为 2.6L，管路中的全部局部阻力系数 $\sum\zeta=14.9$（含出口的阻力系数），管长 $l=50\text{m}$，水的运动黏度 $\nu=1.52\times10^{-6}\text{m}^2/\text{s}$，水箱液面距水池液面的高度差为 $H=30\text{m}$，求泵的扬程。

3-27　图 3-109 所示为某制冷装置冷却水的供水管路，水泵从水源中将水抽上来，输送到冷凝器顶部的分配水箱作冷却介质使用。分配水箱水面到水源水面的高度差 $H=22\text{m}$，管路的总水头损失 $h_W=5\text{m}$，管径 $d=50\text{mm}$，水在管中流速为 2m/s，试求水泵的扬程和管道的阻抗。

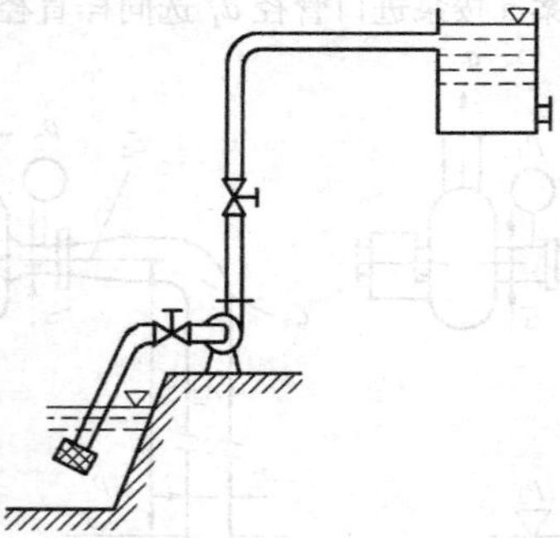

图 3-108　习题 3-26 图

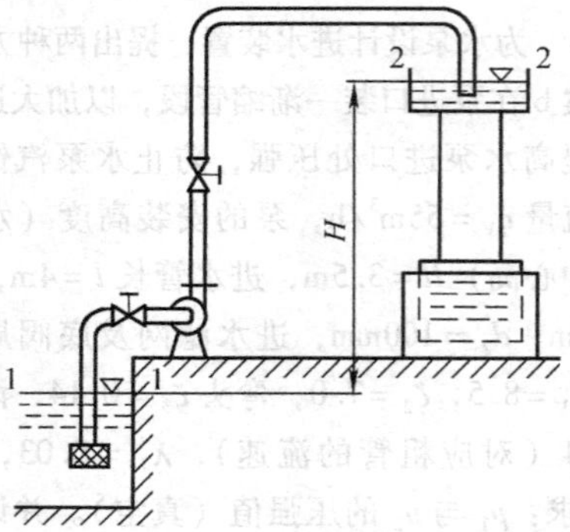

图 3-109　习题 3-27 图

3-28　水平放置的风机如图 3-110 所示，已知吸入管的直径 $d_1=200\text{mm}$，$L_1=10\text{m}$，压出管的直径 $d_2=100\text{mm}$，$L_2=100\text{m}$，各管段的沿程阻力系数 $\lambda=0.02$，风量 $q_V=0.15\text{m}^3/\text{s}$，若不计局部阻力，试计算风机应产生的风压。

3-29　如图 3-111 所示，两容器中充有 20℃ 的水，用两段新的低碳钢管连接起来，其当量粗糙度 $\Delta=0.05\text{mm}$，已知 $d_1=20\text{cm}$，$L_1=30\text{m}$，$d_2=30\text{cm}$，$L_2=60\text{m}$，管 1 为锐缘入口，管 2 上有一阀门，其阻力系数 $\zeta=3.5$，$q_V=0.2\text{m}^3/\text{s}$。求两容器必需的液面差 H。

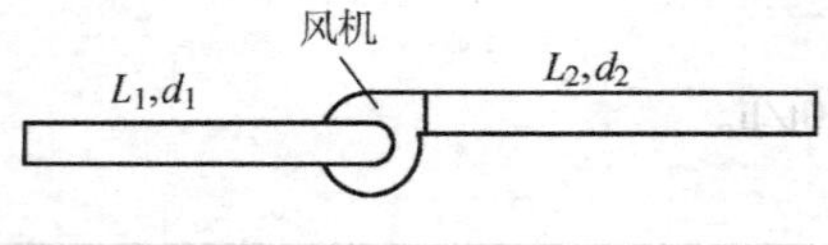

图 3-110　习题 3-28 图

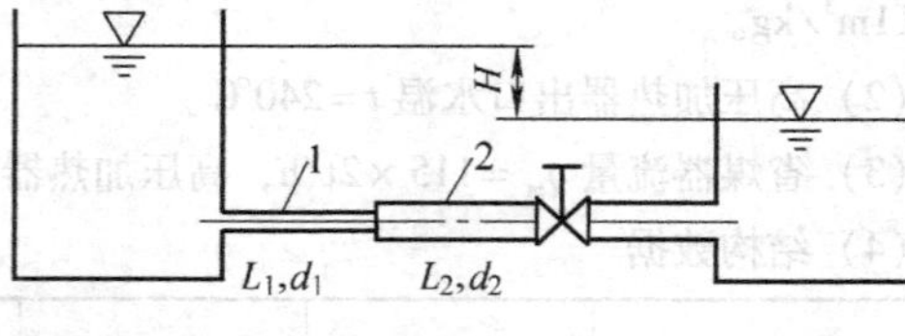

图 3-111　习题 3-29 图

3-30　如图 3-112 所示，有两根长度、直径、材质均相同的支管并联，管长 $l=6\text{m}$，管径 $d=200\text{mm}$，沿程阻力系数 $\lambda=0.026$，已知干管中水的流量为 $q_V=80\times10^{-3}\text{m}^3/\text{s}$，求两支管内的流量 q_{V1} 和 q_{V2}；若在支管 2 上装一个阻力系数 $\zeta=3.5$ 的阀门，问 q_{V1} 和 q_{V2} 如何变化？并求出变化后的值。

3-31　如图 3-113 所示，用泵输送密度为 710kg/m^3 的油品，从储槽输送到泵出口以后，分成两支：一支送到容器 A 的顶部，最大流量为 10.8t/h，其内部表压为 0.98MPa；另一支送到容器 B 内，最大流量为 6.4t/h，其内部表压为 1.18MPa。储槽 C 内液面维持恒定，液面上方的表压为 0.049MPa。油品经过各管段的能量水头损失是：$h_{W12}=2$m 油柱，$h_{W23}=6$m 油柱，$h_{W24}=5$m 油柱。油品在管内的动能很小，可以忽略。各截面离地面的距离见图，求泵的功率 P。

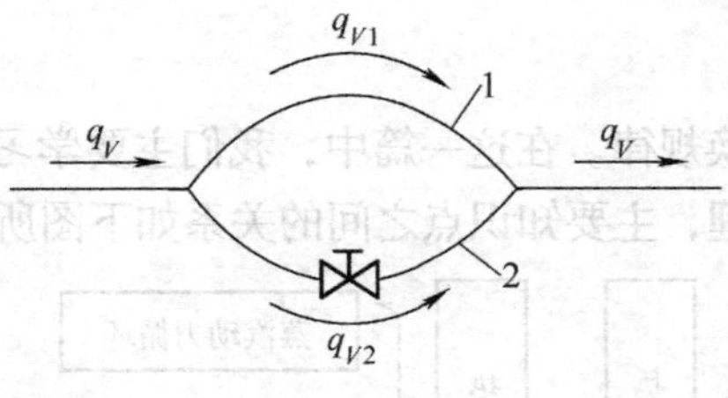

图 3-112　习题 3-30 图

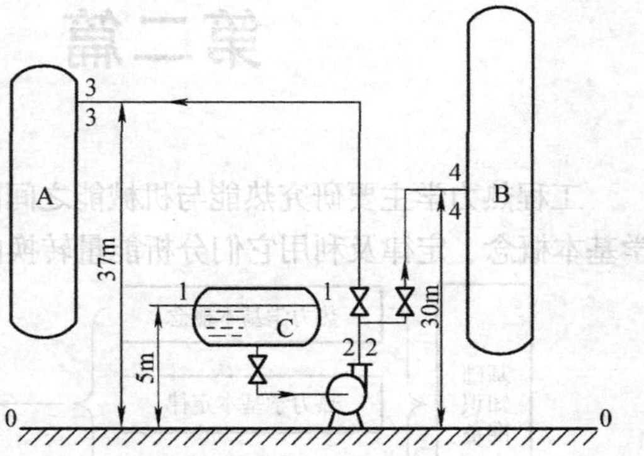

图 3-113　习题 3-31 图

第二篇　工程热力学

工程热力学主要研究热能与机械能之间的相互转换规律。在这一篇中，我们主要学习热力学基本概念、定律及利用它们分析能量转换的基本原理，主要知识点之间的关系如下图所示。

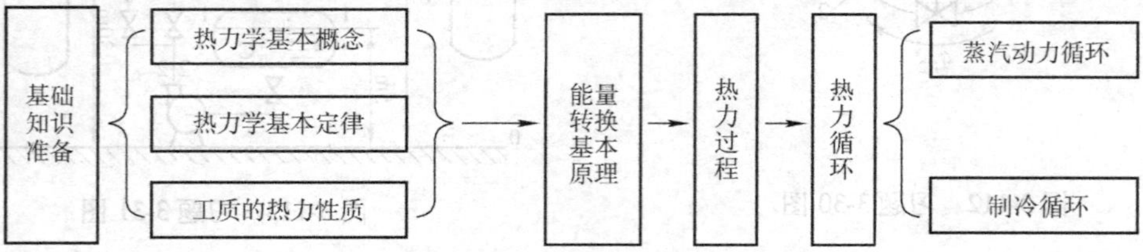

第四章　热力学基本概念

本章知识是工程热力学的基础，为后面其他各章作理论准备。本章主要知识点之间的关系如图 4-1 所示。热力系统通过状态变化所形成的过程实现能量转换，输出功和热量，多个过程组成循环，实现连续工作。

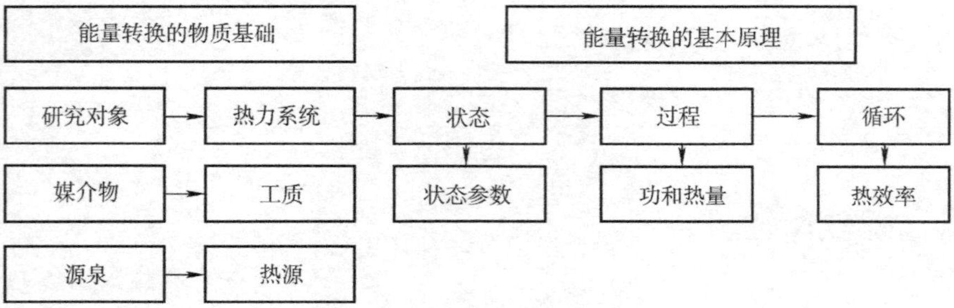

图 4-1　本章主要知识点

第一节　热 力 系 统

一、热力系统的概念

作任何分析研究时，首先必须明确研究对象。根据热力学分析的需要，在相互作用的各物体中，选取某一范围内的物体作为热力学研究的对象，称为热力系统或热力系，简称系统。将与系统相互作用的周围物体称为外界或环境。热力系统与外界的分界面称为界面或边界。所以说热力系统是由界面包围着的作为研究对象的物体总和。界面可以是真实的，也可以是虚拟的，可以是固定的，也可以是可变的，甚至是运动的。边界完全由研究的需要确定。系统及边界示意如图 4-2 所示。在图 0-1 所示的简单蒸汽动力循环装置中，当我们研究汽轮机将热能转化为机械能时，就可以取汽轮机为热力系统，汽缸壁和汽轮机进、排汽口管道截面就是边界，边界以外的物质和环境都是外界。此时的汽缸壁是真实的边界，进、排汽口管道截面是虚拟的边界，两者都是固定的边界。

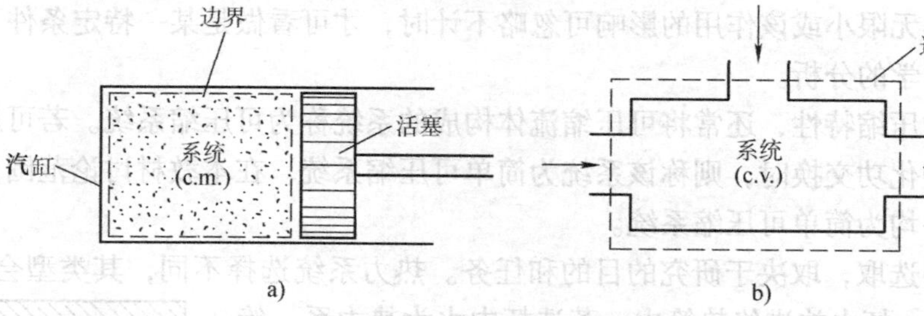

图 4-2　热力系统示意图
a）闭口系统　b）开口系统

系统通过边界与外界交换物质和能量。能量交换和传递是通过系统内的工作介质的状态变化而实现的。完成热能与机械能之间相互转换必须借助的工作介质称为工质，如蒸汽动力循环中的水蒸气。工质是实现能量转换的内部条件，合理地选用工质可以提高能量转换的效率。能将热能直接转换为机械能的机器统称为热力发动机，简称热机，如汽轮机、燃气轮机、内燃机等。在热机循环中，为获得较高的热功转换效率，常选用可压缩、易膨胀的气体——水蒸气、空气或燃气等作为工质。在制冷循环和热泵循环中，同样为提高从低温热源吸热向高温热源放热的工作效率，常选用易汽化、易液化的水、氨、氟利昂等物质作为工质（被称为制冷剂）。热源是热容量很大的在放出或吸收有限热量时不改变系统自身的温度和其他热力学参数的系统或物质。热力循环中，系统从中吸热的物质称为高温热源，系统向其放热的物质称为低温热源。蒸汽动力循环中的锅炉和冷凝器分别是高温热源和低温热源，制冷循环中的冷凝器和蒸发器分别是高温热源和低温热源。

二、热力系统的分类

热力系统只是在研究中为简化讨论而人为设立的分离体。热力系统的选择不同并不影响热力研究的结果，只是决定了研究方法的繁简程度。分析时，根据系统与外界间的能量、质量交换情况的不同，将其分为几种类型。

与外界无质量交换的系统称为闭口系统。由于闭口系统内质量保持恒定，故又称为控制质量系统，如图 4-2a 所示，当气缸的进、排气阀都关闭时系统为闭口系统。

与外界有质量交换的系统称为开口系统。开口系统通常总是取某一相对固定的空间，故又称为控制容积系统，如图 4-2b 所示。实际的设备正常工作时总有工质流入和流出，都是开口系统，如蒸汽动力循环中的锅炉、汽轮机、冷凝器、给水泵，制冷循环中的各种设备。锅炉和冷凝器主要与外界交换热量，汽轮机和给水泵主要与外界交换功。

无论是闭口系统，还是开口系统，都与外界交换能量，主要的能量有热量和功。

与外界无热量交换的系统称为绝热系统。汽轮机和水泵、压缩机在工作过程中散失的热量与它们做出或者消耗的机械功相比可以忽略不计，通常作为绝热系统看待。

与外界既无质量交换又无能量交换的系统称为孤立系统。例如绝对密封、不传热的保温瓶中的水，就可以看做孤立系统。真正的孤立系统是不存在的，但其具有重要的理论价值。孤立系统熵增原理是热力学第二定律的重要内容。

自然界中的物体都是相互联系、相互制约和相互作用的，只有当系统与外界间热量、功、质量的交换无限小或该作用的影响可忽略不计时，才可看做是某一特定条件下的简化系统，以利于热力学的分析。

根据工质的压缩特性，还常将可压缩流体构成的系统称为可压缩系统。若可压缩系统与外界只有容积变化功交换时，则称该系统为简单可压缩系统。在本教材讨论范围内的热力系统除特殊说明外均为简单可压缩系统。

热力系统的选取，取决于研究的目的和任务。热力系统选择不同，其类型会有所不同。如图 4-3 所示，一杯水放进绝热箱内，若选杯中水为热力系，绝热箱及其周围的空气等则为外界，由于水可蒸发逸入上部空间，所以该系统为开口系统。若选水及箱内的水蒸气为热力系，因为水与水蒸气两者数量的总和不会改变，则该系统为闭口系统。选绝热箱内的所有物质为热力系，箱外的空气为外界，则该系统为孤立系统。在图 0-1 所示的简单蒸汽动力循环中，单独选每个设备为热力系统时，都是开口系统。在研究循环的理论时，可以将所有设备及其物质一起作为一个孤立系统。

图 4-3　系统的选择示例

第二节　热力状态

一、热力状态

在热力发电厂中，运行人员要时刻监测各设备的运行状态，这个状态就是热力状态。描述热力系统的热力状态变化是分析热力系统能量转换的前提。热力系统在某一瞬间所呈现的宏观物理状况称为热力状态，简称状态。

系统在不受外界作用的情况下宏观性质不随时间而变化的状态称为平衡状态。实现平衡状态的充要条件是系统内部及系统内外之间不存在一切不平衡势差（压力差、温差等）。

当系统内部各部分特性趋于一致时，称为系统的内平衡。系统各处温度相同称为热平衡；系统各处压力相同称为力平衡；系统各处温度和压力都相同时，称为热力平衡。当系统各部分的温度和压力不一致时，各部分将存在着能量的传递和相对位移，其状态将随时间而变化，这种状态称为非平衡状态。非平衡状态如果没有外界影响，最后将过渡到平衡状态。而处于平衡状态的热力系统，各处具有均匀一致的状态参数，在外界条件不变的情况下，将永远保持这种宏观特性。平衡状态的提出为热力状态的描述提供了可能，也就是说，只有热力系统处于平衡状态时才能用确切的参数给予描述。

二、状态参数

描述系统状态的宏观物理量称为热力状态参数或状态参数。

（一）状态参数的性质

1）在任意热力过程中，系统从初态 1 变化至终态 2 时，任意状态参数的变化量（增量）只取决于初、终状态参数的差值，与变化的路径无关。

2）当热力系统经历一系列状态变化过程而恢复到初态时，其状态参数的变化量为零。

（二）常用的状态参数

在热力学中常用的状态参数有 6 个，即温度 $T(t)$、压力 p、比体积 v、热力学能 U、焓 H 和熵 S。其中，温度、压力和比体积可以直接用仪表测量，称为基本状态参数。而其他的状态参数都不能直接测量，必须由基本状态参数导出，所以称为导出状态参数。

1. 温度

温度是标志物体冷热程度的物理量。从微观上看，温度标志物质分子热运动的激烈程度。温度的数值表示法称为温标。在国际单位制中采用热力学温标作为基本温标，用热力学温标确定的温度称为热力学温度，以符号 T 表示，单位为开尔文（K）。热力学温标选取纯水的三相点（气、液、固三相平衡共存的状态点）为基准点，并定义纯水的三相点热力学温度为 273.16K。因此，1K 等于纯水的三相点热力学温度的 1/273.16。与热力学温标并用的还有热力学摄氏温标，简称摄氏温标。用摄氏温标确定的温度称为摄氏温度，以符号 t 表示，单位为摄氏度（℃）。工程中温度计显示的一般为摄氏温度，在热力学计算中需要将其转化为热力学温度，其关系式为

$$T = t + 273.15 \tag{4-1}$$

显然，0℃相当于热力学温度 273.15K。水的三相点摄氏温度为 0.01℃。温度差 1℃与 1K 完全相等，只是摄氏温标和热力学温标起点不同。常见的温度计有玻璃管温度计、电阻温度计、热电偶、辐射式高温计等。

2. 压强（压力）

压强是物体单位面积上所受到的垂直作用力，工程上习惯称为压力。从微观上看，压强是大量分子做无规则运动时对容器壁面连续碰撞产生的综合结果。在热力学计算中，都要用绝对压强。有关压强的知识，在第二章中已经详述。

3. 比体积

比体积是单位质量的工质所占的体积，是密度的倒数。其符号为 v，单位为 m^3/kg。

4. 热力学能

组成物质的微观粒子所具有的能量统称为内能，包括分子热运动而产生的内动能（移动动能、转动动能和原子振动动能）、分子间由于存在相互作用力而具有的内位能、与分子结构有关的化学能和原子能。当热力状态变化过程不涉及化学变化和原子核反应时，内能只是分子的内动能和内位能之和，称为热力学能，简称热能。由于内动能的大小取决于温度，内位能的大小取决于比体积，所以热力学能是由工质的温度和比体积决定的状态参数。热力学能用符号 U 表示，单位为焦耳（J）。1kg 工质的热力学能称为比热力学能，用符号 u 表示，单位为 J/kg。在热力学研究中，我们关心的是热力过程中热力学能的变化量，所以热力学能的零点可以任意选取，一般可取为 0K 或 0℃。

5. 焓

工质在流动过程中进、出一个设备时，必须推开它前方的流体而前进，即要做出流动功，其大小为压力与容积的乘积 pV。所以进、出设备的工质的能量应为流动功和热力学能之和，称为焓，其表达式为

$$H = U + pV \tag{4-2}$$

由式（4-2）可知，焓也是状态参数，其物理意义可以理解为开口系统中随工质流动而携带的、取决于热力状态的能量。对于流动的工质，焓代表能量（热力学能和流动功之和），对于静止的工质，焓不代表能量，仅是状态参数。工质在设备中工作时都是流动的，所以焓是一个应用最广泛的状态参数。

焓用符号 H 表示，单位为焦耳（J）。1kg 工质的焓称为比焓，用符号 h 表示，单位为 J/kg。在热力学研究中，我们关心热力过程中焓的变化量，通常气体的焓以标准状态为基点，水的焓以 0℃时饱和水的焓为零点。

6. 熵

熵是在热力学第二定律的研究中定义的状态参数，用符号 S 表示，单位为焦耳每开尔文（J/K）。1kg 工质的熵称为比熵，用符号 s 表示，单位为 J/(kg · K)。在热力学研究中，我们同样关心的是热力过程中熵的变化量，其微元变化量 dS 等于可逆过程中某一温度 T 下工质与外界交换的热量 δQ 与该温度的商，即

$$dS = \frac{\delta Q}{T} \tag{4-3}$$

系统吸热时 Q 为正，即 $Q>0$，$dS>0$；系统放热时 Q 为负，即 $Q<0$，$dS<0$。熵体现了可逆过程传热量的大小与方向，用于判断热量传递的方向和计算可逆过程的传热量大小。

三、状态方程式

状态参数之间相互关联，表示三个基本状态参数间关系的函数关系式称状态方程式，即

$$F(p,v,T)=0 \tag{4-4}$$

或

$$T=f(p,v),\quad p=f(v,T),\quad v=f(p,T) \tag{4-5}$$

四、状态参数坐标图

一个平衡状态对应一组状态参数，而工程上常见的气态物质组成的热力系统都是简单可压缩系统，它的一个平衡状态可以用任意两个独立状态参数确定，也就是可以由两个独立状态参数构成的二维平面坐标图来描述，用坐标图上的点表示系统的某一个平衡状态。显然，不平衡状态由于没有确定的状态参数，无法在状态坐标图中表示。最常用的状态参数坐标图有 T-s 图（示热图）和 p-v 图（示功图），如图 4-4 和图 4-5 所示，还有 h-s 图、p-h 图等。坐标图上的点和状态参数是一一对应的，已知两个状态参数就可以在坐标图上画出状态点，已知坐标图上的某一个状态点，就可知这个状态的两个状态参数。

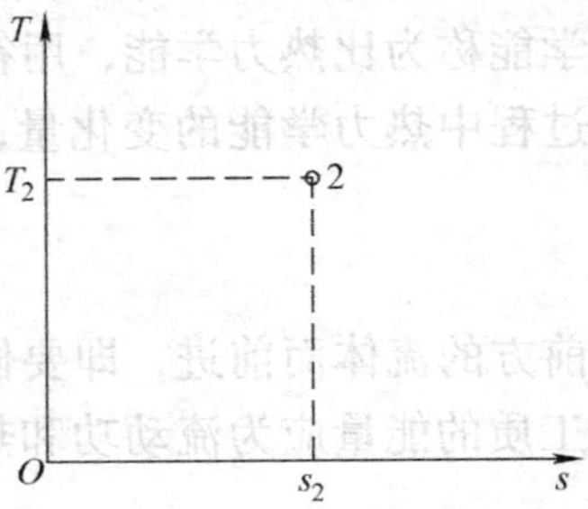

图 4-4　T-s 图

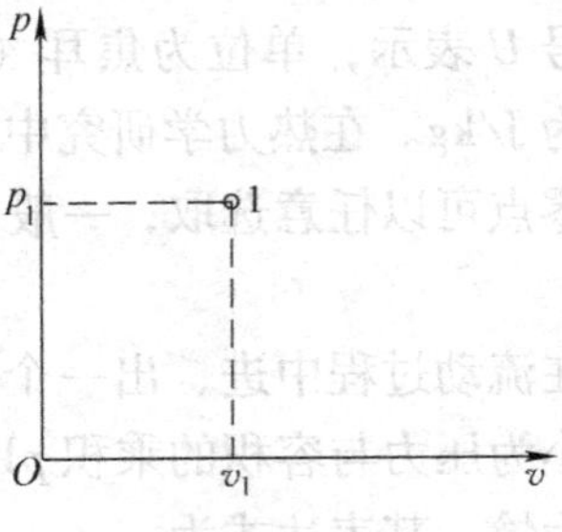

图 4-5　p-v 图

第三节　热 力 过 程

一、热力过程概述

要实现能量的交换和传递，就要破坏系统的平衡。若系统界面上发生能量传递或系统内产生新的不平衡势差，会使得系统偏离平衡状态而发生变化。在变化中随系统内外不平衡势差的逐渐消失，最终达到新的平衡状态。热力系统由一个平衡状态经过连续的中间状态变化到另一个新的平衡状态的全过程，称为热力过程，简称过程。如水蒸气在汽轮机中将热能转换为机械能的过程，水蒸气由进口的高温高压状态经过各级逐渐变化，最后成为低温低压状态从排汽口流出。

任何热力过程中的始态与终态都是平衡状态，如果在始态与终态间发生的中间状态处处平衡，这就是平衡过程；如果中间状态中存在不平衡状态，这就是非平衡过程。平衡过程中的每一热力状态都具有确定的宏观特性，在热力状态图中可用一条确定的实线来描述其过程变化。在不平衡过程中，除了始态与终态可由确定的状态参数表示外，不平衡的中间状态是无法用确定的状态参数表示的。同样，在热力状态图中也无法用确定的曲线来表述非平衡过程中间状态的变化。但为了方便讨论不平衡过程的变化，可在始态与终态间用虚线连接来近似地描述。

严格地说，平衡过程仅是理论的抽象，而一切实际的热力过程都是在有限不平衡势差作用下的非平衡过程。为了便于分析和描述能量转换过程，提出了理想化的热力过程。

二、准平衡过程与可逆过程

（一）准平衡过程

热力过程的实质就是热力系统在不平衡势差的作用下，由一个平衡态向另一个平衡态变化的结果。在热力过程中，不平衡势差的大小直接影响了系统偏离平衡状态的程度。随着不平衡势差的减弱和消失，系统才能回复到新的平衡状态。若不平衡势差趋于无穷小，则系统每次状态变化也趋于无限小，有充足的时间建立新的平衡，得到准平衡过程：系统经历一系列平衡状态并在每次状态变化时无限小地偏离平衡状态的过程。系统进行一个准平衡过程的条件是工质与外界间压差、温差均无限小，即随时与外界保持热的平衡和力的平衡。由于无限小的不平衡势差往往使得热力过程进行得无限缓慢，所以准平衡过程又称为准静态过程。准平衡过程在坐标图上可表示为连续曲线，如图4-6所示。准平衡过程提出的意义在于过程既是平衡态，又有变化，既可以实现热功转换，又可以用状态参数描述。实际的过程一般可以近似地当做准平衡过程，具体工程问题具体分析，除通过“突然”、“缓慢”等字眼判断外，主要根据破坏平衡所需时间和恢复平衡所需时间确定，若前者远大于后者，即可认为是准平衡过程。

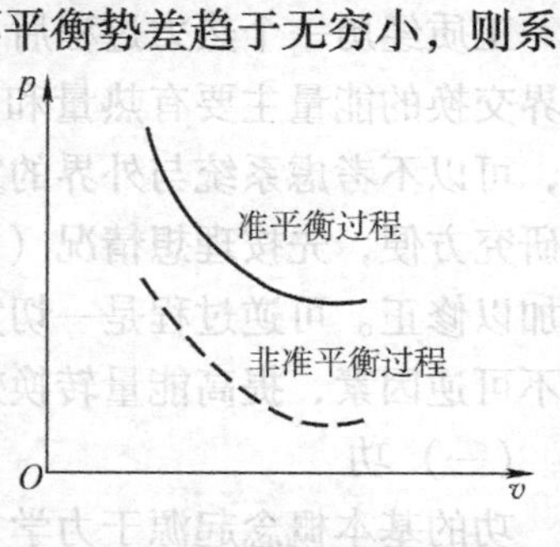

图4-6　准平衡过程和非准平衡过程在坐标图上的表示

（二）可逆过程

准平衡过程是实际过程的理想化过程，便于对过程分析和研究，但并非最优过程，最优过程是可逆过程。当完成了某一过程后，如果有可能使工质沿相同的路径逆行回复到原来状态，并使相互作用中涉及的外界也回复到原来状态而不留下任何改变，这样的过程称为可逆过程。

在图 4-7 所示的装置中取气缸中的工质作为系统。开始时系统处于平衡状态 1，随着系统从热源吸热，体积膨胀并对活塞做功，使飞轮转动，系统由初态 1 经历了一系列准平衡状态变化到终态 2。如果此装置是理想的机器，即不存在任何耗散机械能的效应（通过摩擦、电阻、磁阻等使功变成热的效应），那么工质对外膨胀做的功将以动能的形式全部储存于飞轮中。如果利用飞轮的动能推动活塞缓慢逆行，则系统将被压缩，由状态 2 沿着原路径逆行回到初态 1。压缩过程所需的功正好等于膨胀过程所做的功。与此同时，系统向热源放热，且放热量等于膨胀时的吸热量。于是，当系统回到原来的初态 1 时，机器和热源也回到了原来的状态，即系统与外界都回复到了各自的初始状态，而未留下任何变化，这样的过程就是可逆过程。所以说，可逆过程是无任何耗散效应的准平衡过程。有摩擦的过程都是不可逆过程，不等温传热、自由膨胀、混合、节流等过程都是典型的不可逆过程。

准平衡过程和可逆过程都是热力学分析的理想模式。准平衡过程和可逆过程都假定在状态变化时系统内、外都不存在耗散，一般认为两者是等效的。而准平衡过程是仅考虑系统内部的平衡性，不考虑耗散效应，所以准平衡过程是系统内部的平衡过程，仍属于不可逆过程的范畴。由此可知，可逆过程必是准平衡过程，准平衡过程不一定是可逆过程。准平衡过程只是可逆过程的必要条件之一。

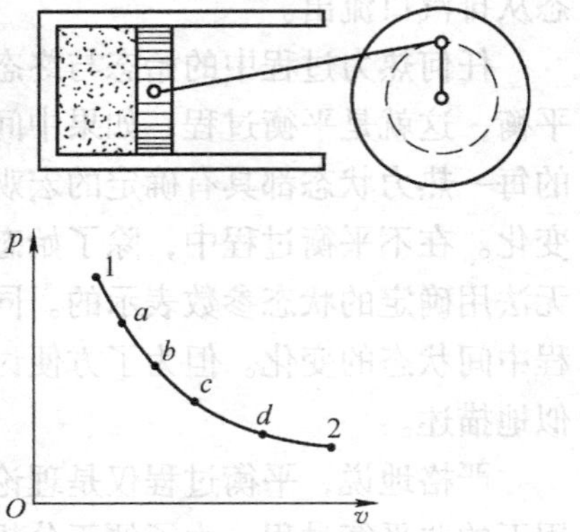

图 4-7　可逆过程示意

三、可逆过程的功和热量

工质经历一个热力过程后，除了本身的状态发生变化之外，会与外界交换能量。系统与外界交换的能量主要有热量和功。可逆过程的功与热量完全可用系统内工质的状态参数计算，可以不考虑系统与外界的复杂关系，使过程易于分析。实际过程都不是可逆过程，但为了研究方便，先按理想情况（可逆过程）处理，用系统参数加以分析，然后考虑不可逆因素加以修正。可逆过程是一切实际过程的理想极限，是热力设备力求接近的目标，要设法减少不可逆因素，提高能量转换效率。

（一）功

功的基本概念起源于力学，是力与沿力的作用方向位移的乘积的具体表现。功的热力学定义为热力过程中系统与外界由于温度以外的不平衡势差所传递的能量，并且它的全部效果可表现为使物体改变宏观运动状态。功的大小与过程有关，工质由相同的初态经过不同的过程到达同一终态，所做的功会不同。所以，功是过程参数。外界功源有不同的形式，相应地功也有不同的形式，如电功、磁功、体积变化功、轴功等。工程热力学主要研究热能和机械能的相互转换，而热力设备的机械功往往通过机械轴来传递，因此，体积变化功和轴功是两种主要形式的功。热能转换为机械能的过程是通过工质对外做膨胀功实现的。

1. 体积变化功

图4-8a所示为一个简单可压缩系统。设活塞在气缸里作无摩擦运动，气缸的端面面积为A，缸内有1kg气体，其压力为p，比体积为v，在p-v图上可用1点表示它所处的状态。如果缸内的气体在压力p保持不变的情况下膨胀，推动活塞向右移动距离x到达2点，气缸里气体比体积增大到v_2，其膨胀过程在p-v图中为一条横线1-2。在活塞无摩擦的理想情况下，1kg气体对活塞所做的功用w表示，则

$$w = pA \cdot x = p(v_2 - v_1) \tag{4-6}$$

其值相当于p-v图中1-2过程线下的面积。

由于实际膨胀过程往往是非等压过程，如图4-8b所示，使功的计算变得复杂。但是我们可以利用p-v图将整个1-2的膨胀过程分割成无数个微元的等压膨胀过程来计算，在这些微元过程中由于压力变化非常小，可近似看成等压过程，图中小条阴影面积就是微元过程中所做的功，其值为

$$\delta w = p\mathrm{d}v \tag{4-7}$$

把无数个微元过程功合起来，过程线1-2下的面积就是整个过程气体彭胀所做的功w，即

$$w_{1-2} = \int_1^2 \delta w = \int_1^2 p\mathrm{d}v \tag{4-8}$$

式（4-8）表明，功的大小可以用p-v图中过程线下的面积来表示，因此p-v图又称示功图；在已知压力与（比）体积的函数关系后，即可计算出体积变化功。

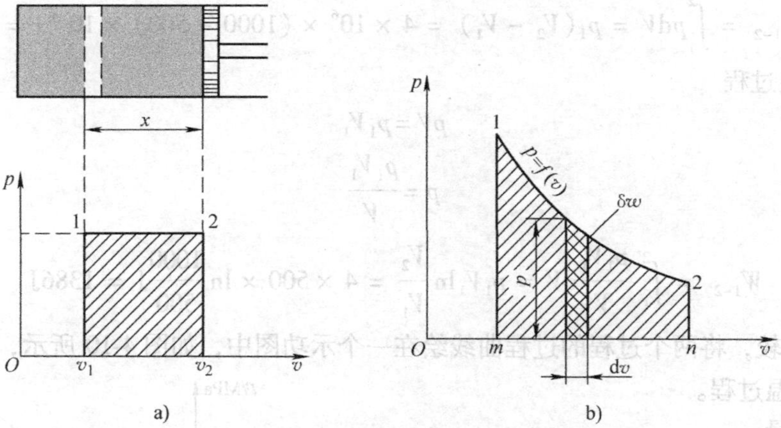

图4-8　简单可压缩系统体积变化功

a）等压过程　b）非等压过程

dv是系统的体积变化量，工程热力学中规定：若气体膨胀，dv>0，则δw>0，系统对外界做膨胀功，w>0；若气体被压缩，dv<0，则δw<0，外界对系统做功，或称系统对外界做压缩功，w<0。

当气体的质量为m时，其过程功为

$$W = m \cdot w \tag{4-9}$$

在SI单位制中，功的单位为J。单位时间内完成的功称为功率，单位为W。工程上也常用kJ和kW作功和功率的单位。

2. 轴功

系统通过机械轴与外界传递的机械功称为轴功。如图4-9a所示，外界功源向刚性绝热闭口系统输入轴功，该轴功转换成热量而被系统吸收，使系统的热力学能增加。开口系统可以与外界交换轴功，如图4-9b所示。工程上许多动力机械都是靠机械轴传递机械功的，如汽轮机、燃气轮机、内燃机等向外界输出机械功，泵、风机、压气机等消耗外界的机械功。轴功是开口系统与外界交换机械功的形式，是过程量。轴功用符号 W_s 表示，单位为J。1kg工质传递的轴功用符号 w_s 表示，单位为J/kg。热力学中规定：系统向外输出轴功为正，外界向系统输入轴功为负。

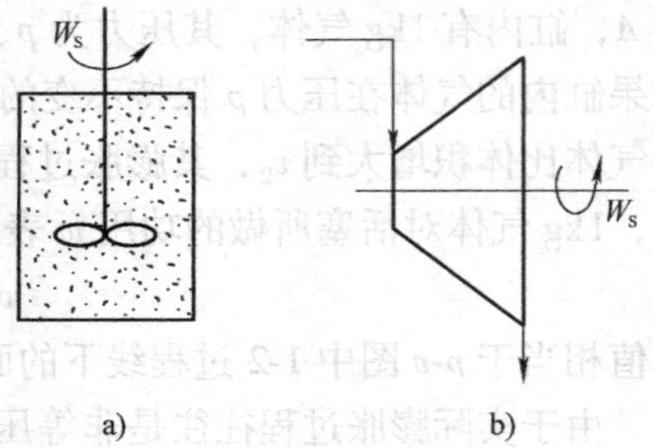

图4-9 轴功示意图

a）闭口系统的轴功 b）开口系统的轴功

例题4-1 已知某理想气体初始状态 $p_1=4\text{MPa}$，$V_1=500\text{cm}^3$，分别经过一个定压过程和一个定温过程，终态 $V_2=1000\text{cm}^3$。求两个过程的功，并在示功图上表示。

解题分析 根据过程特点找到压力 p 和体积 V 之间的函数关系，利用可逆过程功的计算式求解各过程功的大小。

解 （1）定压过程

因为
$$p_1=p_2=p$$

所以
$$W_{1\text{-}2}=\int_1^2 p\mathrm{d}V=p_1(V_2-V_1)=4\times10^6\times(1000-500)\times10^{-6}\text{J}=2000\text{J}$$

（2）定温过程

因为
$$pV=p_1V_1$$

所以
$$p=\frac{p_1V_1}{V}$$

所以
$$W_{1\text{-}2'}=\int_1^{2'}\frac{p_1V_1}{V}\mathrm{d}V=p_1V_1\ln\frac{V_2}{V_1}=4\times500\times\ln\frac{1000}{500}\text{J}=1386\text{J}$$

为便于比较，将两个过程的过程曲线绘在一个示功图中，如图4-10所示，1-2为定压过程，1-2′为定温过程。

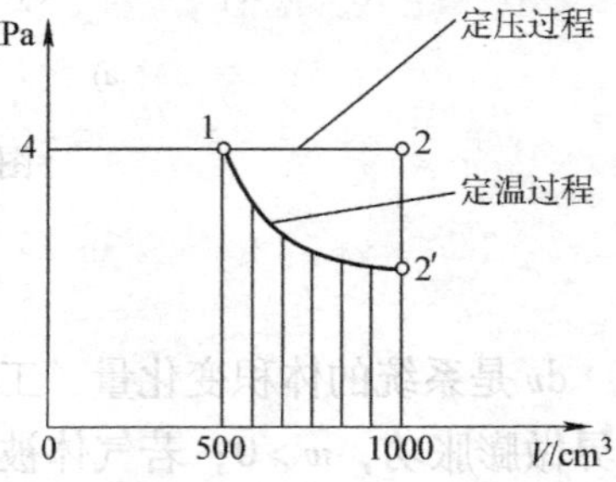

图4-10 例4-1图

（二）热量

热力学中把热量定义为系统与外界之间依靠温差通过界面传递的能量，用 Q 表示，单位与功的单位相同，为J。1kg工质所传递的热量用 q 表示，单位为J/kg或kJ/kg。

热量和功一样，也是在热力过程中系统与外界通过界面传递的能量，也不是状态参数，而是与过程性质有关的过程量。

1. 利用熵计算热量

由式（4-3）可知，对于微元可逆过程，工质与外界交换的热量可以表示为

$$\delta Q=T\mathrm{d}S \tag{4-10}$$

则整个可逆过程1-2的换热量为

$$Q_{1-2} = \int_1^2 \delta Q = \int_1^2 T\mathrm{d}S \tag{4-11}$$

同理，1kg工质的换热量为

$$q_{1-2} = \int_1^2 \delta q = \int_1^2 T\mathrm{d}s \tag{4-12}$$

如图4-11所示，式（4-12）的热量大小可以用T-s图中过程线下的面积12ba1来表示。根据ds的变化，可以判断在可逆过程中系统与外界之间热量交换的方向。若d$s>0$，则$\delta q>0$，系统从外界吸收热量，$q>0$；若d$s<0$，则$\delta q<0$，系统向外界放热，$q<0$；若d$s=0$，则$\delta q=0$，系统与外界之间无热量交换，$q=0$。

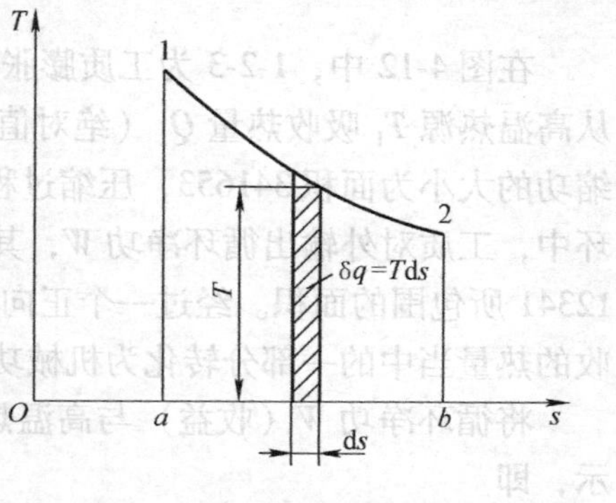

图4-11　热量在T-s图中的表示

2. 利用比热容计算热量

单位质量的物质温度升高1K(1℃) 所需的热量称为比热容。根据计量物量的标准不同，还有摩尔热容C_m和体积热容C'；根据过程不同，有比定容热容和比定压热容。同样条件下，不同种类的工质的比热容不同。同种工质，不同条件下的比热容不同。同种工质在相同条件下，温度不同时比热容也不同。1kg工质温度由T_1升高到T_2吸收的热量q为

$$q = \int_1^2 \delta q = \int_{T_1}^{T_2} c\mathrm{d}T \tag{4-13}$$

工程上，在加热温度范围内温度不太高时（最高温度不超过150℃），温度对比热容影响比较小时或者计算精度要求不高时，可以把比热容看成定值计算热量。当温度对比热容影响比较大时，要应用加热温度范围内的平均比热容计算热量。

第四节　热力循环

热机或制冷机在实际工作时都是不停运转的，实际设备的尺寸又是有限的，因此工质只有通过某种方式回到初始状态，才能实现连续不断的能量转换。工质经过一系列中间状态后重新回到初始状态所完成的封闭热力过程称为热力循环，简称循环。如蒸汽动力循环中，给水经锅炉吸热后成为过热水蒸气，水蒸气在汽轮机中将热能转换为机械能后排入冷凝器被冷凝为水，冷凝水经给水泵加压后再次送入锅炉加热为蒸汽，继续实现热功转换。在蒸气压缩式制冷循环中，制冷剂也是周而复始地依次流经蒸发器、压缩机、冷凝器、节流阀实现制冷的。

一、正向循环与逆向循环

正向循环为使热能转换为机械能的循环，或称为动力循环、热机循环，如蒸汽动力循环、气体动力循环等。正向循环在状态参数坐标图中以顺时针方向描述，如图4-12所示。

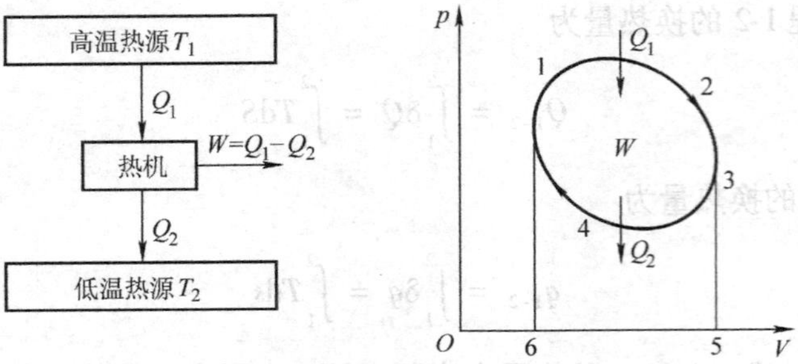

图 4-12　正向循环

在图 4-12 中，1-2-3 为工质膨胀做功过程，膨胀功的大小为面积 123561，膨胀过程工质从高温热源 T_1 吸收热量 Q_1（绝对值），3-4-1 是为使工质回复到初态所进行的压缩过程，压缩功的大小为面积 341653，压缩过程工质向低温热源 T_2 放出热量 Q_2（绝对值）。在这一循环中，工质对外输出循环净功 W，其值应等于膨胀功与压缩功的绝对值之差，即循环曲线 12341 所包围的面积。经过一个正向循环后，工质回复到初始状态，但工质将从高温热源吸收的热量当中的一部分转化为机械功输出，其余部分传给低温热源。

将循环净功 W（收益）与高温热源供热量 Q_1（代价）之比称为循环热效率，以 η_t 表示，即

$$\eta_t=\frac{W}{Q_1}=\frac{w}{q_1}=\frac{q_1-q_2}{q_1}=1-\frac{q_2}{q_1} \tag{4-14}$$

热效率 η_t 是表示正向循环中热功转换效率的经济性指标。由式（4-14）可知，热效率 η_t 总小于 1，说明工质从高温热源 T_1 得到的热量 Q_1 只能有一部分可以转换为循环净功 W 向外输出，而另一部分热量 Q_2 则传给了低温热源 T_2，这是使热能转变为机械能所必要的补充条件。如果没有这部分热量 Q_2 从高温热源传向低温热源，则不可能使热能连续不断地转变为机械能。

逆向循环是消耗机械能来迫使热量从低温热源传向高温热源的循环，包括以获得制冷量为目的的制冷循环和以获得供热量为目的的热泵循环。逆向循环在状态参数坐标图中以逆时针方向描述，如图 4-13 所示。

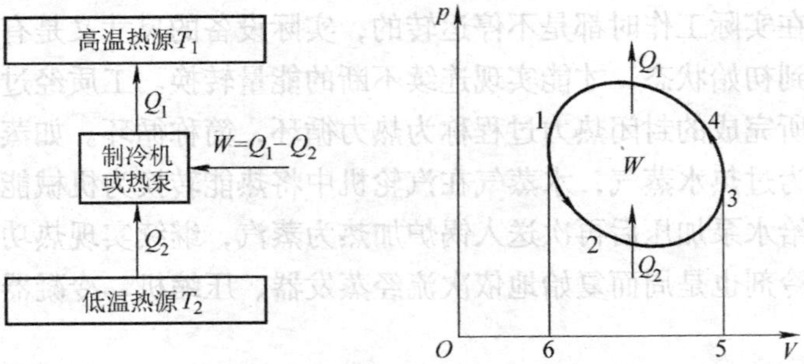

图 4-13　逆向循环

在图 4-13 中，1-2-3 为工质的膨胀过程，此过程膨胀功为面积 123561，膨胀过程工质从低温热源 T_2 吸收热量 Q_2（绝对值）。3-4-1 是为使工质回复到初态所进行的压缩过程，压缩

功为面积341653，压缩过程工质向高温热源 T_1 放热 Q_1（绝对值）。在逆向循环中，由于压缩功大于膨胀功，所以循环消耗的净功应等于压缩功与膨胀功之差，即循环曲线12341所包围的面积。在逆向循环中可以将低温热源 T_2 的热量 Q_2 传向高温热源 T_1，但必须消耗功 W，这部分功将转变为热量与 Q_2 一起流向高温热源。所以消耗功是使热量从低温热源传向高温热源所必要的补充条件。如果没有这一条件，热量不可能从低温热源传向高温热源。

逆向循环的经济性指标用工作系数表示。所谓工作系数，是逆向循环的收益与代价之比。制冷循环的工作系数称为制冷系数，用 ε 表示，即

$$\varepsilon=\frac{Q_2}{W}=\frac{q_2}{w}=\frac{q_2}{q_1-q_2} \tag{4-15}$$

热泵循环的工作系数称为供热系数，用 ε' 表示，即

$$\varepsilon'=\frac{Q_1}{W}=\frac{q_1}{w}=\frac{q_1}{q_1-q_2} \tag{4-16}$$

可见，制冷系数 ε 可能大于1，也可能等于1或小于1。供热系数 ε' 总是大于1。

二、可逆循环与不可逆循环

全部由可逆过程组成的循环是可逆循环，即不存在任何内、外耗散的循环，所以当系统经历一个正向循环或相应的逆向循环后，整个体系（工质、高温热源、低温热源等）都能回复到原态，而不留下任何改变。可逆循环在状态参数坐标图中用实线表示。一切可逆循环都是理想循环，可逆的正向循环是理想动力循环，而可逆的逆向循环是理想制冷循环或理想热泵循环。

如果循环中有部分过程或全部过程是不可逆的，则该循环是不可逆循环。在不可逆循环中，由于存在一定的内、外耗散，使得系统经历正向或逆向循环后就不可能使整个体系都回复到原态而不留下任何变化。在状态参数坐标图中不可逆循环的可逆过程可以用实线描述，而不可逆过程只能用虚线近似描述。

复习思考题

4-1　什么是热力系统、工质、热源、热机？

4-2　开口系统、闭口系统、绝热系统和孤立系统各有何特点？请各举一例。

4-3　什么是热力状态和状态参数？常用的状态参数有哪几个？

4-4　摄氏温度与热力学温度是什么关系？

4-5　什么是热力过程？可逆过程的条件是什么？

4-6　可逆过程的功和热量怎样计算？

4-7　体积变化功的正负根据什么判断？

4-8　如何利用熵的变化判断热量传递方向？

4-9　什么是比热容？应用比热容怎样计算热量？

4-10　什么是热力循环？正向循环和逆向循环的能量转换各是什么样的？

4-11　评价循环的经济性指标各是什么？

讨论思考题

4-1　孤立系一定是绝热系，绝热系一定是孤立系吗？为什么？

4-2 绝热系不一定不与外界交换能量，这种说法对吗？为什么？

4-3 温度越高，则物体包含的热量就越多，这种说法对吗？为什么？

4-4 铁棒一端浸入冰水混合物中，另一端浸入沸水中，经过一段时间，铁棒各点温度保持恒定。试问该铁棒是否处于平衡状态？

4-5 平衡和稳定、均匀的区别是什么？

4-6 不可逆过程是无法逆行回复到初态的过程，这种说法是否正确？

4-7 “任何没有体积变化的过程就一定不对外做功”的说法是否正确？

习 题

4-1 气体初态时 $p_1 = 0.5\text{MPa}$、$V_1 = 0.4\text{m}^3$，在压力不变的条件下膨胀到 $V_2 = 0.8\text{m}^3$，求气体所做的膨胀功。

4-2 一热力系发生状态变化，压力随体积的变化关系为 $pV^{1.3} = C$。若热力系初态为 $p_1 = 600\text{kPa}$、$V_1 = 0.3\text{m}^3$，问当系统体积膨胀至 $V_2 = 0.5\text{m}^3$ 时对外做功为多少？

4-3 一气球直径为0.3m，球内充满压力为150kPa的空气。由于加热，气球直径可逆地增大到0.4m。已知空气压力正比于气球直径而变化，试求该过程空气所做的功。

4-4 某气缸中气体由 0.1m^3 膨胀至 0.3m^3，若气体的压力及体积分别以MPa和 m^3 为单位计算，则膨胀过程中气体的压力和体积的函数关系为 $p = 0.24V + 0.04$。试求气体所做的膨胀功。

4-5 利用储气罐中的压缩气体在温度不变的情况下给气球充气。开始时气球内没有气体，故可认为其初始体积为零。充满气体后气球的体积为 2m^3。若大气压力为0.09MPa，求充气过程中气体所做的功。若储气罐的体积为 2m^3，试求储气罐中气体压力为以下三种情况时气体所做的功：（1）压力为0.3MPa；（2）压力为0.182MPa；（3）压力为0.15MPa。

4-6 一台空气冷却器，在定压下每小时将35℃的空气400kg冷却到20℃。求每小时空气放出的热量。取空气的比定压热容 $c_p = 1.004\text{kJ/(kg·K)}$。

第五章　热力学第一定律

热力学第一定律是工程热力学的理论基础。它是能量守恒定律在热力学上的应用，确定了热能和机械能之间相互转换时的数量关系，从能量的“数量”方面揭示了能量转换的基本规律。本章以热力学第一定律为理论基础，建立闭口热力系和稳定流动开口热力系的能量方程，即热力学第一定律的数学表达式，它们是分析能量转换的基本关系式。正确、灵活地应用热力学第一定律是解决工程实际问题的重要基础。本章主要内容和知识点之间的联系如图 5-1 所示。

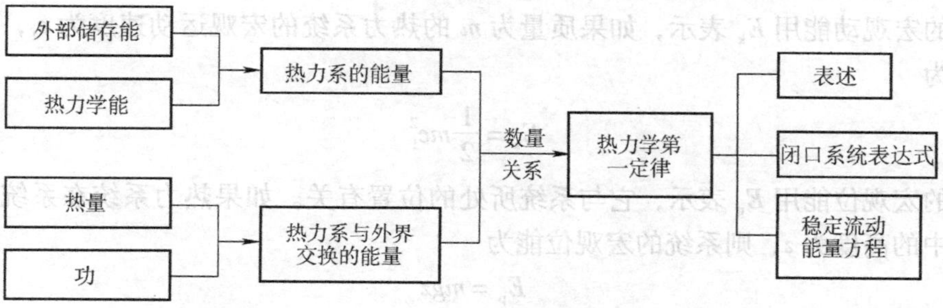

图 5-1　本章知识点之间的联系

第一节　热力学第一定律表述

一、热力学第一定律表述

能量守恒定律是自然界的基本定律之一。它指出：自然界中的一切物质都具有能量。能量既不能被创造，也不能被消灭，它只能由一种形式转变为另一种形式，或者由一个系统传递给另一个系统，而在转换与传递过程中，能量的总量是守恒的。

热力学第一定律是能量守恒定律在热力学中的具体应用。它表达了热能与机械能相互转换守恒的规律，是热力学分析的基础。热力学第一定律指出：热能可以从一个物体传递给另一个物体，也可以与机械能或其他能量相互转换，在传递和转换过程中，能量的总值不变。

历史上，有人曾幻想制造一种可以不消耗能量而能连续做功的机器，称为“第一类永动机”。由于它违反了热力学第一定律，就注定了其失败的命运。因此热力学第一定律也可以表述为：第一类永动机是不可能实现的。

热力学第一定律适用于一切热力系统和热力过程，无论是开口热力系还是闭口热力系，热力学第一定律都可以表示为

$$\text{进入热力系的能量} - \text{离开热力系的能量} = \text{热力系储存能的变化} \tag{5-1}$$

二、系统的储存能

储存于热力系统的能量称为系统的储存能。工程热力学所涉及的系统的储存能主要有两

类：一类是系统内部储存能，即热力学能；另一类是系统的外部储存能，即宏观机械能，包括动能和位能。如蒸汽进入汽轮机做功时，汽轮机储存的能量有蒸汽的热力学能，还有宏观的动能和位能。

（一）热力学能

当不涉及化学变化和原子核反应时，系统内部储存能为热力学能。热力学能是状态参数，有关热力学能在第四章中已有描述。在能量转换过程中，通常关心的是热力学能的变化量。若工质从初态 1 变化到终态 2，变化量 Δu 只与初终状态有关，而与过程路径无关，即

$$\Delta u = u_2 - u_1$$

质量为 m 的工质，热力学能的变化量为

$$\Delta U = m\Delta u = U_2 - U_1$$

（二）宏观动能与宏观位能

系统的宏观动能用 E_k 表示，如果质量为 m 的热力系统的宏观运动速度为 c_f，则系统的宏观动能为

$$E_k = \frac{1}{2}mc_f^2$$

系统的宏观位能用 E_p 表示，它与系统所处的位置有关。如果热力系统在系统外部的参考坐标系中的高度为 z，则系统的宏观位能为

$$E_p = mgz$$

式中 g——重力加速度。

（三）系统的总储存能（简称总能）

系统的总储存能为系统的热力学能、宏观动能与宏观位能之和，用 E 表示，即

$$E = U + E_k + E_p$$

或

$$E = U + \frac{1}{2}mc_f^2 + mgz$$

1kg 工质的储存能为

$$e = u + \frac{1}{2}c_f^2 + gz \tag{5-2}$$

第二节 闭口系统的能量方程式及其应用

能量方程式是热力学第一定律的定量表达式，反映参与热力系统能量转换的各项能量之间的数量关系。在闭口热力系状态变化的过程中，通常宏观动能和宏观位能的变化为零，所以热力系统储存能仅为热力学能。

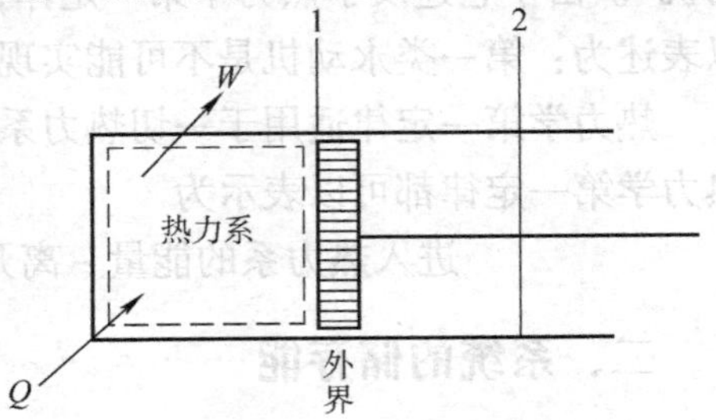

图 5-2 闭口热力系的能量转换

如图 5-2 所示，取气缸内的工质为热力系统，这时是一个闭口热力系。活塞由位置 1 移动到位置 2，工质从 1 状态变化到 2 状态时，假设热力系从外界吸收热量 Q，对外做功 W，热力系统储存能的变

化等于其热力学能变化 ΔU。根据式（5-1）建立能量方程

$$Q - W = \Delta U$$

或

$$Q = \Delta U + W \tag{5-3}$$

对于 1kg 工质

$$q = \Delta u + w \tag{5-4}$$

对于微元过程

$$\delta Q = \mathrm{d}U + \delta W$$

或

$$\delta q = \mathrm{d}u + \delta w \tag{5-5}$$

上述各公式适用于闭口热力系的任何工质进行的一切热力过程。它表示加给热力系的热量一部分用来对外膨胀做功，另一部分用来增加工质的热力学能即储存于工质内部。式（5-3）和式（5-4）中各项的取值可正可负。q 与 w 的取值按照前面的规定。对于热力系来讲，如果热力学能增加，$\Delta u > 0$；热力学能减少，$\Delta u < 0$；热力学能不变，$\Delta u = 0$。

对于可逆过程，由于 $\delta w = p\mathrm{d}v$ 或 $w = \int_1^2 p\mathrm{d}v$，则有

$$\delta q = \mathrm{d}u + p\mathrm{d}v \tag{5-6}$$

或

$$q = \Delta u + \int_1^2 p\mathrm{d}v \tag{5-7}$$

例 5-1　12kg 气体在闭口热力系中吸热膨胀，吸收的热量为 140kJ，对外做了 95kJ 的膨胀功。问该过程中气体的热力学能是增加还是减少？每千克气体热力学能变化多少？

解　根据式（5-3）得

$$\Delta U = Q - W = (140 - 95)\,\text{kJ} = 45\text{kJ}$$

由于 $\Delta U = 45\text{kJ} > 0$，故气体的热力学能增加。

每千克气体的热力学能增加量为

$$\Delta u = \frac{\Delta U}{m} = \frac{45}{12}\text{kJ/kg} = 3.75\text{kJ/kg}$$

例 5-2　如图 5-3 所示，对定量的气体提供热量 100kJ，使其由状态 1 沿途径 A 变化至状态 2，同时对外做功 60kJ。若外界对该气体做功 40kJ，迫使它从状态 2 沿途径 B 返回至状态 1，问返回过程中工质吸热还是放热？其量为多少？又若返回时不沿途径 B 而沿途径 C，此时压缩气体的功为 50kJ，问过程 C 中是否吸收热量？

解　（1）由 $1A2$ 和 $2B1$ 组成循环时，气体与外界交换的热量 Q_{2B1} 的计算

对于每一个热力过程，满足能量方程 $Q = \Delta U + W$，对于一个循环，因为热力学能是状态参数，满足 $\oint \mathrm{d}U = 0$ 或 $\oint \delta Q = \oint \delta W$，则

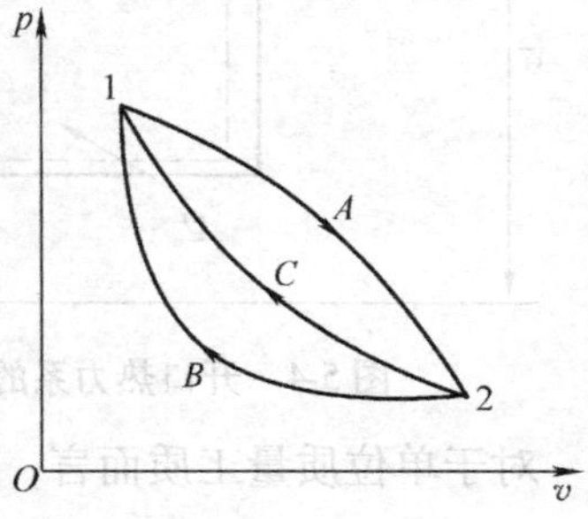

图 5-3　例 5-2 图

$$Q_{1A2} + Q_{2B1} = W_{1A2} + W_{2B1}$$

$$Q_{2B1} = W_{1A2} + W_{2B1} - Q_{1A2} = (60 - 40 - 100)\,\mathrm{kJ} = -80\,\mathrm{kJ}$$

(2) 由过程 1A2 和 2C1 组成循环时，气体与外界交换的热量 Q_{2C1} 的计算

与上述同理

$$Q_{1A2} + Q_{2C1} = W_{1A2} + W_{2C1}$$

$$Q_{2C1} = W_{1A2} + W_{2C1} - Q_{1A2} = (60 - 50 - 100)\,\mathrm{kJ} = -90\,\mathrm{kJ}$$

计算所得热量均为负值，表示气体在两种不同的返回过程中均放出热量，且压缩气体的功越大，放出热量越多。

第三节　开口系统稳定流动能量方程式及其应用

在加热器、冷凝器、蒸发器、压缩机、锅炉和汽轮机等热力设备运行的时候，工质总是不断地流入与流出，以实现连续的能量传递与转换。此类热力设备就是热力学中的开口热力系，开口热力系总是与工质的流动有关。大多数情况下，工程中所用的热力设备都在外界影响不变的条件下稳定运行。这时工质的流动状况不随时间而改变，即流道中任意截面上工质的状态参数不随时间改变，也即意味着单位时间内热力系与外界传递的热量和功不随时间而改变，同时，各流通截面工质的质量流量相等，且不随时间而改变。这种流动为稳定流动。工程上以开口系统稳定流动的能量转换居多。

一、流动功与技术功

图 5-4 为汽轮机工作示意图，表示的是开口热力系的能量转换情况。

(一) 流动功

蒸汽在流进流出汽轮机时，必须受外力推动，这种推动工质流动的能量称为流动功，也称为推进功。流动功是开口系统才具有的功，实质上是一种能量，但不是工质本身具有的能量，而是由泵或风机加给被输送工质并随着工质的流动而向前传递的一种能量。

如图 5-5 所示，当质量为 dm 的工质在外力的推动下克服压力 p 移动距离 $\mathrm{d}x$，并通过面积为 A 的流通截面进入系统时，外界所做的流动功为

$$\delta W_{\mathrm{f}} = pA\mathrm{d}x = p\mathrm{d}V = pv\mathrm{d}m$$

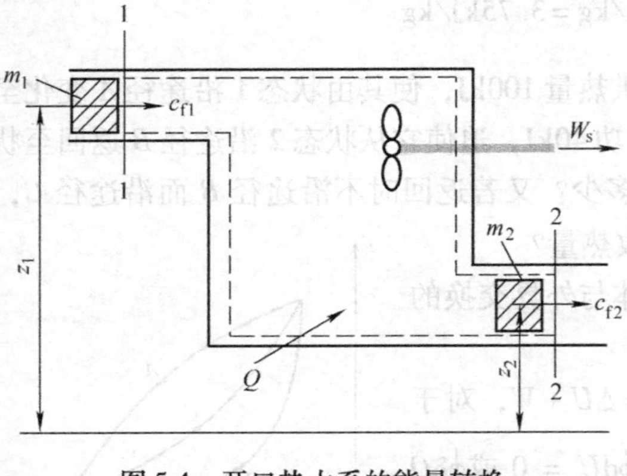

图 5-4　开口热力系的能量转换

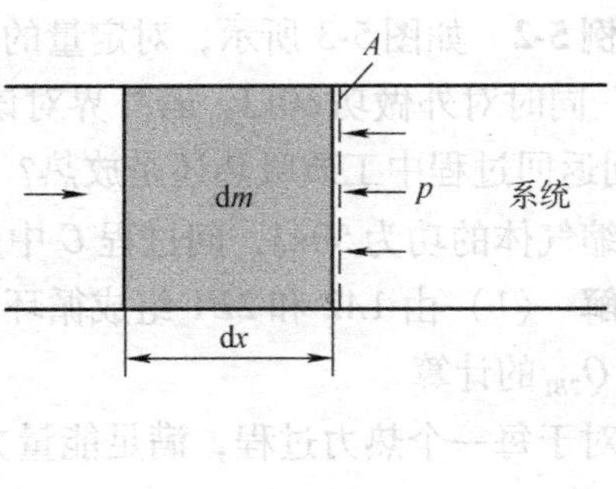

图 5-5　流动功推导示意图

对于单位质量工质而言，流动功为

$$w_{\mathrm{f}} = \frac{\delta W_{\mathrm{f}}}{\mathrm{d}m} = pv \tag{5-8}$$

式中　v——比体积。

可见，对单位质量工质所做的流动功数值上等于工质的压力和比体积的乘积 pv。

（二）技术功

蒸汽流过汽轮机做功时，动能变化$\frac{1}{2}\Delta c_f^2$、位能变化 $g\Delta z$ 和轴功 w_s 都属于机械能，是热力过程中可被直接利用来做功的能量，统称为技术功，用符号 w_t 表示，即

$$w_t = \frac{1}{2}\Delta c_f^2 + g\Delta z + w_s \tag{5-9}$$

当动能变化和位能变化忽略不计时，技术功等于轴功，即

$$w_t = w_s \tag{5-10}$$

二、开口系统的稳定流动能量方程

（一）开口系统稳定流动能量方程推导

假定图 5-4 中虚线所表示的热力系满足稳定流动的条件；假定工质在热力系进出口的流动速度为 c_{f1} 和 c_{f2}，比热力学能为 u_1 和 u_2，进出口截面中心相对基准面的高度为 z_1 和 z_2。对于 1kg 工质而言，工质进入热力系带进的能量有 $e_1 = u_1 + \frac{1}{2}c_{f1}^2 + gz_1$ 和流动功 p_1v_1；工质离开热力系带出的能量有 $e_2 = u_2 + \frac{1}{2}c_{f2}^2 + gz_2$ 和流动功 p_2v_2。又假定 1kg 工质流经热力系时从外界吸入的热量为 q，通过热力系对外界输出的轴功为 w_s。

由于研究对象为稳定流动，热力系储存的能量保持不变，热力系与外界的功和热量交换也保持不变，根据式（5-1）建立能量方程

$$\left(u_1 + \frac{1}{2}c_{f1}^2 + gz_1 + p_1v_1 + q\right) - \left(u_2 + \frac{1}{2}c_{f2}^2 + gz_2 + p_2v_2 + w_s\right) = 0$$

整理得

$$u_1 + p_1v_1 - (u_2 + p_2v_2) + \frac{1}{2}(c_{f1}^2 - c_{f2}^2) + g(z_1 - z_2) + q - w_s = 0$$

上式可化简为

$$\begin{aligned} q &= h_2 - h_1 + \frac{1}{2}(c_{f2}^2 - c_{f1}^2) + g(z_2 - z_1) + w_s \\ &= \Delta h + \frac{1}{2}\Delta c_f^2 + g\Delta z + w_s \end{aligned} \tag{5-11}$$

即

$$q = \Delta h + w_t \tag{5-12}$$

上述各式适用于开口热力系稳定流动的各种热力过程。

对于微元热力过程

$$\delta q = \mathrm{d}h + \delta w_t \tag{5-13}$$

（二）可逆过程技术功

由式（5-12）可得

$$
\begin{aligned}
w_t &= q - \Delta h = (\Delta u + w) - (\Delta u + p_2 v_2 - p_1 v_1) \\
&= w - (p_2 v_2 - p_1 v_1) \\
&= w - \Delta(pv)
\end{aligned} \tag{5-14}
$$

上式表明，工质稳定流经热力设备时所做的技术功等于体积变化功减去净流动功。对于稳定流动的可逆过程 1-2 有

$$
\begin{aligned}
w_t &= \int_1^2 p\mathrm{d}v - \int_1^2 \mathrm{d}(pv) \\
&= -\int_1^2 v\mathrm{d}p
\end{aligned} \tag{5-15}
$$

式中 v 恒为正值，负号表示技术功的正负与 $\mathrm{d}p$ 相反，即：过程中压力降低时，技术功为正，对外做功；反之若工质的压力增加，技术功为负，则外界对工质做功。

由式（5-15）可以看出，可逆过程技术功 w_t 在 $p-v$ 图上可以用过程曲线与纵坐标之间的面积表示，如图 5-6 所示。

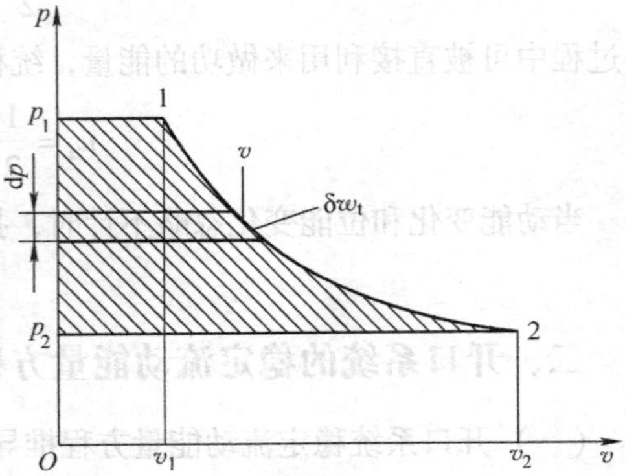

图 5-6　技术功在示功图上的表示

将式（5-15）代入式（5-12）、式（5-13），可得可逆过程稳定流动能量方程为

$$
q = \Delta h - \int_1^2 v\mathrm{d}p \tag{5-16}
$$

对微元可逆过程

$$
\delta q = \mathrm{d}h - v\mathrm{d}p \tag{5-17}
$$

三、稳定流动能量方程的应用

在许多热力设备中，工质的流动都可视为稳定流动，因此可以利用稳定流动能量方程式来分析它们的能量关系。针对不同的条件，能量方程可以简化成不同的形式。

（一）叶轮机械

叶轮机械分为两类。一类是各种热力发动机，如燃气轮机、蒸汽轮机等，都是利用工质膨胀做功，对外输出轴功 w_s。另一类是各种压缩机械，如压气机、风机、泵等，通过消耗轴功提高工质的压力，是外界对工质做功，情况与动力机械恰恰相反。

若如图 5-7 所示的叶轮机械是热力发动机，由于采用了良好的保温措施，通过设备外壳的散热量很小，近似认为 $q \approx 0$，如果再忽略动能、位能变化，由式（5-11）可得

$$
w_s = h_1 - h_2 \tag{5-18}
$$

上式表明，动力机械对外输出的轴功等于工质的焓降。若已知工质的质量流量为 q_m，则其理论功率为

$$
P = q_m w_s = q_m (h_1 - h_2) \tag{5-19}
$$

以上两式同样适用于压缩机械，只是工质流经它们消耗轴功，焓降为负。

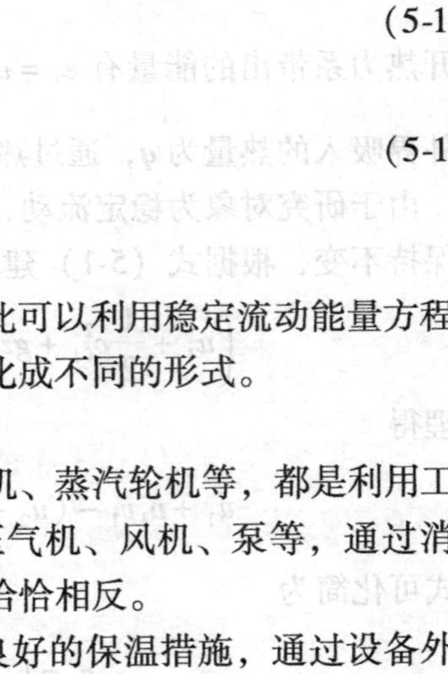

图 5-7　叶轮机械

（二）换热设备

换热设备是指以某种热量传递方式，实现冷热流体直接传递热量的设备，例如锅炉、蒸发器、冷凝器、各种加

热器、散热器等。如图5-8所示，当工质流过换热设备时，热力系与外界没有功的交换，且动能、位能的变化很小，可以忽略。于是稳定流动能量方程式可简化为

$$q = h_2 - h_1 \tag{5-20}$$

上式表明，在换热设备中，工质交换的热量等于其焓的变化。吸收热量时，焓增为正；放热时，焓增为负。

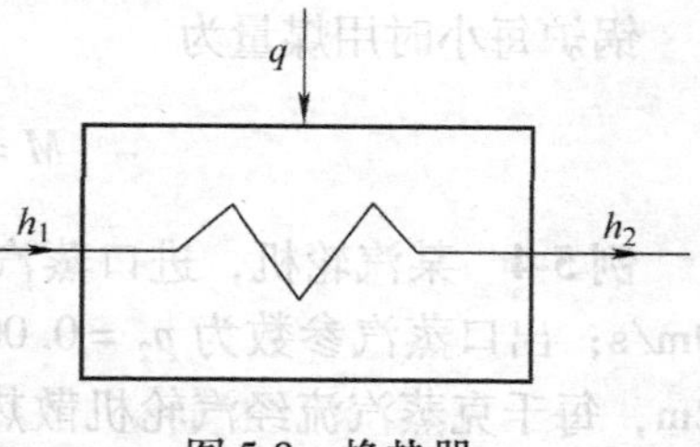

图5-8 换热器

（三）喷管与扩压管

喷管是通过流体的膨胀而获得高速流体的一种装置，扩压管是利用流体动能的降低来获得高压流体的设备，两者的作用恰好相反。如图5-9所示，工质流经喷管或扩压管时未做轴功，$w_s = 0$；位能差很小，可以忽略；工质的流速极高，来不及与外界交换热量，$q \approx 0$。于是稳定流动能量方程式可简化为

$$\frac{1}{2}(c_{f2}^2 - c_{f1}^2) = h_1 - h_2 \tag{5-21}$$

上式表明，工质流经喷管或扩压管时，动能的增加等于焓的减少。在喷管中，流体动能增加，焓值必然降低。在扩压管中，流体的动能降低，焓值必然增大。

（四）节流装置

流体在管道内流动时，当流经阀门、孔板等截面突然缩小的设备时，由于截面突变，流体局部受阻，使流体的压力明显降低的现象，称为节流。如果节流时，流体与外界没有热量交换，就称为绝热节流，也简称为节流。节流装置用于降低工质的压力，如图5-10所示。在节流时，工质与外界无功、热量交换，并忽略宏观动能、位能的变化。于是稳定流动能量方程式可简化为

$$h_2 - h_1 = 0 \tag{5-22}$$

上式表明，工质节流前后的焓值不变。但流体在节流过程中的焓值并不是处处相等，不能将节流过程称为等焓过程。

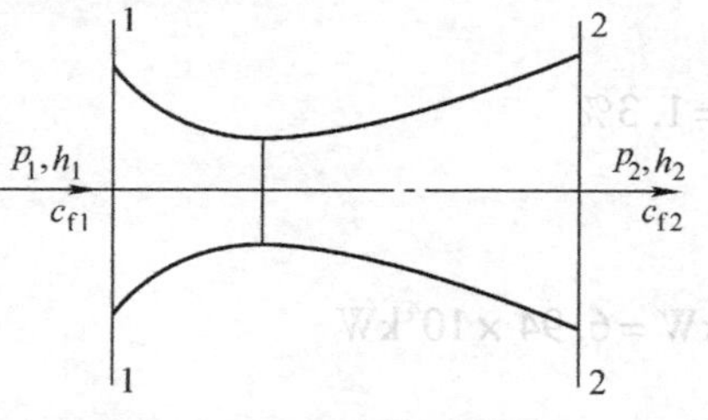

图5-9 喷管与扩压管

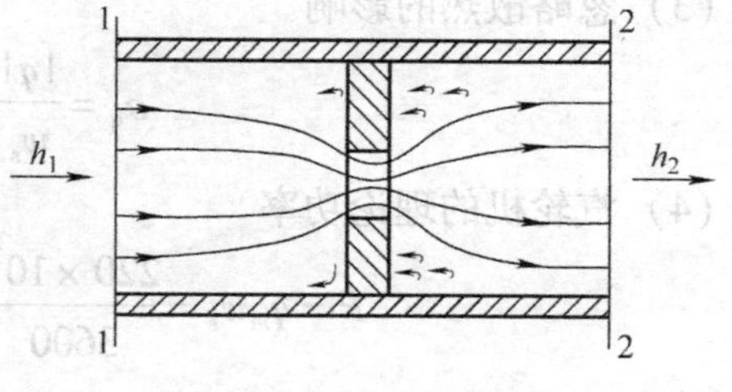

图5-10 节流装置

例5-3 一台供热用锅炉，蒸发量为2t/h，给水进入锅炉时的焓 $h_1 = 210\text{kJ/kg}$，水蒸气离开锅炉时的焓 $h_2 = 2768\text{kJ/kg}$。已知煤的发热量为23000kJ/kg，锅炉的效率为70%，求每小时用煤量。

解 以锅炉进出口截面为边界，此系统是一个开口系统稳定流动情况。锅炉为热交换器，根据其工作特点可采用简化方程 $q = h_2 - h_1$，所以

1kg工质在锅炉中的吸热量为

$$q = h_2 - h_1 = (2768 - 210)\text{kJ} = 2558\text{kJ/kg}$$

工质每小时吸热量为

$$Q=q_m q=(2000\times 2558)\text{kJ/h}=5.116\times 10^6\text{kJ/h}$$

锅炉每小时用煤量为

$$M=\frac{5.116\times 10^6}{70\%\times 23000}\text{kg/h}=318\text{kg/h}$$

例 5-4 某汽轮机，进口蒸汽参数为 $p_1=9.0\text{MPa}$，$t_1=500℃$，$h_1=3386.4\text{kJ/kg}$，$c_{f1}=50\text{m/s}$；出口蒸汽参数为 $p_2=0.004\text{MPa}$，$h_2=2226.9\text{kJ/kg}$，$c_{f2}=140\text{m/s}$。进出口高度差为12m，每千克蒸汽流经汽轮机散热 15kJ。试求：（1）每千克蒸汽流经汽轮机时所输出的轴功；（2）进出口动能差、位能差忽略时，各自对输出功的影响；（3）散热忽略时，对输出功的影响；（4）若蒸汽流量为220t/h，汽轮机的理论功率是多少？

解 汽轮机的工作属于开口热力系的稳定流动。

（1）由开口热力系的稳定流动能量方程得

$$\begin{aligned}w_s&=q-(h_2-h_1)-\frac{1}{2}(c_{f2}^2-c_{f1}^2)-g(z_2-z_1)\\&=\left[-15-(2226.9-3386.4)-\frac{1}{2}\times(140^2-50^2)\times 10^{-3}-9.81\times(-12)\times 10^{-3}\right]\text{kJ/kg}\\&=1136.1\text{kJ/kg}\end{aligned}$$

（2）忽略进出、口动能差的影响

$$\varepsilon_k=\frac{\left|\frac{1}{2}(c_{f2}^2-c_{f1}^2)\right|}{w_s}=\frac{\frac{1}{2}\times(140^2-50^2)\times 10^{-3}}{1136.1}=0.75\%$$

忽略进出口位能差的影响

$$\varepsilon_p=\frac{|g(z_2-z_1)|}{w_s}=\frac{9.81\times 12\times 10^{-3}}{1136.1}=0.01\%$$

（3）忽略散热的影响

$$\varepsilon_q=\frac{|q|}{w_s}=\frac{15}{1136.1}=1.3\%$$

（4）汽轮机的理论功率

$$P=q_m w_s=\frac{220\times 10^3}{3600}\times 1136.1\text{kW}=6.94\times 10^4\text{kW}$$

讨论：

1）本题的数据具有实际意义。从计算中可以看到，忽略蒸汽进、出口的动能差、位能差以及散热损失，对输出轴功的影响均小于2%，因此在实际计算中可以忽略不计。这同时说明，类似汽轮机的叶轮机械可视为绝热系统。

2）计算中涉及蒸汽热力性质，题目不但给出了 p_1、t_1 和 p_2，而且还给出了 h_1 和 h_2。实际上，如掌握了蒸汽热力性质，给出 h_1 和 h_2 就是多余的，它们可以由 p_1、t_1 和 p_2 及热力过程的特点查图、表解决。

复习思考题

5-1 热力学第一定律的本质是什么？热力学第一定律是怎样表述的？

5-2　热力学能、热量和功各是什么含义？

5-3　热力学第一定律闭口系统能量方程式是怎样的？其适用范围是什么？其中的功、热量的正负号是如何规定的？

5-4　体积变化功、轴功、技术功、流动功之间有何区别与联系？试在 p-v 图上表示可逆过程的体积变化功和技术功。

5-5　请写出热力学第一定律开口系统稳定流动能量方程式及其应用于锅炉、汽轮机、喷管等设备时的简化表达式。

讨论思考题

5-1　下列说法是否正确？为什么？

（1）对于热力系而言，能量守恒就是进入热力系的能量与离开热力系的能量相等。

（2）体积变化功就是热力系与外界交换的功。只有工质体积变化时，才能与外界交换功量。

（3）气体吸热后一定膨胀，热力学能一定增加。

（4）热力过程中，工质向外界放热，其温度必然降低。

（5）气体膨胀时一定对外做功。

（6）气体被压缩时一定消耗外功。

（7）气体膨胀时必须对其加热。

（8）气体边膨胀边放热是可能的。

（9）气体边被压缩边吸入热量是不可能的。

（10）对工质加热，其温度反而降低，这种情况不可能。

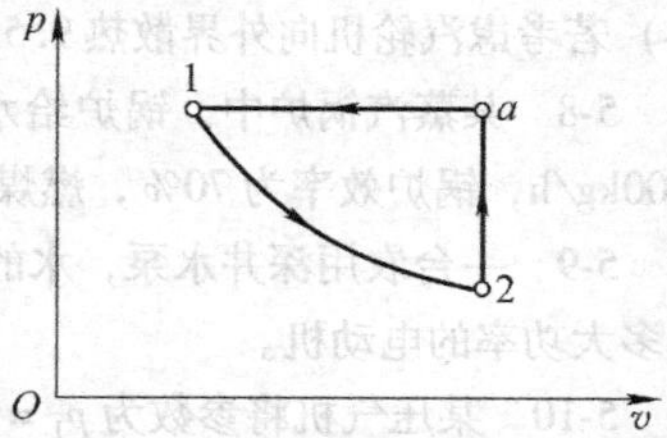

图 5-11　讨论思考题 5-3 图

5-2　试比较如图 5-11 所示过程 1-2 与过程 1-a-2 中下列各量的大小：（1）W_{12} 与 W_{1a2}；（2）ΔU_{12} 与 ΔU_{1a2}；（3）Q_{12} 与 Q_{1a2}。

习　　题

5-1　闭口热力系经历一热力过程，从外界吸取热量 60kJ，同时热力学能增加了 100kJ，问此过程是膨胀过程还是压缩过程？气体与外界交换的功是多少？

5-2　容器中的气体工质从外界吸热 200kJ，对外做了 140kJ 的功，问容器中的气体热力学能的变化量是多少？

5-3　如图 5-12 所示。某闭口系统，工质沿 a-c-b 由状态 a 变化到状态 b 时，吸热 100kJ，对外做功 40kJ。当工质沿过程 a-d-b 变化到状态 b 时，对外做功 20kJ，试求过程 a-d-b 中工质与外界交换的热量。当工质沿曲线从状态 b 返回初态 a 时，外界对系统做功 30kJ，试求过程中工质与外界交换的热量；如果 $U_a = 0\text{kJ}$，$U_d = 40\text{kJ}$，求过程 a-d、d-b 与外界交换的热量。

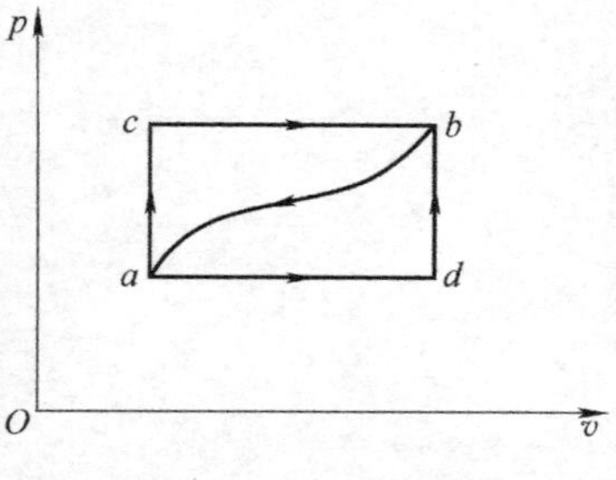

图 5-12　习题 5-3 图

5-4　定量工质，经历了表 5-1 所列的 4 个过程组成的循环，请填充表中空缺的数据。

表 5-1　习题 5-4 表

过程	Q/kJ	W/kJ	ΔU/kJ
1-2		0	1390
2-3	0	395	
3-4		0	−1000
4-1	0		5

5-5 空气在某压气机中被压缩，压缩前空气的参数为 $p_1=0.1\text{MPa}$，$v_1=0.845\text{m}^3/\text{kg}$；压缩后为 $p_2=0.8\text{MPa}$，$v_2=0.175\text{m}^3/\text{kg}$。若在压缩过程中每千克空气的热力学能增加为 146.5kJ，同时向外界放热 50kJ，压气机每分钟生产压缩空气 10kg。试求：

(1) 压缩过程中对每千克空气所做的压缩功。

(2) 生产 1kg 压缩空气所需的轴功。

(3) 带动此压气机所需功率至少为多少？

5-6 工质以 $c_{f1}=3\text{m/s}$ 的速度通过截面 $A_1=45\text{cm}^2$ 的管道进入动力机械。已知进口处 $p_1=689.48\text{kPa}$，$v_1=0.3373\text{m}^3/\text{kg}$，$u_1=2326\text{kJ/kg}$，出口处 $h_2=1395.6\text{kJ/kg}$。若忽略工质的动能及位能的变化，且不考虑散热，求该动力机械输出的理论功率。

5-7 某汽轮机蒸汽流量为 634t/h，进口处蒸汽的比焓 $h_1=3476\text{kJ/kg}$，出口处蒸汽的比焓 $h_2=2227\text{kJ/kg}$。试求：(1) 汽轮机的理论功率；(2) 若蒸汽进口流速 $c_{f1}=50\text{m/s}$，出口流速 $c_{f2}=100\text{m/s}$，考虑动能差对汽轮机理论功率有多大影响？(3) 若考虑汽轮机进出口高度差 10m，对汽轮机理论功率有多大影响？(4) 若考虑汽轮机向外界散热 $9.5\times10^3\text{kJ/h}$，对汽轮机理论功率有多大影响？

5-8 某蒸汽锅炉中，锅炉给水的焓为 62kJ/kg，产生的蒸汽焓为 2721kJ/kg。已知锅炉的蒸汽产量为 4000kg/h，锅炉效率为 70%，燃煤的发热值为 25120kJ/kg，求锅炉每小时的耗煤量。

5-9 一台农用深井水泵，水的体积流量 $q_V=45\text{m}^3/\text{h}$，水泵扬程 18.8m，水泵效率 $\eta=80\%$。求水泵需配多大功率的电动机。

5-10 某压气机将参数为 $p_1=0.1\text{MPa}$、$t_1=27℃$ 的空气压缩到 $p_2=0.5\text{MPa}$、$t_2=150℃$。压缩过程中空气的焓可用 $\Delta h=1.004\Delta t(\text{kJ/kg})$ 计算，压气机消耗的功率为 40kW，假定空气进出口的动能和位能变化均可忽略，而且与外界无热量交换。求每分钟生产的压缩空气量。

第六章　常用工质的性质及热力过程

热能与机械能之间的转换需要媒介物工质，转换的效率与工质的性质密切相关，因此必须研究工质的热力性质。工质都是易膨胀的气态物质，即气体和蒸汽。气体指远离液态、不易液化的气态物质，蒸汽是指离液态较近、容易液化的气态物质，两者之间并无严格的界限。热力循环常用的工质有水蒸气、燃气、制冷剂蒸气等。空气调节的对象是湿空气。这些工质的热力性质不同，在实际应用中将它们分成理想气体和实际气体两大类。本章介绍常用的理想气体、水蒸气和湿空气的性质和热力过程，主要知识点之间的关系见图6-1。

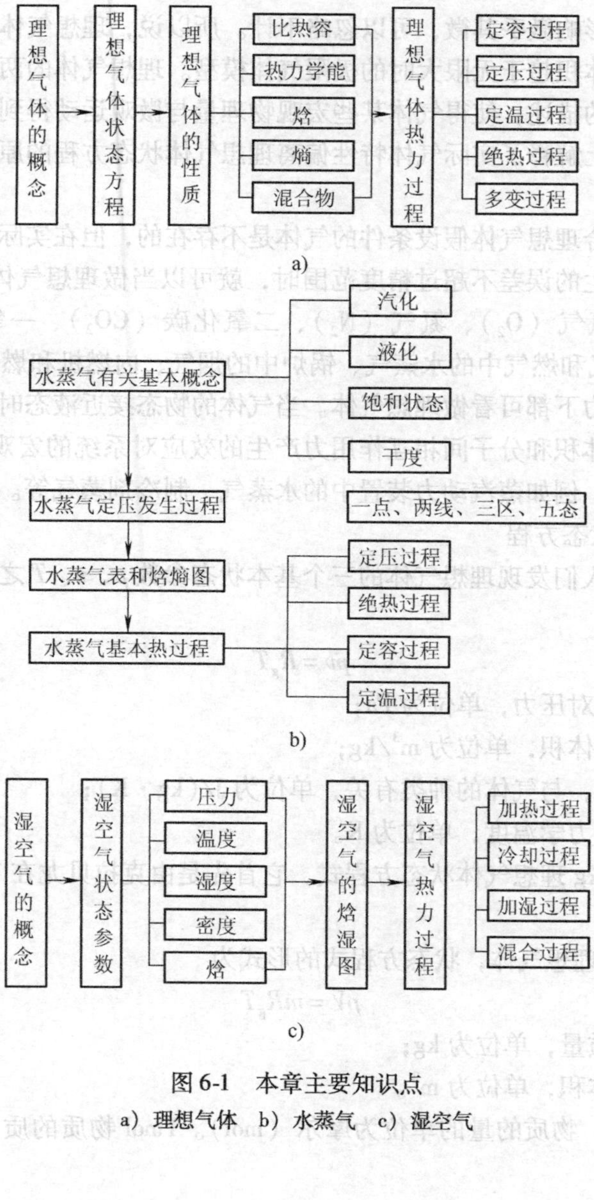

图6-1　本章主要知识点

a）理想气体　b）水蒸气　c）湿空气

第一节 理 想 气 体

一、理想气体的概念及状态方程式

(一) 理想气体假设

由于气体的性质极其复杂，很难找出分子的运动规律，为了便于分析，提出理想气体的概念。理想气体是一种经过科学抽象的假想气体，这种气体分子是本身不占有体积、分子间完全没有作用力的弹性质点。实验证明，随着组成系统的气体压力和密度的降低，系统内分子间的平均距离就会增大。当气体的压力和密度降低到一定程度时，气体分子本身所占的体积就会远远小于分子所活动的空间，分子间的相互作用力较系统分子与边界的作用力相比，也极为弱小。尤其当压力趋于无限小，比体积趋于无限大时，分子本身所占的体积和分子间相互作用力对系统的影响微乎其微，可以忽略不计。所以说，理想气体是实际存在的气体当压力趋于无限小，比体积趋于无限大时的极限气体模型。理想气体的两个假设条件大大简化了气体分子运动规律的描述，使得气体某些宏观物理量与微观运动得到了有机的联系。理想气体的模型也在本质上解释了实际气体特性偏离理想气体状态方程的原因和理想气体状态方程的适用条件。

自然界中完全符合理想气体假设条件的气体是不存在的，但在实际热力工程分析中，当采用理想气体研究产生的误差不超过精度范围时，就可以当做理想气体看待，例如常温下，压力不超过5MPa的氧气（O_2）、氮气（N_2）、二氧化碳（CO_2）、一氧化碳（CO）、氢气（H_2）及干空气、大气和燃气中的水蒸气、锅炉中的烟气、内燃机和燃气轮机中的燃气等在通常的应用温度、压力下都可看做理想气体。当气体的物态接近液态时，气体具有较高的密度，分子本身所占的体积和分子间相互作用力产生的效应对系统的宏观特性有较大的影响，就应以实际气体看待，例如蒸汽动力装置中的水蒸气、制冷剂蒸气等。

（二）理想气体状态方程

通过大量实验，人们发现理想气体的三个基本状态参数 p、v、T 之间存在着一定的函数关系，即

$$pv = R_g T \tag{6-1}$$

式中 p——气体的绝对压力，单位为Pa；

v——气体的比体积，单位为 m^3/kg；

R_g——气体常数，与气体的种类有关，单位为 J/(kg · K)；

T——气体的热力学温度，单位为K。

式（6-1）称为1kg理想气体状态方程式，它首先是由克拉贝龙在1834年导出的，因此也称克拉贝龙方程式。

对于质量为 m 的理想气体，状态方程式的形式为

$$pV = mR_g T \tag{6-2}$$

式中 m——气体的质量，单位为kg；

V——气体的体积，单位为 m^3。

在国际单位制中，物质的量的单位为摩尔（mol）。1mol物质的质量称摩尔质量，以 M

表示，单位为 kg/mol。当气体摩尔质量的单位为 kg/kmol（或 g/mol）时，摩尔质量在数值上等于它的相对分子质量，例如氧气的摩尔质量为 32kg/kmol。1mol 物质的体积称为摩尔体积，以 V_m 表示，单位为 m^3/mol。显然 $V_m = Mv$。阿伏伽德罗定律推论指出：同温、同压下，各种气体具有相同的摩尔体积。实验证明，在标准状态（压力 $p_0 = 101325Pa$，温度 $T_0 = 273.15K$）下，1mol 任何气体的体积均为 $22.4 \times 10^{-3} m^3$。

将式（6-1）两边同乘以摩尔质量 M，可得 1mol 理想气体状态方程式

$$pV_m = MR_gT \tag{6-3}$$

令 $R = MR_g$，则得

$$pV_m = RT \tag{6-4}$$

式中　R——摩尔气体常数，单位为 $J/(mol \cdot K)$。

由式（6-4）和阿伏伽德罗定律推论可知，所有理想气体的 R 值都相等，并且其值与气体所处的状态无关。如将标准状态下的参数带入，可得

$$R = \frac{p_0 V_{m0}}{T_0} = \frac{101325 \times 22.4 \times 10^{-3}}{273.15} J/(mol \cdot K) = 8.314 J/(mol \cdot K) \tag{6-5}$$

由摩尔气体常数 R 及气体的摩尔质量 M，可求得任一气体的气体常数 R_g，即

$$R_g = \frac{R}{M} \tag{6-6}$$

空气的摩尔质量为 $28.97 \times 10^{-3} kg/mol$，气体常数为 $287J/(kg \cdot K)$。空气中水蒸气的摩尔质量为 $18.015 \times 10^{-3} kg/mol$，气体常数为 $461.5J/(kg \cdot K)$。常用理想气体的摩尔质量见附表 3。

例 6-1　一个体积为 25L 的氧气瓶内存有压力为 6MPa、温度为 15℃ 的氧气，用去一部分氧气后，瓶内氧气的压力降低为 3MPa，温度降低到 10℃，求用去氧气的质量。

解题分析　应用理想气体状态方程式，根据用气前后瓶内气体的状态参数分别求得质量，两者的质量差即为用去氧气的质量。

解　氧气的摩尔质量 $M = 32.00 \times 10^{-3} kg/mol$，由式（6-6）得氧气的气体常数

$$R_g = \frac{R}{M} = \frac{8.314}{32.00 \times 10^{-3}} J/(kg \cdot K) = 259.8 J/(kg \cdot K)$$

根据式（6-2）氧气瓶内原有的氧气质量

$$m_1 = \frac{p_1 V}{R_g T_1} = \frac{6 \times 10^6 \times 0.025}{259.8 \times (273 + 15)} kg = 2kg$$

瓶内剩下的氧气质量

$$m_2 = \frac{p_2 V}{R_g T_2} = \frac{3 \times 10^6 \times 0.025}{259.8 \times (273 + 10)} kg = 1.02kg$$

用去的氧气质量

$$\Delta m = m_1 - m_2 = (2 - 1.02) kg = 0.98kg$$

例 6-2　有一充气刚性容器，容积为 $5m^3$，容器内气体的表压为 $p_e = 0.85MPa$，温度计

读数为 $t=40℃$。问在标准状态下气体体积可达多少？设大气压 $p_a=0.1\text{MPa}$。

解题分析 应用理想气体状态方程式求解不同状态的参数，注意压力要用绝对压力，温度要换算成热力学温度。

解 容器内气体的绝对压力和热力学温度分别为

$$p=p_a+p_e=(0.1+0.85)\text{MPa}=0.95\text{MPa}$$

$$T=(273+40)\text{K}=313\text{K}$$

由于容器内气体质量保持不变，所以有

$$\frac{pV}{T}=\frac{p_0V_0}{T_0}$$

即

$$V_0=V\frac{pT_0}{p_0T}=5\times\frac{0.95\times273}{0.101325\times313}\text{m}^3=40.89\text{m}^3$$

二、理想气体的比热容

比热容的概念在第四章第三节中已介绍。理想气体的比热容与其状态参数变化有重要关系。

（一）比定容热容和比定压热容

在热工计算中与热力过程有关的比热容主要有比定容热容和比定压热容。

1. 比定容热容

单位质量的气体在定容过程中温度升高1K时所需要的热量，称为比定容热容，用 c_V 表示，由能量方程可得气体比定容热容为

$$c_V=\frac{\delta q_V}{\text{d}T}=\left(\frac{\partial u}{\partial T}\right)_V \tag{6-7}$$

由理想气体假设可知，由于理想气体分子间不存在作用力，理想气体的比热力学能 u 仅为温度的单值函数，于是有

$$c_V=\frac{\text{d}u}{\text{d}T} \tag{6-8}$$

2. 比定压热容

单位质量气体在定压过程中温度升高1K时所需要的热量称为比定压热容。同样，由能量方程有

$$c_p=\frac{\delta q_p}{\text{d}T}=\left(\frac{\partial h}{\partial T}\right)_p \tag{6-9}$$

由比焓和比热力学能的关系可知，理想气体的比焓也是温度的单值函数，同理有

$$c_p=\frac{\text{d}h}{\text{d}T} \tag{6-10}$$

因为理想气体的热力学能和焓是温度的单值函数，所以理想气体的 c_V 和 c_p 也只是温度的单值函数，是状态量。

3. 比定压热容与比定容热容的关系

由式（6-10）变形得

$$c_p=\frac{\mathrm{d}h}{\mathrm{d}T}=\frac{\mathrm{d}(u+pv)}{\mathrm{d}T}=\frac{\mathrm{d}(u+R_gT)}{\mathrm{d}T}=c_V+R_g$$

即

$$c_p=c_V+R_g \tag{6-11}$$

上式两边同乘以摩尔质量 M，得

$$C_{p,m}=C_{V,m}+R \tag{6-12}$$

$C_{P,m}$和 $C_{V,m}$分别称为摩尔定压热容和摩尔定容热容。式（6-11）和式（6-12）称为迈耶公式，表示了理想气体比定压热容与比定容热容之间的关系。可见，虽然 c_V 和 c_p 是温度的函数，但它们的差值与温度无关，只与气体的性质有关。

气体的比定压热容之所以大于比定容热容，是因为在定容过程中，气体不对外做膨胀功，所加入的热量全部用于增加气体本身的热力学能，使温度升高；而定压过程中气体在吸热升温的同时，还要克服外力对外膨胀做功。因此，同样是1kg的气体，在定压过程中升高1K所需的热量要比在定容过程中所需的热量多。对于不可压缩流体和固体，比定压热容和比定容热容相等。

气体的 c_p 与 c_V 的比值称为比热容比，对理想气体，比热容比等于等熵指数，用符号 κ 表示，即

$$\kappa=c_p/c_V \tag{6-13}$$

由式（6-11）和式（6-13）可得

$$c_p=\frac{\kappa}{\kappa-1}R_g \tag{6-14}$$

$$c_V=\frac{1}{\kappa-1}R_g \tag{6-15}$$

（二）热量计算

1. 真实比热容

理想气体的比热容是温度的单值函数，随温度而变化，即 $c=f(t)$。一般来说，温度越高，比热容越大。将实验测得的不同气体的比热容随温度的变化关系，近似表达为温度的多项式为

$$c_p=a_0+a_1T+a_2T^2+a_3T^3 \tag{6-16}$$

$$c_V=b_0+b_1T+b_2T^2+b_3T^3 \tag{6-17}$$

式中，系数 a_0、a_1、a_2、a_3、b_0、b_1、b_2、b_3 均为实验常数，随气体性质而变化。因为这种比热容能比较真实地反映比热容与温度的关系，所以称为真实比热容。计算热量时，表达式为

$$q_p=\int_{T_1}^{T_2}(a_0+a_1T+a_2T^2+a_3T^3)\mathrm{d}T \tag{6-18}$$

$$q_V=\int_{T_1}^{T_2}(b_0+b_1T+b_2T^2+b_3T^3)\mathrm{d}T \tag{6-19}$$

显然，用这种比热容计算热量精度最高，但计算最复杂。

2. 定值比热容

当气体温度不太高且变化范围不大或计算精度要求不高时，可将比热容近似看做不随温度而变化的定值，称为定值比热容。根据气体分子运动论，凡是原子数目相同的气体具有相

同的摩尔热容。表6-1给出了单原子气体、双原子气体及多原子气体的摩尔热容，也称定值摩尔热容。单原子气体的定值比热容在相当大的温度范围内与实验所得的实际比热容极为吻合；双原子气体的定值比热容在常温下与实验所得的实际比热容大致相近，在0～200℃范围内与平均比热容相当接近；多原子气体的定值比热容与实验所得的实际比热容相差较大。一些气体的定值摩尔热容、定值比热容和气体常数等见附表3。

表6-1 理想气体定值摩尔热容和比热容比

	单原子气体	双原子气体	多原子气体
$C_{V,\mathrm{m}}$	$\frac{3}{2}R$	$\frac{5}{2}R$	$\frac{7}{2}R$
$C_{p,\mathrm{m}}$	$\frac{5}{2}R$	$\frac{7}{2}R$	$\frac{9}{2}R$
$\kappa=c_p/c_V$	1.67	1.40	1.29

当采用定值比热容计算换热量时，定值比热容 c_V 和 c_p 可以由气体的定值摩尔热容值进行换算，双原子气体的定容过程和定压过程的换热量为

$$q_V = \int_{T_1}^{T_2} c_V \mathrm{d}T = \int_{T_1}^{T_2} \frac{5R}{2M}\mathrm{d}T = \frac{5R}{2M}(T_2 - T_1) \tag{6-20}$$

$$q_p = \int_{T_1}^{T_2} c_p \mathrm{d}T = \int_{T_1}^{T_2} \frac{7R}{2M}\mathrm{d}T = \frac{7R}{2M}(T_2 - T_1) \tag{6-21}$$

3. 平均比热容

（1）平均比热容表 真实比热容与温度的变化关系是 $c=f(t)$，将其在 c-t 图上表示为一条曲线，如图6-2所示。此时热量 q 的大小相当于图中面积 $DEFGD$，这是一个曲边梯形。为简化计算，在图中取面积及底边 GF 都与 $DEFGD$ 相等的矩形 $MNFGM$ 来代替。矩形高度就是在 t_1～t_2 温度范围内真实比热容的平均值，称为平均比热容，用符号 $c|_{t_1}^{t_2}$ 表示。用平均比热容计算热力过程换热量时，计算式为

$$q = \int_{t_1}^{t_2} c\mathrm{d}T = c|_{t_1}^{t_2}(t_2 - t_1) \tag{6-22}$$

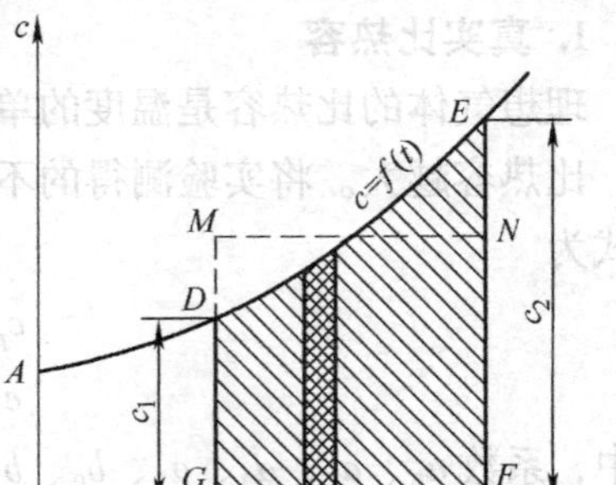

图6-2 理想气体的 c-t 图

为简化计算及简化平均比热容表，往往取某一参考点（通常取0℃）定义平均比热容，将式(6-22)改写成

$$q = \int_0^{t_2} c\mathrm{d}T - \int_0^{t_1} c\mathrm{d}T = c|_0^{t_2}t_2 - c|_0^{t_1}t_1 \tag{6-23}$$

其几何意义就是面积 $AEFOA$ 与面积 $ADGOA$ 之差。式中 $c|_0^{t_1}$ 和 $c|_0^{t_2}$ 分别表示由0℃到 t_1 的平均比热容值和0℃到 t_2 的平均比热容值。工程上常将气体从0℃到 t 之间的平均比热容列成表格以供查用。常用理想气体的平均比定容热容和平均比定压热容的值见附表4和附表5。

（2）平均比热容直线关系式 当温度不太高、变化范围不太大时，假定真实比热容与温度为直线关系已足够准确，如图6-3所示，设

$$c = a + bt \tag{6-24}$$

则单位质量的理想气体温度从 t_1 升高到 t_2 所需的热量为

$$q = \int_{t_1}^{t_2} c\mathrm{d}t = \int_{t_1}^{t_2} (a + bt)\mathrm{d}t$$

$$= a(t_2 - t_1) + \frac{b}{2}(t_2{}^2 - t_1{}^2)$$

$$= (t_2 - t_1)\left[a + \frac{b}{2}(t_1 + t_2)\right] \tag{6-25}$$

由上式可知

$$c\Big|_{t_1}^{t_2} = a + \frac{b}{2}(t_1 + t_2) \tag{6-26}$$

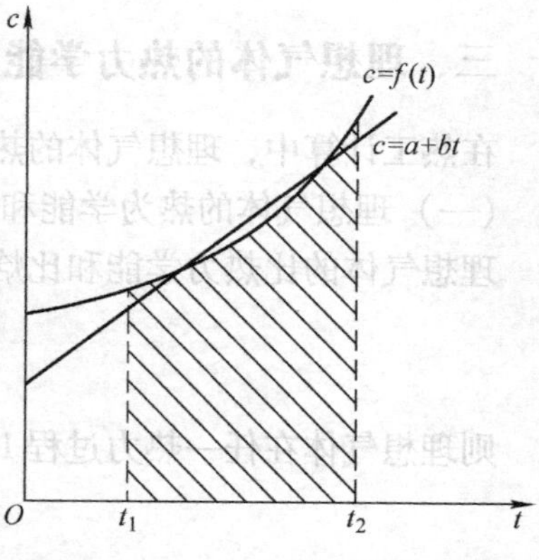

图 6-3　平均比热容直线关系示意

已知某理想气体的直线关系式，即可知 a、b 的值，以 t_1、t_2 的平均值 $(t_1+t_2)/2$ 替换 t 得到平均比热容，由式（6-25）就可求得 q。气体的平均比定压热容直线关系式见附表 6。空气在 0 ~ 150℃的平均比定压热容的直线关系式为

$$c_{p,\mathrm{m}} = (0.9956 + 0.000093t)\,\mathrm{kJ/(kg \cdot K)} \tag{6-27}$$

例 6-3　一锅炉设备的空气预热器，要求每小时加热 3500m³ 的空气，使之在 0.11MPa 的压力下从 25℃升高到 250℃，计算每小时所需供给的热量。

解题分析　此加热过程为定压过程，应用比定压热容求解过程的热量，可采用多种比热容计算，然后进行比较。由于各种可供查取的平均比热容以质量热容居多，为了计算方便，可先求出所给空气的质量。

解　空气的质量流量为

$$q_m = \frac{3500}{22.4 \times 10^{-3}} \times 29 \times 10^{-3}\,\mathrm{kg/h} = 4.53 \times 10^3\,\mathrm{kg/h}$$

方法一：采用定值比热容

空气为双原子气体，其定值比定压热容为

$$c_p = \frac{7R}{2M} = \frac{7 \times 8.314}{2 \times 29 \times 10^{-3}}\,\mathrm{J/(kg \cdot K)} = 1003.4\,\mathrm{J/(kg \cdot K)}$$

所以有

$$Q = q_m c_p (t_2 - t_1) = 4.53 \times 10^3 \times 1003.4 \times (250 - 25)\,\mathrm{J/h} = 1.023 \times 10^9\,\mathrm{J/h}$$

方法二：采用平均比热容表

查附表得 $c_p\big|_0^{25} = 1005\,\mathrm{J/(kg \cdot K)}$，$c_p\big|_0^{250} = 1016\,\mathrm{J/(kg \cdot K)}$

所以有

$$Q = q_m\left(c_p\big|_0^{250} t_2 - c_p\big|_0^{25} t_1\right) = 4.53 \times 10^3 \times (1016 \times 250 - 1005 \times 25)\,\mathrm{J/h} = 1.04 \times 10^9\,\mathrm{J/h}$$

方法三：采用平均比热容直线关系式

平均温度为

$$\frac{t_1 + t_2}{2} = \frac{25℃ + 250℃}{2} = 137.5℃$$

由式（6-27）可知

$$c_{p,\mathrm{m}} = (0.9956 + 0.000093 \times 137.5)\,\mathrm{kJ/(kg \cdot K)} = 1008\,\mathrm{J/(kg \cdot K)}$$

所以有

$$Q = q_m c_{p,\mathrm{m}}(t_2 - t_1) = 4.53\times10^3\times1008\times(250-25)\,\mathrm{J/h} = 1.03\times10^9\,\mathrm{J/h}$$

三、理想气体的热力学能、焓和熵的变化

在热工计算中，理想气体的热力学能、焓、熵的计算通常只涉及其变化量的计算。

(一) 理想气体的热为学能和焓的变化量计算

理想气体的比热力学能和比焓都是温度的单值函数，由式（6-8）和式（6-10）可知

$$\mathrm{d}u = c_V \mathrm{d}T$$

$$\mathrm{d}h = c_p \mathrm{d}T$$

则理想气体在任一热力过程1-2中的比热力学能和比焓的变化量为

$$\Delta u = \int_1^2 c_V \mathrm{d}T \tag{6-28}$$

$$\Delta h = \int_1^2 c_p \mathrm{d}T \tag{6-29}$$

式（6-28）和式（6-29）适用于理想气体的任何热力过程。当以定值比热容计算时，理想气体的比热力学能和比焓的变化量为

$$\Delta u = c_V(T_2 - T_1) \tag{6-30}$$

$$\Delta h = c_p(T_2 - T_1) \tag{6-31}$$

例6-4 一刚性容器由隔板分为A、B两部分，如图6-4所示，A侧有压力为600kPa、温度为27℃的空气，B侧为真空，且$V_B = 5V_A$。若将隔板抽出，空气迅速膨胀充满整个容器，设过程在绝热情况下进行。求容器内空气终态的压力和温度。

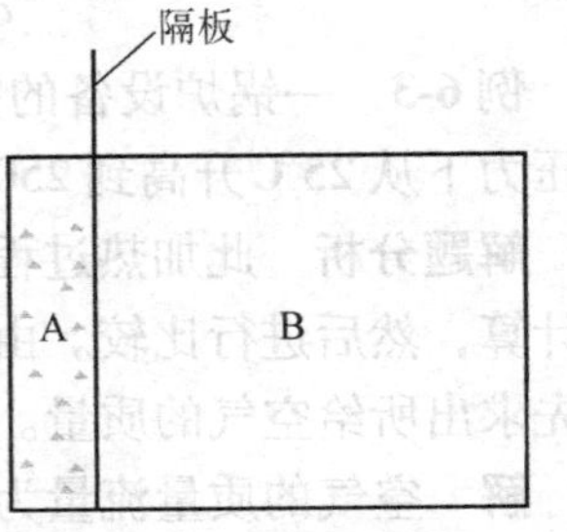

图6-4 例6-4图

解题分析 这是一个气体向真空绝热膨胀的情况，要利用热力学第一定律、理想气体状态方程和比热力学能的性质求解。

解 由热力学第一定律可知 $Q = \Delta U + W$

由过程绝热可知 $Q = 0$

由于B侧真空且容器刚性，则有 $W = 0$

综合以上三式可得 $\Delta U = 0$

空气是理想气体，热力学能的变化由温度的变化决定。所以可知其温度未变，即

$$t_2 = t_1 = 27℃$$

由理想气体的定温过程的状态参数间的关系可知

$$p_2 = \frac{1}{6}p_1 = \frac{1}{6}\times600\mathrm{kPa} = 100\mathrm{kPa}$$

(二) 理想气体的熵的变化量计算

根据可逆过程熵变和热量的关系、热力学第一定律和理想气体状态方程可得熵的变化量为

$$\Delta s = \int_1^2 c_V \frac{\mathrm{d}T}{T} + R_{\mathrm{g}} \ln\frac{v_2}{v_1} \tag{6-32}$$

$$\Delta s = \int_1^2 c_p \frac{\mathrm{d}T}{T} - R_{\mathrm{g}} \ln\frac{p_2}{p_1} \tag{6-33}$$

$$\Delta s = \int_1^2 c_V \frac{\mathrm{d}p}{p} + \int_1^2 c_p \frac{\mathrm{d}v}{v} \tag{6-34}$$

式（6-32）、式（6-33）和式（6-34）适用于理想气体的任何热力过程。当以定值比热容计算时，理想气体的比熵变化量为

$$\Delta s = c_V \ln \frac{T_2}{T_1} + R_g \ln \frac{v_2}{v_1} \tag{6-35}$$

$$\Delta s = c_p \ln \frac{T_2}{T_1} - R_g \ln \frac{p_2}{p_1} \tag{6-36}$$

$$\Delta s = c_V \ln \frac{p_2}{p_1} + c_p \ln \frac{v_2}{v_1} \tag{6-37}$$

以上六式均可用于计算理想气体的比熵的变化量，可根据实际情况和已知条件选取适宜的计算式。

四、理想混合气体

实际工程中应用的气体，大部分不是单一组分的气体，例如空气由 N_2、O_2 和少量的其他气体组成，锅炉中的烟气由 CO_2、CO、SO_2、O_2、N_2 和水蒸气等组成。这种由两种或两种以上气体组成的混合物，称为混合气体。性质如同理想气体的混合气体称为理想混合气体。理想混合气体具有理想气体的一切性质。

（一）分压力

在相同的温度下，某一组成气体单独存在并占据混合气体的体积时所具有的压力，称为该气体在混合气体中的分压力，用符号 p_i 表示。

如图6-5所示，容器a中装有由两种气体组成的理想混合气体，两种气体的分子分别用符号“○”和“+”表示。若将它们分别单独盛放在与容器a容积相同的容器b和容器c中，并保持温度 T 不变，这时容器b和容器c中所产生的压力 p_1 和 p_2，就分别为这两种气体的分压力。

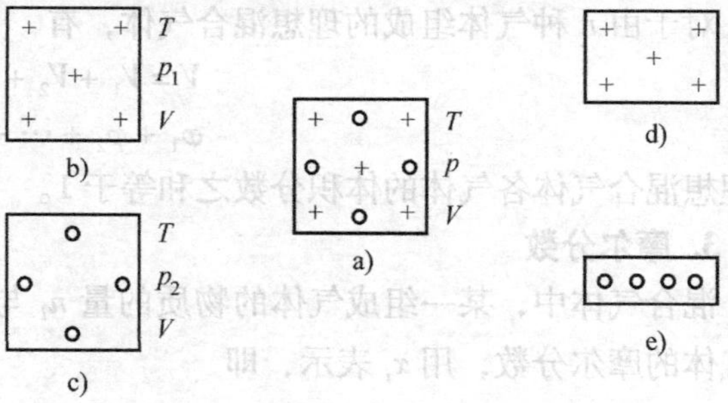

图6-5 混合气体的分压力和分容积

实验及其分析证明，理想混合气体的总压力 p 等于各组成气体的分压力 p_i 之和，即

$$p = p_1 + p_2 + \cdots + p_n \tag{6-38}$$

这就是道尔顿分压定律。

（二）分体积

在相同的温度下，某一组成气体单独存在并承受混合气体的压力时所具有的体积，称为该组成气体的分体积，用符号 V_i 表示。

如图6-5所示，容器a中装有由两种气体组成的理想混合气体。将两种气体单独分置于容器d和容器e中，并均具有混合气体的压力 p 和温度 T，这时容器d和容器e的体积 V_1 和 V_2 即分别为这两种气体的分体积。

实验及其分析证明，理想混合气体的总体积 V，等于各组成气体的分体积 V_i 之和，即

$$V = V_1 + V_2 + \cdots + V_n \tag{6-39}$$

这就是阿麦加特分体积定律。

(三) 混合气体的成分

各组成气体在混合气体中所占的百分数称为混合气体的成分。这里我们介绍几种混合气体的成分表示法。

1. 质量分数

在混合气体中，某一组成气体的质量 m_i 与混合气体总质量 m 之比，称为该组成气体的质量分数，用符号 w_i 表示，即

$$w_i = \frac{m_i}{m} \tag{6-40}$$

对于由 n 种气体组成的混合气体，有

$$m = m_1 + m_2 + \cdots + m_n$$

则

$$w_1 + w_2 + \cdots + w_n = 1 \tag{6-41}$$

即混合气体各气体的质量分数之和等于1。

2. 体积分数

在混合气体中，某一组成气体的分体积 V_i 与混合气体总体积 V 之比，称为该组成气体的体积分数，用符号 φ_i 表示，即

$$\varphi_i = \frac{V_i}{V} \tag{6-42}$$

对于由 n 种气体组成的理想混合气体，有

$$V = V_1 + V_2 + \cdots + V_n$$

则

$$\varphi_1 + \varphi_2 + \cdots + \varphi_n = 1 \tag{6-43}$$

即理想混合气体各气体的体积分数之和等于1。

3. 摩尔分数

混合气体中，某一组成气体的物质的量 n_i 与混合气体的物质的量 n 的比值，称为该组成气体的摩尔分数，用 x_i 表示，即

$$x_i = \frac{n_i}{n} \tag{6-44}$$

对于由 k 种气体组成的理想混合气体，混合气体的总物质的量 n 等于各组元的物质的量 n_i 之和，即

$$n = n_1 + n_2 + \cdots + n_k \tag{6-45}$$

则理想混合气体各组成气体的摩尔分数之和等于1，即

$$x_1 + x_2 + \cdots + x_k = 1 \tag{6-46}$$

对于理想混合气体，各组成气体的摩尔分数 x_i 与其体积分数 φ_i 相等，即

$$x_i = \varphi_i \tag{6-47}$$

所以，理想气体的成分表示实际上只有两种。质量分数 ω_i 和摩尔分数 x_i 是常用的两种成分表示法。如果用 M_i 代表第 i 种组成气体的摩尔质量，则

$$w_i = \frac{m_i}{m} = \frac{n_i M_i}{\sum\limits_{i=1}^{k} n_i M_i} = \frac{\frac{n_i}{n} M_i}{\sum\limits_{i=1}^{k} \frac{n_i}{n} M_i} = \frac{x_i M_i}{\sum\limits_{i=1}^{k} x_i M_i} \tag{6-48}$$

同理

$$x_i = \frac{n_i}{n} = \frac{n_i}{\sum_{i=1}^{k} n_i} = \frac{\dfrac{m_i}{M_i}}{\sum_{i=1}^{k}\dfrac{m_i}{M_i}} = \frac{\dfrac{m_i}{mM_i}}{\sum_{i=1}^{k}\dfrac{m_i}{mM_i}} = \frac{\dfrac{w_i}{M_i}}{\sum_{i=1}^{k}\dfrac{w_i}{M_i}} \tag{6-49}$$

已知一种成分，可以由以上两式换算出另一种成分。

（四）平均摩尔质量和平均气体常数

理想混合气体的平均摩尔质量是为了计算方便而引入的一个假想量。若混合气体的总质量为 m，总物质的量为 n，总混合气体的平均摩尔质量为

$$M = \frac{m}{n} \tag{6-50}$$

如果理想混合气体的质量分数 w_i 已知，则根据混合气体的总物质的量等于各组成气体物质量之和，有

$$\frac{m}{M} = \sum_{i=1}^{k}\frac{m_i}{M_i} \tag{6-51}$$

于是

$$M = \frac{1}{\sum_{i=1}^{k}\dfrac{m_i}{mM_i}} = \frac{1}{\sum_{i=1}^{k}\dfrac{w_i}{M_i}} \tag{6-52}$$

如果已知理想混合气体的摩尔分数 x_i（或体积分数 φ_i），则

$$M = \sum_{i=1}^{k} x_i M_i = \sum_{i=1}^{k}\varphi_i M_i \tag{6-53}$$

在求得理想混合气体平均摩尔质量的基础上，平均气体常数

$$R_g = \frac{R}{M} = R\sum_{i=1}^{k}\frac{w_i}{M_i} = \frac{R}{\sum_{i=1}^{k} x_i M_i} = \frac{R}{\sum_{i=1}^{k}\varphi_i M_i} \tag{6-54}$$

（五）比热容

对质量为 m 的理想混合气体加热时，如果不发生化学反应，则使理想混合气体的温度升高 1K 所需要的热量就等于各组成气体温度分别升高 1K 所需要的热量之和，即

$$mc = \sum_{i=1}^{k} m_i c_i \tag{6-55}$$

由上式可得

$$c_p = \sum_{i=1}^{k} w_i c_{p,i} \tag{6-56}$$

$$c_V = \sum_{i=1}^{k} w_i c_{V,i} \tag{6-57}$$

即，理想混合气体的比热容等于各组成气体的比热容与各自的质量分数乘积的总和。同理可得

$$C_{p,m} = Mc_p = \sum_{i=1}^{k} x_i M_i c_{p,i} = \sum_{i=1}^{k} x_i C_{p,m,i} \tag{6-58}$$

$$C_{V,m}=Mc_V=\sum_{i=1}^{k}x_iM_ic_{V,i}=\sum_{i=1}^{k}x_iC_{V,m,i} \tag{6-59}$$

即理想混合气体的摩尔热容等于各组气体的摩尔热容与各自摩尔分数乘积的总和。混合气体的体积热容（单位为 $kJ/(m^3 \cdot K)$）可由其摩尔热容（单位为 $kJ/(kmol \cdot K)$）除以22.4得到。

五、理想气体的基本热力过程

分析热力过程的目的在于揭示过程中工质状态参数的变化规律和能量转换情况，进而找出影响它们转化的主要因素，研究外部条件对热功转换的影响，提高过程的热功转换效率。

实际热机的热力过程是很复杂的，不易分析。严格来说都不是可逆过程，而且工质的状态参数都在变化，不易找出规律。但仔细观察热力设备中常见的一些过程，发现它们却又往往近似地具有某些简单的特征。为了讨论问题方便，工程热力学常将实际过程抽象为带有某些简单特征的基本热力过程——定容、定温、定压和绝热过程，以及具有综合特点的一般性热力过程——多变过程。同时，在一定条件下常把实际的不可逆过程当做可逆过程处理。本章所讨论的热力过程均视为可逆过程，工质为单位质量的理想气体，比热容采用定值比热容。

分析理想气体热力过程的内容和方法包括以下几个。

1）依据过程特征建立过程方程式。

2）由过程方程和理想气体状态方程确定初、终态的基本状态参数。

3）根据理想气体性质计算过程中的热力学能、焓和熵的变化量。

4）绘制过程曲线。

5）根据热力学第一定律，结合过程特征，计算过程中系统与外界交换的体积变化功、技术功和换热量。

（一）定容过程

比体积保持不变的热力过程称为定容过程。例如，在刚性密闭容器中气体的加热或冷却过程，汽油机气缸中燃料的燃烧加热过程（由于燃烧极为迅速，活塞还来不及运动，气体的温度和压力却急剧上升），都可近似为定容过程。

1. 过程方程式

按过程特征，过程方程式为

$$v=C\text{(常数,下同)或 } \mathrm{d}v=0 \tag{6-60}$$

2. 初、终状态参数关系式

由理想气体状态方程和过程方程可以得到定容过程初、终状态参数间的关系为

$$\frac{p_2}{p_1}=\frac{T_2}{T_1}\text{或}\frac{p}{T}=C \tag{6-61}$$

即：定容过程中气体的压力与热力学温度成正比。

3. 热力学能、焓和熵的变化量

热力学能和焓的变化量同式（6-30）和式（6-31）。

熵的变化量为

$$\Delta s=c_V\ln\frac{T_2}{T_1} \tag{6-62}$$

4. 过程曲线

由于 $v=C$，定容过程线在 p-v 图中是一条垂直于横轴的直线，在 T-s 图中为一条斜率为正值的指数曲线，如图 6-6 所示。其中，1-2 为定容加热过程，1-2′为定容放热过程。

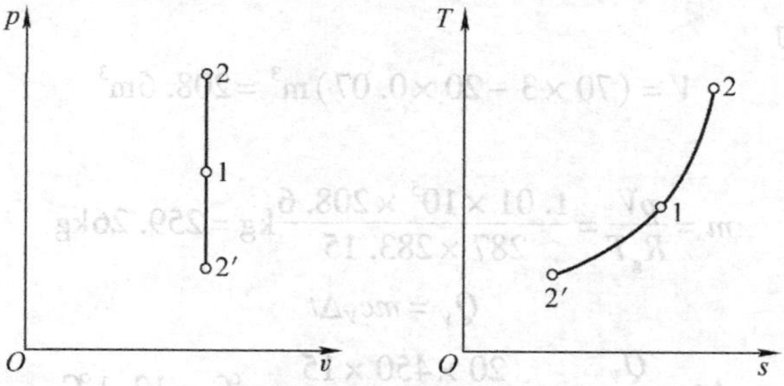

a)　　b)

图 6-6　定容过程

a）p-v 图　b）T-s 图

5. 能量交换

从图 6-6a 可见，定容过程线与横轴围成的面积为零，说明系统与外界交换的体积变化功为 0，即

$$w=0 \tag{6-63}$$

由热力学第一定律得定容过程换热量为

$$q=\Delta u \tag{6-64}$$

由此可见，在定容过程中加入的热量将全部转变为气体热力学能的增加。

定容过程工质与外界交换的技术功为

$$w_t = \int_1^2 -v\mathrm{d}p = v(p_1-p_2) = q-\Delta h \tag{6-65}$$

例 6-5　有 1kg 空气，$p_1=0.1\text{MPa}$，$t_1=100℃$，定容加热到 $t_2=300℃$，求：p_2 和过程的 q、w、w_t、Δu、Δh、Δs。

解题分析　由题设可知这是一个理想气体的定容过程，应用定容过程有关公式计算各量。

解　因为

$$\frac{p_2}{p_1}=\frac{T_2}{T_1}$$

所以

$$p_2=p_1\frac{T_2}{T_1}=0.1\times\frac{300+273}{100+273}\text{MPa}=0.154\text{MPa}$$

因为

$$v=C$$

所以

$$w=0$$

所以

$$q=\Delta u=c_V(T_2-T_1)=0.716\times(300-100)\text{kJ/kg}=143.2\text{kJ/kg}$$

因为

$$\Delta h=c_p(T_2-T_1)=1.004\times(300-100)\text{kJ/kg}=200.8\text{kJ/kg}$$

所以

$$w_t=q-\Delta h=(143.2-200.8)\text{kJ/kg}=-57.6\text{kJ/kg}$$

$$\Delta s=c_V\ln\frac{T_2}{T_1}=0.716\times\ln\frac{300+273}{100+273}\text{kJ/(kg·K)}=0.3\text{kJ/(kg·K)}$$

例 6-6　有 20 个人在一个面积为 70m^2、高度为 3m 的房间内开会，设每人每小时散出的热量为 450kJ，每个人的体积为 0.07m^3，其他物体占有的体积不计，房间内开始的压力为

1.01 ×10^{5}Pa，温度为10℃，假设房间完全封闭并且绝热。试计算15min内空气的温升。

解题分析 选取房间内的空气作为热力系统，房间内的人向空气释放热量，所以这是一个空气的定容加热过程。

解 空气的体积为

$$V = (70 \times 3 - 20 \times 0.07)\text{m}^3 = 208.6\text{m}^3$$

空气的质量为

$$m = \frac{pV}{R_g T} = \frac{1.01 \times 10^5 \times 208.6}{287 \times 283.15}\text{kg} = 259.26\text{kg}$$

根据

$$Q_V = mc_V \Delta t$$

有

$$\Delta t = \frac{Q_V}{mc_V} = \frac{20 \times 450 \times 15}{259.26 \times 0.716 \times 60}℃ = 12.1℃$$

此题说明：当很多人聚集在一个小空间内时，要适当通风。

（二）定压过程

压力保持不变的热力过程称为定压过程。工程上，许多热力设备中的加热或冷却过程是在定压的情况下进行的，例如，燃气轮机动力装置燃烧室中的燃烧加热过程，燃气压力变动极微，近似于定压过程。

1. 过程方程式

定压过程的过程方程为

$$p = C \text{ 或 } \mathrm{d}p = 0 \tag{6-66}$$

2. 初、终状态参数关系式

由理想气体状态方程和过程方程可得定压过程初、终状态参数间的关系为

$$\frac{v_2}{v_1} = \frac{T_2}{T_1} \text{或} \frac{v}{T} = C \tag{6-67}$$

即：定压过程中气体的比体积与热力学温度成正比。

3. 热力学能、焓和熵的变化量

热力学能和焓的变化量同式（6-30）和式（6-31）。

熵的变化量为

$$\Delta s = c_p \ln \frac{T_2}{T_1} \tag{6-68}$$

4. 过程曲线

由于$p = C$，所以在p-v图中定压过程线为一条平行于横轴的直线，在T-s图中定压过程线与定容过程线类似，也是一条指数曲线，但从同一初态出发的定容线比定压线陡，如图6-7所示。其中，1-2为定压加热过程，1-2′为定压放热过程。

5. 功和热量

由p-v图中定压过程线与纵轴围成的面积可知，定压过程的技术功为

$$w_t = 0 \tag{6-69}$$

由热力学第一定律得气体在定压过程中的换热量

$$q = \Delta h \tag{6-70}$$

即：气体在定压过程中所加入或放出的热量等于其焓的变化。

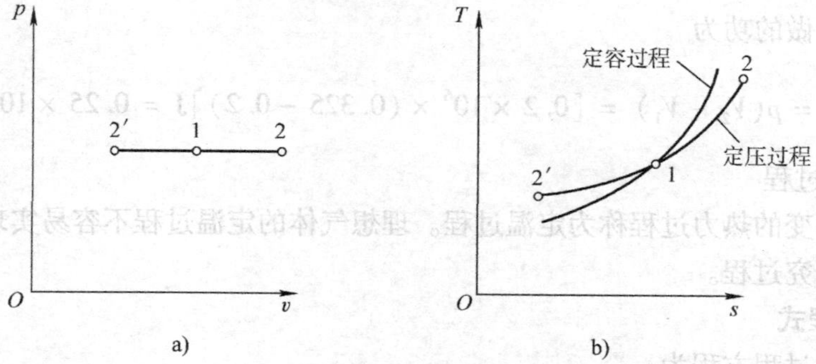

图6-7　定压过程

a) *p-v* 图　b) *T-s* 图

系统与外界交换的体积变化功为

$$w = \int_1^2 p\mathrm{d}v = p(v_2 - v_1) = R_g(T_2 - T_1) = q - \Delta u \tag{6-71}$$

例6-7　有3kg空气，由 $T_1 = 310\mathrm{K}$ 定压吸热630kJ到 T_2。求：T_2、W、W_t、ΔU、ΔH、ΔS。

解题分析　由题设可知这是一个理想气体的定压过程，应用定压过程有关公式计算各量。

解　因为 $$Q = mc_p(T_2 - T_1)$$

所以 $$T_2 = \frac{Q}{mc_p} + T_1 = \left(\frac{630}{3 \times 1.004} + 310\right)\mathrm{K} = 519\mathrm{K}$$

因为 $$p = C$$

所以 $$W_t = 0$$

所以 $$\Delta H = Q = 630\mathrm{kJ}$$

因为 $$W = mR_g(T_2 - T_1) = 3 \times 0.2871 \times (519 - 310)\mathrm{kJ} = 180\mathrm{kJ}$$

所以 $$\Delta U = Q - W = (630 - 180)\mathrm{kJ} = 450\mathrm{kJ}$$

$$\Delta S = mc_p \ln\frac{T_2}{T_1} = 3 \times 1.004 \times \ln\frac{519}{310}\mathrm{kJ/K} = 1.55\mathrm{kJ/K}$$

例6-8　在直径为50cm的气缸内有 $0.2\mathrm{m}^3$ 温度为18℃、压力为0.2MPa的气体。若气缸中活塞承受一定的压力不变，且活塞缓慢移动没有摩擦。求当温度上升为200℃时，活塞上升的距离，气体对外做的功。

解题分析　气缸内气体为闭口系统，由于活塞承受一定的压力不变，温度上升过程中气体保持压力不变，且活塞缓慢移动没有摩擦，系统经历了一个可逆定压过程。

解　由题意可知 $$\frac{V_1}{V_2} = \frac{T_1}{T_2}$$

则 $$V_2 = \frac{T_2}{T_1}V_1 = \frac{273 + 200}{273 + 18} \times 0.2\mathrm{m}^3 = 0.325\mathrm{m}^3$$

活塞上升的距离为

$$\Delta l = l_2 - l_1 = \frac{V_2 - V_1}{\frac{1}{4}\pi d^2} = \frac{0.325 - 0.2}{\frac{1}{4} \times 3.14 \times (50 \times 10^{-2})^2}\mathrm{m} = 0.637\mathrm{m} = 63.7\mathrm{cm}$$

气体对外所做的功为

$$W = \int_1^2 p\mathrm{d}V = p(V_2 - V_1) = [0.2 \times 10^6 \times (0.325 - 0.2)]\mathrm{J} = 0.25 \times 10^5\mathrm{J} = 25\mathrm{kJ}$$

（三）定温过程

温度保持不变的热力过程称为定温过程。理想气体的定温过程不容易实现，但它是一种很重要的理论研究过程。

1. 过程方程式

定温过程的过程方程为

$$T = C \text{ 或 } \mathrm{d}T = 0 \tag{6-72}$$

2. 初、终状态参数关系式

定温过程初、终状态参数间的关系为

$$pv = C \tag{6-73}$$

即：定温过程中气体的压力与比体积成反比。

3. 热力学能、焓和熵的变化量

热力学能和焓的变化量同式（6-30）和式（6-31），根据过程特点可知

$$\Delta u = 0 \tag{6-74}$$

$$\Delta h = 0 \tag{6-75}$$

熵的变化量为

$$\Delta s = R_g \ln \frac{v_2}{v_1} = R_g \ln \frac{p_1}{p_2} \tag{6-76}$$

4. 过程曲线

由于 $pv = C$，所以定温过程线在 p-v 图中是一条等边双曲线，在 T-s 图中是一条水平线，如图 6-8 所示。其中，1-2 为定温膨胀过程，1-2′为定温压缩过程。

5. 功和热量

由于 $\Delta u = 0$，$\Delta h = 0$，根据热力学第一定律可知，定温过程的换热量为

$$q = w = w_t \tag{6-77}$$

上式说明，定温过程中加入系统的热量全部用于对外做膨胀功或技术功；气体被压缩时，对系统所做的功全部转换为热量向外放出。

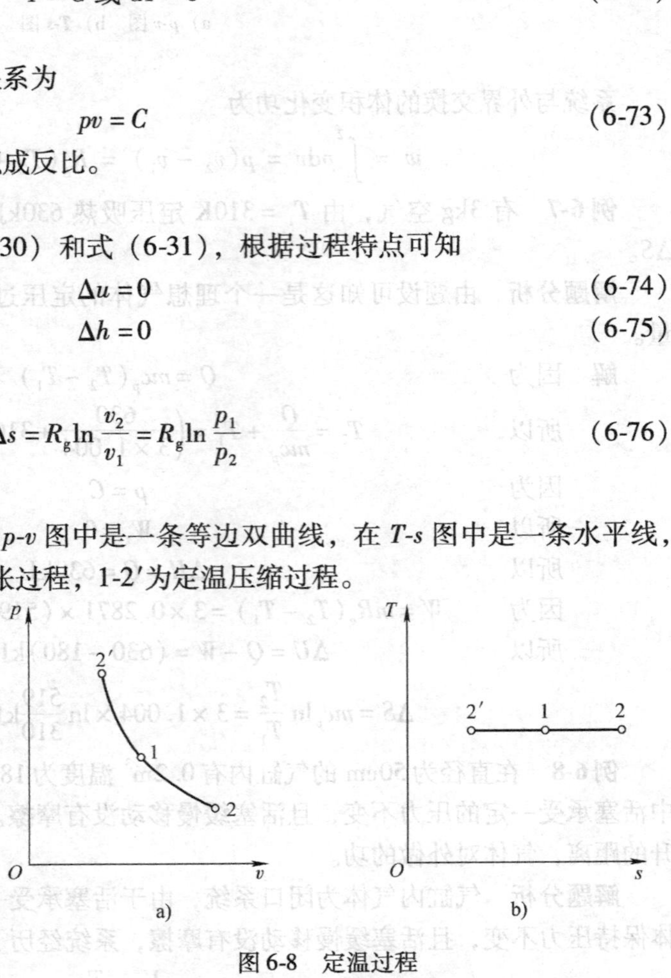

图 6-8 定温过程

a) p-v 图 b) T-s 图

根据定温过程的特点可知，定温过程的换热量也可以这样求解

$$q = T\Delta s \tag{6-78}$$

定温过程系统与外界交换的功为

$$w = \int_1^2 p\mathrm{d}v = \int_1^2 \frac{R_g T}{v}\mathrm{d}v = R_g T \ln \frac{v_2}{v_1} = R_g T \ln \frac{p_1}{p_2} \tag{6-79}$$

值得注意的是，由于定温过程中气体的比热容为无限大，热量不能直接利用比热容计

算，应利用能量方程计算。

例 6-9 有 1kg 空气，由 $p_1 = 1.02\text{bar}$，$t_1 = 30℃$ 定温压缩到 $p_2 = 5.88\text{bar}$。求：V_2、w、q、Δs。

解题分析 由题设可知这是一个理想气体的定温过程，应用定温过程有关公式计算各量。

解 因为
$$p_2 v_2 = R_g T_2 = R_g T_1$$

所以
$$V_2 = \frac{mR_g T_1}{p_2} = \frac{0.2871 \times (273 + 30) \times 10^3}{5.88 \times 10^5}\text{m}^3 = 0.148\text{m}^3$$

$$w = R_g T \ln\frac{p_1}{p_2} = 0.2871 \times (273 + 30)\ln\frac{1.02}{5.88}\text{kJ/kg} = -152.33\text{kJ/kg}$$

因为
$$\Delta u = \Delta h = 0$$

所以
$$q = w = -152.33\text{kJ/kg}$$

$$\Delta s = R_g \ln\frac{p_1}{p_2} = 0.2871 \times \ln\frac{1.02}{5.88}\text{kJ/(kg·K)} = -0.5029\text{kJ/(kg·K)}$$

例 6-10 将初态压力为 $0.9807 \times 10^5\text{Pa}$、温度为 30℃的质量 1kg 的空气，在气缸内定温压缩至原来体积的 1/15。求压缩所需轴功，压缩时加入或放出的热量，热力学能变化量，压缩后的压力和温度。

解题分析 由题设可知这是一个理想气体的定温压缩过程。

解 因是定温过程，所以压缩后温度
$$T_2 = T_1 = (30 + 273)\text{K} = 303\text{K}$$

终压
$$p_2 = \frac{p_1 v_1}{v_2} = \left(\frac{0.9807 \times 10^5}{\frac{1}{15}}\right)\text{Pa} = 14.71 \times 10^5\text{Pa}$$

热量
$$q = R_g T \ln\frac{p_1}{p_2} = \left(287 \times 10^{-3} \times 303 \times \ln\frac{0.9807 \times 10^5}{14.71 \times 10^5}\right)\text{kJ/kg} = -234.8\text{kJ/kg}，放热。$$

热力学能变化量
$$\Delta u = 0$$

压缩所需轴功
$$w_s = q = -234.8\text{kJ/kg}$$

（四）绝热过程

气体与外界无热量交换的过程称为绝热过程。燃气流过燃气轮机或空气流过叶轮式压气机时，流速很快，经机壳向外界散失的热量极少，都可近似看做绝热过程。

1. 过程方程式

绝热过程中间无热交换，而且过程中的每一瞬间系统与外界间也无热交换，所以绝热过程

$$q = 0 \text{ 或 } \delta q = 0 \tag{6-80}$$

对于可逆绝热过程有 $\mathrm{d}s = \frac{\delta q}{T} = 0$，所以可逆绝热过程又称为等熵过程。

由热力学第一定律能量方程和理想气体状态方程经推导可得绝热过程方程式为

$$pv^{\kappa}=C \tag{6-81}$$

式中 κ——等熵指数。理想气体的等熵指数等于比热容比。

2. 初、终状态参数关系式

由绝热过程方程式和理想气体状态方程式可得到可逆绝热过程初、终状态参数间的关系式为

$$\frac{p_2}{p_1}=\left(\frac{v_1}{v_2}\right)^{\kappa} \tag{6-82}$$

$$\frac{T_2}{T_1}=\left(\frac{v_1}{v_2}\right)^{\kappa-1} \tag{6-83}$$

$$\frac{T_2}{T_1}=\left(\frac{p_2}{p_1}\right)^{\frac{\kappa-1}{\kappa}} \tag{6-84}$$

3. 热力学能、焓和熵的变化量

热力学能和焓的变化量同式（6-30）和式（6-31）。

根据过程特点可知，熵的变化量为

$$\Delta s=0 \tag{6-85}$$

4. 过程曲线

如图6-9所示，定熵过程曲线在 T-s 图中是一条垂直于熵轴的直线，在 p-v 图中是一条较定温过程线陡的高次双曲线。其中，1-2为定熵膨胀过程，1-2′为定熵压缩过程。

5. 功和热量

绝热过程与外界不交换热量。根据热力学第一定律得绝热过程系统与外界交换的体积变化功为

$$w=-\Delta u \tag{6-86}$$

即：定熵过程中气体所做的体积变化功等于系统热力学能的减少；而外界对系统做的压缩功将全部转换成系统的热力学能的增加。

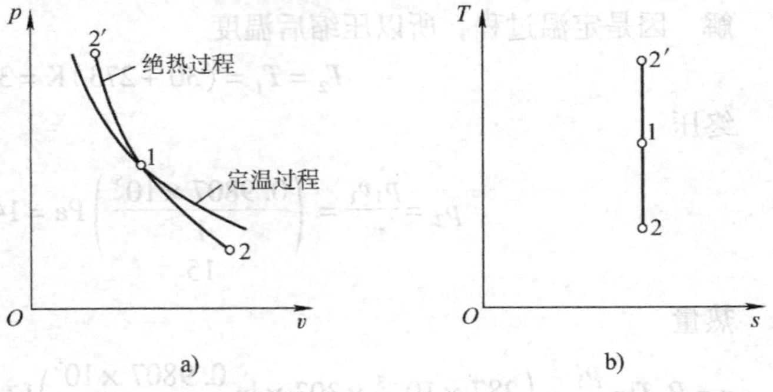

图6-9 可逆绝热过程

a) p-v 图 b) T-s 图

以定值比热容计算，上式可进一步表示为

$$w=c_V(T_1-T_2)=\frac{R_g}{\kappa-1}(T_1-T_2) \tag{6-87}$$

绝热过程系统与外界交换的技术功为

$$w_t=-\Delta h=c_p(T_1-T_2)=\frac{\kappa R_g}{\kappa-1}(T_1-T_2)=\kappa w \tag{6-88}$$

即：定熵过程中气体所做的技术功等于系统焓的减少；而外界对系统做的技术功将全部转换成系统的焓的增加。

由式（6-87）和式（6-88）对比可知，绝热过程系统与外界交换的技术功为体积变化功的 κ 倍。

例6-11 有1kg空气，由 $p_1=0.5\text{MPa}$、$t_1=327℃$，经过一个可逆绝热过程，到 $p_2=$

0.1MPa。求：T_2、v_2、w。

解题分析　由题设可知这是一个理想气体的定熵过程，应用定熵过程有关公式计算各量。

解　因为
$$\frac{T_2}{T_1}=\left(\frac{p_2}{p_1}\right)^{\frac{\kappa-1}{\kappa}}$$

所以
$$T_2=T_1\left(\frac{p_2}{p_1}\right)^{\frac{\kappa-1}{\kappa}}=(327+273)\times\left(\frac{0.1}{0.5}\right)^{\frac{1.4-1}{1.4}}\text{K}=378.8\text{K}$$

所以
$$v_2=\frac{R_gT_2}{p_2}=\frac{0.2871\times10^3\times378.8}{0.1\times10^6}\text{m}^3=1.088\text{m}^3$$

$$w=\frac{R_g}{\kappa-1}(T_1-T_2)=\frac{0.2871}{1.4-1}\times(600-378.8)\text{kJ/kg}=158.7\text{kJ/kg}$$

知识拓展：多变过程

一般在实际热力过程中工质的状态参数都会发生变化，并且与外界有热量交换。通过研究发现，工程上的热力过程都可概括成多变过程。多变过程是按一定规律变化的热力过程，它比基本热力过程更具有代表性。

结合基本热力过程的共同特性，可归纳出多变过程方程式为
$$pv^n=C \tag{6-89}$$
式中　n——多变指数。

在一个热力过程中，多变指数 n 保持不变。所以说，多变过程就是指按一定多变指数 n 变化的热力过程。

对于一个复杂的热力过程，可能不完全符合 $pv^n=C$ 的规律，但当 n 变化不大时，可将热力过程简化成一个相应的 n 值；而当 n 变化较大时，则将热力过程简化成几段多变过程，各段过程 n 值可以不同，但每段过程的 n 值仍是定值。

四个基本热力过程可看做是多变过程的特例，即

当 $n=0$ 时，$p=C$，为定压过程；

当 $n=1$ 时，$pv=C$，为定温过程；

当 $n=\kappa$ 时，$pv^\kappa=C$，为定熵过程；

当 $n=\infty$ 时，$v=C$，为定容过程。

由多变过程的过程方程式与绝热过程的过程方程式进行比较可以发现，两者表达形式一样，所以只要将等熵指数 κ 换成多变指数 n，绝热过程的初、终状态参数关系式就可用于多变过程。

四个基本热力过程是多变过程的特例，借助于四个基本热力过程曲线，可在 T-s 图和 p-v 图上确定多变过程曲线位置，如图 6-10 所示。

由图 6-10 可以看出，多变过程曲线的位置按多变指数 n 值作规律性的分布。即：从定压线开始，过程线的多变指数 n 按顺时针方向递增。但在热机和制冷机、热泵循环中，具有特殊意义的是 $n=1\sim\kappa$ 的多变过程，其过程曲线应在定熵线与定温线之间。

利用状态参数坐标图，我们还可以直观地判断多变过程中热力学能变化 Δu、焓的变化 Δh，过程功 w、技术功 w_t 和热量 q 的正负，以便定性了解能量转换与传递特性。

热力学能 Δu 和焓的变化 Δh 的正负判断以过起点的定温线为分界，T-s 图中位于定温线上方或 p-v 图中位于定温线右上方的各多变过程 $\Delta u>0$、$\Delta h>0$；T-s 图中位于定温线下方或

p-v 图中位于定温线左下方的各多变过程 $\Delta u<0$、$\Delta h<0$。

过程功 w 的正负判断，以过起点的定容线为分界，p-v 图中位于定容线的右方或 T-s 中位于定容线右下方的各多变过程 $w>0$；反之，$w<0$。

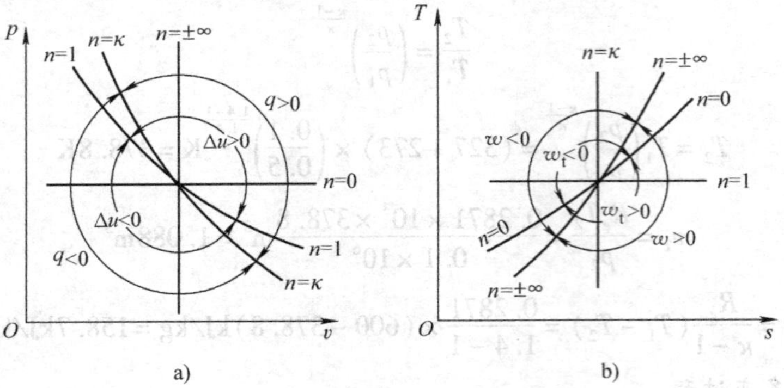

图 6-10　多变过程

a) p-v 图　b) T-s 图

技术功 w_t 的正负判断，以过起点的定压线为分界，p-v 图中位于定压线的下方或 T-s 中位于定压线右下方的各多变过程 $w_t>0$；反之，$w_t<0$。

热量 q 的正负判断，以过起点的定熵线为分界，T-s 图中位于定熵线右方或 p-v 图中位于定熵线右上方的各多变过程 $q>0$；T-s 图中位于定熵线左方或 p-v 图中位于定熵线左下方的各多变过程 $q<0$。

第二节　水 蒸 气

火力发电厂中热能转化为机械能是以水蒸气作为工质的。水蒸气是人类在热力发动机中应用最早的工质。水蒸气具有价廉、易得、无毒无味、比热容大、传热好、有适宜的热力参数、有良好的膨胀性及载热性、不会污染环境等优点，目前仍是热工技术中应用最广泛的一种工质。工程上常用的工质还有氨蒸气、氟利昂蒸气等各种制冷剂蒸气，它们和水蒸气一样，不能像理想气体那样用单一的状态方程来描述它的热力性质，被称为实际气体。各种物质的蒸气虽然各有特点，但其热力性质和物态变化规律都有许多相似之处。这里仅以水蒸气为例，对它的产生、状态确定及基本热力过程进行分析。绪论中介绍的火力发电厂生产过程已经告诉我们，实现热能向机械能的转化任务，需要水与水蒸气发生一系列状态的变化。那么，火力发电厂中的水蒸气是如何获得的？水蒸气的状态参数是如何确定？水蒸气的热力过程如何分析？

一、水蒸气的定压发生过程

（一）水蒸气的基本概念

1. 汽化

由液态转变成汽态，称为物质的汽化。汽化有两种方式：蒸发与沸腾。

蒸发是液体表面缓慢的汽化现象，它在任意温度下都能发生。如未盖紧的墨水瓶中墨水变少，湿衣服晾干等都是由于蒸发的缘故。不同液体蒸发快慢是不同的。同种液体，液体表面积越大，温度越高，液体表面上方空气流速越大，蒸发进行得越快。

液体与高于其饱和温度的壁面接触时，被加热汽化的现象称为沸腾。沸腾是液体表面和内部同时发生的剧烈汽化现象，它相对于一定的压力，只能在一定的温度下发生，该沸腾温度称为沸点。一般，同样条件下，不同液体的沸点是不同的。同种液体，压力越高沸点越高。沸腾时气体与液体共存，两者温度相同，沸腾过程中，温度始终保持沸点。

不管是蒸发汽化还是沸腾汽化，其实质都是部分液体分子吸收足够的热能而获得逸出功并脱离液体表面，跃入汽相空间的过程。汽化速度与液体温度、汽相蒸气压力等诸多因素有关。另外，在汽化的同时，汽相中蒸气分子也会不断运动而冲撞液面，被液体分子重新捕获而返回液相。

2. 液化

物质由气态变为液态的现象称为液化。通常液化有两种方式：压缩和凝结。压缩液化是在一定温度下，通过对气态物质加压，使其压力低于其温度下的饱和压力而液化，如液化石油气。发电厂中遇到的液化现象主要是凝结。凝结是气态物质遇到低于其压力下的饱和温度的冷物体时液化的现象，如乏汽在冷凝器中遇到冷却表面凝结为水。一定压力的蒸气，必须降到一定温度时才能凝结，该温度就是该压力下的凝结温度，实质是饱和温度。蒸气压力越低，凝结温度也越低。

3. 饱和状态

有限量液体在自由空间中汽化时，由于液体表面附近的气相蒸气压力低，汽化速度总是大于液化速度，所以经过一定时间后，液体就会全部汽化。

若将液体放置于封闭容器中，由于在刚开始时气相中蒸气浓度低，液体汽化速度必大于液化速度。随着汽化的进行，气相中蒸气分子密度不断增大，同时返回液体表面的蒸气分子也不断增多。这时，汽化速度逐渐下降，液化速度逐渐增大，当汽化与液化达到相同速度时，容器内液体量和空间蒸气量不再变化。我们把这时气、液两相达到平衡时的状态称为饱和状态。需要注意的是，这种平衡状态不是静止的平衡状态，而是一种动态平衡状态，即汽化、液化过程仍在进行，只是汽化速度与液化速度相同而已。处于饱和状态下的液体和蒸气分别称为饱和液体和饱和蒸气，此时，饱和液体和饱和蒸气的压力和温度是一样的，称为饱和压力和饱和温度，分别用 p_s 和 t_s 表示。

如果使上述容器中温度升高到另一个温度，则汽化速度加快，原平衡破坏，随着汽化加快，空间蒸气又增多，蒸气压力又升高，使蒸气液化速度增大，液体汽化速度减小，到某个时刻，汽化速度与液化速度相同，又达到了新的动态平衡。此时，蒸气压力对应于该较高温度下的一个较高的饱和压力，可见，对应于一定的饱和温度必然有一个相应的饱和压力，或对应于一定的饱和压力，一定有一个相应的饱和温度，即饱和温度 t_s 和饱和蒸气压力 p_s 之间必然存在单值性关系 $t_s = f(p_s)$ 或 $p_s = f(t_s)$，且两者是单调增的关系。表6-2 列出了几个由实验测出的水的饱和温度和压力。

表 6-2　水的饱和温度和饱和压力

p_s/MPa	0.01	0.1	0.1013	1	10	20
t_s/℃	45.80	99.63	100.00	179.92	311.04	365.80

4. 干度

饱和液体和饱和蒸气的混合物称为湿饱和蒸气，简称为湿蒸气。相应地，不含有饱和液体的饱和蒸气称为干饱和蒸气，简称为干蒸气。为了确定湿蒸气中所含饱和液体和饱和蒸气的量，或确定湿蒸气的状态，必须引入湿蒸气特有的重要参数，即干度 x。

单位质量湿蒸气中所含饱和蒸气的质量称为湿蒸气的干度，表达式为

$$x=\frac{m_{\mathrm{v}}}{m}=\frac{m_{\mathrm{v}}}{m_{\mathrm{v}}+m_{\mathrm{l}}} \tag{6-90}$$

式中 m_{v}——湿饱和蒸气中干饱和蒸气的质量，单位为kg；

m_{l}——湿饱和蒸气中饱和液体的质量，单位为kg；

m——湿饱和蒸气质量，单位为kg。

干度 x 的取值范围为0~1。当干饱和蒸气的含量为0即 $x=0$ 时，湿蒸气是饱和液体状态。同样，当饱和液体的含量为0时，即 $x=1$，此时湿蒸气为干饱和蒸气状态。随着 x 值的增大，在湿蒸气中液态的含量减少，湿蒸气逐渐接近干饱和蒸气。

发电厂热能动力设备运行中有时对水蒸气（简称蒸汽，下同）干度有一定的要求，例如锅炉汽包进入过热器的蒸汽，要求 $x=1$，以免蒸汽中含有水分损坏过热器，所以在汽包内装有汽水分离器。又如汽轮机的末级蒸汽干度 x 不能小于0.85~0.90，以免损坏汽轮机的叶片。

知识拓展：实际气体状态方程式

按照理想气体的状态方程式 $pv=R_{\mathrm{g}}T$，可得出 $\frac{pv}{R_{\mathrm{g}}T}=1$。但实验结果显示出实际气体并不符合这样的规律，尤其在高压低温下偏差更大。

实际气体的这种偏离通常采用压缩因子或压缩系数 Z 表示，即

$$Z=\frac{pv}{R_{\mathrm{g}}T}=\frac{pV_{\mathrm{m}}}{RT} \text{或} pV_{\mathrm{m}}=ZRT$$

式中 V_{m}——摩尔体积，单位是 $\mathrm{m^3/mol}$；

R——摩尔气体常数，$R=8.314\mathrm{J/(mol\cdot K)}$。

显然，理想气体的 Z 恒等于1。实际气体的 Z 可大于1，也可小于1。Z 值偏离1的大小，反映了实际气体对理想气体性质偏离的程度。Z 值的大小不仅与气体的种类有关，而且同种气体的 Z 值还随压力和温度而变化。因而，Z 是状态的函数。产生这种偏离的原因是，理想气体模型中忽略了气体分子间的作用力和气体分子所占据的体积。事实上，由于分子间存在着引力，当气体被压缩、分子间的平均距离缩短时，分子间引力的影响增大，气体的体积在分子引力的作用下要比不考虑引力时小。因此，在一定温度下，大多数实际气体的 Z 值起先随着压力的增大而减小，即其比体积比作为理想气体在同温同压下的比体积小。随着压力增大，分子间距离进一步减小，分子间斥力的影响逐渐增大，因而实际气体的比体积比作为理想气体的比体积大。同时，分子本身占有的体积使分子自由活动空间减小的影响也不容再忽视。故而，极高压力时气体 Z 值将大于1，而且 Z 值随压力的增大而增大。

从上面粗略的定性分析可知，需要确定适用于实际气体的状态方程式。最早的实际气体状态方程式是1873年范德瓦耳斯（Van der Wals）提出的方程式，他根据理想气体的两个基本假定，对理想气体状态方程式进行了修正，提出了实际气体的状态方程式，称为范德瓦耳

斯方程式，即

$$\left(p+\frac{a}{V_m^2}\right)(V_m-b)=RT$$

式中的常数 a 和 b 叫做范德瓦耳斯常数，与分子的大小和相互作用力有关，随物质不同而异，可由实验方法确定。$\frac{a}{V_m^2}$ 是考虑到分子之间吸引力的修正值，而 b 是考虑到分子本身所占有体积的修正值。范德瓦耳斯方程式的价值在于能近似反映实际气体性质方面的特征，并为实际气体状态方程式的研究开拓了道路。

（二）水蒸气定压发生过程的三个阶段和五种状态

火力发电厂中的水蒸气是由锅炉产生的，锅炉产生蒸汽的过程可以看成是一个工质压力保持不变的过程，下面对水定压加热成为过热蒸汽的全过程进行分析。为方便起见，假设容器中有一定量的水，在容器的活塞上加载重物，然后通过容器壁底部对水进行加热，使水在定压下汽化，其变化和状态如图 6-11 所示。水在相应的压力下呈现了三个阶段、五种状态。

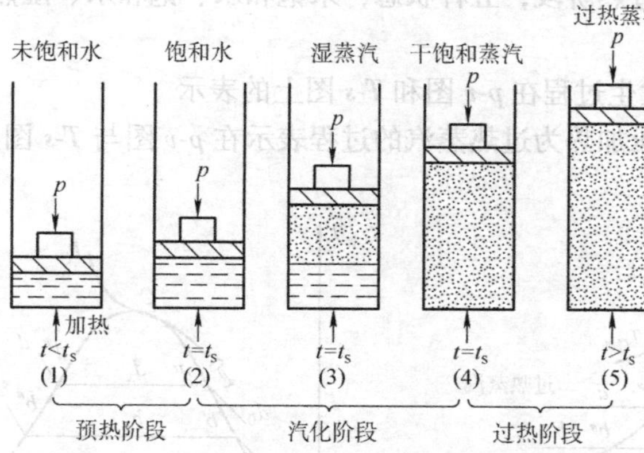

图 6-11　蒸汽定压发生过程及状态变化示意图

1. 未饱和水的预热阶段

在开始加热时如图 6-11 中的（1）所示，容器内水的温度往往低于该压力相对应的饱和温度，这种状态称为未饱和水或过冷水。称该压力所对应的饱和温度 t_s 与液体温度 t 之差为过冷度或过冷温差。对未饱和水定压加热时，水温度逐渐升高，比体积稍有增大，当水温升到与压力 p 所对应的饱和温度 t_s 时，水开始沸腾，这时的水称为饱和水，如图 6-11 中的（2）所示。水在定压下从未饱和水加热为饱和水的阶段称为预热阶段，该阶段工程上主要是在锅炉省煤器中完成的。饱和水参数加上标“′”标识，如饱和水的比焓为 h'，比体积为 v'，比熵为 s'。1kg 未饱和水定压加热为饱和水所需要的热量称为预热热，用符号 q' 表示。

2. 饱和水的汽化阶段

当水达到饱和状态后继续加热，这时温度 $t=t_s$ 保持不变。水开始沸腾产生蒸汽。容器中形成饱和水和饱和蒸汽的混合物——湿蒸汽，如图 6-11 中的（3）所示。在湿蒸汽中饱和水和饱和蒸汽的比例随汽化程度而变化。继续加热，水持续沸腾，湿蒸汽的干度会逐渐增大，最后饱和水全部汽化成饱和温度 t_s 下的水蒸气，即干饱和蒸汽，如图 6-11 中的（4）所示。饱和水在定压下加热为干饱和蒸汽的阶段称为汽化阶段，该阶段工程上是在锅炉水冷壁中完成的。

干饱和蒸汽参数加上标“″”表示，如干饱和蒸汽的比焓为 h''，比体积为 v''，比熵为 s''。

值得注意的是，汽化阶段温度始终维持为饱和温度，加入的热量全部消耗于克服分子间引力（使之冲出液面变为蒸汽）和在比体积增大过程中克服外力做膨胀功上。

1kg 饱和水定压加热为干饱和蒸汽所需要的热量称为汽化热，用符号 r 表示，单位为 kJ/kg。汽化热值随压力升高而减小。

3. 干饱和蒸汽的过热阶段

对干饱和蒸汽继续定压加热，蒸汽温度就会升高（$t > t_s$），比体积增大，这就是蒸汽的定压过热阶段，如图 6-11 中的（5）所示。过热蒸汽温度 t 与同压下饱和温度 t_s 之差称为蒸汽的过热度。过热度越大，蒸汽离液态越远，越接近理想气体的性质。过热阶段是在锅炉的过热器中完成的。1kg 干饱和蒸汽在定压下加热为过热蒸汽所吸收的热量称为过热热，用符号 q'' 表示。

由此可见，水蒸气的定压发生过程经历了三个阶段：未饱和水的预热阶段、饱和水的汽化阶段和干饱和蒸汽的过热阶段，五种状态：未饱和水、饱和水、湿蒸汽、干饱和蒸汽和过热蒸汽。

（三）水蒸气定压发生过程在 p-v 图和 T-s 图上的表示

将上述未饱和水定压加热为过热蒸汽的过程表示在 p-v 图与 T-s 图上就得到如图 6-12 所示的过程曲线。

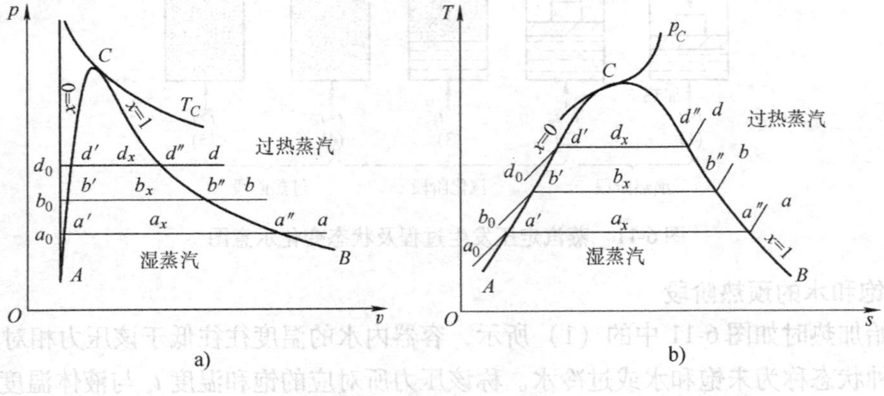

图 6-12 水蒸气定压发生过程的 p-v 图和 T-s 图

a）p-v 图 b）T-s 图

图中 a_0 代表未饱和水状态点，a' 代表饱和水状态点，a_x 代表湿蒸汽，a'' 代表干饱和蒸汽状态点，a 代表过热蒸汽状态点。a_0-a' 为未饱和水的预热，a'-a'' 为饱和水的汽化，a''-a 为干饱和蒸汽的过热。因为整个过程压力不变，在 p-v 图上该过程为一水平线。在 T-s 图上，水在预热中，由于吸热温度升高，则有 $\mathrm{d}T > 0$、$\mathrm{d}s > 0$，故 a_0-a' 是一条向右上方倾斜的指数曲线；在汽化中，由于压力不变、温度不变，所以 a'-a'' 为一条水平线，a'-a'' 下的面积就是汽化热 r；在过热中，温度升高且吸热，则有 $\mathrm{d}T > 0$、$\mathrm{d}s > 0$，故 $a'' - a$ 也是向右上方倾斜的指数曲线。

改变压力值 p，根据实验同样可做出相应的等压线 b_0-b'-b_x-b''-b、d_0-d'-d_x-d''-d 等。连接不同压力下的饱和水状态点 a'、b'、d'……和干饱和蒸汽状态点 a''、b''、d''……就构成了图 6-12 所表示的 p-v 图。从图中可以看出，饱和液体线（$x = 0$）与干饱和蒸汽线（$x = 1$）随压力升高而逐渐靠近，最终汇交于一点，此点称为临界点 C，它是气-液突变的状态点。临界点 C 分别有临界压力 p_C、临界温度 T_C、临界比体积 v_C。每种物质有不同的临界点和临界参数，这是由它们的性质所决定的。水的临界压力为 $p_C = 22.064\text{MPa}$，临界温度为 $t_C = 373.99℃$，临界比体积为 $v_C = 0.003106\text{m}^3/\text{kg}$。在临界温度以上是不能用压缩的方法使蒸汽液化的。临界点 C、饱和液体线（$x=0$）及干饱和蒸汽线（$x=1$）将 p-v 图分成三个状态区域：即 $x=0$ 线左方的未饱和水区，$x=0$ 与 $x=1$ 线之间的湿蒸汽区，$x=1$ 线右方的过热蒸汽区。所以，只有压力低于临界压力的未饱和水定压变化至过热蒸汽时才需经历五种状态的变化：未饱和水（过冷水）—饱和水—湿蒸汽—干饱和蒸汽—过热蒸汽，而压力高于临界压力未饱和水定压加热时会由饱和水突变为干饱和蒸汽，没有湿蒸汽状态。

同样在 T-s 图中也可直观地表示这种变化特性。在 T-s 图中，临界点 C、饱和液体线（$x=0$）与干饱和蒸汽线（$x=1$）将 T-s 图分成未饱和水区、湿蒸汽区与过热蒸汽区。不同的是，在 T-s 图中未饱和水区密集于 $x=0$ 线的左上方，近似计算时可用 $x=0$ 线来代替。而定压过热线 a''-a、b''-b、d''-d……近似为一组上凹的指数曲线。

锅炉和汽轮机的工作参数超过水的临界参数的均称超临界参数机组，低于临界参数且接近临界参数的称亚临界参数机组。超临界锅炉，由于饱和水和干饱和蒸汽的差异已经消失，所以带汽包的自然循环锅炉已不再适用，而需要采用直流锅炉。

（四）定压汽化过程中的热量计算

如前所述，未饱和水定压变化至过热蒸汽过程可分为三个阶段，即未饱和水预热阶段、汽化阶段和蒸汽过热阶段，所以整个过程的热量应是预热热、汽化热与过热热之和，即

$$q = q' + r + q'' = h - h_0 \tag{6-91}$$

预热热

$$q' = c_{pl}\Delta T = c_{pl}(T_s - T_0) = h' - h_0 \tag{6-92}$$

汽化热

$$r = T_s(s'' - s') = h'' - h' \tag{6-93}$$

过热热

$$q'' = c_p\Delta T = c_p(T - T_s) = h - h'' \tag{6-94}$$

式中　c_{pl}、c_p——水的比定压热容、过热蒸汽比定压热容，单位为 kJ/（kg·K）；

T_s、T_0、T——饱和温度、未饱和水温度、过热蒸汽温度，单位为 K；

h_0、h——未饱和水比焓、过热蒸汽比焓，单位为 kJ/kg。

知识拓展：蒸汽在锅炉中的产生过程

工业生产所用的蒸汽一般产自锅炉，是一个连续生产的过程。通常将锅炉中的水或水蒸气称作工质。按照工质在锅炉中的水循环方式不同，锅炉分为自然循环锅炉、强制循环锅炉和直流锅炉。下面以自然循环锅炉为例来介绍蒸汽产生的过程。如图 6-13 所示，过冷态的给水首先进入布置在锅炉尾部烟道内的省煤器，吸热后温度升高，但仍为过冷水，一般有 20～30℃的过冷度。之后进入锅筒，与锅筒内的工质混合。锅筒本身不受热，锅筒内的工质处于饱和状态，下部是水空间，上部是蒸汽空间。锅筒内的水经下降管进入水冷壁的下集箱，之后进入布置在炉膛四周的水冷壁，水冷壁吸收炉膛的辐射热，使流经水冷壁的部分工质汽化，形成汽水混合物。汽水混合物从水冷壁出来，进入水冷壁上集箱，再经连接导管进入锅筒。汽水混合物在锅筒内经过汽水分离，分离出来的饱和水与来自省煤器的给水混合后

重新进入水冷壁吸热；分离出来的饱和蒸汽从锅筒顶部引出进入过热器，吸热后成为具有一定过热度的过热蒸汽离开锅炉。这样，在锅筒、下降管、水冷壁下集箱、水冷壁、水冷壁上集箱组成的封闭通道内形成水循环，不断产生蒸汽。循环的动力来自下降管与水冷壁内工质的密度差形成的压力差，故称自然循环。

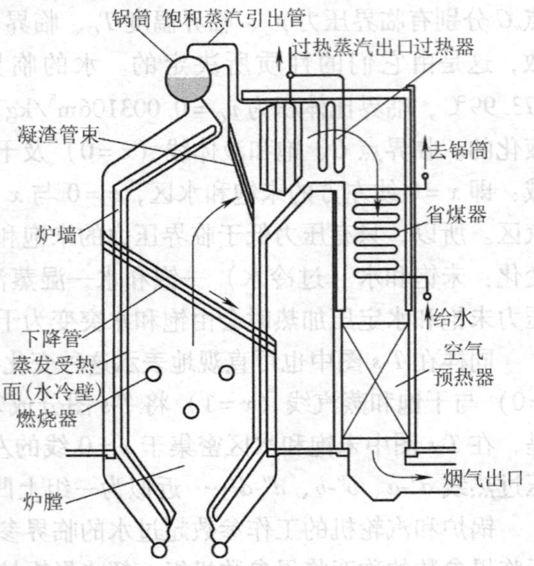

图 6-13　自然循环锅炉简图

知识拓展：预热热、汽化热和过热热随压力变化对锅炉受热面布置的影响

从图 6-12 水蒸气的 *T-s* 图可见，预热热、汽化热、过热热随压力的增大而发生变化。当产生过热度相同的过热蒸汽时，压力越高，所需的预热热和过热热越大，而汽化热越小。这对于锅炉中受热面的分配与布置有重要的指导意义。例如对于低参数小容量的锅炉，受热面中应以蒸发受热面为主。在这种锅炉中，水冷壁、对流受热面基本上是蒸发受热面，有时只在尾部烟道装有面积不大的省煤器以预热给水；对于中压锅炉来说，预热热与过热热所占比例增大，汽化热比例减小，因此，省煤器与过热器受热面增加，水冷壁受热面减少；而对于高参数锅炉，预热热与过热热所占比例还要增大，汽化热所占比例还要减少，由于汽化热减少，不必把炉膛中的水冷壁作为蒸发受热面，可把一部分过热受热面移入炉膛，顶棚过热器、屏式过热器就是为此目的而设的。

二、水蒸气性质表和图

水蒸气不同于理想气体，水蒸气的热力性质十分复杂，没有简单的数学式子可以计算水蒸气的参数。因此，工程实际中，人们通过大量实验研究和理论分析计算，将不同温度和不同压力下的未饱和水、饱和水、干饱和蒸汽和过热蒸汽的比体积、焓、熵等各种状态参数列成骨架表，或绘成曲线图，或编制成计算软件，以供工程计算时查用。对于湿蒸汽，其参数可利用查表得到的饱和水和干饱和蒸汽的参数通过简单计算得到。目前国内外使用的水和水蒸气热力性质模型，主要是国际协会公式化委员会（IFC）于1967年提出的IFC-67公式。

(一) 零点的规定

在工程计算中对于 u、h、s 等参数并不求其绝对值，而只需求出其变化量 Δu、Δh、Δs，所以可以规定任一起点为零点。

对于水蒸气图表，国际上统一规定：在水的三相点状态下，液相水的 u、s 值为零，该基准点的参数为

$$t_0=0.01℃,p_0=0.6117\text{kPa},v_0'=0.00100021\text{m}^3/\text{kg},u_0'=0\text{kJ/kg},s_0'=0\text{kJ/(kg}\cdot\text{K)}$$

$$h_0'=u_0'+p_0v_0'=0.000612\text{kJ/kg}\approx 0\text{kJ/kg}$$

可见，工程上将水蒸气基准点的焓视为0已足够精确。

(二) 水蒸气表

水和水蒸气表分两类：饱和水与干饱和蒸汽表；未饱和水与过热蒸汽表。为了使用方便，前者又分为以温度为序的饱和水与干饱和蒸汽表（附表7）和以压力为序的饱和水与干饱和蒸汽表（附表8）。附表9是未饱和水与过热水蒸气表。在查取未饱和水与过热水蒸气表时，需要两个独立参数才能确定其状态。在饱和水与干饱和蒸汽表中以“′”表示饱和水参数，以“″”表示干饱和蒸汽参数。在查饱和水与干饱和蒸汽表时，只需一个参数即可。

在蒸汽表中一般不能直接查得湿饱和蒸汽状态参数，可通过下列计算式确定

$$v_x = xv'' + (1-x)v' = v' + x(v'' - v') \tag{6-95}$$

$$h_x = xh'' + (1-x)h' = h' + x(h'' - h') = h' + xr \tag{6-96}$$

$$s_x = xs'' + (1-x)s' = s' + x(s'' - s') = s' + x\frac{r}{T_s} \tag{6-97}$$

$$u_x = h_x - pv_x \tag{6-98}$$

例6-12 试利用水和水蒸气表确定下列各点所处的状态，并确定其他各参数。

（1）$p=0.1\text{MPa}$，$t=60℃$；

（2）$p=0.5\text{MPa}$，$t=200℃$；

（3）$p=0.8\text{MPa}$，$v=0.22\text{m}^3/\text{kg}$；

（4）$p=1\text{MPa}$，$t=179.916℃$。

解 （1）查以压力为序的饱和水与干饱和蒸汽表（附表8），$p=0.1\text{MPa}$ 时，$t_s=99.634℃$，显然 $t<t_s$，所以该状态为未饱和水。查未饱和水与过热水蒸气表（附表9），$p=0.1\text{MPa}$，$t=60℃$时未饱和水的其他各参数为

$$v=0.0010171\text{m}^3/\text{kg}, h=251.22\text{kJ/kg}, s=0.8312\text{kJ/(kg·K)}$$

$$u=h-pv=(251.22-0.1\times10^3\times0.0010171)\text{kJ/kg}=251.118\text{kJ/kg}$$

（2）查饱和水与干饱和蒸汽表（附表8），$p=0.5\text{MPa}$，$t_s=151.867℃$。可知 $t>t_s$，所以该状态为过热蒸汽。查未饱和水与过热水蒸气表（附表9），当 $p=0.5\text{MPa}$，$t=200℃$时过热蒸汽的其他各参数为

$$v=0.42487\text{m}^3/\text{kg}, h=2854.9\text{kJ/kg}, s=7.0585\text{kJ/(kg·K)}$$

$$u=h-pv=(2854.9-0.5\times10^3\times0.42487)\text{kJ/kg}=2642.5\text{kJ/kg}$$

（3）查饱和水与干饱和蒸汽表（附表8），$p=0.8\text{MPa}$ 时

$$v'=0.0011148\text{m}^3/\text{kg}, v''=0.24037\text{m}^3/\text{kg}$$

$$h'=721.2\text{kJ/kg}, h''=2768.86\text{kJ/kg}$$

$$s'=2.0464\text{kJ/(kg·K)}, s''=6.6625\text{kJ/(kg·K)}$$

由于 $v=0.22\text{m}^3/\text{kg}$，介于饱和水与干饱和水蒸气之间，即 $v'<v<v''$，故该状态为湿饱和水蒸气。根据式（6-95）可得干度

$$x=\frac{v-v'}{v''-v'}=\frac{0.22-0.0011148}{0.24037-0.0011148}=0.915$$

该状态下其他各参数为

$$t_x=t_s=170.444℃$$

$$h_x=h'+x(h''-h')=[721.2+0.915\times(2768.86-721.2)]\text{kJ/kg}=2594.64\text{kJ/kg}$$

$$s_x = s' + x(s'' - s') = [2.0464 + 0.915 \times (6.6625 - 2.0464)]\text{kJ/(kg·K)} = 6.2701\text{kJ/(kg·K)}$$

$$u_x = h_x - pv_x = (2594.64 - 0.8 \times 10^3 \times 0.22)\text{kJ/kg} = 2418.64\text{kJ/kg}$$

（4）查饱和水与干饱和蒸汽表（附表8），$p = 1\text{MPa}$ 时，$t_s = 179.916℃$，$t = t_s$。所以该状态为饱和状态，但无法确定是饱和水、干饱和水蒸气还是湿饱和水蒸气，其余参数也无法确定。

如果所查参数对应的压力、温度表中没有直接列出，那么要采用内插法，由于有两个变量，有时确定一个参数要内插三次。

例 6-13 汽轮机排汽压力为 0.004MPa，干度为 0.95，在冷凝器中定压放热后凝结成饱和水，试求排汽的比体积 v_x，比焓 h_x、比熵 s_x、凝结水的比体积 v'。

解 由附表 8 查得 $p = 0.004\text{MPa}$ 时

$$v' = 0.0010041\text{m}^3/\text{kg}, h' = 121.30\text{kJ/kg}, s' = 0.4221\text{kJ/(kg·K)}$$

$$v'' = 34.796\text{m}^3/\text{kg}, h'' = 2553.45\text{kJ/kg}, s'' = 8.4725\text{kJ/(kg·K)}$$

所以凝结水的比体积 $v' = 0.0010041\text{m}^3/\text{kg}$。

根据式（6-95）、式（6-96）、式（6-97）分别计算得

$$v_x = xv'' + (1-x)v' = [0.95 \times 34.796 + (1-0.95) \times 0.0010041]\text{m}^3/\text{kg} = 33.056\text{m}^3/\text{kg}$$

$$h_x = xh'' + (1-x)h' = [0.95 \times 2553.45 + (1-0.95) \times 121.30]\text{kJ/kg} = 2431.843\text{kJ/kg}$$

$$s_x = xs'' + (1-x)s' = [0.95 \times 8.4725 + (1-0.95) \times 0.4221]\text{kJ/(kg·K)} = 8.070\text{kJ/(kg·K)}$$

本例中排汽的比体积为 $33.056\text{m}^3/\text{kg}$，而凝结水的比体积仅为 $0.0010041\text{m}^3/\text{kg}$，排汽的比体积差不多是凝结水比体积的 33000 倍，也就是冷凝器使排汽的比体积缩小到原来的约 1/33000，这就是冷凝器能形成真空的原因。

（三）水蒸气的焓熵图

利用水和水蒸气表虽然可以确定有关参数，但由于列表不能将所有数字全部列出，不管间隔多小，都不可能是连续的，遇到表中未列出的数字时，必须采用内插法，这给水蒸气的热力计算带来很大的麻烦，因此，有人将水和水蒸气表中的数据绘制成图线，使得参数数据成为连续的，这就是水蒸气的焓熵图（h-s 图），它是一种以焓为纵坐标，熵为横坐标的参数坐标图，见附图 1。

1. *h-s* 图的结构

图 6-14 所示为 h-s 图结构示意图，图中各曲线及分布分述如下。

（1）饱和曲线　饱和水线（$x = 0$）AC 与干饱和蒸汽线（$x = 1$）CB，交点 C 为临界点，饱和曲线将 h-s 图分为湿蒸汽区和过热蒸汽区。

（2）等压线群　过热蒸汽区是一组由左下方向右上方倾斜的曲线，每一条等压线代表一定的压力值，其压力数值从右向左是逐渐升高的。

湿蒸汽区的等压线是倾斜直线与等温线重合。因为根据热力学第一定律，$\delta q = \mathrm{d}h + \delta w_t$，对于可逆过程，$T\mathrm{d}s = \mathrm{d}h - v\mathrm{d}p$，于是可得等压线的斜率为 $\left(\frac{\partial h}{\partial s}\right)_p = T$。由于湿蒸汽的压力与温度是互相依赖的，所以湿蒸汽区的等压线也就是等温线。

（3）等温线群　一组在过热蒸汽区自左向右上方弯曲而后趋于平坦、在湿蒸汽区与等压线重合的曲线，每一条等温线代表一定的温度值，其温度值从下向上是逐渐增大的。

（4）等干度线群　一组分布在湿蒸汽区内的曲线，其形状类似于干饱和蒸汽线 CB，从

临界点 C 出发。每一条干度线代表一定的干度数值，越靠近饱和干蒸汽线，干度值越大。

（5）等容线群 一组延伸方向类似于等压线、而比等压线陡峭的曲线，实际使用的 h-s 图上等容线用红色线条表示。每一条等容线代表一定的比体积值，其比体积数值从左向右是增大的，正好与压力数值的增大方向相反，这说明压力越大，比体积越小。

图 6-14 是 h-s 图的全貌，在焓熵图中，水及 $x<0.6$ 的湿蒸汽区域里曲线密集，查图所得数据误差很大，如果需要水或干度比较小的湿蒸汽的参数，可以查水与水蒸气表。由于工程上使用的多是过热蒸汽或 $x>0.6$ 的湿蒸汽，所以实用的焓熵图只限于图 6-14 中用虚线框出的部分，工程上实用的水蒸气 h-s 图就是将这部分放大绘制而成的。

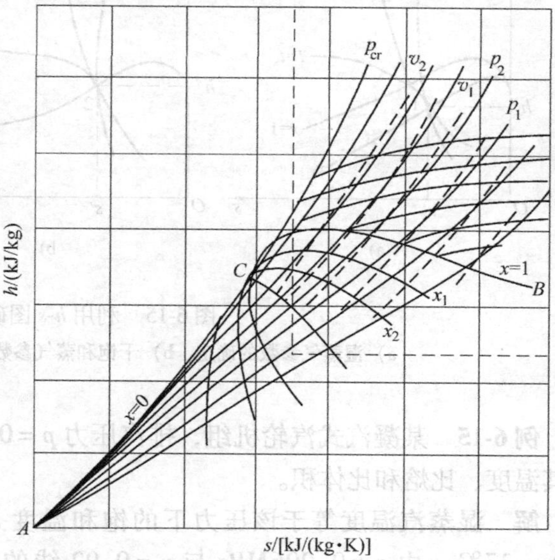

图 6-14 h-s 图结构示意图

2. 水蒸气 h-s 图的基本用途

（1）在 h-s 图上确定状态点

就一般情况而言，在 h-s 图上确定其对应的点，需要给定两个独立的状态参数。比如给定压力为 p、温度为 t，在 h-s 图上找到压力为 p 的等压线和温度为 t 的等温线，两线的交点就是要寻找的状态点。

（2）在 h-s 图上读取参数数值

在 h-s 图上，只要确定了状态对应的点，就可以根据该点与标有数值的参数线间的相对位置，读取有关参数的数值。这些参数是压力、温度、比体积、焓、熵、干度。

如果状态点正好在有标数的等参数线上，则该参数数值就是该等参数线上标注的数值。如果状态点不在有标数的等参数线上，则可以根据该点附近两条等参数线之间的数值间隔及该点在两条等参数线之间的位置，估计出该参数的数值。既然在 h-s 图上估读参数，则不同的人，甚至同一个在不同的时候读出的同一状态点的参数值是不完全相同的，这是允许的。虽然利用 h-s 图查取的水蒸气参数准确度较差，但因其查取方便、快捷而被工程技术人员广泛应用。

例 6-14 利用 h-s 图求下列状态水蒸气的焓和比体积：（1）$p_1=0.05\text{MPa}$，$x_1=0.90$ 的湿蒸汽；（2）$p_2=10\text{MPa}$ 的干饱和蒸汽；（3）$p_3=20\text{MPa}$，$t_3=550℃$的过热蒸汽。

解 （1）如图 6-15a 所示，在 h-s 图上找出 $p_1=0.05\text{MPa}$ 与 $x_1=0.90$ 的交点 1，然后读出该状态下 $h_x=2420\text{kJ/kg}$，$v_x=2.90\text{m}^3/\text{kg}$。

（2）如图 6-15b 所示，在 h-s 图上找出 $p_2=10\text{MPa}$ 与 $x=1$ 线的交点 2，然后读出该点的 $h''=2728\text{kJ/kg}$，$v''=0.018\text{m}^3/\text{kg}$。

（3）如图 6-15c 所示，在 h-s 图上找出 $p_3=20\text{MPa}$ 与 $t_3=550℃$线的交点 3，然后读出该点的 $h_3=3400\text{kJ/kg}$，$v_3=0.016\text{m}^3/\text{kg}$。

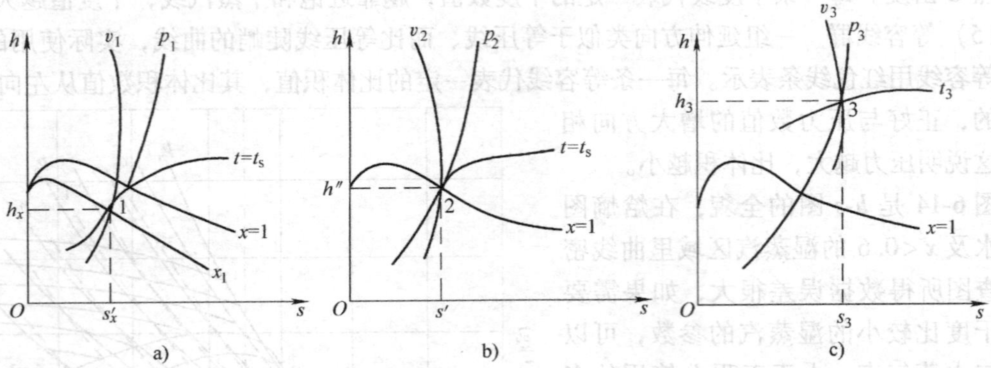

图 6-15 利用 *h-s* 图确定蒸气参数

a）湿蒸气参数的确定 b）干饱和蒸气参数的确定 c）过热蒸气参数的确定

例 6-15 某凝汽式汽轮机组，排汽压力 $p=0.006\text{MPa}$，排汽干度 $x=0.92$，利用 *h-s* 图求其温度、比焓和比体积。

解 湿蒸汽温度等于该压力下的饱和温度 t_s，由 $p=0.006\text{MPa}$ 与 $x=1$ 线的交点读得 $t_s=37℃$，由 $p=0.006\text{MPa}$ 与 $x=0.92$ 线的交点读得湿蒸汽的焓 $h_x=2380\text{kJ/kg}$，$v_x=21.0\text{m}^3/\text{kg}$。

3. 工程上常采用近似公式

利用 *h-s* 图来进行水蒸气的热力计算时，未饱和水和饱和水的焓是常需确定的参数，工程上常采用近似公式进行计算，以避免繁琐的查表内插计算。近似公式如下：

对于未饱和水

$$h=4.187t \tag{6-99}$$

式中 t——未饱和水的温度，单位为℃。

对于饱和水

$$h'=4.187t_s \tag{6-100}$$

式中 t_s——饱和水压力下的饱和温度，单位为℃，可利用 *h-s* 图上压力 p 与 $x=1$ 线的交点的温度数值来确定。

知识拓展：水和水蒸气性质计算机程序简介

除了水和水蒸气表和图，还可以应用计算软件确定水和水蒸气的状态参数。水和水蒸气的物性软件是依据水和水蒸气模型编制的计算机应用程序。

人们通过理论分析与实验相结合，拟合出了许许多多的水和水蒸气模型，较典型的有：美国麻省理工学院提出的 MIT 模型，前苏联热工研究所提出的 BT 模型，美国国家标准局和加拿大研究局共同提出的新的水蒸气状态方程式，以及国际协会公式化委员会（IFC）于 1967 年提出的 IFC-67 公式，其中后者应用较广泛。IFC-67 计算模型的适用范围为：$273.16\text{K}\leqslant T\leqslant 1073.15\text{K}$（$p\leqslant 100\text{MPa}$）。近年来随着科学技术的不断进步和水与水蒸气的应用的不断增多，国际水和水蒸气协会（IAPWS）于 1997 年采纳了新型的水和水蒸气性质计算模型 IAPWS-IF97。IAPWS-IF97 计算模型在 IFC-67 基础上进行了扩展，包含了用于不同分区的一系列公式，适用范围为：$273.15\text{K}\leqslant T\leqslant 1073.15\text{K}$（$p\leqslant 100\text{MPa}$）；$1073.15\text{K}\leqslant T\leqslant$

2273.15K（$p \leqslant 10$MPa）。目前大多数水和水蒸气热力性质的计算软件均采用 IFC－67 公式。这套公式把整个区域分成 6 个子区域，不同的子区域采用不同的计算公式，各区域之间的边界线方程也分别用函数表达。

水蒸气作工质的大量工程应用问题，主要关键是工质初、终态参数的确定。为了能适应各种工程问题热力计算的需要，计算程序都以子程序形式编制，应用时，只要根据不同的已知参数调用相应的子程序，即可确定其他状态参数。如某文献提供的“确定水和水蒸气热力计算的 FORTRAN 程序”，编制了 9 个子程序，各子程序的输入参数及功能见表 6-3。

热工水力计算中常还需黏度和热导率等物性值，它们通常都以温度和比体积或密度为自变量，因而可以编制以 T、v 为变量的函数子程序分别确定黏度和热导率。水蒸气热力过程的分析计算离不开状态参数值，利用上述子程序可以较方便地编制进行各种热力过程分析计算的应用程序。

此外，从互联网上还可以下载到不同版本的水和水蒸气性质计算软件，尽管它们的界面和程序编写语言不同，但其计算公式和功能都基本相同。

表 6-3 某确定水和水蒸气热力计算的 FORTRAN 程序

程序	序号	子程序名	功能	
			已知输入参数	输出结果参数
函数子程序	1	PSK (T)	t	p
	2	TSK (P)	p	t
子例子程序	3	PTF (P, T, V, H, S)	p, t	过冷水、饱和水：v、h、s
	4	PTG (P, T, V, H, S)	p, t	过热蒸汽、饱和蒸汽：v、h、s
	5	PT (P, T, X, V, H, S)	p, t	过冷水、过热蒸汽：v、h、s
	6	PH (P, H, X, T, V, S)	p, h	过冷水、饱和水、过热蒸汽、饱和蒸汽、湿蒸汽：x、t、v、s
	7	PS (P, S, X, T, V, H)	p, s	过冷水、饱和水、过热蒸汽、饱和蒸汽、湿蒸汽：x、t、v、h
	8	HS (H, S, X, P, T, V)	h, s	过热蒸汽、饱和蒸汽、湿蒸汽：x、p、t、v
	9	PX (P, X, T, V, H, S)	p, x	饱和水、饱和蒸汽、湿蒸汽：t、v、h、s

三、水蒸气的基本热力过程

火力发电厂热动力设备中水蒸气的热力过程主要是定压过程和绝热过程。例如锅炉中水加热为过热蒸汽是一个定压加热过程，其中各个阶段（省煤器、水冷壁、过热器中）分别也是定压加热过程；冷凝器中乏汽冷凝为凝结水还是定压过程；而蒸汽在汽轮机中膨胀做功过程是绝热过程。下面对水蒸气的基本热力过程进行分析。

（一）定压过程

工程上水蒸气的定压过程主要需要计算过程中的加热量或放热量。这种过程主要发生在锅炉和各种热交换器中，如第五章所述热力学第一定律在这些设备中的应用形式为

$$q = h_2 - h_1$$

初、终状态焓可利用已知参数和过程点在 h-s 图上确定，如果初、终状态是未饱和水或

饱和水，其焓可利用式（6-99）和式（6-100）计算。例如，若已知初态为压力 p_1、干度 x_1 的湿蒸汽，定压加热到 t_2。1kg 蒸汽的加热量分析如下。

在 h-s 图上，找出等压线 p_1 与等干度线 x_1 的交点 1，该点即为初始状态点，读出该点的焓为 h_1，根据定压加热特点，由点 1 沿等压线 p_1 向上到与等温线 t_2 相交，交点 2 就是终状态点，读出点 2 的焓 h_2，图中 1-2 即为该定压加热过程线，如图 6-16 所示。1kg 蒸汽吸收的热量为

$$q = h_2 - h_1$$

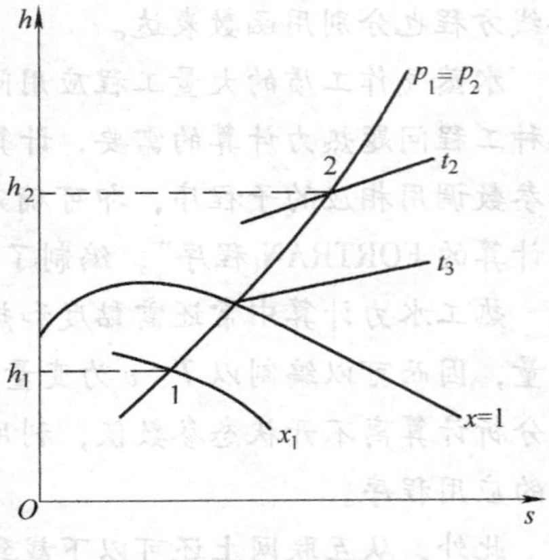

图 6-16　水蒸气的定压过程

例 6-16　进入锅炉过热器的蒸汽干度 $x_1 = 0.995$，在压力 $p = 10\text{MPa}$ 下定压加热为温度 $t_2 = 550℃$ 的过热蒸汽，求 1kg 蒸汽吸收的热量。

解　由 h-s 图上 $p = 10\text{MPa}$、$x_1 = 0.995$ 线的交点查得 $h_1 = 2724\text{kJ/kg}$，由 $p = 10\text{MPa}$、$t_2 = 550℃$ 线的交点读得 $h_2 = 3396\text{kJ/kg}$。

1kg 蒸汽的吸热量

$$q = h_2 - h_1 = (3396 - 2724)\text{kJ/kg} = 672\text{kJ/kg}$$

例 6-17　进入锅炉的温度 $t_1 = 180℃$ 的给水，在压力 $p = 8\text{MPa}$ 下定压加热为 $t_2 = 540℃$ 的过热蒸汽，求每产生 1kg 蒸汽所吸收的热量。

解　因为给水是未饱和水，由式（6-99）得

$$h_1 = 4.187t = 4.187 \times 180\text{kJ/kg} = 753.7\text{kJ/kg}$$

在 h-s 图上，由 $p = 8\text{MPa}$、$t_2 = 540℃$ 线的交点读得 $h_2 = 3496\text{kJ/kg}$

1kg 蒸汽吸收的热量 $q = h_2 - h_1 = (3496 - 753.7)\text{kJ/kg} = 2742.3\text{kJ/kg}$

例 6-18　某汽轮机排汽 $p = 0.005\text{MPa}$、$x = 0.89$，进入冷凝器内定压凝结为饱和水，求 1kg 乏汽在冷凝器中的放热量。

解　在 h-s 图上，由 $p = 0.005\text{MPa}$、$x = 0.89$ 线的交点读得 $h_1 = 2304\text{kJ/kg}$。放热后的凝结水是饱和水，通过 $p = 0.005\text{MPa}$ 与 $x = 1$ 线的交点读得 $t_s = 37℃$，代入式（6-100）计算得

$$h_2 = 4.187 \times 37\text{kJ/kg} = 155\text{kJ/kg}$$

1kg 乏汽的放热量　$q = h_2 - h_1 = (155 - 2304)\text{kJ/kg} = -2149\text{kJ/kg}$

计算结果中的负号表示放热。

（二）可逆绝热过程

火力发电厂中，蒸汽在汽轮机中的膨胀做功过程、蒸汽在喷管中的流动过程和水在水泵中的压缩过程，在忽略不可逆因素的条件下都可视为可逆绝热过程，即等熵过程。在此仅分析蒸汽在汽轮机中的膨胀做功过程。通常，进入汽轮机的蒸汽的压力 p_1、温度 t_1 和绝热膨胀达到的压力 p_2 都是已知的，要求的是初、终状态参数及 1kg 蒸汽在汽轮机中做的机械功。

在 h-s 图上，由已知的等压线 p_1 与等温线 t_1 的交点得蒸汽的初状态 1，根据定熵过程的特点，由点 1 垂直向下，直到与已知的终压力 p_2 线交于点 2，点 2 即为终状态点。1-2 就是蒸汽在汽轮机中的定熵膨胀过程线，如图 6-17a 所示。根据状态点 1、2 分别读出初、终状态参数 h_1、s_1、v_1 和 h_2、s_2、v_2、t_2、x_2。1kg 蒸汽在汽轮机中做的轴功（即机械功）为

$$w_s = h_1 - h_2$$

式中（h_1-h_2）也称为绝热焓降，在 h-s 图上为点 1、2 的垂直距离。

若过程不可逆，则确定过程变化方向和终态时，尚需知道不可逆过程的熵增（s_2-s_1），如图 6-17b 所示。

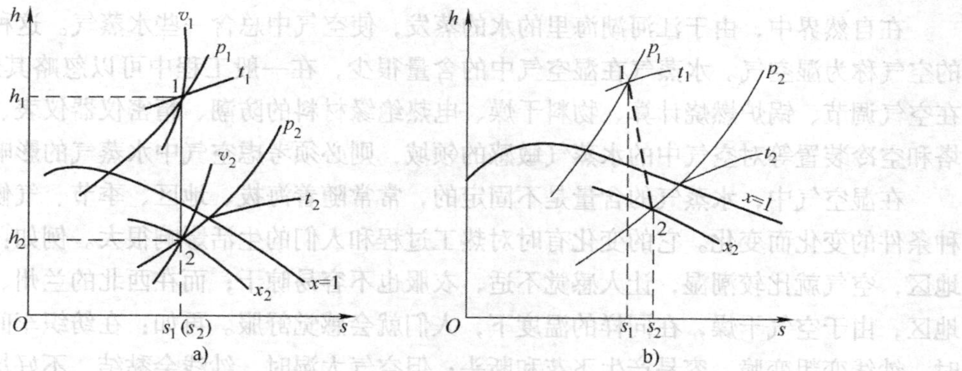

图 6-17　水蒸气的绝热过程

a）水蒸气可逆绝热过程　b）水蒸气不可逆绝热过程

例 6-19　300MW 汽轮机的进汽压力 p_1 为 16.5MPa，温度 t_1 为 550℃，蒸汽在汽轮机中定熵膨胀到 $p_2=0.005$MPa。求排汽干度 x_2 及 1kg 蒸汽在汽轮机中做的轴功 w_s。

解　在 h-s 图上，由 $p_1=16.5$MPa 和 $t_1=550$℃线的交点读得 $h_1=3436$kJ/kg，由点 1 垂直向下到 $p_2=0.005$MPa 线得交点 2，读得 $h_2=1984$kJ/kg，$x_2=0.757$（即为所求排汽干度）。

1kg 蒸汽在汽轮机中做的轴功

$$w_s=h_1-h_2=(3436-1984)\text{kJ/kg}=1452\text{kJ/kg}$$

（三）定容过程

如图 6-18 所示，定容过程沿 1-2 进行，容积不发生变化，吸收的热量全部转化为热力学能，压力和温度均升高。

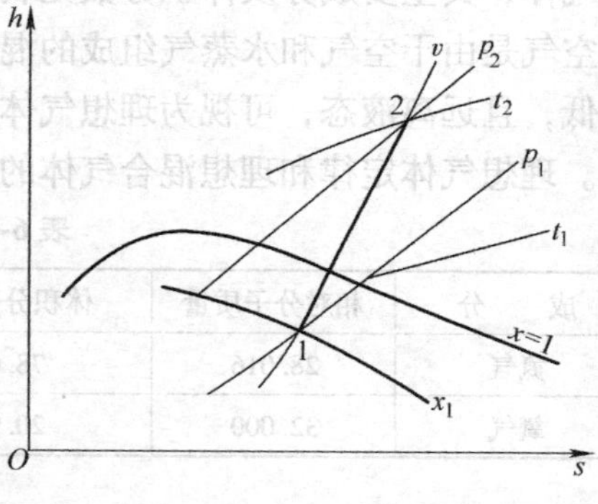

图 6-18　定容过程

$$w=\int p\mathrm{d}v=0$$

$$w_t=-\int v\mathrm{d}p=v(p_1-p_2)$$

$$q=\Delta u=u_2-u_1=h_2-h_1-(p_2-p_1)v$$

（四）定温过程

如图 6-19 所示，定温过程沿 1-2 进行，在状态点 1 时，处于湿蒸汽状态，在定温膨胀过程中，起初沿定压线（即定温线）变为干饱和蒸汽，并且保持压力不变。之后再膨胀则压力下降，并且变为过热蒸汽。

$$q=T(s_2-s_1)$$

$$\Delta u=h_2-h_1-(p_2v_2-p_1v_1)$$

$$w=q-\Delta u$$

$$w_t=q-\Delta h=T(s_2-s_1)-(h_2-h_1)$$

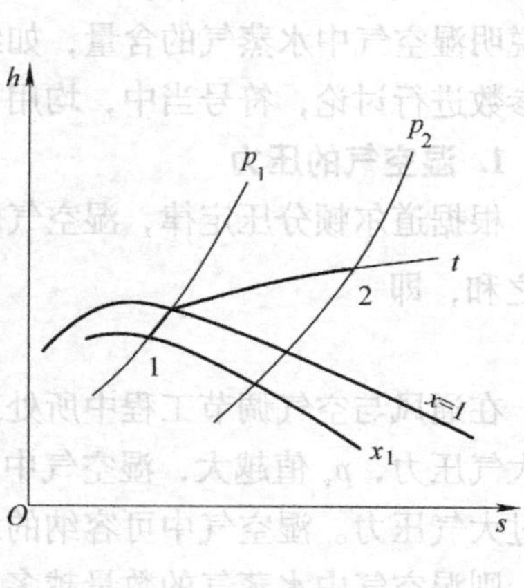

图 6-19　定温过程

第三节 湿空气

在自然界中，由于江河湖海里的水的蒸发，使空气中总含一些水蒸气。这种含有水蒸气的空气称为湿空气。水蒸气在湿空气中的含量很少，在一般工程中可以忽略其影响。但是，在空气调节、锅炉燃烧计算、物料干燥、电热绝缘材料的防潮、精密仪器仪表、发电厂冷却塔和空冷装置等对空气中的水蒸气敏感的领域，则必须考虑空气中水蒸气的影响。

在湿空气中，水蒸气的含量是不固定的，常常随着海拔、地区、季节、气候、湿源等各种条件的变化而变化。它的变化有时对热工过程和人们的生活影响很大。例如：在南方多雨地区，空气就比较潮湿，让人感觉不适，衣服也不容易晾干；而在西北的兰州、乌鲁木齐等地区，由于空气干燥，在同样的温度下，人们就会感觉舒服。再如：在纺织车间相对湿度小时，纱线变粗变脆，容易产生飞花和断头；但空气太湿时，纱线会黏结，不好加工。

一、湿空气的性质及状态参数

（一）湿空气的性质

完全不含有水蒸气的空气称为干空气。干空气是由氧气、氮气和其他少量气体组成的混合气体，其主要成分及体积分数见表6-4。在讨论湿空气时把干空气当作一个整体看待，即湿空气是由干空气和水蒸气组成的混合气体。由于湿空气中的水蒸气含量极少，水蒸气分压很低，且远离液态，可视为理想气体。因此，一般工程计算中湿空气可作为理想混合气体处理。理想气体定律和理想混合气体的一些公式都可以应用于湿空气。

表6-4 干空气的主要组成成分

成 分	相对分子质量	体积分数(%)	成 分	相对分子质量	体积分数(%)
氮气	28.016	78.084	氩气	39.944	0.934
氧气	32.000	20.946	二氧化碳	44.010	0.033

（二）湿空气的状态参数

湿空气的状态除了用 p、v、T、h 等参数描述外，还需要有表示其独有特性的状态参数来说明湿空气中水蒸气的含量，如绝对湿度、相对湿度、含湿量等。下面就湿空气的主要状态参数进行讨论，符号当中，均用下标“a”表示干空气，下标“v”表示水蒸气。

1. 湿空气的压力

根据道尔顿分压定律，湿空气的总压力 p 应等于干空气的分压力 p_a 与水蒸气的分压力 p_v 之和，即

$$p = p_a + p_v \tag{6-101}$$

在通风与空气调节工程中所处理的湿空气常是环境大气，这时湿空气的压力 p 就是当地的大气压力，p_v 值越大，湿空气中所含的水蒸气越多，但总有 $p_v \leqslant p$，即水蒸气分压力不会超过大气压力。湿空气中可容纳的水蒸气的数量是有限的。在一定温度下，水蒸气分压力越大，则湿空气中水蒸气的数量越多，湿空气越潮湿，所以湿空气中水蒸气分压力的大小直接反映了湿空气的干湿程度。

（1）未饱和湿空气与饱和湿空气　根据湿空气中所含水蒸气的状态是否饱和，或根据湿空气是否具有吸收水分的能力，可分为未饱和湿空气（简称未饱和空气）与饱和湿空气（简称饱和空气）。

如果湿空气中所含水蒸气的分压力 p_v 低于湿空气温度所对应的水蒸气饱和分压力 p_{vs}，则水蒸气处于过热状态，如图6-20中的 A 点，这时湿空气还具有吸收水分的能力。这种由干空气和过热水蒸气组成的湿空气称为未饱和湿空气。如果维持未饱和湿空气的温度 t 不变，使其水蒸气的含量增加，则水蒸气分压力相应增大，当 p_v 达到湿空气温度 t 所对应的水蒸气饱和分压力 p_{vs} 时，如图6-20中的 B 点，这时湿空气中的水蒸气达到饱和状态，湿空气不再具有吸收水分的能力。这种由干空气和饱和水蒸气组成的湿空气称为饱和湿空气。

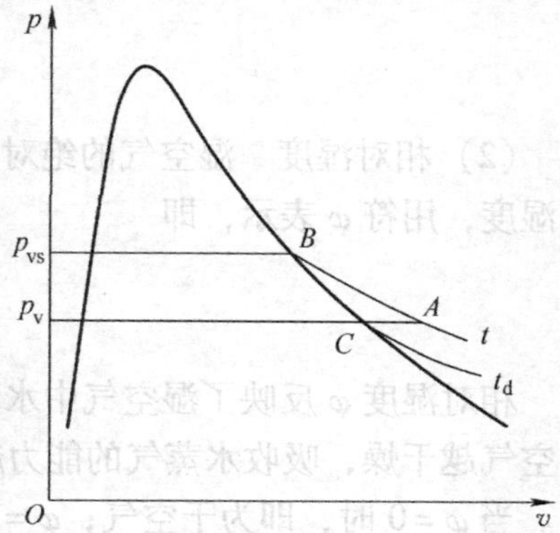

图6-20　湿空气中水蒸气的 p-v 图

实际上，除了在接近水面的地方或潮湿的草地处且空气流动不好的情况下，大气中水蒸气分压力 p_v 一般总是小于对应温度下的水蒸气饱和压力 p_{vs}，所以，平常接触的湿空气一般都是未饱和湿空气。

（2）露点　如果维持未饱和湿空气中水蒸气分压力 p_v 不变而使其温度 t 降低，当温度降低到与水蒸气分压力相对应的饱和温度时，如图6-20中的 C 点，则湿空气中的水蒸气便由过热状态转变为饱和状态，相应的湿空气也由未饱和湿空气变为饱和湿空气。如果再冷却降温，将会有部分水蒸气凝结为水，即出现所谓的结露现象。湿空气中水蒸气分压力 p_v 所对应的饱和温度称为露点温度，简称露点，用 t_d 表示。露点温度 t_d 是湿空气的一个重要参数。

无论在工程中还是生活中，结露现象都是普遍存在的。秋天早晨室外花草树叶上的露水、冬天房屋窗玻璃内侧的水雾、空调机组蒸发器表面的水珠等，都是湿空气遇到低于其露点温度的冷表面时，其中的水蒸气凝结为水的结露现象。在空气调节中，常常利用露点来控制空气的干、湿程度，如果空气太潮湿，就可将其温度降至其露点温度以下，使多余的水蒸气凝结为水析出去，从而达到去湿的目的。这一结露过程就是湿空气处理过程中的冷却干燥过程。当露点温度 t_d 低于0℃时，如湿空气的温度等于露点温度，那么水蒸气就直接凝固为冰，称为结霜。因此，根据露点温度可以预报是否有霜冻。

2. 湿空气的湿度

湿空气的湿度是指湿空气中水蒸气的含量，有绝对湿度和相对湿度两种。

（1）绝对湿度　$1m^3$ 湿空气中所含水蒸气的质量称为湿空气的绝对湿度。其值等于按湿空气的温度 T 和水蒸气的分压力 p_v 所确定的水蒸气的密度，即

$$\rho_v = \frac{m_v}{V} = \frac{p_v}{R_{gv}T} \tag{6-102}$$

式中　V——湿空气的体积，单位为 m^3；

R_{gv}——水蒸气的气体常数，$R_{gv}=461.5J/(kg \cdot K)$。

由式（6-102）可知，在一定温度下，当水蒸气的分压力 p_v 增大到湿空气温度 T 所对应的饱和分压力 p_{vs} 时，绝对湿度达到最大值，此时的湿空气就是饱和湿空气。

一定温度下饱和湿空气的绝对湿度称为饱和绝对湿度，即

$$\rho_{vs}=\frac{p_{vs}}{R_{gv}T} \tag{6-103}$$

（2）相对湿度　湿空气的绝对湿度ρ_v与同温度下饱和绝对湿度ρ_{vs}之比称为湿空气的相对湿度，用符φ表示，即

$$\varphi=\frac{\rho_v}{\rho_{vs}} \tag{6-104}$$

相对湿度φ反映了湿空气中水蒸气含量接近饱和的程度，故也称饱和度。φ值越小，表明空气越干燥，吸收水蒸气的能力越强；φ值越大，表明空气越潮湿，吸收水蒸气的能力越弱。当$\varphi=0$时，即为干空气；$\varphi=1$时，即为饱和湿空气；φ值介于0～1之间的湿空气都是未饱和湿空气。根据理想气体状态方程，相对湿度又可表示为

$$\varphi=\frac{\rho_v}{\rho_{vs}}=\frac{p_v}{p_{vs}} \tag{6-105}$$

当已知湿空气的相对湿度和水蒸气的饱和分压力时，可由上式求得水蒸气的分压力

$$p_v=\varphi p_{vs} \tag{6-106}$$

3. 湿空气的含湿量

在空气调节过程中，常用含湿量衡量空气中水蒸气的变化情况。在湿空气的处理过程中，往往干空气的质量不发生变化，变化的是水蒸气的质量。为了分析和计算上的方便，采用1kg干空气作为计算基准，定义1kg干空气所携带的水蒸气质量为含湿量，用符号d表示，单位为kg/kg（干空气），即

$$d=\frac{m_v}{m_a} \tag{6-107}$$

利用理想气体状态方程，将$m_v=\frac{p_vV}{R_{gv}T}$，$m_a=\frac{p_aV}{R_{ga}T}$及干空气和水蒸气的气体常数代入上式可得

$$d=0.622\frac{p_v}{p_a}=0.622\frac{p_v}{p-p_v}=0.622\frac{\varphi p_{vs}}{p-\varphi p_{vs}} \tag{6-108}$$

式（6-108）说明，当湿空气压力p一定时，含湿量d只取决于水蒸气的分压力p_v，并随着p_v的增大而增大，即$d=f(p_v)$。当空气达到饱和状态时，$\varphi=1$，湿空气的含湿量d达到最大，此时的含湿量称为饱和含湿量，以d_s表示，即

$$d_s=0.622\frac{p_{vs}}{p-p_{vs}} \tag{6-109}$$

含湿量的变化表示1kg干空气组成的湿空气在过程中所含水蒸气质量的改变，也是湿空气在过程中吸收或析出的水分的改变，对空气的加湿和去湿处理很重要。

4. 湿空气的密度

每立方米湿空气所具有的质量就是湿空气的密度，在数值上等于各自分压下的干空气的密度与水蒸气的密度之和，即

$$\rho=\frac{m_a+m_v}{V}=\rho_a+\rho_v=\frac{p_a}{R_{ga}T}+\frac{p_v}{R_{gv}T}=\frac{p-p_v}{R_{ga}T}+\frac{p_v}{R_{gv}T}=\frac{p}{R_{ga}T}-\frac{p_v}{T}\left(\frac{1}{R_{ga}}-\frac{1}{R_{gv}}\right)$$

将 R_{ga} 和 R_{gv} 的数值代入上式得

$$\rho=\frac{p}{287T}-0.001315\frac{p_v}{T}=\frac{p}{287T}-0.001315\frac{\varphi p_{vs}}{T} \tag{6-110}$$

由式（6-110）可见，当湿空气的压力 p 和温度 T 一定时，湿空气的密度将永远小于干空气的密度，即湿空气比干空气轻。同时，湿空气的密度还将随着相对湿度的增大而减小。

5. 湿空气的焓

湿空气的焓等于干空气的焓与水蒸气的焓之和，即

$$H=m_ah_a+m_vh_v \tag{6-111}$$

湿空气的比焓是以 1kg 质量的干空气为计算基准表示的，单位为 kJ/kg（干空气），即

$$h=\frac{H}{m_a}=h_a+dh_v \tag{6-112}$$

由于干空气和水蒸气可按理想气体处理，在工程上常取 0℃ 的干空气的焓为零，取干空气的比定压热容 $c_p=1.005\text{kJ/(kg}\cdot\text{K)}$；水蒸气的比焓可按经验公式 $h_v=2501+1.842t$ 计算，即 0℃ 时饱和水蒸气的焓值为 2501kJ/kg，常温低压下水蒸气的平均比定压热容为 1.842kJ/(kg·K)。可得湿空气比焓的计算式

$$h=1.005t+d(2501+1.842t) \tag{6-113}$$

湿空气中水蒸气的比焓值，也可以由查表法求取。若已知湿空气的温度 t 以及湿空气中水蒸气的分压力 p_v，由未饱和水与过热水蒸气的热力性质表直接查得在温度为 t，水蒸气压力为 p_v 的水蒸气的比焓值 h_v。如：当湿空气的温度为 60℃，湿空气中水蒸气的分压力为 5kPa 的水蒸气的比焓值为 2611.8kJ/kg。

6. 湿空气的温度

湿空气的温度可以用温度计直接测得，用符号 t 表示。当湿空气的温度为 t 时，干空气和水蒸气的温度都为 t。有时为了通过温度判断空气的相对湿度，还要用到湿球温度。湿球温度要用湿球温度计测量。将玻璃管水银温度计的水银球用湿纱布包裹，就成为湿球温度计。测量时，将湿球温度计置于通风良好的湿空气中，如果被测对象是未饱和湿空气，湿纱布上的水分蒸发并吸收汽化热，使湿纱布中的水温下降，于是，湿空气与湿纱布中的水之间出现了温差，热量将从湿空气传向湿纱布。当水分蒸发所需要的热量等于周围空气所传给的热量时，湿球温度计的读数不再下降，维持在某一数值不变，这一温度值即为湿球温度 t_w。为保证测量准确，测量湿球温度时，空气的流速不应低于 5m/s。相对于湿球温度，湿空气的温度也称为干球温度。对于未饱和湿空气，$t_w<t$，且相对湿度越小，水分蒸发越快，需要的汽化热越多，干、湿球的温度差就越大；反之，相对湿度越大，干、湿球温度之差就愈小；当相对湿度等于 1 时，即湿空气为饱和湿空气，干、湿球温度相等。由此可见，干、湿球温度之差可以表征空气相对湿度的大小，它们之间的关系可以表达成 $\varphi=f(t, t_w)$ 的函数形式。但这个函数关系比较复杂，通常由实验测得大量数据后，整理成线算图表（如图 6-21 所示），根据测得的干、湿球温度值直接从图表上查得湿空气的相对湿度。根据这个原

理，用干、湿球温度计（如图6-22所示）可以测量空气的相对湿度。当空气为未饱和湿空气时，$t > t_w > t_d$；当空气为饱和湿空气时，$t = t_w = t_d$。

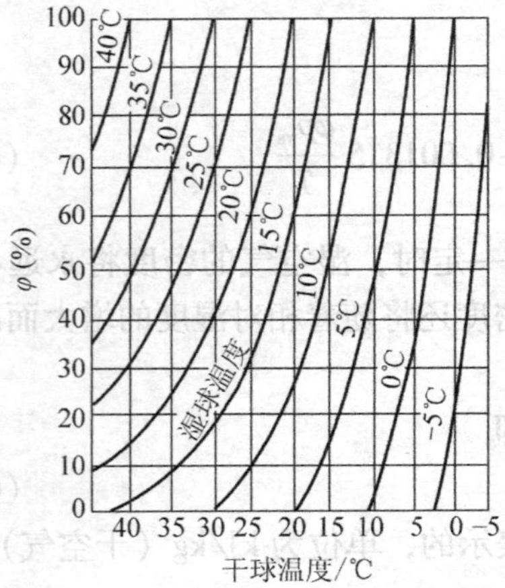

图6-21 干、湿球温度和相对湿度的线算图

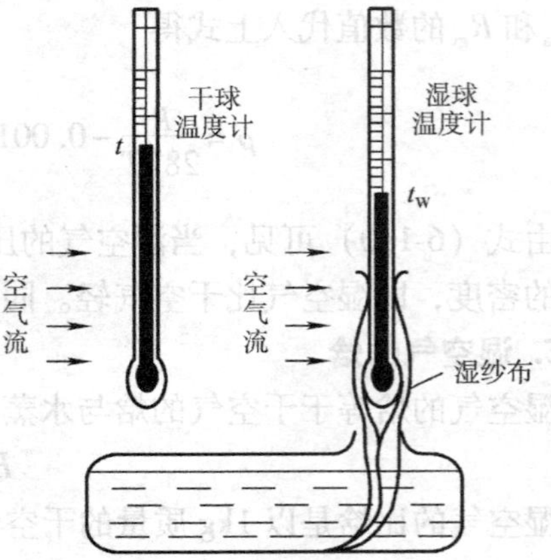

图6-22 干、湿球温度计图

例6-20 已知环境大气压力 $p = 101325\text{Pa}$，空气温度 $t = 30°\text{C}$，相对湿度 $\varphi = 80\%$。求湿空气的水蒸气分压力 p_v、含湿量 d、绝对湿度 ρ_v、焓 h 及露点温度 t_d。

解 查水蒸气性质表（附表7）得：$t = 30°\text{C}$ 时，$p_{vs} = 4245.1\text{Pa}$，$v'' = 32.899\text{m}^3/\text{kg}$

根据式（6-106）得水蒸气分压力

$$p_v = \varphi p_{vs} = 0.8 \times 4245.1\text{Pa} = 3396.08\text{Pa}$$

根据式（6-108）得含湿量为

$$d = 0.622\frac{p_v}{p - p_v} = 0.622 \times \frac{3396.08}{101325 - 3396.08}\text{kg/kg(干空气)} = 0.0216\text{kg/kg(干空气)}$$

由于饱和绝对湿度为

$$\rho_{vs} = \frac{1}{v''} = \frac{1}{32.899}\text{kg/m}^3 = 0.03\text{kg/m}^3$$

根据式（6-104）得湿空气的绝对湿度

$$\rho_v = \varphi\rho_{vs} = 0.8 \times 0.03\text{kg/m}^3 = 0.024\text{kg/m}^3$$

由式（6-113）得湿空气的焓为

$$h = [1.005 \times 30 + 0.0216 \times (2501 + 1.842 \times 30)]\text{kJ/kg(干空气)} = 85.4\text{kJ/kg(干空气)}$$

水蒸气分压力所对应的饱和温度就是露点，根据 $p_v = 3396.08\text{Pa}$，由水蒸气性质表（附表7）可查得 $t_d = 26°\text{C}$。

二、湿空气的焓湿图

由于可能有水蒸气含量的变化，包含一定质量干空气的湿空气系统比简单可压缩系统多一个状态变化的自由度，因此湿空气的状态确定于三个独立参数。在一定的总压力下，湿空气的状态可用 t，φ，d，p_v，t_d，t_w，h 等参数中的任意两个确定。根据两个独立参数用解析法确定其他参数，从而对湿空气的热力过程进行分析计算，虽然较为复杂，但为利用计算机进行工程计算提供了依据。目前已有焓湿图（h-d 图）计算软件可以利用。将湿空气各种参数之间的关系用图线表示，制成线算图，应用甚为方便。平面图上的状态点只有两个独立参数，所以线算图常在一定总压力下，再选定两个独立参数为坐标制作。采用的坐标可以有各种选择，常见的有以含湿量和干球温度为坐标的 d-t 图，以焓和干球温度为坐标的 h-t 图，以焓和含湿量为坐标的 h-d 图。各种图线的制作原理和应用方法基本相同，本书主要介绍我国应用较多的焓湿图（h-d 图）。

（一）焓湿图的构成

h-d 图是根据式（6-108）和式（6-113）绘制的，如图 6-23 所示。该图以含 1kg 干空气的湿空气为基准，在一定的大气压力下，取湿空气的焓 h 为纵坐标、含湿量 d 为横坐标。为使图面展开，采用了纵轴与横轴之间夹角为 135°的坐标系统。在实用中，为了不使图面过长，常取一水平辅助轴代替实际的 d 轴。在 h-d 图中取 $d=0$、$h=0$ 为坐标原点，绘有定焓线（定 h 线）、定含湿量线（定 d 线）、定温线（定 t 线）、定相对湿度线（定 φ 线）、水蒸气分压力 p_v 与含湿量 d 的关系线，即 $p_v=f(d)$ 线。

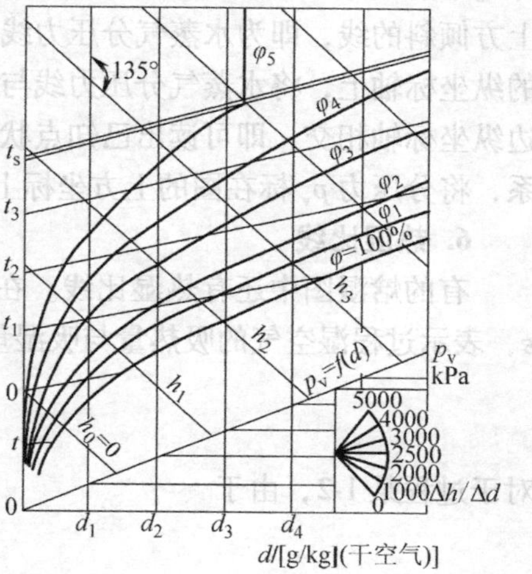

图 6-23 湿空气的焓湿图

1. 定含湿量线

定含湿量线是一组与纵坐标轴平行的直线，其数值在辅助横轴上读出（下方水平轴上，也有的在上方水平轴上）。从纵轴为 $d=0$ 的定含湿量线开始，自左向右含湿量值逐渐增加。由于湿空气中的水蒸气含量较低，为了使图的显示效果好，通常采用缩小 1000 倍的单位，图中含湿量 d 的单位为 g/kg（干空气）。

2. 定焓线

定焓线是一组与纵坐标轴成 135°（与横坐标轴平行）的直线，即图 6-23 中从左至右下方的斜线。在同一条定焓线上的不同点所代表的湿空气的状态尽管不同，但都具有相同的焓值。通过含湿量 $d=0$ 及温度 $t=0$℃交点的定焓线，其焓值 $h=0$，向上的定焓线焓值为正值，向下的定焓线焓值为负值，且自下而上焓值逐渐增加。

3. 定温线

定温线也称定干球温度线，是根据式（6-113）绘制的。当 t 为定值时，焓 h 和含湿量 d 之间为线性关系，其斜率为（$2501+1.842t$）。对于不同的温度而言，该直线有不同的斜率，所以定温线是一组互不平行的，方向为自左至右上方的直线。随着温度的升高，定温线的斜率增大。根据前面的规定，0℃干空气的焓为零，那么当 $h=0$ 时，必然有 $t=0$、$d=0$。这样 0℃的定温线必然通过焓和含湿量的零点。

4. 定相对湿度线

定相对湿度线是根据式（6-108）绘制的一组由左下至右上的上凸曲线。当湿空气的压力 p 和温度 t 给定时，水蒸气的饱和压力 p_{vs} 也就确定了。在定温线上的各点对应不同的含湿量 d，就有不同的相对湿度 φ，将不同定温线上的相对湿度 φ 值相等的点连接起来，即为定相对湿度线。$\varphi=0$ 线是干空气线，此时 $d=0$，即与纵坐标轴重合。定相对湿度线中，最靠下的一条（$\varphi=100\%$）是饱和湿空气线，它把 h-d 图分为两部分，$\varphi=100\%$ 线以上的各点表示湿空气中的水蒸气是过热的，湿空气为未饱和湿空气。$\varphi=100\%$线以下的部分则没有实用意义，湿空气中多余的水蒸气会以水滴的形式析出，湿空气仍保持饱和状态（$\varphi=100\%$）。

5. 水蒸气分压力线

水蒸气分压力线表示的是湿空气中含湿量 d 与水蒸气分压力 p_v 之间的关系。式（6-108）表明，湿空气的总压力 p 不变时，p_v 与 d 有一一对应关系，又由于 p 远大于 p_v，使得 $p_v=f(d)$ 的关系近似于直线关系。如图 6-23 中，在 $\varphi=100\%$线的下方，有一条自左下向右上方倾斜的线，即为水蒸气分压力线 $p_v=f(d)$。一般把与 d 相对应的 p_v 值表示在图右下方的纵坐标轴上，将水蒸气分压力线与已知状态点的定焓线相交，从交点处向右作水平线与右边纵坐标轴相交，即可读出已知点状态下的水蒸气分压力。也有的 h-d 图根据 p_v 与 d 的关系，将分压力 p_v 标在图的上方坐标上。

6. 热湿比线

有的焓湿图中还有热湿比线。在湿空气的状态变化过程中，有一个常用的量为热湿比 ε，表示过程湿空气的吸热量与吸湿量之比，定义式为

$$\varepsilon=\frac{Q}{W} \tag{6-114}$$

对于过程某 1-2，由于

$$Q=m_a(h_2-h_1)$$
$$W=m_a(d_2-d_1)\times10^{-3}$$

所以有

$$\varepsilon=1000\frac{h_2-h_1}{d_2-d_1}=1000\frac{\Delta h}{\Delta d} \tag{6-115}$$

ε 在 h-d 图上反映了过程线 1-2 的倾斜度，又称角系数。ε 相等的过程线为相互平行的直线。ε 线是以一点为基准绘制的辐射线，ε 有正有负。图6-23 中右下角表示的就是热湿比线，但只绘出了 ε 为正的情况。ε 为负的线应在 $\varepsilon=0$ 线的左侧。整个热湿比线的图面构成一个半圆。

对于不同的大气压力，h-d 图是有所区别的。在工程中应当选择相应或相近的大气压力下的 h-d 图，以减少误差。本书后所附 h-d 图（附图 5）是在大气压力 0.1MPa 的条件下绘制的。大气压力在（0.1±0.01）MPa 的范围内时，按此图计算引起的误差不超过 2%。另外需要注意的是，对应于压力为 0.1MPa 的水蒸气的饱和温度为 99.63℃，当湿空气的温度大于此温度时，对应的饱和压力 p_v 将大于 0.1MPa。由于已经将湿空气的总压力定为 0.1MPa，所以这时湿空气中所含的水蒸气的最大分压力就等于大气压力，而不再随温度的升高而升高，此时相对湿度 $\varphi=p_v/p$。相对湿度 φ 不变，则水蒸气分压力 p_v 和含湿量 d 也不变，所以定相对湿度线在与 $t=99.63$℃的定温线相交后，即折成直线上升，近乎垂线。

（二）湿空气焓湿图的应用

1. 确定状态参数

焓湿图上的任意一点都代表湿空气的某一状态。由于 h-d 图都是在一定的大气压力下绘制的，所以要确定湿空气的状态，只要再知道状态参数 h、d、t、φ 中的任意两个（通常是 t 和 φ），就可以利用 h-d 图确定湿空气的状态点，并查出其他参数。

2. 确定露点温度

露点温度 t_d 是湿空气定湿（水蒸气分压力不变）冷却至饱和湿空气（$\varphi=100\%$）时的温度，因此不同状态的湿空气，只要其含湿量 d 相同，则具有相同的露点。如图 6-24 所示，在焓湿图上，可从初态点 A 向下作定含湿量线与 $\varphi=100\%$ 的饱和湿空气线相交于 B 点，过 B 点的定温线对应的温度 t_B 即为处于状态点 A 的露点温度 $t_{A,d}$。

3. 确定湿球温度

在湿球温度的形成过程中，由于饱和湿空气传给湿纱布中水的显热全部以汽化热的形式返回到空气中，所以可以认为湿空气的焓值基本保持不变。因此湿球温度的形成过程可看成绝热过程，也即定焓过程。湿空气的湿球温度 t_w 也即是定焓冷却至饱和湿空气（$\varphi=100\%$）时的温度。因此，不同状态的湿空气只要其焓相同，则具有相同的湿球温度。如图 6-24 所示，在焓湿图上，可从初态点 A 作定焓线与 $\varphi=100\%$ 的饱和湿空气线相交于 C 点，过 C 点的定温线对应的温度 t_C 即为处于状态点 A 的湿球温度 $t_{A,w}$。

4. 表示和计算湿空气的状态变化过程

利用焓湿图还可以很方便地表示和计算湿空气的各种不同类型的状态变化过程，这是空气调节中常用的方法。湿空气的基本热力过程在后面介绍。

例 6-21　已知湿空气的压力 $p=0.1\text{MPa}$，房间空气的温度 $t=20°\text{C}$，相对湿度 $\varphi=50\%$，试利用 h-d 图求空气的焓 h、含湿量 d、露点 t_d、水蒸气分压力 p_v 及饱和含湿量 d_s 和水蒸气的饱和分压力 p_{vs}。

解　选取 $p=0.1\text{MPa}$ 湿空气的 h-d 图，在图上找到 $t=20°\text{C}$ 与相对湿度 $\varphi=50\%$ 的交点 1，如图 6-25 所示，查得：$h=39\text{kJ/kg}$（干空气），$d=7.4\text{g/kg}$（干空气）。

由点 1 沿定 d 线垂直向下与 $\varphi=100\%$ 线交于点 2，点 2 对应的温度即为露点，查得 $t_d=8.7°\text{C}$。

由点 1 沿定 d 线继续垂直向下与 $p_v=f(d)$ 线相交，从交点向右作水平线与右边纵轴相交得水蒸气分压力 $p_v=11.7\times10^2\text{Pa}$。

由点 1 沿定 t 线与 $\varphi=100\%$ 线交于点 3，点 3 的含湿量即为饱和含湿量 d_s，查得：$d_s=15\text{g/kg}$（干空气）。

由点 3 向下作垂线与 $p_v=f(d)$ 线相交，可得水蒸气饱和分压力 $p_{vs}=23.4\times10^2\text{Pa}$。

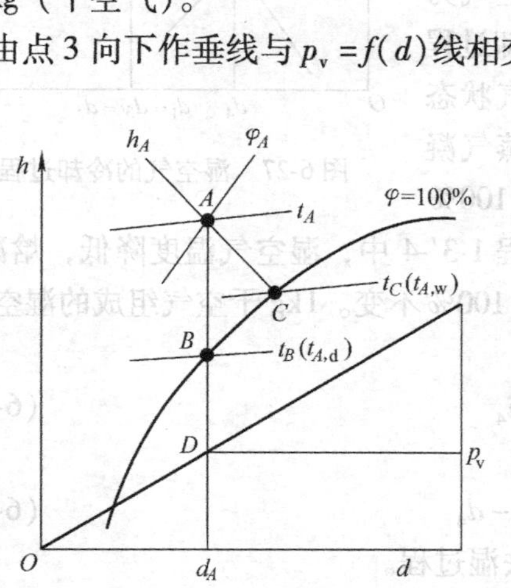

图 6-24　露点温度、湿球温度在 h-d 图上的表示

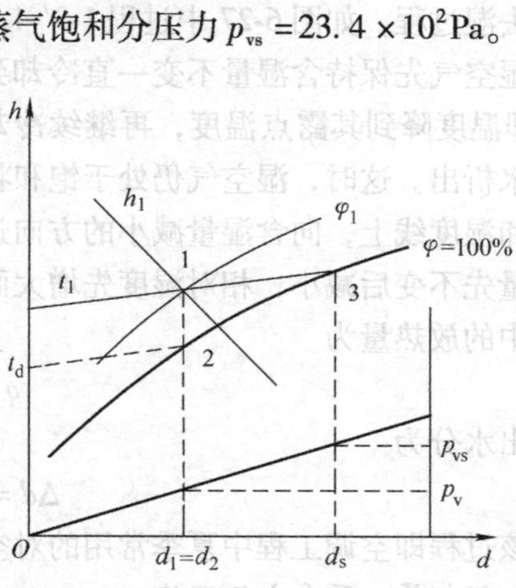

图 6-25　例 6-21 图

三、湿空气的基本热力过程

湿空气的热力过程主要是湿空气处理中的加热、冷却、加湿、减湿等，工程上湿空气的实际过程一般是上述基本过程的组合。

（一）加热过程

空气调节中常用表面式空气加热器（或电加热器）来处理空气。当空气通过加热器时获得了热量，提高了温度，增大了焓，降低了相对湿度，但含湿量并没变化。因此，空气状态变化是等湿、增焓、升温过程，如图6-26中过程线1-2所示，在过程中1kg干空气所组成的湿空气所吸收的热量为

$$q = \Delta h = h_2 - h_1 \tag{6-116}$$

通过加热，湿空气的吸湿能力提高，所以湿空气用于干燥物料前先进行一个加热过程，我们经常使用的干手器也是这个原理，如图6-30所示。

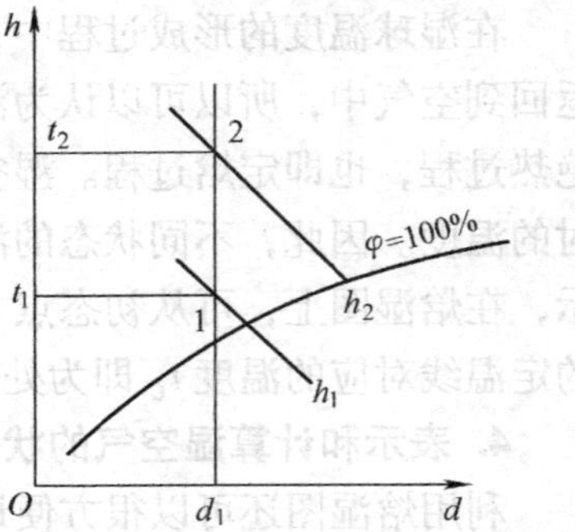

图6-26　湿空气的加热过程

（二）冷却过程

湿空气的冷却过程是在空气冷却器中进行的，可分为单纯冷却和冷却去湿两种情况。

1. 单纯冷却过程

当冷却器表面温度比湿空气露点温度高时，湿空气为单纯冷却过程，如图6-27中过程1-3所示。可以看出在过程1-3中，湿空气放热，温度降低，焓减小，相对湿度增大，含湿量保持不变，与加热过程的状态变化情况正好相反，为等湿、减焓、降温过程。1kg干空气组成的湿空气在过程中的放热量为

$$q = \Delta h = h_1 - h_3 \tag{6-117}$$

2. 冷却去湿过程

当冷却器表面温度比湿空气露点温度低时，湿空气为冷却去湿过程，如图6-27中过程1-3′-4所示。在冷却过程中，湿空气先保持含湿量不变一直冷却到饱和湿空气状态3′，即温度降到其露点温度，再继续冷却，将有水蒸气凝结为水析出。这时，湿空气仍处于饱和状态，在$\varphi = 100\%$的饱和湿度线上，向含湿量减小的方向进行。在过程1-3′-4中，湿空气温度降低，焓减小，含湿量先不变后减小，相对湿度先增大而后保持$\varphi = 100\%$不变。1kg干空气组成的湿空气在过程中的放热量为

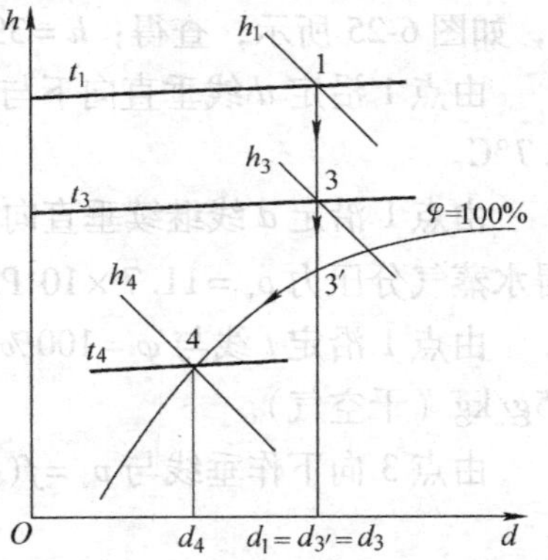

图6-27　湿空气的冷却过程

$$q = \Delta h = h_1 - h_4 \tag{6-118}$$

所析出水分为

$$\Delta d = d_3 - d_4 = d_1 - d_4 \tag{6-119}$$

该过程即空调工程中夏季常用的对空气的降温去湿过程。

知识拓展：夏季空气调节

夏天经常是高温高湿天气，使人感觉闷热，影响工作与休息。为了改善生活与工作条件

就要对局部环境如卧室、车厢、会议室、船舱等进行降温和去湿。如图 6-28 所示，调节时，先将空气经过冷却段，冷却段中由制冷装置来的冷却剂在蛇形管内流过，空气在蛇形管外流过而被降温。空气由状态 1 经定含湿 d_1 线冷却至饱和湿空气线上的点 2，然后沿饱和线继续冷却，空气中的水分即被析出，使其湿量由 d_1 降为 d_3，温度由 t_1 降为 t_3，即状态点 3。在一般情况下，此已被冷却和去湿后的空气直接引入室内，与室内的空气相混合，就可达到降温去湿的目的。有时从冷却段出来的空气温度过低，与室内空气混合后其温度低了。此时，可将冷却段出来的空气再通过一个加热段，如图 6-28 中的加热过程 3-4 线所示，使其温度由 t_3 升到 t_4，再引入室内与室内的空气混合后得到适宜人居住的温度（20 ~25℃）。

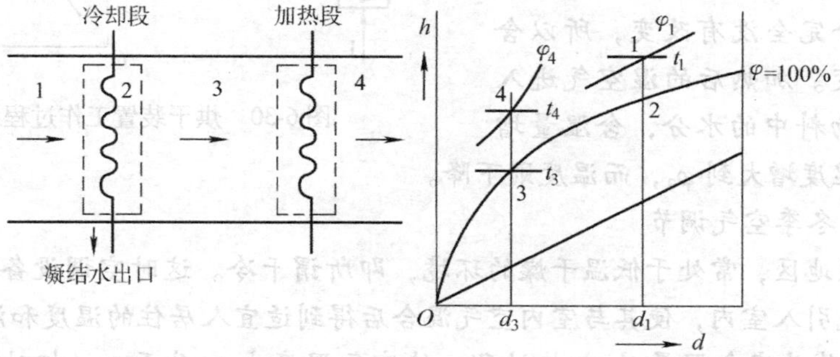

图 6-28　夏季空气调节过程示意

（三）加湿过程

对湿空气加湿有两种方法：其一是在绝热的条件下，对湿空气加入水分，来增加其含湿量，称为绝热加湿过程；其二是在保持温度不变的情况下，向湿空气中加入有限量的水蒸气，称为定温加湿过程。下面分别加以介绍。

1. 绝热加湿过程

空调工程中，在喷淋室中向湿空气喷入循环水，就是绝热加湿过程。在该过程中，水分从湿空气本身吸取热量而汽化，汽化后的水蒸气又进入湿空气中去。这样湿空气本身焓变化很小，只是增加了补充水的液体热，有

$$h_2 = h_1 + 10^{-3}(d_2 - d_1)h_{\mathrm{wat}} \tag{6-120}$$

式中　h_1、d_1——加湿前湿空气的焓和含湿量；

h_2、d_2——加湿后湿空气的焓和含湿量；

h_{wat}——补充水的焓值。

由于 $10^{-3}(d_2 - d_1)h_{\mathrm{wat}}$ 与湿空气的焓 h_1 和 h_2 相比很小，可以忽略不计，故有 $h_1 = h_2$。所以，绝热加湿过程可视为定焓过程，如图 6-29 中 1-2 过程所示。该过程沿定焓线进行，过程中温度降低，含湿量和相对湿度均增大。过程中 1kg 干空气组成的湿空气增加的水分为

$$\Delta d = d_2 - d_1 \tag{6-121}$$

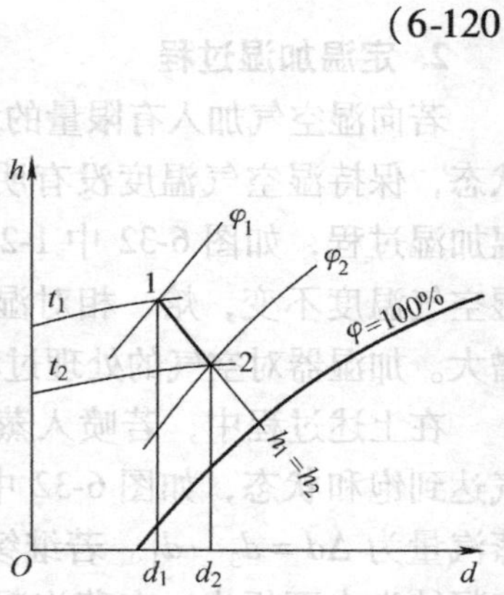

图 6-29　湿气的绝热加湿过程图

在干燥物料的过程中，空气通过干燥室吸收物料中的水

分，进行的就是绝热加湿过程。

知识拓展：烘干装置

烘干装置是利用未饱和湿空气吹过被烘干物体，吸收其中水分的设备。为了提高湿空气的吸湿能力，一般都先将湿空气加热，设备装置示意图和过程图如图6-30所示。相对湿度为φ_1、温度为t_1的湿空气通过加热器时，使温度升高到t_2，相对湿度下降到φ_2，所以吸湿能力提高了。由于加热过程中，除了吸入热量使温度升高外，其组成成分完全没有改变，所以含湿量d保持不变。加热后的湿空气进入烘箱吸收被烘物料中的水分，含湿量增加到d_3，相对湿度增大到φ_3，而温度则下降。

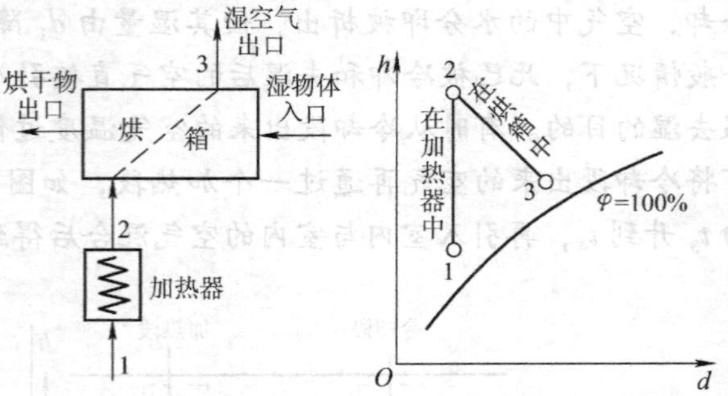

图6-30　烘干装置工作过程示意

知识拓展：冬季空气调节

冬天的高原地区，常处于低温干燥的环境，即所谓干冷。这时空调设备应将温度较高、湿度较大的空气引入室内，使其与室内空气混合后得到适宜人居住的温度和湿度。如图6-31所示，图中1-2线为定含湿量d_1加热过程，使空气温度由t_1升至t_2，相对湿度由φ_1降至φ_2；2-3线为定焓h加湿过程，使空气的含湿量由d_1增至d_3，相对湿度由φ_2升为φ_3。

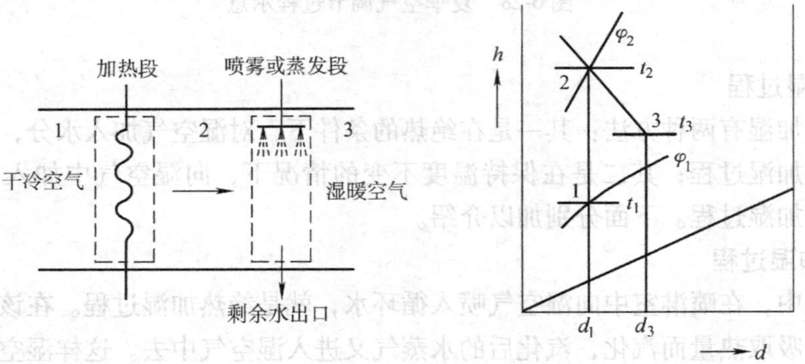

图6-31　冬季空气调节过程示意

2. 定温加湿过程

若向湿空气加入有限量的大气压力下的饱和蒸汽或稍过热的蒸汽，使空气仍处于未饱和状态，保持湿空气温度没有明显提高，即可视为定温加湿过程，如图6-32中1-2过程所示。该过程中湿空气温度不变，焓、相对湿度以及含湿量都有所增大。加湿器对空气的处理过程就是这样的过程。

在上述过程中，若喷入蒸汽量过多，将使湿空气达到饱和状态，如图6-32中1-3所示，这时喷入蒸汽量为$\Delta d = d_3 - d_1$。若继续喷入蒸汽，将会使蒸汽凝结为水而析出，在蒸汽凝结中放出潜热，使湿空气温度升高，湿空气状态沿$\varphi=100\%$的饱和湿空

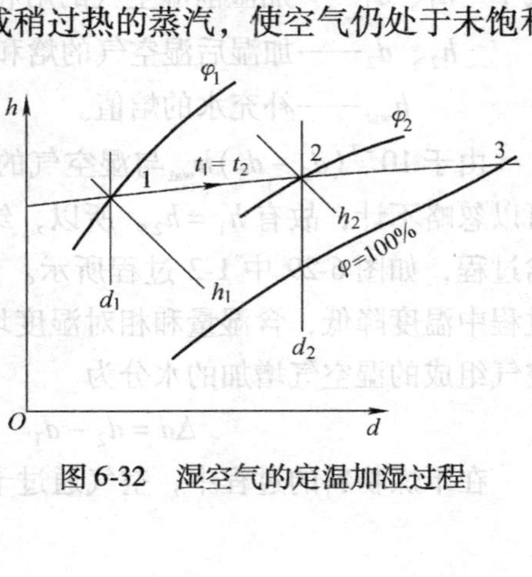

图6-32　湿空气的定温加湿过程

气线向含湿量增加、温度升高、焓增大的方向变化。

（四）绝热混合过程

将两股或多股状态不同的湿空气相混合，可以得到温度、湿度和洁净度均符合要求的空气，这是空调工程中经常采用的方法。工程上可将一部分循环空气（又称为回风）加以利用，以节省部分热量或冷量来提高空调系统的经济性。若上述混合过程与外界没有热量交换，即为绝热混合过程，可以看出绝热混合后所得到的湿空气状态取决于混合前各股湿空气的状态及它们参与混合的流量比例。

不同状态的空气互相混合，在空气调节过程中是最基本、最节能的处理过程，例如：新风和回风的混合，冷热风的混合，干湿风的混合等等。为此，必须研究不同状态的空气混合的规律及空气混合时在 h-d 图上的表示。具体方法如下。

设有两种状态分别为 A 和 B、质量分别为 G_A 和 G_B（干空气）的空气相混合，根据能量和质量守恒原理，有

$$G_Ah_A + G_Bh_B = (G_A + G_B)h_C \tag{6-122}$$

$$G_Ad_A + G_Bd_B = (G_A + G_B)d_C \tag{6-123}$$

混合后空气的状态点即可从式（6-122）和式（6-123）中解出，即

$$h_C = (G_Ah_A + G_Bh_B)/(G_A + G_B) \tag{6-124}$$

$$d_C = (G_Ad_A + G_Bd_B)/(G_A + G_B) \tag{6-125}$$

这里需要注意的是：G 的单位应当是 kg（干空气），但是由于空气中的水蒸气量很少，因此用湿空气的质量代替干空气的质量计算时，所造成的误差处在工程计算所允许的范围内。因而在后面的讨论中，都是用湿空气的质量代替干空气的质量，将不再特别说明。

由式（6-122）和式（6-123），可以分别解得

$$G_A/G_B = (h_B - h_C)/(h_C - h_A)$$

$$G_A/G_B = (d_B - d_C)/(d_C - d_A)$$

即

$$(h_B - h_C)/(h_C - h_A) = (d_B - d_C)/(d_C - d_A)$$

由上式可以得出

$$(h_B - h_C)/(d_B - d_C) = (h_C - h_A)/(d_C - d_A) \tag{6-126}$$

上式中的左边是直线BC的斜率，右边是直线CA的斜率。两条直线的斜率相等，说明直线BC与直线 CA 平行。又因为混合点 C 是两直线的交点，说明状态点 A、B、C 是在一条直线上，如图 6-33 所示。从图中可知，由平行切割定理可得

$$BC/CA = (d_B - d_C)/(d_C - d_A)$$

又因为

$$(d_B - d_C)/(d_C - d_A) = (h_B - h_C)/(h_C - h_A) = G_A/G_B$$

所以

$$BC/CA = G_A/G_B \tag{6-127}$$

此结果表明：当两种不同状态的空气混合时，混合点在过两种空气状态点的连线上，并将过两状态点的连线分为两段。所分两段直线段的长度之比与参与混合的两种状态空气的质量成反比，即混合点靠近质量大的空气状态点一端。

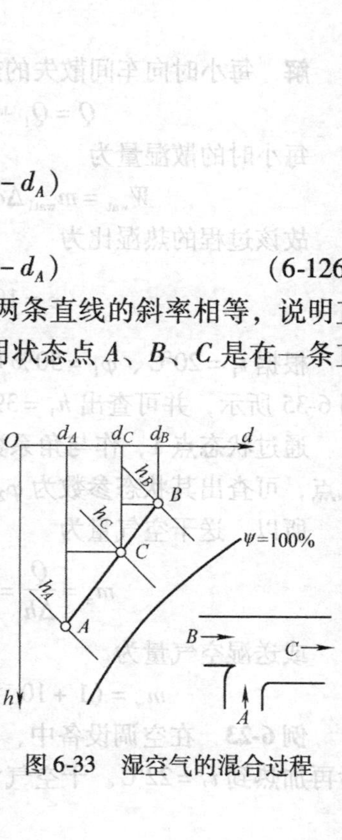

图 6-33　湿空气的混合过程

如果混合点 C 出现在过饱和区，这种空气状态的存在只是暂时的，多余的水蒸气会立即凝结，从空气中分离出来，空气将恢复到饱和状态。多余的水蒸气凝结时，会带走水的显热，空气的焓略有减少。空气状态的变化如图 6-34 所示，并存在如下的关系

$$h_D = h_C - 4.19\Delta d t_D \tag{6-128}$$

式中的 h_D、Δd 和 t_D 是三个互相有关的未知数，要确定 h_D 的值，需要用试算法。实际上，由于水分带走的显热很少，空气的变化过程线也可近似看做是等焓过程。

例 6-22 某车间内要求空气状态达到 $t_1 = 20℃$、相对湿度 $\varphi_1 = 50\%$。已知车间共有工作人员 10 名，在 $t_2 = 12℃$ 下工作时，每人散热量为 530kJ/h，散湿量为 80g/h。并知车间的围护结构及设备向车间内散热量为 4700kJ/h，散湿量为 1200g/h。若送风温度 $t_2 = 12℃$，试确定送风状态及送风量。（大气压力 $p = 0.1\text{MPa}$）

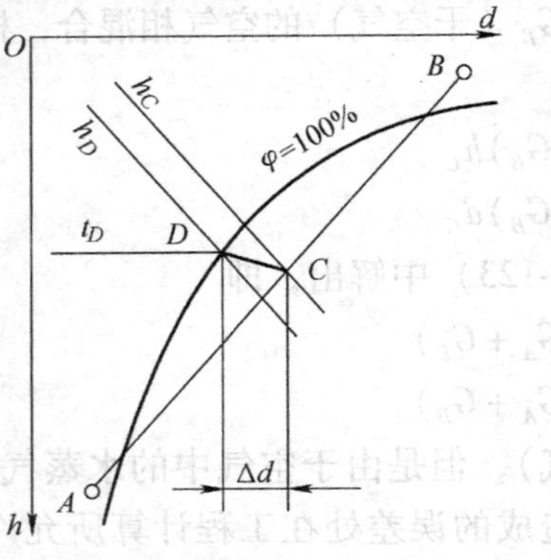

图 6-34 过饱和区空气状态的变化过程

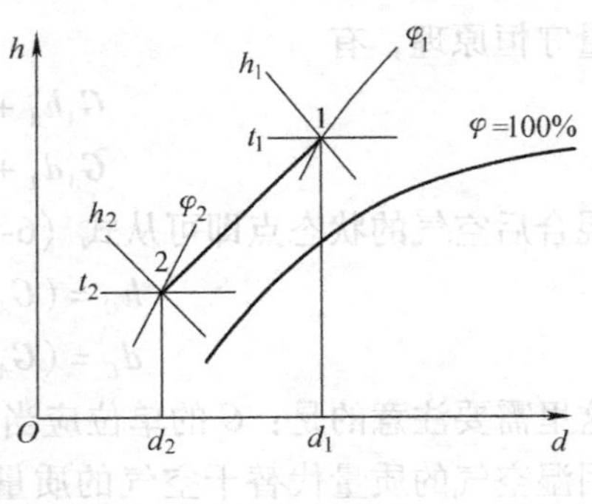

图 6-35 例 6-22 图

解 每小时向车间散失的热量为

$$Q = Q_1 + Q_2 = (10 \times 530 + 4700)\,\text{kJ/h} = 10000\text{kJ/h}$$

每小时的散湿量为

$$W_{\text{wat}} = m_{\text{wat1}}\Delta d_1 + m_{\text{wat2}}\Delta d_2 = (80 \times 10 + 1200)\,\text{g/h} = 2000\text{g/h}$$

故该过程的热湿比为

$$\varepsilon = 10^3\,\frac{\Delta h}{\Delta d} = 10^3 \times \frac{Q}{W_{\text{wat}}} = 10^3 \times \frac{10000}{2000} = 5000$$

根据 $t_1 = 20℃$、$\varphi_1 = 50\%$ 可在 h-d 图上确定状态点 1，即车间要求达到的空气状态，如图 6-35 所示，并可查出 $h_1 = 39\text{kJ/kg}$（干空气）。

通过状态点 1，作与角系数 $\varepsilon = 5000$ 平行的直线交 $t_2 = 12℃$ 的定温线于点 2，点 2 即送风点，可查出其状态参数为 $\varphi_2 = 48\%$、$h_2 = 23$ kJ/kg（干空气）、$d_2 = 4\text{g/kg}$（干空气）。

所以，送干空气量为

$$m_{\text{a}} = \frac{Q}{\Delta h} = \frac{10000}{39-23}\text{kg(干空气)/h} = 625\text{kg(干空气)/h}$$

或送湿空气量为

$$m_{\text{w}} = (1 + 10^{-3}d_2)m_{\text{a}} = (1 + 10^{-3} \times 4) \times 625\text{kg/h} = 627.5\text{kg/h}$$

例 6-23 在空调设备中，将 $t_1 = 30℃$、$\varphi_1 = 75\%$ 的湿空气先冷却去湿达到 $t_2 = 15℃$，然后再加热到 $t_3 = 22℃$。干空气流量 $m_{\text{a}} = 500\text{kg}$（干空气）/min。试确定调节后空气的状态、

冷却器中空气的放热量、凝结水量和加热器中的加热量。

解　将空气调节过程表示在 h-d 图上，如图 6-36 所示。1-2′-2 为冷却去湿过程，2-3 为加热过程。

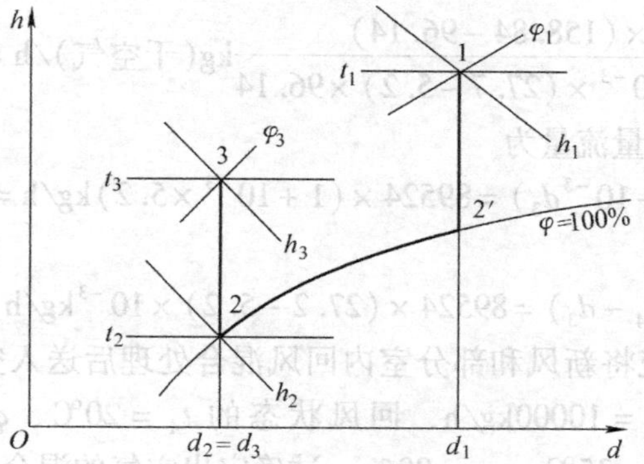

图 6-36　例 6-23 图

从 h-d 图可查得各状态点的参数，见表 6-5。

表 6-5　例 6-23 各状态点的参数

	焓　值	含湿量	相对湿度
1 点	$h_1=82\text{kJ/kg}$(干空气)	$d_1=20.4\text{g/kg}$(干空气)	
2 点	$h_2=42\text{kJ/kg}$(干空气)	$d_2=10.7\text{g/kg}$(干空气)	
3 点	$h_3=49\text{kJ/kg}$(干空气)	$d_3=d_2=10.7\text{g/kg}$(干空气)	$\varphi_3=64\%$

1-2′-2 过程空气的放热量和凝结水量分别为

$$Q_1=m_a(h_2-h_1)=-2\times10^4\text{kJ/min},m_w=m_a(d_1-d_2)=4.85\text{kg/min}$$

2-3 过程的加热量为

$$Q_2=m_a(h_3-h_2)=3500\text{kg/min}$$

例 6-24　冷却塔将水从 $t_1=38℃$ 冷却到 $t_2=23℃$，水进入塔时流量为 $m_{wat1}=100\times10^3\text{kg/h}$。从塔底进入的空气为 $t_3=15℃$、$\varphi=50\%$，塔顶排出的空气为 $t_4=30℃$ 的饱和湿空气，如图 6-37 所示。若大气压力 $p=0.1\text{MPa}$，求所需空气流量及过程中蒸发的水量。

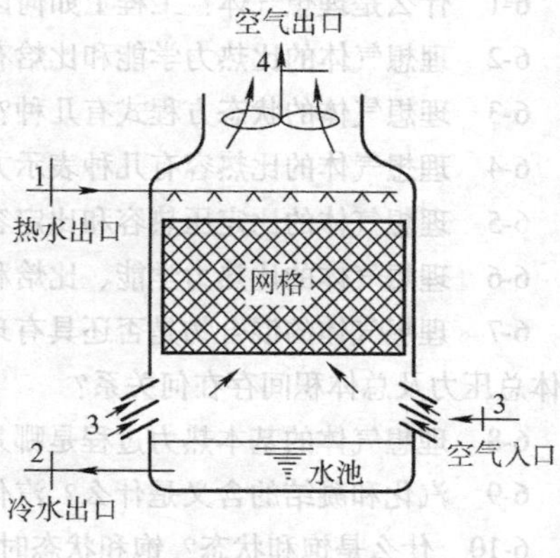

图 6-37　例 6-24 图

解　(1) 从 h-d 图可查得

$d_3=5.2\text{g/kg}$(干空气)，$h_3=28.8\text{kJ/kg}$(干空气)

$d_4=27.7\text{g/kg}$(干空气)，$h_4=101\text{kJ/kg}$(干空气)

$$h_{wat1}=c_{p,wat}t_1=4.18\times38\text{kJ/kg(干空气)}=158.84\text{kJ/kg(干空气)}$$

$$h_{wat2}=c_{p,wat}t_2=4.18\times23\text{kJ/kg(干空气)}=96.14\text{kJ/kg(干空气)}$$

(2) 据题意可列出冷却塔中的能量方程为

$$m_a(h_4-h_3)=m_{wat1}h_{wat1}-m_{wat2}h_{wat2}$$

对于水，还可列出质量守恒方程

$$m_{wat1}-m_{wat2}=m_a(d_4-d_3)\text{或}m_{wat2}=m_{wat1}-m_a(d_4-d_3)$$

(3) 将以上各式和参数代入能量方程，可求得所需干空气质量流量

$$m_{\mathrm{a}}=\frac{m_{\mathrm{wat1}}(h_{\mathrm{wat1}}-h_{\mathrm{wat2}})}{(h_4-h_3)-(d_4-d_3)h_{\mathrm{wat2}}}$$

即

$$m_{\mathrm{a}}=\frac{100\times10^3\times(158.84-96.14)}{(101-28.8)-10^{-3}\times(27.7-5.2)\times96.14}\mathrm{kg(干空气)/h}=89524\mathrm{kg(干空气)/h}$$

进入塔底的湿空气质量流量为

$$m_3=m_{\mathrm{a}}(1+10^{-3}d_3)=89524\times(1+10^{-3}\times5.2)\mathrm{kg/h}=89990\mathrm{kg/h}$$

蒸发水量

$$m_{\mathrm{wat}}=m_{\mathrm{a}}(d_4-d_3)=89524\times(27.2-5.2)\times10^{-3}\mathrm{kg/h}=1970\mathrm{kg/h}$$

例 6-25 某空调系统将新风和部分室内回风混合处理后送入空调房间。已知大气压力 $p=101325\mathrm{Pa}$，回风量 $G_A=10000\mathrm{kg/h}$，回风状态的 $t_A=20℃$、$\varphi_A=60\%$。新风量 $G_B=2500\mathrm{kg/h}$，新风状态的 $t_B=35℃$、$\varphi_B=80\%$。试确定出空气的混合状态点 C。

解 两种不同状态空气的混合状态点可根据混合规律用作图法确定，也可以用计算方法得出，这里采用计算法求解。

在大气压力 $p=101325\mathrm{Pa}$ 的 h-d 图上，由已知条件确定出 A、B 两种空气的状态点，并查得：$h_A=42.5\mathrm{kJ/kg}$（干空气）、$d_A=8.8\mathrm{g/kg}$（干空气）、$h_B=109.4\mathrm{kJ/kg}$（干空气）、$d_B=29.0\mathrm{g/kg}$（干空气），将上述值代入式（6-124）和式（6-125）计算可得

$$h_C=\frac{10000\times42.5+2500\times109.4}{10000+2500}\mathrm{kJ/kg(干空气)}=55.9\mathrm{kJ/kg(干空气)}$$

$$d_C=\frac{10000\times8.8+2500\times29.0}{10000+2500}\mathrm{g/kg(干空气)}=12.8\mathrm{g/kg(干空气)}$$

由求出的 h_C、d_C，即可在 h-d 图上确定出空气的混合状态点 C 及其余参数。

实际上，根据混合规律，空气的混合状态点 C 必定在 AB 直线段上的某个中间位置，因此，只需计算出 h_C、d_C 中的一个，即可在 h-d 图上由 h_C 或 d_C 线与 AB 直线的交点确定出空气的混合状态点 C 及其余参数。

复习思考题

6-1 什么是理想气体？工程上如何区分理想气体和实际气体？

6-2 理想气体的比热力学能和比焓有什么特点？

6-3 理想气体的状态方程式有几种？各是什么样的？

6-4 理想气体的比热容有几种表示方法？如何应用比热容求热量？

6-5 理想气体的比定压热容和比定容热容之间有什么关系？

6-6 理想气体的比热力学能、比焓和比熵的变化量如何计算？

6-7 理想气体的混合物是否还具有理想气体的特点？什么是混合气体的分压力与分体积？它们与混合气体总压力及总体积间存在何关系？

6-8 理想气体的基本热力过程是哪几种？它们和多变过程有什么关系？

6-9 汽化和凝结的含义是什么？汽化的方式有哪几种？各有何特点？

6-10 什么是饱和状态？饱和状态时压力与温度有何关系？

6-11 湿饱和蒸汽和干饱和蒸汽有何区别？什么是干度？

6-12　水蒸气定压产生过程可分为哪三个阶段？分别在锅炉的哪个受热面中完成？

6-13　水蒸气的 p-v 图与 T-s 图有哪些点、线、区？分别表示何意义？

6-14　水和水蒸气表有哪几种？分别可以查取哪些状态和哪些参数？

6-15　水蒸气的 h-s 图上有哪些线群？大致形状走势如何？h-s 图可确定蒸汽哪些状态的参数？

6-16　水蒸气定压过程中，如何计算热量？水蒸气绝热过程中，如何计算机械功？

6-17　湿空气是否可以作为理想气体处理？

6-18　湿空气中的水蒸气分压力和饱和水蒸气分压力有什么不同？

6-19　什么是未饱和湿空气和饱和湿空气？

6-20　什么是湿空气的露点？

6-21　何谓湿空气的绝对湿度、相对湿度和含湿量？

6-22　如何根据相对湿度判断湿空气的潮湿程度？

6-23　湿空气的焓湿图有哪几种曲线，变化规律如何？

6-24　如何应用焓湿图确定湿空气的状态参数？

6-25　热湿比的物理意义是什么？

6-26　湿空气的基本热力过程有哪几个？各有什么特点？

讨论思考题

6-1　如果比热容是温度的单调增函数，当 $t_2 > t_1 > 0$ 时，平均比热容 $c\big|_0^{t_1}$、$c\big|_0^{t_2}$ 和 $c\big|_{t_1}^{t_2}$ 中哪一个最大？哪一个最小？

6-2　有人认为理想气体组成的封闭系统吸热后其温度必定增加，这是否完全正确？

6-3　理想气体在绝热过程中与外界无热量交换，为什么还能对外做功？是否违反了热力学第一定律？

6-4　一定量的某理想气体，分别经历如图 6-38 所示的容积不变过程 a-b 和压力不变过程 c-d。且 a 点与 c 点，b 点与 d 点温度分别相等。试比较两过程的热力学能变化量、焓变化量、功量和热量的大小。

6-5　参看图 6-39，1-2 为定容过程，1-3 为定压过程，2-3 为绝热过程。设过程都是可逆的，试画出相应的 T-s 图，并确定：（1）Δu_{12} 与 Δu_{13} 哪个大？（2）Δh_{12} 与 Δh_{13} 哪个大？（3）Δs_{12} 与 Δs_{13} 哪个大？（4）q_{12} 与 q_{13} 哪个大？

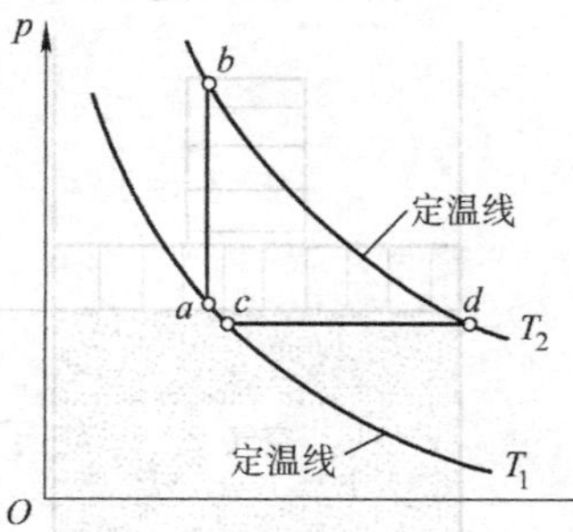

图 6-38　讨论思考题 6-4 图

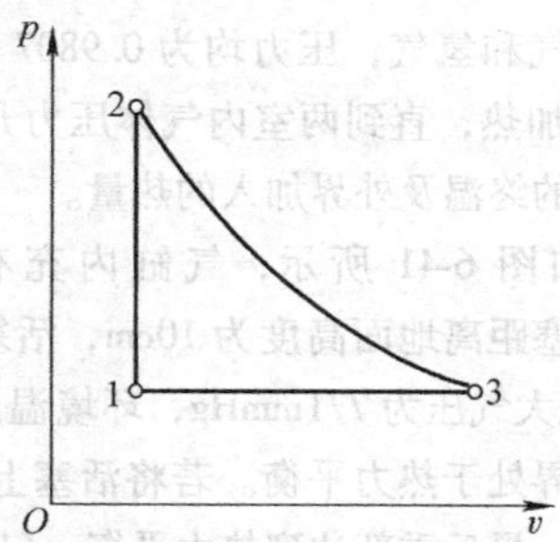

图 6-39　讨论思考题 6-5 图

6-6　水在定压汽化过程中温度保持不变，有人认为过程中热量等于膨胀功，对不对？为什么？

6-7　将未饱和水定压加热至饱和水时，加入热量会使水温升高，而定压加热饱和水至干饱和蒸汽时，加入的热量并不使温度升高，为什么？

6-8　判断下列说法是否正确。

（1）湿空气含湿量越大，相对湿度越大。

（2）饱和湿空气的含湿量一定大于未饱和湿空气的含湿量。

（3）含湿量不变时，湿空气的温度越高就越干燥。

6-9 向充满相对湿度为 φ 的湿空气的刚性容器内充入干空气，若平衡后容器内温度不变，试分析相对湿度、含湿量和水蒸气分压力如何变化。

6-10 对未饱和湿空气与饱和湿空气分别判断干球温度、湿球温度、露点温度三者的大小。

6-11 解释下列现象：

（1）夏天自来水管外表面的出现水珠现象。

（2）寒冷地区冬季人在室外呼出的气是白色的。

（3）晴天晒衣服容易干，而阴雨天则不容易干。

（4）同一地区，阴雨天的大气压力比晴朗天气的大气压力低。

（5）早晨有雾，往往是好天气。

6-12 两种湿空气的总压力和相对湿度相同，温度高的湿空气含湿量大，还是温度低的湿空气含湿量大？为什么？

习 题

6-1 容积为 0.027m^3 的刚性储气筒，装有压力为 $7\times10^5\text{Pa}$、温度为 $20℃$ 的空气。筒上装有一排气阀，压力达到 $8.75\times10^5\text{Pa}$ 时就开启，压力降为 $8.4\times10^5\text{Pa}$ 时才关闭。若由于外界加热的原因，造成阀门开启，问：（1）当阀门开启时，筒内温度为多少？（2）因加热而失掉多少空气？设筒内空气温度在排气过程中保持不变。

6-2 一绝热刚体气缸，被一导热的无摩擦的活塞分成两部分。最初活塞被固定在某一位置，气缸的一侧储有 0.4MPa、30℃的理想气体 0.5kg，而另一侧储有 0.12MPa、30℃、0.5kg 的同种气体。然后放松活塞任其自由移动，最后两侧达到平衡。设比热容为定值，试求：（1）平衡时的温度；（2）平衡时的压力。

6-3 5kg 的氩气体经历了一热力学能不变的过程，初态 $p_1=6.0\times10^5\text{Pa}$、$T_1=600\text{K}$，膨胀终了的体积 $V_2=3V_1$。氩气体可作为理想气体，设比热容为定值，$R_g=0.208\text{kJ/(kg·K)}$，求终温、终压及总熵变量。

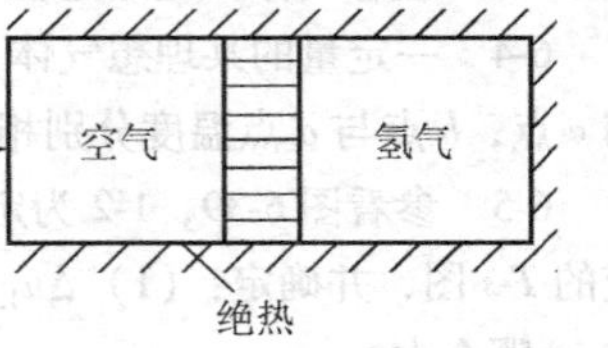

图 6-40 习题 6-4 图

6-4 如图 6-40 所示的两室（图中剖面线代表绝热），由绝热且与气缸间无摩擦的活塞隔开。开始时，两室的体积均为 0.1m^3，分别储有空气和氢气，压力均为 $0.9807\times10^5\text{Pa}$，温度均为 15℃。若对空气侧加热，直到两室内气体压力升高到 $1.9614\times10^5\text{Pa}$ 为止，求空气的终温及外界加入的热量。

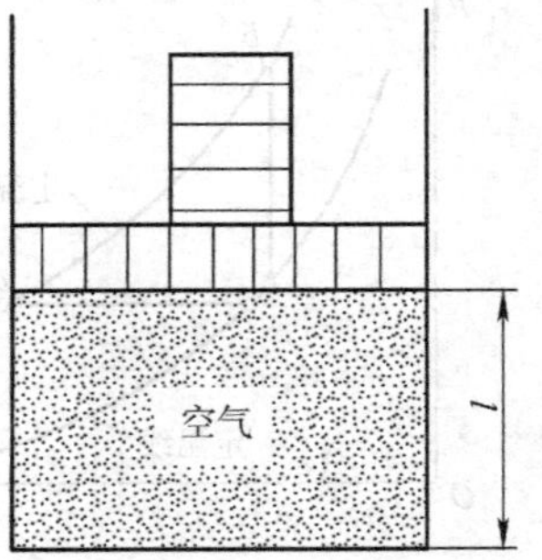

图 6-41 习题 6-5 图

6-5 如图 6-41 所示，气缸内充有空气，活塞截面积为 100cm^2，活塞距离地面高度为 10cm，活塞及其上负载的总质量为 195kg，当地大气压为 771mmHg，环境温度 $t_0=27℃$，气缸内气体此时恰与外界处于热力平衡。若将活塞上的负载取去 100kg，活塞将突然上升，最后重新达到热力平衡。（1）假设活塞与气缸壁无摩擦，气体可通过气缸壁充分与外界换热，求活塞上升的距离及气体与外界交换的热量。（2）若气缸壁和活塞都是绝热的，但两者之间无摩擦，此时活塞上升距离为多少？气体最终状态为如何？

6-6 6kg 的空气，由初态 $p_1=0.3\text{MPa}$、$t_1=30℃$ 分别经历定温和定熵过程膨胀到同一终压 $p_2=0.1\text{MPa}$。试比较不同过程中空气对外的膨胀功、技术功、交换的热量和终温。

6-7 一氧气瓶的容积为 0.04m^3，内盛 $p_1=147.1\times10^5\text{Pa}$ 的氧气，其温度与室温相同，即 $t_1=t_0=20℃$。（1）如开启阀门，使压力迅速下降到 $p_2=73.55\times10^5\text{Pa}$，求此时氧气的温度 t_2 和所放出的氧气的质量 Δm；

(2) 阀门关闭后，瓶内氧气的温度与压力将怎样变化；(3) 如放气极为缓慢，以致瓶内气体与外界随时处于热平衡，当压力自 147.1×10^5Pa 降到 73.55×10^5Pa 时，所放出的氧气较第一种情况是多还是少？

6-8　柴油机气缸中的燃气，膨胀过程开始时的状态为 $p_1=8$ MPa、$t_1=1\ 300$℃，过程终了时的状态为 $p_2=0.4$ MPa、$t_2=400$℃。假定燃气具有空气的性质，且过程可逆，试采用平均比热容计算燃气比熵的变化量，并判断过程是吸热还是放热。

6-9　刚性容器 A 与弹性球 B 通过阀门相连。二者皆充有处于环境温度 $t_0=27$℃的空气。容器 A 的体积 $V_A=0.283\text{m}^3$，空气的压力 $p_A=0.276$MPa；弹性球 B 的初始直径为 0.3m，空气的初始压力 $p_B=0.1034$MPa。打开阀门使二者相遇。假定球内终温仍为 27℃，且球内压力与直径成正比。试求球 B 终态的压力和体积。

6-10　空气进入活塞式压气机的状态为 $p_1=0.1$MPa、$t_1=27$℃，经可逆绝热过程压缩到 $t_2=207$℃，求压缩过程终了空气的压力、热力学能的变化量及过程中空气与外界交换的功。

6-11　某理想气体在定压过程中吸收了 3349kJ 的热量，设 $c_V=0.741$kJ/(kg·K)，$R_g=0.297$kJ/(kg·K)，求其对外所做的功及热力学能的变化。

6-12　在锅炉设备的空气预热器里，利用排入烟囱以前的烟气的余热加热燃烧所需要的空气。若空气流量为 108 000m³/h，并在 $p=830$mmHg 的压力下从 $t_1=20$℃升高到 $t_2=270$℃，试求烟气每小时所需提供的热量和从预热器引出时空气的体积流量。(1) 用平均比定压热容计算；(2) 将空气视为双原子理想气体，用定值比热容进行计算。

6-13　烟气各成分的质量分数为 $w_{CO_2}=0.14$，$w_{O_2}=0.06$，$w_{H_2O}=0.05$，$w_{N_2}=0.75$；空气各成分的质量分数为 $w_{O_2}=0.232$，$w_{N_2}=0.768$。将 50kg 的烟气用 75kg 的空气稀释，试求混合后的质量分数。

6-14　试利用水蒸气表确定下列各点的状态，并确定各状态的焓、熵、干度及比体积：

(1) $p=20$MPa，$t=300$℃；(2) $p=9$MPa，$v=0.017\text{m}^3/\text{kg}$；

(3) $p=4.5$MPa，$t=450$℃；(4) $p=1$MPa，$x=0.90$。

6-15　已知水蒸气的压力 $p=0.5$MPa、比体积 $v=0.35\text{m}^3/\text{kg}$，分别用水蒸气表及 h-s 图确定其状态并求其他参数。

6-16　某汽轮机入口蒸气的压力 $p_1=1.3$MPa、$t_1=350$℃，出口蒸气压力 $p_2=0.005$MPa。假定蒸汽在汽轮机内进行理想绝热膨胀，忽略进、出口动能差，求每千克蒸气流过汽轮机所做的轴功及乏汽的温度和干度。

6-17　某朗肯循环，蒸汽的初压 $p_1=3$MPa，终压 $p_2=6$kPa，初温见表 6-6。试求在各种不同初温时循环的热效率 η_t、汽耗率 d 及蒸汽的终干度 x_2，并将所求得的各值填入表 6-6 内，以比较所求得的结果。

表 6-6　习题 6-17 表

t_1/℃	300	500
η_t		
d/[kg/(kW·h)]		
x_2		

6-18　一朗肯循环，蒸汽的初温 $t_1=500$℃，终压 $p_2=6$kPa，初压见表 6-7。试求在各种不同初压时循环的热效率 η_t、汽耗率 d 及蒸汽的终干度 x_2，并将所求得的各值填入表 6-7 内，以比较所求得的结果。

表 6-7　习题 6-18 表

p_1/MPa	3.0	15.0
η_t		
d/[kg/(kW·h)]		
x_2		

6-19 一台锅炉的产汽率为20t/h，蒸汽的压力为4.5MPa、温度为480℃，在同样的压力下进入锅炉的给水的温度为100℃。若锅炉效率为0.9，煤的发热量为23000kJ/kg，求1h需多少煤？锅炉效率等于蒸汽总吸热量与燃料总发热量之比。

6-20 蒸汽在 $p_1=1.5\text{MPa}$、$x_1=0.95$ 的状态下进入过热器，被定压加热成为过热蒸汽后进入汽轮机，理想绝热膨胀至 $p_2=0.005\text{MPa}$、$x_2=0.90$ 的出口状态，求每千克蒸汽在过热器中吸收的热量。

6-21 已知湿空气的温度 $t=30℃$、相对湿度 $\varphi=70\%$，求湿空气的水蒸气分压力、绝对湿度、含湿量及焓。（大气压力 $p=0.1\text{MPa}$，下面各题相同）。

6-22 试利用湿空气的 h-d 图，分别确定湿空气下列各点的其余参数，并填写在表6-8的空格内。

表6-8 习题6-22表

参数	t	d	φ	h	t_w	t_d	p_v
单位	℃	g/kg(干空气)	%	kJ/kg(干空气)	℃	℃	Pa
1	22		64				
2		7		44			
3	28			50			
4			70			14.7	
5			90			11	

6-23 已知某一状态湿空气的温度为30℃，相对湿度为50%。试求该状态湿空气的含湿量、水蒸气分压力、露点温度和湿球温度。

6-24 进入烘干装置的空气温度为10℃，相对湿度 $\varphi=25\%$，在加热器里被加热到50℃，从干燥室排出时的温度为30℃。求每蒸发1kg水分所需的空气质量及所消耗的热量。

6-25 为了保证精密仪表的精度及电绝缘的质量，要求保管及使用场所的大气不能太潮湿。如果大气温度为35℃，相对湿度 $\varphi=80\%$，则需进行去湿处理。现将其冷却到10℃，问1kg干空气组成的湿空气将有多少水分被分离出来？当这种含湿量已降低的湿空气再次被加热到25℃时，相对湿度为多少？加热量为多少？

6-26 已知房间墙壁的温度为16℃。如果室内空气的温度为21℃，试问为防止在墙壁上发生凝结现象，空气允许的最大相对湿度为多少？

6-27 2kg温度为32℃、相对湿度为50%的湿空气，处理后的温度为22℃，相对湿度为85%。试求：(1) 状态变化过程的热湿比；(2) 空气处理过程中的热交换量和湿交换量。

6-28 已知湿空气的温度 $t=18℃$、露点 $t_d=8℃$，试求其相对湿度、绝对湿度及含湿量。如将上述湿空气加热到40℃，其相对湿度、绝对湿度各为多少？

6-29 已知空调系统的新风量及其状态参数为 $G_w=200\text{kg/h}$、$t_w=31℃$、$\varphi_w=80\%$。回风量及其状参数为 $G_n=1400\text{kg/h}$、$t_n=22℃$、$\varphi_n=60\%$。试求新、回风混合后混合空气的温度、含湿量和焓。

6-30 某空调系统每小时需要 $t_C=21℃$、$\varphi_C=60\%$ 的湿空气 12000m^3。若新空气 $t_1=5℃$、$\varphi_1=80\%$；循环空气 $t_2=25℃$、$\varphi_2=70\%$。将新空气加热后，与循环空气混合送入空调系统。试求：(1) 需将新空加热到多少度？(2) 新空气与循环空气进行绝热混合，它们的质量各为多少？

第七章　热 力 循 环

根据能量转换，热力循环有将热能转换为机械能的动力循环和将机械能转换为热能的制冷循环。根据工质不同，动力循环可分为蒸汽动力循环（如蒸汽机、蒸汽轮机的工作循环）和气体动力循环（如内燃机、燃气轮机的工作循环）两大类。本书只介绍蒸汽动力循环。根据工作原理不同，在普通制冷范围内，常用的有蒸气压缩式制冷循环、吸收式制冷循环和蒸汽喷射式制冷循环，其中蒸气压缩式制冷循环应用最广泛。从热力学的角度来分析热力循环，重点是分析其能量利用的经济性和影响循环经济性的各种因素，研究提高能量转换和利用的途径。本章主要知识点之间的联系如图 7-1 所示。

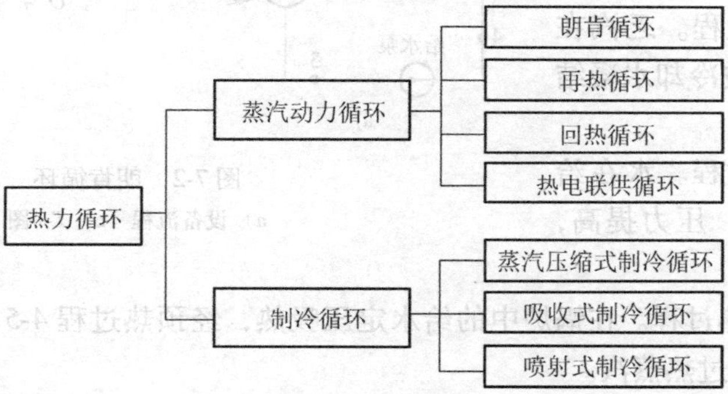

图 7-1　本章主要知识点之间的联系

在热机中，热能连续地转换为机械能是通过工质的热力循环过程来实现的。根据工质的不同，动力循环可分为蒸汽动力循环（如蒸汽机、蒸汽轮机的工作循环）和气体动力循环（如内燃机、燃气轮机装置的工作循环）两大类。

从热力学的角度来分析热机循环，重点是分析其热能利用的经济性，即循环热效率，并分析影响循环热效率的各种因素，研究提高循环热效率的途径。

第一节　蒸汽动力循环

从前面的学习中我们知道，在相同高低温热源间卡诺循环的热效率最高，对于水蒸气来说，在湿蒸汽区实现工质的定温加热和定温放热是可能的，因为饱和水定压汽化和饱和蒸汽定压放热时温度都保持不变，然而加热温度 T_1 受水蒸气临界温度的限制，不可能很高，此外放热后仍为湿蒸汽，湿蒸汽绝热压缩要消耗很大的压缩功，这样循环中热变功的效率很低。在过热蒸汽区要实现工质定温加热，必须同时降低蒸汽的压力，这样技术上存在相当大的困难，因此，实际的蒸汽动力循环并不采用卡诺循环，而在卡诺循环的基础上做出合理改进：将蒸汽的定温加热过程改为定压加热过程，蒸汽放热转变为饱和水状态再进行绝热压缩，大大减小了所消耗的压缩功。这就是目前火力发电厂广泛采用的基本循环——朗肯循环。以下讨论朗肯循环和在朗肯循环基础上改进了的蒸汽动力循环。

一、朗肯循环及热效率

朗肯循环是在实际蒸汽动力循环的基础上经简化处理得到的最简单、最基本的理想蒸汽动力循环，是研究其他复杂蒸汽动力循环的基础。其设备流程图及 T-s 图如图 7-2 所示。一般蒸汽动力装置主要设备包括蒸汽锅炉、汽轮机、冷凝器和水泵，如图 7-2a 所示。

朗肯循环由以下四个可逆过程组成：

1-2 绝热膨胀过程。过热蒸汽在汽轮机中进行绝热膨胀并对外做功。膨胀终了的状态 2 为低压下的湿蒸汽，称为乏汽。

2-3 定压放热过程。乏汽在冷凝器中定压放热被冷却水凝结为饱和水。

3-4 绝热压缩过程。水在给水泵中被绝热压缩，压力提高，进入锅炉。

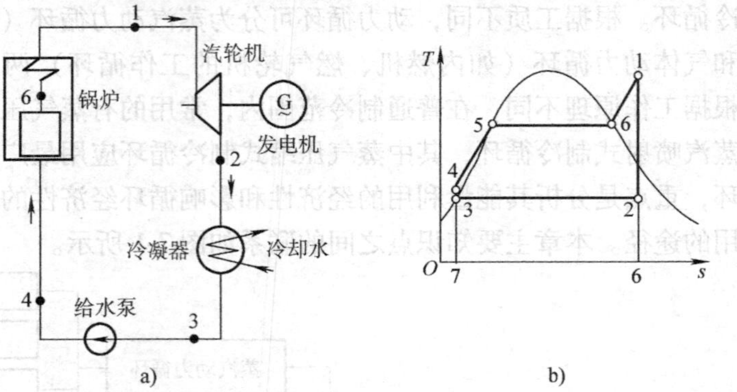

图 7-2 朗肯循环

a）设备流程 b）T-s 图

4-5-6-1 定压加热过程。在锅炉中的给水定压吸热，经预热过程 4-5、汽化过程 5-6、过热过程 6-1 最后成为过热蒸汽。

将上述循环表示在 T-s 图上，如图 7-2b 所示。图中各状态点与图 7-2a 相对应。

在朗肯循环中，每千克蒸汽对外所做的净功 w_0 应等于蒸汽流过汽轮机所做的功 $w_{s,t}$ 与给水在给水泵内绝热压缩所消耗的功 $w_{s,p}$ 之差。根据稳定流动能量方程式

$$w_{s,t}=h_1-h_2,\ w_{s,p}=h_4-h_3$$

$$w_0=(h_1-h_2)-(h_4-h_3)$$

锅炉（包括过热器）中每千克蒸汽的定压吸热量为

$$q_1=h_1-h_4$$

冷凝器中，每千克蒸汽的定压放热量为

$$q_2=h_2-h_3$$

注意，q_2 与 $w_{s,p}$ 均取其绝对值。

根据循环热效率定义式（4-14），可得朗肯循环的热效率为

$$\eta_t=\frac{w_0}{q_1}=\frac{(h_1-h_2)-(h_4-h_3)}{h_1-h_4} \tag{7-1}$$

由于给水泵消耗的功与汽轮机做的功相比甚小，一般情况下可以忽略不计，即 $h_4-h_3\approx 0$。于是式（7-1）可简化为

$$\eta_t=\frac{h_1-h_2}{h_1-h_4}=\frac{h_1-h_2}{h_1-h_3} \tag{7-2}$$

实际上由于水的不可压缩性，经给水泵压缩后温度变化极小，在 T-s 图上点 4 与点 3 非常接近，水的定压加热过程线 4-5 与下界线也非常接近，通常可认为点 4 与点 3 重合，朗肯

循环在 T-s 图上可表示为图 7-2b 中的 1-2-3-5-6-1。

蒸汽动力装置输出 1kW·h（3600kJ）功所消耗的蒸汽量定义为汽耗率，用 d 表示

$$d = \frac{3600}{w_0} \tag{7-3}$$

式中，d 的单位为 kg/(kW·h)。在朗肯循环中，忽略水泵功时，$w_0 = h_1 - h_2$，所以朗肯循环汽耗率

$$d = \frac{3600}{h_1 - h_2} \tag{7-4}$$

循环的经济性也可用热耗率表示。热耗率指的是每产生 1kW·h 电功所消耗的热量，用符号 q_t 表示，单位为 kJ/(kW·h)。因为循环热效率表示循环中热变功的百分数，现在要产生 1kW·h 电功，即 3600kJ 的功，需要的热量即热耗率，容易理解应有如下关系：

$$q_t \eta_t = 3600 \tag{7-5}$$

$$q_t = \frac{3600}{\eta_t} \tag{7-6}$$

例 7-1　某朗肯循环蒸汽参数为 $p_1 = 16\text{MPa}$、$t_1 = 500℃$，排汽压力 $p_2 = 0.005\text{MPa}$，求循环热效率、汽耗率、热耗率和排汽干度。

解　由 $p_1 = 16\text{MPa}$、$t_1 = 500℃$，在 h-s 图上确定初状态点 1，读得 $h_1 = 3300\text{kJ/kg}$。由点 1 垂直向下直到与 $p_2 = 0.005\text{MPa}$ 线的交点 2，该点即为汽轮机排汽状态点，读得 $h_2 = 1936\text{kJ/kg}$。

由 $p_2 = 0.005\text{MPa}$ 查附表 8 得 $h_3 = 137.72\text{kJ/kg}$。

热效率　$$\eta_t = \frac{h_1 - h_2}{h_1 - h_3} = \frac{3300 - 1936}{3300 - 137.72} = 0.431 = 43.1\%$$

汽耗率　$$d = \frac{3600}{h_1 - h_2} = \frac{3600}{3300 - 1936}\text{kg/(kW·h)} = 2.64\text{kg/(kW·h)}$$

热耗率　$$q_t = \frac{3600}{\eta_t} = \frac{3600}{0.431}\text{kJ/(kW·h)} = 8353\text{kJ/(kW·h)}$$

排汽干度由点 2 查得 $x_2 = 0.738$。

二、蒸汽参数对朗肯循环热效率的影响

研究提高蒸汽动力循环热效率的方法具有极其重要的意义，因为循环热效率的提高可增大热变功的程度，能更有效地利用能源，节约能源。例如功率为 50MW 的蒸汽动力装置，循环热效率提高 1%，每小时可节省 200 ~ 250kg 标准煤，每天可节省 4.8 ~ 6.0t 标准煤。

从朗肯循环热效率计算公式式（7-2）可知，热效率仅与初参数 p_1，t_1 和终参数 p_2 有关。运用 T-s 图研究蒸汽参数对循环热效率的影响极为方便。在 T-s 图上，可将朗肯循环折合成熵变相等、吸（放）热量相同的卡诺循环，如图 7-3 所示。其中，吸热平均温度 $\overline{T_1}$ 为

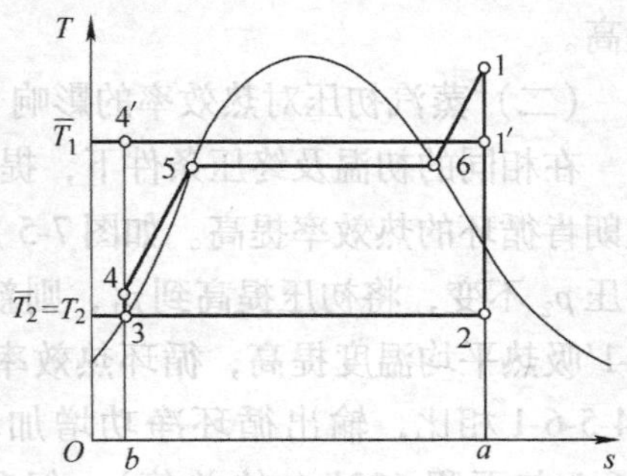

图 7-3　朗肯循环与等效卡诺循环

$$\overline{T_1} = \frac{q_1}{s_a - s_b}$$

式中 $s_a - s_b$——工质吸收热量 q_1 引起的熵变。

放热平均温度$\overline{T_2}$就是压力 p_2 对应的饱和温度 T_2，于是朗肯循环的热效率可以用等效卡诺循环的热效率表示为

$$\eta_t = \frac{h_1 - h_2}{h_1 - h_3} = 1 - \frac{\overline{T_2}}{\overline{T_1}} \tag{7-7}$$

由上式可见，提高吸热平均温度或降低放热平均温度都可以提高循环的热效率。

下面分别讨论蒸汽参数变化对朗肯循环热效率的影响。在讨论某个参数对朗肯循环热效率的影响时，我们保持另外两个参数不变，这样可清楚地看出该参数对朗肯循环热效率的影响。

(一) 蒸汽初温对热效率的影响

在相同的初压及终压下，提高蒸汽的初始温度可以使朗肯循环的热效率提高。如图 7-4 所示，保持初压 p_1 和终压 p_2 不变，将初温由 T_1 提高到 $T_{1'}$，则新的循环 1′-2′-3-4-5-6-1′吸热平均温度提高，循环热效率有所提高。与原循环 1-2-3-4-5-6-1 相比，输出净循环功增加（面积 1′2′211′），吸热量也增加（面积 1′$a'$$a$11′），但后者的增加比率小于前者，循环热效率必然提高。另外，提高蒸汽初温可使乏汽干度得以提高，即 $x_{2'} > x_2$，这对汽轮机的安全运行有利，同时 1kg 蒸汽在汽轮机中做的功增加，使汽耗率降低。但是初温的提高，对锅炉过热器、主蒸汽管道和汽轮机的前几级所采用的金属材料的要求也提高，通常要求采用能长期承受高温的合金钢。因此，初温的提高主要受金属材料的限制，在目前的火力发电厂中，最高初温一般在 550℃左右。

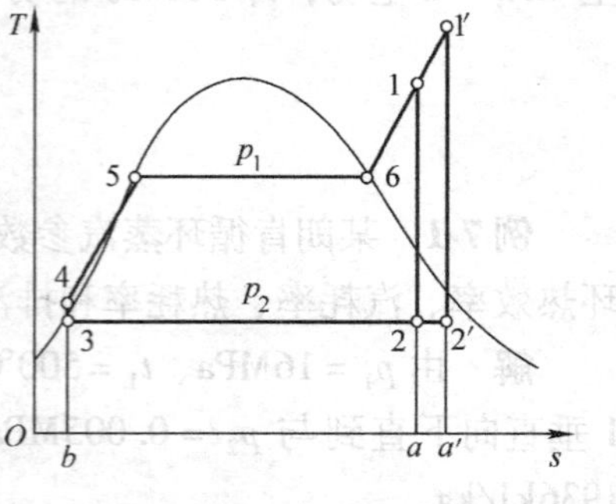

图 7-4 蒸汽初温的影响

例 7-2 某朗肯循环中，蒸汽初压 $p_1 = 3.0\text{MPa}$，排汽压力 $p_2 = 0.004\text{MPa}$，求蒸汽初温分别为 350℃、400℃、450℃、500℃、550℃时的循环热效率和排汽干度。

解 依据式（7-2）计算循环热效率及查表计算得排汽干度，结果列于表 7-1。

表 7-1 循环热效率随初温的变化

t_1/℃	350	400	450	500	550
η_t(%)	35.5	36.8	37.4	38.3	38.9
x_2	0.786	0.808	0.830	0.848	0.866

从表中数据可见，循环热效率随初温 t_1 的提高而提高，同时初温的提高使排汽的干度提高。

(二) 蒸汽初压对热效率的影响

在相同的初温及终压条件下，提高蒸汽的初压 p_1 可以使朗肯循环的热效率提高。如图 7-5 所示，保持初温 T_1 和终压 p_2 不变，将初压提高到 p_1'，则新的循环 1′-2′-3′-4′-5′-6′-1′吸热平均温度提高，循环热效率提高。与原循环 1-2-3-4-5-6-1 相比，输出循环净功增加不大（面积 1′6′5′4′456c1′与面积 122′c1 的差值），但吸热量有明显的减少（面积 1$aa'c$1 与面积 1′6′5′4′456c1′的差值），其循环热效

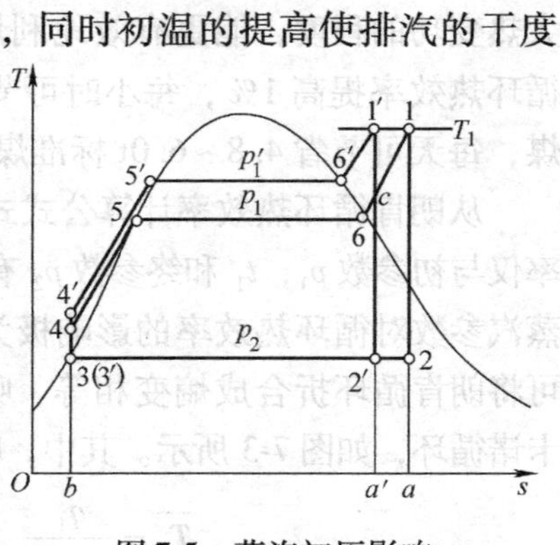

图 7-5 蒸汽初压影响

率有明显提高。但随蒸汽初压的提高，乏汽的干度降低，即 $x_{2'}<x_2$。因而乏汽中所含水分增加，这将会冲击和腐蚀汽轮机的最后几级叶片，同时使汽轮机内部摩擦损失增大，影响汽轮机的安全运行和使用寿命。可见，单纯地提高初压弊大于利，如果在提高初压的同时提高初温，可以避免乏汽干度下降或下降太多。工程上，通常规定排汽干度不小于0.85~0.88。

例 7-3 某朗肯循环中，蒸汽初温 $t_1=500℃$，汽轮机排汽压力 $p_2=0.004\text{MPa}$，求蒸汽初压 $p_1=2\text{MPa}$、4MPa、6MPa、8MPa、10MPa 时，朗肯循环热效率和排汽干度。

解 根据式（7-2）计算循环热效率及查表计算得排汽干度，结果列于表 7-2。

表 7-2 循环热效率随初压的变化

p_1/MPa	2	4	6	8	10
η_t(%)	36.4	39.4	40.9	42.0	42.6
x_2	0.872	0.829	0.803	0.785	0.769

从表中数据可见，循环热效率随初压 p_1 的增大而增大，但热效率提高的幅度随初压 p_1 的提高而减小；同时，随着初压 p_1 的提高，排汽干度是减小的。

（三）乏汽压力的影响

在相同的初温及初压下，降低乏汽压力 p_2 可以使朗肯循环的热效率提高。如图 7-6 所示，保持初温 T_1 和初压 p_1 不变，将乏汽压力降低到 p_2'，则新的循环 1-2′-3′-4′-5-6-1 放热平均温度降低，循环热效率提高。与原循环 1-2-3-4-5-6-1 相比，输出循环净功增加较大（面积 2344′3′2′2），吸热量增加很少（面积 4bb′4′4），其循环热效率有所提高。降低乏汽压力会使乏汽的干度降低，但同时还受到冷源温度及冷凝器传热温差的限制，所以，乏汽压力不能随意降低（p_2 最低只能降到 0.0035~0.005MPa，相应的饱和温度约为 27~33°C，已接近事实上可能达到的最低限度）。

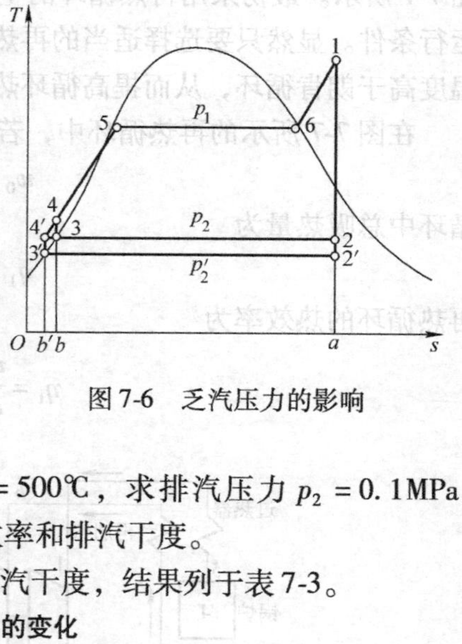

图 7-6 乏汽压力的影响

例 7-4 某朗肯循环中，蒸汽初压 $p_1=10\text{MPa}$，$t_1=500℃$，求排汽压力 $p_2=0.1\text{MPa}$、0.05MPa、0.02MPa、0.01MPa、0.004MPa 时的循环热效率和排汽干度。

解 根据式（7-2）计算循环热效率及查表计算得排汽干度，结果列于表 7-3。

表 7-3 循环热效率随乏汽压力的变化

p_2/MPa	0.1	0.05	0.02	0.01	0.004
η_t(%)	32.2	35.7	37.9	40.4	42.7
x_2	0.877	0.85	0.816	0.795	0.769

从表中数据可见，循环热效率随终压 p_2 的降低而提高，但是终压 p_2 的下降使排汽干度减小。

通过以上分析可以得到结论：为了提高蒸汽动力循环的热效率，应尽可能提高蒸汽的初压和初温，并降低乏汽压力。表 7-4 列出了近年来国产锅炉、汽轮机发电机组的初参数。中小型火力发电厂为了减少设备投资，通常采用中低参数汽轮发电机组，所以热效率低。大型火力发电厂为提高热效率，正朝着大功率、超高参数和自动控制的方向发展。

表 7-4 国产锅炉、汽轮机发电机组的初参数简表

	低参数	中参数	高参数	超高参数	亚临界参数
汽轮机进汽压力/MPa	1.3	3.5	9.0	13.5	16.5
汽轮机进汽温度/℃	340	435	535	550,535	550,535
发电机功率 P/kW	1500~3000	6000~25000	5万~10万	12.5万,20万	20万,30万,60万

三、提高蒸汽动力循环热效率的其他途径

初态参数的提高取决于金属材料耐高温高压的性能，同时要考虑设备投资和运行费用的增加；而降低终态参数又受环境温度的限制。为了提高蒸汽动力循环的热效率和改善运行效果，在朗肯循环的基础上，人们开发了一些较为复杂的循环，如再热循环、回热循环和热电联供循环等。

（一）再热循环

将汽轮机中膨胀到某中间压力的蒸汽又引回锅炉再热器或其他换热设备，重新加热升温，然后送回汽轮机中继续膨胀做功，这就是再热循环。其装置原理图和理论循环 T-s 图如图 7-7 所示。最初采用再热循环的主要目的是为了提高汽轮机的乏汽干度，以改善汽轮机的运行条件。显然只要选择适当的再热压力，就可增加高温段的吸热，使再热循环的吸热平均温度高于朗肯循环，从而提高循环热效率。

在图 7-7 所示的再热循环中，若忽略水泵所消耗的功，其循环净功为

$$w_0 = (h_1 - h_a) + (h_b - h_2) \tag{7-8}$$

循环中总吸热量为

$$q_1 = (h_1 - h_3) + (h_b - h_a) \tag{7-9}$$

再热循环的热效率为

$$\eta_t = \frac{w_0}{q_1} = \frac{(h_1 - h_a) + (h_b - h_2)}{(h_1 - h_3) + (h_b - h_a)} \tag{7-10}$$

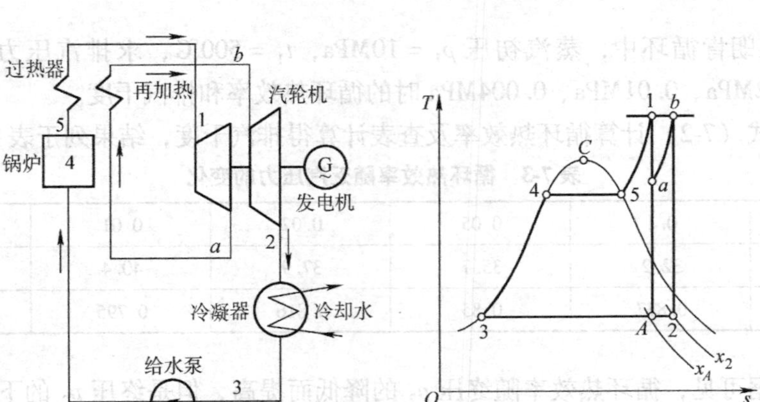

a) b)

图 7-7 再热循环

a）工作原理 b）T-s 图

现在实现再热已经成为大型蒸汽动力装置提高热效率的必要措施。高参数的大型现代蒸汽动力厂均无一例外地采用再热循环，一般再热压力为初态压力的20%～30%；再热温度等于初态温度，即 $t_b=t_1$。通常一次再热可使热效率提高2%～3.5%。由于实现再热循环的实际设备和管路都比较复杂，投资费用也很大，一般只有大型火力发电厂且蒸汽初压 p_1 在13MPa以上时才使用。现代大型机组很少采用二次再热，因为再热次数增多，不仅增加设备费用，而且给运行带来不便。

（二）回热循环

回热循环是利用蒸汽的回热对给水进行加热，消除朗肯循环中4-5段（图7-2）在较低温度下预热的不利影响，以提高热效率。如果利用蒸汽来加热给水，显然可以有效地提高吸热平均温度而使热效率提高。

工程上实际采用的蒸汽回热循环是分级抽汽吸热循环。即在不同压力下，从汽轮机中抽取部分已经在一定程度上做过功的蒸汽，分别在不同的回热器中加热给水，以提高给水温度，减少水在低温时从高温热源的吸热量。现代蒸汽动力循环中普遍采用了回热循环。

图7-8所示为一级抽汽蒸汽回热循环的原理图和理论循环的 *T-s* 图。1kg压力为 p_1 的过热蒸汽进入汽轮机膨胀做功，当其压力降到 p_6 时，将从汽轮机中抽出的 αkg($\alpha<1$)蒸汽引入回热加热器，凝结放热；其余$(1-\alpha)$kg蒸汽在汽轮机中继续膨胀做功直至乏汽压力 p_2，然后进入冷凝器被冷凝成水，经凝结水泵升压进入回热加热器，接受 αkg过热蒸汽抽汽凝结时放出的潜热并与之混合成为抽汽压力下的1kg饱和水。最后经给水泵加压后，送入锅炉，吸收热量又成为1kg新的过热蒸汽，从而完成一个循环。

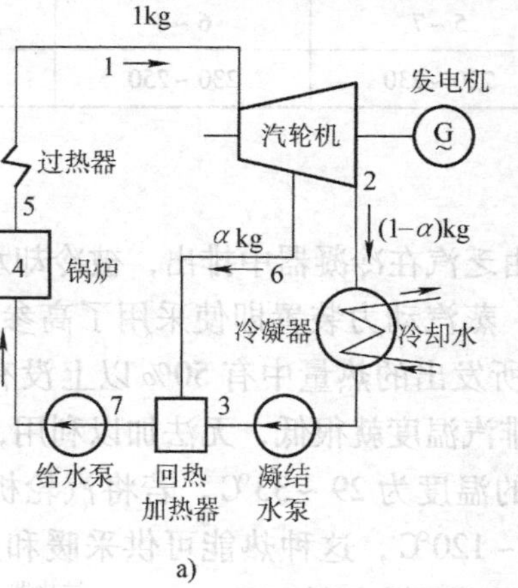

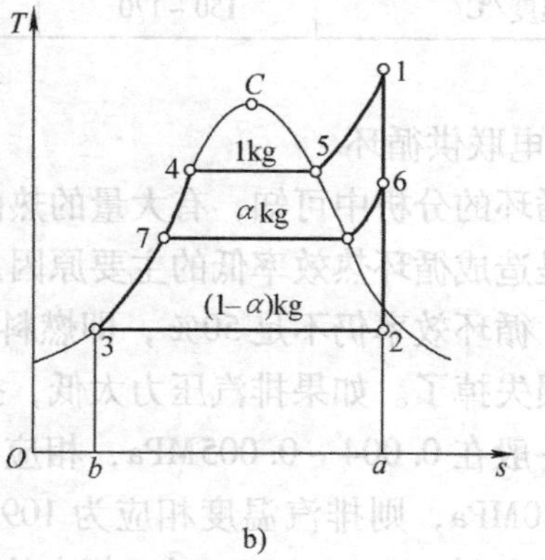

图7-8　一级抽汽回热循环

a）工作原理　b）*T-s* 图

一级抽汽回热循环的理论循环 *T-s* 图如图7-8b所示，该图是在忽略水泵耗功的前提下而得到的简化图形。应当注意的是，图上有些过程线并不代表1kg工质，详见图中过程线上的标示。

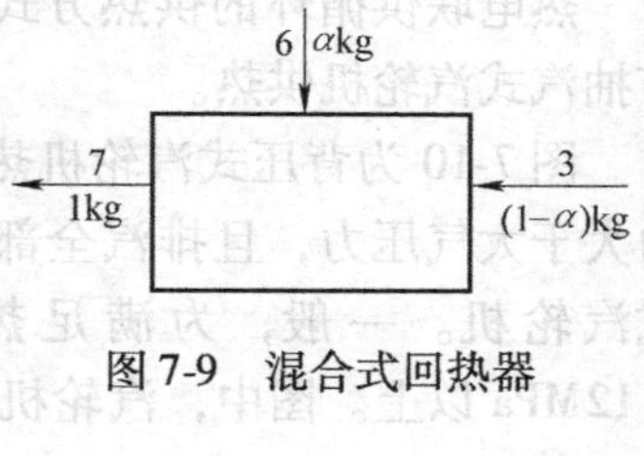

图7-9　混合式回热器

回热循环中的回热器，是完成抽汽加热给水的换热设备，一般有两种：表面式和混合式。在表面式回热器中，蒸汽和水互不接触，通过传热壁面交换热量；在混合式回热器中，蒸汽与水直接接触、相互混合换热。图7-9所示的回热器为混合式。

α 称为回热抽汽系数，可根据回热器的能量方程平衡关系求出。由图 7-9 可列出能量平衡关系式为

$$\alpha h_6 + (1-\alpha) h_3 = h_7$$

故

$$\alpha = \frac{h_7 - h_3}{h_6 - h_3} \tag{7-11}$$

若忽略水泵消耗的功，一级抽汽回热循环效率为

$$\eta_t = \frac{w_0}{q_1} = \frac{\alpha(h_1 - h_6) + (1-\alpha)(h_1 - h_2)}{h_1 - h_7} = \frac{(h_1 - h_6) + (1-\alpha)(h_6 - h_2)}{h_1 - h_7} \tag{7-12}$$

抽汽压力的选择是必须考虑的问题，它取决于锅炉前给水温度的高低，过高或过低都达不到提高循环热效率的目的。理论和实践表明，对于一级抽汽回热循环，给水回热温度以选定新蒸汽饱和温度与乏汽饱和温度的平均值较好，并由此确定抽汽压力，不同压力下抽汽次数（回热级数）越多，给水回热温度和热效率越高，但设备投资费用将相应增加。因此，小型火力发电厂回热级数一般为 1～3 级，中大型火力发电厂一般为 4～8 级。表 7-5 列出国产机组的回热级数及相应参数。

表 7-5 国产机组的回热级数及相应参数

蒸汽初参数(p_1/MPa)/(t_1/℃)	3.5/435	9.0/535	13.5/550	16.5/550
回热级数	3～5	5～7	6～8	7～9
给水温度/℃	150～170	220～230	230～250	250～270

（三）热电联供循环

从朗肯循环的分析中可知，有大量的热由乏汽在冷凝器中排出，被冷却水带走而散失于大气中。这是造成循环热效率低的主要原因。蒸汽动力装置即使采用了高参数蒸汽和回热、再热等措施，循环效率仍不足 50%，即燃料所发出的热量中有 50% 以上没有得到利用而被乏汽带走并损失掉了。如果排汽压力太低，排汽温度就很低，无法加以利用，如凝汽式发电厂排汽压力一般在 0.004～0.005MPa，相应的温度为 29～33℃。若将汽轮机排汽压力提高到 0.14～0.20MPa，则排汽温度相应为 109～120℃，这种热能可供采暖和生活用水使用。当排汽压力提高到 0.6～1.2MPa 时，相应的温度可提高到 159～188℃，这种蒸汽的热能可用于纺织、印染、造纸和化工生产。这种既发电又供热的循环称为热电联供循环，采用热电联供循环的发电厂叫做热电厂。

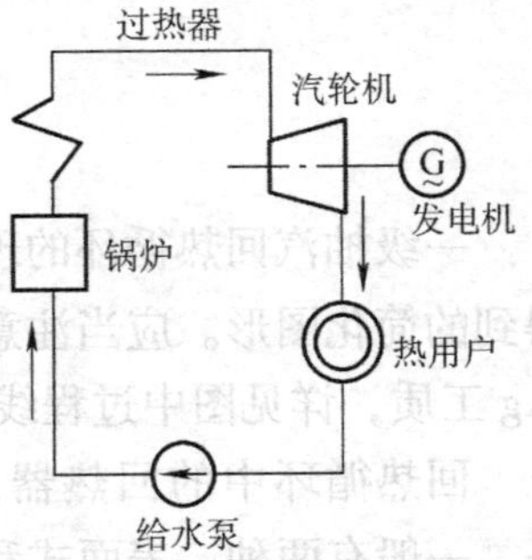

图 7-10 背压式汽轮机热电联供循环装置示意图

热电联供循环的供热方式有两种：背压式汽轮机供热和调节抽汽式汽轮机供热。

图 7-10 为背压式汽轮机热电联供循环装置示意图。排汽压力大于大气压力，且排汽全部供热用户使用的汽轮机称为背压式汽轮机。一般，为满足热用户的需要，排汽压力均在 0.12MPa 以上。图中，汽轮机的排汽通过热网加热器直接向热

用户供热。背压式汽轮机供热的优点是热量利用系数高，系统中没有冷凝器及附属设备，比较简单，投资费用较低。其最大的缺点是不能单独调节供热量和供电量，供热量与供电量互相牵制，难以适应热用户和电用户的不同需求。为克服这一缺点，热电厂常采用调节抽汽式汽轮机的热电联供循环。

图7-11为调节抽汽式汽轮机热电联供循环装置示意图。在这种循环装置中，从汽轮机中抽出满足用热要求的蒸汽供给热用户使用，余下的蒸汽仍在汽轮机低压部分膨胀做功，而后排入冷凝器。调节抽汽式汽轮机热电联供循环的最大优点是能较好地同时满足用热和用电的不同需求，例如当外界用电量不变，用热量需求增大时，可增加进入汽轮机的进汽量，以满足用热量的增加，这样汽轮机高压部分做功量将增大，但给热用户的抽汽量增加，使流入汽轮机低压部分的蒸汽量减少，导致做功减少，只要高压部分增加的做功量等于低压部分减少的做功量，用电量即保持不变。

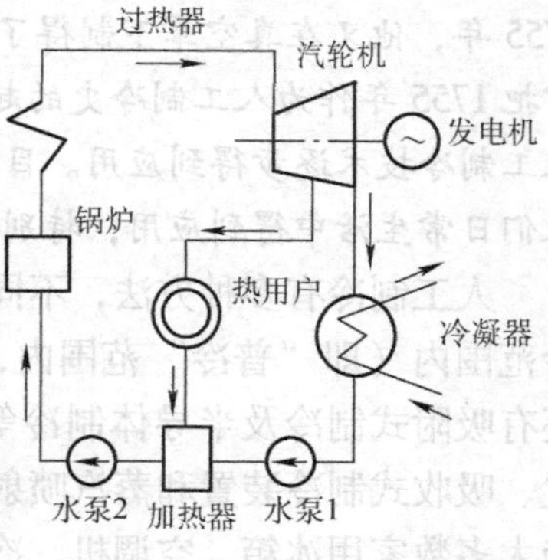

图7-11　调节抽汽式汽轮机热电联供循环装置示意图

对热电联供循环来说，除了仍可用循环热效率来衡量其经济性外，还必须采用能量利用系数来考核其经济性，并且把两者结合起来。能量利用系数K定义为

$$K=\frac{\text{已被利用的热量}}{\text{工质从热源吸收的热量}}=\frac{w_0+q_2}{q_1}=\eta_t+\frac{q_2}{q_1} \tag{7-13}$$

从理论上说，理想的情况下能量利用系数K可达到1，但实际上由于各种损失以及热电负荷之间的不协调，一般K值约为0.65～0.7。需要注意的是，热源利用系数K不能全面衡量热电联供循环的经济性，必须同时考虑循环热效率η_t。K值相同时，η_t高的经济性好；η_t相同时，K值大的经济性好。

第二节　制冷循环

在现代工业生产、科研和日常生活中，常常要维持低于自然环境的低温。用一定的方法使某物体或空间的温度低于周围环境温度并使其维持在某一定范围内，称为制冷。制冷应用制冷装置实现，制冷装置的工作循环称为制冷循环。制冷循环是通过制冷工质（也称制冷剂）将热量从低温物体或环境移向高温物体或环境的循环过程。由热力学第二定律可知，热量从低温物体移向高温物体不可能自动、无补偿地进行，因此必须提供机械能或热能等能量进行补偿，使循环得以实现。

知识拓展：制冷的冷源

实现制冷必须要有冷源。冷源有两类：天然冷源和人工冷源。天然冷源主要是指冬季贮藏的冰和夏季使用的低温深井水。公元前一千多年，我国劳动人民已懂得采用天然冰进行食品冷藏和防暑降温。《诗经》就有“二之日凿冰冲冲，三之日纳于凌阴”的诗句。公元前五世纪，埃及人在尼罗河谷地把盛水陶罐放在屋顶上，利用高空夜间的冷辐射使水结冰。3000年前，埃及有一幅壁画上画了一个奴隶在盛水土罐前挥动扇子使多孔土罐中的水加速蒸发，以获得较低温度的水。古代人获得天然冷源的简单操作，实际上完全符合现代热工理论的基本知识，为后来出现人工制冷提供了启示。天然冷源虽然具有较高的省能性和经济性，但是它的数量和低温温度毕竟有一定限度，使用场合也有一定条件。随着社会生产力的不断发展以及人民生活水平的日趋提高，用冷范围日益广泛，对温度要求也越来越低，天然冷源已远不能满足社会发展的要求。1748 年，一位苏格兰科学家观察到乙醚的蒸发会引起温度下降。1755 年，他又在真空罩下制得了少量冰，同时发表了《液体蒸发制冷》的论文，因此人们通常把1755 年作为人工制冷史的起点。从此以后，经过许多科学家的努力和热力学理论的发展，人工制冷技术逐步得到应用。目前，制冷技术已发展成为一门独立学科，在国民经济各部门和人们日常生活中得到应用，特别是在空气调节、食品冷藏和满足生产工艺需要等方面。

人工制冷有多种方法，不同的方法适用于不同的使用场合和制取不同的低温。在普通制冷范围内（即“普冷”范围内，环境温度 ~ 120K），使用最普遍的是液体气化制冷法，另外还有吸附式制冷及半导体制冷等。利用液体气化制冷的装置有三种，即蒸气压缩式制冷装置、吸收式制冷装置和蒸汽喷射式制冷装置。压缩式制冷是目前应用广泛的一种制冷循环，绝大多数家用冰箱、空调机、冷柜等都采用。本书仅介绍蒸气压缩式制冷循环、吸收式制冷循环和蒸气喷射式制冷循环。

一、蒸气压缩式制冷循环

蒸气压缩式制冷循环就是利用工质（制冷剂）在封闭的制冷系统中，反复地蒸发、压缩、冷凝、膨胀，不断的在蒸发器处吸热汽化，进行制冷降温。该循环由蒸发过程、压缩过程、冷凝过程和膨胀过程组成。蒸气压缩式制冷循环采用低沸点物质（在大气压力下沸点低于 0℃）作为制冷剂。

根据制冷剂压缩的级数不同，蒸气制冷循环分为单级蒸气压缩式制冷循环、两级蒸气压缩式制冷循环和多级蒸气压缩式制冷循环。这里以单级蒸气压缩式制冷循环为例来介绍蒸气压缩式制冷循环的工作原理及热力循环。单级蒸气压缩式制冷循环制冷剂经过一级压缩，压缩比一般小于 10，常用来制取 -40℃以上的低温。家用空调、电冰箱、车用空调等制冷装置常采用这种循环。

（一）工作原理

单级蒸气压缩式制冷循环装置主要由制冷压缩机、冷凝器、节流阀、蒸发器组成，如图 7-12 所示。工作时，制冷压缩机自蒸发器吸入处于蒸发压力下的低温蒸气，经过压缩机压缩成冷凝压力下的过热蒸气，并输送至冷凝器，在压缩过程中消耗机械功。高压过热蒸气在冷凝器内冷却液化，并向高温热源（冷却水）放热。冷凝液流经节流阀节流降温降压，压力降至蒸发压力，温度降至蒸发温度（蒸发压力下的饱和温度）。之后，液态制冷剂进入蒸发器从低温热源（冷藏库内的空气）吸热而汽化，吸热量即为制冷量。吸热汽化后的蒸气离开蒸发器后被压缩机吸入继续循环。

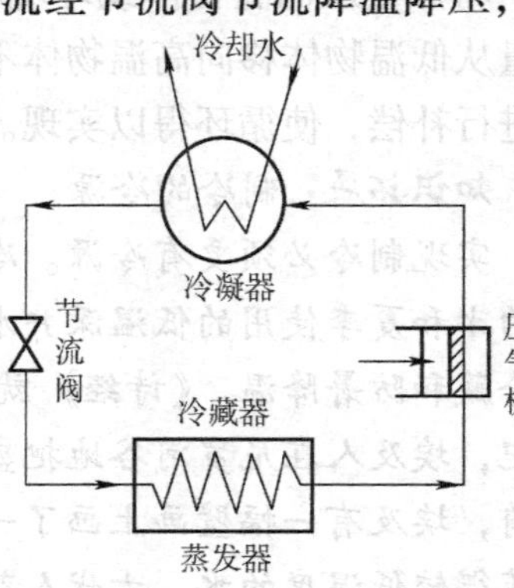

图 7-12 单级蒸气压缩式制冷装置

（二）理论循环

理论循环忽略了制冷机在实际运行中的一些复杂因素，将循环加以抽象，分析几个基本参数对循环的影响。

1. 假设条件

1）压缩过程为等熵过程，即在压缩过程中不存在任何不可逆损失。

2）在冷凝器和蒸发器中，制冷剂的冷凝温度等于冷却介质的温度，蒸发温度等于被冷却介质的温度，且都是定值。

3）离开蒸发器和进入压缩机的制冷剂蒸气为蒸发压力下的饱和蒸气，离开冷凝器和进入节流阀（或膨胀阀）的液体为冷凝压力下的饱和液体。

4）制冷剂在管道内流动时，没有流动阻力损失。

5）制冷剂在流过节流装置时，流速变化忽略不计，且与外界环境没有热交换。

由上述的假设条件可知，理论制冷循环存在节流不可逆耗散，仍属于不可逆循环的范畴，是不可逆性最小的不可逆制冷循环。

2. 压焓图

蒸气压缩式制冷循环的热工计算，使用最方便的是压焓图。压焓图以制冷剂的焓为横坐标，压力为纵坐标，但为了缩小图面，压力采用对数分格绘制，而图上读取的仍然是压力值，见图7-13。与水蒸气的焓熵图类似，制冷剂的压焓图也有上界线、下界限和临界点 C，两界线之间是饱和区。图7-13中绘出了制冷剂的六种状态参数线簇，即等比焓线、等压线、等温线、等比体积线、等比熵线和等干度线。由于在制冷的热工计算中主要利用压焓图的过热蒸气区，因此有些实用的压焓图只有过热蒸气区范围，还有些图把工程上不常用的顶部和饱和区的中间部分裁去，再将剩下的过热蒸气区、过冷液体及小部分湿蒸气区合并为一张图。蒸气压缩式制冷循环的制冷量、压缩机的压缩功和冷凝器的放热量都可以用压焓图中的线段长度表示。NH_3（R717）、R134a和R12的压焓图见附图2、附图3和附图4。

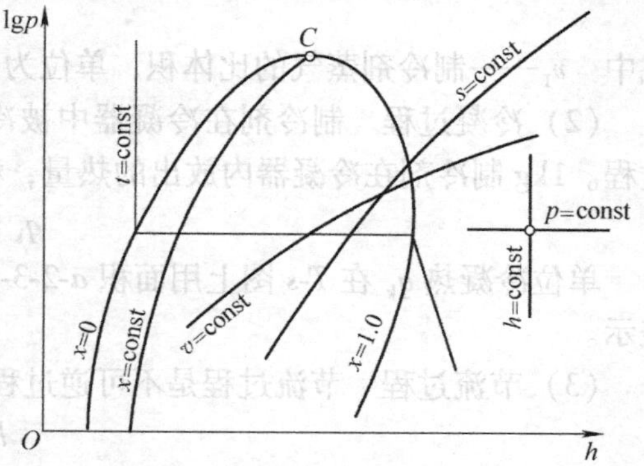

图7-13　制冷剂的 lgp-h 图

3. 循环分析

单级蒸气压缩式制冷理论循环 *T-s* 图和 lg*p*-*h* 图如图7-14所示。1-2过程为制冷剂蒸气在压缩机中的等熵压缩过程。2-3-4过程为制冷剂在冷凝器中的冷却冷凝过程，4-5过程为制冷剂通过节流阀的节流过程，5-1过程为制冷剂在蒸发器中的吸热蒸发过程。

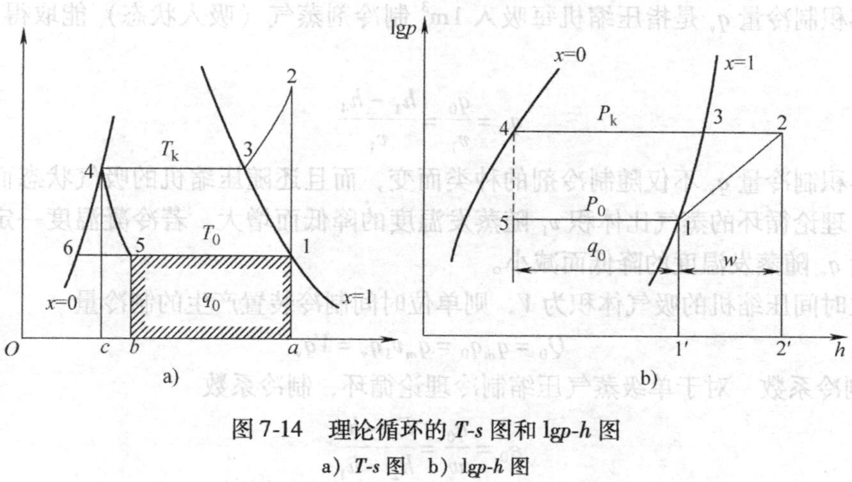

图7-14　理论循环的 *T-s* 图和 lg*p*-*h* 图

a）*T-s* 图　b）lg*p*-*h* 图

理论制冷循环不涉及制冷系统的大小，也不涉及制冷机与制冷设备的种类和型号，所以理论制冷循环的性能指标主要有单位制冷量、单位理论压缩功、单位冷凝热及制冷系数和热力完善度。

（1）压缩过程　理论循环的压缩过程为等熵过程。每压缩1kg制冷剂所消耗的功，称为单位理论压缩功 w。

$$w = h_2 - h_1 \tag{7-14a}$$

单位理论压缩功 w 在 T-s 图上用面积1-2-4-6-1表示，而在 $\lg p$-h 图上以横坐标轴上的线段1′-2′的长度来表示。

若制冷剂的质量流量为 q_m，单位时间压缩机的吸气体积为 V，则压缩机的理论功

$$W = q_m w = \frac{V}{v_1} w \tag{7-14b}$$

式中　v_1——制冷剂蒸气的比体积，单位为 m^3/kg。

（2）冷凝过程　制冷剂在冷凝器中被冷却介质冷却冷凝，并放出热量，该过程为定压过程。1kg制冷剂在冷凝器内放出的热量，称为单位冷凝热 q_k。

$$q_k = h_2 - h_4 \tag{7-15}$$

单位冷凝热 q_k 在 T-s 图上用面积 a-2-3-4-c-a 表示，而在 $\lg p$-h 图上是以线段2-4的长度表示。

（3）节流过程　节流过程是不可逆过程，节流前后焓值不变，即

$$h_4 = h_5 \tag{7-16}$$

（4）蒸发过程　制冷剂在蒸发器内定压吸热汽化，吸收的热量来自被冷却介质，吸热量即为制冷装置的制冷量。吸热量的大小常用单位制冷量 q_0 和单位容积制冷量 q_v 来表示。

单位制冷量 q_0 是指1kg制冷剂从蒸发器吸取的热量，即

$$q_0 = h_1 - h_5 = h_1 - h_4 \tag{7-17}$$

单位制冷量 q_0 习惯上取正值，在 T-s 图上用面积1-5-b-a-1表示，而在 $\lg p$-h 图上是以线段5-1的长度表示。单位制冷量 q_0 也可以用制冷剂的汽化热 r 和节流后的干度 x_5 来计算，即

$$q_0 = r(1 - x_5) \tag{7-18}$$

上式表明：制冷剂的汽化热越大，节流后蒸气干度越小，则循环的单位制冷量就越大。

单位容积制冷量 q_v 是指压缩机每吸入 $1m^3$ 制冷剂蒸气（吸入状态）能取得的制冷量，即

$$q_v = \frac{q_0}{v_1} = \frac{h_1 - h_4}{v_1} \tag{7-19}$$

单位容积制冷量 q_v 不仅随制冷剂的种类而变，而且还随压缩机的吸气状态而变。对某一制冷剂，理论循环的蒸气比体积 v_1 随蒸发温度的降低而增大，若冷凝温度一定，则单位容积制冷量 q_v 随蒸发温度的降低而减小。

若单位时间压缩机的吸气体积为 V，则单位时间制冷装置产生的制冷量

$$Q_0 = q_m q_0 = q_m v_1 q_v = V q_v \tag{7-20}$$

（5）制冷系数　对于单级蒸气压缩制冷理论循环，制冷系数

$$\varepsilon_0 = \frac{q_0}{w} = \frac{h_1 - h_4}{h_2 - h_1} \tag{7-21}$$

(6) 热力完善度　单级蒸气压缩制冷理论循环的热力完善度 η 定义为理论循环的的制冷系数 ε_0 与在蒸发温度（T_0）和压缩排气温度（T_2）之间工作的逆卡诺循环的制冷系数 ε_c 的比值，即

$$\eta=\frac{\varepsilon_0}{\varepsilon_c}=\frac{h_1-h_4}{h_2-h_1}\frac{T_2-T_0}{T_0} \tag{7-22}$$

热力完善度越大，说明该循环接近可逆循环的程度越大。

制冷系数和热力完善度都是用来评价循环经济性的指标，但是它们的意义是不同的。制冷系数随循环的工作温度变化，因此只能用来评价相同热源温度下循环的经济性。而对于在不同温度下工作的制冷循环，需要通过热力完善度的数值大小（接近1的程度）来判断循环的经济性。

（三）实际循环

实际循环和理论循环除了压缩机中的工作过程不同外，主要有下列差别。

1. 流动过程中存在阻力

(1) 吸入管道　制冷剂从吸入管道流过时存在流动阻力。这一阻力损失引起压力降，直接造成压缩机吸气压力的降低，对实际循环的性能有重大影响。这种影响表现为压缩机吸入口的吸气体积增大，单位容积制冷量减小，压缩机的压比增大，容积效率降低，单位压缩功增大，制冷系数下降。在实际工程中，应尽量减少吸入管道上的阀门、弯头等部件，以降低吸入管道的阻力。

(2) 排出管道　排出管道上的压力降会导致压缩机的排气压力升高，从而使压缩机的压比增大，容积效率降低，制冷系数下降。在实际工程中，由于这一阻力降相对于压缩机的吸排气压力差要小的多，因此，它对系统性能的影响要比吸气管道的阻力的影响小。

(3) 液体管道　由于液体流速比气体小得多，因而阻力较小。但在许多场合下，冷凝器出口与节流装置入口不在同一高度上，若前者的位置比后者低，由于静液柱的存在，高度差导致压力降。如果从冷凝器出来的制冷剂为饱和状态或过冷度不大，则液体管道的压力降将导致管路内部的制冷剂汽化，从而使进入节流装置的制冷剂处于两相状态，这将增加节流过程的压力降，对系统性能产生不利的影响。同时，对系统的稳定运行也产生不利影响。在设计制冷系统时，要注意冷凝器与节流装置的相对位置。

(4) 两相管道　从节流装置到蒸发器之间的管道中流动着两相的制冷剂，称之为两相管道。通常这一管道的距离是较短的，而且由它引起的阻力降对系统性能几乎没有影响。但是，如果系统中有多个蒸发器共用一个节流装置，则要尽量保证从液体分配器到各个蒸发器之间的阻力降相等，否则将出现分液不均匀的现象，影响制冷效果。

(5) 蒸发器　若不改变制冷剂出蒸发器时的状态，为了克服蒸发器中的流动阻力，必须提高制冷剂进蒸发器时的压力，即提高开始蒸发时的温度。它仅使蒸发器中的传热温差减小，要求传热面积增大而已。若不改变蒸发过程中的平均传热温差，那么出蒸发器时的制冷剂压力稍有降低，其结果与吸入管道阻力引起的结果一样。

(6) 冷凝器　假定出冷凝器的压力不变，为克服冷凝器中的流动阻力，必须提高进冷凝器时的压力，其结果与排气管道阻力引起的结果一样。

2. 系统与环境间存在漏热

无论是制冷系统的高温部分还是低温部分，它们与环境之间总存在温差，因而不可避免

地要与环境进行热交换，产生漏热。除压缩机、排气管道、冷凝器和液体管道这些高温部分的漏热对制冷系统没有不利影响外，其余漏热对系统性能都将产生不利的影响。显然，两相管道和蒸发器漏热是制冷量的直接损失，使制冷系统的制冷量下降，能耗提高。因此，在实际系统中应尽量减少这些漏热。

3. 液态制冷剂过冷

饱和液态制冷剂在节流膨胀时，由节流损失会产生一定程度的闪气现象，使单位制冷量 q_0 减小。为了弥补这种损失，在实际循环中，进入节流阀前制冷剂的温度往往低于冷凝压力所对应的饱和温度，属于过冷液体，这样的制冷循环称为过冷循环。液态制冷剂的过冷循环如图 7-15 中 1-2-3′-4′-1 所示，同理论循环 1-2-3-4-1 比较，3-3′是过冷过程。过冷液体的温度和饱和温度（即冷凝温度）的差值称为过冷度。过冷度一般为 3 ~5℃。

具有过冷循环的单位制冷量

$$q_0' = h_1 - h_4' = (h_1 - h_4) + (h_4 - h_4') = q_0 + \Delta q_0 \tag{7-23}$$

可知，具有过冷循环的单位制冷量比理论循环的大，而过冷循环的功耗与理论循环的相同，所以其制冷系数比理论循环制冷系数有所提高。过冷度越大，制冷系数提高越多。

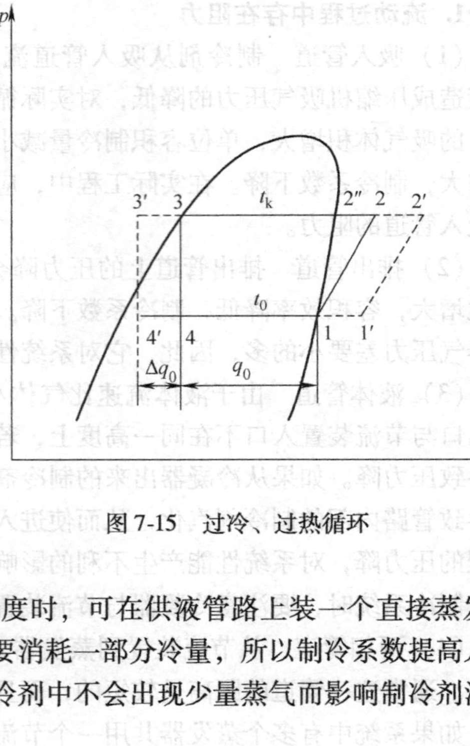

图 7-15　过冷、过热循环

在实际制冷装置中，常采用如下措施来实现液体过冷：

(1) 在冷凝器中过冷　当冷却水温度较低，冷凝器面积足够大时，液态制冷剂可得到一定程度的过冷。

(2) 用水冷过冷器过冷　常用温度较低的冷却水通过串接在冷凝器下流的冷却器，使液态制冷剂温度进一步降低，可得到较好的冷却效果。

(3) 用直接蒸发式过冷器过冷　在需要过冷度时，可在供液管路上装一个直接蒸发的液体过冷器。但要消耗一部分液体制冷剂，因而要消耗一部分冷量，所以制冷系数提高几乎为零。但其主要功能在于能使进入节流阀前的制冷剂中不会出现少量蒸气而影响制冷剂流动的稳定性。

4. 制冷剂蒸气过热

从蒸发器出来的低温低压蒸气，进入压缩机之前在吸气管道中会吸收周围环境空气的热量而过热，使压缩机吸气的温度和比体积都要增大，这种情况叫做蒸气过热。图 7-15 中 1′-2′-3-4-1′为蒸气过热循环，它同理论循环 1-2-3-4-1 相比较可知，单位制冷量不变，但是单位压缩功比理论循环大，而且压缩机的排气温度升高，冷凝器中制冷剂放热量增大，显然制冷系数下降。此外，由于压缩机的吸气比体积增大，压缩机的输气质量流量减小。

由此可见，制冷剂蒸气在蒸气管道中这种过热是不经济的，故称为有害过热。有害过热的程度与蒸发温度有关，蒸发温度越低，有害过热就越严重。应当注意，尽管蒸气过热对循环的经济性有不利影响，但在大多数情况下还是需要有适当的过热度，以免有湿蒸气状态制冷剂进入压缩机造成水击事故。过热度一般取 3 ~ 7℃。

（四）温度参数对制冷经济性的影响

（1）冷凝温度 t_k　如图 7-16 所示，当蒸发温度 t_0 不变时，冷凝温度 t_k 增加到 t_k'时，循环由 1-2-3-4-1 转变为 1-2′-3′-4′-1。由图 7-16 可知：①循环的单位质量制冷量由 q_0 减少至 q_0'。由于压缩机的吸气温度和压力不变，因此吸入蒸气比体积不变，压缩机吸气体积 V 不变，则单位容积制冷量减小，制冷量 Q_0 减小。②压缩机的单位容积压缩功从 w 增大到 w'。由于吸气比体积不变，吸气量不变，则压缩功增大。

由此可以得出：当蒸发温度 t_0 不变，冷凝温度 t_k 升高时，制冷剂的制冷量减小，而压缩功增大，因此循环的制冷系数降低。相反，如果冷凝温度 t_k 降低，则制冷量增大，压缩功减小，制冷系数增大。

（2）蒸发温度 t_0　如图 7-17 所示，当冷凝温度 t_k 不变，蒸发温度 t_0 降至时 t_0'时，循环由 1-2-3-4-1 转变为 1′-2′-3-4′-1′。

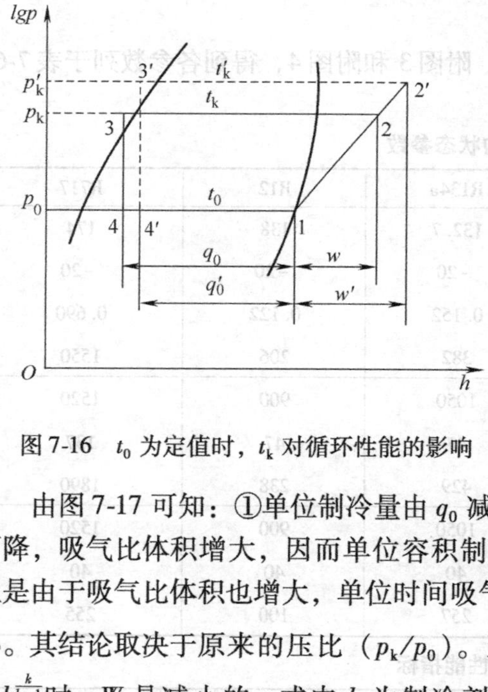

图 7-16　t_0 为定值时，t_k 对循环性能的影响

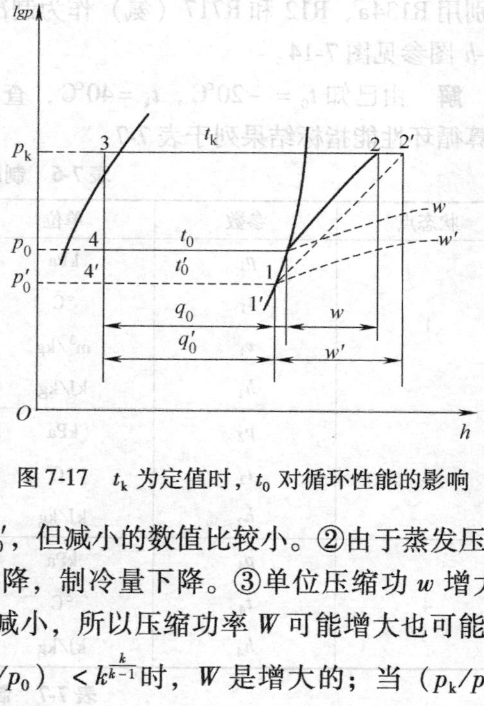

图 7-17　t_k 为定值时，t_0 对循环性能的影响

由图 7-17 可知：①单位制冷量由 q_0 减少至 q_0'，但减小的数值比较小。②由于蒸发压力下降，吸气比体积增大，因而单位容积制冷量下降，制冷量下降。③单位压缩功 w 增大。但是由于吸气比体积也增大，单位时间吸气量 V 减小，所以压缩功率 W 可能增大也可能减小。其结论取决于原来的压比（p_k/p_0）。当（p_k/p_0）$< k^{\frac{k}{k-1}}$时，W 是增大的；当（p_k/p_0）$> k^{\frac{k}{k-1}}$时，W 是减小的。式中 k 为制冷剂的绝热指数，R12 为 1.14，R22 为 1.16，R717（NH_3）为 1.30。④随着蒸发温度降低，制冷系数减小。

例 7-5　某压缩式制冷设备用氨作制冷剂。已知氨的蒸发温度为 -10℃，冷凝温度为 38℃，压缩机入口是干饱和氨蒸气，冷凝器出口是氨的饱和液，制冷量为 10^5kJ/h。试计算制冷剂流量、压缩机消耗的功率和制冷系数。此循环的过程参见图 7-14。

解　由已知 $t_0 = -10℃$，$t_k = 38℃$，查附图 2 得各点状态参数为

$h_1 = 1570\text{kJ/kg}$，$p_1 = 0.28\text{MPa}$，$h_2 = 1800\text{kJ/kg}$，$p_2 = 1.3\text{MPa}$，$h_5 = h_4 = 520\text{kJ/kg}$

（1）制冷剂流量

因为单位质量制冷量

$$q_0 = h_1 - h_5 = (1570 - 520)\text{kJ/kg} = 1050\text{kJ/kg}$$

所以氨的质量流量为

$$q_m = \frac{10^5}{1050}\text{kg/h} = 95.24\text{kg/h} = 0.0265\text{kg/s}$$

(2) 压缩机功率

因为单位质量制冷剂耗功为

$$w = h_2 - h_1 = (1800 - 1570)\text{kJ/kg} = 230\text{kJ/kg}$$

所以压缩机功率为

$$P = q_m w = 0.0265 \times 230\text{kW} = 6.095\text{kW}$$

(3) 制冷系数

$$\varepsilon_0 = \frac{q_0}{w} = \frac{1050}{230} = 3.4$$

例 7-6 一台单级蒸气压缩式制冷剂机工作的高温热源为 40℃，低温热源为 −20℃。试分别用 R134a、R12 和 R717（氨）作为制冷剂工作时理论循环的性能指标。循环的 T-s 图和 $\lg p$-h 图参见图 7-14。

解 由已知 $t_0 = -20$℃，$t_k = 40$℃，查附图 2、附图 3 和附图 4，得到各参数列于表 7-6。计算循环性能指标结果列于表 7-7。

表 7-6 制冷循环的状态参数

状态点	参数	单位	R134a	R12	R717
1	p_1	kPa	132.7	138	174
	t_1	°C	−20	−20	−20
	v_1	m^3/kg	0.152	0.122	0.690
	h_1	kJ/kg	382	206	1550
2	p_2	kPa	1050	900	1520
	t_2	°C	47	47	137
	h_2	kJ/kg	429	238	1890
4	p_4	kPa	1050	900	1520
	t_4	°C	40	40	40
	h_4	kJ/kg	257	100	255

表 7-7 制冷循环性能指标

项　目	计算公式	单　位	R134a	R12	R717
单位制冷量	$q_0 = h_1 - h_4$	kJ/kg	125	106	1295
单位容积制冷量	$q_v = \frac{q_0}{v_1}$	kJ/m^3	822.4	868.9	1876.8
单位理论压缩功	$w = h_2 - h_1$	kJ/kg	47	32	370
单位冷凝热	$q_k = h_2 - h_4$	kJ/kg	172	138	1635
制冷系数	$\varepsilon_0 = \frac{q_0}{w}$	—	2.66	3.31	3.50
卡诺循环制冷系数	$\varepsilon_c = \frac{T_0}{T_2 - T_0}$	—	4.22	4.22	4.22
热力完善度	$\eta = \frac{\varepsilon_0}{\varepsilon_c}$	—	0.630	0.784	0.829

分析计算结果可以看出，在相同工作条件下，R12 和 R134a 的单位容积制冷量相近，而 R717 的单位容积制冷量大得多；三种制冷剂的制冷系数及热力完善度相差不大。

二、吸收式制冷循环

在蒸气压缩制冷装置中，从蒸发器出来的低温低压蒸气是由压缩机压缩到高温、高压过热蒸气状态的。其实，工质的压缩也可以通过其他途径来实现。吸收式制冷循环中的压缩就是利用某些具有特殊性质的工质对，通过一种物质对另一种物质的吸收和释放，产生物质的状态变化，从而伴随吸热和放热过程实现的。

（一）工作原理

吸收式制冷循环利用低沸点物质溶质（制冷剂）在高沸点物质溶剂（吸收剂）中的溶解度随温度变化（温度低，溶解度大；温度高，溶解度小）的特性，使制冷剂在较低的温度下被吸收剂吸收形成二元溶液，加热后又在较高的压力下从溶液中逸出，从而完成制冷剂的压缩过程。这是耗费热能制冷的装置。除了利用锅炉蒸气、燃料产生的热能外，还可以利用余热、废热、太阳能等。

根据所需要的温度范围不同，制冷剂和吸收剂的组合也不同。目前广泛应用的工质对有氨和水、溴化锂和水。如果用于低温冷冻（包括电冰箱），则选用氨为制冷剂，水为吸收剂；如果用于大型空调制冷，如纺织厂、化工厂，则选用水为制冷剂，溴化锂为吸收剂。也有应用三元溶液工质的。

（二）工作过程

图 7-18 所示为氨—水吸收式制冷装置，其工作过程如下：从冷库蒸发器出来的低温低压氨蒸气进入吸收器被水吸收成为浓氨水溶液，溶解放出的热量由冷却水带走，浓氨水溶液由溶液泵升压送入蒸气发生器，由外部加热提高温度。由于一定温度下氨的饱和压力高于水的饱和压力，氨溶液更容易蒸发，于是大量的氨从浓氨水溶液中蒸发出来，得到较高压力和温度的氨蒸气。高温高压的氨蒸气进入冷凝器凝结放热，经节流阀降压降温，然后进入冷库的蒸发器吸热蒸发，再进入吸收器进行下一个循环。在蒸气发生器中，氨蒸发后留下的稀溶液经减压阀降压降温后送回吸收器，继续吸收来自蒸发器（冷库）的氨蒸气，成为浓氨水溶液。这样，通过吸收—蒸发循环不断地把工质升压升温，起到了压缩机的作用。吸收式制冷装置的优点是用液体压缩（液泵）代替气体压缩，除溶液泵外无其他运转机械，因而大大节省了机械能，其代价主要是消耗低品位的热能来加热蒸气发生器。在同一机组中还可以实现制冷和制热（采暖）的双重目的。

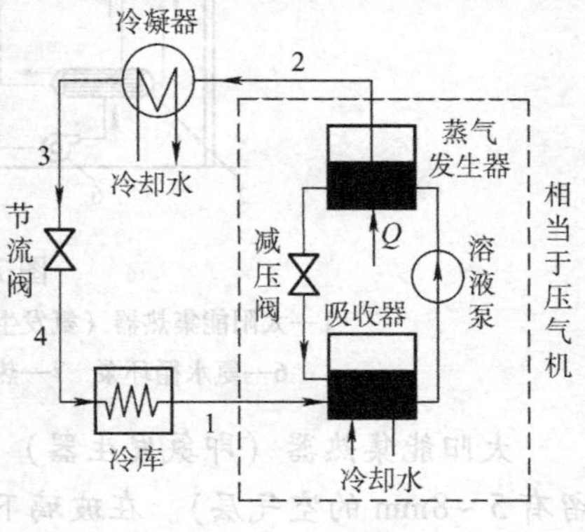

图 7-18　氨—水吸收式制冷装置示意图

（三）经济性指标

由于输送液体的溶液泵消耗的功相对很少，在计算经济性指标时一般忽略不计。吸收式制冷循环的经济性指标是热量利用系数，用 ξ 表示，即

$$\xi=\frac{Q_2}{Q} \tag{7-24}$$

式中 Q_2——从蒸发器吸收的热量（制冷量），单位为kW；

Q——供给蒸气发生器的热量，单位为kW。

吸收式制冷装置的热量利用系数较低，约为0.3～0.7，说明其不可逆损失较大。但因其构造简单，造价低廉，消耗的外功也较小，对热源的温度要求不高（100℃左右的热水都可以利用），特别对于综合利用蒸汽或烟气余热的场合应用十分有利，所以吸收式制冷装置是工矿企业利用低温余热制冷的较好方式。也可以用太阳能作为热源，称为太阳能吸收式制冷装置，实际上就是用太阳能集热器取代图7-18中的蒸气发生器，但目前太阳能集热器的造价还比较高，并且地面上所能得到的太阳照射是间断的，所以如何利用这种装置获得连续的制冷效果，还有待进一步探索。吸收式制冷已成为制冷技术的主要发展方向之一，有非常广阔的发展前景。

知识拓展：太阳能吸收式制冷装置

图7-19所示为太阳能氨水吸收式制冷装置流程图，由该装置所获得的冷量用来作为室内空气调节的冷源（也可用作制冰）。它的制冷装置部分和常规的吸收式制冷系统大体上相同，而主要区别在于氨发生器和太阳能集热器结合在一起，并以太阳能作为热源，直接加热发生器中的氨水溶液，实现吸收式制冷循环。

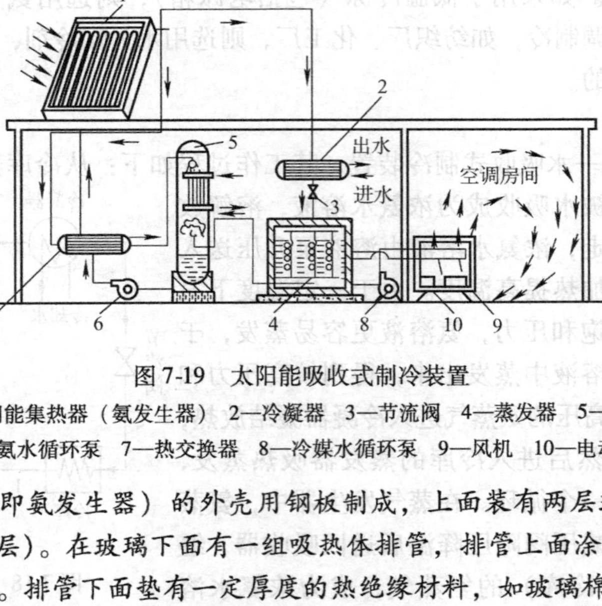

图7-19 太阳能吸收式制冷装置

1—太阳能集热器（氨发生器） 2—冷凝器 3—节流阀 4—蒸发器 5—吸收器 6—氨水循环泵 7—热交换器 8—冷媒水循环泵 9—风机 10—电动机

太阳能集热器（即氨发生器）的外壳用钢板制成，上面装有两层玻璃（两层玻璃之间留有5～8mm的空气层）。在玻璃下面有一组吸热体排管，排管上面涂有吸收太阳能性能较好的涂层或无光黑漆。排管下面垫有一定厚度的热绝缘材料，如玻璃棉等，用以保温。集热器接受太阳能转换成的热能，使吸热体内的浓氨水逸出氨气，并通往冷凝器凝结为液氨。只要向冷凝器和吸收器供应足够的冷却水，并驱动氨水循环泵，蒸发器就能连续供冷，使蒸发器中的冷媒水温降低。低温冷媒水由冷媒水泵送至空调房间中的空气冷却器。室内空气由风机进行循环，使室内的温度和湿度得到调节。太阳能氨水吸收式制冷装置中的制冷剂为低沸点氨，因此工作压力较高。蒸发器中的低温可高于0℃（如空调用冷），也可低于0℃（如制冰、冷藏等）。

三、喷射式制冷循环

蒸汽喷射式制冷循环的主要特点是用引射器来代替压缩机，并以消耗蒸汽的热能作为补偿来进行制冷，显然，它不需消耗机械能。

（一）工作原理及过程

蒸汽喷射式制冷装置主要由锅炉（或蒸汽发生器）、引射器（或喷射器）、冷凝器、节流阀、蒸发器和水泵等组成，其工作原理及 *T-s* 图如图 7-20 所示，而作为压缩机替代物的喷射器由喷管、混合室和扩压管三部分组成。

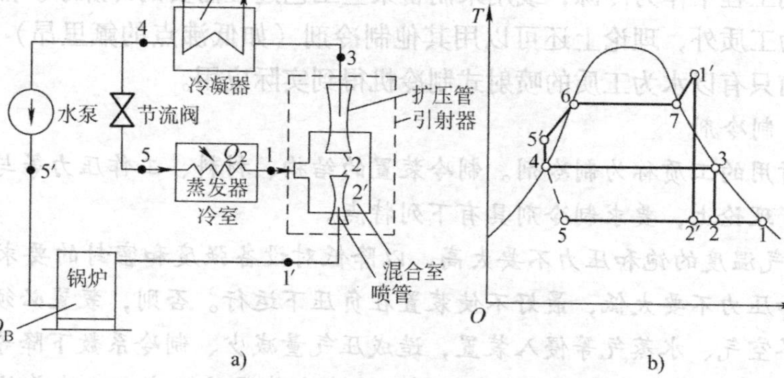

图 7-20　蒸汽喷射式制冷循环

a）工作原理图　b）*T-s* 图

由锅炉产生的工作蒸汽以一定的压力进入引射器的喷管中绝热膨胀，其压力降低，速度增大，使得喷管出口处形成低压，而将冷室蒸发器产生的低压制冷剂蒸气不断吸入。它们在混合室混合后，以一定的速度进入扩压管中绝热压缩，其压力升高，速度减小，从而完成了制冷剂蒸气的压缩过程。压力较高的蒸汽进入冷凝器定压放热而凝结为液体。之后分为两路：一路从冷凝器出来的液体，经水泵加压后进入锅炉，在定压下吸热汽化变成压力较高的工作蒸汽，进入喷管，完成工作蒸汽的循环。另一路作为制冷工质经节流阀绝热节流，降压降温后进入蒸发器，在定压定温下吸热汽化，变成低温低压的蒸气，又被引射器吸入，完成制冷循环。

由图 7-20b 可看出，蒸汽喷射式制冷中的制冷剂循环为 123451，其中：1-2 为与工作蒸汽的混合过程；2-3 为扩压管中的定熵压缩过程；3-4 为冷凝器中的定压放热过程；4-5 为节流阀中的绝热节流过程；5-1 为蒸发器中的定压定温吸热过程。工作蒸汽循环为 1′2′2345′671′，其中：1′-2′为喷管中的定熵膨胀过程；2′-2 为与制冷剂蒸气的混合过程；2-3 为扩压管中定熵压缩过程；3-4 为冷凝器中定压放热过程；4-5′为水泵中的定熵压缩过程；5′671′为锅炉中的定压吸热汽化过程。

（二）经济性指标

在上述循环中，工作蒸汽从锅炉中获得热量，并将该热量传向低温物体作为补偿实现了制冷循环。

蒸汽喷射式制冷循环的经济性可用热量利用系数 ξ 来衡量，即

$$\xi = \frac{Q_2}{Q_B} \tag{7-25}$$

式中　Q_2——制冷剂从蒸发器吸取的热量，单位为 kW；

Q_B——工作蒸汽从锅炉中获取的热量，单位为kW。

蒸汽喷射式制冷循环与蒸气压缩式制冷循环相比较，其优点是不消耗机械功（水泵耗功很小，可不予考虑），而是利用工作蒸汽的热能作为补偿。这就为工业生产过程中废蒸汽的利用提供了一个途径。另外喷射器简单紧凑，运行可靠，便于维修。其缺点是在引射器的混合过程中，不可逆损失很大，因而热量利用系数ξ较小，并且其制冷温度只能在0℃以上，适合在空调工程中作为冷源，或用来制备某些工艺过程需要的冷媒水。蒸汽喷射式制冷机除采用水作为工质外，理论上还可以用其他制冷剂（如低沸点的氟里昂）获得更低的制冷温度。但目前只有以水为工质的喷射式制冷机得到实际应用。

知识拓展：制冷剂

制冷装置所用的工质称为制冷剂。制冷装置的结构、材料、工作压力等与制冷工质的性质有密切关系。理论上，要求制冷剂具有下列特点。

1）对应大气温度的饱和压力不要太高，以降低对设备强度和密封的要求，并且与冷库温度对应的饱和压力不要太低，最好不使装置在负压下运行。否则，装置必须有很高的密封性，以防止外界空气、水蒸气等侵入装置，造成压气量减少、制冷系数下降等一系列问题。

2）汽化热要大，蒸气比体积要小。这样既可减小装置的尺寸，又使单位质量制冷剂的制冷量增加。

3）具有较高的临界温度，从而使大部分放热过程在两相区内定温地进行。

4）液体的比热容要小，这样$T-s$图上下界线的斜率就大，因节流而损失的制冷量就小。

5）具有化学上的稳定性，在制冷装置的工作温度范围内不分解，不腐蚀设备，使用安全，对人体无毒，泄漏时不易起火和爆炸，不污染环境（即对臭氧层无破坏作用，且无温室效应），价格低廉，来源充足等。

目前还没有一种工质能够满足以上所有要求，所以在选择制冷剂时应根据具体情况决定。氨的汽化热大，饱和压力适中，价格较低，缺点是有毒，混有水分时对铜有很强的腐蚀性。由于一些大型制冷装置所需的制冷工质可能达到数十吨之多，价格便宜与否成为一个关键问题。因此，目前我国许多大中型食品冷藏及石油化工企业一般采用氨作制冷工质。氟利昂是一族卤碳化合物的总称，种类繁多，从20世纪30年代开始被广泛用作冰箱和空气调节中的制冷剂。它们的化学稳定性好，无毒，但汽化热较小，价格较高。作为制冷剂被人们广泛运用的氟利昂族中的氯氟烃物质CFCs（s代表许多种，如CFC—11、CFC—12、CFC—113等）以及含氢的氯氟烃物质HCFC相当稳定，挥发到大气中长期不会分解，可逐渐穿越大气的对流层而进入平流层（同温层），在大气层20~50km高度与臭氧相遇。由于在平流层受到强紫外线照射，含氯的氟利昂分子便分解出游离的氯离子，而氯离子可催化分解臭氧分子，破坏臭氧层。这种破坏大大地削弱了臭氧层对紫外线的吸收能力，大量的紫外线直接照射到地球表面，对地球上的生物将是极大的威胁。海洋浮游生物及虾蟹的幼体和贝类将大量死亡，小麦、水稻将减产，据预测，臭氧每减少1%，紫外线辐射约增加2%，皮肤癌发病率将增加4%~6%。

国际上为禁止使用这种严重损害大气臭氧层的有害物质，1985年联合国通过了《保护臭氧层维也纳公约》。我国1989年7月参加了这一公约。另外，1987年几十个国家又共同制定了保护臭氧层的《蒙特利尔议定书》，我国政府于1991年6月提出参加并于1992年8

月正式成为缔约国。按照协议书规定，发达国家从2000年、发展中国家从2010年起禁止使用与生产CFC物质，后进一步将这一限制期限提前为：发达国家从1996年1月1日起，发展中国家从2006年1月1日起禁止使用与生产CFC物质。这两项公约的签订，迫使世界冰箱生产行业竭尽全力开发用作冰箱制冷剂的氟利昂—11（CFC—11）和氟利昂—12（CFC—12）的替代物。到目前为止，国际上已形成的用来替代CFC—11、CFC—12的主要技术有两种，一种是以美国为代表的，采用HCFC—141b作发泡剂，HFC—134a作制冷剂；另一种是以德国为代表的，采用天然碳氢化合物作制冷剂和发泡剂。这两种技术均已成熟，并具备大规模商业化生产的条件。我国科技工作者和家用冰箱生产行业也正加快CFCs替代技术的研究，目前采用HFC—134a作为制冷剂的冰箱已初步商业化，并投入生产。HFC—134a是一种含氢的氟代烃物质（分子式为$CH_2F—CF_3$，沸点 -26.18℃），由于它不含氯原子，所以不会破坏臭氧层，对温室效应的影响仅为CFC—12的30%左右。毒性实验结果表明，HFC—134a的毒性等于或低于CFC—12，不可燃，而且其正常沸点以及蒸气压曲线都与CFC—12十分接近，热工性能也接近于CFC—12，因此它是CFC—12最有希望的替代物，可用于中低温制冷与空调系统，如家用或商业用冰箱、汽车空调、各类中低温冷水机组等。

知识拓展：热泵

热泵装置与制冷装置的工作原理没有什么差别，只是二者的工作目的和工作温度范围不同，制冷装置是为了制冷，而热泵装置则是为了供热。如果将图7-21中的蒸发器放在室外，冷凝器放在室内，则当上述装置工作时，就可以从室外环境中吸取热量并释放到室内来，用于取暖。原则上，上面介绍的几种制冷装置都可以作为热泵装置使用，而且可以使一套设备具备制冷和供热两种功能。如图7-21所示，如果用一只四通换向阀A来控制制冷剂在装置中的流向，就可以达到夏季对室内制冷、冬季对室内供热的目的。有些国家（如美国和加拿大）早已将这种采暖与制冷兼用装置用于火车车厢和远洋客货轮的空调，以适应长途旅行、运输时各地区气候上的变化。英国曾制成了一种既是冰箱又是每天可供应300L、60℃热水的热水器的装置，整套设备只需一个功率约0.7kW的小电动机带动。

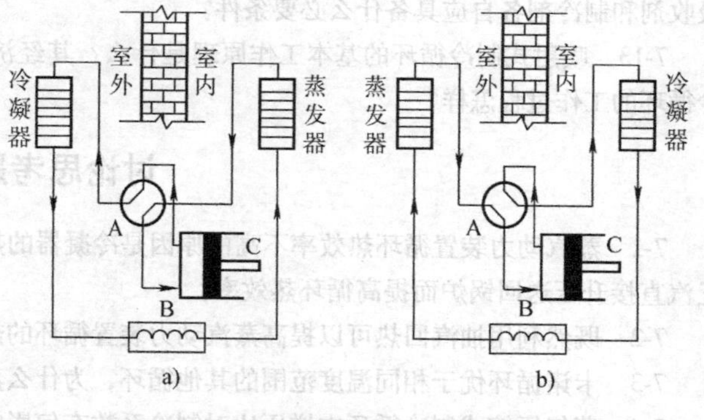

图7-21 制冷与热泵两用装置示意图
a）夏季制冷循环 b）冬季热泵循环

热泵的经济性指标是供热系数ε'，它等于制冷剂在冷凝器中放出的热量Q_1与压缩机消耗的功W之比，见式（4-16）。热泵的供热系数恒大于1，它优于其他供暖装置（如电加热器等）之处，就在于消耗同样多的机械功对室内供暖，可比用其他方法得到更多的热量，因为除了由机械功所转换的热量外，还包括制冷剂在蒸发器中所吸收的热量。热泵是一种比较合理的节能型供热装置，在冬季家庭供热中被广泛采用。热泵装置还可以将大量较低品位（即较低温度）的热能提升为较高品位（即较高温度）的热能，以满足生产上的需要。另外，采用热泵供热取代锅炉供热还有利于保护环境。但是，热泵的使用受到其他条件的限制，例如，我国东北地区冬季室外温度在 -20℃ ~ -30℃或更低，用热泵供热就很不经济，并且由于室内外温差太大，热泵的供热系数将很低，不利于节能；又例如，对工业欠发达的国家或地区，热泵装置的造价往往比其他采暖设备高出很多，这也影响了热泵的使用与推广。

复习思考题

7-1 简单蒸汽动力装置有哪些主要设备？试绘出其设备流程图，并说明各设备的作用。

7-2 朗肯循环由哪几个主要过程组成？试绘出循环的 p-v、h-s、T-s 图。

7-3 蒸汽参数对朗肯循环热效率有何影响？

7-4 什么是回热循环？为什么采用回热循环能提高循环的热效率？

7-5 什么是再热循环？再热的根本目的是什么？

7-6 什么是热电联供循环？如何评价热电联供循环的经济性？

7-7 常用的制冷循环有哪几种？其中哪一种应用最广泛？

7-8 蒸气压缩式制冷理想循环的装置和循环过程是什么样的？各项指标如何求解？蒸发温度和冷凝温度对制冷系数有何影响？

7-9 在蒸气压缩式制冷循环中，液体制冷剂的过冷度为什么能提高制冷系数？

7-10 蒸气压缩式制冷实际循环和理想循环有什么区别？

7-11 吸收式制冷循环的基本工作原理是什么？其有何优点？其经济性指标是什么？

7-12 吸收式制冷和蒸气压缩式制冷相比主要区别有哪些？在吸收式制冷循环中，作为“工质对”的吸收剂和制冷剂各自应具备什么必要条件？

7-13 喷射式制冷循环的基本工作原理是什么？其经济性指标是什么？其有何优点？氨—水吸收式制冷循环的工作过程怎样？

讨论思考题

7-1 蒸汽动力装置循环热效率不高的原因是冷凝器的热损失太大，是否可以取消冷凝器而用压缩机将乏汽直接升压送回锅炉而提高循环热效率？

7-2 既然利用抽汽回热可以提高蒸汽动力装置循环的热效率，能否将全部蒸汽抽出来用于回热？

7-3 卡诺循环优于相同温度范围的其他循环，为什么蒸汽动力循环不采用卡诺循环？

7-4 蒸气压缩式制冷循环中增压比对制冷系数有何影响？

7-5 家用空调机如何实现夏季制冷、冬季供热？

7-6 使用制冷装置可以获得低温，有人试图以制冷装置得到的低温物质作为热机循环中的低温热源以提高热机循环的热效率，这种做法是否有利？

7-7 蒸气压缩式制冷循环中，有人试图不用冷凝器而使制冷剂由压缩机压缩后直接进行绝热膨胀降温，然后去冷库吸热制冷，这是否可行？为什么？

7-8 一台氟利昂压缩式制冷装置在室内运行，如果蒸发器从室内空气中吸热，冷凝器向同一室内空气放热，试问该室内空气温度将发生怎样的变化，为什么？

7-9 试讲述家用冰箱的工作过程。

7-10 热泵装置的供热系数为什么总大于相同工况下的制冷系数？为什么说热泵供热是一种节能的供热方式？

习　题

7-1 某朗肯循环，新蒸汽的参数为 $p_1 = 4\text{MPa}$、$t_1 = 400℃$，乏汽的压力 $p_2 = 4\text{kPa}$。忽略泵功，试计算

此循环的循环净功、加热量、热效率及乏汽的干度 x。若 $t_1=550℃$，p_1 和 p_2 不变，以上各量为多少？

7-2 某理想蒸汽动力装置，汽轮机入口新蒸汽的参数为 $p_1=6\text{MPa}$、$t_1=560℃$，冷凝器蒸汽压力为 6kPa，忽略泵功，试求循环热效率。若该装置的功率为 10MW，试求每小时耗汽量。

7-3 某蒸汽动力装置，汽轮机入口蒸汽的参数为 $p_1=13\text{MPa}$、$t_1=535℃$，在汽轮机内膨胀作功至干饱和蒸汽后被送入再热器，在定压下重新加热到 535℃，再进入汽轮机后半部继续膨胀至乏汽压力 7kPa。如蒸汽流量为 200t/h，忽略泵功，试计算汽轮机的轴功、循环热效率及乏汽干度 x。设煤的发热量为 $2\times10^4\text{kJ/kg}$，求理论煤耗量。

7-4 某热电厂以背压式汽轮机的乏汽供热，其新汽参数为 3MPa、400℃，背压为 0.12MPa。乏汽被送入用户热系统作加热蒸汽用，放出热量后凝结为同一压力下的饱和水，再经水泵返回锅炉。设热用户热量消费为 $1.06\times10^{10}\text{kJ/h}$，问理论上此背压式汽轮机的功率输出为多少？

7-5 某氨蒸气压缩制冷循环，已知蒸发温度为 -10℃，冷凝温度为 30℃，压缩机吸入的是干饱和蒸气，制冷量为 $2\times10^5\text{kJ/h}$，求该制冷循环制冷剂的质量流量及压缩机所需的理论功率。

7-6 某采用节流阀的氨压缩制冷装置，其中压缩机的理论功率为 50kW，氨的蒸发温度为 -15℃；氨在压缩机入口为湿蒸气，经可逆绝热压缩后流出压缩机时为干饱和蒸气，饱和温度为 25℃。问此装置的制冷量为多少？单位容积制冷量为多少？制冷系数和热力完善度为多少？

7-7 冬天，把上题中的氨压缩制冷装置改装成热泵，用于室内取暖。此时，蒸发器放在室外，氨从室外冷空气中吸收热量 Q_2；冷凝器放在室内，让氨蒸气凝结放出热量 Q_1，以加热室内空气。设室外大气平均温度为 -10℃，室内温度为 20℃，当向室内供热 $Q_1=22\text{kW}$ 时，整个装置所消耗的功率和相应的供热系数为多少？如果直接用电炉供应相同的热量，电炉的功率应是多少？

7-8 某制冷机以 R12 为工质，蒸发器的温度为 -20℃，压缩机入口为干饱和蒸气，冷凝器内的冷凝温度为 30℃，工质被冷凝为饱和液体后进入节流阀。若制冷量为 1kW，求此制冷循环的制冷系数、压缩机的功率及制冷剂流量。

7-9 某热泵装置从室外空气中吸热，向室内空气放热。该热泵工质为 R134a，其蒸发温度为 -10℃，压缩机吸入过热度为 2℃ 的蒸气，冷凝器中饱和液的温度为 35℃，试计算该热泵耗功量和循环供热系数。

第八章　热力学第二定律

热力学第一定律阐明了热能和机械能以及其他形式的能量传递和转换过程中数量上的守恒关系。但它并没有说明，满足能量守恒原则的过程是否都能实现。衡量能量除了数量外，还有品质，例如高温高压蒸汽具有的热能比低温低压蒸汽具有的热能品质高。热力学第一定律并未从能量的品质上阐述热功转换及传递规律，而这正是热力学第二定律要阐述的内容。热力学第二定律揭示了热力过程的方向、条件和限度，同时也指出，只有同时满足热力学第一定律和热力学第二定律的过程才能实现。热力学第一定律与第二定律是热力学的两个基本定律，共同组成了热力学的理论基础。本章主要内容和知识点之间的联系如图 8-1 所示。

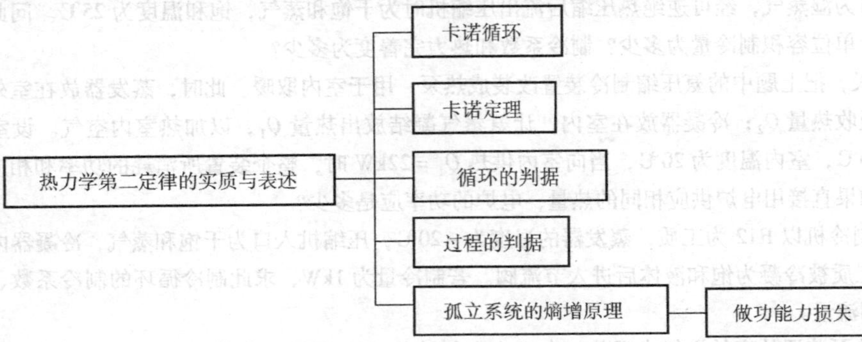

图 8-1　本章知识点之间的联系

第一节　热力学第二定律表述

一、自发过程的方向性

在日常生活中，我们知道热量可以从高温物体自发地不付代价地传递给低温物体，当两物体的温度达到平衡时，传热也就停止了。但是，反过来，热量却不能从低温物体自发地传递给高温物体。

机械能通过摩擦转变为热能的过程也是一个自发过程。例如，行驶中的汽车制动时，汽车的动能通过摩擦全部变成热能，造成地面和轮胎升温。反之，如果将同等数量的热加给轮胎与地面，却不能使汽车行驶。这说明，机械能可以自发地转变为热能，而热能却不能自发地转变为机械能。

两种不会发生化学反应的气体放在一起，能够很快地混合，这是一种自发进行的过程，然而，要将混合在一起的两种气体分离开来，却不可能自发地完成。

自然界中类似上述过程的现象还有很多。它们都说明了同一道理，即自然过程具有方向性，过程只能自发地朝一个方向进行。这些能够自发进行的过程称为自发过程。而自发过程的反过程却不能自动进行。如果要使自发过程逆向进行，就必须付出代价。例如，利用水泵可以将水流从低处送到高处；利用制冷装置可以将热量从低温物体转移到高温物体；利用热机可以将热能转变为机械能等等。这就是说，这些过程必须满足一定的条件才能进行。这种实际上不能单独进行的过程称为非自发过程。这种非自发过程进行的条件实际上也是一个过程。例如，热机将热能转变为机械能的过程中就伴随着热量由高温热源传向低温热源的过程；压缩式制冷装置将热量从低温热源转移到高温热源的过程中就伴随着消耗压缩功转变为热能的过程。这种伴随非自发过程而进行的过程，称为补偿过程，即非自发过程的进行必须以一个补偿过程同时进行为条件。通过分析可以看出，这些补偿过程也都是一些自发过程。

由此可见，非自发过程的进行是以一个自发的补偿过程同时进行为条件的。否则，自然界的一切过程只能朝着自发的方向进行。这就是自然过程的方向性。

自然过程的方向性不仅决定了过程的进行是否需要外界附加一定的条件，同时也决定了过程中能量转换的限度。我们知道，衡量能量的指标除了数量外，更重要的是质量。能的质量有高、低之分。一般说来，自发过程是将高级能转换为低级能的过程，该过程中的能量转换可以百分之百地进行，如机械能通过摩擦可以全部变成热能。而非自发过程是将低级能转换为高级能的过程，该过程的能量转换就不能百分之百地进行，如在热机中就不能将热能全部转换为机械能。自发过程和非自发过程的能量转换程度是不同的。过程的方向性决定了过程中能量转换的限度。

二、热力学第二定律的实质及表述

热力学第二定律是人们根据经验总结出来的。它不能从其他的定律推导出来，唯一的依据是千百次重复的实验而无一例外的事实。

热力学第二定律说明的是各种过程进行的方向、条件和限度问题，而最根本的是方向性问题。由于自然界中热力过程的种类很多，人们可以根据任意一个过程来揭示这一规律。因而热力学第二定律有各种各样的表述形式。但它们反映的是同一客观规律，因而它们是统一的，具有等效性。其中几种典型的表述如下。

克劳修斯表述：不可能将热从低温物体传至高温物体而不引起其他变化。

这是从热量传递的角度表述的热力学第二定律，由克劳修斯于1850年提出。它指明了热量只能自发地从高温物体传向低温物体，反之的非自发过程并非不能实现，而是必须花费一定的代价。例如压缩式制冷装置就以花费机械能为代价，即以机械能变为热能这一自发过程作为实现热从低温物体转移至高温物体所必需的补偿代价。

开尔文—普朗克表述：不可能从单一热源取热，并使之完全转变为功而不产生其他影响。

这是从热功转换的角度表述的热力学第二定律，于1851年由开尔文提出，普朗克1897年也发表了相同的表述，后来称之为开尔文—普朗克表述。“不产生其他影响”是这一表述不可或缺的部分。例如：理想气体定温膨胀过程进行的结果，就是从单一热源取热并将其全部变成了功。但与此同时，气体的压力降低，体积增大，即气体的状态发生了变化，或者说“产生了其他影响”。因此，并非热不能完全变成功，而是必须有其他影响为代价才能实现。通过蒸汽动力装置的能量转换，我们很容易理解这种表述。要想使热能转化为机械能，至少有高温热源和低温热源两个热源，而且只能将从高温热源得到的一部分热转化成机械功，另一部分传给低温热源作为所必需的补偿代价。

通常人们把假想的从单一热源取热并使之完全变为功的热机称为第二类永动机。它虽然不违反热力学第一定律，转变过程能量是守恒的，但却违反了热力学第二定律。如果这种热机可以制造成功，就可以利用大气、海洋等作为单一热源，将大气、海洋中取之不尽的热能转变为功，维持它永远转动，这显然是不可能的。因此，热力学第二定律又可表述为：第二类永动机是不可能制造成功的。

热力学第一定律与热力学第二定律都是建立在无数事实基础上的经验定律，从这两个定律出发的一切推论都符合客观实际。

第二节 卡诺循环与卡诺定理

热力学第二定律指出，热机的热效率不可能达到100%。那么，在一定条件下，热机的热效率最大能达到多少？它又与哪些因素有关？法国工程师卡诺（Carnot）在深入考察了蒸汽机工作的基础上，于1824年提出了一种理想的热机工作循环——卡诺循环。卡诺又在对热机效率进行深入研究的基础上提出了著名的卡诺定理。

一、卡诺循环

卡诺循环由两个可逆定温过程和两个可逆绝热过程组成，以理想气体为工质的循环示意图如图8-2所示。图中：*a-b* 为定温吸热过程，单位质量的工质从高温热源 T_1 吸收热量 q_1；*b-c* 为绝热膨胀过程，工质温度从 T_1 降到 T_2；*c-d* 为定温放热过程，工质向低温热源 T_2 放出热量 q_2；*d-a* 为绝热压缩过程，工质温度从 T_2 升到 T_1，工质完成一个循环又回到初态。

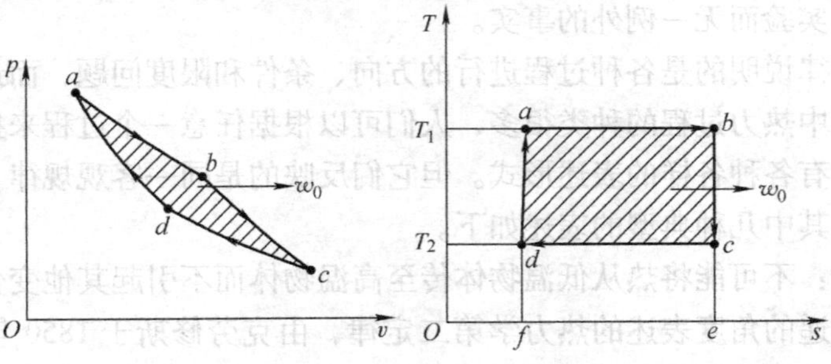

图8-2 卡诺循环
a）*p-v* 图 b）*T-s* 图

热机循环的热效率为

$$\eta_t = \frac{w}{q_1} = 1 - \frac{q_2}{q_1}$$

对于卡诺循环，由图8-2b中的 *T-s* 图很容易得出卡诺循环的热效率为

$$\eta_c = 1 - \frac{T_2(s_c - s_d)}{T_1(s_b - s_a)} = 1 - \frac{T_2}{T_1} \tag{8-1}$$

由式（8-1）可以得出以下结论。

1）式（8-1）表明，卡诺循环的热效率只取决于高温热源的温度 T_1 和低温热源的温度 T_2，而与工质的性质无关。提高 T_1，降低 T_2，可以使卡诺循环的热效率提高。

2）卡诺循环的热效率总是小于1，不可能等于1。因为 $T_1 \to \infty$ 或 $T_2 = 0$ K 都是不可能的。这说明，通过热机循环不可能将热能全部转变为机械能。

3）当 $T_1 = T_2$ 时，卡诺循环的热效率等于零。这说明，没有温差是不可能连续不断地将热能转变为机械能的，只有一个热源的第二类永动机是不可能制造成功的。

卡诺循环是可逆循环，故可使循环沿相反的方向进行，称为逆卡诺循环。逆卡诺循环是制冷循环和热泵循环的理想循环。卡诺制冷循环的制冷系数 ε_c 和卡诺热泵循环的供热系数 ε_c' 分别为

$$\varepsilon_c = \frac{q_2}{q_1 - q_2} = \frac{T_2(s_c - s_d)}{T_1(s_b - s_a) - T_2(s_c - s_d)} = \frac{T_2}{T_1 - T_2} \tag{8-2}$$

$$\varepsilon_c' = \frac{q_1}{q_1 - q_2} = \frac{T_1(s_b - s_a)}{T_1(s_b - s_a) - T_2(s_c - s_d)} = \frac{T_1}{T_1 - T_2} \tag{8-3}$$

二、卡诺定理

卡诺定理包括两个分定理，其表述如下。

定理一：在相同的高温热源和低温热源间工作的一切可逆热机具有相同的热效率，与工质的性质无关。

定理二：在相同的高温热源和低温热源间工作的任何不可逆热机的热效率，都小于可逆热机的热效率。

卡诺循环与卡诺定理在热力学的研究中具有重要的意义，它解决了热机热效率的极限问题，指出了提高热效率的途径。虽然卡诺循环在实际工程中无法实现，但它给实际热机的循环提供了改进方向和比较标准。卡诺定理可以归纳为热力学第二定律的数学表达式之一，即

$$n_t \leqslant \eta_c \left(1 - \frac{q_2}{q_1} \leqslant 1 - \frac{T_2}{T_1}\right) \tag{8-4}$$

例 8-1　某热机在高温热源 1000K 和低温热源 300K 之间工作。问能否实现对外做功 1000kJ，向低温热源放热 200kJ？

解　计算该热机从高温热源吸热量

$$Q_1 = Q_2 + W = (200 + 1000)\text{kJ} = 1200\text{kJ}$$

该热机的热效率

$$\eta_t = \frac{W}{Q_1} = \frac{1000}{1200} = 0.833$$

根据卡诺定理一，在相同条件下工作的可逆热机的热效率都可以用卡诺循环的热效率计算

$$\eta_c = 1 - \frac{T_2}{T_1} = 1 - \frac{300}{1000} = 0.7$$

$\eta_t > \eta_c$，显然这一结果违反了卡诺定理，因此此循环不能实现。

例 8-2　将以逆卡诺循环工作的热泵作为一住宅的采暖设备。已知室外环境温度为 -10℃，为使住宅内温度保持 20℃，每小时需供给 10^5kJ 的热量。试求：（1）该热泵每小时从室外吸取的热量；（2）热泵所需功率；（3）若直接用电炉取暖，电炉的功率应为多少？

解　（1）该热泵的供热系数为

$$\varepsilon_c' = \frac{T_1}{T_1 - T_2} = \frac{273 + 20}{(273 + 20) - (273 - 10)} = 9.77$$

又由于

$$\varepsilon_c' = \frac{q_1}{q_1 - q_2} = \frac{Q_1}{Q_1 - Q_2}$$

故热泵每小时从室外的吸热量为

$$Q_2 = Q_1 - \frac{Q_1}{\varepsilon_c'} = \left(10^5 - \frac{10^5}{9.77}\right)\text{kJ/h} = 89765\text{kJ/h}$$

（2）热泵所需功率为

$$P = Q_1 - Q_2 = (10^5 - 89765)\text{kJ/h} = 10235\text{kJ/h} = 2.84\text{kW}$$

（3）电炉采暖所需功率为

$$P_1 = Q_1 = 10^5\text{kJ/h} = 27.78\text{kW}$$

知识拓展：证明卡诺定理一

下面用反证法对卡诺定理一进行证明。假设在温度为 T_1 的高温热源与温度为 T_2 的低温热源间工作有两个任意的可逆热机 R_1 和 R_2，如图 8-3a 所示，其热效率分别为 η_{t,R_1} 和 η_{t,R_2}。假如 $\eta_{t,R_1} > \eta_{t,R_2}$，则当两个热机从高温热源吸取的热量都为 Q_1 时，根据热效率的定义可知，$W_{R_1} > W_{R_2}$，$Q_2 < Q_2'$。这时可让热机 R_1 按正向循环工作，用输出功 W_{R_1} 中的一部分 W_{R_2} 带动热机 R_2 逆向循环工作，如图 8-3b 所示。联合运行的结果是每一循环从低温热源吸收热量 $Q_2' - Q_2$，对外做功 $W_{R_1} - W_{R_2} = Q_2' - Q_2$，高温热源没有任何变化，相当于一台单一热源的热机，即第二类永动机。这显然违背了热力学第二定律，因此 $\eta_{t,R_1} > \eta_{t,R_2}$ 是不可能的。同样可以证明，$\eta_{t,R_1} < \eta_{t,R_2}$ 也是不可能的。于是只有一种可能性，即 $\eta_{t,R_1} = \eta_{t,R_2}$。由于上述证明没有限定工质的性质，所以结论对使用任何工质的可逆热机都适用。

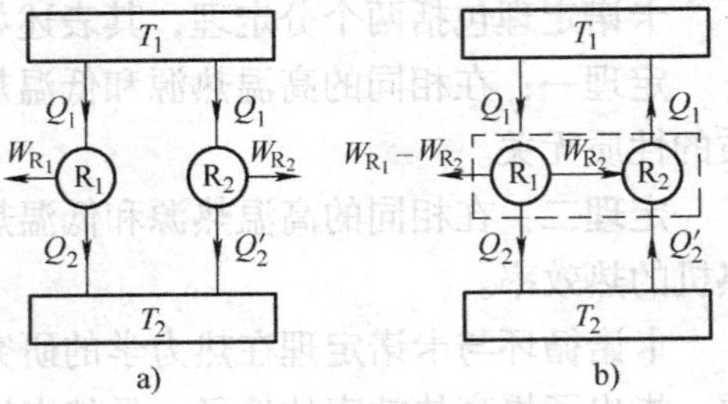

图 8-3 卡诺定理证明示意图
a）相同热源间工作的两个可逆热机 b）相同热源间工作的两个可逆热机联合运行

定理二可以同样采用反证法证明，思路与定理一的证明相同，请读者自己练习。

第三节 克劳修斯积分式

除卡诺定理外，还有没有判断循环是否可能、是否可逆的方法呢？克劳修斯在卡诺定理基础上进行了研究，得到了克劳修斯积分式，同时得到了状态参数熵。

一、熵的导出

在前面已给出了熵的概念，并指出比熵是状态参数。比熵是由热力学第二定律导出的状态参数，有多种导出方法，这里只介绍一种传统的熵的导出方法。

根据卡诺定理，不管采用什么工质，在温度分别为 T_1 与 T_2 的恒温热源间工作的一切可逆热机的热效率都相同，为

$$\eta_t = 1 - \frac{q_2}{q_1} = 1 - \frac{T_2}{T_1}$$

由上式可得

$$\frac{q_2}{q_1}=\frac{T_2}{T_1}$$

即

$$\frac{q_1}{T_1}=\frac{q_2}{T_2}$$

式中，q_1、q_2 均为绝对值。如果取代数值，q_2 为单位质量工质传给低温热源的热量，应为负值，于是上式可写成

$$\frac{q_1}{T_1}+\frac{q_2}{T_2}=0$$

上式说明，在卡诺循环中，单位质量工质与热源交换的热量除以热源的热力学温度所得商的代数和等于零。

可以证明，以上结论同样适用于任何可逆循环。例如，对于如图 8-4 所示的任意可逆循环 1*A*2*B*1，可以用一组可逆绝热线将其分割成许多个微元循环。这些微元循环都是由两个可逆绝热过程及两个微小过程组成的。如微元循环 *abfga*，当微元循环的数目极大，也就是绝热线间隔极小时，微小过程 *ab* 与 *fg*，就接近于定温过程，则微元循环 *abfga* 就是一个微元卡诺循环，也就是循环 1*A*2*B*1 分割成无数个微元卡诺循环。

对每一个微元卡诺循环，如果在 T_1 温度下吸收热量为 δq_1，在 T_2 温度下放热量为 δq_2，则

$$\frac{\delta q_1}{T_1}+\frac{\delta q_2}{T_2}=0$$

对全部微元卡诺循环积分，则得

$$\int_{1A2}\frac{\delta q_1}{T_1}+\int_{2B1}\frac{\delta q_2}{T_2}=0$$

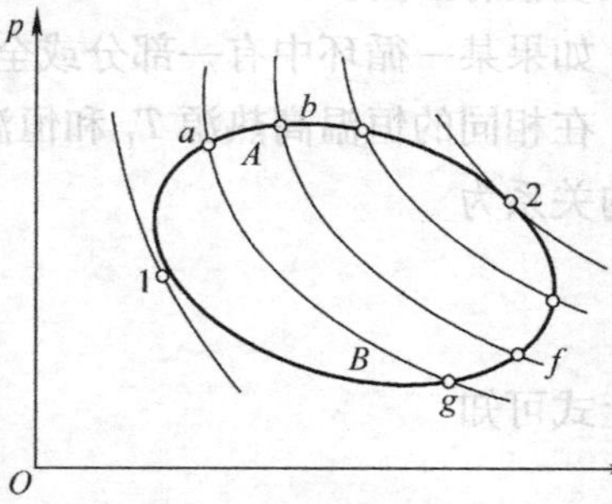

图 8-4　熵的导出

式中，δq_1 与 δq_2 代表微元循环与外界交换的热量，本身为代数值，吸热为正，放热为负，因此可统一用 δq 表示；T_1、T_2 分别为微元循环对外进行热交换时热源的温度，统一用 T 表示。于是上式可表示为

$$\int_{1A2}\frac{\delta q}{T}+\int_{2B1}\frac{\delta q}{T}=0 \tag{8-5}$$

即

$$\oint\frac{\delta q}{T}=0 \tag{8-6}$$

式（8-6）称为克劳修斯积分等式。它表明，工质经历任意一个可逆循环后，$\frac{\delta q}{T}$沿整个循环的积分为零。从数学意义上说，$\frac{\delta q}{T}$一定是某个参数的全微分。

由式（8-5）可得

$$\int_{1A2}\frac{\delta q}{T}=\int_{1B2}\frac{\delta q}{T}$$

可见从状态 1 到状态 2，$\frac{\delta q}{T}$的积分与积分路径无关。根据状态参数的特征可知，$\frac{\delta q}{T}$是某一状态参数的全微分。这一状态参数称为比熵，用 *s* 表示，单位为 J/(kg·K)，则有

$$ds = \frac{\delta q}{T} \tag{8-7}$$

式中，T 为热源的热力学温度，由于是可逆过程，T 也就等于工质的热力学温度。

对于质量为 m 的工质的微元可逆过程

$$dS = \frac{\delta Q}{T} \tag{8-8}$$

式中，S 是质量为 m 的工质的熵，单位为 J/K。对于可逆循环，克劳修斯积分等式表示成

$$\oint \frac{\delta Q}{T} = 0 \tag{8-9}$$

二、克劳修斯积分不等式

根据卡诺定理，在同等条件下，可逆循环效率最高，热经济性最好。而实际热机循环都是不可逆的，尽可能地使循环过程接近可逆循环是提高热机循环效率的基本途径。过程不可逆性的大小反映过程与理想过程之间的差距，因此寻找一个能够度量实际过程不可逆性大小的尺度很有必要。

如果某一循环中有一部分或全部过程是不可逆的，则此循环为不可逆循环。根据卡诺定理，在相同的恒温高热源 T_1 和恒温低热源 T_2 之间工作的不可逆热机和可逆热机的热效率之间的关系为

$$1 - \frac{Q_2}{Q_1} < 1 - \frac{T_2}{T_1}$$

由上式可知

$$\frac{Q_2}{Q_1} > \frac{T_2}{T_1}$$

同样将 Q_1、Q_2 取代数值则有

$$\frac{Q_1}{T_1} + \frac{Q_2}{T_2} < 0$$

上式说明，在相同的高温热源与低温热源间工作的不可逆循环，工质与热源间交换的热量除以热源的热力学温度所得商的代数和小于零。

用上述推导克劳修斯积分等式相同的方法，将一个不可逆循环过程用无数可逆绝热线分割成无数微元循环，则对任意一个微元不可逆循环，工质与热源交换的热量除以热源的热力学温度所得的商的代数和小于零，即

$$\frac{\delta Q_1}{T_1} + \frac{\delta Q_2}{T_2} < 0$$

对整个不可逆循环积分，可得

$$\oint \frac{\delta Q}{T} < 0 \tag{8-10}$$

式（8-10）称为克劳修斯不等式，表明工质经历任意一个不可逆循环，$\delta Q/T$ 沿整个循环的积分小于 0。

综合式（8-9）、式（8-10），可写成

$$\oint \frac{\delta Q}{T} \leqslant 0 \tag{8-11}$$

式（8-11）称为克劳修斯积分式，是热力第二定律的数学表达式之一，可以作为判据，用于判断一个循环是否可能，是否可逆。式中等号用于可逆循环，不等号用于不可逆循环。

例 8-3　应用克劳修斯积分式判断例 8-1 的问题。

解　此循环中只有两个恒温热源，所以有

$$\oint \frac{\delta Q}{T} = \frac{Q_1}{T_1} + \frac{Q_2}{T_2} = \left(\frac{1200}{1000} + \frac{-200}{300}\right)\text{kJ/K} = 0.53\text{kJ/K} > 0$$

可知此循环不满足克劳修斯积分式，所以此循环不能实现。

注意：克劳修斯积分式中热量的正和负是以工质为主体确定的，即工质吸热为正，放热为负。

第四节　不可逆过程熵的变化

第六章强调过，可逆绝热过程才是等熵过程，那么不可逆绝热过程的熵变如何？任意过程的熵的变化又如何呢？其与哪些因素有关？

一、过程熵变

图 8-5 表示的是一个不可逆循环 $1a2b1$，它由不可逆过程 1-a-2 与可逆过程 2-b-1 组成，根据式（8-10），有

$$\int_{1a2} \frac{\delta Q}{T} + \int_{2b1} \frac{\delta Q}{T} < 0 \tag{8-12}$$

由于 2-b-1 为可逆过程，根据式（8-7）可得

$$\int_{2b1} \frac{\delta Q}{T} = S_1 - S_2$$

代入式（8-12）得

$$\int_{1a2} \frac{\delta Q}{T} + (S_1 - S_2) < 0$$

即

$$S_2 - S_1 > \int_{1a2} \frac{\delta Q}{T} \tag{8-13}$$

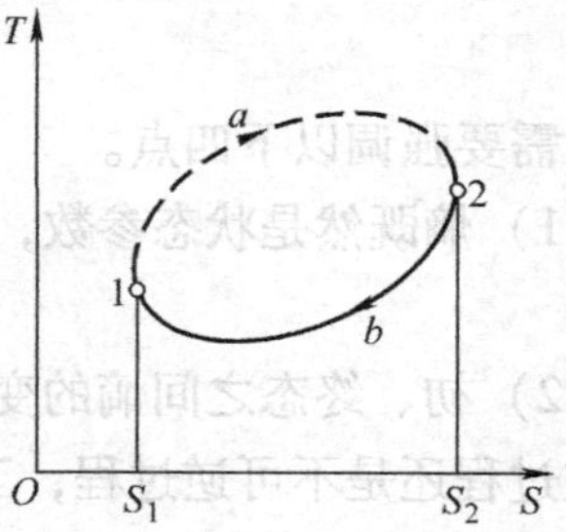

图 8-5　不可逆过程熵的变化

假如 1-a-2 为可逆过程，则由式（8-7）可得

$$S_2 - S_1 = \int_{1a2} \frac{\delta Q}{T} \tag{8-14}$$

综合式（8-13）与式（8-14），可写成

$$S_2 - S_1 \geqslant \int_1^2 \frac{\delta Q}{T} \tag{8-15}$$

式中，等号适用于可逆过程，不等号适用于不可逆过程。式（8-15）是热力学第二定律的另一个数学表达式，它也可作为判据，用于判断过程是否可行，是否可逆。由式（8-15）可知，可逆绝热过程取等号，同时 $\int_1^2 \frac{\delta Q}{T}$ 为零，所以为等熵过程。而不可逆绝热过程适用大于

号,虽然$\int_1^2 \frac{\delta Q}{T}$为零，但是$S_2 > S_1$，存在熵增。

二、熵流与熵产

1. 熵方程

对于微元过程，式（8-15）可写成

$$dS \geqslant \frac{\delta Q}{T} \tag{8-16}$$

由式（8-16）可知，如果工质经历了微元不可逆变化过程，则 dS 大于$\frac{\delta Q}{T}$，二者差值越大，偏离可逆过程越远，或者说过程的不可逆性越大。这时，$\frac{\delta Q}{T}$仅是熵变的一部分，完全是由工质与热源之间的热量交换所引起的熵变，称为熵流，用 dS_f 表示。而熵变的另一部分，即$\left(dS - \frac{\delta Q}{T}\right)$，完全是由于不可逆因素造成的，称为熵产，用 dS_g 表示。于是得到

$$dS = dS_f + dS_g \tag{8-17}$$

式（8-17）称为熵方程，普遍适用于各种过程。若工质吸热，$dS_f > 0$；若工质放热，$dS_f < 0$；若工质绝热，$dS_f = 0$。若过程可逆，熵产 $dS_g = 0$；若过程不可逆，则 $dS_g > 0$，且不可逆性越大，熵产越大。因此，熵产是过程不可逆性大小的度量。可逆绝热过程的熵增完全是熵产。

2. 过程熵变的计算

对于一个不可逆过程有

$$\Delta S = \Delta S_f + \Delta S_g \tag{8-18}$$

需要强调以下四点。

1）熵既然是状态参数，则状态一定，熵就有确定值。工质经历一个循环后，熵变为零。

2）初、终态之间熵的变化与过程的途径无关，只要初、终态相同，无论工质经历的是可逆过程还是不可逆过程，工质熵的变化都相等。因此，不可逆过程的熵变，可在给定初、终态之间任选一可逆过程进行计算。

3）熵具有可加性，热力系的熵等于热力系内各个部分熵的总和。

4）从微观上看，熵是热力系内部分子混乱程度的量度。熵值较小的状态，对应于较为有序的状态；熵值较大的状态，对应于较为无序的状态。

第五节　孤立系统熵增原理

一、孤立系统熵增原理

（一）孤立系统熵增原理内容

对于孤立系统，因为和外界没有任何能量交换，$dS_f = 0$，所以由式（8-17）可得

$$dS_{iso}=dS_g \geqslant 0 \tag{8-19}$$

式中，等号用于可逆过程，不等号用于不可逆过程。式（8-19）表明，孤立系统的熵只能增加，或者不变，绝不能减小，这一规律称为孤立系统熵增原理。

孤立系统的熵增完全由熵产组成，其大小只取决于系统内部的不可逆性。一切实际过程都一定朝着使孤立系统熵增大的方向进行，任何使孤立系统熵减小的过程都是不能发生的。孤立系统熵增原理揭示了一切过程所必须遵守的客观规律，突出地反映了热力学第二定律的本质，是热力学第二定律的另一数学表达式，也是各种情况均适用的表达式。

根据熵增原理可以作出判断：不可逆绝热过程由于存在熵变总是向着熵增加的方向进行，可逆绝热过程则是沿着等熵路径进行的。因此，可以利用熵的变化来判断自发过程进行的方向（沿着熵增加的方向）和限度（熵增加到极限值）。

（二）孤立系统熵增原理应用

1. 单纯的传热过程

孤立系中有物体 A 和 B，温度各为 T_A 和 T_B，这时孤立系的熵增为

$$dS_{iso}=dS_A+dS_B \tag{8-20}$$

若为有限温差传热，$T_A>T_B$，微元过程中物体 A 放热，熵变 $dS_A=-\dfrac{\delta Q}{T_A}$；物体 B 吸热，熵变 $dS_B=\dfrac{\delta Q}{T_B}$。（$Q$ 为绝对值）又因 $T_A>T_B$，有$\dfrac{\delta Q}{T_A}<\dfrac{\delta Q}{T_B}$，将这些关系式代入式（8-20）得

$$dS_{iso}=-\frac{\delta Q}{T_A}+\frac{\delta Q}{T_B}>0$$

若为无限小温差传热，$T_A=T_B$，有$\dfrac{\delta Q}{T_A}=\dfrac{\delta Q}{T_B}$，故

$$dS_{iso}=0$$

可见，有限温差传热，孤立系的总熵变 $dS_{iso}>0$，因而热量由高温物体传向低温物体是不可逆过程；等温传热 $dS_{iso}=0$，则为可逆过程。

2. 热转化为功的过程

可以通过两个在温度为 T_1、T_2 的恒温热源间工作的热机实现热能转化为功。功源的熵变理想化为零，这时孤立系熵变包括热源、冷源的熵变和循环热机中工质的熵变，即

$$\Delta S_{iso}=\Delta S_{T1}+\Delta S+\Delta S_{T2}$$

热源放热，熵变 $\Delta S_{T1}=\dfrac{-Q_1}{T_1}$；冷源吸热，熵变 $\Delta S_{T2}=\dfrac{Q_2}{T_2}$（$Q_1$、$Q_2$ 均为绝对值）。工质在热机中完成一个循环，$\Delta S=0$。将以上关系式代入上式得

$$\Delta S_{iso}=-\frac{Q_1}{T_1}+0+\frac{Q_2}{T_2}=\frac{Q_2}{T_2}-\frac{Q_1}{T_1}$$

热机进行可逆循环时，$\dfrac{Q_1}{T_1}=\dfrac{Q_2}{T_2}$，所以 $\Delta S_{iso}=0$。进行不可逆循环时，因热效率低于卡诺循环的热效率，即 $1-\dfrac{Q_2}{Q_1}<1-\dfrac{T_2}{T_1}$，故$\dfrac{Q_1}{T_1}<\dfrac{Q_2}{T_2}$，所以 $\Delta S_{iso}>0$。这再次验证了孤立系统中进行可逆变化时总熵不变，进行不可逆变化时系统总熵必增大。

例 8-4　气体在气缸中被压缩，气体的热力学能和熵的变化分别为 45kJ/kg 和 −0.289

kJ/（kg·K），外界对气体做功165kJ/kg。过程中气体只与环境交换热量，环境温度为300K。问该过程是否能够实现？

解 气缸内气体与环境共同组成一个孤立系。计算孤立系的熵增

$$\Delta s_{iso}=\Delta s+\Delta s_{sur}$$

已知 $\Delta u=45\text{kJ/kg}$，$w=-165\text{kJ/kg}$，$\Delta s=-0.289\text{kJ/(kg·K)}$

由能量方程式得

$$q=\Delta u+w=(45-165)\text{kJ/kg}=-120\text{kJ/kg}$$

q 为负值，表示工质放热，环境吸热，吸热量 $q_{sur}=-q=120\text{kJ/kg}$，故

$$\Delta s_{sur}=\frac{q_{sur}}{T_{sur}}=\frac{120}{300}\text{kJ/(kg·K)}=0.4\text{kJ/(kg·K)}$$

$$\Delta s_{iso}=(-0.289+0.4)\text{kJ/(kg·K)}=0.111\text{kJ/(kg·K)}>0$$

由以上结果可知，该过程可以实现，是不可逆过程。

注意：应用孤立系熵增原理计算每一物体的熵变时，必须以该对象为主体来确定其熵变的正、负。

二、做功能力的损失

所谓系统（或工质）的做功能力，是指在给定的环境条件下，系统达到与环境热力平衡时可能做出的最大有用功。因此，通常将环境温度 T_0 作为衡量做功能力的基准温度。

实践告诉我们，任何过程只要有不可逆因素存在，就将造成系统做功能力的损失，而不可逆过程进行的结果又将使包含该系统在内的孤立系统的熵增加。下面说明孤立系统熵增与系统做功能力损失之间的联系。

假设在温度为 T 的热源与温度为 T_0 的环境之间同时工作着可逆热机R和不可逆热机IR，各自与热源交换的热量、对外输出的功如图8-6所示。由卡诺定理可知，$\eta_{t,R}>\eta_{t,IR}$，即

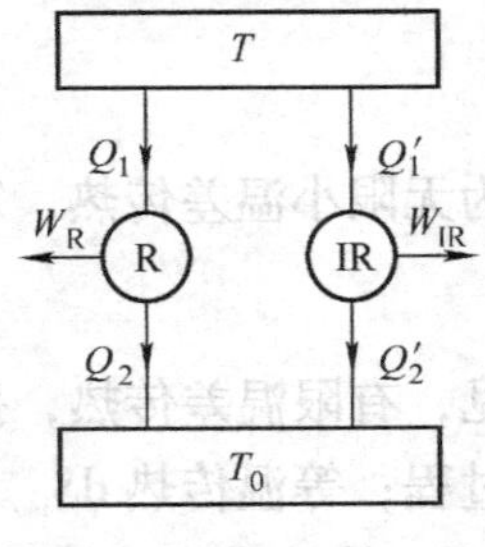

图8-6 做功能力的损失导出示意图

$$\frac{W_R}{Q_1}>\frac{W_{IR}}{Q_1'}$$

令两热机从热源吸收的热量相同，即 $Q_1=Q_1'$，由上式可得 $W_R>W_{IR}$。于是，由于不可逆引起的功的损失为

$$I=W_R-W_{IR}=(Q_1-Q_2)-(Q_1'-Q_2')=Q_2'-Q_2 \tag{8-21}$$

如果将温度为 T_1 的热源、温度为 T_0 的环境、可逆热机R、不可逆热机IR及蓄功器一起看做一个孤立系统，则经过一个工作循环后此孤立系统的熵增为

$$\Delta S_{iso}=\Delta S_T+\Delta S_{T_0}=-\frac{Q_1}{T}-\frac{Q_1'}{T}+\frac{Q_2}{T_0}+\frac{Q_2'}{T_0}$$

根据卡诺定理，对可逆热机，有 $Q_1/T=Q_2/T_0$，同时考虑到 $Q_1'=Q_1$，则上式可改写为

$$\Delta S_{iso}=\frac{Q_2'}{T_0}-\frac{Q_2}{T_0}=\frac{Q_2'-Q_2}{T_0} \tag{8-22}$$

将式（8-21）代入式（8-22），得

$$I=T_0\Delta S_{iso} \tag{8-23}$$

由此可见，当环境的热力学温度 T_0 确定后，做功能力的损失与孤立系统的熵增成正比。所以，孤立系统的熵增是衡量系统做功能力损失的尺度。式（8-23）适用于计算任何不可逆因素引起的系统做功能力的损失。

知识拓展： 热量㶲和炕

热力学中定义：在环境温度下，能量中可转化为有用功的最高份额称为该能量的㶲。或者：热力系中只与环境相互作用，从任意状态可逆地变化到与环境相平衡的状态时，做出的最大有用功称为该热力系的㶲。

在环境条件下不可能转化为有用功的那部分能量称为炕。

任何能量 E 都由㶲（E_x）和炕（A_n）两部分组成，即

$$E = E_x + A_n \tag{8-24}$$

可无限转化的能量，$A_n = 0$，如机械能、电能全部是㶲，$E = E_x$；不可转换的能量，$E_x = 0$，如环境介质中的热能全为炕。不同形态的能量或物质，处于不同状态时包含的㶲和炕的比例各不相同。

温度高于环境温度的热能中，既包含着㶲也包含着炕。从该角度看热力学第二定律的开尔文说法，就是要提取热能中的㶲做功，必须同时转移出其相应的炕。冷源的作用就是接受、转移热能中的炕 。

有人设想利用海水的热能发电，其设想为什么不能实现？因为海水的温度太低，其本身就是温度最低的环境的一部分，我们找不到比海水温度更低的冷源，其热能中没有㶲，全是炕，所以无法利用其热能来发电。

㶲参数的引出，为评价能量的“量”和“质”提供了一个统一的尺度。由此而建立的结合热力学第一、第二定律的热系统㶲平衡分析法，比起由热力学第一定律得出的能量平衡方法更科学、更合理。㶲平衡法为热系统经济分析提供了热力学基础。

复习思考题

8-1　什么是自发过程？什么是非自发过程？非自发过程的进行需要什么条件？

8-2　叙述热力学第二定律的两种类型表述。热力学第二定律的实质是什么？它解决了什么问题？

8-3　“功可以全部转变为热，但热不能全部转变为功”能否作为热力学第二定律的表述？理想气体等温膨胀过程中吸收的热量等于对外所做的功，是否与热力学第二定律相矛盾？试作解释。

8-4　热力学第二定律是否可叙述为“热量可以从高温物体传到低温物体，而不能从低温物体传到高温物体”。如果不确切，应如何修改？

8-5　卡诺循环依次由哪些过程组成？卡诺循环热效率如何计算？

8-6　分析卡诺循环热效率公式可得到哪些结论？卡诺循环的理论意义是什么？

8-7　什么是孤立系统的熵增原理，引入熵增原理概念的实际意义是什么？

8-8　热能与机械能相比较，谁的品质高，为什么？

8-9　什么是㶲与炕？

讨论思考题

8-1　为什么不能利用海水的热能发电？

8-2　第二类永动机是否违反热力学第一定律？它与第一类永动机有何区别，为什么不能制造成功？

8-3　请说明为什么存在摩擦的过程、温差传热过程、气体直接混合过程都是不可逆过程？

8-4 火力发电厂如果不要冷凝器的话，结果会怎样？

8-5 从卡诺循环热效率公式可知，在 $T_2 \neq 0$ 时，一定有 $\eta_c > 0$，所以热能从高温物体向低温物体转移时，一定对外做功。这种看法，为什么是错误的？

8-6 若工质从同一初态出发，分别经历可逆绝热过程与不可逆绝热过程膨胀到相同的终压力，两过程终态的熵哪个大？对外做的功哪个大？试用坐标图进行分析。

8-7 如果工质从同一初态出发，从同一热源吸收了相同的热量，分别经历可逆定压过程与不可逆定压过程，工质终态的熵是否相同？为什么？

8-8 工质由初态经过一不可逆绝热过程膨胀到终态，问能否通过一个绝热过程使工质回到初态？

8-9 闭口系统经历了一不可逆过程对外做功 10kJ，同时放出热量 5kJ，问系统的熵变是正、是负，还是不能确定？

8-10 下列说法是否正确，为什么？

（1）熵增大的过程为不可逆过程。

（2）不可逆过程的熵变 ΔS 无法计算。

（3）若工质从某一初态经可逆与不可逆途径到达同一终态，则不可逆途径的 ΔS 必大于可逆途径的 ΔS。

（4）工质经历不可逆循环后 $\Delta S > 0$。

（5）自然界的过程都是朝着熵增的方向进行的，因此熵减小的过程不可能实现。

（6）工质被加热，熵一定增大；工质放热，熵一定减小。

习 题

8-1 某发明者自称已设计出一台在 540K 和 300K 的热源之间循环工作的热机，该热机从高温热源每吸收 1000J 的热量可做出 450J 的净功。他的设计合理吗？请用卡诺定理、克劳修斯积分式及孤立系统的熵增原理三种方法进行论述。

8-2 某可逆热机工作在温度为 150℃ 的高温热源和温度为 10℃ 的低温热源之间，试求：（1）热机的热效率；（2）当热机输出的功为 2.7kJ 时，从高温热源吸收的热量及向低温热源放出的热量各为多少；（3）如将该热机逆向作为热泵运行在两热源之间，热泵的供热系数为多少；当工质从温度为 10℃ 的低温热源吸收 4.5kW 的热量时，要求输入的功率为多少。

8-3 在温度为 727℃ 的热源和温度为 27℃ 的冷源间工作的 A、B、C 三个热机循环与外界的能量交换情况如下表所示。（1）试填充表中空缺数据；（2）试确定各循环是不可逆、可逆还是不可能。

循 环	Q_1/kJ	Q_2/kJ	W/kJ	η_t
A	100		85	
B	20	6		
C		10	20	

8-4 在温度为 27℃ 的热源和温度为 −13℃ 的冷源间工作的 A、B、C 三个热泵循环与外界的能量交换情况如下表所示。（1）试填充表中空缺数据；（2）试确定各循环是不可逆、可逆还是不可能。

循环	q_1/（kJ/kg）	q_2/（kJ/kg）	w/（kJ/kg）	ε'
A	200		30	
B	150	130		
C		80	10	

8-5　闭口系统经历某一过程后，熵增 25kJ/K，从 300K 的恒温热源吸热 8000kJ。试问此过程可逆、不可逆，还是不可能？

8-6　图 8-7 所示为一烟气余热回收方案图。设烟气比热容为 $c_p = 1400\text{J/(kg·K)}$，$c_V = 1000\text{J/(kg·K)}$。求：(1) 烟气流经换热器传给热机工质的热量；(2) 热机排给大气的最小热量 Q_2；(3) 热机输出的最大功 W。

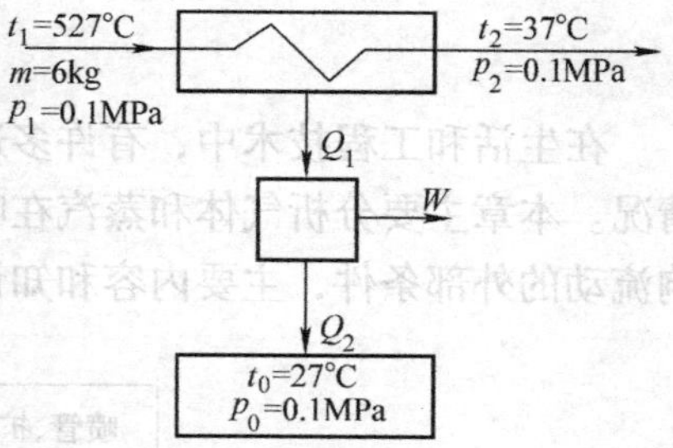

图 8-7　习题 8-6 图

8-7　绝热刚体容器中有 1kg 空气，外力使一个螺旋桨在其中搅动，使空气温度由 15℃ 升高到 20℃，求空气的熵变及过程中做功能力的损失。

8-8　某热机在温度分别为 600℃ 和 40℃ 的两个恒温热源之间工作，并用该热机带动一个制冷机。制冷机在温度为 40℃ 和 −18℃ 的两个恒温热源间工作。当 600℃ 的热源提供给热机 2100kJ 的热量时，用热机带动制冷机联合运行并有 370kJ 的功输出。如热机的热效率为可逆机的 40%，制冷机的制冷系数为可逆制冷机的 40%，求 40℃ 热源共得到多少热量。

8-9　某热泵冬季用于供暖，夏季用于制冷，要求冬、夏季房间温度皆保持 20℃。已知当室内外温差为 1℃ 时，通过墙壁等围护结构的热流量为 1200kJ/h，求：(1) 冬季室外温度为 −4℃ 时驱动热泵的最小功率；(2) 如果消耗与冬季相同的功率，夏季室内仍保持 20℃，室外最高允许温度为多少。

8-10　绝热容器中，一半空间充满空气，另一半空间完全真空。隔膜被捅破后，空气迅速充满整个容器。大气环境温度为 300K。计算该自由膨胀过程单位质量空气的熵变及不可逆损失。

第九章　气体和蒸汽的在喷管和扩压管中的流动

在生活和工程技术中，有许多通过变截面管道——喷管和扩压管进行压能和动能转换的情况。本章主要分析气体和蒸汽在喷管和扩压管中流动的状态变化规律、能量转换规律及影响流动的外部条件，主要内容和知识点之间的联系如图 9-1 所示。

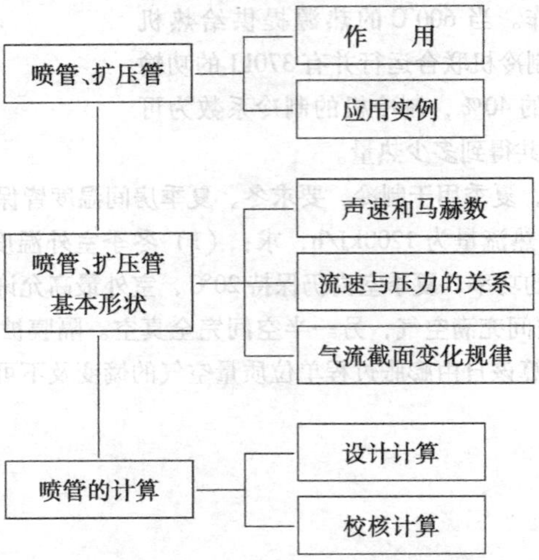

图 9-1　本章知识点之间的联系

第一节　喷管和扩压管的作用

在发电厂中冷凝器是高度真空运行的，因冷凝器本身的结构或与管道连接的不紧密等原因，外界空气会漏入其中，影响冷凝器的正常运行。为了及时抽出空气，在冷凝器的汽侧，装有抽气器。图 9-2 是射汽抽气器结构示意图。它主要由工作喷嘴（喷管）、混合室、喉管、扩压管等四部分组成。具有一定压力的蒸汽通过喷管后形成高速射流，射流周围产生高度真空，形成比冷凝器中还要低的压力，把冷凝器中的空气和少量未凝结的蒸汽抽吸至混合室，与射流混合在一起。为减小排气噪声，混合气流再经扩压管减速升压后排到大气中。可见，气体和蒸汽通过喷管和扩压管的流动过程是一种具有状态变化、流速变化和能量转换的特殊热力过程。这里的喷管和扩压管虽然是管道，但其作用实质上相当于动力设备，能够实现能量转换。喷管将气体或蒸汽的压能转换为动能，扩压管将气体或蒸汽的动能转换为压能。通过

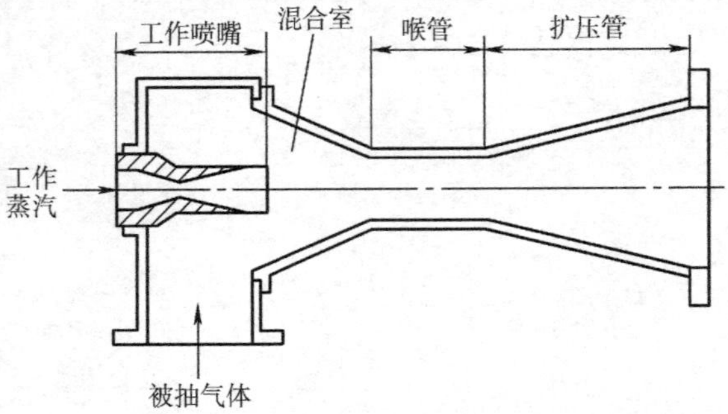

图 9-2　射汽抽气器结构示意图

图 9-2 的示意，也可以发现喷管和扩压管是变截面管道。喷管和扩压管的基本工作原理是通过管道截面的变化实现压能和动能之间的转换，不需要动力源。

喷管和扩压管，在生活和工程技术中应用很普遍。如火箭发动机利用尾部喷管在喷出气流时的反作用力升空，喷气式飞机利用尾部喷管在喷出气流时的反作用力前进，洗车水枪和消防水枪利用喷管得到高速水流灭火和冲洗汽车，汽轮机中蒸汽和燃气轮机中的燃气通过喷管增大流速而推动叶轮旋转输出功，叶轮式压缩机通过扩压管减速增压，汽车的排气管利用扩压管原理排气等。

第二节　喷管和扩压管的基本形状

由于气流通过喷管或扩压管的时间很短，与外界交换的热量与其自身的能量相比，可以忽略，这样可认为气流在喷管或扩压管中的流动为绝热流动。为简化起见，认为垂直于管道轴向的任一截面积上的各种力学参数、热力学参数都相同，那么气流参数只沿管道轴向（气流流动方向）发生变化，这样可认为气流在喷管或扩压管中的流动为一维流动。由于在设备正常运行时多为稳定流动，所以我们重点研究气流在喷管或扩压管中的一维稳定绝热流动。

一、声速和马赫数

在气体高速流动的分析中，声速和马赫数是十分重要的两个参数。声速是微弱扰动产生的压力波在连续介质中传播的速度，用符号 c 表示。压力波在气体和蒸汽中的传播过程可视为等熵过程，因此气体或蒸汽的声速计算公式为

$$c=\sqrt{\left(\frac{\partial p}{\partial \rho}\right)_s}=\sqrt{-v^2\left(\frac{\partial p}{\partial v}\right)_s}$$

对于理想气体的等熵过程有

$$c=\sqrt{\kappa p v}=\sqrt{\kappa R_g T} \tag{9-1}$$

显然，声速不是一个常数，它取决于气体的性质及所处的状态。某一状态下的声速，称为当地声速。例如，在 0.1MPa 下，0℃空气中的声速为 331m/s，20℃空气中的声速为 343m/s。

在讨论气体和蒸汽流动特性时，流体的流度 c_f 和当地声速 c 的比值，称为马赫数，用符号 Ma 表示，即

$$Ma=\frac{c_f}{c} \tag{9-2}$$

马赫数 Ma 是一个重要的无因次数。根据马赫数的大小可将气体和蒸汽的流动分为：亚声速流，$Ma<1$，即 $c_f<c$；声速流，$Ma=1$，即 $c_f=c$；超声速流，$Ma>1$，即 $c_f>c$。不同流速范围时，气流的截面变化规律不同，需要与之适应的不同形状的喷管。

二、等熵气流流速与压力的关系

对于一维稳定绝热流动过程，由热力学第一定律的微元表达式可得

$$\mathrm{d}h=v\mathrm{d}p \tag{9-3}$$

由式（5-21）喷管和扩压管的能量方程可得其微分形式为

$$c_f\mathrm{d}c_f=-\mathrm{d}h \tag{9-4}$$

式（9-3）代入式（9-4）可得

$$c_f dc_f = -v dp \tag{9-5}$$

上式表明，定熵流动中，如果气体流速增大（$dc_f>0$），则气体的压力必降低（$dp<0$）；如果气体流速减小（$dc_f<0$），则气体的压力必增高（$dp>0$）。为了更好地实现这一目的，还需要有管道截面变化来配合。可见，压差是使气流加速的基本条件，气流的焓差（即技术功）为气流加速提供了能量。

三、等熵气流截面变化规律

将一维稳定可逆绝热流动的连续性方程、能量方程、过程方程及声速与马赫数的关系式联立可得

$$\frac{dA}{A}=(Ma^2-1)\frac{dc_f}{c_f} \tag{9-6}$$

该式称为管内流动的特征方程，它说明了管截面变化是速度变化所需的几何条件。

对于喷管，气流速度是增大（$dc_f>0$）的，当 $Ma<1$，进入喷管的气体是亚声速流时，$dA<0$，喷管的截面应收缩，称为渐缩喷管；当 $Ma>1$，进入喷管的气体是超声速流时，$dA>0$，喷管的截面应扩张，称为渐扩喷管；若要使进入喷管的气体由亚声速流连续增至超声速流，喷管的截面要先收缩再扩张，称为渐缩渐扩喷管（缩放喷管），也称为拉伐尔喷管。

对于扩压管，气流速度是减小的（$dc_f<0$），当 $Ma>1$ 进入扩压管的气体是超声速流时，$dA<0$，扩压管的截面应收缩，称为渐缩扩压管；当 $Ma<1$，进入扩压管的气体是亚声速流时，扩压管的截面应扩张，称为渐扩扩压管；若要使进入扩压管的气体由超声速流冰连续降至亚声速流时，扩压管的截面要先收缩再扩张，称为渐缩渐扩扩压管。

渐缩渐扩形的喷管和扩压管的最小截面称为喉部，气流在此达到声速，称为临界状态。喷管和扩压管的基本形状见表 9-1。常用的喷管和扩压管都是渐缩形和缩放形的，从外观上看不出区别。所以所应用的究竟是喷管，还是扩压管，要分析工作原理和能量转换，不能凭外观判断。气体或蒸汽在在渐缩喷管中加速的极限是当地声速，所以渐缩形喷管出口截面的流速为声速或亚声速；在缩放形喷管中设计工况下可以加速到超声速，在喉部为当地声速，而非设计工况下情况比较复杂，有时会产生冲击波。

表 9-1 喷管和扩压管的基本形状

管道形状 / 管道种类	流动状态		
	$Ma<1$	$Ma>1$	渐缩渐扩喷管 $Ma<1$ 转 $Ma>1$ 渐缩渐扩扩压管 $Ma>1$ 转 $Ma<1$
喷管 （$dc_f>0, dp<0$）	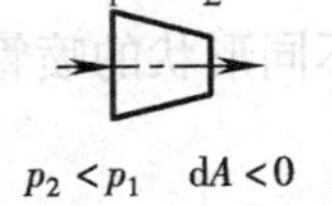 $p_2<p_1$　$dA<0$	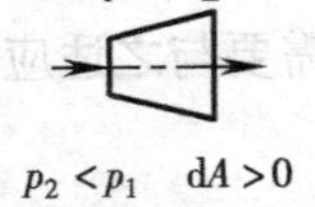 $p_2<p_1$　$dA>0$	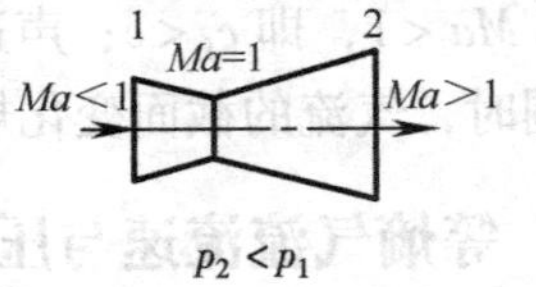 $p_2<p_1$
扩压管 （$dc_f<0, dp>0$）	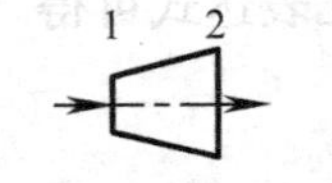 $p_2>p_1$　$dA>0$	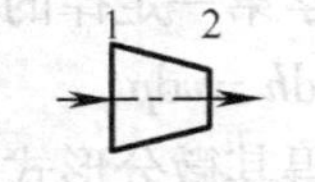 $p_2>p_1$　$dA<0$	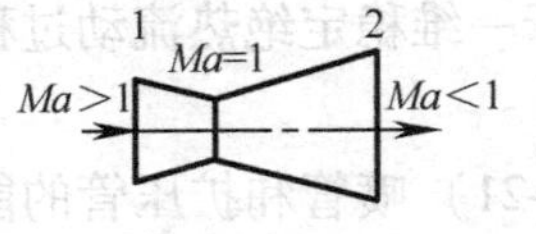 $p_2>p_1$

第三节　喷管的计算

喷管的计算一般分为设计计算和校核计算两种。设计计算通常已知工质的初状态（喷管入口截面的状态）和背压（喷管出口的环境压力），以及流经喷管的工质的质量流量，要求选择喷管的形状并计算喷管的尺寸。校核计算通常已知喷管的形状和尺寸，要求在不同的工作条件下，确定通过喷管的质量流量和喷管的出口速度。

一、设计计算

选择喷管的形状，首先要判断工质流动速度所处的区域（亚声速、超声速或是从亚声速到超声速）。为此必须依照已知的条件，计算流体的速度。

（一）流速计算

根据式（5-21）可求得喷管出口截面处气流的流速为

$$c_{f2}=\sqrt{2(h_1-h_2)+c_{f1}^2}$$

式中　c_{f1}——喷管进口截面上的气体流速，单位为 m/s；

h_1、h_2——喷管进出口截面上气流的比焓，单位为 J/kg。

一般情况下喷管进口气体流速 c_{f1} 与出口气体流速 c_{f2} 相比小得多，可以忽略不计。所以气体出口流速可用进出口焓值 h_1、h_2 近似表达为

$$c_{f2}=\sqrt{2(h_1-h_2)} \tag{9-7}$$

式（9-7）是直接根据能量方程导出的，因此适用于任何工质的可逆与不可逆过程。

对于蒸汽流过喷管的情况，可利用蒸汽图表查得焓值 h_1、h_2，代入式（9-7）便可求出出口流速。如果是理想气体，取比定压热容时，$h_1-h_2=c_p(T_1-T_2)$，$c_p=\dfrac{\kappa R_g}{\kappa-1}$，代入式(9-7)，可求得出口流速计算公式为

$$\begin{aligned} c_{f2}&=\sqrt{2(h_1-h_2)}=\sqrt{2c_p(T_1-T_2)}\\ &=\sqrt{2\frac{\kappa}{\kappa-1}R_g(T_1-T_2)}=\sqrt{2\frac{\kappa}{\kappa-1}R_gT_1\left(1-\frac{T_2}{T_1}\right)}\\ &=\sqrt{2\frac{\kappa}{\kappa-1}R_gT_1\left[1-\left(\frac{p_2}{p_1}\right)^{\frac{\kappa-1}{\kappa}}\right]}\\ &=\sqrt{2\frac{\kappa}{\kappa-1}p_1v_1\left[1-\left(\frac{p_2}{p_1}\right)^{\frac{\kappa-1}{\kappa}}\right]} \end{aligned} \tag{9-8}$$

由上式可知，出口气体流速 c_{f2} 大小决定于气体等熵指数 κ、进口参数 p_1、v_1 和喷管进口、出口气体的压力比 p_2/p_1。出口气体流速 c_{f2} 与喷管出口截面积 A_2 大小无关，出口截面积 A_2 大小仅决定喷管的质量流量 q_m。

例 9-1　干饱和水蒸气在喷管中流动时，喷管进口压力 $p_1=0.5\text{MPa}$，绝对充分膨胀至 $p_2=0.4\text{MPa}$，水蒸气的质量流量 $q_m=0.56\text{kg/s}$，试求渐缩喷管出口处水蒸气流速及出口截面积。

解　由水蒸气 h-s 图查得喷管进、出口处水蒸气参数值为

$$h_1 = 2745\text{kJ/kg}, h_2 = 2705\text{kJ/kg}, v_2 = 0.45\text{m}^3/\text{kg}$$

由式（9-7）求得喷管出口处水蒸气流速为

$$c_{f2} = \sqrt{2(h_1 - h_2)} = \sqrt{2 \times (2745 - 2705) \times 10^3}\text{m/s} = 283\text{m/s}$$

由连续性方程可得出口截面积为

$$A_2 = \frac{q_m v_2}{c_{f2}} = \frac{0.56 \times 0.45}{283}\text{m}^2 = 8.90 \times 10^{-4}\text{m}^2 = 8.90\text{cm}^2$$

（二）临界压力比与临界流速

由前面的分析可知，在渐缩渐扩喷管的喉部，$Ma = 1$，该截面称为临界截面，该截面处的压力为临界压力 p_c，流速为临界流速 c_{fc}（等于当地声速）。临界压力 p_c 与进口压力 p_1 的比值 p_c/p_1，称为临界压力比。由式（9-1）和式（9-8）可得临界流速

$$c_{fc} = c = \sqrt{2\frac{\kappa}{\kappa - 1}p_1 v_1\left[1 - \left(\frac{p_c}{p_1}\right)^{\frac{\kappa-1}{\kappa}}\right]} = \sqrt{\kappa p_c v_c} \tag{9-9}$$

根据定熵过程方程 $p_1 v_1^k = p_c v_c^k$，由上式可求得临界压力比为

$$\varepsilon_c = \frac{p_c}{p_1} = \left(\frac{2}{\kappa + 1}\right)^{\frac{\kappa}{\kappa-1}} \tag{9-10}$$

上式表明，临界压力比仅取决于气体的等熵指数 κ，这样可根据 κ 求得 ε_c 值，从而临界压力

$$p_c = \varepsilon_c p_1 \tag{9-11}$$

式（9-10）所确定的临界压力比是从理想气体等熵过程中推导出来的，因此适用于比定压热容的理想气体等熵流动过程。水蒸气一般不符合理想气体等熵过程方程式，并且在水蒸气的等熵流动过程中，可能从过热蒸汽变为饱和蒸汽或是湿蒸汽，这些都使得水蒸气的等熵流动过程比较复杂。为使问题简化，假定水蒸气也符合 $pv^\kappa = C$ 的关系式，但此时，$\kappa \neq \frac{c_p}{c_v}$，而是一个纯经验值。这样可将经验值 κ 代入式（9-10）求得水蒸气的临界压力比 ε_c。

水蒸气的经验值 κ 和理想气体的等熵指数 κ，以及将它们代入式（9-10）而计算出的 ε_c 值，均列于表 9-2 中。临界压力比是一个很重要的参数，根据它才能计算出在一定进口条件下，气体压力下降到多少时流速恰好等于当地声速，达到临界状态。由表 9-2 中的数值可看出各类工质的 ε_c 大约为 0.5，这说明当工质压力大约降到喷管进口压力的一半时，就会出现临界状态。另外还要指出，水蒸气在等熵流动过程中，可能从过热蒸汽变为饱和蒸汽或湿蒸汽，而这三种不同的蒸汽状态有不同的 κ 值和 ε_c 值。在工程上一般规定以水蒸气的进口状态为准，选择相应的 κ 值和 ε_c 值。

表 9-2　气体的 κ 值和 ε_c 值

气体种类	κ	ε_c	气体种类	κ	ε_c
单原子气体	1.67	0.487	过热蒸汽	1.3	0.546
双原子气体	1.4	0.528	饱和蒸汽	1.135	0.577
多原子气体	1.3	0.546	湿蒸汽	$1.035 + 0.1x$	

将式（9-10）代入到式（9-9）中可得理想气体临界流速的另一个计算公式为

$$c_{fc}=\sqrt{2\frac{\kappa}{\kappa+1}p_1v_1}=\sqrt{2\frac{\kappa}{\kappa+1}R_gT_1} \tag{9-12}$$

上式是从理想气体性质推导出来的，故只适用于理想气体等熵流动中临界流速的计算。显然该临界流速也是渐缩喷管中所能达到的最大出口流速。

若用临界焓 h_c 代替式（9-7）中的出口焓 h_2，则临界流速也可由下式计算

$$c_{fc}=\sqrt{2(h_1-h_c)} \tag{9-13}$$

式（9-13）适用于任何工质的可逆和不可逆绝热稳定流动过程。

水蒸气的临界流速计算，可根据表 9-2 中所列的临界压力比 ε_c 值，求出相应的临界压力 p_c。这样在 h-s 图上 p_c 等压线与通过进口状态点 1 的等熵线的相交点，即为临界状态点。从而可查出其余的临界参数 h_c 等。最后由式（9-13）求出其临界流速。

（三）根据临界压力确定喷管形状

如前所述，对于渐缩喷管，工质在其中降压增速时，出口流速最大只能达到临界流速 c_{fc}，出口压力最低只能降到临界压力 p_c。因此，当喷管的背压 p_b 大于临界压力 p_c 时，喷管出口截面处的压力 $p_2=p_b$，出口流速小于当地声速，$Ma<1$。随着背压 p_b 的降低，当 $p_b=p_c$ 时，$p_2=p_b=p_c$，出口速度可达到声速，$Ma=1$。若背压 p_b 继续降低，当 $p_b<p_c$ 时，喷管出口截面处的压力仍等于临界压力而不等于背压，即 $p_2=p_c$，出口流速仍为声速，临界压力 p_c 降到背压 p_b 的膨胀在喷管外面完成，这种现象称为膨胀不足。

对于缩放喷管，在设计工况下由于有渐扩部分保证了气流在达到临界流速后的继续膨胀，因此可以获得超声速气流。当背压 p_b 低于原设计出口截面压力 p_d 时，气流在喉部仍为临界状态，但在渐扩段只能膨胀到 p_d，在管外自由膨胀至 p_b，也称为膨胀不足，但喷管流量不变。当背压 p_b 高于 p_d 时，会出现过度膨胀，产生冲击波。

充分利用喷管进口压力 p_1 和出口外的背压 p_b 之间的压差来降压增速，在选择喷管时，可以将喷管出口外的背压与喷管进口工质初压的比值 p_b/p_1 和临界压力比 ε_c 相比较，从而决定选用哪一种形式的喷管。

当 $p_b/p_1\geqslant\varepsilon_c$，即 $p_b\geqslant p_c$ 时，应选渐缩喷管；当 $p_b/p_1<\varepsilon_c$，即 $p_b<p_c$ 时，应选缩放喷管。

（四）喷管尺寸的计算

对于渐缩喷管，只需计算喷管的出口截面积，即

$$A_2=\frac{q_mv_2}{c_{f2}} \tag{9-14}$$

式中　q_m——气流的质量流量，是已知的；

v_2——喷管出口截面上气流的比体积，理想气体可以从 $p_1v_1^\kappa=p_2v_2^\kappa$ 求得，对于水蒸气可查相应的图表；

c_{f2}——喷管出口截面上的气流速度，可以从式 $c_{f2}=\sqrt{2(h_1-h_2)}=1.414\sqrt{h_1-h_2}$ 计算求得。

对于缩放喷管，需要计算 A_{min}、A_2 和渐扩部分的长度 l。A_{min}、A_2 按下面的关系式计算

$$A_{min}=\frac{q_mv_c}{c_{fc}},A_2=\frac{q_mv_2}{c_{f2}} \tag{9-15}$$

式中 A_{min}——喷管的最小截面积（喉部截面积）；

v_c、c_{fc}——喷管最小截面上的临界比体积和临界速度；

v_2、c_{f2}——喷管出口截面上的比体积和速度，它们的计算方法和式（9-14）中的相同。

长度 l 无一定的标准，依经验而定。如选得太短，则气流扩张过快，易引起扰动而增加内部摩擦损失；如选得过长，则气流与管壁之间摩擦损失增加，也是不利的。通常取顶锥角 φ（图 9-3）在 $10°\sim12°$之间，效果比较好。故得

$$l=\frac{d_2-d_{min}}{2\tan\frac{\varphi}{2}} \tag{9-16}$$

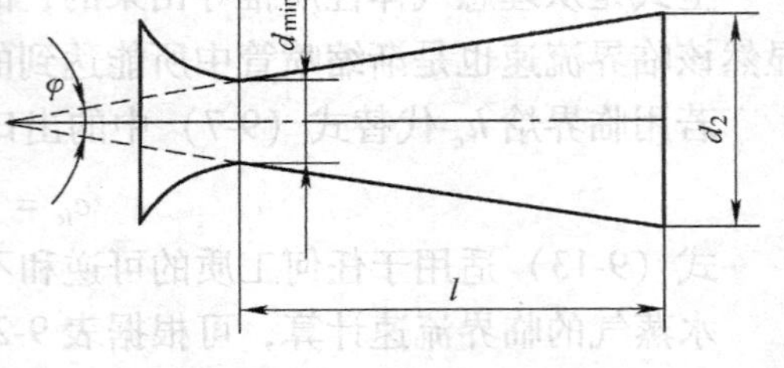

图 9-3 喷管尺寸计算

二、校核计算

校核计算的任务是，对工作在非设计工况的已有喷管进行质量流量和出口速度的计算。渐缩喷管按出口截面积 A_2 计算质量流量，渐缩渐扩喷管按喉部截面积 A_{min} 或出口截面积 A_2 计算质量流量。

（一）渐缩喷管质量流量的计算

由式（3-7）可知喷管质量流量为

$$q_m=\frac{A_2c_{f2}}{v_2} \tag{9-17}$$

水蒸气等实际气体通过喷管的质量流量可按焓差计算，即

$$q_m=\frac{A_2c_{f2}}{v_2}=\frac{A_2}{v_2}\sqrt{2(h_1-h_2)} \tag{9-18}$$

式中 A_2——喷管出口截面积，单位为 m^2；

c_{f2}——喷管出口截面上气体的流速，单位为 m/s；

v_2——喷管出口截面上气体的比体积，单位为 m^3/kg；

h_1、h_2——喷管进出口截面上气体的比焓，单位为 J/kg。

对于理想气体等熵流动过程，质量流量为

$$q_m=\frac{A_2c_{f2}}{v_2}=\frac{A_2}{v_2}\sqrt{2\frac{\kappa}{\kappa-1}p_1v_1\left[1-\left(\frac{p_2}{p_1}\right)^{\frac{\kappa-1}{\kappa}}\right]}$$

$$=A_2\sqrt{2\frac{\kappa}{\kappa-1}\frac{p_1}{v_1}\left[\left(\frac{p_2}{p_1}\right)^{\frac{2}{\kappa}}-\left(\frac{p_2}{p_1}\right)^{\frac{\kappa+1}{\kappa}}\right]} \tag{9-19}$$

由上式可知，当 A_2 及 p_1、v_1 一定时，质量流量 q_m 取决于喷管进口、出口压力比$\frac{p_2}{p_1}$。质量流量随压力比$\frac{p_2}{p_1}$的变化关系如图 9-4 所示的曲线 abO。

需要指出的是，式（9-19）中的 p_2 是喷管出口截面处的压力，只有在背压 $p_b > p_c$ 时，p_2 才等于 p_b；当背压 $p_b \leqslant p_c$ 时，则 $p_2 = p_c$ 而保持不变。所以实际的气体质量流量 q_m 随压力比 $\frac{p_b}{p_1}$ 的变化如图9-4中的曲线 abc 所示。

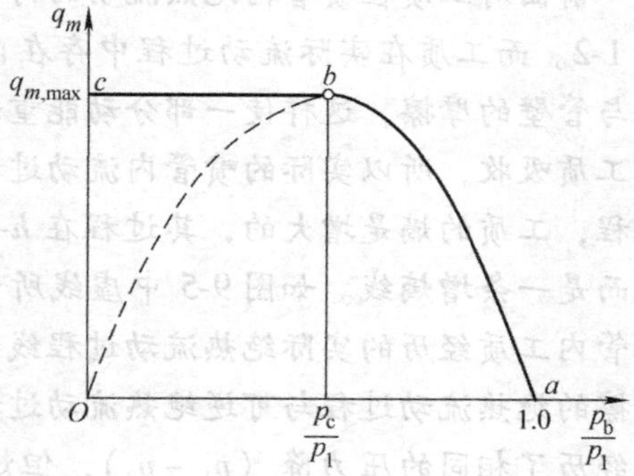

图9-4　质量流量随压力比的变化

当背压 $p_b > p_c$ 时，则 $p_2 = p_b$。若 $p_2 = p_1$，在进口气流速度 $c_{f1} = 0$ 时，质量流量 $q_m = 0$，说明当喷管进出口压力相等时，气体不会流动，对应图9-4中点 a。随背压 p_b 降低，p_2 相应降低，并始终保持 $p_2 = p_b$，直至 $p_2 = p_c$。当 $p_2 = p_c$ 时，此时出口压力 p_2 与进口压力 p_1 之比，就是临界压力比 $\varepsilon_c = \frac{p_c}{p_1} = \frac{p_2}{p_1}$，$q_m$ 达到最大值 $q_{m,\max}$（图9-4中点 b），这一变化过程如曲线 ab 所示。若背压 p_b 继续降低（$p_b < p_c$），则 p_2 不再降低而保持不变，即 $p_2 = p_c$，所以质量流量 q_m 也保持不变，如图9-4中曲线 bc 所示。

将式（9-12）代入式（9-19）可求得渐缩喷管的最大流量 $q_{m,\max}$，即临界流量

$$q_{m,\max} = A_2 \sqrt{2\frac{\kappa}{\kappa+1}\left(\frac{2}{\kappa+1}\right)^{\frac{2}{\kappa-1}}\frac{p_1}{v_1}} \tag{9-20}$$

上式适用于理想气体等熵流动过程。也可应用临界流速 c_{fc} 和连续性方程计算临界流量 $q_{m,\max}$，即

$$q_{m,\max} = \frac{A_2 c_{fc}}{v_c} \tag{9-21}$$

上式适用于任何工质任何过程。

（二）渐缩渐扩喷管质量流量的计算

渐缩渐扩喷管喉部（最小截面积 $A_{\min}$）处所对应的参数为临界值，所以无论喷管出口压力比临界压力低多少，只要进口气体参数与临界参数不变，质量流量即保持 $q_{m,\max}$。所以渐缩渐扩喷管的质量流量可按喉部截面积 $A_{\min}$ 计算，即

$$q_{m,\max} = A_{\min} \sqrt{2\frac{\kappa}{\kappa+1}\left(\frac{2}{\kappa+1}\right)^{\frac{2}{\kappa-1}}\frac{p_1}{v_1}} \tag{9-22}$$

或

$$q_{m,\max} = \frac{A_{\min} c_{fc}}{v_c} \tag{9-23}$$

对于实际水蒸气等实际气体可用焓差计算

$$q_{m,\max} = \frac{A_{\min} c_{fc}}{v_c} = \frac{A_{\min}}{v_c}\sqrt{2(h_1 - h_c)} \tag{9-24}$$

知识拓展：喷管内有摩阻的绝热流动

前面对工质在喷管内绝热流动的讨论均认为是可逆绝热流动，即如图 9-5 所示的等熵过程 1-2。而工质在实际流动过程中存在内部摩擦以及工质与管壁的摩擦，这样使一部分动能重新转化为热能而被工质吸收，所以实际的喷管内流动过程是不可逆绝热过程，工质的熵是增大的，其过程在 h-s 图上不是等熵线而是一条增熵线。如图 9-5 中虚线所示的 1-2′过程即为管内工质经历的实际绝热流动过程线。由图可知，有摩擦的绝热流动过程与可逆绝热流动过程相比，工质虽然经历了相同的压力降 (p_1-p_2)，但焓降减小 $[(h_1-h_{2'})<(h_1-h_2)]$，根据能量方程式可知，必然使喷管出口的动能减小，即工质的实际出口流速 $c_{f2'}$ 小于可逆绝热流动时的出口流速 c_{f2}。

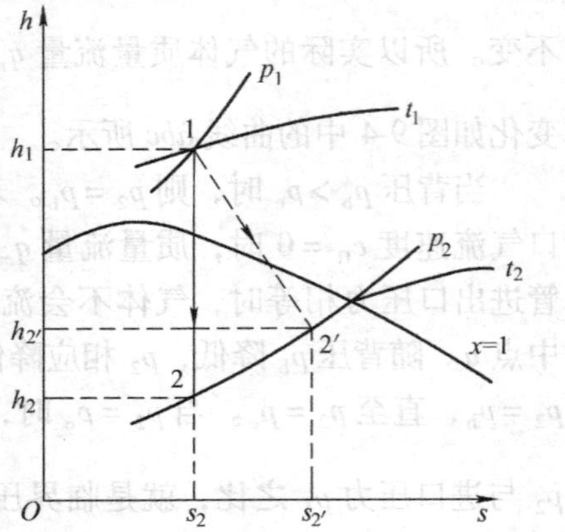

图 9-5　有摩阻的绝热流动过程

工程上常用速度系数 φ 或能量损失系数 ξ 来表示气流出口速度的下降和动能的减少，即

$$\varphi=\frac{c_{f2'}}{c_{f2}} \tag{9-25}$$

$$\xi=\frac{\text{损失动能}}{\text{理想动能}}=\frac{\frac{1}{2}c_{f2}^2-\frac{1}{2}c_{f2'}^2}{\frac{1}{2}c_{f2}^2}=1-\varphi^2 \tag{9-26}$$

速度系数通常由实验确定，其大小与气体性质、喷管形式、喷管尺寸、壁面粗糙度等因素有关，其数值一般在 0.92～0.98 之间。工程上常按可逆绝热过程先求出 c_{f2}，再根据经验估算 φ 值而求得 $c_{f2'}$，即

$$c_{f2'}=\varphi c_{f2}=\varphi\sqrt{2(h_1-h_2)} \tag{9-27}$$

例 9-2　有压力 $p_1=1.6\text{MPa}$、温度 $t_1=400℃$ 的水蒸气，经喷管射入压力 $p_b=0.1\text{MPa}$ 的容器中，为保证水蒸气在喷管中充分等熵膨胀，应选择何种形状的喷管？当水蒸气质量流量 $q_m=4.5\text{kg/s}$ 时，求该喷管出口处水蒸气的流速及喷管的出口截面面积和喉部面积。

解　根据 $p_1=1.6\text{MPa}$、$t_1=400℃$ 查附表 8 知水蒸气处于过热蒸汽状态，查表 9-2 得 $\varepsilon_c=0.546$。故

$$p_c=\varepsilon_c p_1=0.546\times1.6\text{MPa}=0.874\text{MPa}$$

由于 $p_b<p_c$，根据选择喷管的原则，应选缩放喷管。

由喷管进口参数 $p_1=1.6\text{MPa}$、$t_1=400℃$，临界参数 $p_c=0.874\text{MPa}$ 及出口参数 $p_2=0.1\text{MPa}$，查水蒸气 h-s 图可得

$$h_1=3256\text{kJ/kg},h_c=3072\text{kJ/kg},v_c=0.3\text{m}^3/\text{kg},h_2=2640\text{kJ/kg},v_2=1.68\text{m}^3/\text{kg}$$

缩放喷管的临界流速为

$$c_{fc}=\sqrt{2(h_1-h_c)}=\sqrt{2\times(3256-3072)\times10^3}\text{m/s}=606.6\text{m/s}$$

喉部截面积为

$$A_{\min}=\frac{q_m v_c}{c_{fc}}=\frac{4.5\times0.3}{606.6}\text{m}^2=0.0022\text{m}^2$$

出口流速为

$$c_{f2}=\sqrt{2(h_1-h_2)}=\sqrt{2\times(3256-2640)\times10^3}\text{m/s}=1110\text{m/s}$$

出口截面积为

$$A_2=\frac{q_m v_2}{c_{f2}}=\frac{4.5\times1.68}{1110}\text{m}^2=0.0068\text{m}^2$$

例 9-3　空气由输送管送来，管端接以出口面积 $A_2=10\text{cm}^2$ 的渐缩喷管，空气在喷管之前的压力 $p_1=25\text{bar}$、温度 $t_1=80℃$，喷管背压 $p_b=15\text{bar}$，求空气经喷管后的射出速度、流量以及出口处空气的状态参数 v_2、t_2。设 $c_p=1.004\text{kJ/(kg}\cdot\text{K)}$，$\kappa=1.4$。

解　对空气，$\varepsilon_c=0.528$，故 $p_b/p_1=15/25=0.6>\varepsilon_c$

所以空气在渐缩喷管中能充分膨胀，在出口截面上压力等于背压，即 $p_2=15\text{bar}$。

因为　$$v_1=\frac{R_g T_1}{p_1}=\frac{0.287\times10^3\times(80+273)}{25\times10^5}\text{m}^3/\text{kg}=0.0405\text{m}^3/\text{kg}$$

所以　$$v_2=v_1\left(\frac{p_1}{p_2}\right)^{\frac{1}{\kappa}}=0.0405\times\left(\frac{25}{15}\right)^{\frac{1}{1.4}}\text{m}^3/\text{kg}=0.0583\text{m}^3/\text{kg}$$

$$T_2=\frac{p_2 v_2}{R_g}=\frac{15\times10^5\times0.0583}{0.287\times10^3}\text{K}=305\text{K}$$

$$t_2=(305-273)℃=32℃$$

所以　$$c_{f2}=\sqrt{2(h_1-h_2)}=\sqrt{2c_p(T_1-T_2)}=\sqrt{2\times1.004\times10^3\times(353-305)}\text{m/s}=310.5\text{m/s}$$

$$q_m=\frac{A_2 c_{f2}}{v_2}=\frac{10\times10^{-4}\times310.5}{0.0583}\text{kg/s}=5.32\text{kg/s}$$

讨论：若喷管的背压 $p_b=10\text{bar}$，结果又如何？请读者自己解决。

知识拓展：绝热节流

节流的概念和能量方程在第五章中已有简单的介绍。节流是典型的不可逆过程。因为流体在缩孔处产生了强烈的摩擦与扰动，节流后流体的压力降低，作功能力减小。对于理想气体，由 $h=f(T)$ 可知，节流前后焓值不变，温度不变。水蒸气节流前后的状态参数变化情况如图 9-6 所示，压力下降，比体积增大，比熵增大，焓不变。温度的变化情况较复杂，温度可以降低、升高，也可以不变。若节流后温度升高，称为热效应；若节流前后的温度不变，称为零效应；若节流后温度降低，称为冷效应。大多数气体节流后温度都是降低的，因此利用这一特性可使气体通过节流获得低温和使气体液化。绝热节流引起流体温度变化的现象称为绝热节流温度效应，或称焦耳—汤姆逊效应。节流在工程技术中有很多应用，如利用节流阀调节工质压力，利用孔板前后的压差来测定工质的流量，利用节流提高和测量湿蒸汽的干度，采用节流调节汽轮机的功率和进行汽封，通过节流获得低温，使

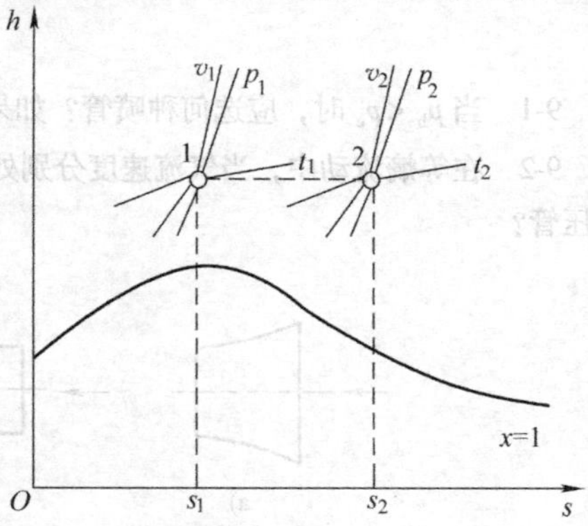

图 9-6　水蒸气的绝热节流过程

气体液化等。

知识拓展：节流测量湿蒸汽的干度

图9-7所示为一节流式湿蒸汽干度测定仪的示意图。蒸汽管内的待测湿蒸汽通过取样管流经节流阀后降低压力成为过热蒸汽，压力和温度成为互相独立的参数。根据测得的节流后的温度t_2和压力p_2，就可以在h-s图上确定出节流后的状态点2，如图9-8所示。由于节流前后蒸汽的焓值不变，由点2出发沿等焓线与测得的节流前湿蒸汽的压力线相交于1点，就可知湿蒸汽的干度。

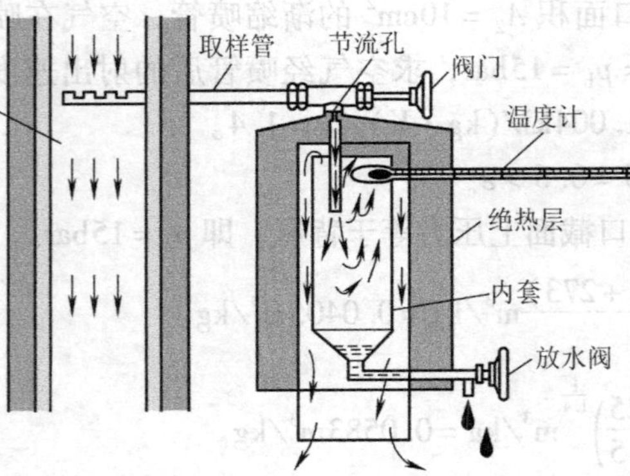

图9-7 节流式湿蒸汽干度测定仪示意图

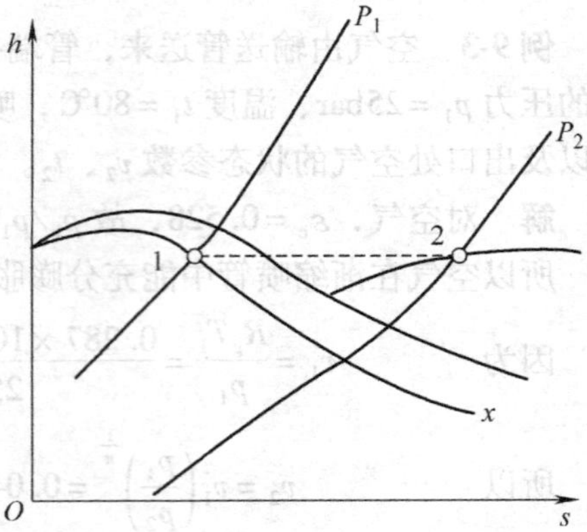

图9-8 湿蒸汽的绝热节流过程

复习思考题

9-1 何为喷管与扩压管？

9-2 研究气体和蒸汽绝热稳定流动时应掌握哪些基本方程式？

9-3 常用的喷管和扩压管有哪几种形状？

9-4 何为声速与马赫数？声速随哪些因素变化？

9-5 促使流体流经喷管时流速增大的条件是什么？

9-6 蒸汽通过喷管时，出口流速、流量的基本计算公式是什么？

9-7 什么是背压？什么是临界压力？已知蒸汽进喷管时初压p_1，如何计算临界压力p_c？

9-8 喷管的选择原则是什么？

9-9 绝热节流的特点是什么？能否说绝热节流是等焓过程？

讨论思考题

9-1 当$p_b < p_c$时，应选何种喷管？如果选错了，会产生什么后果？

9-2 在等熵流动中，当气流速度分别处于亚声速和超声速时，图9-9所示形状的管道宜作为喷管还是扩压管？

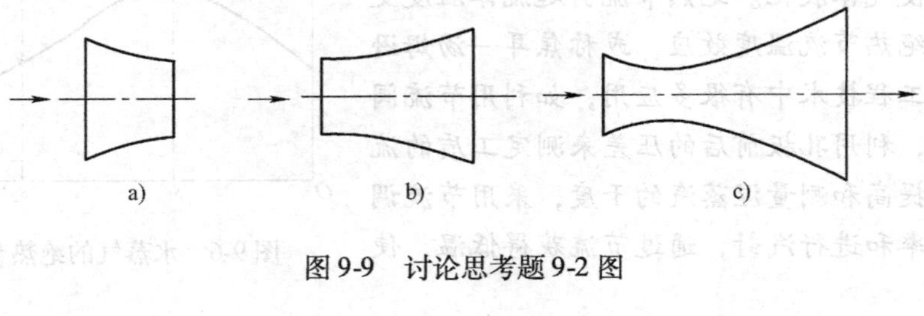

图9-9 讨论思考题9-2图

9-3　渐缩喷管出口流速有没有超过临界流速的可能？为什么？

9-4　绝热节流前后能量没有发生改变，对吗？为什么？

9-5　请举出火力发电厂中绝热节流的实例并加以分析。

习　　题

9-1　喷管入口截面的空气状态为 $p_1=0.7\text{MPa}$、$t_1=750℃$，喷管的背压 $p_b=0.5\text{MPa}$，质量流量 $q_m=0.6\text{kg/s}$。忽略入口截面的流速，不计摩擦损失，试确定喷管的形状及出口截面面积。

9-2　初态为 $p_1=3.5\text{MPa}$、$t_1=350℃$ 的水蒸气，在喷管中绝热膨胀到 $p_2=0.1\text{MPa}$。已知流经喷管的质量流量 $q_m=10\text{kg/min}$，试求渐缩喷管出口水蒸气流速及出口截面面积。

9-3　压缩空气进入喷管时 $p_1=0.3\text{MPa}$、$t_1=50℃$，渐缩喷管的出口截面积 $A_2=10\text{cm}^2$，若喷管的出口背压 $p_b=0.1\text{MPa}$，流经喷管的质量流量是多少？

9-4　已知压力为 $p_1=0.4\text{MPa}$ 的干饱和蒸汽经渐缩喷管绝热膨胀进入背压为0.3MPa的空间中，蒸汽流量为4kg/s，求出口流速及出口截面积。若外界背压降到0.2MPa，喷管出口流速如何变化？

9-5　通过测量节流前后蒸汽的压力及节流后蒸汽的温度可推得节流前蒸汽的干度。现有压力 $p_1=2\text{MPa}$ 的湿蒸汽被引入节流式干度计，蒸汽被节流到 $p_2=0.1\text{MPa}$，测得 $t_2=130℃$，试确定蒸汽最初的干度 x_1。

9-6　有 $p_1=2\text{MPa}$、$t_1=300℃$ 的水蒸气经过一拉伐尔喷管流入压力为0.1MPa的大空间中，喷管的最小截面积 $A_{\min}=20\text{cm}^2$。求临界速度、出口速度、质量流量及出口截面积。

9-7　进入出口截面面积 $A_2=10\text{cm}^2$ 的渐缩喷管的空气初参数为 $p_1=2\times10^6\text{Pa}$、$t_1=27℃$，初速度很小，可以忽略不计。求空气经喷管射出时的速度、流量以及出口截面处空气的状态参数 v_2、t_2。设喷管背压分别为1.5MPa、1MPa。空气的比热容 $c_p=1.004\text{kJ/(kg·K)}$，等熵指数 $\kappa=1.4$。

9-8　初态为 $p_1=3.5\text{MPa}$、$t_1=450℃$ 的水蒸气以初速度100m/s进入喷管，在喷管中绝热膨胀到2.5MPa。已知流经喷管的质量流量为10kg/min。忽略摩阻损失，试确定喷管的形状和尺寸。

第三篇　传　热　学

热力学第二定律指出，热量可以自发地从高温物体传向低温物体。也就是说有温差存在，就会有热量传递。自然界和人们的日常生活生产中温差无处不在，因此传热是普遍存在的物理现象。在火力发电厂，无论是蒸汽的产生、乏汽的凝结，还是给水的回热等都是热量传递过程。如何能动地控制热量传递，将直接影响发电厂的经济性和安全性。在供热通风与空调工程中，无论是热量的供给、制冷剂在蒸发器和冷凝器中的工作过程，还是空气的处理过程，也都是热量传递过程。为了最有效地控制热量传递必须掌握传热的规律。尽管实际的热量传递过程是一个复杂的过程，但其基本方式不外乎三种：热传导、热对流和热辐射。实际过程中，这三种方式往往不是单独出现的，而是其中的两种或三种方式的组合。还要指出，一些传热过程还伴有由于物质浓度差引起的传质过程，如空调系统中喷淋水与空气的热质交换过程，湿空气参数的测量等。

本篇将先讨论三种基本方式的热量传递规律，然后讨论三种基本传热方式综合的实际传热过程的传热规律，最后介绍传热规律在换热器工作中的应用。教学内容按照两条线索展开，如下图所示：

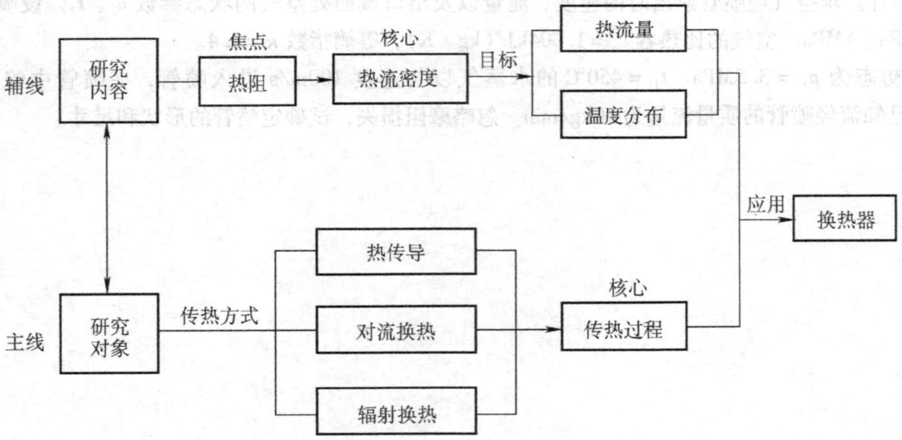

第十章　传热学基本概念

从传热学整体看，本章属于基础知识部分。首先介绍三种基本传热方式——热传导、对流换热和热辐射概念，再分析对流换热、辐射换热、传热过程等复合换热过程及与换热有关的温度场、热流密度、热流量和热阻等概念。本章主要内容和知识点之间的联系如图 10-1 所示。

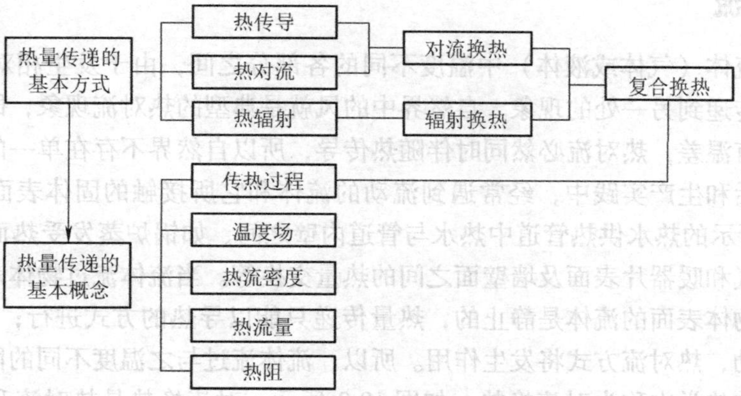

图 10-1　本章主要知识点之间的联系

第一节　热量传递的基本方式

由绪论中热水供热管道的热量传递情况分析，我们已经知道热量传递的基本方式有三种：热传导、热对流和热辐射。下面分别进一步介绍三种基本方式。

一、热传导

图 0-3 所示的热水供热管道为圆筒壁内的热传导，图 10-2 所示为平壁内的热传导，火力发电厂中运行的锅炉炉墙、汽轮机汽缸壁、蒸汽管道壁面中都存在热传导。像这样，温度不同的两物体直接接触时，或同一物体温度不同的各部分，在物质不发生宏观相对位移的情况下，依靠分子、原子及自由电子等微观粒子的热运动而进行的热量传递现象，称为热传导，简称导热。需要注意的是，导热不仅可发生在固体壁面中，同样也可发生在静止的气体和液体中。流动的气体和液体的导热一般同时伴有热对流，不属于纯导热。

图 10-2　导热示意图

知识拓展：不同物体导热的微观机理

从表面上看，参与热量传递的物体本身无任何的宏观运动。实际上，根据物质结构理论分析，热量传递是物体内部动能较大的微粒将其能量传递给动能较小微粒的过程。在导热过程中，热量传递与构成物体的各种微观粒子的运动有着密切的联系。对于不同的物体，由于其内部微粒运动情况不同，其导热情况也不同。在非金属固体中，主要依靠分子、原子在平衡位置附近的振动进行热量传递；对于金属，除了原子的振动外，主要依靠自由电子的运动进行热量传递；对于气体，主要依靠不规则热运动时分子相互碰撞进行热量传递；对于液体，则介于气体和固体之间，但较接近于固体。总之，从微观角度看，导热是依靠物质的分子、原子以及自由电子等微观粒子的热运动而进行热量传递的现象。

二、热对流

热对流是流体（气体或液体）中温度不同的各部分之间，由于发生相对的宏观运动而把热量由一处传递到另一处的现象。自然界中的风就是典型的热对流现象，即热、冷空气间的对流。因为有温差，热对流必然同时伴随热传导，所以自然界不存在单一的热对流。

在日常生活和生产实践中，经常遇到流动的流体和它所接触的固体表面之间的热量交换，如图 0-3 所示的热水供热管道中热水与管道内壁之间、如锅炉蒸发受热面中的水和管壁之间、室内空气和暖器片表面及墙壁面之间的热量交换等。当流体流过物体表面时，由于黏滞作用，紧贴物体表面的流体是静止的，热量传递只能以导热的方式进行；离开物体表面，流体有宏观运动，热对流方式将发生作用。所以，流体流过与之温度不同的固体壁面时发生的热量传递在传热学中称为对流换热，如图 10-3 所示。对流换热是热对流和导热两种基本方式共同作用的结果。这种传热现象在生产、生活中存在很多，水、油、空气、烟气等流体，流经有温差的固体壁面时，会留下或带走热量。比如我们体表向空气散热，暖气片对空气加热，火力发电厂中的炉墙、管道散热，与热水供热管道类似的各类换热设备（冷凝器、过热器、空气预热器、冷油器、省煤器等）中的冷、热流体与壁面间的热量传递，都属于对流换热。对流换热与热对流不同，不是基本传热方式，实质上是流体与壁面、流体与流体的导热和流体与流体间的热对流共同作用下的换热方式。因此，对流换热除了受传热规律影响外，还要受流体流动规律的影响，很显然对流换热要比导热复杂得多。

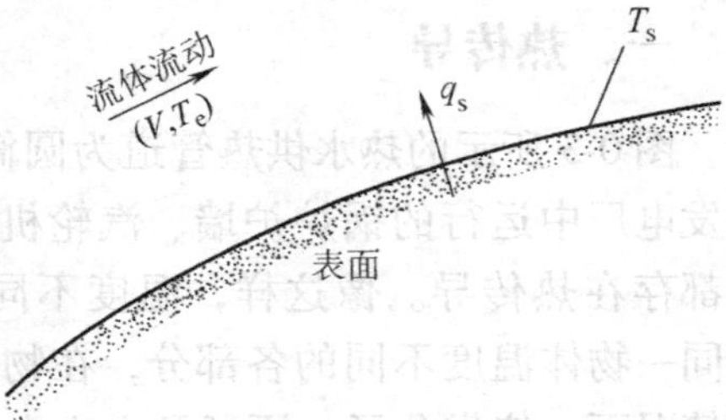

图 10-3　对流换热示意图

按流动发生的原因，流体的流动有自然对流和强迫对流，相应的换热过程称为自然对流换热和强迫对流换热。自然对流是由于流体冷热不均，造成了密度差，温度高的流体密度小，向上浮升，温度低的流体密度大，向下沉降，从而使流体流动，但这种情况下，流体流速很小，对流换热很弱。强迫对流是由外部机械（泵、风机）使流体流动，流速比较大，对流换热较强。因此，对于同种流体，强迫对流换热强于自然对流换热。火力发电厂中，各种热力设备中流体的流动都是强迫对流，换热属于强迫对流换热。室外的供热管道与空气之间的对流换热，在无风时是自然对流换热，有风时还会有强迫对流换热。室内的暖器与空气的对流换热通常是自然对流换热。

按照流体的流动有没有发生相变（沸腾或凝结），换热过程分为无相变对流换热和有相变的对流换热（沸腾换热或凝结换热）。

三、热辐射

当我们打开锅炉看火孔时，会立刻感到灼热，这是由于炉内火焰或高温烟气的热量传到我们身上的缘故。这种不需要物质直接接触便可进行热量传递的方式是热辐射。架空敷设的供热管道、人体、热力设备等温度高于 0K 的物体都具有热辐射的能力，会不停地向周围环境辐射热量。物体以电磁波的形式传递能量的过程称为辐射，被传递的能量称为辐射能。物体可以由于不同的原因产生辐射能。由于自身温度或热运动的原因激发物质内部微观粒子振动，从而将热能转变成辐射能，并依靠物体表面对外发射电磁波的过程称为热辐射。

由于热辐射的本质是电磁波，热辐射的原因是物体温度，因而热辐射具有如下特点。

1）热辐射与导热和热对流不同，热辐射不需要冷、热物体的直接接触，也不需要依靠中间媒介，可以在真空中传播。如太阳辐射可以穿过浩瀚的太空到达地球。

2）热辐射过程不仅有能量的传递，而且还伴随有能量形式的转换。物体发出辐射能时，由该物体的热能转换为电磁波的能量；当电磁波投射到另一物体表面而被吸收时，电磁波的能量又被转换为热能。

所有温度高于 0K 的物体都具有热辐射的能力，温度越高热辐射能力越强。同时，所有实际物体也都具有吸收热辐射的能力。物体间靠热辐射进行的热量传递称为辐射换热，如图 10-4 所示。物体间以热辐射的方式进行热量传递是双向的。当两个物体温度不同时，高温物体向低温物体发射热辐射能，低温物体也向高温物体发射热辐射能，热量交换的结果是高温物体放出热量，低温物体得到热量。即使两个物体温度相等，它们之间的热辐射仍在进行，只不过处于动态平衡，辐射换热量为零。

实际的工程应用中所遇到的热传递现象，常常是两种或三种基本方式同时作用，称为复合换热。在实际应用中，如果复合换热过程中的某一换热方式的换热量很小时，则可忽略不计，而以另一种换热方式为主进行分析和计算。常见的复合换热方式是热对流和热辐射同时存在的情况。例如房屋墙壁在冬季的散热，可分为三个环节，其中两个环节是热对流和热辐射同时存在的复合换热，如图 10-5 所示，首先热由室内空气以对流换热和辐射方式传给外墙内表面，再由外墙内表面以导热方式传递到外墙外表面，最后外墙外表面以空气对流换热和辐射方式把热传给室外环境，最终热量从温度较高的室内空气传递到了室外的冷空气。

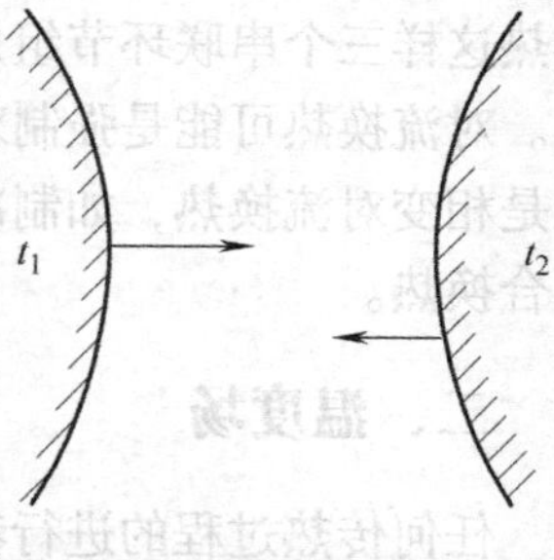

图 10-4 辐射换热示意图

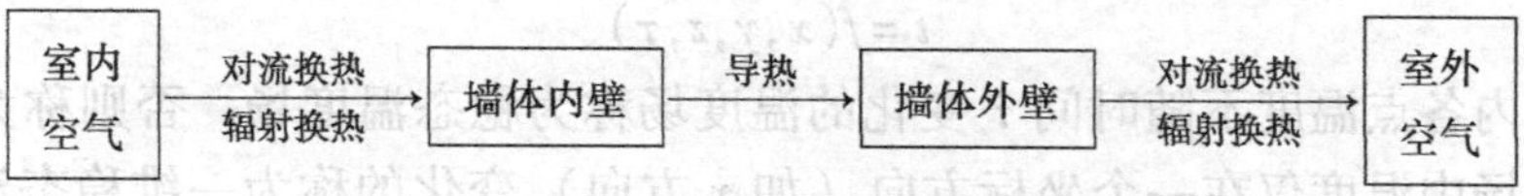

图 10-5 墙壁换热示意图

第二节 热量传递的基本概念

一、传热过程

工程实际中经常遇到温度不同的两种流体通过固体壁面传递热量的情况，如热水供热管道中热水与环境中空气的热量传递，锅炉的各受热面省煤器、水冷壁、过热器、再热器等的热量传递，发电厂中冷凝器、回热加热器的热量传递，暖气片与室内空气的热量传递，电冰箱冷凝器的热量传递等。这种热量从固体壁面一侧的流体通过固体壁面传递到另一侧流体的过程称为传热过程。这里定义的传热过程有其特定的含义，并非泛指热量传递。传热过程在工程实际中应用非常广泛。

下面以省煤器的热量传递过程来分析传热过程的特点。图 10-6 所示为锅炉省煤器的热量传递过程，烟气通过管壁将热量传递给给水。传热过程有如下特点。

1）传热过程至少由三个热量传递的环节串联组合而成：

①热量从高温烟气以对流换热的方式传给省煤器外壁面。有时还存在高温流体与壁面之间的辐射换热，如炉膛内高温烟气与水冷壁之间的热量交换是以辐射换热为主。

②热量在省煤器中以导热的方式从高温流体烟气侧外壁面传递到低温流体给水侧内壁面。

③热量以对流换热的方式从低温流体给水侧内壁面传给低温流体给水。当低温流体在暴露于空气中的管外侧时，还须考虑壁面与低温流体及周围环境之间的辐射换热。

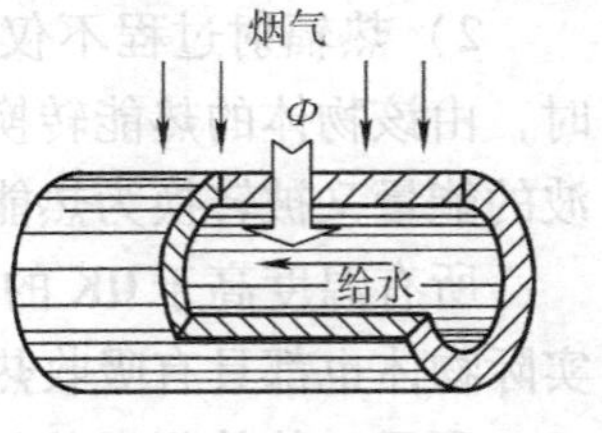

图 10-6 省煤器中的热量传递过程

2）根据能量守恒的原则，稳态传热过程中每一个环节传递的热流量相等。

3）传热过程至少由两种热量传递的基本方式组合而成。一般来说，可以认为传热过程是由热流体与壁面的复合换热、壁内导热以及冷流体与壁面的复合换热这样三个串联环节组成的。最常见的是固体本身的导热以及流体与固体表面的对流换热。对流换热可能是强制对流，如油冷却器水侧；可能是自然对流，如暖气片空气侧；也可能是相变对流换热，如制冷循环中蒸发器和冷凝器的制冷工质侧；甚至可能是对流与辐射的复合换热。

二、温度场

任何传热过程的进行都是以温差作为推动力，因此，物体内部温度分布情况与传热过程有密切关系。

在某一瞬时（τ 时刻），物体内各点的温度分布称为温度场。在直角坐标系中，其数学表达式为

$$t = f(x, y, z, \tau) \tag{10-1}$$

物体空间内各点温度不随时间 τ 变化的温度场称为稳态温度场，否则称为非稳态温度场。稳态温度场中温度仅在一个坐标方向（如 x 方向）变化的称为一维稳态温度场，其数学表达式为

$$t = f(x) \tag{10-2}$$

若传热工况不随时间变化，即各处温度及传热量不随时间改变，传热过程处于稳态。

在同一瞬时，物体内温度相同的各点组成的面（或线）称为等温面（或等温线）。等温面上的任何一条线都是等温线。如果用一个平面和一组等温面相交，就会得到一组温度各不相同的等温线。物体的温度场可以用一组等温面或等温线来表示。很显然，在同一时刻，物体中温度不同的等温面或等温线不能相交，因为任何一点在同一时刻不可能具有两个或两个以上的温度值。

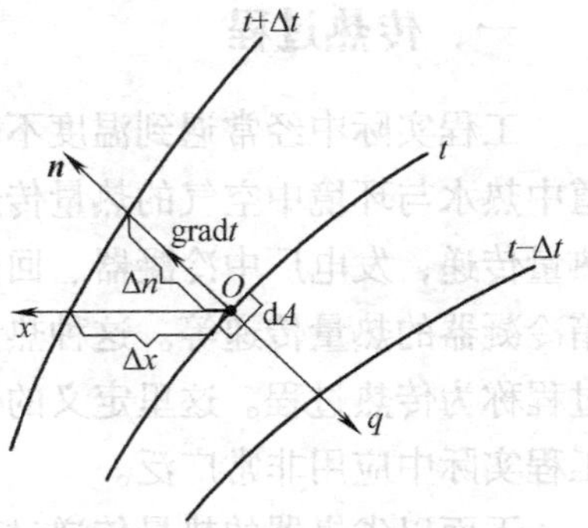

图 10-7 温度梯度示意图

三、温度梯度

为了进一步确定温度场内两等温面间最大温度变化率的方向，需要建立温度梯度的概念。确定了温度梯度之

后，场内热量传递的速度与方向也就确定了。如图 10-7 所示，t 和 $t+\Delta t$ 分别表示两个等温面的温度，O 点为等温面 t 上的任一点，n 表示该点的法线方向，x 表示任意方向，Δt 为沿法线方向两等温面间的距离。显然，在相邻两等温面之间以法线距离为最短，因而单位长度上温度变化最大。所以热量传导是沿法线方向的。我们将法线方向的温度变化率称为温度梯度，正方向是温度增加的方向。温度梯度的数学表达式就是两等温面之间温度差 Δt 与其法线方向的距离 Δn 之比的极限，以 $\mathrm{grad}t$ 表示，即

$$\mathrm{grad}t=\lim_{\Delta n\to 0}\frac{\Delta t}{\Delta n}=\frac{\partial t}{\partial n}\boldsymbol{n} \tag{10-3}$$

式中　$\boldsymbol{n}$——法向单位矢量。

温度梯度的正方向由低温到高温，而热量传递的方向由高温到低温，可见，导热的方向与温度梯度方向相反。对一维稳态温度场，温度梯度可表示为

$$\mathrm{grad}t=\frac{\mathrm{d}t}{\mathrm{d}n}\boldsymbol{n} \tag{10-4}$$

四、热流量与热流密度

热量传递的多少可以用热流量和热流密度表示。单位时间内传递的热量称为热流量，用符号 Φ 表示，单位为 W。通过单位面积的热流量，称为热流密度，用符号 q 表示，单位为 $\mathrm{W/m^2}$。

根据定义，若换热面积为 A，则热流密度 q 与热流量 Φ 之间的关系为

$$q=\frac{\Phi}{A} \tag{10-5}$$

五、热阻

为了便于分析热量传递规律，与电路的欧姆定律 $I=\dfrac{U}{R}$ 相类比，热流量和热流密度可以用温差和热阻的形式表示，即

$$\Phi=\frac{\Delta t}{R_{t,A}} \tag{10-6}$$

$$q=\frac{\Delta t}{R_t} \tag{10-7}$$

式中　Δt——传热温差，单位为℃（K）；

$R_{t,A}$——总面积的热阻，单位为 K/W；

R_t——单位面积的热阻，单位为 $(\mathrm{m^2\cdot K})/\mathrm{W}$。

式（10-7）中，热流密度 q 相当于电流 I，传热温差 Δt 相当于电压 U，热阻 R_t 相当于电阻 R。传热学中的热阻与电学中的电阻有相似规律：当热量连续通过几个串接物体时，满足串联热阻叠加原则，即总热阻等于各物体的分热阻之和，相当于电学中串联电路总电阻等于各分电阻之和；沿热量传递方向，壁面温度是下降的，温度的下降值等于热流量（或热流密度）与热流所通过的热阻的乘积，相当于电学中沿电流方向，电压是下降的，电压的下降值等于电流与电流流过的电阻的乘积。在温差一定的情况下，热阻越大，单位时间内通过

单位面积的热流量越少，即传热越弱；反之，热阻越小，单位时间内通过单位面积的热流量越多，即传热越强。热阻的大小随传热方式的不同具有不同的影响因素。

由式（10-7）可知，影响热流密度的因素有两个：一个是温差，一个是热阻。只有存在温差才能实现热量的传递，温差是传热的动力，一般参数明确，由此对热阻的定量确定就成了传热学的焦点问题。实质上正是由于其复杂性，才导致了我们对传热方式及相关因素的分类研究。也由此决定了我们定量研究的思路，即首先确定热阻，然后代入式（10-7）中确定热流密度，再代入式（10-6）确定热流量。热流量以及温度分布是我们理论研究的目标。

复习思考题

10-1 热量传递的基本方式有几种？

10-2 什么是导热？举例说明。

10-3 什么是热对流，什么是对流换热，二者有何区别？

10-4 什么是热辐射，什么是辐射换热，二者有何区别？

10-5 什么是传热过程？举例说明。

10-6 什么是复合换热？举例说明。

10-7 什么是温度场？

10-8 什么是温度梯度？温度梯度与导热的方向相同还是相反？

10-9 什么是热流量和热流密度？

10-10 什么是热阻，它如何影响热流密度？

讨论思考题

10-1 “单纯的导热仅存在固体及静止的气体和液体中”，该说法是否正确？为什么？

10-2 “热对流必然伴随着热传导，自然界中不存在单一的热对流”，该说法是否正确？为什么？

10-3 “两物体的辐射换热量为零，就是没有辐射换热”，该说法是否正确？为什么？

10-4 “热传导、热对流和热辐射都是以冷、热流体的直接接触来传递热量的”，该说法是否正确？为什么？

10-5 请分析室内散热器里的热水通过什么方式将热量传递给房间内的空气？

10-6 请分析锅炉炉膛中的火焰如何将热量传递给水冷壁中的水？

10-7 冷凝器是如何将汽轮机的乏汽凝结的？

第十一章　导　　热

导热现象在生活和生产中普遍存在，在建筑环境和设备工程领域体现居多。由于热导率不同而使我们在触摸同样温度的铁和木头时感觉冷热不同。热量通过围护结构的壁面传导而使房屋建筑内冬冷夏热。而为了削弱导热，我国北方建筑冬季多采用双层玻璃窗或空心砖防寒，人们穿三重保暖内衣御寒。锅炉、汽轮机等热力设备运行时通过导热等方式会损失一定的热量。本章重点分析稳态导热量的计算和温度分布规律。将在傅里叶定律的基础上，分析工程中常见的平壁、圆筒壁和肋化壁的稳态导热，结合发电厂实例了解非稳态导热的应用及其对设备安全带来的影响，并分析强化或削弱导热的途径。本章主要内容和知识点之间的联系如图 11-1 所示。

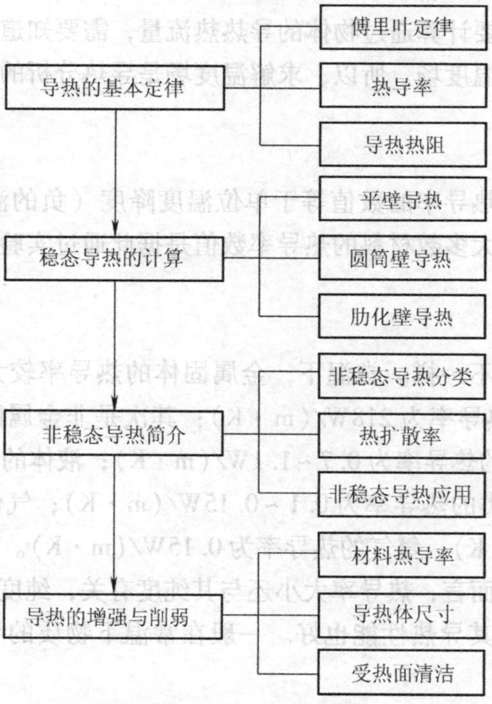

图 11-1　本章主要知识点之间的联系

第一节　导热的基本定律

傅里叶定律是导热的基本定律。法国数学物理学家傅里叶研究了均质固体发生纯导热现象的导热规律，于 1822 年提出了著名的导热定律，被后人称为傅里叶定律。

一、傅里叶定律

傅里叶定律的内容表述为：对于物性参数不随时间变化的各向同性的物体，导热热流密

度的大小与温度梯度的绝对值成正比，方向与温度梯度的方向相反。其标量形式的数学表达式为

$$q = -\lambda \frac{\partial t}{\partial n} \tag{11-1}$$

式中 q——导热热流密度，单位为 W/m^2；

$\frac{\partial t}{\partial n}$——温度梯度，单位为 K/m；

λ——热导率，或称为导热系数，单位为 W/（m·K）。热导率用来衡量物质导热性能的好坏，与多种因素有关，通常由实验测定。

根据傅里叶定律可知，导热热流量为

$$\Phi = -\lambda \frac{\partial t}{\partial n} A \tag{11-2}$$

式中 A——垂直于热流方向的截面积，单位为 m^2。

由傅里叶定律可知，要计算通过物体的导热热流量，需要知道材料的热导率和导热面积以外，还必须知道物体的温度场。所以，求解温度场是导热分析的主要任务。

二、热导率

由傅里叶定律可知，热导率的数值等于单位温度降度（负的温度梯度）下单位时间通过单位面积的导热量。绝大多数材料的热导率数值是据此通过实验测得的。热导率的影响因素主要有以下几个方面。

1. 材料的种类

不同物质的导热性能不一样。常温下，金属固体的热导率较大，如纯铜的热导率可达382W/(m·K)，纯铝的热导率为218W/(m·K)；其次是非金属固体，如混凝土的热导率为1.3W/(m·K)，玻璃的热导率为0.7～1.1W/(m·K)；液体的热导率较小，如水的热导率为0.6W/(m·K)，油类的热导率为0.1～0.15W/(m·K)；气体的热导率最小，如空气的热导率为0.025W/(m·K)，氢气的热导率为0.15W/(m·K)。这主要由物质内部微粒运动情况所决定。对于金属而言，热导率大小还与其纯度有关，纯度越高，热导率越大。一般来说，导电性能好的金属其导热性能也好。一般在常温下物质的导热率数系数值范围如表11-1所示。

表11-1 常温下各物质热导率的数值范围

物质种类	热导率/[W/(m·K)]	物质种类	热导率/[W/(m·K)]
金属	2.3～420	液体	0.09～0.7
非金属	0.023～3.0	气体	0.006～0.6

我国国家标准（GB/T 4272—2008）规定：凡平均温度不高于350℃时，热导率小于0.12W/(m·K)的材料称为保温材料。如发电厂中常用的保温材料有石棉、矿渣棉、硅藻土、膨胀珍珠岩、膨胀蛭石等，附表10可供参考。常温下空气是很好的保温材料，所以双层玻璃窗、空心砖、三重保暖内衣能够保温。

2. 材料的温度

大多数材料在一定的温度范围内，热导率可以近似地认为与温度呈线性关系，可用式 $\lambda=\lambda_0(1+bt)$ 表示。其中 λ_0 为按上式计算时0℃的热导率，b 为实验测定的系数。工程上为使问题简化，一般采用平均热导率，如计算 $t_1\sim t_2$ 范围内材料的热导率，用两温度的算术平均值 $\bar{t}=\dfrac{t_1+t_2}{2}$ 代入 $\lambda=\lambda_0(1+bt)$，计算出热导率的数值即为 $t_1\sim t_2$ 范围内材料的平均热导率。

各种物质的热导率随温度的变化规律不相同，下面分别对固体、液体及气体热导率的特点加以说明。纯金属的热导率随温度的升高而减小，而一般合金的热导率随温度的升高而增大；一般非金属的热导率随温度的升高而增大；大多数液体的热导率随温度的升高而减小，而水、甘油等强缔合液体的热导率随温度的升高而增大；在一般的温度和压力范围内，气体的导热可认为是由于分子的热运动及相互碰撞产生的热量传递，因此气体的热导率随着温度的升高而增大。

3. 材料的结构

同一种材料，若内部结构、密度和湿度不同，其热导率也不同。对于多孔性结构材料，由于孔隙中充满了热导率较小的空气，因而整个材料的热导率比无孔时减小。由于孔隙中气体的热导率随温度的升高而增大，多孔材料的热导率随温度的升高而增大。同理，密度小的材料，热导率也较小。工程上常用的建筑材料和保温材料一般为多孔性、密度小的轻质材料，如膨胀珍珠岩就是蜂窝状多孔性结构材料，具有很高的隔热性能。由于水的热导率为空气热导率的20～30倍，当材料孔隙中渗入水分时，材料的热导率显著增大。所以在对露天的管道和设备敷设保温材料时应保持干燥，采取措施防止水渗入，以免降低保温性能。

三、导热热阻

对于导热问题，应用热阻概念求解时，热流量和热流密度分别为

$$\Phi=\frac{\Delta t}{R_{\lambda,A}} \tag{11-3}$$

$$q=\frac{\Delta t}{R_\lambda} \tag{11-4}$$

式中 $R_{\lambda,A}$——总面积的导热热阻，单位为K/W；

R_λ——单位面积的导热热阻，单位为（$m^2\cdot K$）/W。

知识拓展：导热微分方程与单值性条件

求解导热问题的基本思路是，对物理问题进行简化和条件假设得出其数学描写，对数学描写进行分析求解得出温度场的表达式，把温度场的表达式代入傅里叶定律求出热流量。其中确定温度场是解决问题的主要任务。温度场要由导热微分方程和单值性条件确定。

1. 导热微分方程

导热微分方程是描述温度场一般性规律的方程。当热导率 λ 为常数时，导热微分方程为

$$\frac{\partial t}{\partial\tau}=\frac{\lambda}{\rho c}\left(\frac{\partial^2 t}{\partial x^2}+\frac{\partial^2 t}{\partial y^2}+\frac{\partial^2 t}{\partial z^2}\right)+\frac{\dot{\Phi}}{\rho c} \tag{11-5}$$

式中 ρ——物体的密度，单位为 kg/m^3；

c——物体的比热容，单位为 $J/(kg \cdot K)$；

$\dot{\Phi}$——内热源强度，单位为 W/m^3。

应用最广泛的一种形式为一维稳态无内热源的导热微分方程，其表达式为

$$\frac{d^2t}{dx^2}=0$$

2. 单值性条件

单值性条件是指确定导热微分方程唯一解的附加补充说明条件，包括几何条件、物理条件、初始条件和边界条件。

(1) 几何条件　说明导热体的几何形状和大小，如：平壁或圆筒壁、厚度、直径等。

(2) 物理条件　说明导热体的物理特征，如：物性参数热导率 λ、比热容 c 和密度 ρ 的数值，是否随温度变化；有无内热源及其大小和分布等。

(3) 初始条件　又称时间条件，反映导热系统的初始状态。

(4) 边界条件　反映导热系统在界面上的特征，也可理解为系统与外界环境之间的关系，一般分三类边界条件。

第一类边界条件：给定物体边界上任何时刻的温度分布。

第二类边界条件：给定边界上任何时刻的热流密度分布。

第三类边界条件：给定边界与周围流体间的表面传热系数 h 和周围流体的温度 t_f。

第二节　稳 态 导 热

一、平壁的稳态导热

在工业和日常生活中，大平壁的导热是最常见的导热问题，如通过锅炉炉墙、房屋墙壁、交通工具壁面等的导热。

（一）单层平壁的稳态导热

如图 11-2 所示，壁厚为 δ，侧面面积为 A，热导率为 λ 的平壁，两侧表面温度分别维持恒定的温度 t_1、t_2，且 $t_1>t_2$。实践表明，当平壁的长度和宽度为厚度的 8 ~ 10 倍以上时，平壁边缘的热量交换可忽略不计，可以近似认为平壁内的温度只沿着垂直于壁面的方向发生变化，这样热量只沿着垂直于壁面的方向传导，成为一维稳态导热。设热流密度 q 和热导率 λ 均为常数。

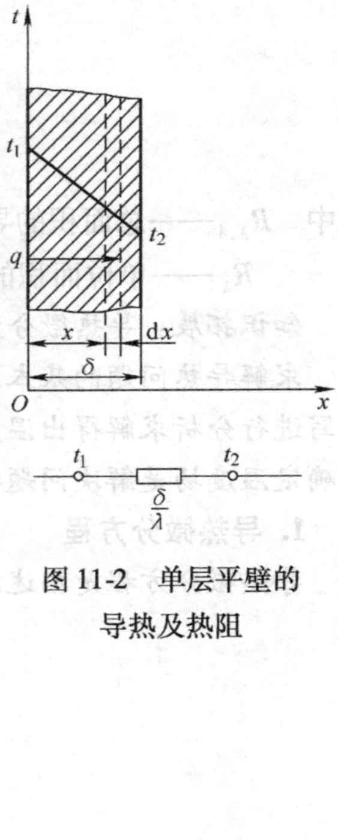

图 11-2　单层平壁的导热及热阻

实验证明，平壁一维稳态导热的热流量与平壁的侧面面积 A 及两侧表面的温差（$\Delta t=t_1-t_2$）成正比，与平壁的厚度 δ（热量通过的距离）成反比，其比例系数为热导率 λ，它们之间的关系为

$$\Phi=\lambda A\frac{t_1-t_2}{\delta} \tag{11-6}$$

比照式（11-3）和式（11-4）将上式变形得

$$\Phi = \frac{\Delta t}{R_{\lambda,A}} = \frac{\Delta t}{\dfrac{\delta}{\lambda A}} \tag{11-7}$$

$$q = \frac{\Delta t}{R_\lambda} = \frac{\Delta t}{\dfrac{\delta}{\lambda}} \tag{11-8}$$

由式（11-7）和式（11-8）可知，平壁的导热热阻为

$$R_{\lambda,A} = \frac{\delta}{\lambda A} \tag{11-9}$$

$$R_\lambda = \frac{\delta}{\lambda} \tag{11-10}$$

式（11-9）说明：平壁导热热流量的热阻与厚度δ成正比，与热导率λ成反比，与导热面积A也成反比。也就是说，平壁越薄，热导率越大，导热面积越大，导热的热阻就越小。对应于热流密度的导热热阻图如图 11-2 所示。

对于热流密度均匀的情况，一般计算中先求热流密度q，然后再求热流量Φ。

例 11-1 已知一锅炉炉墙由$\lambda = 0.1\text{W/(m·K)}$的水泥珍珠岩制成，其壁厚$\delta = 12\text{cm}$，内壁温度$t_1 = 450℃$，外壁温度$t_2 = 50℃$，试求每平方米炉墙每小时的散热量。

解 由式（11-8）得

$$q = \frac{\Delta t}{R_\lambda} = \frac{t_1 - t_2}{\dfrac{\delta}{\lambda}} = \frac{450 - 50}{\dfrac{12 \times 10^{-2}}{0.1}}\text{W/m}^2 = 333\text{W/m}^2$$

每平方米每小时的散热量为

$$Q = q \times 3600 = 333 \times 3600\text{J/(m}^2\cdot\text{h)} = 1198.8\text{kJ/(m}^2\cdot\text{h)}$$

知识拓展：单层平壁一维稳态导热的分析解法

如图 11-2 所示，在平壁内距离左侧面x处取出厚度为dx的薄层（虚线为等温面）。一维导热的傅里叶定律表达式为

$$q = -\lambda \frac{dt}{dx}$$

分离变量得

$$dt = -\frac{q}{\lambda}dx$$

对上式积分有

$$t = -\frac{q}{\lambda}x + C \tag{11-11}$$

式（11-11）为直线方程，它表明当q和λ为定值时，单层平壁内温度分布为直线，且λ值越小，直线就越陡，如图 11-2 所示。

积分常数C由边界条件确定。当$x=0$时，$t=t_1$，代入式（11-11）得$C=t_1$。又因为当$x=\delta$时，$t=t_2$，则有

$$t_2 = -\frac{q}{\lambda}\delta + t_1$$

因此，热流密度为

$$q=\frac{\lambda}{\delta}(t_1-t_2)$$

若平壁的导热面积为 A，热流量为 $\Phi=qA$。

（二）多层平壁的稳态导热

在日常生活与工程上，经常遇到由几种材料组成的多层平壁，例如房屋的墙壁，一般由白灰内层、水泥砂浆层和红砖（或青砖）主体层构成，高级的楼房还有一层水泥沙砾或瓷砖修饰层。再如锅炉的炉墙，一般由耐火砖砌成的内层、用于隔热的夹气层或保温层以及普通砖砌的外墙构成，大型锅炉还包一层钢板。如何计算多层平壁的导热量，下面以三层平壁为例进行分析。

图 11-3 为三层平壁的稳定态导热示意图。各层的导热面积均为 A，厚度分别为 δ_1、δ_2、δ_3，相应的热导率为 λ_1、λ_2、λ_3。设壁面温度从内向外分别为 t_1、t_2、t_3、t_4，其中 t_1、t_4 为已知，且 $t_1>t_4$。

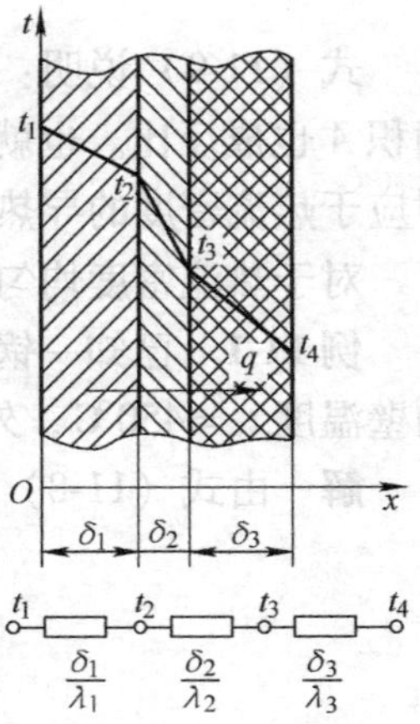

图 11-3　三层平壁的导热及热阻

第一层壁中

$$q=\frac{t_1-t_2}{\dfrac{\delta_1}{\lambda_1}} \tag{a}$$

第二层壁中

$$q=\frac{t_2-t_3}{\dfrac{\delta_2}{\lambda_2}} \tag{b}$$

第三层壁中

$$q=\frac{t_3-t_4}{\dfrac{\delta_3}{\lambda_3}} \tag{c}$$

由于是稳态导热，通过每层的 q 必然是相同的。因此，式（a）、式（b）、式（c）变形后分别为

$$t_1-t_2=\frac{\delta_1}{\lambda_1}q$$

$$t_2-t_3=\frac{\delta_2}{\lambda_2}q$$

$$t_3-t_4=\frac{\delta_3}{\lambda_3}q$$

将以上三式两边分别相加，得

$$t_1-t_4=q\left(\frac{\delta_1}{\lambda_1}+\frac{\delta_2}{\lambda_2}+\frac{\delta_3}{\lambda_3}\right)$$

整理后得

$$q = \frac{t_1 - t_4}{\dfrac{\delta_1}{\lambda_1} + \dfrac{\delta_2}{\lambda_2} + \dfrac{\delta_3}{\lambda_3}} = \frac{t_1 - t_4}{R_\lambda} \tag{11-12}$$

则有

$$R_\lambda = \frac{\delta_1}{\lambda_1} + \frac{\delta_2}{\lambda_2} + \frac{\delta_3}{\lambda_3} \tag{11-13}$$

式中　$t_1 - t_4$ ——总温差，单位为℃（K）；

R_λ ——总热阻，单位为（$m^2 \cdot K$）/W；

$\frac{\delta_1}{\lambda_1}$、$\frac{\delta_2}{\lambda_2}$、$\frac{\delta_3}{\lambda_3}$ ——各层的导热热阻，单位为（$m^2 \cdot K$）/W。

式（11-12）和式（11-13）说明，多层平壁稳态导热中，热流密度与总温差成正比，与总热阻成反比，而总热阻等于各层导热热阻之和。

各层交界面温度为

$$t_2 = t_1 - \frac{\delta_1}{\lambda_1} q = t_3 + \frac{\delta_2}{\lambda_2} q \tag{11-14}$$

$$t_3 = t_2 - \frac{\delta_2}{\lambda_2} q = t_4 + \frac{\delta_3}{\lambda_3} q \tag{11-15}$$

对于 n 层平壁，稳态导热热流密度

$$q = \frac{t_1 - t_{n+1}}{\sum_{i=1}^{n} \dfrac{\delta_i}{\lambda_i}} \tag{11-16}$$

交界面温度

$$t_{i+1} = t_i - \frac{\delta_i}{\lambda_i} q \tag{11-17}$$

式中　$\frac{\delta_i}{\lambda_i}$ ——第 i 层的导热热阻，单位为（$m^2 \cdot K$）/W；

$t_1 - t_{n+1}$ ——总温差，单位为℃（K）；

$\sum_{i=1}^{n} \frac{\delta_i}{\lambda_i}$ ——n 层壁的总热阻，单位为（$m^2 \cdot K$）/W。

图 11-3 同时画出了三层平壁稳态导热的热阻图，显然是串联热阻图，因此多层平壁导热总热阻满足串联热阻叠加原理。特别需要指出的是，后面将讨论到的多层圆筒壁的稳态导热、传热过程等，也可通过画出热阻图进行分析，同样也满足串联热阻叠加原理。

式（11-17）确定的交界面温度，总是等于前一个温度减去从前一个温度到所求温度之间所经历的那项热阻上的温度的降落，这与电学中求串联电路中某点的电位的方法相似（某点的电位总是等于前一个电位减去从前一个电位到所求电位之间所经历的那项电阻上电压的降落）。

例 11-2　一炉墙由耐火砖、硅藻土焙烧板和金属密封护板构成，热导率分别为 0.96W/(m·K)、0.1W/(m·K) 和 46W/(m·K)，厚度分别为 120mm、180mm 和 4mm，炉墙内表面温度为640℃，外表面温度为52℃。求散热热流密度及交界面温度。

解 这是一例三层平壁的导热问题。

散热热流密度

$$q=\frac{t_1-t_4}{\frac{\delta_1}{\lambda_1}+\frac{\delta_2}{\lambda_2}+\frac{\delta_3}{\lambda_3}}=\frac{640-52}{\frac{120\times10^{-3}}{0.96}+\frac{180\times10^{-3}}{0.1}+\frac{4\times10^{-3}}{46}}\text{W/m}^2=305.4\text{W/m}^2$$

耐火砖与硅藻土交界面温度

$$t_2=t_1-q\frac{\delta_1}{\lambda_1}=\left(640-305.4\times\frac{120\times10^{-3}}{0.96}\right)℃=601.83℃$$

硅藻土与金属护板交界面温度

$$t_3=t_2-q\frac{\delta_2}{\lambda_2}=\left(601.83-305.4\times\frac{180\times10^{-3}}{0.1}\right)℃=52.11℃\approx52℃$$

计算结果表明，硅藻土层温度降落最大，约550℃，这说明该层的热阻最大，起到了保温的作用。金属护板层的温度降落很小（$t_3\approx t_4$），这说明该层热阻很小，几乎可以忽略。因此，通常在有几项热阻串联的导热（或传热）中，热阻大的那项热阻上温度降落也大。对于金属，由于热导率比较大，在壁面不太厚时其导热热阻可以忽略。

例 11-3 一双层玻璃窗，高2m，宽1m，玻璃厚3mm，玻璃的热导率为0.75W/(m·K)。双层玻璃窗间的空气夹层厚度为5mm，夹层中的空气完全静止，空气的热导率为0.025W/(m·K)。如果测得冬季室内外玻璃表面的温度分别为15℃和5℃，试求玻璃窗的散热损失，并比较玻璃与空气夹层的导热热阻。

解 这是一个三层平壁的稳态导热问题。根据式（11-12）得

$$q=\frac{t_1-t_4}{\frac{\delta_1}{\lambda_1}+\frac{\delta_2}{\lambda_2}+\frac{\delta_3}{\lambda_3}}=\frac{t_1-t_4}{R_\lambda}=\frac{15-5}{\frac{0.003}{0.75}+\frac{0.005}{0.025}+\frac{0.003}{0.75}}\text{W/m}^2$$

$$=\frac{10}{0.004+0.2+0.004}\text{W/m}^2=48.1\text{W/m}^2$$

那么玻璃窗的散热损失　$\Phi=qA=2\times1\times48.1\text{W}=96.2\text{W}$

可见，单层玻璃的导热热阻为0.004（$\text{m}^2\cdot\text{K}$)/W，空气夹层的导热热阻为0.2（$\text{m}^2\cdot$K)/W，空气夹层的导热热阻是玻璃的50倍。如果采用单层玻璃窗，假设玻璃内外表面的温度还是15℃和5℃，则散热损失为

$$\Phi'=\frac{10}{0.004}\text{W}=2500\text{W}$$

可见，采用双层玻璃窗可以大大减少散热损失，节约能源。

二、圆筒壁的稳态导热

火力发电厂中的许多换热设备常用圆管来输送工作介质，化工厂中的各种液、气输送管道、供暖热水管道等也都采用圆管。发生在这些壁面中的导热属于圆筒壁导热。

（一）单层圆筒壁的导热

如图11-4所示，单层圆筒壁的长度为L，内、外直径（或半径）分别为d_1、d_2（或r_1、

r_2），热导率 λ 为常数，内、外表面温度分别为 t_1、t_2，且 $t_1>t_2$。当圆筒壁的长度大于外径的10倍时，热流量的计算可不考虑沿轴向的温度变化，可按无限长的圆筒壁处理，仅考虑沿径向发生的温度变化。即可按一维稳态导热处理。

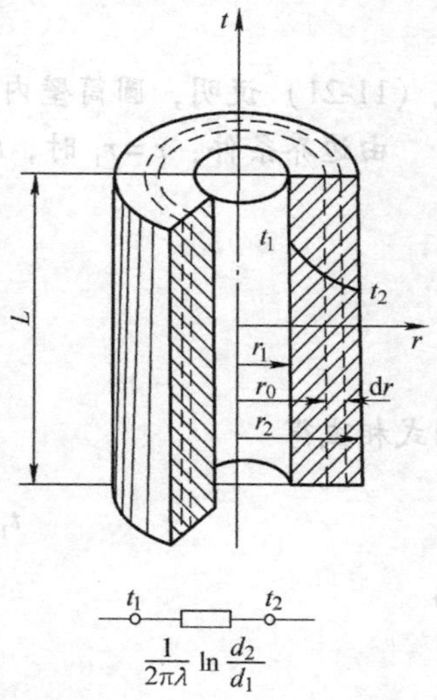

图 11-4　单层圆筒壁导热及热阻图

前面讨论的平壁导热中，导热面积 A 沿导热方向处处相等，但圆筒壁导热中，导热面积沿导热方向（半径方向）是变化的，半径越大，导热面积越大，内表面导热面积最小，外表面导热面积最大。由于是稳态导热，通过任何一个半径的导热面积（柱面）上的热流量 Φ 是相等的，而不同半径柱面面积不同，因此不同柱面上热流密度 q 显然是不同的，它随着半径的增大而减小。圆筒壁导热中，每米长圆筒壁的导热量是相等的。所以圆筒壁导热中，通常不计算热流密度，而计算热流量 Φ 或每米长圆筒壁的导热量 Φ_l。

根据导热量计算公式式（11-3），与平壁导热量计算一样，Δt 很容易确定，解决问题的关键是热阻 $R_{\lambda,A}$。

根据傅里叶定律分析求解可以得到

$$R_{\lambda,A}=\frac{1}{2\pi\lambda L}\ln\frac{d_2}{d_1} \tag{11-18}$$

单位长度圆筒壁的导热热阻

$$R_{\lambda,l}=\frac{1}{2\pi\lambda}\ln\frac{d_2}{d_1} \tag{11-19}$$

单位长度圆筒壁的导热量为

$$\Phi_l=\frac{\Phi}{L}=\frac{t_1-t_2}{\dfrac{1}{2\pi\lambda}\ln\dfrac{d_2}{d_1}} \tag{11-20}$$

可见，通过单层圆筒壁的单位长度热流量仍是与温差成正比，与单位长度导热热阻成反比。

知识拓展：单层圆筒壁导热的分析解法

如图11-4所示，在壁内半径 r 处，以两个等温面为界限取一厚度为 $\mathrm{d}r$ 的圆筒薄壁（图中虚线处）。

根据傅里叶定律有

$$\Phi=-\lambda A\frac{\mathrm{d}t}{\mathrm{d}r}=-2\pi rL\lambda\frac{\mathrm{d}t}{\mathrm{d}r}$$

故

$$\Phi_l=\frac{\Phi}{L}=-2\pi r\lambda\frac{\mathrm{d}t}{\mathrm{d}r}$$

分离变量得

$$\mathrm{d}t=-\frac{\Phi_l}{2\pi\lambda}\times\frac{\mathrm{d}r}{r}$$

对上式积分得

$$t = -\frac{\Phi_l}{2\pi\lambda}\ln r + C \tag{11-21}$$

式（11-21）说明，圆筒壁内温度分布为一条对数曲线，如图11-4所示。

由边界条件：$r=r_1$ 时，$t=t_1$；$r=r_2$ 时，$t=t_2$，代入式（11-21）得

$$t_1 = -\frac{\Phi_l}{2\pi\lambda}\ln r_1 + C$$

$$t_2 = -\frac{\Phi_l}{2\pi\lambda}\ln r_2 + C$$

两式相减得

$$t_1 - t_2 = \frac{\Phi_l}{2\pi\lambda}(\ln r_2 - \ln r_1) = \frac{\Phi_l}{2\pi\lambda}\ln\frac{r_2}{r_1}$$

即

$$\Phi_l = \frac{t_1 - t_2}{\frac{1}{2\pi\lambda}\ln\frac{r_2}{r_1}} = \frac{t_1 - t_2}{\frac{1}{2\pi\lambda}\ln\frac{d_2}{d_1}}$$

则圆筒壁单位长度导热热阻 $R_{\lambda,l} = \frac{1}{2\pi\lambda}\ln\frac{d_2}{d_1}$，故上式可写为

$$\Phi_l = \frac{\Delta t}{R_{\lambda,l}}$$

例11-4 某钢管内、外径分别为20mm和30mm，热导率为55W/(m·K)，内、外表面温度分别为 $t_1=600℃$ 和 $t_2=450℃$，求通过圆筒壁单位管长的热流量 Φ_l。

解 由式（11-20）得通过圆筒壁的单位管长热流量 Φ_l 为

$$\Phi_l = \frac{t_{w1} - t_{w2}}{\frac{1}{2\pi\lambda}\ln\frac{d_2}{d_1}} = \frac{2\pi\lambda(t_{w1} - t_{w2})}{\ln\frac{d_2}{d_1}}$$

$$= \frac{2\times 3.14\times 55\times(600-450)}{\ln\frac{0.03}{0.02}}\text{W/m}$$

$$= 127779.18\text{W/m}$$

（二）多层圆筒壁的稳态导热

火力发电厂中，敷设保温材料的蒸汽管道、热水管道，或运行一段时间后管内结垢、管外积灰的省煤器管、过热器管等所发生的导热都属于多层圆筒壁的导热。下面以三层圆筒壁为例，来讨论多层圆筒壁的导热。

图11-5所示为三层圆筒壁。各层直径分别为 d_1、d_2、d_3 和 d_4，各层材料的热导率分别为 λ_1，λ_2 和 λ_3，圆筒壁内、外表面温度为 t_1 和 t_4，且 $t_1>t_4$。假定各层间接触良好，界面温度分别为 t_2 和 t_3（均未知）。

与多层平壁一样，根据串联热阻相叠加的原理，三层圆筒壁的总热阻为

$$R_{\lambda,l} = R_{\lambda,l,1} + R_{\lambda,l,2} + R_{\lambda,l,3} = \frac{1}{2\pi\lambda_1}\ln\frac{d_2}{d_1} + \frac{1}{2\pi\lambda_2}\ln\frac{d_3}{d_2} + \frac{1}{2\pi\lambda_3}\ln\frac{d_4}{d_3}$$

故三层圆筒壁的单位长度热流量为

$$\Phi_l=\frac{\Delta t}{R_{\lambda,l}}=\frac{t_1-t_4}{\frac{1}{2\pi\lambda_1}\ln\frac{d_2}{d_1}+\frac{1}{2\pi\lambda_2}\ln\frac{d_3}{d_2}+\frac{1}{2\pi\lambda_3}\ln\frac{d_4}{d_3}} \tag{11-22}$$

依此类推，多层圆筒壁单位长度热流量公式为

$$\Phi_l=\frac{t_1-t_{n+1}}{\sum_{i=1}^{n}\frac{1}{2\pi\lambda_i}\ln\frac{d_{i+1}}{d_i}} \tag{11-23}$$

可知，多层圆筒壁单位长度热流量和其总温差成正比，和总热阻成反比。

各层交界面温度，可分别对各层列出单层圆筒壁计算公式求出，即

由 $\Phi_l=\dfrac{t_1-t_2}{\dfrac{1}{2\pi\lambda_1}\ln\dfrac{d_2}{d_1}}$ 得 $t_2=t_1-\Phi_l\dfrac{1}{2\pi\lambda_1}\ln\dfrac{d_2}{d_1}$；

由 $\Phi_l=\dfrac{t_2-t_3}{\dfrac{1}{2\pi\lambda_2}\ln\dfrac{d_3}{d_2}}$ 得 $t_3=t_2-\Phi_l\dfrac{1}{2\pi\lambda_2}\ln\dfrac{d_3}{d_2}$

……

多层圆筒壁内温度分布为对数曲线，如图 11-5 所示。

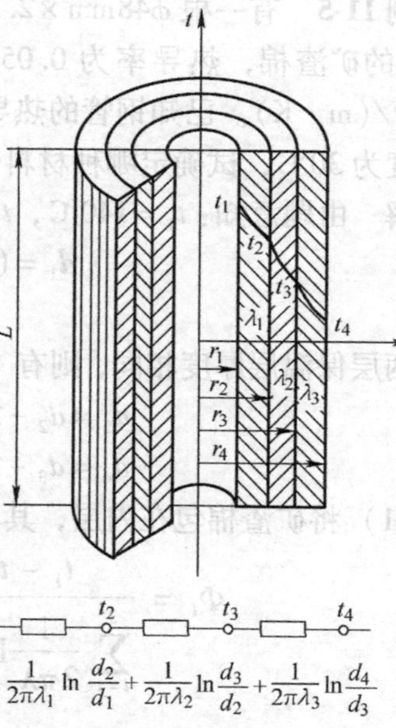

图 11-5 三层圆筒壁的导热

综合以上分析可见，圆筒壁导热与平壁导热的基本规律和计算原理是一样的，即热流量与温差成正比，与热阻成反比。如果是多层壁导热，此时温差为总温差，热阻为总热阻，且总热阻等于各分热阻之和；交界面温度，总是等于前一个温度减去从前一个温度到所求温度间所经历的那项热阻上温度的降落。它们所不同的是：平壁可求热流密度 q，而圆筒壁可求单位长度导热量 Φ_l，相应的单位为 W/m^2 和 W/m；此外，导热的热阻形式不同，平壁为 $\dfrac{\delta}{\lambda}$，而圆筒壁为 $\dfrac{1}{2\pi\lambda}\ln\dfrac{d_2}{d_1}$。熟练掌握平壁、圆筒壁导热的热阻形式，对于分析、计算导热问题乃至后面研究传热问题，都是十分重要的。

知识拓展：圆筒壁稳态导热的简化计算

圆筒壁的导热计算公式中出现了对数项，计算时不太方便，工程上常做简化处理。在实际工程中，当 $\dfrac{d_2}{d_1}<2$ 时，可以将圆筒壁的导热计算用平壁导热计算来代替，简化处理的误差不大于 4%，能满足工程计算的要求。

对于单层圆筒壁，单位管长热流量简化公式为

$$\Phi_l = \frac{t_1 - t_2}{\dfrac{\delta}{\pi d_m \lambda}} \tag{11-24}$$

式中 d_m——圆筒壁的平均直径，$d_m = \dfrac{d_1 + d_2}{2}$，单位为 m；

δ——圆筒壁的厚度，$\delta = \dfrac{d_2 - d_1}{2}$，单位为 m。

对于 n 层圆筒壁，单位管长热流量简化公式为

$$\Phi_l = \frac{\pi(t_1 - t_{n+1})}{\sum\limits_{i=1}^{n} \dfrac{\delta_i}{d_{mi}\lambda_i}} \tag{11-25}$$

例 11-5 有一根 ϕ48mm×2.5mm 的蒸汽管道（钢管）外壁包两层保温层，一层为厚度 30mm 的矿渣棉，热导率为 0.05W/(m·K)，另一层为厚度 30mm 的石棉泥，热导率为 0.16W/(m·K)。已知钢管的热导率为 40W/(m·K)，蒸汽管内壁温度为 140℃，最外层壁面温度为 30℃，试确定哪种材料包在内层更适宜。

解 由题意知：$t_1 = 140℃$，$t_2 = 30℃$

$$d_1 = (0.048 - 2\times 0.0025)\text{m} = 0.043\text{m}$$

$$d_2 = 0.048\text{m}$$

由于两层保温层厚度相同，则有

$$d_3 = d_2 + 2\delta_2 = (0.048 + 2\times 0.03)\text{m} = 0.108\text{m}$$

$$d_4 = d_3 + 2\delta_3 = (0.108 + 2\times 0.03)\text{m} = 0.168\text{m}$$

（1）将矿渣棉包在内层，其单位长度的热损失为

$$\Phi_l = \frac{t_1 - t_4}{\sum\limits_{i=1}^{3} \dfrac{1}{2\pi\lambda_i}\ln\dfrac{d_{i+1}}{d_i}} = \frac{2\pi(t_1 - t_4)}{\sum\limits_{i=1}^{3} \dfrac{1}{\lambda_i}\ln\dfrac{d_{i+1}}{d_i}}$$

$$= \frac{2\times 3.14\times(140-30)}{\dfrac{1}{40}\times\ln\dfrac{0.048}{0.043} + \dfrac{1}{0.05}\times\ln\dfrac{0.108}{0.048} + \dfrac{1}{0.16}\times\ln\dfrac{0.168}{0.108}}\text{W/m}$$

$$= 36.39\text{W/m}$$

（2）将矿渣棉包在外层，其单位长度的热损失为

$$\Phi_l = \frac{t_1 - t_4}{\sum\limits_{i=1}^{3} \dfrac{1}{2\pi\lambda_i}\ln\dfrac{d_{i+1}}{d_i}} = \frac{2\pi(t_1 - t_4)}{\sum\limits_{i=1}^{3} \dfrac{1}{\lambda_i}\ln\dfrac{d_{i+1}}{d_i}}$$

$$= \frac{2\times 3.14\times(140-30)}{\dfrac{1}{40}\times\ln\dfrac{0.048}{0.043} + \dfrac{1}{0.16}\times\ln\dfrac{0.108}{0.048} + \dfrac{1}{0.05}\times\ln\dfrac{0.168}{0.108}}\text{W/m}$$

$$= 49.67\text{W/m}$$

由以上计算结果比较可知，矿渣棉包在内层更适宜。

由例 11-5 可知：对于多层圆筒壁的导热，在其他条件相同的情况下，将热导率小的保

温材料包在内层，其热损失较小。

例 11-6　某一蒸汽管道内外直径分别为 $d_1=150\text{mm}$、$d_2=160\text{mm}$，热导率 $\lambda_1=58.3\text{W/(m·K)}$。管道的外表面包着两层保温层，厚度分别为 $\delta_2=30\text{mm}$、$\delta_3=50\text{mm}$，热导率分别为 $\lambda_2=0.175\text{W/(m·K)}$、$\lambda_3=0.094\text{W/(m·K)}$。蒸汽管道的内表面温度 $t_1=250℃$，最外层保温层的外表面温度 $t_4=50℃$。求：（1）每米蒸汽管道的热损失；（2）各层材料之间的接触面温度；（3）用简化公式计算单位管长热损失，并求出简化计算的误差。

解　由题意知：

$$d_3=d_2+2\delta_2=(0.16+2\times0.03)\text{m}=0.22\text{m}$$

$$d_4=d_3+2\delta_3=(0.22+2\times0.05)\text{m}=0.32\text{m}$$

（1）通过每米蒸汽管道的热损失为

$$\Phi_l=\frac{t_1-t_4}{\dfrac{1}{2\pi\lambda_1}\ln\dfrac{d_2}{d_1}+\dfrac{1}{2\pi\lambda_2}\ln\dfrac{d_3}{d_2}+\dfrac{1}{2\pi\lambda_3}\ln\dfrac{d_4}{d_3}}$$

$$=\frac{2\pi\ (t_1-t_4)}{\dfrac{1}{\lambda_1}\ln\dfrac{d_2}{d_1}+\dfrac{1}{\lambda_2}\ln\dfrac{d_3}{d_2}+\dfrac{1}{\lambda_3}\ln\dfrac{d_4}{d_3}}$$

$$=\frac{2\times3.14\times\ (250-50)}{\dfrac{1}{58.3}\times\ln\dfrac{0.16}{0.15}+\dfrac{1}{0.175}\times\ln\dfrac{0.22}{0.16}+\dfrac{1}{0.094}\times\ln\dfrac{0.32}{0.22}}\text{W/m}$$

$$=216.29\text{W/m}$$

（2）各层材料之间的接触面的温度为

$$t_2=t_1-\frac{\Phi_l}{2\pi\lambda_1}\ln\frac{d_2}{d_1}=\left(250-\frac{216.29}{2\times3.14\times58.3}\times\ln\frac{0.16}{0.15}\right)℃=249.96℃$$

$$t_3=t_4+\frac{\Phi_l}{2\pi\lambda_3}\ln\frac{d_4}{d_3}=\left(50+\frac{216.29}{2\times3.14\times0.094}\times\ln\frac{0.32}{0.22}\right)℃=187.29℃$$

因金属壁较薄，热导率较大，金属的导热热阻远小于保温层的导热热阻，金属壁上的温度降很小，因此保温层内表面的温度与管道内表面的温度近似相等。

（3）按简化公式计算单位长度的热损失，由已知条件得

$$d_{m1}=\frac{d_1+d_2}{2}=\frac{0.15+0.16}{2}\text{m}=0.155\text{m}$$

$$d_{m2}=\frac{d_2+d_3}{2}=\frac{0.16+0.22}{2}\text{m}=0.19\text{m}$$

$$d_{m3}=\frac{d_3+d_4}{2}=\frac{0.22+0.32}{2}\text{m}=0.27\text{m}$$

$$\delta_1=\frac{d_2-d_1}{2}=\frac{0.16-0.15}{2}\text{m}=0.005\text{m}$$

$$\delta_2=0.03\text{m}$$

$$\delta_3=0.05\text{m}$$

由公式（11-25）得

$$\Phi_l=\frac{\pi(t_1-t_{3+1})}{\sum\limits_{i=1}^{3}\frac{\delta_i}{d_{mi}\lambda_i}}=\frac{\pi(t_1-t_4)}{\frac{\delta_1}{d_{m1}\lambda_1}+\frac{\delta_2}{d_{m2}\lambda_2}+\frac{\delta_3}{d_{m3}\lambda_3}}$$

$$=\frac{3.14\times(250-50)}{\frac{0.005}{0.155\times58.3}+\frac{0.03}{0.19\times0.175}+\frac{0.05}{0.27\times0.094}}\text{W/m}$$

$$=218.597\text{W/m}$$

由简化引起的误差为$\frac{218.597-216.29}{216.29}\times100\%=1.07\%$

例 11-7 一锅炉水冷壁，内、外直径分别为100mm、108mm，热导率为45W/(m·K)，内、外表面温度分别为250℃和257℃，试求：（1）每米长水冷壁管的导热量Φ_l；（2）若管内结了1mm厚的水垢，两表面温度仍为250℃和257℃，已知水垢的热导率为1.7W/（m·K），此时每米长水冷壁管的导热量又为多少。

解 根据水冷壁的实际情况，外表面温度高于内表面温度，热量由外表面传导到内表面，因此，$t_1=257℃$，$t_2=250℃$。

由于$\frac{d_2}{d_1}=\frac{108}{100}<2$，适用式（11-24），所以每米长水冷壁管的导热量

$$\Phi_l=\frac{t_1-t_2}{\frac{\delta}{\lambda\pi d_m}}=\frac{257-250}{\frac{\frac{1}{2}\times(108-100)}{45\times3.14\times\frac{1}{2}\times(108+100)}}\text{W/m}$$

$$=25716.6\text{W/m}$$

水冷壁管结水垢后的导热属于二层圆筒壁的导热，此时外表面温度$t_1=257℃$，另一表面温度为水垢内表面温度$t_3=250℃$。

由于水垢层外直径与内直径之比为$\frac{100}{100-2}<2$；因此，适用式（11-25）。

每米长水冷壁管结垢后的导热量

$$\Phi_l'=\frac{t_1-t_3}{\frac{\delta_1}{\lambda_1\pi d_{m1}}+\frac{\delta_2}{\lambda_2\pi d_{m2}}}=\frac{257-250}{\frac{\frac{1}{2}\times(108-100)}{45\times\pi\times\frac{1}{2}\times(108+100)}+\frac{1}{1.7\times\pi\times\frac{1}{2}\times(100+98)}}\text{W/m}$$

$$=3234\text{W/m}$$

由以上计算可见，管内结垢后会使导热量大大减少。如果要维持原来的导热量，会使管外壁温度大大提高，有时甚至会把管子烧坏而发生爆管，因此锅炉对给水品质有一定的要求。

知识拓展：接触热阻

当两个固体壁面相接触时，接触面间的大部分空隙都充满了热导率很小的介质，有热量

通过界面时，将有热阻存在并将产生一定的温度降，这种热阻称为接触热阻 R_c，如图 11-6 所示。两个接触表面之间的温差：$\Delta t_c = \Phi R_c$。热流量越大，接触热阻产生的温差越大。所以多层壁面的接触面之间存在一定的温差，相接触的两壁面的温度一般不相同。在前面的计算中，我们都假设相接触的两壁面的温度相同，这与实际情况有一定的差距，精确计算时，需要考虑由接触热阻引起的温度差。

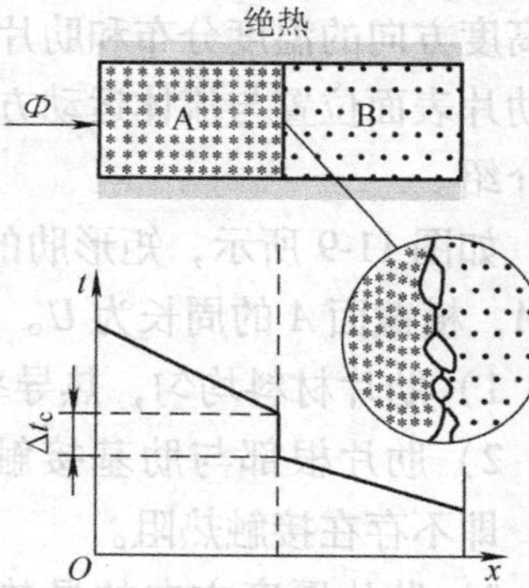

图 11-6　接触热阻示意图

接触热阻的主要影响因素：①相互接触的物体表面的粗糙度。粗糙度越高，接触热阻越大。②相互接触的物体表面的硬度。硬度越大，接触热阻越大。③相互接触的物体表面之间的压力。加大压力，中间空隙减小，接触热阻减小。

减小接触热阻的措施：①抛光接触表面。②加大接触压力。③在接触表面之间加一层热导率大、硬度很小的纯铜箔或铝箔。④在接触表面上涂一层导热姆（一种热导率较大的有机混合物）。

三、肋化壁的稳态导热

工业上及日常生活中有许多换热设备或换热器采用肋化法增加换热面积而强化对流换热，如图 11-7 所示。肋化法是指在原有的基础换热面上，附加一些延伸、突起的换热面，这些换热面称为肋片或翅片。在换热表面上加装肋片是增加换热面积的主要措施，得到了广泛的应用，如锅炉中的省煤器、暖气散热器、空气加热（或冷却）器、家用空调的冷凝器、汽车的散热水箱、摩托车发动机气缸头部的散热片、大功率电子元器件的散热装置等均设计成肋片式。

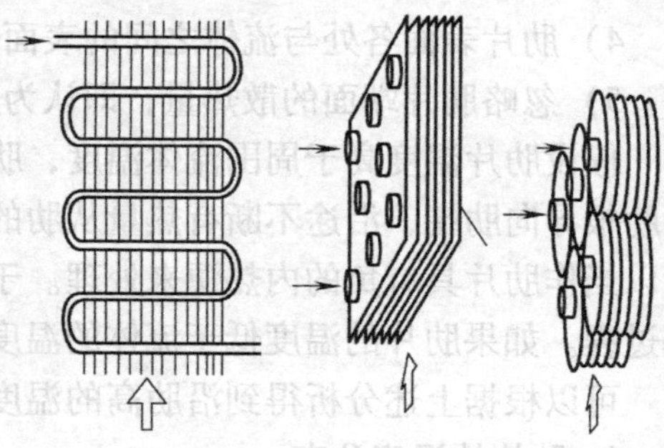
图 11-7　常见管式换热设备肋化示意图

（一）肋的分类

常见肋片的基本形式分为直肋和环形肋，如图 11-8 所示。直肋和环形肋又都可分为等截面的和变截面的，如图 11-8a 所示的矩形肋为等截面直肋，如图 11-8b 所示的三角形肋为变截面直肋。肋可以直接铸造、由管子整体轧制或切削制作，也可以由缠绕、嵌套金属薄片等方法加工而成。

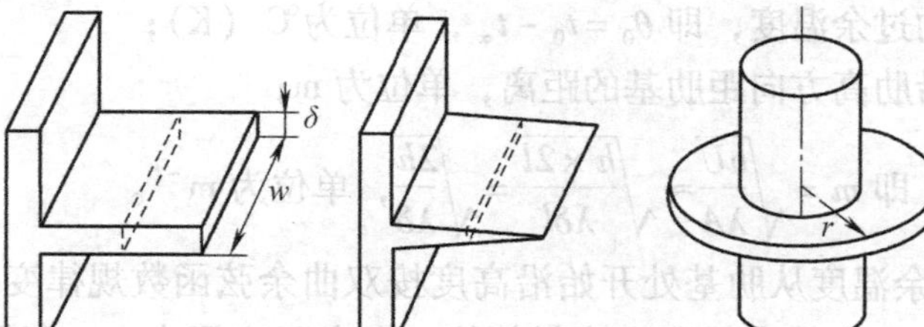

图 11-8　肋的基本形式

a）等截面直肋　b）变截面直肋　c）环形肋

(二) 肋的稳态导热

肋片导热和传热规律是工程上非常重要的一类问题。肋片分析的主要任务除了确定肋片沿高度方向的温度分布和肋片的散热量之外，还要讨论整个肋壁上肋片的数量、肋片间距以及肋片表面位置与流体运动方向间的关系等问题。本书不做深入研究，仅以矩形肋为例作简要介绍。

如图 11-9 所示，矩形肋的高度为 H，厚度为 δ，宽度为 l，与高度方向垂直的横截面积为 A，横截面 A 的周长为 U。为简化分析，做以下假设。

1）肋片材料均匀，热导率 λ 为常数。

2）肋片根部与肋基接触良好，温度一致，即不存在接触热阻。

3）肋片厚度方向的导热热阻 δ/λ 与肋片表面的对流换热热阻 $1/h$ 相比很小，可以忽略。一般肋片都用金属材料制造，热导率很大，肋片很薄，基本上都能满足这一条件。在这种情况下，肋片的温度只沿高度方向发生变化，肋片的导热可以近似地认为是一维的。

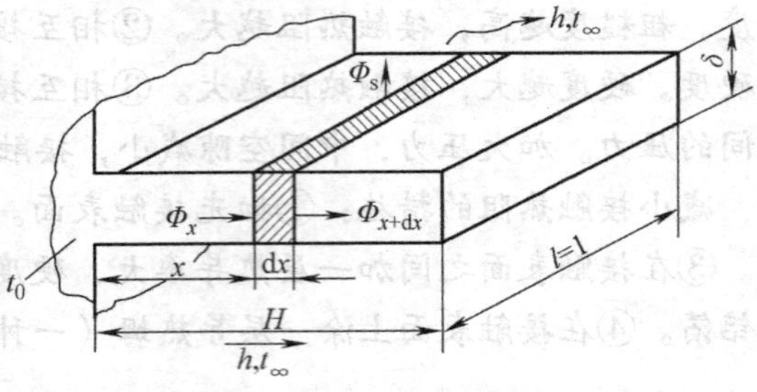

图 11-9　通过矩形肋的稳态导热示意

4）肋片表面各处与流体之间的表面传热系数 h 都相同。

5）忽略肋片端面的散热量，即认为肋端面是绝热的。

假设肋片温度高于周围流体温度，肋片的热量传递过程为：热量从肋基导入肋片，然后从肋根导向肋端，沿途不断有热量从肋的侧面以对流换热的方式散给周围的流体。这种情况可以当作肋片具有负的内热源来处理。于是，肋片的导热过程是具有负内热源的一维稳态导热过程。如果肋片的温度低于流体的温度 t_∞，可按肋片具有正内热源处理。

可以根据上述分析得到沿肋高的温度分布和计算散热量的解析式。

1. 肋片的温度分布

在以上假设条件下，应用导热微分方程可得肋片的温度分布为

$$\theta = \theta_0 \frac{\mathrm{ch}[m(H-x)]}{\mathrm{ch}(mH)} \tag{11-26}$$

式中 θ——过余温度，即沿肋高方向某截面处的温度与周围环境温度之差，单位为℃（K）；

θ_0——肋基处的过余温度，即 $\theta_0 = t_0 - t_\infty$，单位为℃（K）；

x——某截面沿肋高方向距肋基的距离，单位为 m；

m——组合量，即 $m = \sqrt{\dfrac{hU}{\lambda A}} \approx \sqrt{\dfrac{h \times 2l}{\lambda \delta l}} = \sqrt{\dfrac{2h}{\lambda \delta}}$，单位为 m^{-1}。

可见，肋片的过余温度从肋基处开始沿高度按双曲余弦函数规律变化，逐渐降低，mH 较小时温度降低缓慢，mH 较大时温度降低较快。在实际应用中，一般取 $0.7 < mH < 2$。当 $mH > 2$ 时，肋片温度下降非常迅速，靠近肋片端部的面积由于过余温度太低而散热效果差。

2. 肋片的散热量

在稳态情况下，整个肋片的散热量应等于从肋基导入肋片的热量，即

$$\Phi = A\lambda m\theta_0 \mathrm{th}\,(mH) \tag{11-27}$$

可见，整个肋片的散热量按双曲正切函数规律变化，随着 mH 的增大，肋片的散热量随之逐渐增加，且开始时增加很迅速，后来越来越缓慢，逐渐趋于一渐近值。这说明，增大 mH 虽然可以增加肋片的散热量，但增加到一定程度后，再增大 mH 所产生的效果已不显著，因此在设计肋片时应该考虑经济性问题。

3. 问题说明

1）上述分析虽然是针对矩形肋进行的，但结果同样适用于其他形状的等截面直肋，如圆柱形肋的一维稳态导热问题。

2）在上述推导过程中，假设肋端面的散热量为零（绝热）。这对于实际采用的大多数薄而高的肋片来说，用上述公式进行计算已足够精确。如果必须考虑肋端面的散热，也可以采用近似修正方法，将肋端面面积折算到侧面上去，相当于将肋加高（$H+\Delta H$），其中 $\Delta H = A/U$。对于矩形肋，$\Delta H = \dfrac{l\delta}{2(l+\delta)} \approx \dfrac{\delta}{2}$。

3）对工程上绝大多数薄而高的矩形或细而长的圆柱形金属肋来说，将肋片的温度场近似为一维的处理结果已足够精确。但对于肋片厚度方向的导热热阻 δ/λ 与肋表面的对流换热热阻 $1/h$ 相比不可忽略的情况来说，肋片的导热不能认为是一维的，上述公式不再适用。

4）上述推导没有考虑辐射换热的影响，对一些温差较大的场合，必须加以考虑。

（三）肋片效率

如上所述，加装肋片的目的是为了扩大散热面积，增大散热量。但随着肋片高度的增加，肋片的平均过余温度会逐渐降低，即肋片单位质量的散热量会逐渐减小。这就提出了一个加装肋片的效果问题。为了衡量肋片散热的有效程度，引进肋片效率的概念。肋片效率定义为肋片的实际散热量 Q 与假设整个肋片都具有肋基温度时的理想散热量 Q_0 之比，用符号 η_f 表示，即

$$\eta_f = \frac{Q}{Q_0} = \frac{\mathrm{th}\ (mH)}{mH} \tag{11-28}$$

肋片效率 η_f 随 mH 的变化规律如图 11-10 所示。可见，mH 越大，肋片效率越低。

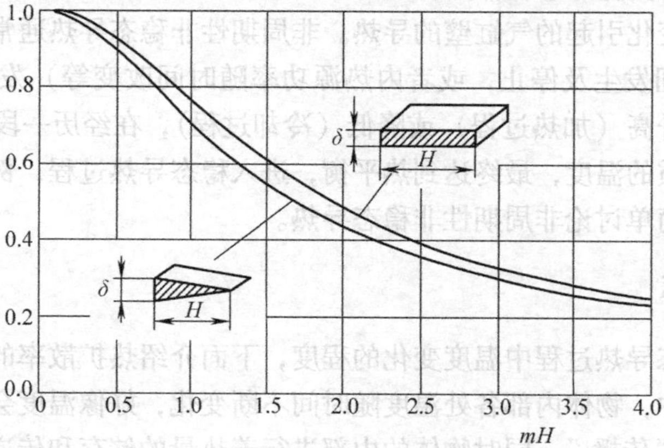

图 11-10　矩形肋与三角形肋的肋片效率

对于矩形肋，$mH = \sqrt{\dfrac{2h}{\lambda\delta}}H$，可以看出影响其肋片效率的主要因素如下。

1）肋片材料的热导率 λ。热导率越大，肋片效率越高。

2）肋片高度 H。肋片越高，肋片效率越低。

3）肋片厚度 δ。肋片越厚，肋片效率越高。

4）表面传热系数 h。对流换热越强，肋片效率越低。

第三节 非稳态导热简介

热力设备在起动、停止或变工况过程中，设备壁面各处的温度都在变化。像这样，温度场随时间变化的导热过程称为非稳态导热。非稳态导热在自然界中广泛存在。例如，热加工、热处理工艺中工件在加热或冷却时的温度变化和导热过程，火车在制动时由刹车瓦与车轮之间的摩擦热而引起的车轮的温度变化与导热过程，一年四季或一天 24 小时大气温度的变化引起的地表层、房屋建筑墙壁的温度变化与导热过程，供暖设备间歇供暖时引起墙内温度及建筑物的冷热负荷随时间变化与导热过程；等等。热力发动机在起动、暖机、变工况和停机过程中各部件都会由于温度不均匀而经受不同程度的热应力，为保证设备安全运行必须严格控制升温或降温的速率。在对机械零部件进行加热、冷却或热处理时，必须控制过程进行的时间，以便获得预期的处理效果并降低能耗。分析非稳态导热问题的主要目的有两个：一是确定物体内某位置达到预定温度所需要的时间，以及在这个时间段中需要热源提供的热量；二是确定某时刻物体内温度场的分布状态以及温度场变化的速率。前者一般是为拟定加热或冷却工艺条件提供必要的计算依据，后者常是为了了解物体内的温度分布状况或校核热应力的数值，从而为制定热力设备的运行规程提供依据。

一、非稳态导热的分类

根据温度场随时间的变化规律不同，非稳态导热分为周期性导热和非周期性导热（又称为瞬态导热）。周期性非稳态导热是在周期性变化边界条件下发生的导热过程，大多是由于边界条件的周期性变化导致物体温度也呈现周期性的反复升降，如内燃机气缸的气体温度随热力循环周期性变化引起的气缸壁的导热。非周期性非稳态导热通常是在瞬间变化的边界条件下（内热源瞬间发生及停止，或者内热源功率随时间改变等）发生的导热过程，物体的温度随时间不断升高（加热过程）或降低（冷却过程），在经历一段时间后，物体的温度逐渐趋近于周围介质的温度，最终达到热平衡，进入稳态导热过程，例如热处理工件的加热或冷却等。本书仅简单讨论非周期性非稳态导热。

二、热扩散率

为了说明非稳态导热过程中温度变化的程度，下面介绍热扩散率的概念。

在非稳态导热中，物体内部各处温度随时间不断变化，好像温度会由物体的一个部分向物体的另一个部分“传播”，同时物体的内部进行着热量的储存和传递，因此温度“传播”的快慢与物体的导热性能及蓄热能力有关。描述这一特性的物理量就是热扩散率，以 a 表示，单位为 m^2/s，其计算式为

$$a=\frac{\lambda}{\rho c} \tag{11-29}$$

式中 λ——物体的热导率，单位为 W/(m·K)；

ρ——物体的密度，单位为 kg/m^3；

c——物体的比热容，单位为 kJ/(kg·K)。对于固体和不可压缩流体，比定压热容和比定容热容近似相等。

热扩散率是反映物体温度变化快慢的物理量，其数值大小取决于物体本身的物理性质（ρ、c、λ）。热扩散率大的材料在非稳态导热中温度变化就快，或者说整块材料的温度比较均匀。一般木材的热扩散率约为 $1.5\times10^{-7}m^2/s$，纯铜的热扩散率约为 $5.33\times10^{-5}m^2/s$，是木材的355倍。如果两手分别握住同样长的木棒和纯铜棒的一端，同时将另一端伸到灼热的火炉中，则当握纯铜棒的手感觉很烫时，拿木棒的手尚无热的感觉。这说明，在纯铜棒中温度的变化要比在木棒中快得多。再如，将一把铝匙和一把瓷匙同时放入一杯开水中，过一会儿，铝匙柄已十分烫手，而瓷匙柄的温度几乎没什么变化，这说明铝的导温能力强，热扩散率大。

热扩散率与热导率是两个既有区别又有联系的物理量。热导率仅指材料的导热能力，而热扩散率则综合考虑了材料的导热能力和蓄热能力。在非稳态导热中，由于物体自身不断吸收或放出热量，因而决定物体内部温度分布的是热扩散率而不是热导率。对于稳态导热，物体中各点的温度不随时间变化，达到均匀状态，此时热扩散率也就失去了意义，只由热导率决定导热过程。这是非稳态导热过程与稳态导热过程在物理规律方面的主要区别。

三、非稳态导热的应用

非稳态导热过程对热力设备影响很大。在现代大容量的锅炉设备中，过热蒸汽的参数非常高，如国产的1000t/h 亚临界锅炉，其过热蒸汽压力为17MPa、过热蒸汽温度为540℃。如此高参数的蒸汽冲入管道或汽轮机中，必然导致设备冷热两侧温差增大，导致设备壁面产生裂纹甚至损坏而造成事故。因此，机、炉在起、停或变工况运行时应当控制壁面的内部温度变化。例如，机、炉起动时应当进行暖炉、暖机及暖管，尽量缓和蒸汽对设备加热的剧烈程度，使设备温度不致急剧升高，保证设备的安全。

下面分析汽轮机由起动到带额定负荷一段时间内汽缸壁及其保温层的非稳态导热。

把汽缸视为平壁。在汽轮机冷态起动前，缸壁和保温层的温度都接近室温，如图11-11所示的直线 AN。当以高于壁温100~150℃的蒸汽冲转汽轮机时，汽缸内壁与蒸汽直接接触，温度很快升高，但汽缸壁其余部分和保温层仍维持原来的温度，如图中曲线 BGN 所示。随着导热过程的进行，汽缸壁温度由里向外逐渐升高，见曲线 CJH。由于进入汽轮机的蒸汽温度不断提高，汽缸内壁和保温层温度也依次升高，如图中曲线 $DKRN$、ELP 所示。直至起动过程结束达到额定负荷时，汽缸壁和保温层中的温度趋于稳定，最后保持为折线 FMS 状态。

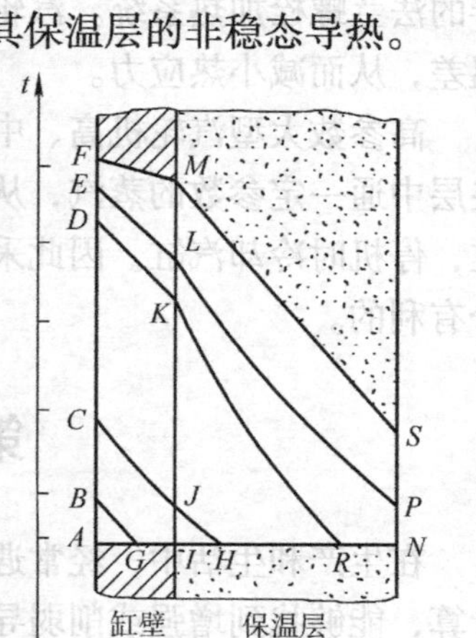

图11-11 起动过程中汽缸壁和保温层温度的变化示意图

图11-11表明，在非稳态导热中，汽缸壁面两侧温差变化不同。整个起动过程中，内外壁温差比进入稳定后的壁面温差大得多，且内壁温度高于外壁。于是内壁膨胀时受到温度

较低的外壁的阻碍，从而产生附加的压缩应力，而外壁受到附加的拉伸应力，如图 11-12 所示。由于壁面温度不均匀而引起的应力，称为热应力。热应力值过大，会使汽缸发生变形甚至产生裂纹。显然，温差越大，热应力也越大。因此在起动过程中必须严格控制内、外壁温差，一般不超过 100℃。热应力是由壁面两侧的温差而引起的，经数学分析得知：非稳态导热过程中的温差与壁面温升速度成正比，与壁面厚度的平方成正比，而与热扩散率成反比，即

$$\Delta t = \frac{\delta^2}{2a}\omega \tag{11-30}$$

式中　Δt——壁面两侧的温差，单位为℃；

δ——壁面厚度，单位为 m；

ω——壁面温升速率，单位为℃/s。

控制热应力的大小，必须控制内、外壁面温差，而对于已确定的机组 δ、a 为定值，温差与壁面温升速度有关。所以在汽轮机起动时，控制壁面的温升速率是控制热应力的最基本手段。温率速率越快，壁面温差就越大，热应力也就越大。为了保证汽轮机起动时的安全，一般控制温升速率为 3～4℃/min。

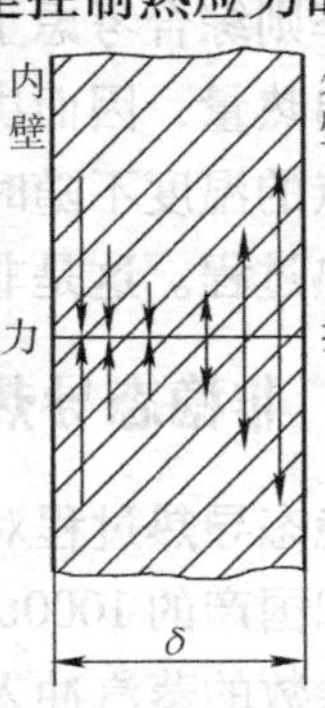

图 11-12　汽轮机起动过程中汽缸壁的热应力示意

壁面厚度对壁面温差影响更大。由于汽轮机汽缸形状较复杂（尤其在高、中压缸入口处），即使假设壁面温升速率一致，因汽缸法兰比缸壁厚得多，故法兰内外壁温差比缸壁温差大得多。例如壁厚为 320mm 的法兰和壁厚为 100mm 的汽缸壁，在相同的热扩散率和相同的壁面温升速率下，法兰的温差为缸壁温差的 10 倍以上。所以在汽轮机起动中，法兰的温差是影响安全的主要问题之一。因而除在起动中控制温升速率外，在比较大型的机组如国产 200MW、300MW 汽轮机中都设有比较完善的法兰螺栓加热系统。汽轮机起动时用蒸汽直接加热法兰，使法兰均匀受热，减小内外壁温差，从而减小热应力。

高参数大型汽轮机高、中压汽缸往往采用双层缸结构。汽缸分内、外两层，在内、外缸夹层中通一定参数的蒸汽，从而减小汽缸内外壁温差。夹层中的蒸汽在汽轮机起动时加热汽缸，停机时冷却汽缸。因此采用双层缸结构对提高汽轮机起、停安全性及加快起动速度是十分有利的。

第四节　导热的增强与削弱

在生产和生活中，经常遇到要求增强或削弱导热的问题。通过前面对导热热流量的分析计算，能够找到增强或削弱导热的理论依据。在导热温差一定的情况下，减小或增加导热热阻是增强或削弱导热的主要途径。因此，通过对导热热阻的分析，可以找到增强或削弱导热的具体措施。

一、合理选择材料的热导率

由单层平壁的导热热阻 $R_\lambda=\dfrac{\delta}{\lambda}$ 和单层圆筒壁的导热热阻 $R_{\lambda,l}=\dfrac{1}{2\pi\lambda}\ln\dfrac{d_2}{d_1}$ 可知，为增强导热，应选用热导率 λ 值较大的材料；相反，为削弱导热，应选热导率 λ 值较小的材料。汽轮机冷凝器等换热器为强化导热就选用热导率很大的铜管。由于水的热导率是空气或氢气的数倍，因而为改善冷却效果，提高发电机功率，发电机冷却由空冷或氢冷改为双水内冷。为减少蒸汽管道、锅炉炉墙等热力设备的散热损失，一般都采用在其外表面敷设 λ 值很小的保温材料的方法。膨胀珍珠岩、膨胀蛭石和超细玻璃棉等是发电厂普遍采用的新型轻质保温材料。为了保温，建筑材料一般采用红砖、混凝土等热导率较小的材料。北方建筑采用的空心砖和双层窗，都是应用空气热导率比固体材料热导率小的性质达到削弱导热的目的，三重保暖内衣的原理也是如此。厨师用的炒勺等炊具和电焊工的焊枪等，往往在手握端加装塑料等热绝缘材料削弱导热。

二、合理选择导热体的几何尺寸

由单层平壁的导热热阻 $R_\lambda=\dfrac{\delta}{\lambda}$ 和单层圆筒壁的导热热阻 $R_{\lambda,l}=\dfrac{1}{2\pi\lambda}\ln\dfrac{d_2}{d_1}$ 也可知，为增强导热，应减小材料的壁厚；相反，为削弱导热，应增大的材料壁厚。为强化传热，一般换热器管的厚度从不到1mm到几毫米的都有，绝大部分的情况是1~3mm之间的。由于气候不同，南北方的房屋建筑的墙体厚度要求不同，建筑设计中采用红砖时，外墙厚度一般为南方180~240mm，北方370~500mm。在圆筒壁管道保温时应注意，不是什么情况下加保温层都能达到保温的目的，如果管道外径小于临界热绝缘直径 $d_c=\dfrac{2\lambda}{h}$ 时加保温层，管道的传热量反而比没有保温层时更大，所以只有当管道外径大于临界热绝缘直径时覆盖保温层才能起到减少热损失的作用。

三、运行中保持受热面清洁

由于污垢的热导率很小，一旦有了污垢（如水垢、油垢或灰垢等），污垢的热阻会大大削弱导热。例如，1mm厚水垢的导热热阻相当于约40mm厚普通钢板的导热热阻；1mm厚灰垢的导热热阻相当于约400mm厚普通钢板的导热热阻。运行中的换热设备，由于管内结垢及管外积灰等原因，增加了导热热阻，使热流量大大下降。若要维持热流量不变，只有提高管外壁温度，即增加温差。当结垢严重时，管外壁温度必然显著升高，对设备安全不利，甚至会导致爆管事故。因此，锅炉运行时，对锅炉给水品质要求较高，同时也要求运行人员注意定期吹灰和排污，确保受热面清洁。发电厂中，对冷凝器铜管内的污垢，也应定期清洗。

复习思考题

11-1 什么是导热、稳态导热、非稳态导热？举例说明。

11-2 导热的基本定律的内容是什么？写出数学表达式。

11-3 什么是肋？什么是肋片效率？肋化有何好处？

11-4 傅里叶定律中的负号代表什么意义？由于这个负号，热流量和热流密度是否有可能成为负值？

11-5 热导率的物理意义是什么？影响热导率的因素有哪些？

11-6 多层平壁中，在每一层平壁的热导率为定值的条件下，为什么温度的分布是折线？

11-7 平壁和圆筒壁的导热热阻形式是什么？如何计算？

11-8 如何计算多层平壁及圆筒壁的导热量和交界面温度？

11-9 什么是保温材料？请举出几种热电厂中常用的保温材料。

11-10 对于圆筒壁导热计算，为何通常计算单位管长的热流密度 Φ_l 而不计算热流密度 q？

讨论思考题

11-1 如果将例题 11-7 中的圆筒壁换成平壁，是否还会有同样的结果？

11-2 电影《泰坦尼克号》里，为什么 Jack 冻死了，而 Rose 没有？

11-3 冬天，隔着玻璃晒太阳感觉更暖和，为什么？

11-4 冬天，棉被经过晒后拍打，为什么感觉特别暖和？

11-5 中央电视台 1999 年 9 月 5 日的《科技博览》指出：72℃的铁和 600℃的木头摸上去的感觉是一样的。你知道为什么吗？

11-6 为什么有些发电机采用氢冷代替空冷？

11-7 从传热角度看，实心砖房与空心砖房相比，哪个保温效果更好？为什么？

11-8 热电厂中的热力设备、蒸汽管道等外壁敷设保温材料的作用是什么？

11-9 例 11-3 中为了进一步减小双层玻璃窗的散热损失，是否可以加大空气夹层的厚度？

11-10 汽轮机起动过程中为什么要控制升温速率？

习　题

11-1 炉墙由一层耐火砖和一层红砖构成，厚度都为 250mm，热导率分别为 0.6W/(m·K) 和 0.4 W/(m·K)，炉墙内、外壁面的温度分别维持 700℃和 80℃不变。(1) 试求通过炉墙的热流密度；(2) 如果用热导率为 0.076 W/(m·K) 的珍珠岩混凝土保温层代替红砖层，并保持通过炉墙的热流密度及其他条件不变，试确定该保温层的厚度。

11-2 有一炉墙，厚度为 20cm，墙体材料的热导率为 1.3 W/(m·K)，为使散热损失不超过 1500W/m²，紧贴墙外壁面加一层热导率为 0.1 W/(m·K) 的保温层。已知复合墙壁内、外两侧的壁面温度分别为 800℃和 50℃，试确定保温层的厚度。

11-3 有一三层平壁，各层材料的热导率均为常数。已测得壁面温度 $t_1=600℃$、$t_2=500℃$、$t_3=250℃$ 及 $t_4=50℃$，试比较各层导热热阻的大小并绘出壁内温度分布示意图。

11-4 热电厂有一外径为 100mm 的过热蒸汽管道（钢管），用热导率 $\lambda=0.04$W/(m·K) 的玻璃棉保温。已知钢管外壁面温度为 400℃，要求保温层外壁面温度不超过 50℃，并且每米长管道的散热损失要小于 160W，试确定保温层的厚度。

11-5 某过热蒸汽管道的内、外直径分别为 150mm 和 160mm，管壁材料的热导率为 45 W/(m·K)。管道外包两层保温材料：第一层厚度为 40mm，热导率为 0.1 W/(m·K)；第二层厚度为 50mm，热导率为 0.16 W/(m·K)。蒸汽管道内壁面温度为 400℃，保温层外壁面温度为 50℃。试求：(1) 各层导热热阻；(2) 每米长蒸汽管道的散热损失；(3) 各层间的接触面温度。

11-6 试确定 1mm 厚的水垢和 1mm 厚的灰渣所引起的热阻相当于多少毫米厚的钢板的热阻。已知：$\lambda_{水垢}=1.16$W/(m·K)，$\lambda_{灰渣}=0.116$W/(m·K)，$\lambda_{钢}=46.4$W/(m·K)。

11-7 已知过热器管内、外直径分别为 50mm 和 60mm，热导率为 50 W/(m·K)，管内、外壁温度分别为420℃和440℃，求：（1）单位管长的热流密度Φ_l；（2）若管外积上1mm厚的灰，灰的热导率为0.08 W/(m·K)，管内表面温度和灰外表面温度仍维持420℃和440℃，此时单位管长的热流密度Φ_l'；（3）比较（1）和（2）的计算结果，说明锅炉定期吹灰的意义。

11-8　一钢管，内、外直径分别为100mm和110mm，热导率$\lambda_1 = 60$ W/(m·K)，外面包覆两层厚度相同的保温层，厚度$\delta_2 = \delta_3 = 40$mm，相应的热导率为$\lambda_2 = 0.05$W/(m·K)、$\lambda_3 = 0.10$W/(m·K)，保温层外表面温度$t_4 = 50$℃，钢管内表面温度$t_1 = 350$℃。求：（1）单位长管道的热损失量及保温层交界面处的温度t_3；（2）将两保温层互换位置，厚度仍不变，保温层最外表面温度t_4也不变，重复以上计算；（3）比较（1）和（2）的计算结果，可得到什么结论？

第十二章　对 流 换 热

本章从对流换热基本概念出发，介绍实验法研究各种情况下对流换热的特征数关联式及其应用，运用热阻分析法揭示各种对流换热情况下换热的主要热阻及影响因素，指出增强对流换热的具体措施。本章主要内容和知识点之间的联系如图 12-1 所示。

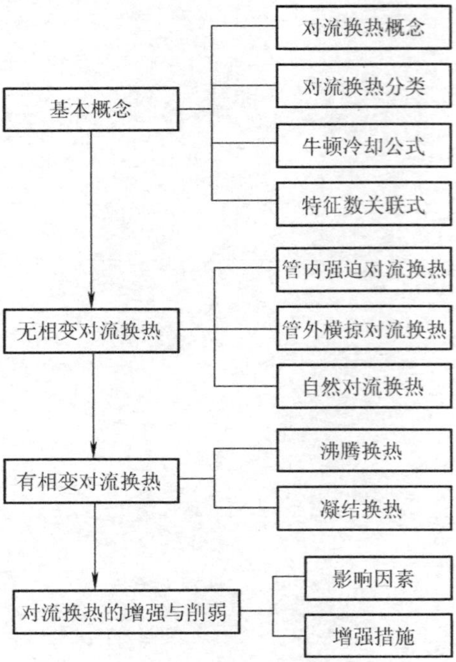

图 12-1　本章知识点之间的联系

第一节　对流换热的基本概念

一、对流换热概念

第十章中已指出，对流换热是指流体流过与之温度不同的固体壁面时发生的热量传递现象，是热对流和导热两种基本方式共同作用的结果。

对流换热按流体流动起因分为强制对流换热和自然对流换热；按流体是否有相变分为相变对流换热和无相变对流换热，相变对流换热又分为凝结换热和沸腾换热；按流态可分为层流对流换热和湍流对流换热；按布置的不同可分为内部流动换热和外部流动换热；按几何形状可分为平壁换热，圆管换热、管束换热等。具体的分类如图 12-2 所示。不同的类别，对流换热规律也不一样，在这一章我们只讨论几种典型的问题。

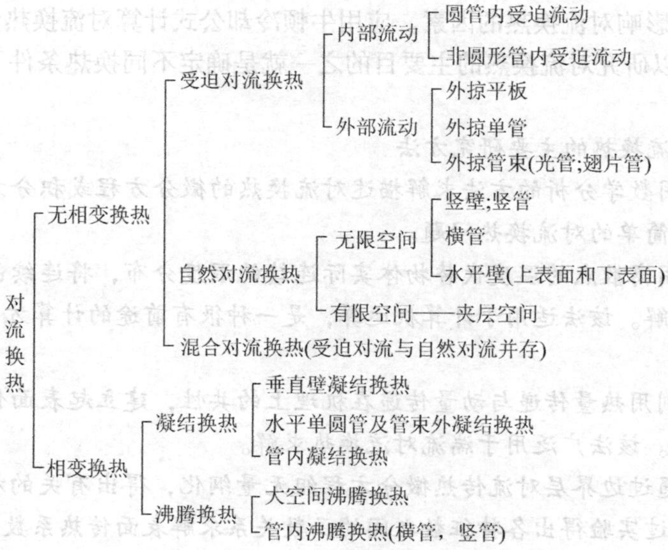

图 12-2　对流换热的分类

二、对流换热的计算公式——牛顿冷却公式

对流换热热流量的计算可采用牛顿冷却公式，即

$$\Phi = Ah(t_w - t_f) = \frac{\Delta t}{\frac{1}{Ah}} \tag{12-1}$$

$$q = h(t_w - t_f) = \frac{\Delta t}{\frac{1}{h}} \tag{12-2}$$

式中　Φ——对流换热热流量，单位为 W；

A——对流换热面积，单位为 m^2；

h——表面传热系数（曾称对流换热系数），单位为 $W/(m^2 \cdot K)$；

t_w、t_f——壁面和流体的平均温度，单位为℃（K）；

Δt——壁面与流体的温差，单位为℃（K），当流体加热壁面时，$\Delta t = t_f - t_w$，当壁面加热流体时，$\Delta t = t_w - t_f$；

q——对流换热热流密度，单位为 W/m^2；

$\frac{1}{Ah}$、$\frac{1}{h}$——总面积对流换热热阻和单位面积对流换热热阻，单位分别为 K/W、$(m^2 \cdot K)/W$。

牛顿冷却公式式（12-1）和式（12-2）适用于所有对流换热场合，不管流体有无相变，也不管是强迫对流还是自然对流，所不同的是表面传热系数的规律不同。影响对流换热的因素有很多，不仅取决于流体的物理性质、换热面的几何尺寸，而且还与流体流速等因素有密切的联系。因此，表面传热系数 h 是所有影响对流换热因素的函数，可写成以下形式

$$h = f(v, t_w, t_f, \lambda, \rho, c, \mu, d, \cdots) \tag{12-3}$$

可见，牛顿冷却公式只不过把影响对流换热的一切复杂因素都集中在 h 上。换句话说，

影响 h 的因素就是影响对流换热的因素。应用牛顿冷却公式计算对流换热量主要在于确定表面传热系数 h。所以研究对流换热的主要目的之一就是确定不同换热条件下表面传热系数的具体表达式。

知识拓展：对流换热的主要研究方法

1）分析法，用数学分析的方法求解描述对流换热的微分方程或积分方程及其单值性条件。该法只能求解简单的对流换热问题。

2）数值法，用离散点的温度代替物体实际连续的温度分布，将连续函数的求解问题转化为节点温度的求解。该法适用于计算机运算，是一种很有前途的计算方法，但目前只能作预测计算。

3）比拟法，利用热量传递与动量传递在机理上的共性，建立起表面传热系数和摩擦因数之间的比拟关系。该法广泛用于湍流对流换热求解。

4）实验法，通过边界层对流传热微分方程组无量纲化，得出有关的相似特征数，以相似原理为基础，通过实验得出各特征数之间的函数关系求解表面传热系数。实验法是最早应用的一种方法，现在仍是工程上最常用的方法。

三、特征数与特征数关联式

综上所述，表面传热系数 h 的确定是很复杂的，工程上实用的表面传热系数的各种计算公式，主要是通过实验法得到的。实验法是依据相似理论将式（12-3）中表面传热系数与众多影响因素的关系综合成数量不多的无量纲特征数（准则数），通过实验测试找到这些无量纲特征数之间的函数关系式（特征数关联式，又称为特征数方程），再通过一个与表面传热系数 h 有关的特征数得到表面传热系数 h。

（一）特征数

各个特征数有其特定的物理意义和内涵。对流换热所涉及的特征数主要有以下几个。

1. 平均努塞尔数

平均努塞尔数 Nu，表征固体壁面处壁面法线方向上流体的平均无量纲温度梯度，其实质是流体的对流换热热阻与导热热阻的相对大小，反映平均对流换热的强弱。其表达式为

$$Nu = \frac{hl}{\lambda} \tag{12-4}$$

式中 l——特征长度，单位为 m；

λ——流体的热导率，单位为 W/(m · K)。

由于平均努塞尔数 Nu 的表达式中含有要求解的表面传热系数 h，故称其为待定特征数。它是所有类型对流换热都应用的特征数，是对流换热最重要的特征数。

2. 雷诺数

雷诺数 $Re = vl/\nu$，表征流体在强迫对流换热时，惯性力和黏性力的相对大小。反映流体流态对对流换热的影响。关于雷诺数的知识在第三章中已有阐述，在这里不再赘述。表达式中的流速 v，在对流换热计算中往往被称为“特征流速”。

3. 普朗特数

（1）热边界层　当温度均匀的流体与它所流过的固体壁面温度不同时，在壁面附近会形成一层温度变化较大的流体层，称为热边界层或温度边界层。如图 12-3 所示，在热边界

层内，紧贴壁面的流体温度等于壁面温度 t_w，随着远离壁面，流体温度渐接近主流温度 t_∞。与流动边界层类似，规定流体过余温度 $t - t_w = 0.99\ (t_\infty - t_w)$ 处到壁面的距离为热边界层的厚度，用 δ_t 表示。所以说，热边界层就是存在温度梯度的流体层，因此也是发生热量传递的主要区域。热边界层之外，温度梯度忽略不计，流体温度为主流温度 t_∞。流体的温度场与速度场密切相关。在层流边界层内，速度梯度由大到小变化比较平缓；热边界层内温度梯度的变化也比较平缓，垂直于壁面方向上的热量传递主要依靠导热。湍流边界层内，层流底层中具有很大的速度梯度，也具有很大的温度梯度，热量传递主要靠导热；而湍流核心内由于强烈的扰动混合使速度和温度都趋于均匀，速度梯度和温度梯度都较小，热量传递主要靠对流。对于工业上和日常生活中常见流体（液态金属除外）的湍流对流换热，热阻主要在层流底层。

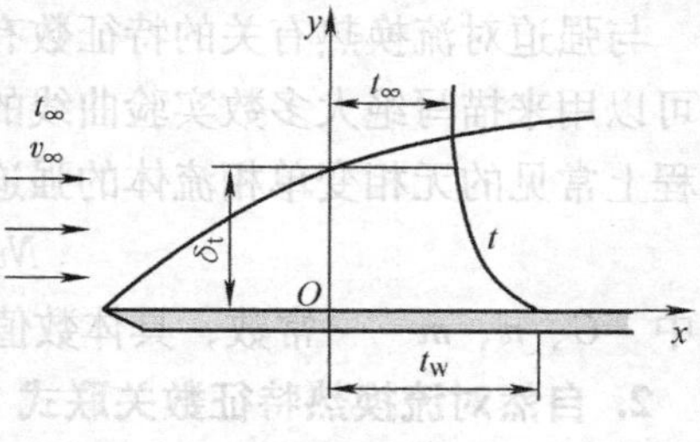

图 12-3　热边界层

（2）普朗特数　流体与壁面进行对流换热时，热边界层和流动边界层同时形成和发展，在同一位置，这两种边界层厚度的相对大小取决于流体的运动黏度 ν 与热扩散率 a 的相对大小。运动黏度反映流体动量扩散的能力，在其他条件相同的情况下，ν 值越大，流动边界层越厚；热扩散率 a 反映物体热量扩散的能力，在其他条件相同的情况下，a 值越大，热边界层越厚。ν 与 a 具有相同的单位（m^2/s），令 $\frac{\nu}{a} = Pr$，Pr 是一个无量纲特征数，称为普朗特数。普朗特数 Pr 反映流体动量扩散能力与热扩散能力的相对大小。其表达式为

$$Pr = \frac{\nu}{a} \tag{12-5}$$

式中　ν——流体的运动黏度，单位为 m^2/s；

a——流体的热扩散率（曾称导温系数），m^2/s。

对于液态金属，$Pr < 0.05$，热边界层的厚度要远大于流动边界层的厚度。对于液态金属以外的一般流体，$Pr = 0.6 \sim 4000$。气体的 Pr 数较小，在 $0.6 \sim 0.8$ 范围内，所以气体的流动边界层比热边界层略薄。对于高 Pr 数的油类（$Pr = 10^2 \sim 10^3$），流动边界层的厚度要远大于热边界层的厚度。普朗特数虽然是个无量纲特征数，但是也是物性参数，在流体的物性参数表中可以直接查取，不用再计算，参看附表 11 ~ 附表 13。

4. 格拉晓夫数

自然对流换热中，流体流动的动力是浮升力，流动的阻力仍然是黏性力。表征自然对流换热过程中浮升力与黏性力的相对大小的特征数为格拉晓夫数 Gr，反映自然对流的强弱。其表达式为

$$Gr = \frac{g\alpha\Delta t l^3}{\nu^2} \tag{12-6}$$

式中　α——流体的体胀系数，单位为 K^{-1}（$℃^{-1}$），对于理想气体，$\alpha = 1/T$；

Δt——壁面与流体的温度差，单位为 K（℃）；

l——特征长度，单位为 m。

通过雷诺数、普朗特数和格拉晓夫数能够求解出平均努塞尔数，所以雷诺数、普朗特数

和格拉晓夫数称为已定特征数。

(二) 特征数关联式

1. 强迫对流换热特征数关联式

与强迫对流换热有关的特征数有平均努塞尔数、雷诺数和普朗特数。实践证明，幂函数是可以用来描写绝大多数实验曲线的最简单、最方便的函数，尤其是对于单调变化的曲线。工程上常见的无相变单相流体的强迫对流换热特征数关联式的通式为

$$Nu = f(Re, Pr) = CRe^n Pr^m \tag{12-7}$$

式中 C、n、m——常数，具体数值根据实际情况确定。

2. 自然对流换热特征数关联式

与自然对流换热有关的特征数有平均努塞尔数、普朗特数和格拉晓夫数。工程上常见的自然对流换热特征数关联式的通式为

$$Nu = f(Gr, Pr) = C(GrPr)^n \tag{12-8}$$

式中 C、n——常数，具体数值根据实际情况确定。

特征数关联式是一种经验公式，应用这些方程式来求解表面传热系数 h 时，不能超出其实验条件的范围，并且在确定物理量数值时，必须遵照由实验数据整理为特征关联式时确定物理量数值的方法。

使用特征数关联式必须首先明确的三个量为定性温度、特征长度和特征流速。由特征数 $Nu = \dfrac{hl}{\lambda}$、$Re = \dfrac{vl}{\nu}$、$Gr = \dfrac{g\alpha\Delta tl^3}{\nu^2}$可以看到，要确定 Nu、Re 和 Gr 的数值，必须首先选择特征长度和定性温度。通常选择对对流换热有显著影响的几何尺寸作为特征长度。例如：对于管内强迫对流换热，选择管内径作为特征长度；对于外掠圆管的对流换热，选择管外径作为特征长度；对于流体在竖壁上的流动，取竖壁高度作为特征长度。定性温度用来确定特征数 Re、Gr 和 Nu 中物性参数 λ、ν、α 的数值。对于管内强迫对流换热，一般选择流体的平均温度 t_f 作为定性温度。在流体温度变化不大的情况下，t_f 近似为流体进出口截面平均温度的算术平均值$\dfrac{1}{2}(t_f' + t_f'')$。$Re$ 表达式中的流速 v 为特征流速，根据实际换热情况确定。

知识拓展：用实验法确定特征关联式

对于工程上常见的无相变单相流体的强迫对流换热问题，由式 (12-7) 可知，C、n 及 m 为待定常数，由实验确定。特征长度和定性温度确定之后，λ、ν、Pr 的数值可定，就可以通过改变流体的流量而改变流速 v 从而来改变 Re，通过测量平均表面传热系数 h 来确定 Nu。平均表面传热系数 h 可以根据牛顿冷却公式确定，即

$$h = \frac{\Phi}{A(t_w - t_f)}$$

需要测量实验段的热流量 Φ、实验段的换热面积 A、实验段管内壁的平均温度 t_w、流体的平均温度 t_f。

1. 气体无相变单相流体的强迫对流换热

由于气体的普朗特数 Pr 接近 1，可取 $Pr = 1$，所以对于气体的强迫对流换热，式 (12-7) 可简化为

$$Nu = f(Re) = CRe^n \tag{12-9}$$

将上式两边取对数得

$$\lg Nu = \lg C + n\lg Re \tag{12-10}$$

可见，在以 $\lg Nu$ 为纵坐标、$\lg Re$ 为横坐标的坐标图上，上式为直线，$\lg C$ 为直线在 $\lg Nu$ 轴的截距，n 为直线的斜率，如图 12-4 所示。

在实验中，以 Re 为自变量，以 Nu 为因变量，通过改变实验工况来改变 Re 的数值。每改变一次工况，设定一个 Re 值，就可以确定一个对应的 Nu 数值，在对数坐标图上也就可以得到一个实验点。进行多种工况的实验，就可以得到多个实验点，最后采用最小二乘法或作图法获得常数 C、n 的数值，同时还可以求出实验点的标准偏差。标准偏差的大小反映实验点的分散程度，也反映用所获得的特征数关联式表示实验结果的准确程度。

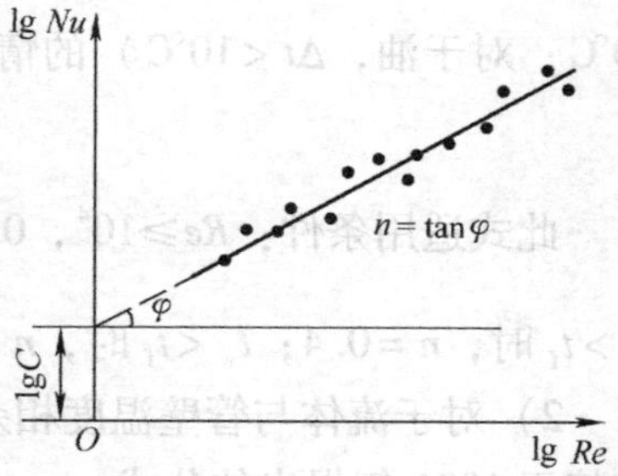

图 12-4　实验数据整理方法示意图

2. 一般流体的无相变单相流体的强迫对流换热

对于一般流体的强迫对流换热特征数关联式，实验确定的参数除了 C、n 外，还有 m。原则上可以首先测定流体在不同的 Pr 下和相同的 Re 下的实验点，将实验点描绘在以 $\lg Nu$ 为纵坐标、$\lg Pr$ 为横坐标的双对数坐标图上，同样用最小二乘法确定 m 的数值。但由于用 Pr 不同且变化范围较大的多种流体进行实验有较大的难度，所以通常直接采用前人通过理论分析或实验研究已经获得的数据。例如：对于层流，取 $m = 1/3$；对于湍流，取 $m = 0.4$ 或其他数值。然后，再用同一种流体在不同的 Re 下进行实验，用与上述相同的方法确定 C 与 n 的数值。

第二节　流体无相变的对流换热

对流换热中，如果流体始终保持单相流动，这种换热称为无相变的对流换热。根据流体流动的起因，可分为自然对流换热和强迫对流换热。常见的强迫对流换热有两种情况：一种是流体在管内流动时换热，如水在省煤器管中流动、蒸汽在过热器管内流动时的对流换热；还有一种是流体在管外横掠流过管道的换热，如烟气流过省煤器、过热器外管壁时的对流换热。它们的换热规律不尽相同。

一、流体在管内流动时的强迫对流换热

（一）计算步骤

1）根据已知条件，选取适当的定性温度、特征长度和特征流速，查取相应的物性参数。

2）先由已知条件计算 Re，再根据 Re 值判断管内流体的流态。

3）根据管内流体的流态（层流、湍流或过渡区）和适宜范围，选用相应的特征数关联式。

4）由已知条件选取或计算有关的修正系数。

5）应用修正系数，得到修正后的 Nu。

6）由 Nu 值求得表面传热系数 h。

7）由牛顿冷却公式计算热流量。

（二）特征数关联式

1. 湍流换热

1）对于流体与管壁温度相差不大（例如：对于气体，$\Delta t = t_w - t_f < 50℃$；对于水，$\Delta t < 30℃$；对于油，$\Delta t < 10℃$）的情况，可采用迪图斯和贝尔特于1930年提出的公式

$$Nu_f = 0.023 Re_f^{0.8} Pr_f^n \tag{12-11}$$

此式适用条件：$Re \geqslant 10^4$，$0.7 \leqslant Pr_f \leqslant 160$，$\frac{l}{d} \geqslant 60$（$l$为管道长度，$d$为管道内径）。当$t_w > t_f$时，$n = 0.4$；$t_w < t_f$时，$n = 0.3$。

2）对于流体与管壁温度相差较大，流体物性场不均匀影响较大的情况，可采用席德和塔特于1936年提出的公式

$$Nu_f = 0.027 Re_f^{0.8} Pr_f^{1/3} \left(\frac{\mu_f}{\mu_w}\right)^{0.14} \tag{12-12}$$

此式适用条件：$Re \geqslant 10^4$，$0.7 \leqslant Pr_f \leqslant 16700$，$\frac{l}{d} \geqslant 60$。

以上两个公式适用于一般的光滑的直管道，对常热流和等壁温边界条件都适用，是形式比较简单的计算管内湍流换热的特征数关联式。特征数的定性温度和特征长度如下。

定性温度：$t_f = \frac{t_f' + t_f''}{2}$（$t_f'$和$t_f''$为管道进、出口截面的平均温度）。

特征长度：圆管取内径d，非圆管为当量直径d_e。

3）修正系数。对于与式（12-11）和式（12-12）的适用条件不相吻合的情况，如$\frac{l}{d} < 60$、弯形管道等，应用上述两公式时还要进行其他修正。

①入口效应修正系数。流体在管内流动时的换热，热阻主要在边界层。因此，边界层的形成和发展与换热有密切的关系。无论是层流边界层还是湍流边界层，在其发展过程中都可分为两段：不定型段和定型段。不定型段是在入口后的一段距离内边界层有规则地成长的阶段，随着流体向前流动，边界层逐渐加厚。而定型段是指离入口一段距离L后，边界层在管中心汇合，速度分布完全定型而不再改变。实验测得：不定型段长度在湍流时$L = 40d$；层流时$L = 100d$，如图12-5所示。流体在不定型段边界层的发展变化，对该段表面传热系数h的变化有一定影响。在不定型段，当管内为层流时，边界层厚度由小变大，直至管内流动完全定型，边界层厚度与管子半径相等，此时热阻也由小变大，相应的表面传热系数由大变小，进入定型段后，h继续下降直至稳定值，如图12-5a所示。当管内为湍流时，开始时边界层为层流，h急剧下降，但由于边界层很快转为湍流，h回升很快并趋于稳定，如图12-5b所示。

不定型段流动情况对表面传热系数的影响称为入口效应。一般入口效应的不定型长度约为$60d$，当$l/d < 60$时，入口段表面传热系数较大，换热较强烈，应考虑入口效应的影响，用入口效应修正系数ε_l进行修正。当$l/d \geqslant 60$时，表面传热系数已达到稳定值，可不必考虑修正。入口效应修正系数ε_l的计算式为

$$\varepsilon_l = 1 + \left(\frac{d}{l}\right)^{0.7} \tag{12-13}$$

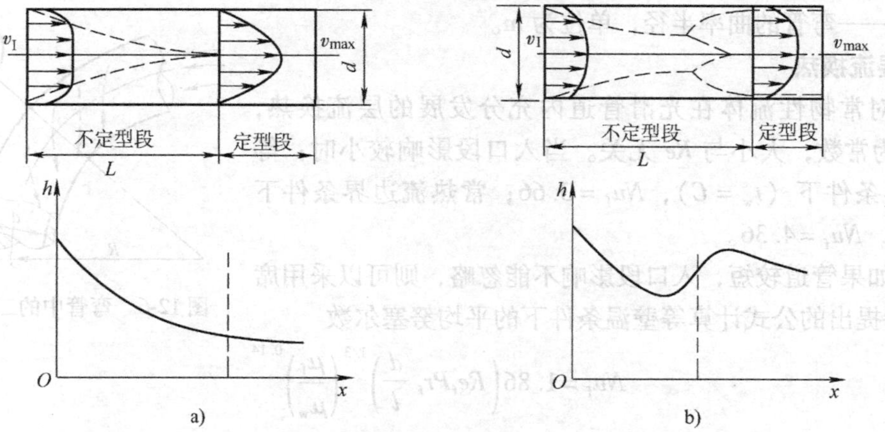

图 12-5 管道不定型段长度和表面传热系数变化示意图

a）层流 b）湍流

②物性不均修正系数。流体流过与之有温度差的固体壁面，流体被加热或是被冷却。由于流体的黏性随温度的变化而变化，进而使层流底层变厚或变薄，换热热阻增大或减小。如液体被加热时，由于液体黏性随温度升高而减小，因此紧邻壁面处的液体黏度减小，层流底层变薄，h 增大；相反，液体被冷却时，h 减小。因此同一种液体在其他条件相同的情况下，被加热时的 h 比它被冷却时的 h 大。气体的黏性随温度的变化规律与液体相反，故气体被加热时的表面传热系数低于它被冷却时的表面传热系数。考虑到加热和冷却对流体物性参数的影响，因此用物性不均修正系数 ε_t 加以修正：

对于气体
$$\varepsilon_t = \left(\frac{T_f}{T_w}\right)^n \tag{12-14}$$

对于液体
$$\varepsilon_t = \left(\frac{\mu_f}{\mu_w}\right)^n \tag{12-15}$$

气体和液体都适用
$$\varepsilon_t = \left(\frac{Pr_f}{Pr_w}\right)^n \tag{12-16}$$

式中的下标 f 和 w 表示流体的物性参数分别以流体平均温度 t_f 和壁面温度 t_w 为定性温度。对于不同情况的对流换热，n 值有所不同。式（12-14）中，气体被加热时 $n=0.55$，被冷却时 $n=0$。式（12-15）中，液体被加热时 $n=0.11$，被冷却时 $n=0.25$。

③弯管修正系数。当流体流过弯管时，由于离心力的作用，形成截面上的二次环流，如图 12-6 所示。二次环流的方向与主流方向垂直，加强了流体的扰动和混合，使换热增强。因此，弯管的表面传热系数比直管的表面传热系数大。当管子很长而弯曲部分很短时，这种影响可不考虑，但对螺旋管则必须考虑这一影响，用弯管修正系数 ε_R 加以修正，其计算式为

对于气体
$$\varepsilon_R = 1 + 1.77\frac{d}{R} \tag{12-17}$$

对于液体
$$\varepsilon_R = 1 + 10.3\left(\frac{d}{R}\right)^3 \tag{12-18}$$

式中 R——弯管的曲率半径，单位为 m。

2. 层流换热

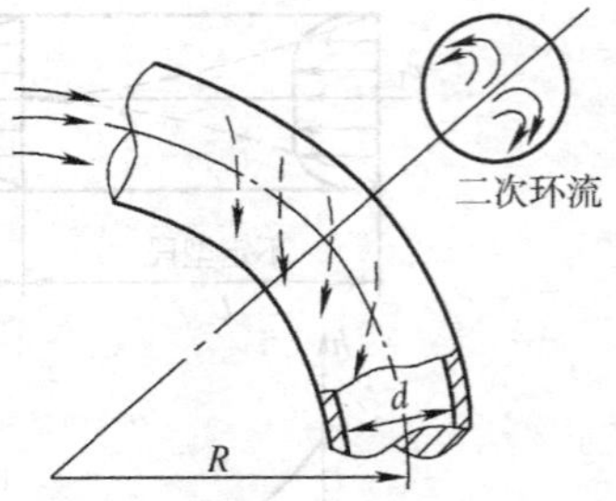

图 12-6 弯管中的二次环流

1）对常物性流体在光滑管道内充分发展的层流换热，Nu 数值为常数，大小与 Re 无关。当入口段影响较小时：等壁温边界条件下（$t_w = C$），$Nu_f = 3.66$；常热流边界条件下（$q_w = C$），$Nu_f = 4.36$。

2）如果管道较短，入口段影响不能忽略，则可以采用席德和塔特提出的公式计算等壁温条件下的平均努塞尔数

$$Nu_f = 1.86\left(Re_f Pr_f \frac{d}{l}\right)^{1/3}\left(\frac{\mu_f}{\mu_w}\right)^{0.14} \tag{12-19}$$

此式的适用条件：$Re_f < 2300$，$0.48 < Pr_f < 16700$，$Re_f Pr_f \dfrac{l}{d} > 10$，$0.044 < \dfrac{\mu_f}{\mu_w} < 9.75$。

式中，除动力黏度 μ_w 以壁面平均温度作定性温度外，其余均以流体平均温度 t_f 为定性温度。特征长度与湍流情况相同。

以上推荐的各公式是少数的基本公式，还有好多学者的研究成果可供选用，读者可以查阅其他的资料。但无论应用哪个经验公式，都要注意它的适用条件。

例 12-1 在一冷凝器中冷却水以 1m/s 的流速流过内径 $d = 10$mm、长 $l = 3$m 的铜管，进出口温度分别为 15℃、65℃。计算管内的平均表面传热系数 h。

解 冷凝器中的冷却水在循环水泵的驱动下在管道内流过，与管道内壁之间为强迫对流换热。

定性温度为流体的平均温度 $t_f = \dfrac{1}{2}(15 + 65)℃ = 40℃$

由定性温度查物性表（附表 13）得

$$Pr_f = 4.31,\ \lambda_f = 0.635\text{W/(m·K)},\ \nu_f = 0.695\times10^{-6}\text{m}^2/\text{s}$$
$$\rho = 992.2\text{kg/m}^3,\ c_p = 4.17\text{kJ/(kg·K)}$$

所以
$$Re_f = \frac{vd}{\nu_f} = \frac{1\times0.01}{0.695\times10^{-6}} = 1.44\times10^4 > 10^4$$

可知冷却水为湍流强迫对流换热。

由于
$$\frac{l}{d} = \frac{3}{0.01} = 300 > 60$$

不用进行入口效应修正。拟选用简单公式式（12-11）计算平均努塞尔数，但不知流体与管壁温度差是否满足 $\Delta t < 30℃$。可以先按满足条件计算，得到结果后再进行验证，如不满足再进行相应的修正。于是有

$$Nu_f = 0.023 Re_f^{0.8} Pr_f^{0.4} = 0.023\times(1.44\times10^4)^{0.8}\times4.31^{0.4} = 87.54$$

所以
$$h = \frac{\lambda_f}{d}Nu_f = \frac{0.635}{0.01}\times87.54\text{W/(m}^2\cdot\text{K)} = 5558.79\text{W/(m}^2\cdot\text{K)}$$

下面验证温差是否符合条件。

先用比热容求解冷却水的吸热量

$$\Phi=\rho vAc(t_f''-t_f')=992.2\times1\times\frac{\pi}{4}\times0.01^2\times4.174\times(65-15)\text{kW}=16.25\text{kW}$$

再应用牛顿冷却公式求管道壁温

$$t_w=\frac{\Phi}{A'h}+t_f=\left(\frac{16.25\times10^3}{\pi\times0.01\times3\times5558.79}+40\right)℃=71℃$$

则流体与管道壁面温度差为

$$\Delta t=t_w-t_f=(71-40)℃=31℃>30℃$$

根据计算结果可看出，流体与管壁温度差不满足所选择公式的适用条件，需要重新选取公式计算。

查物性表（附表13）得 $\mu_f=653.3\times10^{-6}\text{Pa}\cdot\text{s}$，$\mu_w=401\times10^{-6}\text{Pa}\cdot\text{s}$，所以

$$Nu_f=0.027Re_f^{0.8}Pr_f^{1/3}\left(\frac{\mu_f}{\mu_w}\right)^{0.14}=0.027\times(1.44\times10^4)^{0.8}\times4.31^{1/3}\times\left(\frac{653.3}{401}\right)^{0.14}=93.23$$

所以

$$h=\frac{\lambda_f}{d}Nu_f=\frac{0.635}{0.01}\times93.23\text{W/(m}^2\cdot\text{K)}=5920.105\text{W/(m}^2\cdot\text{K)}$$

$$t_w=\frac{\Phi}{A'h}+t_f=\left(\frac{16.25\times10^3}{\pi\times0.01\times3\times5920.105}+40\right)°\text{C}=69°\text{C}$$

则流体与管道壁面温度差为

$$\Delta t=t_w-t_f=(69-40)°\text{C}=29°\text{C}<30°\text{C}$$

根据计算结果可看出，流体与管壁温度差也不满足所选择公式的适用条件。

从以上两种计算结果可以看出，流体与管道壁面温度差取两次平均值为30°C，管内的平均表面传热系数 h 应用哪个结果都可以，或者取两次的平均值。

二、流体在管外横掠管道时的强迫对流换热

（一）横掠单管

1. 局部努塞尔数

流体横掠单管时，流体边界层随着绕流圆管（柱）的圆周角 φ 增大而增厚，进而出现分离，如图12-7所示。与之相应的表面传热系数也出现随 φ 增大而减小、然后回升的现象。当 Re 较小时，表面传热系数仅因边界层分离出现一次回升；当 Re 较大时，则出现由层流边界层转变为湍流边界层的回升，以及湍流边界层发生分离产生的回升，如图12-8所示。所以流体横掠单管时，局部努塞尔数沿圆周方向是变化的。

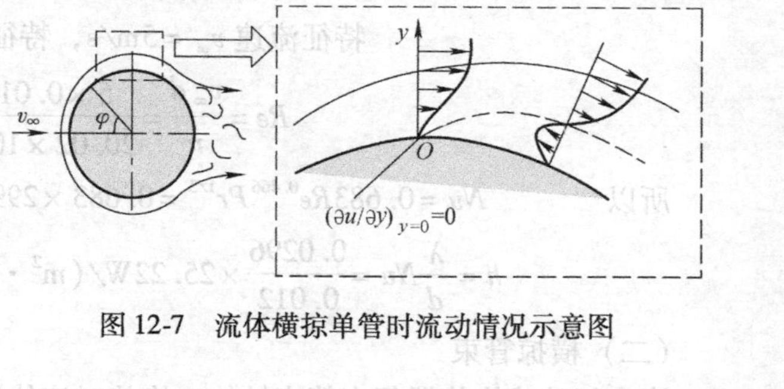

图12-7　流体横掠单管时流动情况示意图

2. 平均努塞尔数

工程上关心的是流体绕过圆管换热时的平均表面传热系数，所以特征数关联式求解的还是平均努塞尔数。特征数关联式的其中一种形式为

$$Nu_m = CRe_m^n Pr_m^{1/3} \tag{12-20}$$

式中，下标 m 表示定性温度为流体来流温度 t_∞ 和壁面温度 t_w 的平均温度，即 $t_m = \frac{t_w + t_\infty}{2}$。特征长度为圆管外径 d。特征流速为来流速度 v_∞。式中系数 C 和 n 见表 12-1。

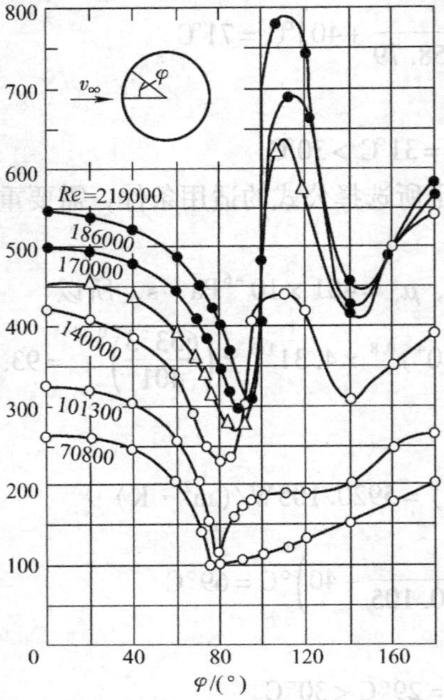

图 12-8 局部努塞尔数沿周向的变化

表 12-1 横掠单管特征数关联式中的 C 和 n 值

Re_m	C	n
0.4 ~ 4	0.989	0.330
4 ~ 40	0.911	0.385
40 ~ 4×10^3	0.683	0.466
4×10^3 ~ 4×10^4	0.193	0.618
4×10^4 ~ 4×10^5	0.0266	0.805

例 12-2 在低速风洞中用电加热圆管的方法进行空气横掠水平放置圆管的对流换热试验。管长 $l = 100\text{mm}$，外径 $d = 12\text{mm}$，来流气温 $t_\infty = 15℃$，来流速度 $v_\infty = 5\text{m/s}$，换热表面平均温度 $t_w = 125℃$，求表面传热系数 h。

解 定性温度 $$t_m = \frac{t_w + t_\infty}{2} = \frac{125 + 15}{2}℃ = 70℃$$

查附表 11 得干空气的物性参数

$$\lambda = 0.0296\text{W/(m·K)},\ \nu = 20.02\times10^{-6}\text{m}^2/\text{s},\ Pr = 0.694$$

特征流速 $v_\infty = 5\text{m/s}$，特征长度 $d = 12\text{mm}$

$$Re = \frac{v_\infty d}{\nu} = \frac{5\times0.012}{20.02\times10^{-6}} = 2997$$

所以 $$Nu = 0.683Re^{0.466}Pr^{1/3} = 0.683\times2997^{0.466}\times0.694^{1/3} = 25.22$$

$$h = \frac{\lambda}{d}Nu = \frac{0.0296}{0.012}\times25.22\text{W/(m}^2\text{·K)} = 62.21\text{W/(m}^2\text{·K)}$$

（二）横掠管束

许多间壁式换热器都有管束结构，换热时流体横掠管束，如锅炉中烟气都是横掠流过过热器和省煤器的。流体横掠管束时，流经第一排时与横掠单管相同，但在流经以后各排时，管束的排列方式（叉排或顺排，如图 12-9 所示）、排列的紧凑程度（管间距）以及管排数对表面传热系数均有影响，其中管束的排列方式对换热的影响最显著。

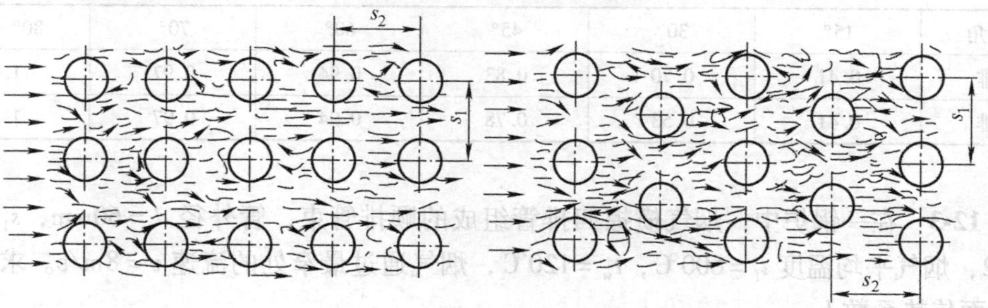

图 12-9　流体横向冲刷管束的流动情况
a）顺排　b）叉排

一般来说，顺排时，从第二排起，每排管子正对来流的一面位于前排管子尾部旋涡区的尾流内，所受到的流体的冲刷情况要差一些，此外，流体在顺排管束间流动时如入一长廊，受到管束的干扰较小，流速和流向比较稳定。而叉排时，流体在管束间通流截面交替减小和扩大的弯曲流道中流动，使流体的流速和流向经常变化，管束对流体的扰动作用增强，使流体对壁面的扰动、流体内部的掺混都比顺排时强。因此，管束叉排时的换热强于顺排。火电厂中换热器管束大多采用叉排排列方式。

流体横掠管束的特征数关联式之一为

$$Nu_f = CRe_{f,max}^m Pr_f^n \left(\frac{Pr_f}{Pr_w}\right)^k \left(\frac{s_1}{s_2}\right)^p \varepsilon_z \tag{12-21}$$

式中，下标 f 表示定性温度为流体来流温度 t_∞，下标 w 表示定性温度为管壁温度 t_w；特征长度为单根管外径 d；$Re_{f,max}$ 表示特征流速为流体的最大流速；s_1 和 s_2 分别为纵向和横向管间距；ε_z 为管排修正系数。系数 C 和指数 m、n、k、p 及 ε_z 根据表 12-2 和表 12-3 选取。

表 12-2　横掠管束特征数关联式中的系数和指数

排列	$Re_{f,max}$	C	m	n	k	p	备注
顺排	$10^3 \sim 2\times10^5$	0.27	0.63	0.36	0.25	0	
	$2\times10^5 \sim 2\times10^6$	0.033	0.80	0.36	0.25	0	
叉排	$10^3 \sim 2\times10^5$	0.35	0.60	0.36	0.25	0.2	$s_1/s_2 \leqslant 2$
	$10^3 \sim 2\times10^5$	0.40	0.60	0.36	0.25	0	$s_1/s_2 > 2$
	$2\times10^5 \sim 2\times10^6$	0.031	0.80	0.36	0.25	0.2	

表 12-3　横掠管束特征数关联式中的管排修正系数 ε_z

排数	1	2	3	4	5	6	7	8	9	10	11	12	13	14	15
顺排	0.700	0.800	0.865	0.910	0.928	0.942	0.954	0.965	0.972	0.978	0.983	0.987	0.990	0.992	0.994
叉排	0.619	0.758	0.840	0.897	0.923	0.942	0.954	0.965	0.971	0.977	0.982	0.986	0.990	0.994	0.997

对于管壳式换热器，由于折流挡板的作用，流体有时与管束呈平行流动，有时又近似垂直于管束流动。当流向与管轴夹角 φ 小于 90°时，对应的表面传热系数 h 应乘以冲击角的修正系数 ε_φ。常见的冲击角的修正系数 ε_φ 可查表 12-4。

表 12-4 圆管管束冲击角排修正系数 ε_φ 的值

冲击角	15°	30°	45°	60°	70°	80°~90°
顺排	0.41	0.70	0.83	0.94	0.97	1.00
叉排	0.41	0.53	0.78	0.94	0.97	1.00

例 12-3 在一锅炉中，烟气横掠四排管组成的顺排管束，管外径 $d=60\text{mm}$，$s_1/d=2$，$s_2/d=2$，烟气平均温度 $t_f=600℃$，$t_w=120℃$，烟气通过最窄处的流速 $v=8\text{m/s}$。求管束的平均表面传热系数 h。

解 定性温度：$t_f=600℃$，$t_w=120℃$，查附表 12 得

$$\lambda=0.0742\text{W/(m·K)},\ \nu=93.61\times10^{-6}\text{m}^2/\text{s},\ Pr_f=0.62,\ Pr_w=0.666$$

$$Re=\frac{vd}{\nu}=\frac{8\times0.06}{93.61\times10^{-6}}=5128$$

$$Nu=0.27\times5128^{0.63}\times0.62^{0.36}\times\left(\frac{0.62}{0.666}\right)^{0.25}\times0.91=44.17$$

$$h=\frac{0.0742}{0.06}\times44.17\text{W/(m}^2\cdot\text{K)}=54.62\text{W/(m}^2\cdot\text{K)}$$

三、自然对流换热

自然对流换热也是一种常见的换热现象，本书只讨论最常见的在重力场中的自然对流换热，其产生的原因是固体壁面与流体间存在温差，使流体内部温度场不均匀，导致密度场不均匀，于是在重力场的作用下产生浮升力而促使流体发生流动，引起热量交换。如锅炉的炉墙、汽轮机汽缸壁和蒸汽管道外表面与周围空气的换热，又如输电导线、变压器等电气设备的壁面与空气的换热都属于自然对流换热。这种换热不消耗动力，在工业生产和日常生活中发挥着重要作用。自然对流换热主要与换热温差、壁面形状和面积、壁面放置情况等因素有关，一般来说，在有利于空气流动的条件下，换热强一些。

空气与设备壁面的自然对流换热会造成散热损失，在工程上往往是不可避免的，为了不使散热损失过大和保证合适的工作条件，通常对热表面温度都有限制，如炉墙外表面温度一般要求不超过 60℃，电气设备外表面允许温度约为 100℃。

等壁温边界条件下的自然对流换热特征数关联式为

$$Nu_m=C(Gr\cdot Pr)_m^n \tag{12-22}$$

定性温度 $t_m=\dfrac{t_w+t_f}{2}$，式中 C、n 及特征长度见表 12-5。

表 12-5 自然对流换热特征数关联式相关参数

壁面形状与位置	流动情况	特征长度	C	n	$GrPr$ 适用范围
竖直平壁或竖直圆柱	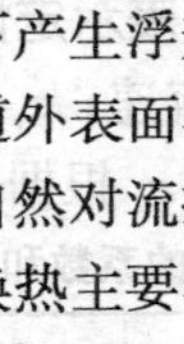	高度 H	0.59	1/4	$10^4\sim10^9$
			0.1	1/3	$10^9\sim10^{13}$

（续）

壁面形状与位置	流动情况	特征长度	C	n	$GrPr$ 适用范围
水平圆柱		圆柱外径 d	0.85	0.188	$10^2\sim10^4$
			0.48	1/4	$10^4\sim10^7$
			0.125	1/3	$10^7\sim10^{12}$
热面朝上及冷面朝下的水平壁	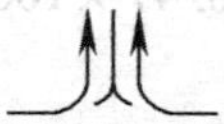	平壁面积与周长之比 A/U，圆盘取 $0.9d$	0.54	1/4	$10^4\sim10^7$
			0.15	1/3	$10^7\sim10^{11}$
热面朝下及冷面朝上的水平壁	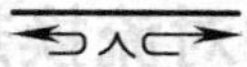		0.27	1/4	$10^5\sim10^{11}$

对于竖直圆柱，当满足

$$\frac{d}{H}\geqslant\frac{35}{Gr^{1/4}} \tag{12-23}$$

时，才可以按竖直平壁处理，否则直径 d 将影响边界层的厚度，进而影响换热量。若不可以按竖直平壁处理，式（12-22）中的常数 C 的值取 0.686，n 的值与竖直平壁相同。

例 12-4　室温为 10℃的大房间中有一个直径为 15cm 的烟囱，其竖直部分高 1.5m，水平部分长 15m，烟囱的平均壁温为 110℃，求每小时的对流换热量。

解

$$t_m=\frac{1}{2}(t_f+t_w)=\frac{1}{2}(10+110)℃=60℃$$

查附表 11 得：$\lambda=0.029\mathrm{W/(m\cdot K)}$，$\nu=18.97\times10^{-6}\mathrm{m^2/s}$，$Pr=0.696$

（1）求烟囱竖直部分的对流散热量

$$Gr=\frac{g\alpha l^3\Delta t}{\nu^2}=\frac{9.8\times1.5^3\times(110-10)}{(273+60)\times(18.97\times10^{-6})^2}=2.76\times10^{10}$$

$$Gr\cdot Pr=2.76\times10^{10}\times0.696=1.92\times10^{10}$$

$$\frac{35}{Gr^{1/4}}=\frac{35}{(2.76\times10^{10})^{1/4}}=0.04$$

因为 $\dfrac{d}{H}=\dfrac{0.15}{1.5}=0.1$

所以 $\dfrac{d}{H}>\dfrac{35}{Gr^{1/4}}$，可按竖直平壁处理。

所以

$$Nu_1=0.1\times(1.92\times10^{10})^{1/3}=267.77$$

$$h_1=\frac{\lambda}{H}Nu_1=\frac{0.029}{1.5}\times267.77\mathrm{W/(m^2\cdot K)}=5.18\mathrm{W/(m^2\cdot K)}$$

$$\Phi_1=\pi dHh_1(t_w-t_f)=3.14\times0.15\times1.5\times5.18\times100\mathrm{W}=365\mathrm{W}$$

（2）求烟囱水平部分的对流散热量

$$Gr=\frac{g\alpha l^3\Delta t}{\nu^2}=\frac{9.8\times0.15^3\times(110-10)}{(273+60)\times(18.97\times10^{-6})^2}=2.76\times10^7$$

$$Gr\cdot Pr=2.76\times10^7\times0.696=1.92\times10^7$$

$$Nu_2=0.125\times(1.92\times10^7)^{1/3}=33.47$$

$$h_2=\frac{\lambda}{d}Nu_2=\frac{0.029}{0.15}\times33.47\mathrm{W/(m^2\cdot K)}=6.47\mathrm{W/(m^2\cdot K)}$$

$$\Phi_2=\pi dlh_2(t_w-t_f)=3.14\times0.15\times15\times6.47\times100\mathrm{W}=4572\mathrm{W}$$

（3）求烟囱总的对流散热量

$$\Phi=\Phi_1+\Phi_2=(365+4572)\mathrm{W}=4937\mathrm{W}$$

第三节　流体有相变的对流换热

流体有相变的对流换热有沸腾换热和凝结换热两种。有相变的换热在工业生产实践中应用广泛，如：火力发电厂中锅炉水冷壁、沸腾式省煤器和蒸发器中被加热流体侧的换热都属于沸腾换热，制冷装置中的蒸发器中制冷剂与冷库中空气的换热也属于沸腾换热；火力发电厂中汽轮机冷凝器和回热加热器中蒸汽侧的换热则属于凝结换热，制冷装置中的冷凝器中制冷剂被冷却的换热也属于凝结换热。下面分析这两类换热的规律。

一、沸腾换热

沸腾换热是指液体与高于其饱和温度的壁面接触时，受热沸腾过程中与固体壁面间的换热现象。

（一）液体沸腾的分类

1. 大容器沸腾和管内沸腾

液体在加热面上的沸腾，按设备的尺寸和形状可分为大容器沸腾和管内沸腾两种。

平时我们用水壶烧水，当加热过程进行到一定程度时，壶内会有大量汽泡产生。仔细观察一下，加热壁面上的汽泡经历了一个产生、长大、脱离、上升、到达液面破裂的过程，此现象就是沸腾。若加热面上产生的汽泡能自由上升，并在上升过程中不受液体流动的影响，液体的运动仅由自然对流和汽泡的扰动引起，这样的沸腾称为大容器沸腾，即加热壁面沉浸在没有强迫对流的液体中发生的沸腾称为大容器沸腾。

上述所述的大容器沸腾换热属于流体在自然流动下的换热现象。而在工程实际中，如火力发电厂中的锅炉水冷壁、沸腾式省煤器等设备中的换热都是管内沸腾换热。所谓管内沸腾换热是指流体在管内强迫流动时的沸腾换热。管内沸腾换热时，流体的流速对沸腾换热影响较大。加热面产生的汽泡因流体流速影响而不能自由浮升，汽泡随流体一起流动，出现复杂的气-液两相流动现象，因而换热规律更复杂。管内沸腾有垂直管内沸腾和水平管内沸腾两种情况。

沸腾过程中，由于汽泡在加热面上不断产生、长大、脱离，周围流体不断补充其位、冲刷加热面，使水对壁面的扰动大大增强，因此，对于同种流体而言，沸腾换热时的换热大大强于无相变时的对流换热，如常压下水沸腾时的表面传热系数可达 $5\times10^4\mathrm{W/(m^2\cdot K)}$，高压下可达 $2\times10^5\mathrm{W/(m^2\cdot K)}$ 以上，而水无相变时的表面传热系数约为 $10^4\mathrm{W/(m^2\cdot K)}$。

2. 过冷沸腾和饱和沸腾

无论是大容器沸腾还是管内沸腾，都有过冷沸腾和饱和沸腾之分。当液体主体温度低于相应压力下的饱和温度，而加热面温度又高于饱和温度时，将产生过冷沸腾。此时，在加热面上产生的气泡将在脱离壁面而上升的过程中重新凝结，热量的传递是通过这种汽化—凝结的过程实现的。当液体主体的温度达到其相应压力下的饱和温度时，离开加热面的气泡不再重新凝结，这种沸腾称为饱和沸腾。

知识拓展：水被加热到什么温度开始沸腾？

理论上，只要温度等于饱和温度，水就会沸腾，但实际中却需要更高的温度，处于微过热状态。由于这种微过热程度很小，如0.1013MPa下，热流密度为22440W/m² 时，沸腾时水温为100.4℃，而相应的饱和温度为100℃，仅微过热0.4℃，因此，通常认为沸腾时水的温度等于饱和温度。然而，在紧贴加热面很薄的一层水间，水温有明显的变化，通常将与加热面接触的水的温度看成加热面温度 t_w，将这一薄层中的水温变化（$t_w - t_s$）作为沸腾计算中的温差 Δt，即 $\Delta t = t_w - t_s$，沸腾温差随热流密度的增大而增大。

（二）大容器沸腾换热

以常压下水在金属表面上沸腾的实验为例，沸腾换热过程在不同的沸腾温差 Δt 下，沸腾的换热规律各异。根据温差不同，饱和水的沸腾可分为自然对流、泡态沸腾和膜态沸腾三个阶段，如图12-10所示。

1. 自然对流状态

图12-10中的 AB 段，当沸腾温差比较小时（约1～5℃），加热面上产生的汽泡不多，热量传递主要依靠单相流体的自然对流，此时传热系数比较小，且随温差 Δt 增大作较小的变化，通常称为自然对流状态或微弱沸腾状态。

2. 泡态沸腾状态

图12-10中的 BC 段，随着沸腾温差增大（约5～30℃），加热面上产生的汽泡明显增多，汽泡的产生与脱离极大地扰动着周围的液体，使传热系数迅速增大，并达到最大值，此时表面传热系数 h 取决于汽泡的产生和运动，故称为泡态沸腾状态。

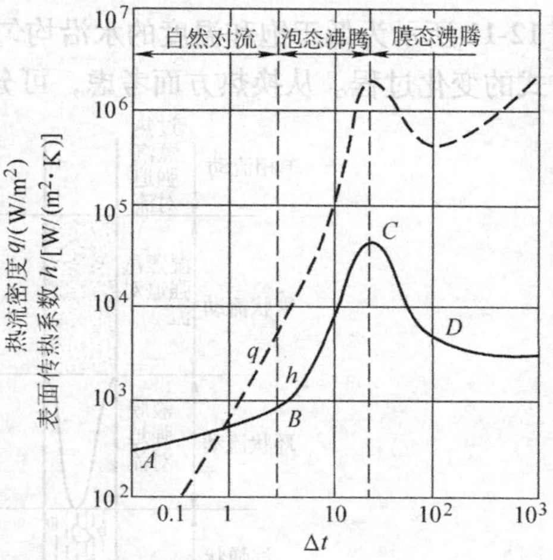

图12-10 水在大容器中的沸腾曲线

3. 膜态沸腾状态

图12-10中 C 点以后，当沸腾温差进一步增大（大于30℃）时，将使产生的汽泡进一步增多，汽泡产生的频率也加快，当汽泡产生的速度大于其脱离加热面的速度时，加热面上产生的汽泡来不及脱离，汽泡便堆积在加热面上连成一片形成汽膜。开始这层汽膜还不稳定，间断地裂开，变成大汽泡跃离壁面。随着温差 Δt 增大到一定程度，汽膜达到稳定，把液体和加热面隔开，热量必须通过汽膜的导热才能传递给水。由于蒸汽导热性能差，汽膜便成为换热的一项很大的热阻，使沸腾表面传热系数急剧下降。这种以汽膜热阻为主要特征的沸腾，称为膜态沸腾状态。

需要指出的是，工程实际中一般总是设法控制在泡态沸腾区内操作，不允许膜态沸腾区内的操作。这是由于泡态沸腾区有较大的表面传热系数，而在膜态沸腾区内，虽然热流密度 q 可能也很大，但由于液体的液面压力一定，饱和温度一定，Δt 的增大，实质上只是加热壁面温度的不断上升。当壁面温度超过金属材料所能承受的温度时，金属壁会被烧坏。因此，工程实际中沸腾温差 Δt 要严格控制在临界点以下。

如图 12-10 所示，由泡态沸腾向膜态沸腾的转折点 C 点即为临界点。C 点对应的温差、热流密度和沸腾表面传热系数分别称为临界温差 Δt_C、临界热流密度 q_C 和临界沸腾表面传热系数 h_C。水在 $p=10^5\text{Pa}$ 压力下沸腾时，$\Delta t_C=25℃$，$q_C=1.25\times10^6\text{W/m}^2$，$h_C=5\times10^4\text{W/(m}^2\cdot\text{K)}$。对于不同的液体，临界热流密度 q_C 的值不同。即使对于同一种液体，q_C 又随压力 p 变化。如：水在 $p<6\text{MPa}$ 范围内，q_C 随压力 p 的升高而增大；在 $p=(6\sim8)\text{MPa}$ 时，q_C 具有最大值；而后随 p 的升高而减小，当 $p=22.15\text{MPa}$ 时，$q_C=0$。临界点的确定，在工程上有很重要的意义。这种意义表现为可以根据 q_C 和 Δt_C 来控制换热设备的加热程度和确定最佳的加热温度。当 $q<q_C$ 时，h_C 随 q_C 和 Δt_C 的增大而增大，换热增强；而当 $q>q_C$ 时，h_C 随 Δt_C 的增大而迅速减小，发生膜态沸腾，换热恶化，甚至于使换热面烧毁。因此，对以沸腾换热方式传热的设备，如锅炉水冷壁等的设计和使用，都必须严格控制热流密度 $q<q_C$；或者在可能出现膜态沸腾的区域采取保护措施，防止壁温飞升烧毁设备。

（三）竖直管内沸腾换热过程

液体在管内沸腾时，随着汽液混合物中含汽量不同，流体流动状态和换热规律也不同。图 12-11 所示为低于饱和温度的水沿均匀加热的竖直管自下而上流动时，其流动结构和换热方式的变化过程。从换热方面考虑，可分以下六个区域。

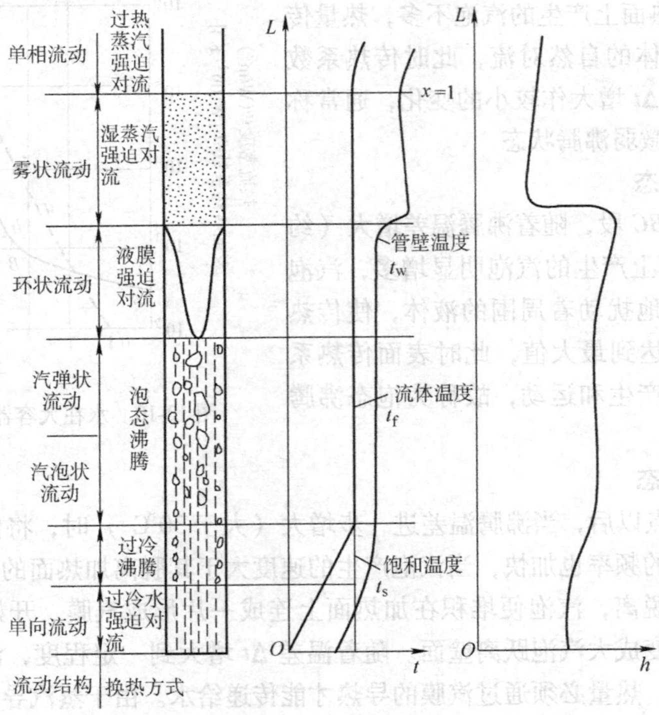

图 12-11 竖直管内的沸腾过程

a）流动结构及换热方式 b）管壁温度的变化 c）表面传热系数 h 的变化

1. 强迫对流换热区

在该区域，如图 12-11 所示，管壁温度低于水的饱和温度，管壁与水之间的换热为强迫对流换热。沿水流方向，壁面和流体温度升高，h 略有增大。

2. 过冷沸腾区

管壁温度高于饱和温度，管内壁表面产生少量汽泡，但因管中心水温还未达到饱和温度，故汽泡脱离壁面进入管中心过冷水处后又消失。但是，汽泡的产生和消失使流体受到相当程度的扰动，h 增大。

3. 泡态沸腾区

整个截面上的温度均达到饱和温度，此时产生的汽泡不再消失而随水一起流动，形成“汽泡状流动”。随着汽泡的长大与汇合会形成更大的汽泡，且沿管中心流动，称“汽弹状流动”。汽泡的运动增加了对水的扰动，h 迅速增大 [$h = (5800 \sim 12000)\ \mathrm{W/(m^2 \cdot K)}$]，且几乎不变。此时管壁温度高于水的温度。

4. 液膜强迫对流区

随着汽-液混合物的干度的提高，管中心的汽泡逐渐连接形成高速流动的汽柱，把液体挤压在管内壁四周，形成“环状液膜”，称“环状流动”。实践表明，当液膜较薄时，管壁上无汽泡产生，汽化过程是在汽柱和液膜的分界面上进行的，由于重力作用下流动液膜蒸发的 h 比大容器沸腾换热时的 h 高出 1~3 倍，因此该区域换热强度显著提高。

5. 湿蒸汽强迫对流换热区

蒸汽流速很高时，会将液膜撕裂，分散后的小水滴夹带在蒸汽中，该流动状态为“雾状流动”。此时管壁与蒸汽直接接触，h 急剧减小，管壁温度大幅度提高，这种现象称“蒸干”。但随着水滴的继续蒸发和流速不断增大，h 逐渐增大，壁温稍有下降。

6. 过热蒸汽强迫对流换热区

该区域中，水已全部蒸发（$x = 1$），管壁与过热蒸汽之间属无相变的强迫对流换热，随着蒸汽温度的提高，壁温逐渐升高。

在火力发电厂中，亚临界压力直流锅炉水冷壁中的沸腾过程大致与上述情况类似。而带有锅筒的自然循环锅炉，由锅筒进入水冷壁的水过冷程度很小，从水冷壁进入锅筒的汽水混合物中大多数为水，因此，水冷壁中发生的沸腾换热主要是 3、4 两种情况。在省煤器中则主要是 1、2 两种情况。

（四）水平管内的沸腾换热

水在水平管内的沸腾与垂直管内的沸腾过程大致相似。不同的是，当流速很低时，会出现汽水分层现象，如图 12-12 所示。

此时管内上部为蒸汽，下部为水。由于蒸汽的表面传热系数小于水的表面传热系数，显然，与蒸汽接触的管子上壁的温度比下壁温度高许多。而这种不均匀的温度分布产生的热应力可能超过管材的允许应力，从而使管子产生裂纹而损坏。因此，水冷壁管应尽量避免水平放置。对于必须水平放置或倾角小于 15°的管子，应保证一定的流体速度，避免出现汽水分层现象。

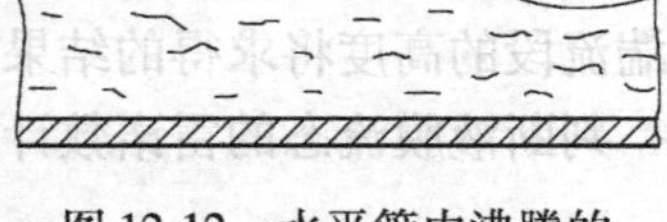

图 12-12 水平管内沸腾的汽水分层现象

综上所述，影响沸腾换热的因素很多，其过程又极其复杂，虽然关于沸腾换热的表面传热系数计算公式提出很多，但都不够完善，至今还没有总结出普遍适用的，工程计算中多采用经验数值方法。

二、凝结换热

（一）蒸汽凝结换热现象

蒸汽遇到低于蒸汽压力所对应的饱和温度的壁面时，放出汽化热而凝结为水的现象称为凝结换热。例如冷凝器中乏汽在管外壁上凝结为水，放出的汽化热穿过管壁传给在管内流动的冷却水，被冷却水带走。

（二）凝结换热的分类

根据凝结液体与壁面的接触特性，凝结换热分为膜状凝结和珠状凝结。凝结液体能润湿壁面，在冷却壁面上形成一层液膜的凝结称为膜状凝结。凝结液体不能润湿壁面，在冷却壁面上形成一个个小液滴的凝结称为珠状凝结。当发生珠状凝结时，液滴在重力作用下下滑，沿途汇集并扫除凝结的液滴形成液珠，从而空出新的固体壁面与汽体接触继续进行凝结换热。而膜状凝结时，蒸汽凝结放出的汽化热必须穿过液膜才能传到壁面，液膜就成为凝结换热的主要热阻，换热热阻较大。所以，珠状凝结比膜状凝结换热效果要好，表面传热系数大。实验数据表明，珠状凝结的表面传热系数可达 23000～426000W/(m^2·K)，约为膜状凝结的 10～15 倍。通过人工方法可以促成珠状凝结，但在生产实际中很难保持长久。生产上多为膜状凝结，所以在设计换热设备时往往按膜状凝结计算。

（三）凝结换热的计算

膜状凝结换热的热流量的计算仍然应用牛顿冷却公式。凝结换热计算时，通常将凝结液膜与壁面接触一侧的温度看成是壁面温度 t_w，而液膜与蒸汽接触一侧的温度看成是蒸汽的饱和温度 t_s，温差取为 $\Delta t = t_s - t_w$。热流量计算要解决的核心问题是平均表面传热系数。

1. 竖直平壁表面的膜状凝结换热

足够长的竖直平壁表面的膜状液膜的流态和局部表面传热系数如图 12-13 所示。上段，液膜较薄，为层流（$Re<1800$）运动。随着液膜的逐渐增厚，流速增大，层流逐步经历过渡区而转变为湍流，局部表面传热系数随流态的转变而变化。若整个平壁上液膜始终保持层流状态，则按层流规律得到平均表面传热系数。若整个平壁上液膜由层流转变到了湍流，可以对液膜的层流段和湍流段分别计算平均表面传热系数，再根据层流段和湍流段的高度将求得的结果加权平均求得整个壁面的平均表面传热系数。

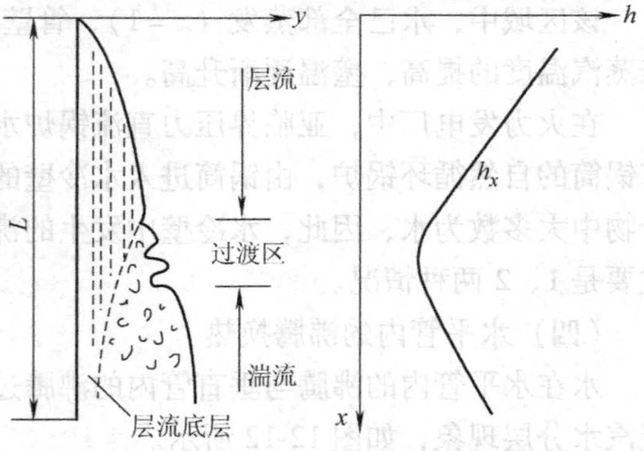

图 12-13　竖直平壁表面的膜状液膜的流态和局部表面传热系数

判断液膜流态的雷诺数计算公式为

$$Re = \frac{d_e v}{\nu} = \frac{4A\rho v}{L\mu} = \frac{4q_m}{L\mu} \tag{12-24}$$

式中　d_e——当量直径，单位为 m；

v——凝结液流速，单位为 m/s；

ν——凝结液运动黏度，单位为 m^2/s；

ρ——凝结液密度，单位为 kg/m^3；

A——凝结液有效截面，单位为 m^2；

L——凝结液湿周，单位为 m；

μ——凝结液动力黏度，单位为 Pa·s；

q_m——凝结液质量流量，单位为 kg^3/s。

层流膜状凝结的平均表面传热系数计算公式为

$$h=1.13\left[\frac{g\rho^2\lambda^3 r}{\mu(t_s-t_w)H}\right]^{1/4} \tag{12-25}$$

式中 g——重力加速度，单位为 m/s^2；

λ——凝结液热导率，单位为 W/(m·K)；

r——凝结液汽化热，查取相应的物性参数表确定，单位为 J/kg；

t_s——冷凝温度，即蒸汽相应压力下的饱和温度，单位为℃；

t_w——壁面温度，单位为℃；

H——壁面高度，单位为 m。

式（12-25）中，除凝结液汽化热 r 外，其余物性参数都按凝结液膜的平均温度 $t_m=\frac{1}{2}(t_s+t_w)$ 确定。

湍流膜状凝结的平均努塞尔数计算公式为

$$Nu=Ga^{1/3}\frac{Re}{58Pr^{-1/2}\left(\frac{Pr_w}{Pr_s}\right)^{1/4}(Re^{3/4}-253)+9200} \tag{12-26}$$

式中 Ga——伽利略数，$Ga=\frac{gl^3}{\nu^2}$（l 为特征长度，ν 为凝结液运动黏度，g 为重力加速度）。

式（12-26）中，各准则数中的物性参数都为凝结液的，Pr_w 以壁面温度 t_w 作为定性温度，其余都以凝结液的饱和温度 t_s 作为定性温度；特征长度取壁面高度。

2. 水平圆管外表面的膜状凝结换热

凝结液在固体表面的流动过程中液膜会逐渐加厚。如流程过长，则液膜厚度增加较为显著，从而使热阻增大，表面传热系数下降。基于这个事实，水平管外的凝结比竖管更为有利。当 $L/d=50$ 时，水平管外凝结的平均表面传热系数比竖管高出一倍。因此，冷凝器通常采用水平管。由于管径一般不很大，所以蒸汽在水平圆管外膜状凝结液膜一般为层流，其凝结的平均表面传热系数计算公式为

$$h=0.725\left[\frac{g\rho^2\lambda^3 r}{\mu(t_s-t_w)d}\right]^{1/4} \tag{12-27}$$

式中，d 为圆管外径，其他各参数均同式（12-25）。

3. 水平管束外的膜状凝结换热

工程上，冷凝器大多数由管束组成，蒸汽在管束外凝结时，上排管的凝结液会部分地落到下排管上去，使下排管的凝结液膜增厚，表面传热系数下降。但由于液滴下落时的冲击、扰动，又会使下排管的凝结液膜产生紊动，使表面传热系数回升。实际情况比较复杂，所以

管束的平均表面传热系数目前还没有简易准确的计算式，一般用 $n_m d$ 代替 d 后用式（12-27）计算，即水平管束外膜状凝结的平均表面传热系数为

$$h = 0.725\left[\frac{g\rho^2\lambda^3 r}{\mu\ (t_s - t_w)\ n_m d}\right]^{1/4} \tag{12-28}$$

式中　n_m——管束在竖直方向上的平均管排数。

管束竖直方向上的平均管排数 n_m 的取值与管子的排列方式有关。对于顺排管束，水平方向上各列管子在竖直方向上的排数相同，令为 n，则 $n_m = n$。对于叉排管束，若水平方向有 z 列管子，各列管子在竖直方向的排数不相等，分别为 n_1，n_2，…，n_z，则平均管排数计算公式为

$$n_m = \left(\frac{n_1 + n_2 + \cdots + n_z}{n_1^{0.75} + n_2^{0.75} + \cdots + n_z^{0.75}}\right)^4 \tag{12-29}$$

第四节　对流换热的增强与削弱

对流换热的强弱与表面传热系数密切相关，影响表面传热系数的因素很多，要增强或削弱对流换热，要从分析影响对流换热的因素入手。

一、影响对流换热的因素

（一）影响对流换热的因素概述

由前面的分析可知，影响对流换热的因素很多，可以概括为以下几个方面。

1. 流动的起因

按流动发生的原因，对流换热过程分为自然对流换热和强迫对流换热。自然对流是由于流体冷热不均造成的密度差使流体流动的，流体流速很小，所以对流换热很弱。强迫对流是由外部机械（泵、风机）的强制力使流体流动的，流速比较大，所以对流换热较强。

2. 流体有无相变

流体有无相变对对流换热影响很大。当流体发生相变（沸腾或凝结）时，虽然流体的温度基本保持不变，但通过吸收或放出汽化热完成热量传递，汽化热比显热大得多，因而换热也比无相变时大得多。有相变时流体的运动情况也与无相变时不同，例如：液体受热沸腾时会产生汽泡，汽泡的运动将增加液体内部的扰动作用，增强了对流作用，使换热增强；凝结换热时液滴下落时的冲击、扰动，能使下部的凝结液膜产生紊动，使表面传热系数增大。

3. 流体的流动状态

流体流动的因素必然会影响对流换热，流体的流动状态对对流换热影响很大。层流时流体的对流换热主要靠导热，但由于液体或气体热导率较小，致使导热热阻较大，因而换热较弱。湍流时对流换热主要靠流体的掺混作用，主要热阻是层流底层的导热热阻，但层流底层很薄，导热热阻比层流的导热热阻小得多，因而换热较强。对于工业和日常生活中常用的一般管道，认为当 $Re \leqslant 2300$ 时，流态为层流；当 $2300 < Re < 10^4$ 时，流态为由层流到湍流的过渡状态；当 $Re > 10^4$ 时，流态为旺盛湍流。

4. 流体的物理性质

流体的物理性质主要指流体的密度、比热容、热导率、黏度等。不同的流体（蒸汽、

烟气、油、水等）物理性质不同，因此对对流换热的影响也不同。通常，流体的密度越大，比热容越大，热导率越大，黏度越小，越有利于热量传递，对流换热越强。例如，水和油相比，水的密度是油的1.1倍左右，比热容是油的2倍，热导率是油的5倍，而黏度是油的近1/10，所以，水是一种比油更理想的冷却介质，大型发电机采用双水内冷能更有效地提高发电机功率。又如车床、钻床、刨床等机床工作时，常采用肥皂水冷却刀具，其实质是进一步改善了水的物理性质，使水的密度增大，比热容增大，热导率增大，黏度减小，从而更有利于将热量从切削刀具上带走。

5. 几何因素

几何因素是指流体所接触的壁面的形状、尺寸以及流体与壁面的相对位置等。理论和实践都表明，这些几何因素都会影响流体的流动情况，因此也影响对流换热。如图12-14a所示，流体在管内流动时，不发生漩涡现象，而当流体横掠圆管时，在圆管背面形成漩涡，漩涡对壁面有强烈的扰动作用，使对流换热增强。如图12-14b所示，在平板表面加热空气时，热面朝上和热面朝下的换热也不一样，热面朝上加热空气时，空气流过壁面受热后很容易浮升，随后较冷空气能很顺利补充其位，不断将壁面热量带走；而热面朝下时，靠近壁面的空气受热后要浮升，但受到壁面阻碍，只能绕过壁面后才能浮升，使较冷空气补充其位速率大大减小，不利于进一步将壁面热量带走，因此热面朝上换热强于热面朝下。管内强迫对流换热时，弯管的换热比直管的强，短管（$l/d<60$）的换热比长管（$l/d\geqslant60$）的强。流体外掠管束换热时，叉排管束的换热比顺排管束的换热强，管排数不同时换热情况也不同。同样是圆管换热，水平放置的和竖直放置的在自然对流换热和凝结换热时表面传热系数都有所不同；横掠单管与管束时表面传热系数不同；单管管外凝结换热和管束管外凝结换热的表面传热系数也不同。通过肋化，可以增大对流换热面积，增大传热量。此外，流道截面尺寸也会影响流体流动，从而影响对流换热。

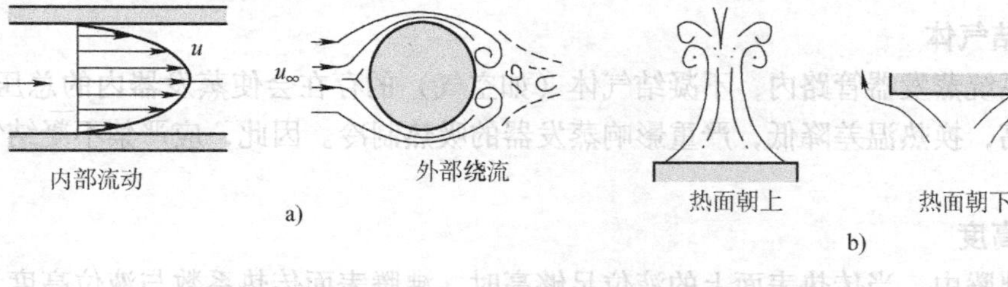

图12-14 影响对流换热的几何因素示意图

a）强迫对流 b）自然对流

6. 壁面表面状况

换热壁面的清洁度、粗糙度、裂纹等状况会影响对流换热。当换热表面结垢、氧化或沾有油污时，对流换热的热阻显著增大，不利于换热。壁面粗糙，汽化核心多，有利于沸腾换热；而会阻碍凝结液流动，使液膜增厚，热阻增大，不利于凝结换热。由于壁面状况不同，流体在壁面上凝结时会出现珠状凝结和膜状凝结，换热强弱不同。而壁面被局部氧化或出现细小的裂纹时，容易形成汽化核心而增强沸腾换热。壁面粗糙，扰动增强，易形成湍流对流换热。

综上所述，可得出以下结论：对流换热中，当其他条件相同时，流体种类不同，换热是不同的，一般情况是：单相流体换热中液体的表面传热系数大于气体；对于同一种流体，有相变时的表面传热系数大于无相变的表面传热系数；强迫对流的表面传热系数大于自然对流的表面传热系数；流体横掠单管的表面传热系数大于流体在管内流动时的表面传热系数；叉排管束的表面传热系数大于顺排管束的表面传热系数；清洁壁面的表面传热系数大于污垢表面的传热系数。表 12-6 列出了火力发电厂中常见的流体种类在不同情况下的表面传热系数的大致范围。

表 12-6　常用流体表面传热系数大致范围

流体种类及换热形式	表面传热系数 $h/[\mathrm{w/(m^2 \cdot K)}]$	流体种类及换热形式	表面传热系数 $h/[\mathrm{w/(m^2 \cdot K)}]$
空气自然对流	3 ~ 10	蒸汽强迫对流	500 ~ 3500
空气强迫对流	20 ~ 100	水沸腾换热	2500 ~ 25000
水自然对流	200 ~ 1000	蒸汽凝结换热	5000 ~ 15000
水强迫对流	1000 ~ 15000		

（二）影响沸腾换热的因素

沸腾表面传热系数除了与液体的物理性质参数有关外，还受到沸腾液体的润湿能力、导热性能以及壁面材料、表面形状等因素的影响。

1. 液体的性质

液体沸腾时，其内部的扰动程度，气、液两相的导热能力，以及形成气泡的脱离速度与液体的热导率、密度、黏度和表面张力等因素对换热都有重要影响。一般情况下，沸腾换热表面传热系数随着液体的热导率和密度的增加而增大，随液体的黏度和表面张力的增大而减小。

2. 不凝结气体

在制冷系统蒸发器管路内，不凝结气体（如空气）的存在会使蒸发器内的总压力升高，导致沸点升高，换热温差降低，严重影响蒸发器的吸热制冷。因此，应严禁不凝结气体混入制冷系统内。

3. 液位高度

大容器沸腾中，当传热表面上的液位足够高时，沸腾表面传热系数与液位高度无关。当液位降低到一定值时，沸腾表面传热系数会明显地随液位的降低而升高，这一定的液位值称为临界液位。

4. 加热壁面状况

加热壁面的材料不同，粗糙度不同，则形成汽化核心的条件不同，会对沸腾换热产生显著的影响。通常，新的或清洁的加热壁面表面传热系数较高，当加热壁面被油垢沾污后，表面传热系数急剧下降。壁面越粗糙，汽化核心越多，越有利于沸腾换热。此外，加热壁面的布置情况对沸腾换热也有明显的影响，如水平管束外沸腾，由于下一排管表面上所产生的汽泡向上浮升引起附加的扰动，使表面传热系数增加。

（三）影响凝结换热的因素

1. 不凝结气体

凝结时，如果蒸汽中含有不凝结气体，这些气体会堆积在凝结液膜与蒸汽中间，形成一层“气体屏障”，使蒸汽放出的汽化热要先穿过气体层，再穿过液膜才能传到壁面，大大增加了换热的热阻，使凝结换热强度大大减小。另一方面，不凝结气体的存在会降低汽液界面的蒸汽分压力，使蒸汽饱和温度降低，从而使冷凝温度差降低，影响换热。如果静止蒸汽中含有1%的空气，会使凝结表面传热系数下降约60%。火力发电厂中，冷凝器是在低于大气压力条件下工作的，加之给水除氧不净、乏汽管道密封不严等情况的存在，蒸汽中难免含有空气，因此，冷凝器都装有高效抽气器，不断将漏入的空气抽出，以利于凝结换热正常进行，维持冷凝器正常真空。

2. 蒸汽的流速和流向

蒸汽的流速大于10m/s时，由于摩擦作用会影响凝结液膜的流动。如果蒸汽流动方向与液膜流动方向相同，蒸汽会带动液膜流动，使液膜流动加快，液膜变薄，减小换热热阻，从而使凝结表面传热系数增大。因此，火力发电厂中冷凝器内蒸汽流动方向总是从上向下，与液膜流向相同。如果蒸汽流动方向与液膜流向相反，一般会使液膜流速减小，液膜变厚，热阻变大，从而使表面传热系数减小，但当蒸汽流速很大，大到足以吹破液膜时，反而会使表面传热系数增大。

3. 冷却表面状况

冷却表面粗糙不平或不清洁时，会阻碍凝结液膜的流动，使液膜流速减小，液膜厚度增加，换热热阻增大。如果冷却表面被氧化或不清洁时，氧化物或污染物会成为又一项附加热阻，从而使凝结表面传热系数减小。因此，冷凝器多采用表面可加工成光洁程度较好的黄铜管或铝黄铜管，运行中经常进行清洗，以防止冷却表面情况变差而影响凝结换热。

4. 冷却管的排列方式

蒸汽在一根管外凝结时，管子水平放置时的凝结液膜比管子直立时的薄，因此，管子水平放置的凝结效果优于直立放置。所以冷凝器管子都是水平布置的。冷凝器中管束的排列方式对凝结换热也有影响。常见的排列方式有顺排、叉排和辐向排列三种，如图12-15所示。当管子排数相同时，下排管子接受上排管子落下的凝结液膜，以顺排时为最多，叉排最少，辐向排列居中，因此，叉排时表面传热系数最大，辐向排列次之，顺排最小。所以冷凝器管束多采用叉排或辐向排列。

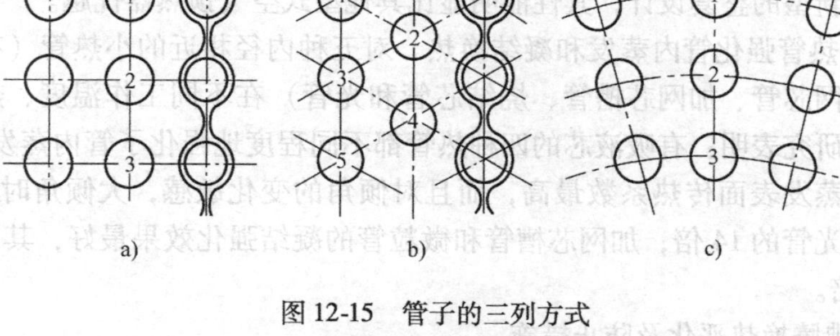

图12-15　管子的三列方式

a）顺排　b）叉排　c）辐向排列

二、增强对流换热的措施

（一）强化措施综合分析

1. 强化措施

研究得最多的是各种延展表面、粗糙表面和涡旋强化，它们还被广泛地应用于各类换热设备中。

1）改变流体的流动状况。采取增大流体流速，将换热面加工成波纹状，在流道中加入金属螺旋环（一般紧贴管壁放置）、麻花铁、涡流发生器等扰流装置，利用机械、声波等使换热面发生振动或使流体振荡等，都能增强流体扰动破坏流动边界层，以达到强化对流换热的目的。对流受热面管束采用叉排布置，换热器管采用辐向排列和加装折流挡板等，都能增强对流换热。

2）改变换热面表面状况。增加换热面的表面粗糙度，可以强化单相流体的湍流换热，有利于沸腾换热和高雷诺数的凝结换热；用烧结、钎焊、火焰喷涂、机加工等工艺在换热表面形成一层多孔层可以强化沸腾换热；用切削、轧制等机加工工艺在表面上形成沟槽或螺纹是强化凝结换热的实用技术。

2. 强化措施应用举例

（1）采用表面增强型蒸发管强化沸腾换热　强化沸腾换热可以采用双侧强化管型，即管内侧有内螺纹槽，管外侧是一种利用机械加工的双重凹陷多孔结构。管型的机构总传热系数随着流速的增大而增大，当管内水流速为0.3～1.3m/s时，主翅和内翅的翅高分别为0.70mm和0.48mm，翅数分别为52和38时，不但增大了换热面积，而且管表面更多的凹陷增加了汽化核心数量，其换热性能很优越。

（2）采用内波纹管强化管内对流换热　用波纹管代替传统的光滑直管，能大大强化热量传递。在实验环境温度20℃，放热蒸汽压力0.15MPa、温度113.5℃，管程水流量40～1400L/h，雷诺数$Re=1800\sim24000$的条件下，分别采用内波纹管和光滑直管测试水侧的对流换热情况。在实验Re变化范围内，波纹管的管内表面传热系数h和努塞尔数Nu均随着Re的增大而增大，并且都比光滑直管大2.5～3倍。

（3）采用螺旋槽管强化空气预热器烟气侧换热　螺旋槽管代替光管作空气预热器，可减轻末级空气预热器的积灰，提高传热能力，可降低排烟温度及提高热风温度；可以代替回转式空气预热器，解决其漏风和积灰问题，此外还可根据不同的具体情况解决锅炉的一些特殊问题。螺旋槽管作为电站锅炉空气预热器的传热管件，大量应用于现役煤粉锅炉空气预热器的更换改造和新型的整套设计，其性能明显比其他型式空气预热器优越。

（4）采用小热管强化管内蒸发和凝结换热　对五种内径相近的小热管（有不同吸液芯结构的微粒管、网芯管、加网芯槽管、烧结芯管和光管）在不同工作温度、热流密度及倾角下的传热进行研究表明：有吸液芯的四种热管都不同程度地强化了管内蒸发和凝结换热，其中，微粒管的蒸发表面传热系数最高，而且对倾角的变化敏感，大倾角时约为光管的9倍，小倾角约为光管的14倍；加网芯槽管和微粒管的凝结强化效果最好，其表面传热系数可达光管的15倍。

（二）管内沸腾换热恶化及防止措施

1. 两类膜态沸腾

管内沸腾换热可能在两个区域出现两类膜态沸腾，使表面传热系数急剧减小，壁温飞升而烧坏管壁。

（1）第一类膜态沸腾　当$q>q_c$时，在过冷沸腾区或泡态沸腾区可能产生大量汽泡，汽泡来不及脱离壁面而聚积成一层汽膜堆积在管壁上，把水和管壁隔离。汽膜热阻很大，使 h 急剧减小，换热恶化。

（2）第二类膜态沸腾 又称“蒸干”，发生在由“环状流动”向“雾状流动”的过渡区。在液膜被撕裂时，在管内形成不连续的不稳定的贴壁汽膜。此时，管壁直接与蒸汽接触，h 急剧减小，壁温飞升。

对于 $p \leqslant 14\text{MPa}$ 的自然循环锅炉，不会产生膜态沸腾和“蒸干”现象。首先是因为水冷壁表面的最大局部热流密度远小于临界热流密度 q_c；其次是因为其有锅筒，水冷壁出口蒸汽干度 $x \leqslant 0.1$，90%以上是饱和水，水冷壁中水的沸腾处于泡态沸腾状态，沸腾表面传热系数很高，管壁温度和水温接近。

对亚临界压力直流锅炉，由于无锅筒，水冷壁中的水将一次性蒸发成干饱和蒸汽，因而必有一个区域处于“蒸干”状态；另外，由于其压力高而 q_c 值较小，水冷壁热流密度却很高，故易因 $q > q_c$ 产生膜态沸腾。因此，对这类锅炉必须采取相应措施，防止膜态沸腾使换热恶化。

2. 防止膜态沸腾的主要措施

目前，在大容量亚临界压力直流锅炉的设计和运行中，防止膜态沸腾使传热恶化的主要措施有以下几种。

1）设计高参数的直流锅炉时，选用比临界热负荷值小得多的热流密度保证运行时 $q < q_c$，并把含汽量较多的受热面布置在低负荷区。

2）设计和运行中适当增大质量流速，以撕裂加热面上的汽膜，从而改善换热效果，降低管壁温度。

3）在炉内高热负荷区采用内螺纹管或装扰流子，增强扰动，改善换热条件。内螺纹管如图 12-16 所示，采用其目的：一是增加流体的扰动，强化换热，推迟膜态沸腾的发生；二是即使出现膜态沸腾，壁温飞升值也不致太高。我国生产的 SG-1000/170 型燃煤直流锅炉炉膛下辐射区采用内螺纹管。实践证明，在燃烧器附近的水冷壁管中加装扰流子也是推迟膜态沸腾换热恶化的有效手段，装有扰流子的沸腾管如图 12-17 所示。东方锅炉厂的燃煤直流锅炉就采用了扰流子。显然，扰流子与螺纹管相比，工艺要求简单，技术要求低，有一定优越性。

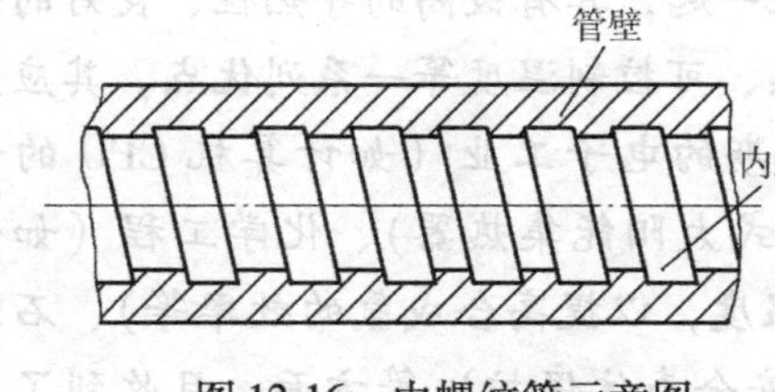

图 12-16 内螺纹管示意图

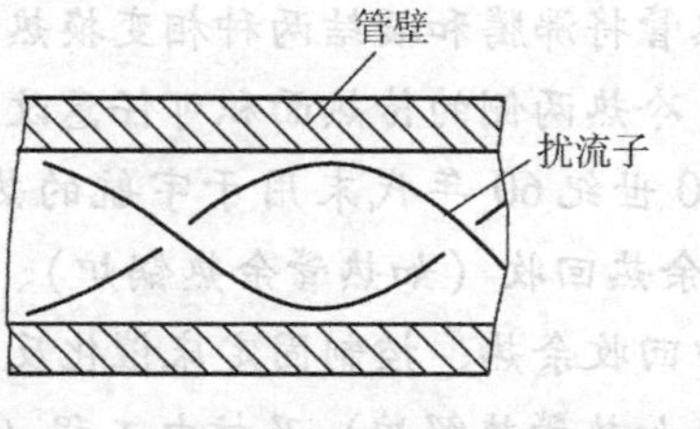

图 12-17 装有扰流子的沸腾管示意图

（三）膜状凝结换热的强化措施

根据凝结换热影响因素的分析可知，液膜的导热热阻是膜状凝结换热的主要热阻，要强化传热，就要设法减小液膜厚度。因此，强化膜状凝结换热的关键措施就是设法将凝结液从换热面排走，并尽可能减小液膜厚度。图 12-18 和图 12-19 所示是采用泄液板或泄液盘排走凝结液，冷凝器内在适当位置安装泄液板将凝结水引掉。目前工业上由水平管束构成的冷凝器都采用低肋管或锯齿形肋片管，如图12-20和图12-21所示，利用凝结液的表面张力将凝结液拉入肋间槽内，使肋端部表面直接和蒸汽接触，达到强化凝结换热的目的。

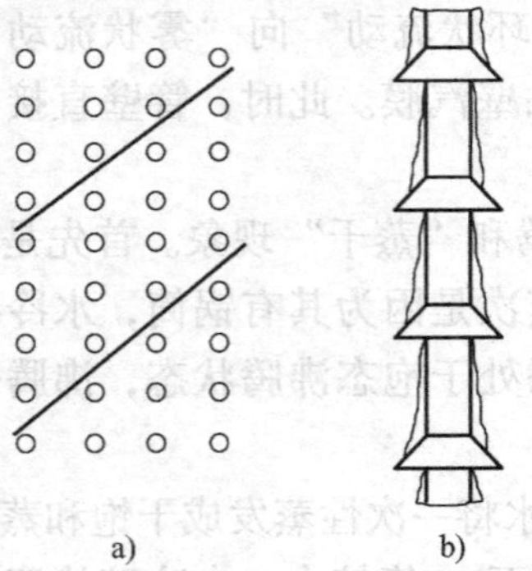

图12-18 泄液板和泄液盘

a）泄液板 b）泄液盘

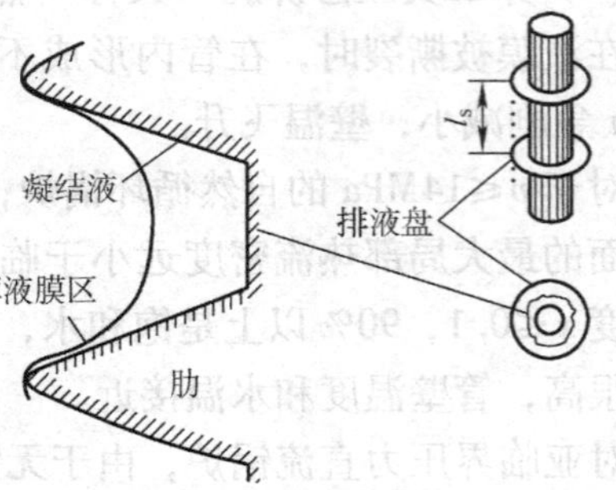

图12-19 纵槽管及泄液盘

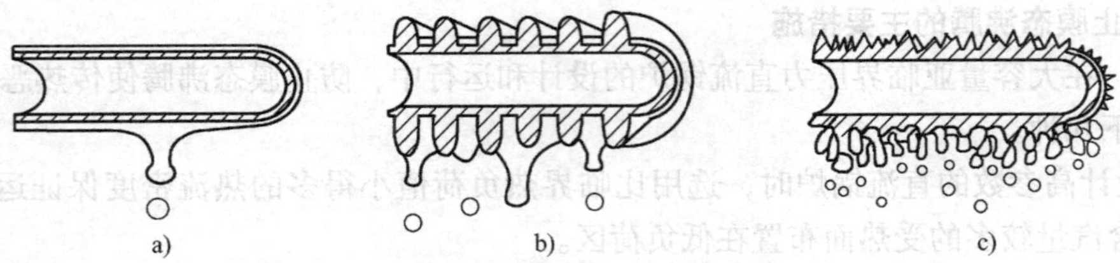

图12-20 采用低肋或锯齿的肋片管

a）光滑管 b）低肋管 c）高热流冷凝管

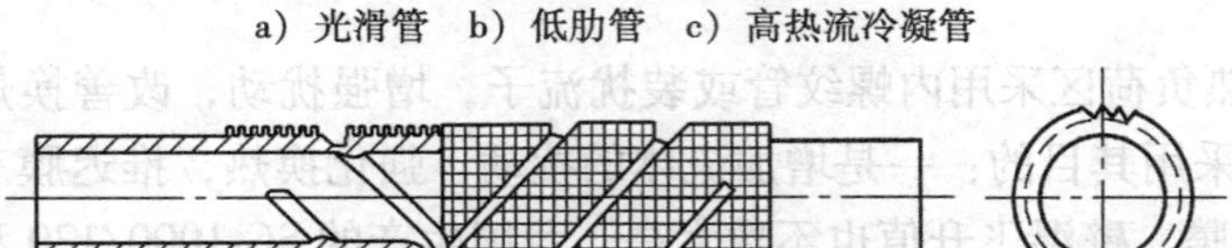

图12-21 高效冷凝管结构图

知识拓展：热管的工作原理

热管将沸腾和凝结两种相变换热过程巧妙地结合在一起，具有极高的导热性、良好的等温性、冷热两侧的传热面积可任意改变、可远距离传热、可控制温度等一系列优点。其应用已从20世纪60年代末用于宇航的热控制，扩展到近期的电子工业（如计算机CPU的散热）、余热回收（如热管余热锅炉）、新能源（如热管式太阳能集热器）、化学工程（如合成氨中回收余热、控制固定床催化反应器的化学反应温度，以提高合成氨的效率等）、石油化工（如热管热解炉）及核电工程（如事故情况下的安全壳体保护）等方面，且收到了显著的效果。热管不仅可用于散热，还可以用于热开关、热控制等。由热管组成的热管热交换器具有传热效率高、结构紧凑、流体阻损小、有利于控制露点腐蚀等优点，目前已广泛应用于冶金、化工、炼油、锅炉、陶瓷、交通、轻纺、机械等行业中，作为废热回收和工艺过程中热能利用的节能设备，取得了显著的经济效益。

热管是由管壳、管芯和工质组成的一个封闭系统，其结构如图12-22所示。管壳一般由铜、不锈钢、镍等金属材料制成。管壳材料的选择除了考虑工作温度、强度、耐腐蚀性等因素外，还要考虑与工质的相容性。管芯是由金属丝网、玻璃纤维或金属粉末烧结做成的多孔材料毛细液芯层，其工作原理是利用毛细管作用输送液态工质。常用的工质有氨、甲醇、水、导热姆、液态金属等。热管在整体上可分为三段：加热段（蒸发段）、绝热段与放热段（冷凝段）。热管工作时，加热段被管外的热流体加热，液态工质在加热段吸收汽化热而汽化，其蒸汽流经绝热段到达放热段后被管外的冷流体冷却，放出汽化热而凝结为液体，凝结液回至热端，再次吸热沸腾汽化。如此反复循环，热量不断地由热端传递到冷端。凝结液的回流可以通过不同的方法来实现，如毛细管作用或重力等。目前常用的方法是将具有毛细结构的吸液芯装在管的内壁上，利用毛细管的作用使凝结液由冷端回流至热端。太阳能集热器采用重力热管。

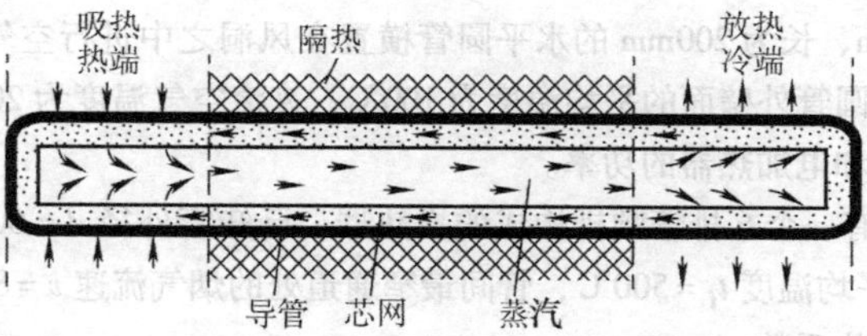

图 12-22　热管

复习思考题

12-1　什么是对流换热？对流换热可分为哪些类型？

12-2　牛顿冷却公式的形式是什么？其中热阻的形式又是什么？

12-3　影响对流换热的因素有哪些？

12-4　简述 *Pr*、*Re*、*Gr* 和 *Nu* 的定义式和物理意义。

12-5　什么是定性温度、特征长度和特征流速？

12-6　简述自然对流的换热机理。

12-7　影响凝结换热的因素有哪些？

12-8　沸腾可能有哪几种状态？工程上应将沸腾安排在什么状态？防止什么沸腾状态？为什么？

12-9　影响沸腾换热的因素有哪些？

12-10　简述热管的工作原理。

讨论思考题

12-1　管束的顺排和叉排对垂直流过管束的对流换热有何不同影响？

12-2　蒸汽在管外凝结换热时，一般将管束水平放置还是垂直放置？为什么？

12-3　火力发电厂冷凝器出口冷凝液的过冷度过大对机组热效率有何影响？

12-4　冬天，将手伸入与室外空气温度相同的河水中，为什么觉得很冷？它说明了什么道理？并用此道理说明发电机采用水内冷的好处。

12-5　两滴完全相同的水珠分别落在 120℃ 和 400℃的铁板上，哪一滴先汽化？

12-6　摩托车手的膝盖需要特别的保温，你知道为什么吗？

12-7　为什么要在锅炉的高热负荷区采用内螺纹管？

习　　题

12-1　水在换热器内被加热，管内径为 14mm，管长为 2.5m，管壁温度保持为 110℃，水的进口温度为

50℃，流速为1.3m/s，试求水通过换热器后的温度。

12-2 空气以1.3m/s的速度在内径为22mm、长为2.25m的管内流动，空气的平均温度为38.5℃，管壁温度为58℃，试求管内的表面传热系数。

12-3 如果上题中空气的流速增加到3.5m/s，空气的平均温度为58℃，管壁温度为90℃，试求管内的表面传热系数。

12-4 水以2m/s的速度流过长度为5m、内径为20mm、壁面温度均匀的直管，水温从25℃被加热到35℃，试求管内表面传热系数。

12-5 一套管式换热器，内管外径 $d_1=12$mm，外管内径 $d_2=16$mm，管长为400mm，在内外管之间的环形通道内水的流速 $v=2.4$m/s，平均温度 $t_f=73$℃，内管壁温 $t_w=96$℃，试求内管外表面处的表面传热系数。

12-6 有一外径为25mm、长为200mm的水平圆管横置在风洞之中进行空气横掠的对流换热实验，管内用电加热器加热。已测得圆管外壁面的平均温度为100℃，来流空气温度为20℃，流速为5m/s，试计算圆管外壁面的表面传热系数和电加热器的功率。

12-7 在一锅炉烟道中有一个6排管顺排构成的换热器。已知管外径 $d=60$mm，$s_1/d=s_2/d=2$，管壁平均温度 $t_w=100$℃，烟气平均温度 $t_f=500$℃，管间最窄通道处的烟气流速 $v=8$m/s，试求管束外壁面和烟气间对流换热的平均表面传热系数。

12-8 室内有一外径为76mm的水平暖气管道，壁面温度为80℃，室内空气温度为20℃，试求暖气管外壁面处自然对流表面传热系数及单位管长的散热量。

12-9 热电厂中有一水平放置的蒸汽管道，保温层外径 $d=400$mm，壁温 $t_w=50$℃，周围空气的温度 $t_\infty=20$℃。试计算蒸汽管道外壁面的对流散热损失。

12-10 20℃的水以2m/s的平均速度流进直径为20mm的长管。设水的出口温度为60℃，圆管内壁的平均温度为90℃，试计算水的表面传热系数。

12-11 烟气垂直流过8排叉排管束，管外径 $d=60$mm，管间距 $s_1=60$mm、$s_2=28$mm，管壁温度 $t_w=150$℃，烟气平均温度为400℃，管束最窄截面处流速为7m/s。试求烟气在管束中的平均表面传热系数以及热流密度。

第十三章　辐射换热

热辐射是热量传递的基本方式之一。物体之间以热辐射的形式实现热量交换的现象称为辐射换热。辐射换热在工程实际中应用较为普遍，如发电厂锅炉炉膛内的火焰以辐射的方式把热量传递给水冷壁，供热管道和暖气片不断向周围空气辐射热量，太阳能热水器和电池板靠吸收来自太阳的辐射热加热工质和发电等。本章主要介绍热辐射有关的基本概念、基本定律，两固体壁面间的辐射换热量计算，增强或削弱辐射换热的措施等。本章主要内容和知识点之间的联系如图 13-1 所示。

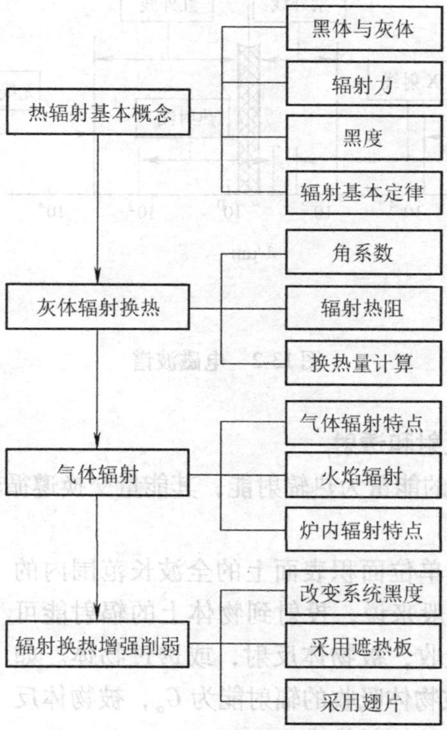

图 13-1　本章知识点之间的联系

第一节　热辐射的基本概念

一、热辐射能

1. 热辐射的范围

热辐射是由于物体内部微观粒子的热运动而激发产生的电磁波。电磁波的性质取决于波长和频率，在热辐射的分析中，通常用波长 λ 来描述电磁波。不同波长范围的电磁波具有不同的效应，电磁波从短到长可分为宇宙射线、γ 射线、X 射线、紫外线、可见光、红外线和无线电波等，如图 13-2 所示。热辐射发生的电磁波的波长范围主要在 0.1 ~ 100μm，这一波长范围的电磁波具有较强的热效应，即物体接受这种电磁波能较有效地转变为热能，储存在物体内部，因此，通常将这一波长范围内的电磁波称为热射线。热射线包括全部可见光（$\lambda = 0.38 \sim 0.76\mu m$）、部分紫外线（$\lambda = 0.1 \sim 0.38\mu m$）和部分红外线（$\lambda = 0.76 \sim 100\mu m$）。然而，在工程实际中所遇到的温度范围内，大部分的热射线波长位于红外线区段的 0.76 ~ 20μm 内。太阳是一个表面温度高达 5000℃以上的炽热球体，对于太阳辐射才考虑波长位于 0.10 ~ 0.20μm 范围内的热辐射。因此，除了太阳能利用装置外，一般可将热辐射看成红外线辐射。

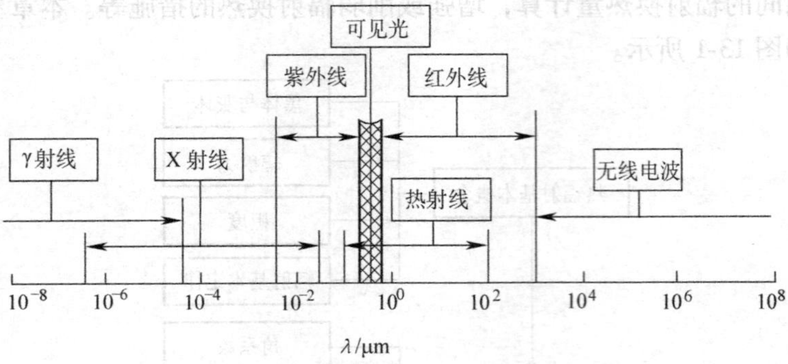

图 13-2 电磁波谱

2. 热辐射能的吸收、反射和透射

物体发生热辐射时传递的能量为热辐射能，其能量交换遵循辐射能的吸收、反射和透射规律。

单位时间内投射到物体单位面积表面上的全波长范围内的辐射能称为投入辐射 G。一般来说，投射到物体上的辐射能可能存在三种情况：被物体吸收，被物体反射，或透过物体。如图 13-3 所示，投入辐射中被物体吸收的辐射能为 G_α，被物体反射的辐射能为 G_ρ，透过物体的辐射能为 G_τ。

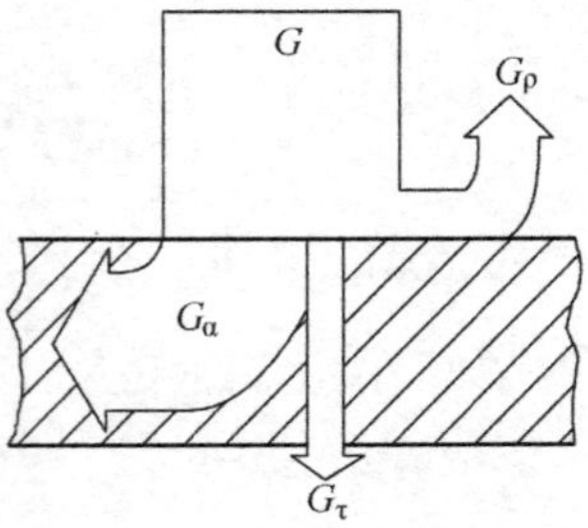

图 13-3 物体对辐射能的反射、吸收和透射

根据能量守恒有

$$G_\alpha + G_\rho + G_\tau = G$$

上式两边同时除以 G，得

$$\frac{G_\alpha}{G} + \frac{G_\rho}{G} + \frac{G_\tau}{G} = 1$$

即

$$\alpha + \rho + \tau = 1 \tag{13-1}$$

式中 $\alpha = \frac{G_\alpha}{G}$ ——物体的吸收率，表示物体吸收的辐射能占投射到物体上的总辐射能的份额；

$\rho = \frac{G_\rho}{G}$——物体的反射率，表示物体反射的辐射能占投射到物体上的总辐射能的份额；

$\tau = \frac{G_\tau}{G}$——物体的透射率，表示透过物体的辐射能占投射到物体上总辐射能的份额。

实验表明，辐射能投射到固体和液体表面很薄的层内（通常小于1mm），会被吸收或反射，不会穿透物体。因此，一般工程材料只要稍具厚度，它们的透射率就等于零，即 $\tau = 0$。这样，对于固体和液体，有

$$\alpha + \rho = 1 \tag{13-2}$$

式（13-2）说明，对于固体和液体，吸收性好的，反射性就差；反之，及射性好的，吸收性就差。需要注意的是，这里所说的透率射为零是指对红外线，对可见光或其它射线并不适用。例如红外线不会穿透玻璃，但可见光是可以透过玻璃的。冬天，玻璃花房就是利用这一特性保持一定温度的。白天太阳光（含有近50%的可见光）透过玻璃射进花房，使花房内的物体和环境温度升高。到了晚上，花房内温度较高的物体和室内环境发射的红外线不会穿透玻璃，因此，不会以热辐射的方式重新将能量传递出去，从而保持了夜间花房的温暖，这就是所谓的“温室效应”。此外，还需说明的是，固体表面对红外线的吸收情况与可见光也不相同。物体表面颜色对可见光呈强烈的选择性，例如夏天穿浅色衣服要比深色衣服凉快，主要是因为表面浅色的材料比表面深色的同种材料吸收太阳辐射能中可见光的能力弱。然而，物体表面颜色却对红外线的吸收影响很小，例如白色漆和黑色漆对红外线的吸收率差不多，主要是因为物体对红外线的吸收率主要取决于物体的性质、温度、表面粗糙、氧化的程度，而与颜色无关。

对于气体，辐射能不会被反射，即反射率 $\rho = 0$。这样，对于气体，有

$$\alpha + \tau = 1 \tag{13-3}$$

式（13-3）说明，吸收性好的气体，穿透性就差；反之穿透性好的气体，吸收性就差。

二、理想辐射体

1. 黑体

白天远眺无光源的房屋窗口，有黑洞洞的印象，这是由于可见光从窗口进入后，在室内多次吸收、反射后再从窗口反射出来投到人们眼中的可见光已微乎其微的缘故。像这样，吸收率 $\alpha = 1$ 的物体，被称黑体。黑体是假定的理想物体，严格来讲，黑体实际上并不存在，只能用人工方法制作出近似黑体的模型。通常，带有一个小孔的空腔体可作为黑体模型，如图13-4所示，当热射线投射入小孔后，便在腔体内表面上经过多次吸收、反射，反射能量逐渐减少，从小孔反射出来的能量几乎没有，也就是说落入小孔的辐射能几乎被全部吸收。在进行辐射换热分析时，某些物体表面吸收热辐射能的能力特别强时可以当作黑体处理而使问题简化，如在计算锅炉看火孔门打开时炉膛与环境的辐射换热时，就可将炉膛内表面看成黑体，对环境的热辐射能只吸收不反射。引入黑体这个概念对热辐射规律的研究具有重要意义：由于实际物体的热辐射特性和规律复杂，所以人们首先研究黑体辐射

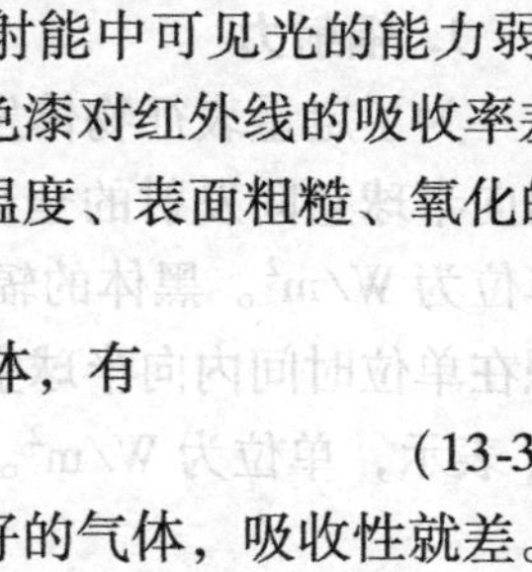

图13-4　人工黑体模型

的性质和规律，把实际物体的辐射特性与之比较，找出与黑体辐射的区别，再将黑体辐射的规律进行修正后用于实际物体。

需要注意，这里所说的黑体与日常生活中的黑色物体不同，颜色只是对可见光而言，而可见光在热辐射的波长范围中只占很小部分，所以不能凭物体颜色的黑白来判断它对热辐射的吸收率的大小。例如，白雪对红外线的吸收比高达 0.94；白布和黑布对可见光的吸收比差别很大，但对红外线的吸收率基本相同。

2. 灰体

实际物体发射和吸收热辐射能的情况都比较复杂，光谱辐射特性随波长变化，而且发射热辐射能具有方向性，吸收热辐射能对波长具有选择性。工程中，为简化实际物体辐射换热的计算，引入灰体的概念。灰体是指光谱辐射特性不随波长变化的假想物体。那么，灰体的吸收率、反射率和透射率都不随波长变化，即在任何波长下，吸收率、反射率和透射率均保持不变。绝大多数的工程材料在热辐射范围内均可近似为灰体处理。

3. 镜体和透明体

反射率 $\rho=1$ 的物体称为镜体（漫反射时称为白体）。透射比 $\tau=1$ 的物体称为绝对透明体。镜体和绝对透明体也是假想物体，自然界中并不存在。

三、辐射力与黑度

1. 辐射力

为了定量表征物体发射热辐射的能力，引入辐射力的概念。物体单位表面积在单位时间内向半球空间发射的全部波长的辐射能的总和称为该物体表面的辐射力，用符号 E 表示，单位为 W/m^2。黑体的辐射力用 E_b 表示。相同温度下，黑体的辐射力最大。物体单位表面积在单位时间内向半球空间发射的某一波长的辐射能称为该物体表面的光谱辐射力，用符号 E_λ 表示，单位为 W/m^2。辐射力与光谱辐射力之间的关系可表示为

$$E = \int_0^\infty E_\lambda \mathrm{d}\lambda \tag{13-4}$$

2. 黑度

为说明实际物体发射热辐射能的能力，引入发射率（黑度）的概念。实际物体的辐射力与同温度下黑体的辐射力之比称为该物体的发射率，习惯上成为黑度，用符号 ε 表示，即

$$\varepsilon = \frac{E}{E_b} \tag{13-5}$$

在计算实际物体辐射力时，只需在计算黑体辐射力的基础上进行修正。这样，实际物体的辐射力

$$E = \varepsilon E_b \tag{13-6}$$

实际物体的光谱辐射力与同温度下黑体的光谱辐射力之比称为该物体的光谱发射率（光谱黑度），用符号 ε_λ 表示，即

$$\varepsilon_\lambda = \frac{E_\lambda}{E_{b\lambda}} \tag{13-7}$$

对于灰体，光谱辐射特性不随波长变化，则有

$$\varepsilon_\lambda = \varepsilon \tag{13-8}$$

所以，灰体的光谱辐射力随波长的变化趋势与黑体相同。

黑度的物理意义在于：它表明了物体的辐射能力接近于黑体的程度。黑度 ε 恒小于 1。物体的黑度与外界因素无关，只与物体本身情况有关，取决于材料的种类、温度和表面状况，通常由实验确定。实际事物的黑度与方向有关，但对于工程实际中遇到的绝大多数材料，都可以忽略其方向性，而近似看作漫发射体。火力发电厂中常见材料的黑度见表 13-1。表面粗糙的物体或氧化金属表面具有较大的黑度，而磨光的金属表面黑度较小。绝大部分非金属材料的黑度在 0.85 ~ 0.95 之间，且与表面状况的关系不大，在缺乏资料的情况下可近似取作 0.9。

表 13-1　常见材料的黑度表

材料种类和表面状况	温度/℃	黑度	材料种类和表面状况	温度/℃	黑度
表面氧化的钢	200 ~ 600	0.8	红砖（粗糙表面）	20	0.88 ~ 0.93
表面磨光的钢	940 ~ 1 100	0.55 ~ 0.61	耐火砖	500 ~ 1 000	0.8 ~ 0.9
表面磨光的铁	420 ~ 1 020	0.144 ~ 0.377	锅炉炉渣	0 ~ 1 000	0.97 ~ 0.70
表面氧化的铁	100	0.736	烟炱	95 ~ 270	0.952
铬镍合金	125 ~ 1 034	0.64 ~ 0.76	各种颜色油漆	100	0.92 ~ 0.96

第二节　热辐射的基本定律

普朗克定律、维恩位移定律、斯蒂芬—波耳兹曼定律和基尔霍夫定律是实际物体辐射换热计算的重要基础。

一、普朗克定律

普朗克（M. Planck）在量子假设的基础上，从理论上揭示了黑体辐射光谱的分布规律，给出了黑体光谱辐射力 $E_{b\lambda}$ 和波长 λ、热力学温度 T 之间的函数关系，称之为普朗克定律。根据普朗克定律绘制的不同温度下黑体的光谱辐射力随波长的变化如图 13-5 所示。可以看出，黑体的光谱辐射力随波长和温度的变化具有下述特点。

1）温度越高，同一波长下的光谱辐射力 $E_{b\lambda}$ 越大，且短波区增大速度比长波区大。曲线下的面积就是该温度下的辐射力。

2）在一定温度下，光谱辐射力随波长连续变化，先是增大，然后又减小，在某一波长下具有最大值。

3）随着温度的升高，光谱辐射力取得最大值的波长 λ_{max} 越来越小，即在 λ 坐标中的位置向短波方向移动。

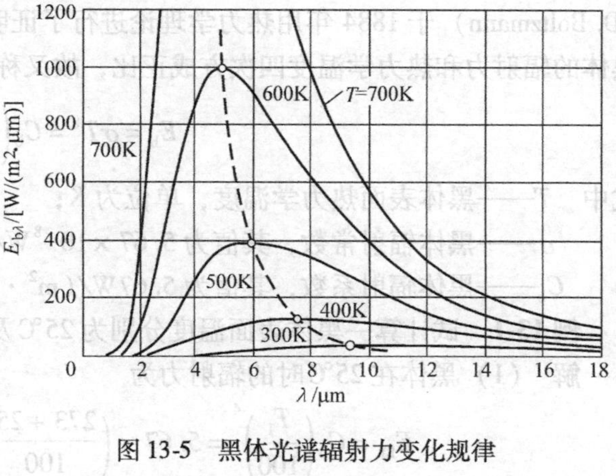

图 13-5　黑体光谱辐射力变化规律

二、维恩位移定律

由图 13-5 所知，当 $\lambda=0$ 和 $\lambda=\infty$ 时 $E_{b\lambda}$ 都等于 0，其间某波长处必存在一最大值。在一定温度下，由普朗克定律求极值可以得到黑体的光谱辐射力取得最大值的波长 λ_{max} 与热力学温度 T 之间的关系为

$$\lambda_{max}T=2.8976\times10^{-3}\mathrm{m\cdot K}\approx2.9\times10^{-3}\mathrm{m\cdot K} \tag{13-9}$$

此关系式称为维恩（Wien）位移定律。

根据维恩位移定律，可以确定任一温度下黑体的光谱辐射力取得最大值的波长。例如，太阳辐射可以近似为表面温度约为 5800K 的黑体辐射，由上式可求得太阳光谱辐射力取得最大值的波长 $\lambda_{max}=0.5\mu m$，位于可见光的范围内。可见光的波长范围虽然很窄（0.38 ~ 0.76μm），但所占太阳辐射能的份额却很大（约为 44.6%）。再如，工业上常见的高温一般低于 2000K，由上式可以确定，2000K 温度下黑体的光谱辐射力取得最大值波长 $\lambda_{max}=1.45\mu m$，处于红外线范围内。加热炉中铁块升温过程中颜色的变化体现了黑体辐射维恩位移定律：当铁块的温度低于 800K 时，所发射的热辐射主要是红外线，人的眼睛感受不到，看起来还是暗黑色的；随着温度的升高，铁块的颜色逐渐变为暗红色、鲜红色、橘黄色、亮白色，这是由于随着温度的升高，铁块发射的热辐射中可见光的比例逐渐增大的缘故。

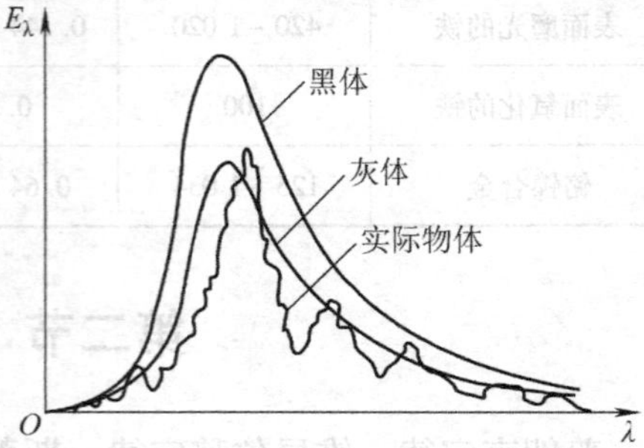

图 13-6　光谱辐射力随波长变化示意图

图 13-6 为同温度下黑体、灰体和实际物体的光谱辐射力随波长变化的示意图。可以看出：实际物体的光谱辐射力随波长的变化规律完全不同于黑体和灰体，但其变化规律更接近灰体；灰体的光谱辐射力取得最大值的波长与黑体极为相近。所以维恩位移定律也适用于灰体和实际物体。

三、斯蒂芬-玻尔耳兹曼定律

在计算辐射换热时，需要建立物体的辐射力 E_b 与温度 T 的关系。黑体的辐射力与温度的关系，首先由斯蒂芬（J. Stefan）在 1879 年从实验中得出，后来玻尔耳兹曼（D. Boltzmann）于 1884 年用热力学理论进行了证明，所以被称为斯蒂芬-玻耳兹曼定律，即黑体的辐射力和热力学温度四次方成正比，故又称四次方定律。其数学表达式为

$$E_b=\sigma T^4=C_b\left(\frac{T}{100}\right)^4 \tag{13-10}$$

式中　T——黑体表面热力学温度，单位为 K；

σ——黑体辐射常数，其值为 $5.67\times10^{-8}\mathrm{W/(m^2\cdot K^4)}$；

C_b——黑体辐射系数，其值为 $5.67\mathrm{W/(m^2\cdot K^4)}$。

例 13-1　试计算一黑体表面温度分别为 25℃及 500℃时辐射力的变化。

解　（1）黑体在 25℃时的辐射力为

$$E_{b1}=C_b\left(\frac{T_1}{100}\right)^4=5.67\times\left(\frac{273+25}{100}\right)^4\mathrm{W/m^2}=447.145\mathrm{W/m^2}$$

（2）黑体在500℃时的辐射力为

$$E_{b2}=C_b\left(\frac{T_2}{100}\right)^4=5.67\times\left(\frac{273+500}{100}\right)^4\text{W/m}^2=20244.219\text{W/m}^2$$

$$\frac{E_{b2}}{E_{b1}}=\frac{20244.219}{447.145}=45.274$$

由此可见，同一黑体在摄氏温度变化为原来的20倍时，其辐射力为原辐射力的45.274倍。说明物体在低温时辐射能力较小，一般可以忽略，而在高温时热辐射则成为主要的传热方式。

例13-2 一黑度为0.8的钢板放在室温为27℃的车间中，求：（1）热平衡条件下，钢板的辐射力；（2）当钢板被加热到327℃时的辐射力。

解 （1）热平衡时，钢板温度与室温一致，即钢板的温度为27℃，其辐射力

$$E_1=\varepsilon C_b\left(\frac{T_1}{100}\right)^4=0.8\times5.67\times\left(\frac{27+273}{100}\right)^4\text{W/m}^2=367.4\text{W/m}^2$$

（2）当钢板温度为327℃时，其辐射力

$$E_2=\varepsilon C_b\left(\frac{T_2}{100}\right)^4=0.8\times5.67\times\left(\frac{327+273}{100}\right)^4\text{W/m}^2=5878.7\text{W/m}^2$$

$$\frac{E_2}{E_1}=\frac{5878.7}{367.4}=16$$

由上述计算结果可知，当钢板的热力学温度变为原来的2倍时，其辐射力是原辐射力的16倍。这说明，物体的辐射力受温度的影响很大。

四、基尔霍夫定律

1860年，基尔霍夫揭示了物体吸收辐射能的能力与发射辐射能的能力之间的关系，称为基尔霍夫定律，其表达式为

$$\alpha_\lambda(\theta,\varphi,T)=\varepsilon_\lambda(\theta,\varphi,T) \tag{13-11}$$

式中 θ、φ——分别为物体半球表面的纬度角和经度角。

基尔霍夫定律表明：任何一个温度为T的物体在（θ，φ）方向上的光谱吸收比，等于该物体在相同温度、相同方向、相同波长的光谱发射率。这说明，吸收辐射能的能力愈强的物体，发射辐射能的能力也愈强。在温度相同的物体中，黑体吸收辐射能的能力最强，发射辐射能的能力也最强。

对于漫射体，辐射特性与方向无关。对于灰体，辐射特性与波长无关。所以漫射灰体的基尔霍夫定律表达式为

$$\alpha(T)=\varepsilon(T) \tag{13-12}$$

对于工程上常见的温度范围（$T\leqslant2000\text{K}$），大部分辐射能都处于红外线波长范围内，绝大多数工程材料都可以近似为漫射灰体，利用式（13-12），可以通过实验测定物体的黑度来确定其吸收率。但要注意，在太阳能利用中研究物体表面对太阳能的吸收和本身的热辐射时，就不能简单地将物体当作灰体，而错误地认为对太阳能的吸收比等于自身辐射的发射率。这是因为，近50%的太阳辐射位于可见光的波长范围内，而物体自身热辐射位于红外波长范围内，由于实际物体的光谱吸收比对投入辐射的波长具有选择性，所以一般物体对太

阳辐射的吸收比与自身的发射率有较大的差别。例如，常温下各种颜色油漆的发射率约为0.9左右，但白漆对可见光的吸收比只有0.1~0.2。现在已开发出应用于太阳能集热器上的选择性表面涂层材料，其对太阳能的吸收比高达0.9，而自身发射率只有0.1左右，这样既有利于太阳能的吸收，又减少了自身的辐射热损失。

第三节 灰体间的辐射换热

锅炉炉墙、蒸汽管道、汽轮机汽缸壁及一些电气设备的表面与周围物体之间的换热均存在辐射换热，而且炉膛内火焰与水冷壁之间的辐射换热最为典型。

为了使辐射换热的计算简化，作以下假设。

1）进行辐射换热的物体表面之间是不参与辐射的介质（如单原子或具有对称分子结构的双原子气体、空气）或真空。

2）参与辐射换热的物体表面都是漫射（漫发射、漫反射）灰体或黑体表面。

3）参与辐射换热的物体表面的温度、辐射特性及投入辐射都分布均匀。

实际上，能严格满足上述条件的情况很少，计算结果会有一定的误差。

一、角系数

（一）角系数的定义

影响物体间辐射换热的因素除物体表面温度和黑度外，换热面的形状及其相对位置对辐射换热也有很大的影响。

相对位置的影响如图13-7所示，温度分别是T_1、T_2的两平板表面相对位置不同，辐射换热换热效果也不同。显然，第一种情况辐射换热量最大，第二种情况次之，第三种换热量为零。

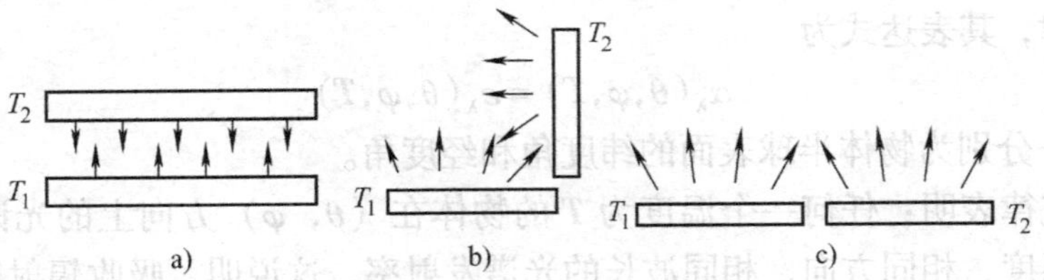

图13-7 相对位置的影响

a）两板正对 b）两板垂直 c）两板位于同一平面

表面形状的影响如图13-8所示，两根直径相同且平行放置的圆管与两块平行平板（板的宽度等于圆管的周长）相比，由于两平板间每个表面发出的辐射能可以比较多地落到另一平板表面上，因此两平板间的辐射换热量比两圆管大。

上述表明，换热面的形状和相对位置关系到一个表面发出的辐射能是否落到另一个表面以及落上去多少的问题，因而必然影响两表面间的辐射换热量。因此，对于任意两表面间的辐射换热量计算，必须要考虑换热面的形状和相对位置的影响，所以，引入角系数的概念。

两个任意放置的物体表面，表面1发出的辐射能中落到表面2上的能量占表面1总发射能量的百分数称为表面1对表面2的角系数，以$x_{1,2}$表示，同理表面2对表面1的角系数为

$x_{2,1}$。角系数纯系几何因子，仅取决于物体表面的形状及相对位置，而与各表面的温度、黑度无关。这是角系数的基本特性。

（二）角系数的性质

（1）相对性 理论分析证明，任意两表面之间的两个角系数之间是相互关联的，即

$$A_1x_{1,2}=A_2x_{2,1} \tag{13-13}$$

（2）完整性 从辐射换热的角度看，任何物体都处于其他物体（实际物体或假想物体）的包围之中。换句话说，任何物体都与其他所有参与辐射换热的物体构成一个封闭空腔。它所发出的辐射能百分之百地落在封闭空腔的各个表面之上，也就是说，它对构成封闭空腔的所有表面的角系数之和等于1，即

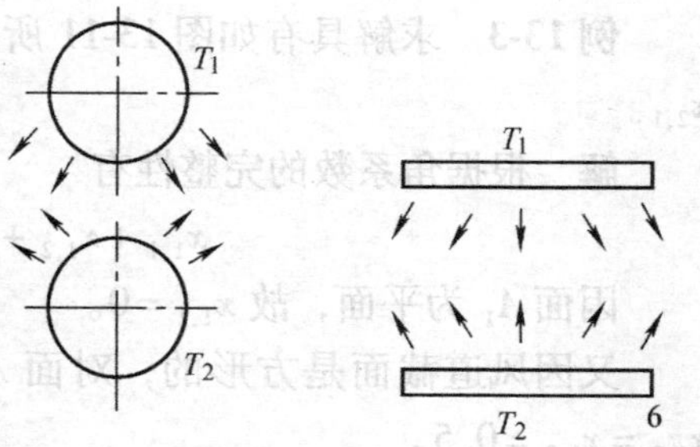

图 13-8 表面形状的影响

$$\sum_{j=1}^{n}x_{i,j}=x_{i,1}+x_{i,2}+\cdots\cdots x_{i,n}=1 \tag{13-14}$$

对于非凹表面，$x_{i,i}=0$。

（3）可加性 角系数的可加性实质上是辐射能的可加性，体现能量守恒。对于图 13-9 所示换热表面的角系数，有如下关系式

$$x_{1,(2+3)}=x_{1,2}+x_{1,3} \tag{13-15}$$

（三）角系数的计算

角系数的确定方法有多种，有积分法、代数法、图解法等。在工程上为计算方便，将常见的几何形状与相对位置的角系数绘制成图线，可以从有关书籍中查找。本书重点讨论代数法。

代数法是利用角系数的定义及性质，通过代数运算确定角系数的方法。下面举例说明如何利用代数法确定角系数。

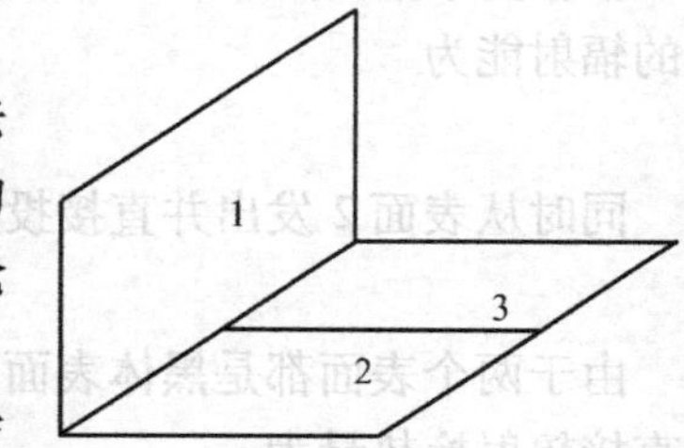

图 13-9 角系数的可加性示意图

对于如图 13-10a 所示的由一个非凹表面 1 与一个凹形表面 2 构成的封闭空腔和如图 13-10b 所示的由凸表面物体 1 与包壳 2 构成的封闭空腔，角系数 $x_{1,2}=1$，所以根据角系数的相对性，很容易求出

$$x_{2,1}=\frac{A_1}{A_2} \tag{13-16}$$

对于图 13-10c 所示的两个凹形表面 1、2 构成的封闭空腔，若求角系数 $x_{1,2}$，可做一假想平面 2a，因为从表面 1 投射到表面 2 上的辐射能也都全部穿过假想表面 2a，因此根据角系数的定义很容易得出 $x_{1,2}=x_{1,2a}$。对于表面 1 与假想表面 2a 构成的封闭空腔，根据式（13-16）可得

$$x_{1,2}=x_{1,2a}=\frac{A_{2a}}{A_1} \tag{13-17}$$

对于图 13-10d 所示的两块距离很近的大平壁，在通过边缘缝隙与其它物体的辐射换热可以忽略的情况下，

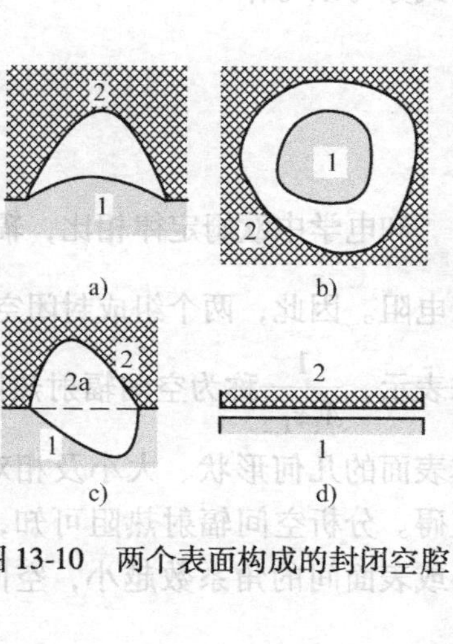

图 13-10 两个表面构成的封闭空腔

有

$$x_{1,2}=x_{2,1}=1 \tag{13-18}$$

例 13-3 求解具有如图 13-11 所示的几何形状的风道中面 A_1 和面 A_2 间的角系数 $x_{1,2}$ 和 $x_{2,1}$。

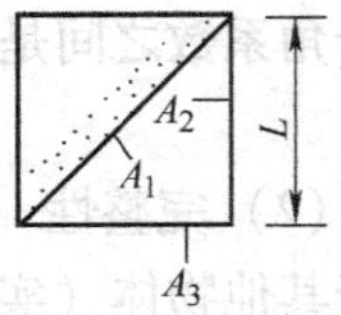

图 13-11 例 13-3 图

解 根据角系数的完整性有

$$x_{1,1}+x_{1,2}+x_{1,3}=1$$

因面 A_1 为平面，故 $x_{1,1}=0$。

又因风道截面是方形的，对面 A_1，面 A_2 和面 A_3 是对称的，则 $x_{1,2}=x_{1,3}=0.5$。

根据角系数的相对性有

$$x_{2,1}=\frac{A_1}{A_2}x_{1,2}=\sqrt{2}\times 0.5=0.71$$

二、辐射热阻

当物体表面进行辐射换热时，应用热阻的原理分析和计算比较简便。根据热阻产生的原因不同，辐射热阻有表面辐射热阻和空间辐射热阻。

1. 黑体辐射热阻

根据角系数的定义，对于任意位置的两个黑体表面，从表面 1 发出并直接投射到表面 2 上的辐射能为

$$\Phi_{1\to 2}=A_1x_{1,2}E_{b1}$$

同时从表面 2 发出并直接投射到表面 1 上的辐射能为

$$\Phi_{2\to 1}=A_2x_{2,1}E_{b2}$$

由于两个表面都是黑体表面，落在它们上面的辐射能会被全部吸收，所以两个表面之间的直接辐射换热量为

$$\Phi_{1,2}=\Phi_{1\to 2}-\Phi_{2\to 1}=A_1x_{1,2}E_{b1}-A_2x_{2,1}E_{b2}$$

根据角系数的相对性，$A_1x_{1,2}=A_2x_{2,1}$，上式可写成

$$\Phi_{1,2}=A_1x_{1,2}(E_{b1}-E_{b2})=A_2x_{2,1}(E_{b1}-E_{b2})$$

上式亦可以写作

$$\Phi_{1,2}=\frac{E_{b1}-E_{b2}}{\dfrac{1}{A_1x_{1,2}}} \tag{13-19}$$

和电学中欧姆定律相比，辐射换热量 $\Phi_{1,2}$ 相当于电流，$E_{b1}-E_{b2}$ 相当于电压，$\dfrac{1}{A_1x_{1,2}}$ 相当于电阻。因此，两个组成封闭空腔的黑体表面间的辐射换热可以用如图 13-12 所示的网络图来表示，$\dfrac{1}{A_1x_{1,2}}$ 称为空间辐射热阻，可以理解为由于两个黑体表面的几何形状、大小及相对位置产生的对辐射换热的阻碍。分析空间辐射热阻可知，参加辐射换热的表面积越小或表面间的角系数越小，空间热阻就越大。黑体只有空

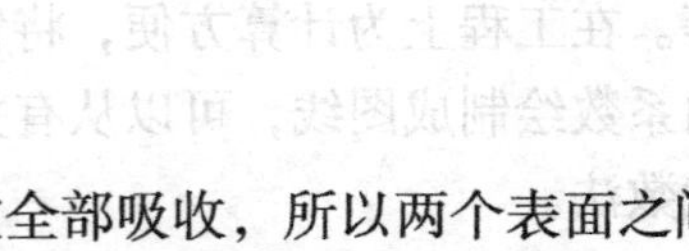

图 13-12 两个组成封闭空腔的黑体表面间的辐射换热网络示意

间辐射热阻。

2. 灰体辐射热阻

（1）有效辐射　灰体表面之间的辐射换热要比黑体表面复杂，因为投射到灰体表面上的辐射能只有一部分被吸收，其余部分则被反射出去，结果形成辐射能在表面之间多次吸收和反射的现象。离开单位灰体表面热辐射能，称为有效辐射，除有其本身辐射外，还有对投入辐射的反射辐射。有效辐射用符号 J 表示有效，单位为 W/m^2。辐射是灰体辐射换热量计算的基础，灰体之间的辐射换热量就是物体间有效辐射的差额。因此，计算灰体间辐射换热量的关键就是确定有效辐射。图 13-13 反映了表面温度为 T、黑度为 ε、吸收率为 α 的物体的有效辐射 J 的情况，即

$$J = E + (1-\alpha)G \tag{13-20}$$

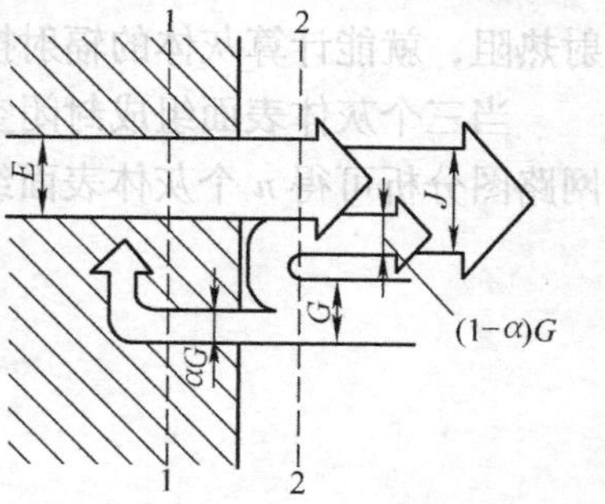

图 13-13　有效辐射示意图

离开单位黑体表面的辐射能是黑体辐射力 E_b，而离开灰体表面的辐射能是有效辐射 J，这说明黑体表面和灰体表面的辐射性质不同，这种差异可以通过表面辐射热阻表现出来。由图 13-13 所示的能量情况，结合基尔霍夫定律，可得

$$\Phi = \frac{E_b - J}{\dfrac{1-\varepsilon}{A\varepsilon}} \tag{13-21}$$

式中，$\dfrac{1-\varepsilon}{A\varepsilon}$称为表面辐射热阻（$A$ 为灰体辐射表面的面积），单位为 m^{-2}，如图 13-14 所示。当 $\varepsilon = 1$ 时，表面辐射热阻为 0，即灰体表面转化为黑体表面。物体表面黑度越大，表面辐射热阻越小，物体表面的性质越接近黑体。

（2）空间辐射热阻　同理于黑体表面间辐射换热，两个灰体表面之间净辐射换热量应为

$$\Phi_{1,2} = A_1 x_{1,2} J_1 - A_2 x_{2,1} J_2 = A_1 x_{1,2}(J_1 - J_2)$$

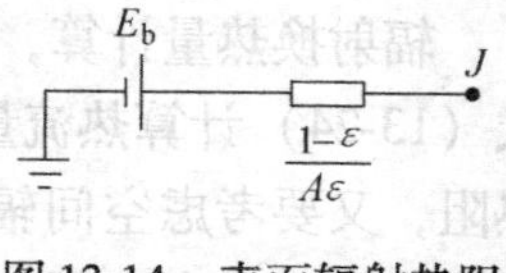

图 13-14　表面辐射热阻

将上式变形得

$$\Phi_{1,2} = \frac{J_1 - J_2}{\dfrac{1}{A_1 x_{1,2}}} \tag{13-22}$$

式中，$\dfrac{1}{A_1 x_{1,2}}$为两灰体表面间的空间辐射热阻，单位为 m^{-2}。空间辐射热阻表明由灰体辐射换热表面的相对位置和几何形状等几何因素产生的热阻。灰体的空间辐射热阻的表达形式和黑体相同，但此热阻对应的是两灰体表面间的有效辐射之差，而黑体的空间辐射热阻对应的是两黑体表面间的辐射力之差。

3. 辐射换热热阻网络图

两个灰体表面构成封闭空腔进行辐射换热的热阻网络图如图 13-15 所示。可见，两个灰体表面之间的辐射换热总热阻为两个表面辐射热阻$\dfrac{1-\varepsilon_1}{A_1\varepsilon_1}$、$\dfrac{1-\varepsilon_2}{A_2\varepsilon_2}$和一个空间辐射热阻$\dfrac{1}{A_1 x_{12}}$串联之和。则两灰体表面间的辐射换热量为

$$\Phi_{1,2}=\frac{E_{b1}-E_{b2}}{\dfrac{1-\varepsilon_1}{A_1\varepsilon_1}+\dfrac{1}{A_1x_{12}}+\dfrac{1-\varepsilon_2}{A_2\varepsilon_2}} \tag{13-23}$$

由式（13-23）可知，只要知道灰体表面温度下的黑体辐射力和表面辐射热阻和空间辐射热阻，就能计算灰体的辐射换热量，而不必计算有效辐射，使问题计算简便。

当三个灰体表面组成封闭空腔进行辐射换热时，其热阻网络图如图13-16所示。由热阻网路图分析可得 n 个灰体表面组成封闭空腔的辐射换热量之间的关系为

$$\frac{E_{bi}-J_i}{\dfrac{1-\varepsilon_i}{A_i\varepsilon_i}}=\sum_{j=2}^{n}\frac{J_i-J_j}{\dfrac{1}{A_ix_{i,j}}} \tag{13-24}$$

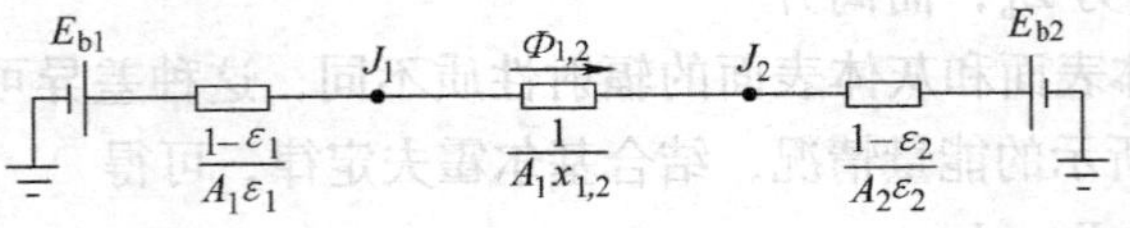

图13-15　两个灰体表面构成封闭空腔进行辐射换热的热阻网络图

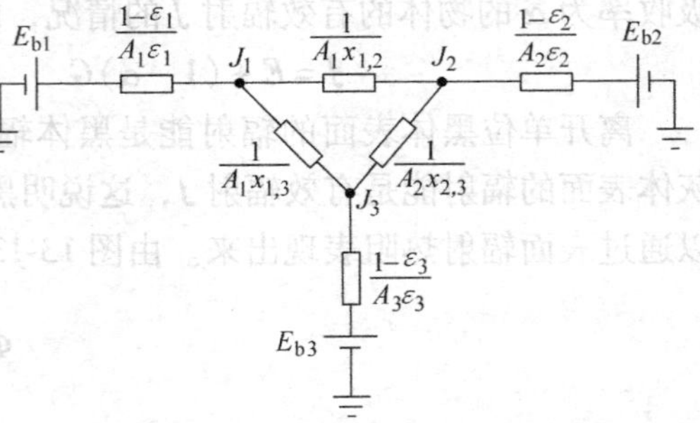

图13-16　三个灰体表面构成封闭空腔进行辐射换热的热阻网络图

三、辐射换热量计算

辐射换热量计算，主要依据热阻原理，首先绘制出热阻网络图，再应用式（13-23）或式（13-24）计算热流量。一般情况下，认为辐射表面为灰体，辐射热阻既要考虑表面辐射热阻，又要考虑空间辐射热阻。有时，某些辐射表面可以近似为黑体处理，只有空间辐射热阻，辐射网络图要相应地简化。两种常见典型辐射换热情况如下。

（一）两无限大平行平板的辐射换热

如图13-17所示为两无限大平行平板的辐射换热示意图。两平板的温度、吸收率、黑度分别为 T_1、α_1、ε_1 和 T_2、α_2、ε_2，且 $T_1>T_2$，换热面积均为 A。前已述及它们的角系数 $x_{1,2}=x_{2,1}=1$。单位面积上的换热量为两平板之间的有效辐射的差，即

$$\frac{\Phi_{12}}{A}=J_1-J_2$$

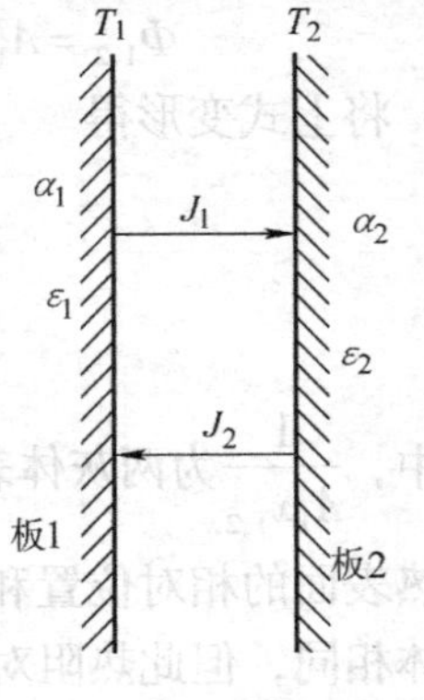

图13-17　两无限大平行平板的辐射换热

应用热阻原理计算辐射换热量，热阻网络图如图13-15所示。将以上已知条件代入式（13-23）整理得

$$\Phi_{1,2}=\frac{A\ (E_{b1}-E_{b2})}{\dfrac{1}{\varepsilon_1}+\dfrac{1}{\varepsilon_2}-1} \tag{13-25}$$

令 $\varepsilon_s=\dfrac{1}{\dfrac{1}{\varepsilon_1}+\dfrac{1}{\varepsilon_2}-1}$，$\varepsilon_s$ 称为两无限大平行平板辐射换热系统的系统黑度。

（二）空腔内物体与空腔内壁间的辐射换热

在工程上经常遇到如图 13-10b 所示的空腔内凸表面 1 与空腔内壁 2 换热的情况。凸表面 1 与空腔内壁 2 的温度、黑度、表面积分别为 T_1、ε_1、A_1 和 T_2、ε_2、A_2。其辐射热阻网络图如图 13-15 所示，因为 $x_{1,2}=1$，式（13-21）简化为

$$\Phi_{1,2}=\frac{(E_{b1}-E_{b2})A_1}{\dfrac{1}{\varepsilon_1}+\dfrac{A_1}{A_2}\left(\dfrac{1}{\varepsilon_2}-1\right)} \tag{13-26}$$

则此种情况的系统黑度为

$$\varepsilon_s=\frac{1}{\dfrac{1}{\varepsilon_1}+\dfrac{A_1}{A_2}\left(\dfrac{1}{\varepsilon_2}-1\right)} \tag{13-27}$$

1）当两物体表面积相差很小时，即 $A_1\approx A_2$（$x_{2,1}=1$），可按无限大平行平板间的辐射换热类型计算，如保温瓶胆夹层两壁间的辐射换热。

2）当 $A_1\leqslant A_2$ 时，$\dfrac{A_1}{A_2}\approx 0$（$x_{2,1}=0$），$\varepsilon_s=\varepsilon_1$，大房间内高温管道的辐射换热以及蒸汽管道内热电偶测温时的辐射换热都属于这种类型。计算时无需知道 A_2 及 ε_2 的值，就可确定辐射换热量为

$$\Phi_{1,2}=\varepsilon_1 A_1\ (E_{b1}-E_{b2}) \tag{13-28}$$

3）若两个表面黑度值均较大（$\varepsilon\geqslant 0.8$），则无论两个表面如何放置，均可近似取 $\varepsilon_s=\varepsilon_1\varepsilon_2$，辐射换热量为

$$\Phi_{1,2}=\varepsilon_1\varepsilon_2 A_1\ (E_{b1}-E_{b2}) \tag{13-29}$$

例 13-4　两块平行放置的灰体大平板，温度分别为 800K 和 300K，黑度均为 0.9。若两板相距很近，从板端辐射出去的辐射能可忽略。试计算此两板的本身辐射、有效辐射、投入辐射、反射辐射、吸收辐射和单位面积上两板间的辐射换热量。

解　（1）本身辐射即辐射力

$$E_1=\varepsilon E_{b1}=\varepsilon\sigma T_1^4=0.9\times5.67\times10^{-8}\times800^4\,\text{W/m}^2=20902\,\text{W/m}^2$$

$$E_2=\varepsilon E_{b2}=\varepsilon\sigma T_2^4=0.9\times5.67\times10^{-8}\times300^4\,\text{W/m}^2=413\,\text{W/m}^2$$

（2）单位面积上辐射换热量

$$\Phi_{1,2}=\frac{E_{b1}-E_{b2}}{\dfrac{1}{\varepsilon_1}+\dfrac{1}{\varepsilon_2}-1}=\frac{5.67\times10^{-8}\times(800^4-300^4)}{\dfrac{2}{0.9}-1}\,\text{W/m}^2=18626\,\text{W/m}^2$$

（3）有效辐射

由于　$\Phi_1=\Phi_2=\Phi_{1,2}=18626\,\text{W/m}^2$，$\Phi_1=\dfrac{E_{b1}-J_1}{\dfrac{1-\varepsilon}{\varepsilon}}$，$\Phi_2=\dfrac{J_2-E_{b2}}{\dfrac{1-\varepsilon}{\varepsilon}}$

所以

$$J_1 = E_{b1} - \frac{\Phi_1(1-\varepsilon)}{\varepsilon} = \left[5.67\times10^{-8}\times800^4 - \frac{18626\times(1-0.9)}{0.9}\right]\text{W/m}^2 = 21155\text{W/m}^2$$

$$J_2 = E_{b2} + \frac{\Phi_2(1-\varepsilon)}{\varepsilon} = \left[5.67\times10^{-8}\times300^4 + \frac{18626\times(1-0.9)}{0.9}\right]\text{W/m}^2 = 2529\text{W/m}^2$$

（4）投入辐射

$$G_1 = J_2 = 2529\text{W/m}^2,\ G_2 = J_1 = 21155\text{W/m}^2$$

（5）吸收辐射

$$G_{\alpha1} = \alpha_1 G_1 = \varepsilon G_1 = 0.9\times2529\text{W/m}^2 = 2276\text{W/m}^2$$

$$G_{\alpha2} = \alpha_2 G_2 = \varepsilon G_2 = 0.9\times21155\text{W/m}^2 = 19040\text{W/m}^2$$

（6）反射辐射

$$G_{\rho1} = (1-\alpha_1)G_1 = 0.1\times2529\text{W/m}^2 = 252.9\text{W/m}^2$$

$$G_{\rho2} = (1-\alpha_2)G_2 = 0.1\times21155\text{W/m}^2 = 2115.5\text{W/m}^2$$

例 13-5 已知敷设在车间内的蒸汽管道长 5m，热绝缘外层直径为 600mm，外表面温度 $t_1=50℃$，室温 $t_2=30℃$，热绝缘层黑度 $\varepsilon_1=0.9$，试求蒸汽管道辐射散热量 $\Phi_{1,2}$。

解 本例属于车间内蒸汽管道与车间的辐射换热，可看成 $A_1 \ll A_2$，因此，$\varepsilon_s=\varepsilon_1$；又因为蒸汽管道外表面发出的辐射能都能落到车间内表面上，因此角系数 $x_{1,2}=1$，辐射面积 $A_1=\pi dl$。由式（13-27）得

$$\Phi_{1,2} = \varepsilon_1 A_1[E_{b1}-E_{b2}] = \varepsilon_1 A_1 C_b\left[\left(\frac{T_1}{100}\right)^4 - \left(\frac{T_2}{100}\right)^4\right]$$

$$= 0.9\times3.14\times0.6\times5\times5.67\left[\left(\frac{273+50}{100}\right)^4 - \left(\frac{273+30}{100}\right)^4\right]\text{W}$$

$$= 1180.4\text{W}$$

例 13-6 保温瓶胆由双层玻璃制成，为减少空气的导热和对流换热，夹层抽成真空，为减少夹层壁面的辐射换热，在内壁外表面和外壁的内表面上均涂有黑度为 0.02 的银铝层，若内壁外表面温度为 100℃，外壁内表面温度为 20℃，试求每平方米瓶胆面积上的辐射散热量 $\Phi_{1,2}$。

解 由于瓶胆夹层两壁靠得很近，$A_1 \approx A_2$，系统黑度 $\varepsilon_s = \dfrac{1}{\dfrac{1}{\varepsilon_1}+\dfrac{1}{\varepsilon_2}-1}$，又因为两壁面发出的辐射能都能落到对方的表面上，因此角系数 $x_{1,2}=x_{2,1}=1$。由式（13-27）得

$$\Phi_{1,2} = \varepsilon_s A C_b\left[\left(\frac{T_1}{100}\right)^4 - \left(\frac{T_2}{100}\right)^4\right]$$

$$= \frac{1}{\dfrac{1}{\varepsilon_1}+\dfrac{1}{\varepsilon_2}-1}\times C_b\left[\left(\frac{T_1}{100}\right)^4 - \left(\frac{T_2}{100}\right)^4\right]A$$

$$= \frac{1}{\dfrac{1}{0.02}+\dfrac{1}{0.02}-1}\times5.67\times\left[\left(\frac{273+100}{100}\right)^4 - \left(\frac{273+20}{100}\right)^4\right]\text{W}$$

$$= 6.86\text{W}$$

如果不镀银铝层，表面黑度为 0.9 时每平方米辐射散热损失可达 556.1W，增加了 80 倍。请读者自己计算和比较。

例 13-7 如图 13-18 所示的黑体炉，圆柱形炉腔的直径 $d=10\text{cm}$，深度 $l=40\text{cm}$，炉腔内壁面黑度 $\varepsilon=0.9$，炉内温度 $t_1=1000℃$。室内壁面温度为 27℃。试求：（1）炉门打开时，单位时间内从炉门的净辐射散热损失。（2）单位时间内从炉门发射出的辐射能。

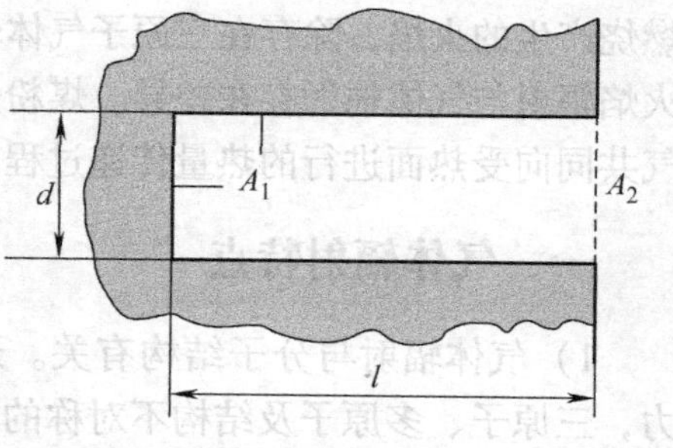

图 13-18　例 13-7 图

解　（1）因为从炉门发射出的辐射能几乎全部被室内物体吸收，所以可以将炉门开口假想为一温度为 27℃ 的黑体表面 A_2，从炉门的净辐射散热损失就等于炉腔内壁面 A_1 与 A_2 间的辐射换热量。

$$A_1=\pi dl+\frac{1}{4}\pi d^2=3.14\times0.1\times0.4\text{m}^2+\frac{1}{4}\times3.14\times0.1^2\text{m}^2=0.1336\text{m}^2$$

$$A_2=\frac{1}{4}\pi d^2=\frac{1}{4}\times3.14\times0.1^2\text{m}^2=0.0079\text{m}^2$$

因为 $x_{2,1}=1$，所以 $x_{1,2}=\frac{A_2}{A_1}x_{2,1}=\frac{A_2}{A_1}$

又因为 $\varepsilon_2=1$，所以式（13-23）可简化为

$$\Phi_{1,2}=\frac{E_{b1}-E_{b2}}{\frac{1-\varepsilon_1}{A_1\varepsilon_1}+\frac{1}{A_2}}$$

将以上条件代入得

$$\Phi_{1,2}=\frac{5.67\times10^{-8}\times[(1000+273)^4-(27+273)^4]}{\frac{1-0.9}{0.1336\times0.9}+\frac{1}{0.0079}}\text{W}=1165\text{W}$$

（2）假设黑体表面 A_2 温度为 0K，则两表面间的辐射换热量就等于从炉门发出的辐射能，即

$$\Phi_{1,2}=\frac{E_{b1}-E_{b2}}{\frac{1-\varepsilon_1}{A_1\varepsilon_1}+\frac{1}{A_2}}=\frac{5.67\times10^{-8}\times(1000+273)^4}{\frac{1-0.9}{0.1336\times0.9}+\frac{1}{0.0079}}\text{W}=1169\text{W}$$

第四节　气体辐射简介

工业上常见的温度范围内，空气、氢、氧、氮等分子结构对称的双原子气体实际上并无发射和吸收辐射能的能力，可以认为是热辐射的透明体；但是二氧化碳、水蒸气、二氧化硫、甲烷和一氧化碳等三原子、多原子及结构不对称的双原子气体却具有相当大的辐射本领，这类气体出现在换热场合中时就要涉及到气体和固体间的辐射换热。如锅炉炉膛内高温烟气的成分中就含有较多的二氧化碳、水蒸气等热辐射能力强的气体，在分析和计算烟气对

水冷壁、过热器等换热面的辐射换热时必须考虑气体辐射。燃油、燃煤的燃烧产物中通常都包含一定浓度的二氧化碳、和水蒸气，所以这两种气体的辐射在工程计算上特别重要。燃料燃烧产生的火焰，除存在三原子气体辐射成分外，还包含具有强辐射能力的固体颗粒，所以火焰辐射与气体辐射存在差异。煤粉炉炉膛中的辐射换热是由燃料燃烧形成的高温火焰和烟气共同向受热面进行的热量传递过程。

一、气体辐射特点

1）气体辐射与分子结构有关。通常，单原子和结构对称的双原子气体不具有辐射能力，三原子、多原子及结构不对称的双原子气体具有较强的辐射能力。

2）气体辐射和吸收对波长有选择性。气体只在某些波长段内具有辐射能力和吸收能力。通常把这种有辐射能力的波长段成为光带。在光带以外，气体既不辐射，也不吸收，对热辐射呈透明体的性质。水蒸气和二氧化碳气体的主要光带都有三段。水蒸气的主要光带为 2.55 ~ 2.84μm、5.6 ~ 7.6μm、12 ~ 30μm，二氧化碳气体的主要光带为 2.65 ~ 2.80μm、4.15 ~ 4.45μm、13 ~ 17μm。可以看出，它们的主要光带均位于红外线波长范围，而且水蒸气和二氧化碳气体的主要光带有两处是重叠的。由于辐射对波长有选择性，气体不是灰体。

3）气体辐射和吸收是在整个容积中进行的。投到气体层界面上的辐射能可以穿透气体层传播到容积范围内各个部分的气体，同样，气体层界面上所感受到的辐射能为到达界面上的整个容积气体的辐射。气体辐射和吸收是在整个容积中进行的，与气体所处的容器的形状和容积有关。不论外界辐射能穿过气体表面向内部传播还是内部辐射能向气体表面传播，辐射能总是沿途被气体吸收而减弱。

二、火焰辐射

火焰除含有二氧化碳、水蒸气等三原子气体外，还含有一些固体微粒，如炭黑、焦炭、尘埃微粒等。因此，火焰辐射除了需要考虑气体辐射外，还必须考虑固体微粒的辐射。

1. 火焰的类型

按颗粒的不同，火焰可以分为三种类型。

(1) 不发光火焰 当气体燃料或没有灰分的其它燃料完全燃烧时，得到略带蓝色而近于无色的火焰，通常称为不发光火焰。这种火焰中没有固体颗粒，主要辐射成分是二氧化碳和水蒸气，其辐射可按气体辐射处理。

(2) 发光火焰 液体燃料及预先没有与空气充分混合的气体燃料燃烧时，由于烃类物质在高温下裂解时产生炭黑粒子，在燃烧器的根部火焰发光，称为发光火焰。有很强辐射能力的固体炭黑粒子和三原子辐射气体都是发光部分的辐射成分，而炭黑粒子占主要地位。火焰气流离开燃烧器一段距离后，炭黑粒子逐渐燃尽。炭黑粒子燃尽部分的火焰不发光。发光火焰的辐射主要取决于发光部分所占的比例。

(3) 半发光火焰 各种固体燃料燃烧时形成半发光火焰。这种火焰的主要辐射成分是焦炭粒子和灰粒，水蒸气和二氧化碳等气体不起主要作用。焦炭粒子是指颗粒状煤粉在逸出水分和挥发物后的剩余部分，在燃尽后形成灰粒。焦炭粒子辐射强烈，灰粒也有一定的辐射能力。

2. 颗粒尺寸对火焰辐射的影响

发光和半发光火焰都有许多悬浮的固体颗粒，而且颗粒是主要的辐射成分。颗粒尺寸的大小影响火焰的辐射特性。与射线波长λ相比，直径小于0.2λ的较小颗粒，对辐射呈现部分透明性，如天然煤气在未完全燃烧时的颗粒；直径大于2λ的较大颗粒，对辐射呈现不透明性，对射线有完全的遮蔽作用，如煤粉燃烧生成的焦炭粒子。

3. 锅炉热工计算中对火焰辐射的简化

火焰辐射是一个十分复杂的现象。在煤粉锅炉热工计算中对火焰辐射作如下简化。

1）由于火焰的主要辐射成分是辐射光谱连续的固体颗粒，所以近似地将火焰当作灰体处理。

2）计算中涉及的温度、烟气成分等均以炉膛出口界面处的数值为准。

3）假定火焰黑度ε_f可以近似套用气体黑度的公式形式，即

$$\varepsilon_f = 1 - e^{-kpL} \tag{13-30}$$

式中　p——烟气总压力，单位为bar；

L——烟气的平均射线行程，$L=3.6\dfrac{V}{A}$（V为烟气容积，A为炉膛包壁面积），单位为m；

k——火焰的总减弱系数，等于各辐射成分减弱系数的代数和，单位为（$bar^{-1}\cdot m^{-1}$）。

三、煤粉锅炉炉内辐射换热的特点

在煤粉锅炉炉膛内发生的热量交换，是个很复杂的物理化学过程：燃烧与传热过程同时进行，火焰和烟气边流动，边对水冷壁传热。由于炉膛内火焰和烟气温度很高（火焰中心温度可达1400～1600℃，炉膛出口烟气温度也在1000℃以上），烟气平均流速很低，炉膛传热以辐射换热为主，对流换热所占比例很小。在一般煤粉锅炉炉膛中，辐射换热量占总换热量的95%以上。炉内辐射换热有以下特点。

1. 炉内辐射换热是火焰和烟气共同向受热面传热

炉膛中的辐射换热是由燃料燃烧形成的高温火焰和烟气流共同向受热面传热的过程。火焰中具有辐射能力的成分包括三原子气体（水蒸气和二氧化碳）、焦炭粒子、灰粒和炭黑粒子。火焰的辐射能力随以上四种有效辐射成分在火焰中的组成不同而不同。在不同的区域，其有效成分有着不同的分布。同一种燃料，如用不同的燃烧器以不同的燃烧方式燃烧，会形成不同结构的火焰，其辐射特性不同。火焰中不同的辐射成分具有不同的吸收辐射能的频谱。如有部分吸收频谱重合，则其吸收率比各辐射成分单独存在时的吸收率之和要小，如水蒸气和二氧化碳的光带有两部分重合。

2. 炉内火焰和烟气温度在其行程上变化很大

在炉膛下部，燃料着火后燃烧非常强烈，其放热大于四周水冷壁的吸热，火焰温度迅速上升，形成最大值所在的火焰中心。随着火焰和烟气行程的加大，燃料再继续燃烧，可燃物逐渐燃尽时，其产生的热量小于水冷壁的吸热量，火焰温度逐渐下降。所以，炉膛内温度沿炉膛高度呈不均匀分布，但对于一定结构的炉膛，其温度场变化有一定的规律。通常，炉内换热计算中采用火焰平均温度。

在炉内辐射换热计算中，将与水冷壁相切的平面作为火焰辐射面，其温度取火焰的平均温度，这样，在理论上火焰与水冷壁的辐射换热便简化为面积近乎相等的两平行表面间的辐射换热，可利用前述两平行平板间辐射换热公式进行计算。但由于炉内传热过程的复杂性，对炉膛传热作纯理论的数学计算是不可能的，只能对简化的模型理论进行理论分析，然后根据相应的试验数据建立半经验性的计算公式。

第五节 辐射换热的增强与削弱

由于工程上的需求，经常需要强化或削弱辐射换热。由前述辐射换热的计算分析可知，在辐射表面温度一定的情况下，要增强辐射换热，就要设法减小辐射热阻。表面辐射热阻与辐射面的黑度和辐射面积有关，空间辐射热阻与角系数和辐射面积有关。综合来看，强化辐射换热的主要途径有增加辐射面的黑度、增加辐射面积和增大角系数三种，可以通过增加辐射面的黑度来减小表面辐射热阻，通过增大角系数来减小空间辐射热阻，也可以通过增大辐射面积来同时减小表面辐射热阻和空间辐射热阻，或同时调整黑度、辐射面积和角系数来增大系统黑度。相应地，削弱辐射换热的主要途径有降低辐射表面的黑度、减小角系数和减小辐射面积三种，可以采取减小系统黑度或增加遮热板等措施。工程上常用的强化或削弱辐射换热的措施主要有以下三个方面。

一、改变系统黑度增强或削弱辐射换热

当辐射换热物体的温度和几何关系确定时，要增强或削弱辐射换热，应设法增大或减小系统黑度，即减小或增大系统的总热阻。增大一个换热物体表面黑度或同时增大二个换热物体的表面黑度都会使系统黑度增大，从而增大辐射换热量；反之亦反。采取的主要方法如下。

（1）辐射换热面表面粗糙化及氧化　物体表面采用沟槽粗糙化可以引起物体发射率（黑度）的增大，但真正由于物体表面的沟槽而引起的发射率的增加是很有限的，导致其值增大的主要原因是表面粗糙化后随之而发生的表面氧化。当氧化膜厚度超过 0.2μm 后，由于金属表面的反射率急剧降低，因而表面黑度增加很快。有些高温设备（如火箭发动机和高温气冷反应堆），常常采用壳体辐射冷却，以保证安全运行。为了增强辐射冷却效果，散热面通常进行粗糙化后氧化处理以增强表面的辐射能力。

（2）辐射换热面喷涂高吸收率热辐射强化剂　如 PW-XS 型多功能热吸收强化剂，是一种无毒无味、不脱落、抗急冷急热、防氧化的高科技涂料，将其喷涂于锅炉火管内壁、水管外壁，可以提高辐射换热效率，适用于各种燃料在 400～1400℃的环境下使用，节约能耗可达5%～10%。

（3）应用光谱选择性辐射表面　某些光谱选择性辐射表面能够比较完全地吸收来自高温物体短波的辐射能，同时在自身较低温度下保持不高的发射率，可获得较大的净辐射能。例如，发电厂室内的各种电器设备，为增强其表面辐射散热能力，常在电器设备外表面涂以颜色漆，使表面黑度增大。暖气片上常涂有银粉漆除了可以防腐蚀外，还可增强辐射散热。在需要减小辐射换热的场合，则可在表面镀以黑度较小的银铝薄层，保温瓶胆就采用了这种方法。通常，太阳能集热器采用价格便宜且容易获得的黑漆作为传热管的涂层。黑漆对太阳

辐射的吸收率和在集热器壁面温度下的辐射率都很高，可达 0.95。为了减少集热器壁面的散热损失，集热器外要加装一种廉价的选择性材料——玻璃。

（4）在气流内掺加固体微粒　在高温壁面和高热流密度情况下，掺加固体微粒可以增加悬浮体内的辐射换热作用。这主要是因为高温壁面一方面通过边界层与气体进行对流换热，另一方面它还以热辐射的形式向弥散于气流中的固体微粒传热，提高固体微粒的温度，使整个流动体系的平均温度升高。弥散于气流中的微粒通过导热和对流将热量迅速地传给气流，从而使得由壁面向气流的传热强度提高几倍甚至几十倍。

二、采用遮热板削弱辐射换热

在现代隔热保温技术中，遮热板的应用比较广泛，例如炼钢工人的遮热面罩、航天器的多层真空舱壁、低温技术中的多层隔热容器以及测温技术中测温元件的辐射屏蔽等，遮热板的主要作用是通过增加辐射热阻削弱辐射换热。

理论和实验都表明，两黑度相同的平行平板间插入一块黑度相同的遮热板后，辐射换热量可减少为原来的一半。如果插入 n 块同黑度的遮热板后，辐射换热量可减为原来的$\frac{1}{n+1}$。如果插入的遮热板的黑度更小，辐射换热量会减少得更多，例如，黑度为 0.8 的平行平板间插入一块黑度为 0.05 的遮热板，辐射换热量可减少为原来的 1/27。遮热板同时增加了表面辐射热阻和空间辐射热阻，如图 13-19a 所示的两平行平板间增加一块遮热板时，增加了两个表面辐射热阻和一个空间辐射热阻，其热阻网络图如图 13-19b 和 13-19c 所示。

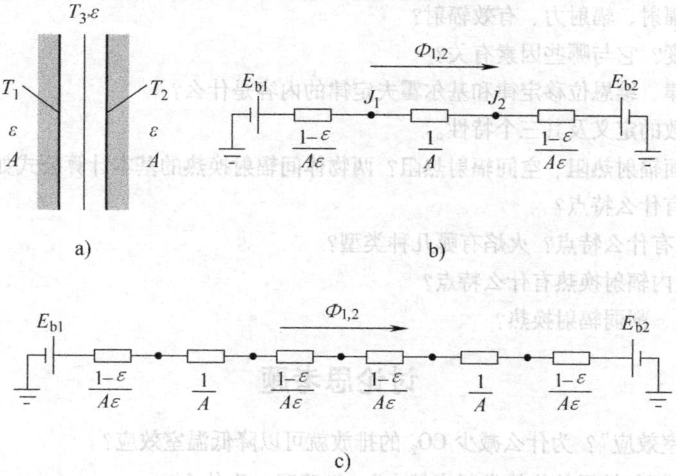

图 13-19　遮热板原理示意图

遮热板原理在火力发电厂中应用很多，例如 30 万 kW 汽轮机的高、中压缸进汽联接管的内、外套管间都装有一个圆柱形遮热圈，以减少内、外套管表面间的辐射换热量，如图 13-20 所示。又如热电偶测量高温气流温度时，常在热电偶外加装筒形遮热罩，以减少热电偶测点端头与气流管道壁间的辐射换热，从而减小测量误差，如图 13-21 所示。

三、采用翅片强化辐射换热

在固体壁面与温度较高的流体间换热时，辐射换热不可忽略，成为复合换热。使固体表面翅片化，能增加外壁散热面积，提高壁面周围流体的流动速度，减小辐射换热热阻，增强复合换热。翅片管散热器和翅片式换热器都是这样的原理。

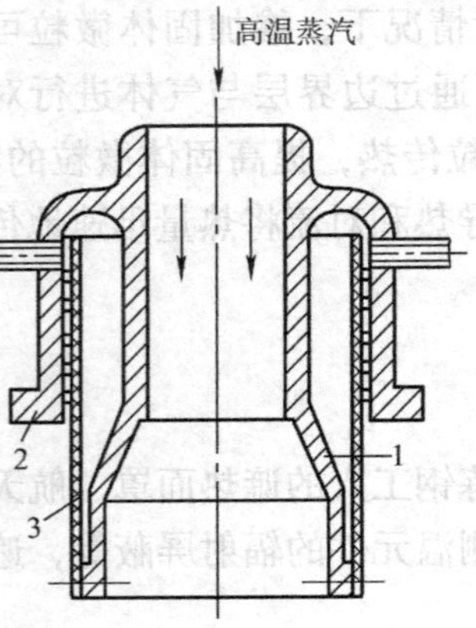

图 13-20 进汽联接管简图

1—内套管 2—外套管 3—遮热筒

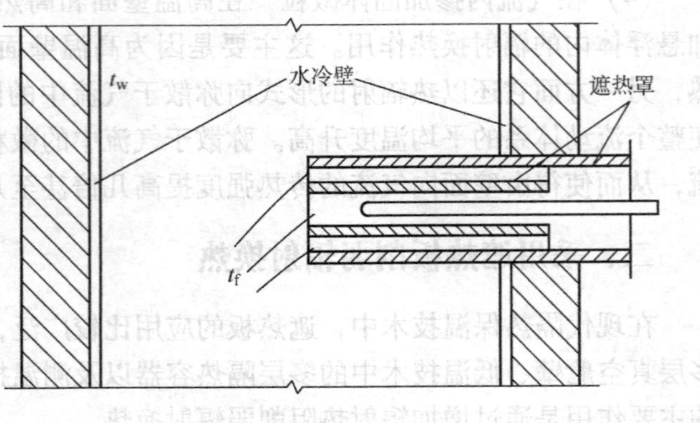

图 13-21 双层遮热罩式热电偶测温示意图

复习思考题

13-1 热辐射的本质是什么？热射线的电磁波波长范围是多少？

13-2 什么是吸收率、反射率、透射率？

13-3 什么是黑体、灰体？引入黑体、灰体的概念对热辐射理论及辐射换热计算有何意义？

13-4 何谓投入辐射、辐射力、有效辐射？

13-5 什么是黑度？它与哪些因素有关？

13-6 四次方定律、维恩位移定律和基尔霍夫定律的内容是什么？

13-7 试述角系数的定义及其三个特性。

13-8 什么是表面辐射热阻、空间辐射热阻？两物体间辐射换热的基本计算公式如何？

13-9 气体辐射有什么特点？

13-10 火焰辐射有什么特点？火焰有哪几种类型？

13-11 锅炉炉膛内辐射换热有什么特点？

13-12 如何增强、削弱辐射换热？

讨论思考题

13-1 何为“温室效应”？为什么减少 CO_2 的排放就可以降低温室效应？

13-2 有人说：“颜色越黑的物体发射率越大”，正确吗？为什么？

13-3 太阳能集热器表面一般涂黑色，以加强对太阳辐射的吸收，是否可以将暖气片表面涂成黑色来增加其辐射散热量？

13-4 加热炉中铁块升温过程中颜色如何变化？为什么？

13-5 北方深秋或者初冬季节的清晨，为什么树叶总是在朝向太空的一面结霜？

习 题

13-1 一表面黑度为 0.8 的板面，温度为 50℃，确定其辐射力。

13-2 有两块平行放置的大平板，板间距远小于板的长度和宽度，温度分别为 400℃ 和 50℃，表面发射率均为 0.8，试计算两块平板的辐射力、有效辐射、投入辐射以及它们之间的辐射换热量。

13-3　如果在上题中的两块平行板之间放一块表面发射率为 0.1 的遮热板，而两块平板的温度维持不变，试计算加遮热板后这两块平板之间的辐射换热量。

13-4　两平行平板，温度分别为 327℃和 27℃，板的黑度 $\varepsilon_1=\varepsilon_2=0.8$，试求：（1）板 1、板 2 的辐射力；（2）系统黑度；（3）两平板间每平方米面积上的辐射换热量。

13-5　车间内一长为 10m 的蒸汽管道，外面包了热绝缘材料后的外直径为 400mm，外表面涂以黑度为 0.9 的油漆，若外表面温度为 65℃，车间室温为 27℃。求：（1）系统黑度；（2）管道的辐射散热量。

13-6　确定如图 13-22 所示的各个角系数 $x_{1,2}$。

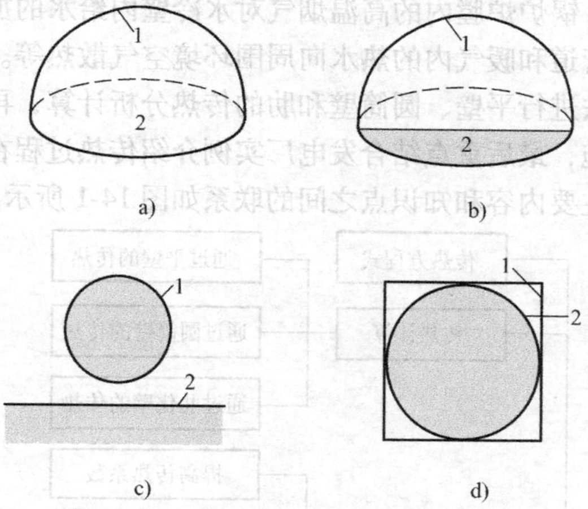

图 13-22　习题 13-6 图

a）半球内表面与底面　b）半球内表面与 1/4 底面

c）球与无限大平面　d）正方形盒内表面与内切球面

13-7　直径 $d=200$mm 的蒸汽管道，放在剖面为（400×500）mm^2 的砖砌沟中，管道表面的发射率 $\varepsilon_1=0.74$，砖砌沟的发射率 $\varepsilon_2=0.92$，蒸汽管道的表面温度为 150℃，沟壁的表面温度为 50℃，求每米蒸汽管道的辐射散热损失。

13-8　上题中，如果在蒸汽管道周围罩上铝箔（$\varepsilon=0.6$）做成的直径为 280mm 的遮热管，则辐射热损失将减少多少？

第十四章　传热过程与换热器

生产生活中存在着大量高温流体通过固体壁面向低温流体传递热量的过程，即传热过程。例如火力发电厂中，锅炉炉膛内的高温烟气对水冷壁内给水的加热，冷凝器内乏汽向管内循环水的放热；供热管道和暖气内的热水向周围环境空气散热等。本章首先介绍传热过程有关概念，并应用热阻法进行平壁、圆筒壁和肋的传热分析计算，再结合工程实例说明增强或削弱传热应采取的措施，最后重点结合发电厂实例介绍传热过程在换热器的设计计算和校核计算中的应用。本章主要内容和知识点之间的联系如图 14-1 所示。

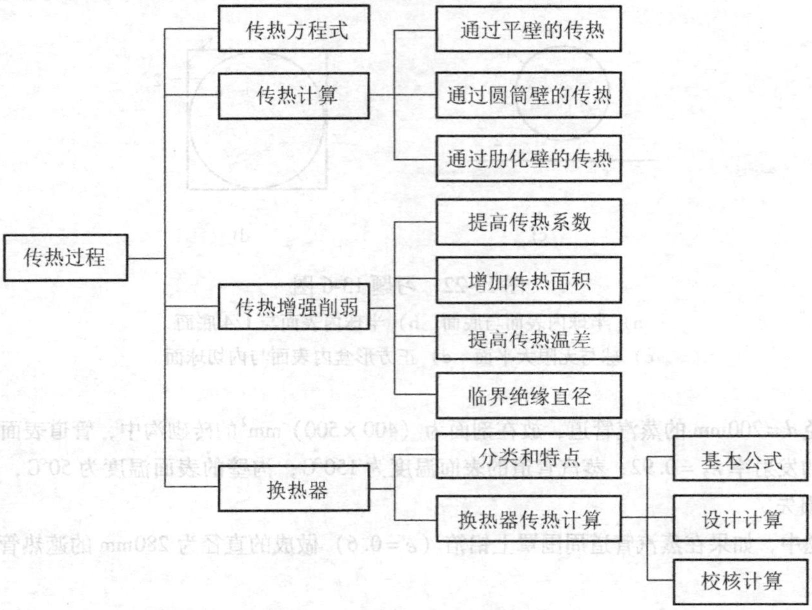

图 14-1　本章主要内容和知识点之间的联系

第一节　传 热 过 程

一、传热方程式

我们通过本书第十章介绍的传热过程的概念和特点可知，传热过程往往包括高温流体与固体壁面间的对流换热、固体壁面内的导热和固体壁面与低温流体的对流换热三个换热环节，有时固体壁面两侧还存在辐射换热而形成复合换热。这些换热环节都会影响整个传热过程的传热强弱，为综合分析传热过程，将各个环节对传热的影响考虑到一个综合系数中去，用以衡量传热过程的强弱，这一系数称为传热系数，用符号 k 表示，单位为 $W/(m^2 \cdot K)$。它表示当壁面两侧流体温差为 1℃（K）时，单位时间单位面积的传热量。传热过程的热流量用传热方程式计算。传热方程式为

$$\Phi = kA\ (t_{f1} - t_{f2})\ = kA\Delta t = \frac{\Delta t}{\frac{1}{kA}} = \frac{\Delta t}{R_k} \tag{14-1}$$

式中　A——传热面积，单位为 m^2；

t_{f1}、t_{f2}——热、冷流体温度，单位为℃（K）；

Δt——传热温差，单位为℃（K）；

R_k——传热总热阻，$R_k = \frac{1}{kA}$，单位为 K/W。

式（14-1）表明：传热过程热流量与温差 Δt 成正比，与传热热阻 R_k 成反比；传热热阻越小，传热系数就越大，传热过程就越强烈。

热阻是传热学中非常重要的概念，对于有多个环节串联组成的传热过程，通过分析其热阻组成以及各个环节的热阻在总热阻中所占的地位，能明确强化或削弱传热的方向，这是利用热阻分析法解决各种传热问题的重要内容之一。式（14-1）是传热过程计算的基本公式，在温差 Δt 一定的情况下，关键在于传热热阻 R_k 的计算。在传热过程中，由于中间壁面的形状不同，传热热阻的计算方法也不同。

当壁面两侧对流换热与辐射换热同时起作用时，要以复合换热替代对流换热，对流换热热阻要改为复合换热热阻。复合换热量 Φ_t 为

$$\Phi_t = \Phi_c + \Phi_r = (h_c + h_r)\ A\Delta t = h_t A\Delta t = \frac{\Delta t}{\frac{1}{h_t A}} = \frac{\Delta t}{R_t} \tag{14-2}$$

式中　Φ_c——对流换热量，单位为 W；

Φ_r——辐射换热量，单位为 W；

A——换热面积，单位为 m^2；

Δt——流体与壁面间的温差，单位为℃（K）；

h_c——表面传热系数，单位为 $W/(m^2 \cdot K)$；

h_r——辐射换热系数，$h_r = \frac{\Phi_r}{A\Delta t}$，单位为 $W/(m^2 \cdot K)$；

h_t——复合换热系数，$h_t = h_c + h_r$，单位为 $W/(m^2 \cdot K)$；

R_t——复合换热热阻，$R_t = \frac{1}{h_t} = \frac{1}{h_c + h_r}$，单位为 K/W。

例 14-1　分析锅炉炉膛内火焰（烟气）通过炉墙与炉外空气的传热过程，并分别写出各换热环节的热阻、传热总热阻及传热系数。

解　炉墙内侧火焰（烟气）温度高，而流速较低，因而炉墙内侧与火焰（烟气）之间以辐射换热为主。从炉墙内壁到炉墙外壁依靠导热传递热量。由于墙外壁温度不高，且炉墙外壁与空气的自然对流也较弱，因此辐射换热和自然对流换热的大小在同一数量级，故可认为炉墙外壁与周围空气的热量交换是对流换热和辐射换热的共同作用的复合换热。则锅炉炉膛内火焰（烟气）通过炉墙与炉外空气的传热过程如图 14-2 所示。

各环节的热阻：

烟气与炉墙内壁辐射换热热阻　　$R_r = \frac{1}{h_r}$

炉墙的导热热阻 $R_\lambda = \dfrac{\delta}{\lambda}$

炉墙外壁与空气的复合换热热阻 $R_t = \dfrac{1}{h_c + h_r} = \dfrac{1}{h_t}$

传热总热阻 $R_k = R_r + R_\lambda + R_t = \dfrac{1}{h_r} + \dfrac{\delta}{\lambda} + \dfrac{1}{h_t}$

传热系数 $k = \dfrac{1}{R_k} = \dfrac{1}{\dfrac{1}{h_r} + \dfrac{\delta}{\lambda} + \dfrac{1}{h_t}}$

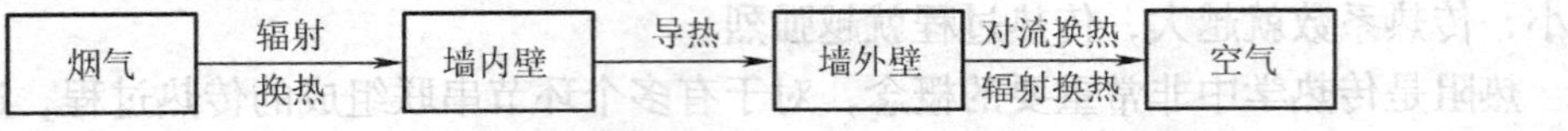

图 14-2 锅炉炉膛内火焰（烟气）通过炉墙与炉外空气的传热过程示意图

二、传热计算

热力设备中进行传热的壁面一般是平壁、圆筒壁或加肋壁，下面分别讨论通过平壁、圆筒壁和肋化壁的传热计算。

（一）通过平壁的传热

火电厂中锅炉炉墙，供暖房间、油库、冷库等建筑物的外墙、窗户都可以看成是平壁结构。

1. 通过单层平壁的传热

如图 14-3 所示，一厚为 δ，面积为 A，导热系数为 λ 的平壁，壁两侧冷热流体的温度分别为 t_{f1}、t_{f2}，相应的换热系数为 h_1、h_2，需要确定传热系数 k，传热量 Φ 和壁表面温度 t_{w1}、t_{w2}。在稳态传热过程中，热流体通过该平壁把热量传递给冷流体，有高温流体与高温壁面的对流换热、壁面的导热和低温壁面与低温流体的对流换热三个串联环节，且三个环节的热流量相等。由于平壁在传热方向上的断面面积相等，因而热流密度也相等。由于各环节是串联的，因此热阻也是串联的，如图 14-3 所示。这样，可利用串联热阻叠加原理来解决平壁传热问题。

根据前述内容，各传热环节的热阻为 $\dfrac{1}{Ah_1}$、$\dfrac{\delta}{A\lambda}$、$\dfrac{1}{Ah_2}$。由串联热阻叠加原理，传热的总热阻为

$$R_k = \frac{1}{Ah_1} + \frac{\delta}{A\lambda} + \frac{1}{Ah_2} \tag{14-3}$$

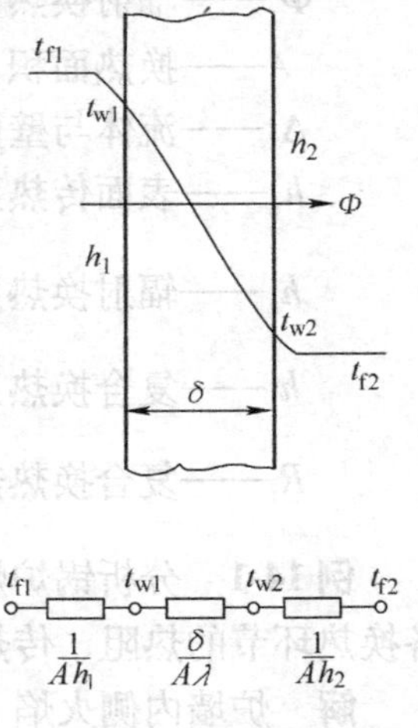

图 14-3 通过平壁的传热及热阻的网络图

比较式（14-1）和式（14-3）可得

$$k = \frac{1}{R_k} = \frac{1}{\dfrac{1}{Ah_1} + \dfrac{\delta}{A\lambda} + \dfrac{1}{Ah_2}} \tag{14-4}$$

传热量

$$\phi = \frac{\Delta t}{R_k} = \frac{t_{f1} - t_{f2}}{\frac{1}{Ah_1} + \frac{\delta}{A\lambda} + \frac{1}{Ah_2}} \tag{14-5}$$

确定壁表面温度的方法与多层壁导热时求交界面的温度方法相同：

$$t_{w1} = t_{f1} - \Phi \frac{1}{Ah_1} \tag{14-6}$$

$$t_{w2} = t_{w1} - \Phi \frac{\delta}{A\lambda} = t_{f2} + \Phi \frac{1}{Ah_2} \tag{14-7}$$

2. 通过多层平壁的传热

对于如锅炉炉墙的多层平壁的传热，方法同上，只是导热热阻为各层壁的导热热阻之和，传热总热阻

$$R_k = \frac{1}{Ah_1} + \sum_{i=1}^{n} \frac{\delta_i}{A\lambda_i} + \frac{1}{Ah_2} \tag{14-8}$$

传热系数

$$k = \frac{1}{R_k} = \frac{1}{\frac{1}{Ah_1} + \sum_{i=1}^{n} \frac{\delta_i}{A\lambda_i} + \frac{1}{Ah_2}} \tag{14-9}$$

综上所述，平壁传热中，传热总热阻等于各环节的分热阻之和，传热系数与单位面积的传热总热阻互为倒数，热流量与温差成正比，与传热总热阻成反比，与传热系数成正比。

例 14-2　室内温度 $t_{f1} = 18℃$，墙壁内表面表面传热系数 $h_1 = 7.5\text{W}/(\text{m}^2 \cdot \text{K})$，室外温度 $t_{f2} = -30℃$，墙壁的总传热系数 $k = 1.5\text{W}/(\text{m}^2 \cdot \text{K})$。问室内空气相对湿度 $\varphi = 50\%$ 时墙壁的内表面是否会结露？

解题分析　当墙壁内表面的温度 t_{w1} 低于空气的露点温度 t_d 时会结露，求出温度 t_{w1} 和 t_d 即可解决问题。

解　由室内空气温度 $t_{f1} = 18℃$ 查水蒸气表得空气中水蒸气的饱和压力为 $p_{vs} = 2115.8\text{Pa}$。

所以水蒸气的分压力　$p_{H_2O} = p_{vs}\varphi = 2115.8 \times 0.5\text{Pa} = 1057.9\text{Pa}$

查湿空气的焓—湿图得空气的露点温度为 $t_d = 7.25℃$。

由传热过程能量平衡有　$\Phi = kA(t_{f1} - t_{f2}) = h_1 A(t_{f1} - t_{w1})$

则墙壁温度 $t_{w1} = t_{f1} - \frac{k(t_{f1} - t_{f2})}{h_1} = 18℃ - \frac{1.5 \times (18 + 30)}{7.5}℃ = 8.4℃ > t_d$

结论：墙壁的内表面不会结露。

（二）通过圆筒壁的传热

圆筒壁是工程上应用最广泛的壁面，蒸汽管道、输水管道、输油管道以及大量的换热器均为圆筒壁管道。

1. 通过单层圆筒壁的传热

如图 14-4 所示，某换热器的一单层圆管，内、外半径分别为 r_1、r_2，长度为 l，热导率 λ 为常数，无内热源，圆管内、外两侧的流体温度分别为 t_{f1}、t_{f2}，且 $t_{f1} > t_{f2}$，两侧的表面传热系数分别为 h_1、h_2。

很显然，这是一个由圆筒壁内侧的对流换热、圆筒壁的导热及圆筒壁外侧的对流换热三

个热量传递环节组成的传热过程。在稳态情况下，运用热阻概念很容易求出通过圆筒壁的热流量。根据牛顿冷却公式以及圆筒壁的稳态导热计算公式，通过圆筒壁的热流量可以分别表示为

$$\Phi = \pi d_1 l h_1 (t_{f1} - t_{w1}) = \frac{t_{f1} - t_{w1}}{\dfrac{1}{\pi d_1 l h_1}} = \frac{t_{f1} - t_{w1}}{R_{h1}}$$

$$\Phi = \frac{t_{w1} - t_{w2}}{\dfrac{1}{2\pi\lambda l}\ln\dfrac{d_2}{d_1}} = \frac{t_{w1} - t_{w2}}{R_\lambda}$$

$$\Phi = \pi d_2 l h_2 (t_{w2} - t_{f2}) = \frac{t_{w2} - t_{f2}}{\dfrac{1}{\pi d_2 l h_2}} = \frac{t_{w2} - t_{f2}}{R_{h2}}$$

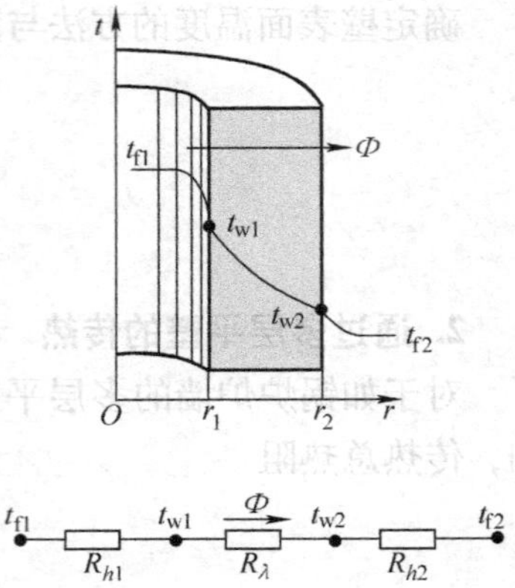

图 14-4 圆筒壁的传热

式中 R_{h1}、R_λ、R_{h2}——圆筒壁内侧的对流换热热阻、管筒壁的导热热阻和圆筒壁外侧的对流换热热阻。

在稳态情况下，以上式中的 Φ 是相同的，于是可得

$$\Phi = \frac{t_{f1} - t_{f2}}{\dfrac{1}{\pi d_1 l h_1} + \dfrac{1}{2\pi\lambda l}\ln\dfrac{d_2}{d_1} + \dfrac{1}{\pi d_2 l h_2}} = \frac{t_{f1} - t_{f2}}{R_{h1} + R_\lambda + R_{h2}} = \frac{t_{f1} - t_{f2}}{R_k} \tag{14-10}$$

式中 R_k——圆筒壁的传热热阻，是三个串联的热阻之和，如图 14-4 中的热阻网络图所示。

工程上，一般都以圆管外壁面面积为基准计算传热系数。上式还可以写成

$$\Phi = \pi d_2 l k_0 (t_{f1} - t_{f2}) = \pi d_2 l k_0 \Delta t \tag{14-11}$$

式中 k_0——以圆筒外壁面面积为基准计算的传热系数。

对比式（14-10）和式（14-11）可得

$$k_0 = \frac{1}{\dfrac{d_2}{d_1} \times \dfrac{1}{h_1} + \dfrac{d_2}{2\lambda}\ln\dfrac{d_2}{d_1} + \dfrac{1}{h_2}} \tag{14-12}$$

2. 通过多层圆筒壁的传热

对于通过如供热管道的 n 层不同材料组成的无内热源的多层圆筒壁的稳态传热过程，如果圆管内、外直径分别为 d_1、d_{n+1}，各层材料的热导率 λ 均为常数，层与层之间无接触热阻，则总传热热阻为相互串联的各热阻之和，于是可直接写出热流量的表达式

$$\Phi = \frac{t_{f1} - t_{f2}}{R_{h1} + \sum_{i=1}^{n} R_{\lambda i} + R_{h2}} = \frac{t_{f1} - t_{f2}}{\dfrac{1}{\pi d_1 l h_1} + \sum_{i=1}^{n}\dfrac{1}{2\pi\lambda_i l}\ln\dfrac{d_{i+1}}{d_i} + \dfrac{1}{\pi d_{n+1} l h_2}} \tag{14-13}$$

实际传热计算中，对于金属管，管壁厚度较小而导热系数较大，往往可以忽略金属壁导热热阻，但运行一段时间后的换热设备，换热面上会积起水垢、污泥、油污、烟灰之类的覆盖物垢层，有时还由于换热面与流体的相互作用发生腐蚀而引起覆盖物垢层。所有这些覆盖物垢层都表现为附加的热阻，使传热系数减小，换热器性能下降。这个热阻称为污垢热阻 R_f，又称污垢系数。

$$R_f = \frac{1}{k} - \frac{1}{k_0} \tag{14-14}$$

式中，k_0 为洁净换热面的传热系数，k 为有污垢的换热面的传热系数。污垢热阻 R_f 通常用经验值来选取。工业上常见流体的污垢热阻为 0.0001～0.001m^2·℃/W。根据经验值，一般的燃料油的污垢热阻大概为 0.001m^2·℃/W，燃煤烟气的污垢热阻为 0.002m^2·℃/W，制冷剂的污垢热阻为 0.0002m^2·℃/W，锅炉排污水为 0.0004m^2·℃/W。

例 14-3　有一水平放置的蒸汽管道，内径 $d_1=100$mm，壁厚 $\delta_1=4$mm，钢管热导率 $\lambda_1=40$W/(m·K)，外包 $\delta_2=70$mm 的保温层，保温材料的热导率 $\lambda_2=0.05$W/(m·K)。管内蒸汽温度 $t_{f1}=300$℃，表面传热系数 $h_1=200$W/(m^2·K)，保温层外壁面表面复合传热系数 $h_2=8$W/(m^2·K)，周围空气的温度 $t_\infty=20$℃。计算单位管长的散热损失及管道外壁面的温度。

解　这是一个传热问题，单位管长的散热损失

$$\Phi_l = \frac{t_{f1} - t_\infty}{\dfrac{1}{\pi d_1 h_1} + \dfrac{1}{2\pi\lambda_1}\ln\dfrac{d_2}{d_1} + \dfrac{1}{2\pi\lambda_2}\ln\dfrac{d_3}{d_2} + \dfrac{1}{\pi d_3 h_2}}$$

先计算各层热阻

$$\frac{1}{\pi d_1 h_1} = \frac{1}{\pi \times 0.1 \times 200}(\text{m}\cdot\text{K})/\text{W} = 1.59 \times 10^{-2}(\text{m}\cdot\text{K})/\text{W}$$

$$\frac{1}{2\pi\lambda_1}\ln\frac{d_2}{d_1} = \frac{1}{2\pi \times 40}\ln\frac{108}{100}(\text{m}\cdot\text{K})/\text{W} = 3.06 \times 10^{-4}(\text{m}\cdot\text{K})/\text{W}$$

$$\frac{1}{2\pi\lambda_2}\ln\frac{d_3}{d_2} = \frac{1}{2\pi \times 0.05}\ln\frac{248}{108}(\text{m}\cdot\text{K})/\text{W} = 2.646(\text{m}\cdot\text{K})/\text{W}$$

$$\frac{1}{\pi d_3 h_2} = \frac{1}{\pi \times 0.248 \times 8}(\text{m}\cdot\text{K})/\text{W} = 0.16(\text{m}\cdot\text{K})/\text{W}$$

将管内蒸汽温度 $t_{f1}=300$℃和周围空气的温度 $t_\infty=20$℃及各热阻代入散热损失计算式得

$$\Phi_l = 99.2\text{W/m}$$

由保温层外壁面换热 $\Phi_l=\pi d_3 h_2\ (t_{w3}-t_\infty)$ 得管道外壁面的温度

$$t_{w3} = t_\infty + \frac{\Phi_l}{\pi d_3 h_2} = \left(20 + \frac{99.2}{\pi \times 0.248 \times 8}\right)℃ = 36℃$$

（三）通过肋化壁的传热

工程上常出现遇到壁面两侧对流换热的表面传热系数相差较大的传热过程，如暖气壁的一侧是气体自然对流，另一侧是液体的强迫对流的传热；制冷循环中冷凝器的一侧是空气强迫对流换热，另一侧是制冷剂的凝结换热。由于气体侧换热系数 h_1 比液体侧换热系数 h_2 小得多，气体侧热阻要比液体侧热阻大许多。根据传热热阻分析，要增强传热，除了提高气体侧换热系数 h_1 以外，还可以采用增加气体侧换热面积 A 的方法，即在 h_1 较小侧加装肋片，能起到事半功倍的效果。肋片的类型多种，根据需要可以装在管子外面，也可以装在管子内壁，可以制成直肋也可做成环肋，如图 14-5 所示。

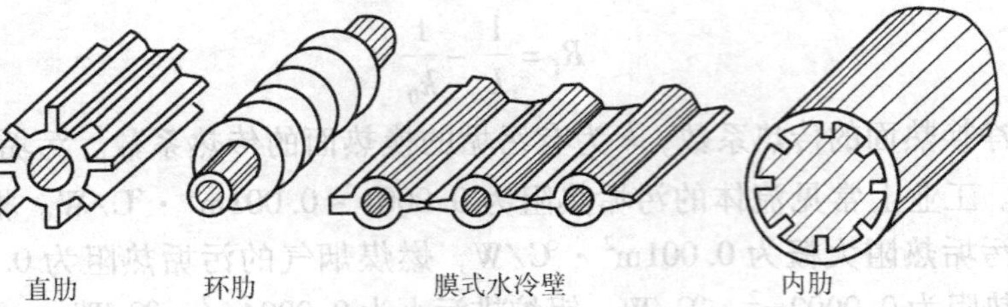

图 14-5 几种不同型式的肋片

下面以平壁传热过程为例进行分析。由单层平壁的传热热流量计算公式可知，在 Δt 一定时，要增加 Φ，应减小每一项局部热阻。由式（14-3）可见，导热热阻$\dfrac{\delta}{\lambda A}$一般较小，可以忽略，所以要减小总传热热阻，主要应减小对流换热热阻$\dfrac{1}{h_1 A}$及$\dfrac{1}{h_2 A}$。若 $h_2 << h_1$，则$\dfrac{1}{h_2 A} >> \dfrac{1}{h_1 A}$。可见，要提高 Φ 值，在 Δt 一定且 h_1 不变时，增加 h_2 侧的换热面积 A，可使$\dfrac{1}{h_2 A}$明显下降。如图 14-6 所示的平壁，在对流换热较弱的右侧加了肋。设未加肋的左侧面积为 A_1，加肋侧肋基面积为 A_2'，肋基温度为 t_{w2}'，肋片面积为 A_2''，肋片平均温度为 t_{w2}''，肋侧总面积 $A_2 = A_2' + A_2''$。假设肋壁材料的热导率 λ 和肋侧表面传热系数 h_2 为常数。

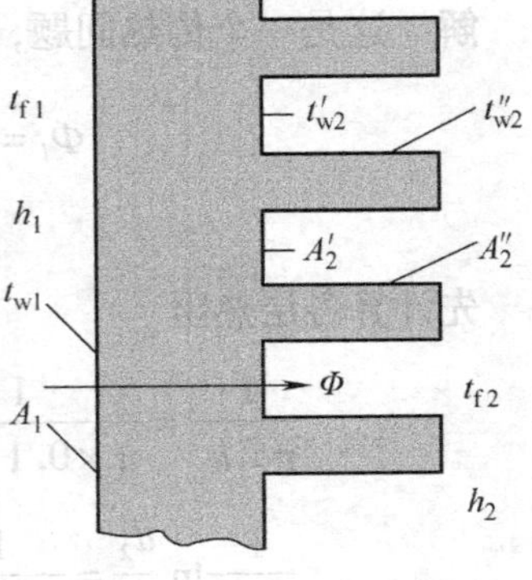

图 14-6 通过单层肋化壁的传热过程示意图

在稳态情况下，传热过程三个环节的热流量分别为

左侧对流换热

$$\Phi = A_1 h_1 (t_{f1} - t_{w1}) = \frac{t_{f1} - t_{w1}}{\dfrac{1}{Ah_1}} \tag{14-15}$$

壁的导热

$$\Phi = \frac{t_{w1} - t_{w2}}{\dfrac{\delta}{A_1 \lambda}} \tag{14-16}$$

肋侧对流换热

$$\Phi = A_2' h_2 (t_{w2}' - t_{f2}) + A_2'' h_2 (t_{w2}'' - t_{f2}) \tag{14-17}$$

根据肋片效率

$$\eta_f = \frac{\Phi}{\Phi_0} = \frac{A_2'' h_2 (t_{w2}'' - t_{f2})}{A_2'' h_2 (t_{w2}' - t_{f2})} = \frac{t_{w2}'' - t_{f2}}{t_{w2}' - t_{f2}} \tag{14-18}$$

由式（14-17）和式（14-18）可得

$$\Phi = (A_2' + A_2'' \eta_f) h_2 (t_{w2}' - t_{f2}) = A_2 \eta h_2 (t_{w2}' - t_{f2}) = \frac{(t_{w2}' - t_{f2})}{\dfrac{1}{A_2 \eta h_2}} \tag{14-19}$$

式中 $\eta=(A_2'+A_2''\eta_f)/A_2$，称为肋面总效率。一般情况下，由于 A_2'' 远大于 A_2'，A_2 与 A_2'' 近似相等，$\eta\approx\eta_t$。

联立式（14-15）、式（14-16）和式（14-19），可得通过肋化壁传热热流量计算公式为

$$\Phi=\frac{t_{f1}-t_{f2}}{\dfrac{1}{A_1h_1}+\dfrac{\delta}{A_1\lambda}+\dfrac{1}{A_2\eta h_2}}=A_1\frac{t_{f1}-t_{f2}}{\dfrac{1}{h_1}+\dfrac{\delta}{\lambda}+\dfrac{A_1}{A_2}\dfrac{1}{\eta h_2}}=A_1\frac{t_{f1}-t_{f2}}{\dfrac{1}{h_1}+\dfrac{\delta}{\lambda}+\dfrac{1}{\beta\eta h_2}}=A_1k_1\ (t_{f1}-t_{f2})\tag{14-20}$$

式中，$\beta=A_2/A_1$，称为肋化系数；k_1 为以光壁表面面积为基准的总传热系数，其表达式为

$$k_1=\frac{1}{\dfrac{1}{h_1}+\dfrac{\delta}{\lambda}+\dfrac{1}{\beta\eta h_2}}\tag{14-21}$$

从式（14-21）可见，肋侧的对流换热热阻为$\dfrac{1}{\beta\eta h_2}$，加肋后热阻减小的程度与 $\beta\eta$ 有关。肋化系数 $\beta>1$，其大小取决于肋高和肋间距。增加肋高可以加大 β，但会使肋片效率较低，从而使肋面总效率降低。减小肋间距使肋片加密也可以加大 β，但是肋间距过小会增大流体的流动阻力，使肋间流体的温度升高，降低传热温差，不利于传热。一般肋间距应大于 2 倍边界层最大厚度。应该合理选择肋高和肋间距，使对流换热热阻为$\dfrac{1}{\beta\eta h_2}$及总传热系数 k_1 具有最佳值。工程上，当 $h_1/h_2=3\sim5$ 时，一般选择 β 较小的低肋；当 $h_1/h_2>10$ 时，一般选择 β 较大的高肋。若在两侧同时加肋，虽然换热量比一侧加肋稍大一些，但会使管壁加厚，重量剧增，金属消耗量增加。因此，为使传热效果增强显著，常采用在表面传热系数 h 较小的一侧加肋的办法。

工程上，通常采用以肋侧表面积为基准的总传热系数 k_2 来计算传热热流量，即

$$\Phi=A_2k_2\Delta t\tag{14-22}$$

式中 k_2 的表达式为

$$k_2=\frac{1}{\dfrac{1}{h_1}\beta+\dfrac{\delta}{\lambda}\beta+\dfrac{1}{\eta h_2}}\tag{14-23}$$

三、传热的增强与削弱

工程上，很多时候要解决增强或削弱传热的问题，称为传热工程技术，其主要任务是按照工业生产和科学实践的要求来控制和优化热量传递过程。下面结合发电厂实例说明增强和削弱传热的一些具体方法。

（一）传热的增强

强化传热的主要目的是：①增大传热量；②减小传热面积，缩小设备尺寸，降低材料消耗；③降低高温部件的温度，保证设备安全运行；④降低载热流体的输送功率。

传热方程式 $\Phi=kA\Delta t$ 指出了解决问题的方向，即从传热系数、传热面积和传热温差三个方面着手。

1. 提高传热系数

在换热设备面积A和热、冷流体温差一定的情况下，提高传热系数是增强传热的积极手段。提高传热系数是通过减小热阻实现的。通过对传热热阻的分析，能够从理论上找出提高传热系数的一般规律，从而为工程上采取一系列措施提供依据。通过对传热热阻的分析知道，当各局部热阻数值相差较大时，减小数值最大的一项热阻是提高传热系数比较有效的方法；在各局部热阻的数值差不多时，减小任一项热阻，都可以使传热系数提高。如在锅炉省煤器中，烟气侧换热表面传热系数很小（只有几十左右），而水侧的表面传热系数却很大，所以为增强传热应增加烟气侧表面传热系数。在空气预热器中，空气侧与烟气侧换热系数相差不多，此时增加h_1或h_2都可以达到增强传热的效果。在导热、对流换热和辐射换热部分，已经分别讨论了增强传热的方法和措施，都可以减小热阻。

2. 增加传热面积

在传热系数和热、冷流体温差一定的情况下，增加传热面积可以使传热增强。为此，在许多换热设备中，广泛采用在传热面的一侧加装肋片增加传热面积的方法来传热强化。换热面加肋增强传热的方法在现代锅炉中得到广泛的应用。现代锅炉广泛采用的膜式水冷壁，是将光管外加肋制成鳍片管，以增加传热面积从而提高传热效果。锅炉省煤器，管内是水的强迫对流，管外是烟气强迫对流，烟气侧表面传热系数较小，为强化传热，在气侧加装肋片制成肋片式省煤器。

另一方面，换热面加肋能增加受热面工作的安全可靠性。由传热热阻分析可知，热阻大时温降大，热阻小时温降小。加肋后，使加肋片侧的局部热阻在总热阻中的比例减小，因而使壁面温度更接近于同侧流体的温度。显然，在冷流体侧加肋片后，会使壁温降低接近冷流体温度，从而保证金属壁面的安全运行。现代大型动力锅炉的再热器部分管段采用内肋管。因为再热器管内再热蒸汽温度高，且多布置在高温烟气区，这样，再热器管壁处在高温下工作，其安全性较差。此时如在管内加肋，虽传热量增加不多，但可以使再热器壁温降低至接近于再热蒸汽温度。增加了工作的安全可靠性。据理论分析和实验，有内肋片的那一段再热器管的平均壁温与光管壁温比较，约低20~40℃ 。

综上所述，在传热面上加肋是强化传热、降低壁温的重要手段，特别是在传热系数较小的一侧传热面上加装肋片是强化传热的重要措施。

值得一提的是加装肋片的工艺问题。只有当肋片与壁面紧密接触时，才能起到增强传热的作用。否则将产生较大的接触热阻，肋片起不到应有的作用。为此，可以先把肋片烧成炽热状态镶在壁面上，然后再在接合处焊牢。

3. 提高传热温差

提高传热温差也可以强化传热。提高传热温差的途径：一是提高热流体的温度或降低冷流体的温度；二是提高换热器中两种流体的平均温差Δt。为增强传热，换热器中两种流体的相对流动常采用逆流布置方式，如锅炉尾部受热面（省煤器、空气预热器等）均采用逆流布置方式。

（二）传热的削弱

削弱传热的主要目的是：①减少热力设备、载热流体的热损失，节约能源，如火力发电厂中的蒸汽管道和各种热力设备都需要进行热绝缘，最常用的办法就是覆盖保温层；②维护低温工程中的人工低温环境，防止外界热量的传入，如冷冻仓库、冷藏车、储液罐以及电冰箱的隔热等；③保护工程技术人员的人身安全，避免遭受热或冷的伤害，创造适宜的工作和生活环境。

工程上，为了减少热流体输送管道的散热损失，通常用保温材料在管道外面加一层或多层保温层。同时，为了劳动保护的需要，一般使管道外表面的温度低于50℃。

从平壁传热方程式中可以看出，热绝缘层厚度增加，导热热阻增大，从而使热流量减小，削弱传热。

在圆筒壁管道上敷设热绝缘层时，不一定是绝缘层越厚，保温效果越好，因为传热热阻与绝缘层厚度不是单调增递关系。下面进行简单分析。

圆筒壁加热绝缘层后，其热阻为

$$R_{kl}=\frac{1}{h_1\pi d_1}+\frac{1}{2\pi\lambda_1}\ln\frac{d_2}{d_1}+\frac{1}{2\pi\lambda_2}\ln\frac{d_3}{d_2}+\frac{1}{h_2\pi d_3}=R_{h1}+R_{\lambda1}+R_{\lambda2}+R_{h2} \tag{14-24}$$

式中　R_{h1}、$R_{\lambda1}$、$R_{\lambda2}$、R_{h2}——由内向外的各层热阻。

由上式及图14-7可知，当热绝缘层厚度d_3增加时，传热热阻与绝缘层厚度并不是单调递增关系，即d_3增加时，R_{h1}、$R_{\lambda1}$的值不变，$R_{\lambda2}$的值增加（起削弱传热作用），而R_{h2}却减小（起增强传热的作用）。这两种作用的结果，必然存在一个最小的总热阻使热流量最大。也就是说，绝缘层厚度增加，热流量不一定减小，不一定达到削弱传热的效果。

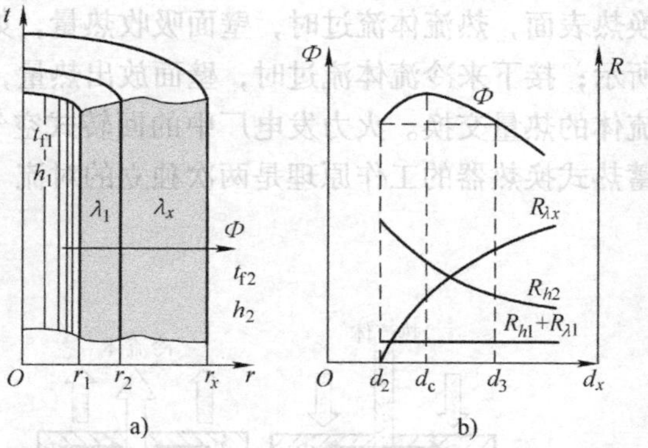

图14-7　临界热绝缘直径分析示意

因此，把热阻值最小、热流量最大时的热绝缘层外径称为临界热绝缘直径，以d_c表示，其计算公式为

$$d_c=\frac{2\lambda_2}{h_2} \tag{14-25}$$

式中　λ_2——热绝缘层热导率，单位为W/(m·K)；

h_2——热绝缘层外表面对大气的复合换热系数，单位为W/(m^2·K)。

d_c是一个重要的数值，当管子外径$d_2>d_c$时，绝缘层加厚就可以使热损失减少，起到削弱传热的作用；当$d_2<d_c$时，热绝缘层加厚反而起不到削弱传热的作用。通常热力管道中需要加热绝缘层的管道直径都大于其临界热绝缘直径。换句话说，对热力管道而言，绝热层加厚，能达到削弱传热的效果。

另外，热绝缘层厚度并非越厚越好，因为随着热绝缘层厚度的增加，虽然热损失减少了，但装置费用和折旧费用却增加了。因而对于以节约燃料为目的的热绝缘，必须经过技术经济比较后，确定最经济的热绝缘层厚度。

第二节　换　热　器

换热器是火力发电厂中常见的热交换设备，它将热量从热流体传到冷流体，热量的传递过程是传热过程。换热器的形式很多，但按其换热过程的特点，可分为三类：表面式、混合式和蓄热式。

一、换热器的分类和特点

（一）混合式换热器

图 14-8 所示为混合式换热器，其特点是热、冷流体直接混合来完成热量的交换，既有热的交换，又有物质的交换。这种换热器多用于热、冷两种流体性质相近、可以混合的场合，它具有传热快、效率高、设备简单等优点，如火电厂中的除氧器、冷水塔、喷水减温器等。从工作原理上看，混合式换热器是通过对流来实现热量传递的。

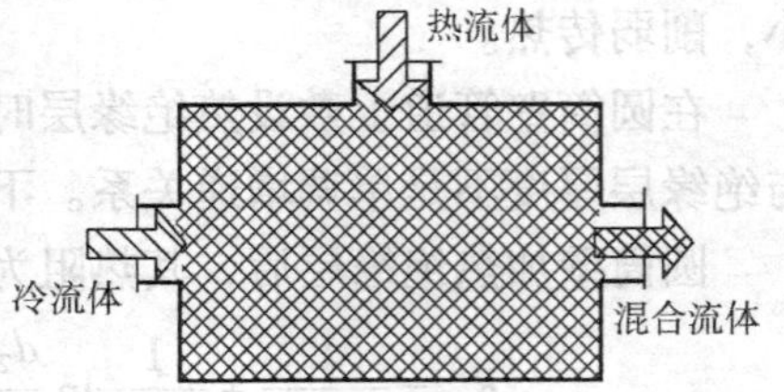

图 14-8 混合式换热器换热示意图

（二）蓄热式换热器

蓄热式换热器内的冷、热流体依次交替流过同一换热表面，热流体流过时，壁面吸收热量，如图 14-9a 所示；接下来冷流体流过时，壁面放出热量，如图 14-9b 所示。如此周而复始，实现冷、热流体的热量交换。火力发电厂中的回转式空气预热器就是蓄热式换热器，如图 14-9c 所示。蓄热式换热器的工作原理是两次独立的对流（复合）换热。

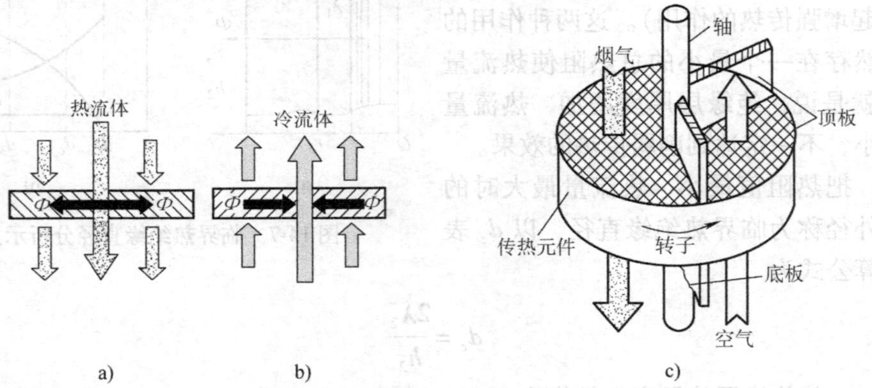

图 14-9 蓄热式换热器换热示意图

a）换热表面吸热 b）换热表面放热 c）回转式空气预热器

（三）表面式换热器

表面式换热器又称间壁式换热器，特点是热、冷流体由壁面隔开，不直接接触，热量从热流体通过壁面传给冷流体，只有热量的交换，没有物质的交换。这种换热器多用于热、冷两种流体性质相差比较大的换热场合，满足工程实际中往往要求两流体不允许有丝毫混合的换热情况，具有结构紧凑、传热效率较高、无泄露等优点，应用最为广泛，如火电厂中的过热器、省煤器、油冷却器、冷凝器等。

二、表面式换热器的主要类型

表面式换热器按其结构可分为管壳式、套管式、肋片管式、板式、螺旋板式、板翅式、热管式等类型。

(一) 管壳式换热器

管壳式换热器是应用最广泛的间壁式换热器，又称为列管式换热器。图 14-10 是管壳式换热器示意图。

该换热器的壳体呈圆筒形，内部有若干平行换热管（称为管束），管束两端固定于管板上，壳体两端的管板分别与封头上的设备法兰用螺栓联接，在壳体和封头上装有流体进出口接管。流体Ⅰ在管外流动。各管间常设置一些折流挡板，折流挡板的作用是提高流速，使流体充分流经全部管面，并垂直流过管束，以改善管壳的传热。另外，折流板还可以起支撑管束的作用。流体Ⅱ在管内流动。流体Ⅱ从管的一端流到另一端称为一个流程。当管子总数及流程流量一定时，管程数分的越多，则管内流速越高。图 14-11 所示的换热器为多壳程多管程的换热器 。图 14-11a 所示为 2 壳程 4 管程，如图 14-11b 所示为 3 壳程 6 管程。

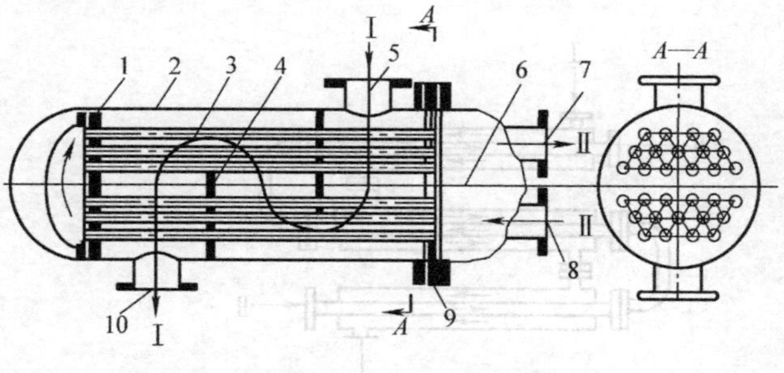

图 14-10　管壳式换热器

1、9—管板　2—外壳　3—换热器　4—折流挡板　5—壳程流体进口　6—管程隔板　7—管程流体出口　8—管程流体进口　10—壳程流体出口

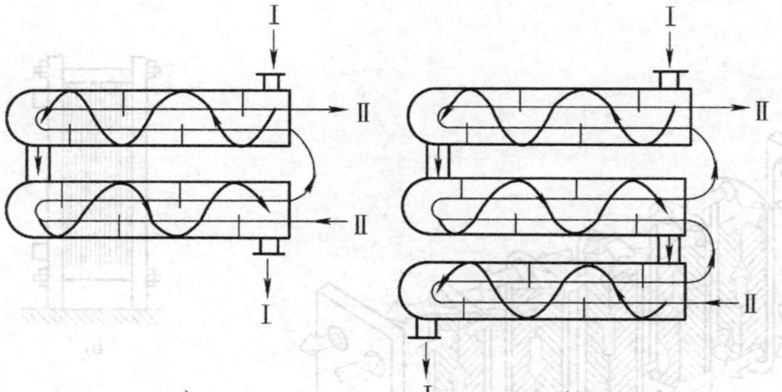

a)　b)

图 14-11　多壳程多管程换热器

a) 2 壳程 4 管程　b) 3 壳程 6 管程

管壳式换热器结构紧凑，能选用多种材料制造，易于制造，适用性强，处理能力大，换热表面清洗比较方便，在高温高压场合和大型装置中得到广泛的应用。这一类型换热器是工业上用得最多、历史最久的一种，是占主导地位的换热器。其缺点是材料消耗大，不紧凑。

(二) 套管式换热器

图 14-12 为套管式换热器示意图，它由两根同心圆管组成，流体Ⅰ在内外管间的环形通道中流动。由于此换热器没有大直径外壳，承压能力强，结构比较简单、紧凑，一般用于高压逆流换热场合。

(三) 肋片管式换热器

肋片管又称为翅片管，图 14-13 为肋片管式换热器示意图。这种换热器由几组管外加装了肋片的蛇形管组成，从而使管外的热阻减小，传热增强。一般用于流体走管内和空气走管外的热交换。这种换热器的结构较紧凑，对换热面两侧流体的表面传热系数相差较大的场合非常适合。

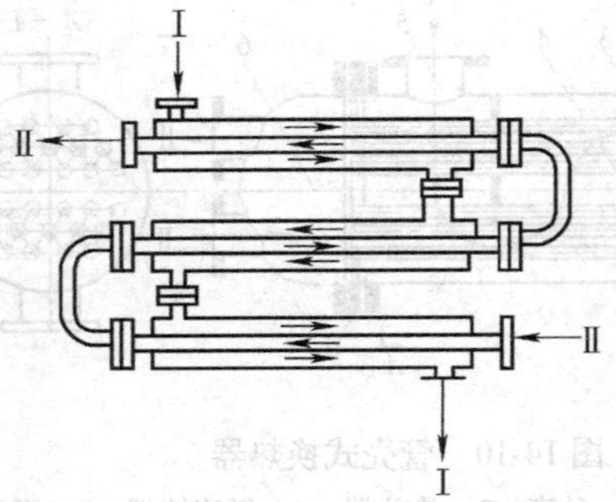

图 14-12 套管式换热器

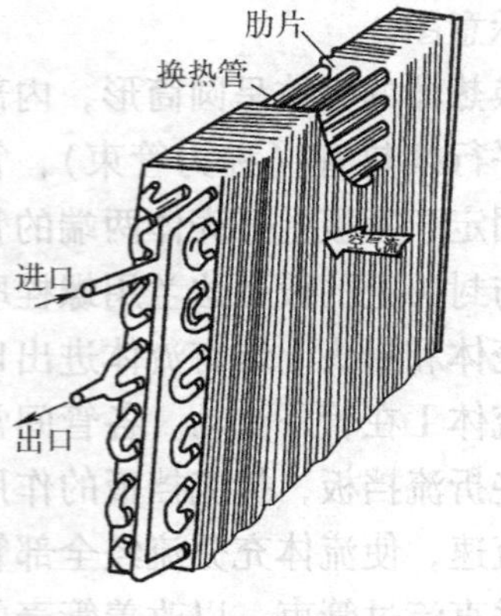

图 14-13 肋片管式换热器

（四）板式换热器

板式换热器是由一组已冲压出凹凸波纹的长方形薄金属板（型板）平行排列，并以密封垫片及加紧装置组装而成的，如图 14-14 所示。两相邻板片的边缘衬有垫片，压紧后可起到密封作用。

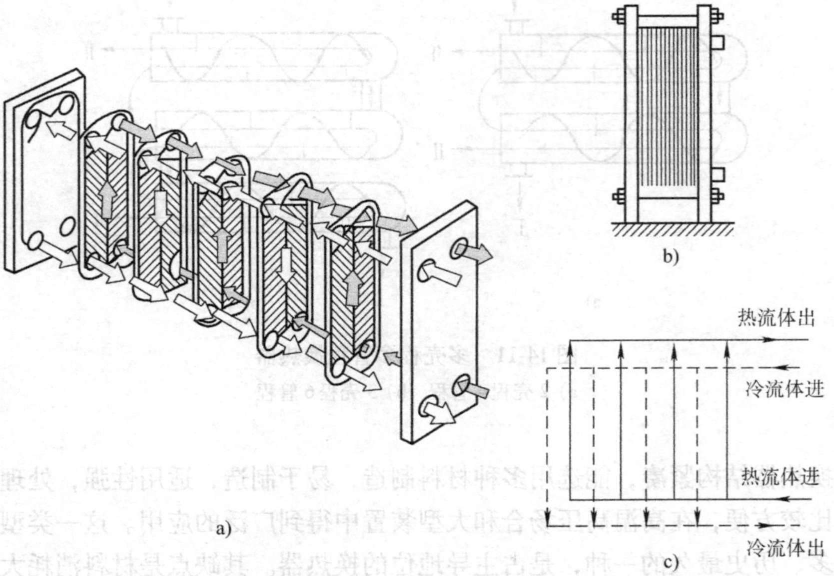

图 14-14 板式换热器及流程示意图
a）结构 b）外观 c）流体流动情况

采用不同厚度的垫片，可以调节相邻两板之间的距离，即流体通道的大小。冷、热两种流体在板间通道内相间流动，即一个通道走热流体，其两侧相邻的通道走冷流体，每一块板面都是传热面。每块板的四个角上各开一个孔道作为冷、热流体在板面上的进出口，其中有两个孔道可以和板面上的流道相通，一个作为流体的进口，一个作为流体的出口；另外两个孔道依靠垫片与该板面流道隔开，而与两侧相邻的板面的流道相接。将型板压制成为各种波纹形状，既增大了板的强度和实际传热面积，又使得流体分布均匀，提高了湍流程度。

板式换热器的主要优点是：传热系数大，水与水换热时的传热系数 k 值可达 1500～4700W/(m^2·K)；结构紧凑，一般板间距为 4～6mm，单位体积换热器可提供的传热面积为 250～1000m^2/m^3（管壳式换热器一般为 40～150m^2/m^3）；具有可拆结构，可根据需要，用调节板片数目的方法增减其传热面积，检修和清洗都比较方便。其主要缺点是：操作压力和温度都不能太高。压力过高容易泄漏，一般压力不宜超过 2MPa；操作温度受到垫片耐热性能的限制，一般不超过 250℃。另外由于板间距离仅有几毫米，流速又不大，因此不宜用于容易结垢的材料。

（五）螺旋板式换热器

图 14-15 所示为螺旋板式换热器结构原理图，它由两块平行的金属板卷制起来，构成两个螺旋通道，再加上上下盖及连接管而成，冷热两种流体分别在两螺旋通道中流动。

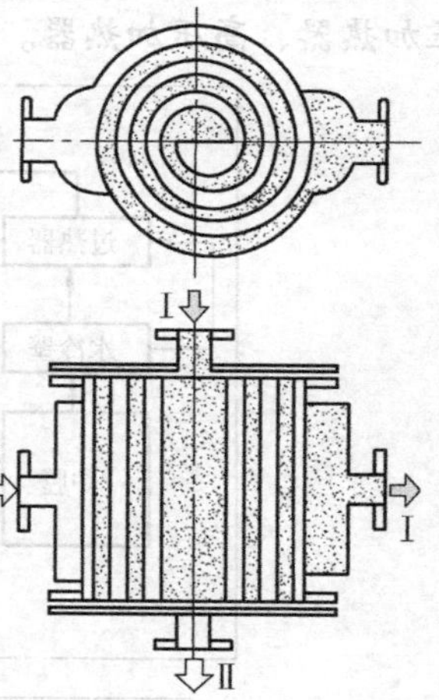

图 14-15　螺旋板式换热器

如图 14-15 所示为逆流式，流体Ⅰ从中心流入，螺旋流动到周边流出。流体Ⅱ则由周边进入，螺旋流动到中心流出。除此以外，还可以做成顺流方式。这种换热器的螺旋流通有利于提高传热系数，水与水换热时的传热系数 k 值可达 2000～3000W/(m^2·K)。螺旋通道的冲刷效果好，污垢形成速度低，仅为管壳式的 1/10。此外，这种换热器结构较紧凑，单位体积的传热面积约为管壳式的 3 倍，而且由于用板材代替管材，材料范围广。但缺点是不易清洗，检修困难，承压能力低，且目前的最高操作压力不超过 2MPa。

（六）板翅式换热器

板翅式换热器的构成方式很多，但都是由若干层基本换热元件组成的。如图 14-16a 所示，在两块平隔板 1 中夹着一块波纹形导热翅片 3，两端用侧条 2 密封，形成一层基本换热元件，许多层这样的元件叠合（使相邻两流道流动方向交错），焊接起来就构成板翅式换热器。图 14-16b 所示是一种叠合方式。波纹形导热翅片可做成多种形式，以增加流体的扰动，增强传热。板翅式换热器由于两侧都有翅片，作为气-气式换热器时，传热系数有明显的提高，可达 300W/(m^2·K)。板翅式换热器结构非常的紧凑、轻巧，单位体积中传热面积可达 2500～4300m^2/m^3，承压可达 10MPa。缺点是容易堵塞，清洗困难，检修不易。它适用于清洁和腐蚀性低的流体换热。板翅式换热器近年来在制冷空调技术领域中得到了广泛应用。

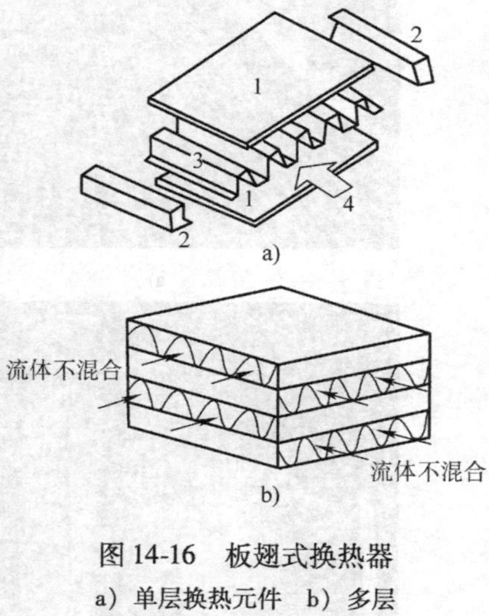

图 14-16　板翅式换热器

a）单层换热元件　b）多层换热元件组成的换热器

1—平隔板　2—侧条　3—翅片　4—流体

知识拓展：火力发电厂中的各种换热器

火力发电厂热力循环中涉及吸热、放热的过程都要在换热器内进行。火力发电厂的锅炉是由很多换热器组成的，比如，布置在炉膛内壁面的水冷壁，炉膛出口的过热器，设置在烟道内的省煤器和空气预热器。冷凝器是用冷却水凝结乏汽的设备，作为冷却介质的循环水，在冷水塔内被空气冷却后，再进入冷凝器；如果采用回热循环，要设置回热加热器，包括低压加热器、高压加热器。图 14-17 所示是发电厂主要换热设备分布示意图。

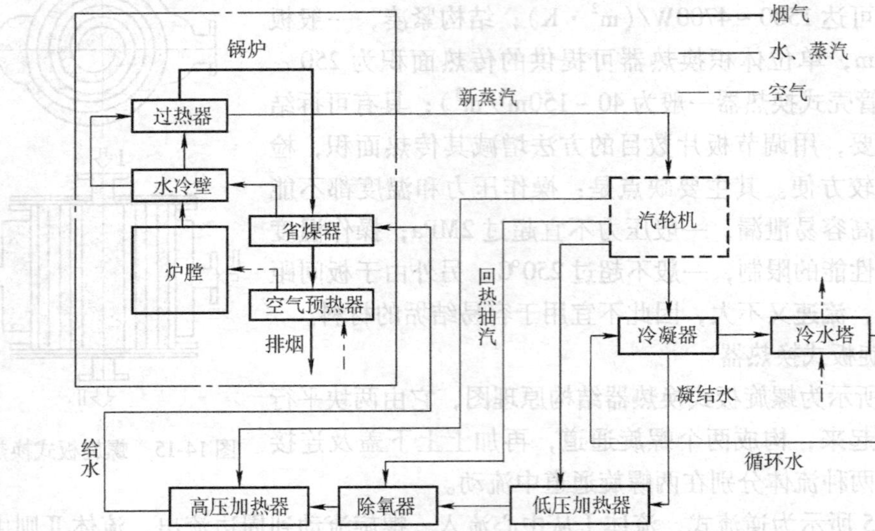

图 14-17　发电厂主要换热设备分布示意图

为了增加读者对换热器的感性认识，提供了相关换热器的实物图片，如图 14-18 所示。

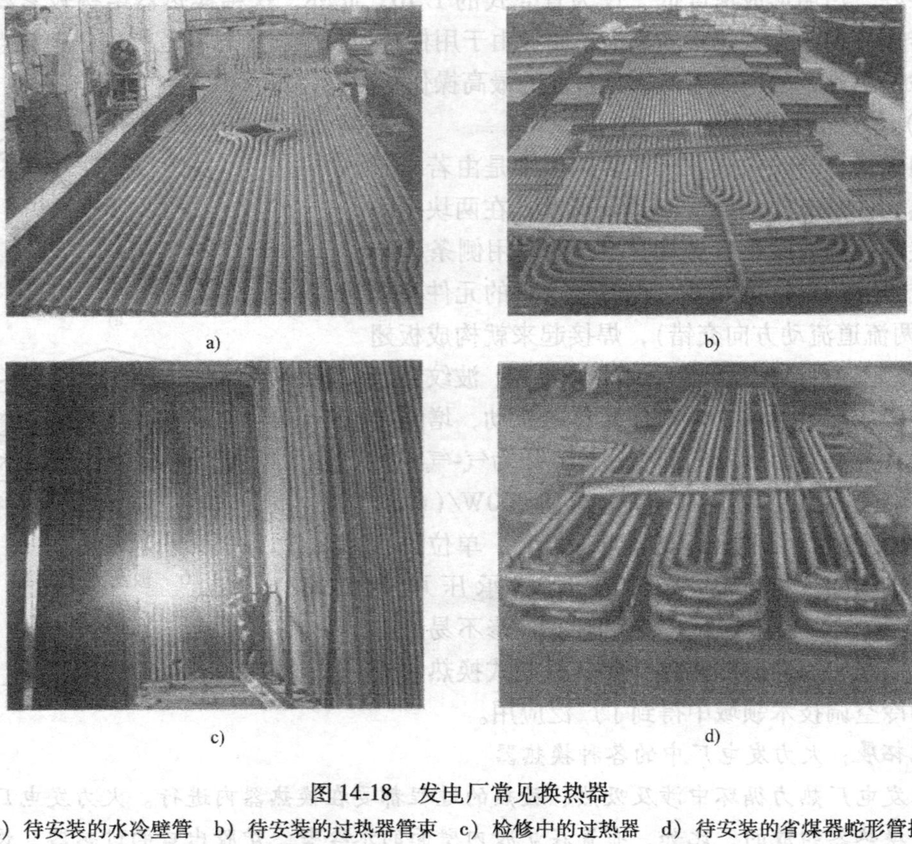

a)　b)　c)　d)

图 14-18　发电厂常见换热器

a）待安装的水冷壁管　b）待安装的过热器管束　c）检修中的过热器　d）待安装的省煤器蛇形管排

e)　f)　g)　h)　i)　j)

图 14-18　发电厂常见换热器（续）

e）省煤器　f）维修中的回转式空气预热器　g）运行中的低压加热器　h）低压加热器管束
i）高压加热器管束　j）冷水塔

第三节　换热器的传热计算

要设计一个如图 14-10 所示的管壳式换热器，或要校核此换热器在热流体流量改变后能否正常工作，都需要进行传热计算，简称热计算。根据目的不同，换热器的热计算分为两种类型：设计计算和校核计算。所谓设计计算，就是根据生产任务给定的换热条件和要求，设计一台新的换热器，为此需要确定换热器的型式、结构及换热面积。校核计算是对已有的换热器在非设计工况条件下进行核算，看其能否满足新的换热要求，一般需要计算流体的出口温度、换热量及流动阻力，如一个锅炉过热器在设计中已经按额定负荷选定了换热面积，需要核算其部分负荷时的换热性能；一台现成的换热器移作他用时，需要核算其能否完成新的换热任务。

换热器的传热计算有两种方法：平均温差法和效能—传热单元数法。两种方法都可用于设计计算和校核计算，但平均温差法用于设计计算比较方便，效能—传热单元数法用于校核计算比较方便。目前普遍采用的方法是平均温差法。

表面式换热器在工程中应用最多，下面主要讨论表面式换热器的热计算。

一、基本方程式

尽管这两种热计算的目的不同，但其基本计算公式是一样的，都要应用热平衡方程式和传热方程式。

(一) 热平衡方程式

换热器中，若热流体进、出口温度分别为 t_1'、t_1''，质量流量为 q_{m1}，比热容为 c_1；冷流体进出口温度分别为 t_2'、t_2''，质量流量为 q_{m2}，比热容为 c_2。如果换热过程中没有热量散失，那么，显然热流体放出的热量应等于冷流体吸收的热量，也等于换热量。

热流体放出的热量

$$\Phi_1 = q_{m1} c_1 (t_1' - t_1'') \tag{14-26}$$

冷流体吸收的热量

$$\Phi_2 = q_{m2} c_2 (t_2'' - t_2') \tag{14-27}$$

因此

$$\Phi_1 = \Phi_2 = \Phi = q_{m1} c_1 (t_1' - t_1'') = q_{m2} c_2 (t_2'' - t_2') \tag{14-28}$$

以上三个公式通常称为热平衡方程式。

(二) 传热方程式

换热器中，一般来说，热流体温度一般沿换热面逐渐降低（凝结换热时热流体温度不变），冷流体温度一般沿换热面逐渐升高（沸腾换热时冷流体温度不变）。因此，实际上沿换热面热、冷流体间的温差是变化的，传热计算中，应取平均温差$\overline{\Delta t}$。这样，传热方程式应写为

$$\Phi = kA\,\overline{\Delta t} \tag{14-29}$$

式中 $\overline{\Delta t}$——热、冷流体沿换热面的平均温差，单位为℃。计算平均温差$\overline{\Delta t}$是换热器计算中的一个重要计算内容。

(三) 平均温差的计算

平均温差$\overline{\Delta t}$除了与热、冷流体进、出口温度有关外，还与热、冷流体的流动方式有关。

1. 热、冷流体的流动形式

热、冷流体的基本流动形式有三种：顺流、逆流和交叉流，如图 14-19 所示。顺流是指热、冷流体按同一方向平行流动。逆流是指热、冷流体以相反的方向平行流动。交叉流是指热、冷流体在相互垂直的方向上交叉流动，其他流动方式都可以看成是这三种流动形式的组合。当热、冷流体交叉次数超过 4 次时，就以其总的流动趋势作为流动方式，若总的流动趋势为逆流，可作为逆流；若总的流动趋势为顺流，可作为顺流。如图 14-20 所示，图 14-20a 可作为逆流，图 14-20b 可作为顺流。

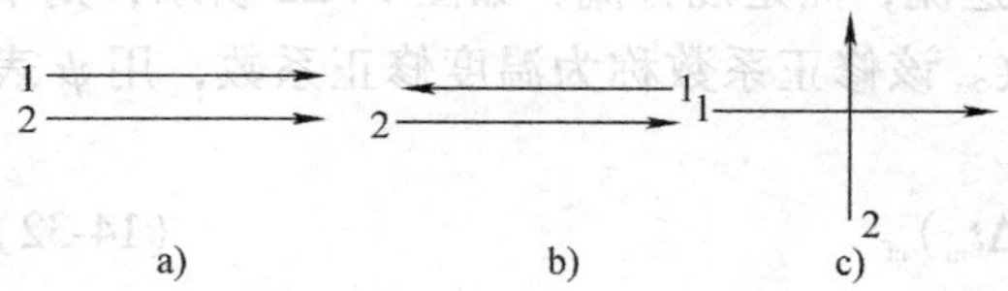

图 14-19　换热器内两种流体的流动形式

a）顺流　b）逆流　c）交叉流

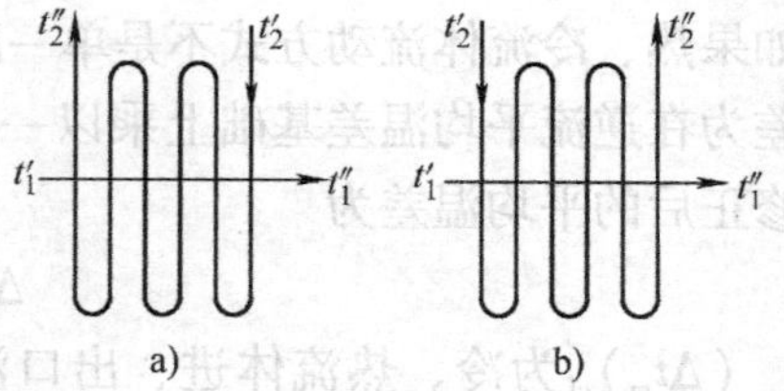

图 14-20　可作逆流、顺流处理的情况

a）按逆流处理　b）按顺流处理

在其他条件都相同的情况下，顺流和逆流时热、冷流体的温度沿换热面的变化是不同的，如图 14-21 所示。由图可见，顺流时冷流体的出口温度 t_2'' 总是低于热流体出口温度 t_1''，而逆流时，t_2'' 有可能超过 t_1''，这说明采用逆流能把冷流体加热到更高的温度。顺流时，热、冷流体最高温度（t_1'、t_2''）不在同一端面，而逆流时在同一端面，这会使逆流时管壁的最高温度高于顺流，不利于安全运行，因此，在需要保护管壁不致超温时，应采用顺流布置，如锅炉高温段一般采用顺流布置。热、冷流体进、出口温度相同时，顺流时的平均温差小于逆流（这可以从理论上加以证明，本书将在后面的例题中加以验证），因此采用逆流可增强传热。工程上除非换热器有结构、布置和安全上的要求，一般都采用逆流，如省煤器，低温段过热器等都采用逆流。

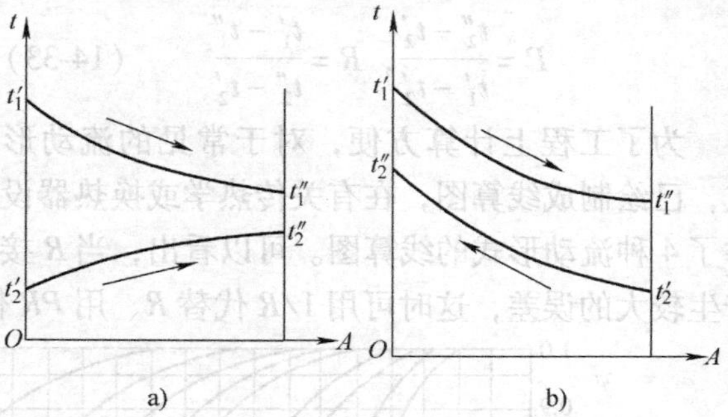

图 14-21　换热器中两种流体沿途的温度变化

a）顺流　b）逆流

需要指出的是，在凝结或沸腾时，平均温差与流动方式无关，这是因为凝结时热流体温度保持不变，沸腾时冷流体温度保持不变。

2. 平均温差的计算步骤

1）根据流动方式，作出热、冷流体沿换热面的温度变化图，并标上热、冷流体进、出口温度，如图 14-21 所示。

2）计算两个端面上热、冷流体的温差，较大者用 Δt_{max} 表示，较小者用 Δt_{min} 表示，然后判断 $\dfrac{\Delta t_{max}}{\Delta t_{min}}$ 是否小于 1.7。

3）如果 $\dfrac{\Delta t_{max}}{\Delta t_{min}} \leqslant 1.7$，则平均温差可采用算数平均温差，即

$$\overline{\Delta t} = \frac{\Delta t_{max} + \Delta t_{min}}{2} \tag{14-30}$$

如果 $\dfrac{\Delta t_{max}}{\Delta t_{min}} > 1.7$，则平均温差应采用对数平均温差，即

$$\Delta t_m = \frac{\Delta t_{max} - \Delta t_{min}}{\ln \dfrac{\Delta t_{max}}{\Delta t_{min}}} \tag{14-31}$$

如果热、冷流体流动方式不是单一的顺流或逆流，而是混合流，如图 14-22 所示，则平均温差为在逆流平均温差基础上乘以一修正系数。该修正系数称为温度修正系数，用 ψ 表示。修正后的平均温差为

$$\Delta t_m = \psi \left(\Delta t_m\right)_{cf} \tag{14-32}$$

式中，$(\Delta t_m)_{cf}$为冷、热流体进、出口温度相同情况下逆流时的对数平均温差；ψ 为小于 1 的温度修正系数，其数值取决于流动形式和两个无量纲参数 P 和 R。无量纲参数 P 和 R 取决于热、冷流体的进、出口温度，即

$$P = \frac{t_2'' - t_2'}{t_1' - t_2'},\quad R = \frac{t_1' - t_1''}{t_2'' - t_2'} \tag{14-33}$$

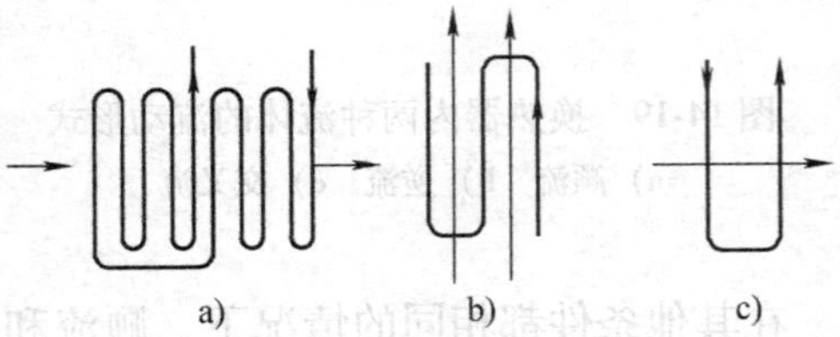

图 14-22　几种典型的流动布置举例

a）串联混合流动　b）平行混合流动

c）两次交叉混合流动

为了工程上计算方便，对于常见的流动形式，已绘制成线算图，在有关传热学或换热器设计手册中可以查到。图 14-23 至图 14-26 列举了 4 种流动形式的线算图。可以看出，当 R 接近或大于 4 时，ψ 随 P 变化剧烈，查图容易产生较大的误差，这时可用 $1/R$ 代替 R、用 PR 代替 P 来查有关线算图。

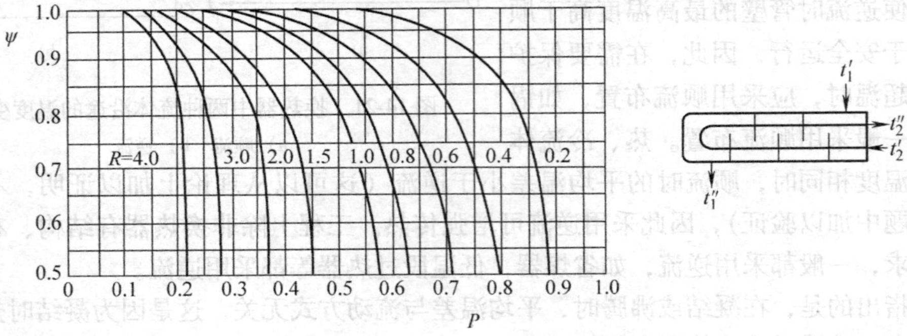

图 14-23　1 壳程，2、4、6、8 等管程的 ψ 值

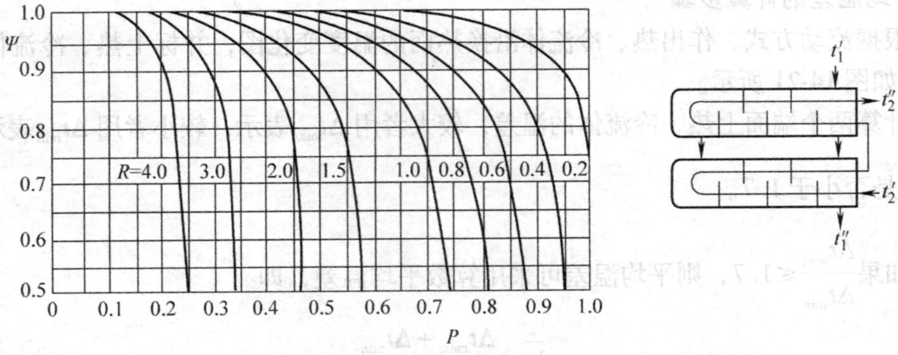

图 14-24　2 壳程，4、8、12、16 等管程的 ψ 值

例 16-4　一表面式换热器，热流体进、出口温度 $t_1' = 320℃$、$t_1'' = 140℃$，冷流体进、出口温度 $t_2' = 60℃$、$t_2'' = 120℃$，试计算并比较顺、逆流时的平均温差。

解　按平均温差计算步骤，作出顺流和逆流时热、冷流体沿换热面温度变化图，并标上已知温度，如图 14-27 所示，然后计算两个端面的温差 Δt_{max}、Δt_{min}。

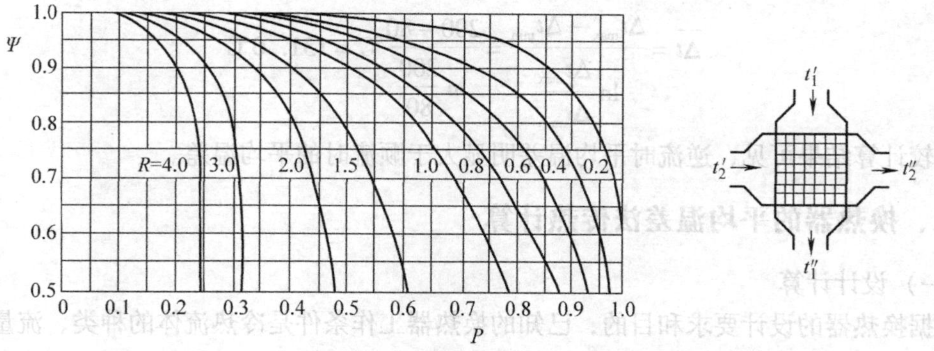

图 14-25　一次交叉流，两种流体各自不混合时的 ψ 值

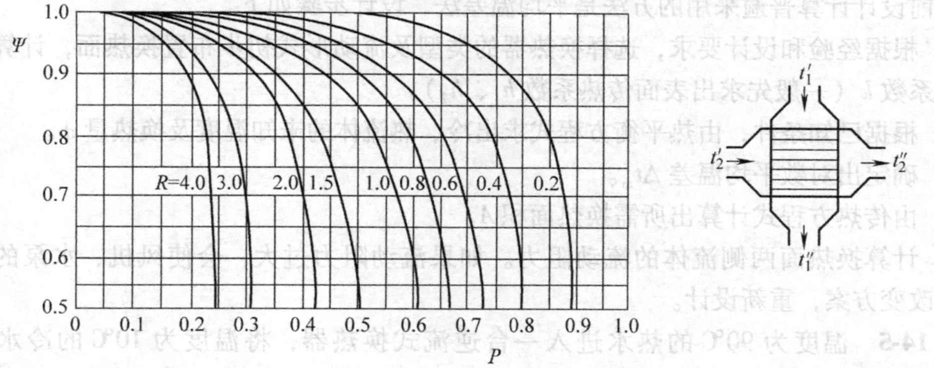

图 14-26　一次交叉流，一种流体混合、另一种流体不混合时的 ψ 值

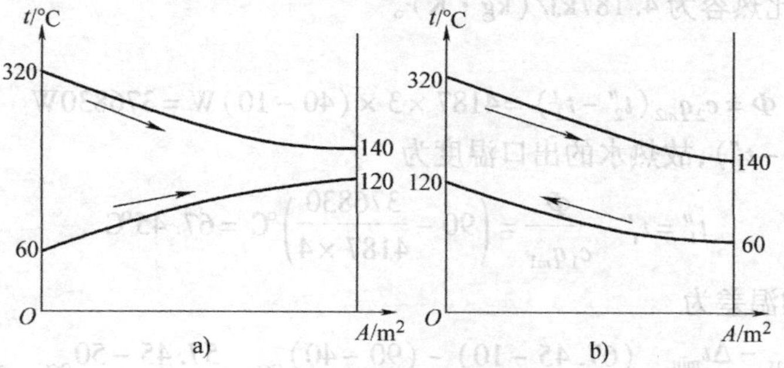

图 14-27　顺、逆流时平均温差计算示图

a）顺流　b）逆流

顺流：$\Delta t_{\max} = (320-60)℃ = 260℃$，$\Delta t_{\min} = (140-120)℃ = 20℃$

因为 $\dfrac{\Delta t_{\max}}{\Delta t_{\min}} = \dfrac{260}{20} = 13 > 1.7$，所以

$$\Delta t = \frac{\Delta t_{\max} - \Delta t_{\min}}{\ln\dfrac{\Delta t_{\max}}{\Delta t_{\min}}} = \frac{260-20}{\ln\dfrac{260}{20}}℃ = 93.6℃$$

逆流：$\Delta t_{\max} = (320-120)℃ = 200℃$，$\Delta t_{\min} = (140-60)℃ = 80℃$

因为 $\dfrac{\Delta t_{\max}}{\Delta t_{\min}} = \dfrac{200}{80} = 2.5 > 1.7$，所以

$$\overline{\Delta t}=\frac{\Delta t_{\max}-\Delta t_{\min}}{\ln\frac{\Delta t_{\max}}{\Delta t_{\min}}}=\frac{200-80}{\ln\frac{200}{80}}℃=131.0℃$$

比较计算结果可见，逆流时平均温差明显大于顺流时的平均温差。

二、换热器的平均温差法传热计算

（一）设计计算

根据换热器的设计要求和目的，已知的换热器工作条件是冷热流体的种类、流量和进出口温度中的三个，以此确定为完成换热任务所需要的形式、结构及传热面面积 A。

目前设计计算普遍采用的方法是平均温差法，设计步骤如下。

1）根据经验和设计要求，选择换热器的类型及流动形式初步布置换热面，计算出相应的传热系数 k（一般先求出表面传热系数 h_1、h_2）。

2）根据已知条件，由热平衡方程式求出冷、热流体的未知温度及换热量 ϕ。

3）确定出对数平均温差 Δt_m。

4）由传热方程式计算出所需换热面积 A。

5）计算换热面两侧流体的流动阻力。如果流动阻力过大，会使风机、水泵的电耗增加，须改变方案，重新设计。

例 14-5 温度为 90℃ 的热水进入一台逆流式换热器，将温度为 10℃ 的冷水渐热到 40℃，冷水流量为 3kg/s，热水流量为 4kg/s，总传热系数为 820W/(m^2·K)，求换热器的传热面积。已知水的比热容为 4.187kJ/(kg·K)。

解 热流量为

$$\Phi=c_2q_{m2}(t_2''-t_2')=4187\times3\times(40-10)\text{W}=376830\text{W}$$

又 $\phi=c_1q_{m1}(t_1'-t_1'')$，故热水的出口温度为

$$t_1''=t_1'-\frac{\Phi}{c_1q_{m1}}=\left(90-\frac{376830}{4187\times4}\right)℃=67.45℃$$

这样，对数平均温差为

$$\Delta t_m=\frac{\Delta t_{\max}-\Delta t_{\min}}{\ln\frac{\Delta t_{\max}}{\Delta t_{\min}}}=\frac{(67.45-10)-(90-40)}{\ln\frac{67.45-10}{90-40}}℃=\frac{57.45-50}{\ln\frac{57.45}{50}}℃=53.64℃$$

根据传热方程，得传热面积

$$A=\frac{\Phi}{k\Delta t_m}=\frac{376830}{820\times53.64}\text{m}^2=8.57\text{m}^2$$

例 14-6 预设计一台逆流表面式油冷却器，要求将 115℃的油冷却为 55℃，每小时冷却油 4000kg，所采用冷却水的温度为 20℃，要求冷却水出口温度不超过 70℃，若油的比热容为 1.90kJ/(kg·K)，水的比热容为 4.18kJ/(kg·K)，传热系数为 320W/(m^2·K)。试求：（1）传热面积；（2）每小时所需的冷却水量。

解 （1）根据已知条件，由热平衡 $\Phi=\Phi_1=\Phi_2$ 得传热量

$$\Phi=q_{m1}c_1(t_1'-t_1'')=\frac{4000}{3600}\times1.90\times10^3\times(115-55)\text{W}=126666.7\text{W}$$

温差为

$$\Delta t_{max}=(115-70)℃=45℃,\ \Delta t_{min}=(55-20)℃=35℃$$

因为$\frac{\Delta t_{max}}{\Delta t_{min}}=\frac{45}{35}<1.7$，所以平均温差

$$\Delta t_m=\frac{\Delta t_{max}+\Delta t_{min}}{2}=\frac{45+35}{2}℃=40℃$$

由传热方程式 $\Phi=kA\Delta t_m$ 得传热面积

$$A=\frac{\Phi}{k\Delta t_m}=\frac{126666.7}{320\times 40}\text{m}^2=9.90\text{m}^2$$

(2) 由热平衡方程式 $\Phi_1=\Phi_2=q_{m2}c_2\ (t_1''-t_1')$ 得

$$q_{m2}=\frac{\Phi_1}{c_2(t_2''-t_2')}=\frac{126666.7}{4.18\times 10^3\times(70-20)}\text{kg/s}=0.16\text{kg/s}=2196\text{kg/h}$$

例题 14-7　一油冷却器是由外径为 15mm、壁厚 1mm 的铜管制成的壳管式换热器，铜管叉排排列。在油冷却器中密度 879kg/m^3、比热容为 1950J/(kg·K)、流量为 $39\text{m}^3/\text{h}$ 的 30 号透平油从 $t_1'=56.9℃$ 冷却到 $t_1''=45℃$ 。冷却水在油冷却器管内流过，进口温度 $t_2'=33℃$，温升为 4℃。两个流程，表面传热系数 $h_1=4480\text{W/(m}^2\cdot\text{K)}$。油在管外的折流板间流过，表面传热系数 $h_2=452\text{W/(m}^2\cdot\text{K)}$。求所需的传热面积 A。

解　冷却水出口温度

$$t_2''=t_2'+\Delta t_2=33℃+4℃=37℃$$

温度修正系数

$$P=\frac{t_2''-t_2'}{t_1'-t_2'}=\frac{37-33}{56.9-33}=0.17\qquad R=\frac{t_1'-t_1''}{t_2''-t_2'}=\frac{56.9-45}{37-33}=3$$

查图 14-24 可知，$\psi=0.97$

逆流时的平均温差

$$(\Delta t_m)_{cf}=\frac{(t_1'-t_2'')-(t_1''-t_2')}{\ln\dfrac{(t_1'-t_2'')}{(t_1''-t_2')}}=\frac{(56.9-37)-(45-33)}{\ln\dfrac{56.9-37}{45-33}}℃=15.6℃$$

所以平均温差为

$$\Delta t_m=\psi(\Delta t_m)_{cf}=0.97\times 15.6℃=15.1℃$$

热流量

$$\Phi=q_{m1}c_{p1}(t_1'-t_1'')=\frac{39\times 879}{3600}\times 1950\times(56.9-45)\text{W}=2.21\times 10^5\text{W}$$

以管壁外壁面为基准的传热系数

$$k_O=\frac{1}{\dfrac{d_2}{h_1d_1}+\dfrac{d_2}{2\lambda}\ln\dfrac{d_2}{d_1}+\dfrac{1}{h_2}}\approx\frac{1}{\dfrac{0.015}{4480\times 0.013}+\dfrac{1}{452}}\text{W/(m}^2\cdot\text{K)}=404.9\text{W/(m}^2\cdot\text{K)}$$

由传热过程方程式解得

$$A=\frac{\Phi}{K_0\Delta t_m}=\frac{221000}{404.9\times 15.1}\text{m}^2=36.1\text{m}^2$$

（二）校核计算

校核计算时，换热器已经存在，已知的参数是换热面积 A、冷、热流体种类、流量；冷、热流体的进口温度。需要确定的是冷、热流体的出口温度。

由于两侧流体的出口温度未知，传热平均温差无法计算；由于流体的定性温度不能确定，也无法计算换热面两侧对流换热的表面传热系数及通过换热面的传热系数。因此，不能直接利用热平衡方程式和传热方程式求出其余的未知量，通常采用试算法，主要计算步骤如下。

1）先假设一个流体的出口温度 t_1''（或 t_2''），用热平衡方程式求出换热量假设温度下的换热量 Φ' 和另外一个流体的出口温度。

2）根据流体的四个进、出口温度求出平均温差 Δt_m。

3）根据给定的换热器结构及工作条件计算换热面两侧的表面传热系数 h_1、h_2，进而求出总传热系数 k。

4）由传热方程式求出换热量 Φ''。

5）比较 Φ' 和 Φ''。如果两者相差较大（如大于 2% 或 5%），说明假设的温度值不符合实际，再重新假设一个流体出口温度，重复上述计算步骤，直到 Φ' 和 Φ'' 值的偏差小于 2% ~5% 为止。也可以将由 Φ'' 代入热平衡方程式求得的出口温度与假设的相应温度比较，直到满意为止。假设实际运算中经常采用迭代法，可以利用计算机进行编程计算。

例 14-8 有一双层套管冷却器，管长 $l=5\text{m}$，传热系数 $k_l=296.565\text{W/(m·K)}$。在冷却器中热水和冷水逆流流动，热水的流量为 0.555kg/s，进口温度 $t_1'=50℃$；冷水的流量为 1.111kg/s，进口温度 $t_2'=10℃$。试求热水和冷水的出口温度。

解 假设热水出口温度 $t_1''=32℃$，则热水的平均温度为 41℃，查附表 13 得其比热容为 4.174kJ/(kg·K)。

热流量

$$\Phi'=q_{m1}c_1(t_1'-t_1'')=0.555\times4.174\times10^3\times(50-32)\text{W}=41698.26\text{W}$$

冷水出口温度

$$t_2''=t_2'+\frac{\Phi}{q_{m2}c_2}=10℃+\frac{41698.26}{1.1111\times4.174\times10^3}℃=18.99℃$$

对数平均温差

$$\Delta t_m=\frac{(50-18.99)-(32-10)}{\ln\dfrac{50-18.99}{32-10}}℃=26.25℃$$

由传热方程式得

$$\Phi''=k_l l\Delta t_m=296.565\times5\times26.25\text{W}=38924.16\text{W}$$

所以

$$\frac{\Phi'-\Phi''}{\Phi'}=\frac{41698.26-38924.16}{41698.26}=6.7\%>5\%$$

所以假设的热水出口温度 $t_1''=32℃$ 不满足误差要求，需重新假定 t_1''。根据前一次计算结果比较，可知第一次假设温度偏低，应适当增大。请读者自行试算。

三、换热器的传热有效度-传热单元数（ε-NTU）法传热计算

（一）传热有效度与传热单元数

传热有效度 ε 是指换热器的实际换热量 Φ 与最大可能换热量 Φ_{max} 之比，即

$$\varepsilon=\frac{\Phi}{\Phi_{max}}=\frac{q_{m1}c_1(t_1'-t_1'')}{(q_mc)_{min}(t_1'-t_2')}=\frac{q_{m2}c_2(t_2''-t_2')}{(q_mc)_{min}(t_1'-t_2')}=\frac{(t'-t'')_{max}}{t_1'-t_2'} \tag{14-34}$$

式中，Φ_{max}是指在换热器无限长时，热、冷流体逆流流动时，q_mc 较小的流体出口温度达到另一种流体的入口温度时的换热量；$t_1'-t_2'$是流体在换热器中可能发生的最大温度差值；是冷流体或热流体在换热器中的实际温差中较大者，如果冷流体的温度变化大，$(t'-t'')_{max}=t_2''-t_2'$，如果热流体的温度变化大，$(t'-t'')_{max}=t_1'-t_1''$。

所以换热器的热流量

$$\Phi=(cq_m)_{min}(t'-t'')_{max}=\varepsilon(cq_m)_{min}(t_1'-t_2') \tag{14-35}$$

只要确定了换热器的传热有效度，冷、热流体的入口温度，热流量可以计算热流量。通过对不同流动形式换热器的理论分析和推证得知，传热有效度与流动形式、$\frac{(cq_m)_{min}}{(cq_m)_{max}}$、$\frac{kA}{(cq_m)_{min}}$有关，其中$\frac{kA}{(cq_m)_{min}}=NTU$ 称为传热单元数。传热单元数是一个无量纲参数，可看成是换热器 kA 值大小的一种度量，其中 k、A 分别反映换热器的运行费用和初投资，是反映换热器综合技术经济性能的指标，可以由 ε-NTU 线算图查取，如图 14-28 所示。

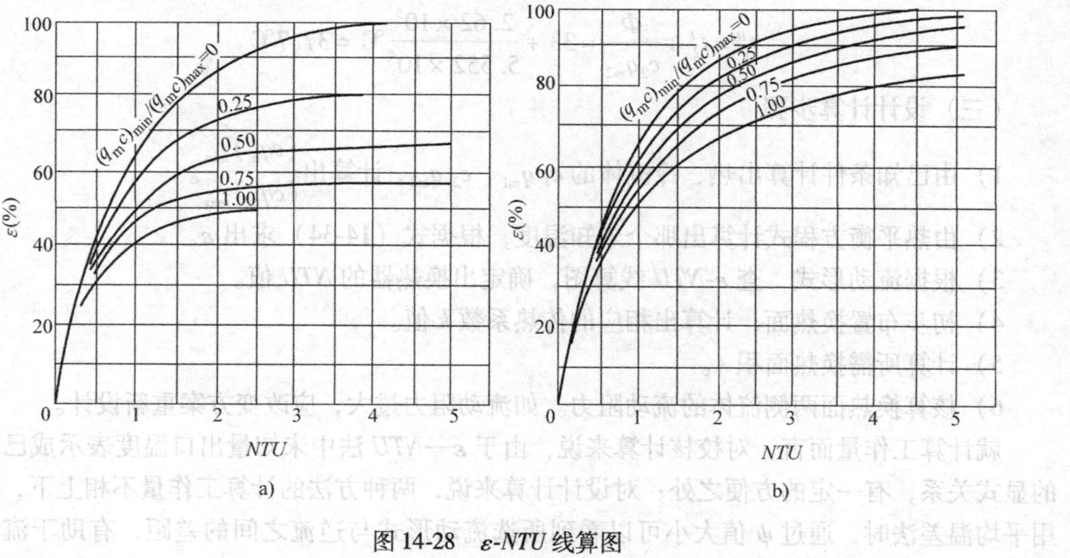

图 14-28 ε-NTU 线算图

a）顺流 b）逆流

（二）校核计算步骤

1）由已知条件计算出热、冷流体的 c_1q_{m1}、c_2q_{m2}，计算出$\frac{(cq_m)_{min}}{(cq_m)_{max}}$。

2）确定传热系数 k 和 NTU。与平均温差法进行校核计算相同，在确定传热系数 k 时，也需要假设出口温度，待算得终温后再加以校正。

3）根据流动形式，查 ε-NTU 线算图，确定出换热器的 ε 值。

4）由 $\Phi=(cq_m)_{\min}(t'-t'')_{\max}=\varepsilon(cq_m)_{\min}(t_1'-t_2')$ 计算出换热器的热流量。

5）根据 $\Phi=c_1q_{m1}(t_1'-t_1'')=c_2q_{m2}(t_2''-t_2')$ 计算出冷、热流体的出口温度。

例 14-9 流量为 9.523kg/s 的 30 号汽轮机油进入一台逆流式冷油器，入口油温为 58.7℃，冷却介质为河水，流量为 13.25kg/s，进口水温为 33℃。已知冷油器的换热面积为 51.5m^2，传热系数为 313W/(m^2·K)，油的比热容 $c_1=1.95$kJ/(kg·K)，水的比热容为 4.19kJ/(kg·K)。求出口油温和出口水温。

解 首先求解 $c_1q_{m1}=9.523\times1.95\times10^3\text{W/℃}=1.856\times10^4\text{W/℃}$

$$c_2q_{m2}=13.25\times4.19\times10^3\text{W/℃}=5.552\times10^4\text{W/℃}$$

$$\frac{(cq_m)_{\min}}{(cq_m)_{\max}}=\frac{1.856\times10^4}{5.552\times10^4}=0.334$$

$$NTU=\frac{kA}{(cq_m)_{\min}}=\frac{313\times51.5}{1.856\times10^4}=0.87$$

查逆流的 ε-NTU 线算图得 $\varepsilon=0.55$

换热器的热流量

$$\Phi=\varepsilon(cq_m)_{\min}(t_1'-t_2')=0.55\times1.856\times10^4\times(58.7-33)\text{W}=2.62\times10^5\text{W}$$

由热平衡式计算出口油温和出口水温

$$t_1''=t_1'-\frac{\Phi}{c_1q_{m1}}=\left(58.7-\frac{2.62\times10^5}{1.856\times10^4}\right)\text{℃}=44.58\text{℃}$$

$$t_2''=t_2'+\frac{\Phi}{c_2q_{m2}}=33+\frac{2.62\times10^5}{5.552\times10^4}\text{℃}=37.7\text{℃}$$

（三）设计计算步骤

1）由已知条件计算出热、冷流体的 c_1q_{m1}、c_2q_{m2}，计算出 $\frac{(cq_m)_{\min}}{(cq_m)_{\max}}$。

2）由热平衡方程式计算出那个未知温度，根据式（14-34）求出 ε。

3）根据流动形式，查 ε-NTU 线算图，确定出换热器的 NTU 值。

4）初步布置换热面，计算出相应的传热系数 k 值。

5）计算所需换热面积 A。

6）核算换热面两侧流体的流动阻力。如流动阻力过大，应改变方案重新设计。

就计算工作量而言，对校核计算来说，由于 ε—NTU 法中未知量出口温度表示成已知量的显式关系，有一定的方便之处；对设计计算来说，两种方法的计算工作量不相上下，但采用平均温差法时，通过 ψ 值大小可以看到所选流动形式与逆流之间的差距，有助于流动形式的选择，比 ε-NTU 法略为有利。

知识拓展：换热器设计应注意的问题

换热器设计是一个综合性的课题，必须考虑初投资、运行费用、安全可靠等因素，以达到最佳的综合技术经济性指标为目标。换热器中流体的流速要选得适当，流体流速高可以增强传热，但会使流动损失增大而提高运行费用，而且容易引起水击或振动；流体流速过低又会容易过分地快速结垢。换热器的管径和节距要选得适当，选得小有利于缩小外形尺寸和传热，但运行中容易发生堵塞且不易清洗，要根据经验选取。设计管壳式换热器时应当把易结垢且严重的流体安排在管程，可以用机械清洗而不是化学法除垢，有利于维护保养。随着计算机技术的发展，换热器设计也提高了优化能力，应用计算机不但可以更准确地进行传热计算、流动阻力计算和综合技术经济指标对比计算，还可以在广阔的参数变动范围内进行多种方案的比较和筛选。

复习思考题

14-1　何谓传热过程？什么是复合换热？

14-2　试分析水冷壁、冷凝器、省煤器的传热过程。

14-3　如何定义传热系数？传热系数与热阻有什么关系？

14-4　换热器可分为哪几类？各有什么特点？

14-5　表面式换热器热计算的两个基本方程式是什么？

14-6　顺、逆流各有什么优缺点？

14-7　顺、逆流时平均温差如何计算？混合流动时平均温差又是如何进行计算的？

14-8　写出多层平壁、多层圆筒壁的传热热阻表达式。

14-9　写出传热过程的一般计算公式，并说明传热系数与哪些因素有关，是否与传热面积的大小无关。

14-10　何谓临界热绝缘直径？其大小与哪些因素有关？是否任何管道保温都存在临界绝缘直径问题？

14-11　换器的传热计算有哪两种方法？各有什么优、缺点？

讨论思考题

14-1　为什么有的锅炉的过热器低温段布置成逆流，而高温段布置成顺流？

14-2　要增强传热从减小哪项热阻着手效果才显著？火力发电厂换热设备主要热阻在哪些方面？

14-3　加装肋片有哪两个作用？在传热系数小的一侧壁面上加装肋片有什么作用？在冷流体一侧壁面上加装肋片又有什么作用？

14-4　从传热学原理分析火力发电厂换热器增强传热所采取的措施。举一例说明。

14-5　说明图 14-17 中各换热设备分别属于何种类型？

习　　题

14-1　一锅炉炉墙由三层平壁构成，内层是耐火砖，厚度 $\delta_1=0.23\text{m}$，热导率 $\lambda_1=1.2\text{W}/(\text{m}\cdot\text{K})$；中间是石棉隔热层，厚度 $\delta_2=0.05\text{m}$，热导率 $\lambda_2=0.095\text{W}/(\text{m}\cdot\text{K})$；外层是红砖，厚度 $\delta_3=0.24\text{m}$，$\lambda_3=1.2\text{W}/(\text{m}\cdot\text{K})$。炉墙内烟气温度 $t_{f1}=600℃$，烟气侧表面传热系数 $h_1=40\text{W}/(\text{m}^2\cdot\text{K})$；炉外空气温度 $t_{f2}=25℃$，空气侧表面传热系数 $h_2=10\text{W}/(\text{m}^2\cdot\text{K})$。试求通过炉墙的散热损失和炉墙内、外壁面的温度。

14-2　一内径为 0.16m 的蒸汽管道，壁厚为 8mm，管外包有厚度为 200mm 的保温层。已知管材的热导率 $\lambda_1=45\text{W}/(\text{m}\cdot\text{K})$，保温材料的热导率 $\lambda_2=0.1\text{W}/(\text{m}\cdot\text{K})$。管内蒸汽温度 $t_{f1}=300℃$，蒸汽与管壁间对流换热的表面传热系数 $h_1=150\text{W}/(\text{m}^2\cdot\text{K})$。周围空气温度 $t_{f2}=20℃$，空气与保温层外表面对流换热的表面传热系数 $h_2=10\text{W}/(\text{m}^2\cdot\text{K})$。试求单位管长的散热损失和保温层外表面的温度。

14-3　某表面式换热器中，热流体的进、出口温度为 160℃和 100℃，冷流体的进、出口温度为 30℃和 80℃，试分别求出顺流和逆流时的平均温差。

14-4　某表面式逆流换热器，每小时需要 15℃的冷却水 25000kg。将每小时 800kg，比热容为 2.8kJ/(kg·K) 的热流体由 105℃冷却到 40℃，若传热系数 $k=240\text{W}/(\text{m}^2\cdot\text{K})$，冷却水的比热容为 4.18kJ/(kg·K)。求：(1) 冷却水的出口温度 t_2''；(2) 传热面积 A。

14-5　计算一冷凝管基于外侧面的传热系数。已知管外径 25mm，管壁厚 1.5mm，材料为黄铜，导热热阻可以忽略不计。管外冷凝侧表面传热系数 $h_O = 6000\mathrm{W/(m^2 \cdot K)}$，管内水侧表面传热系数 $h_1 = 4000\mathrm{W/(m^2 \cdot K)}$。(1) 无污垢；(2) 有污垢，水侧使用海水，流速小于1m/s，水温为32℃。

14-6 有一台逆流式油—水换热器，已知油的进口温度 $t_1' = 100℃$，出口温度 $t_1'' = 60℃$，油的密度 $\rho_1 = 860\mathrm{kg/m^3}$，比定压热容 $c_p = 2.1\mathrm{kJ/(kg \cdot K)}$；冷却水的进口温度 $t_2' = 20℃$，出口温度 $t_2'' = 50℃$，流量 $q_{m2} = 3\mathrm{kg/s}$。换热器的传热系数 $k = 300\mathrm{W/(m^2 \cdot K)}$。求：(1) 油的流量；(2) 换热器的换热量；(3) 换热器的传热面积。

14-7 有一套管式换热器，热流体流量 $q_{m1} = 0.125\mathrm{kg/s}$，比定压热容 $c_{p1} = 2.1\mathrm{kJ/(kg \cdot K)}$，进口温度 $t_1' = 200℃$；冷流体流量 $q_{m2} = 0.25\mathrm{kg/s}$，比定压热容 $c_{p2} = 4.2\mathrm{kJ/(kg \cdot K)}$，进口温度 $t_2' = 20℃$，出口温度 $t_2'' = 40℃$。换热器的传热系数 $k = 500\mathrm{W/(m^2 \cdot K)}$。求：(1) 换热器的换热量；(2) 热流体的出口温度；(3) 冷、热流体顺流时所需的换热面积；(4) 冷、热流体逆流时所需的换热面积。

附　录

附表 1　工程上常用截面的几何性质

截面几何图形	面　积 A	形　心 y_C	惯性矩 I_{Cx}
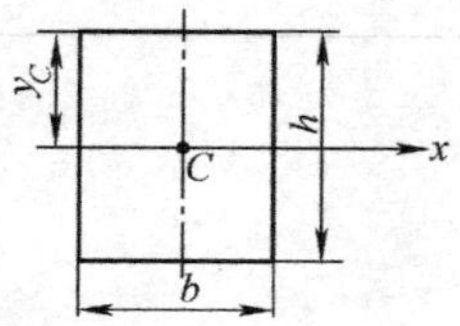	bh	$\frac{1}{2}h$	$\frac{1}{12}bh^3$
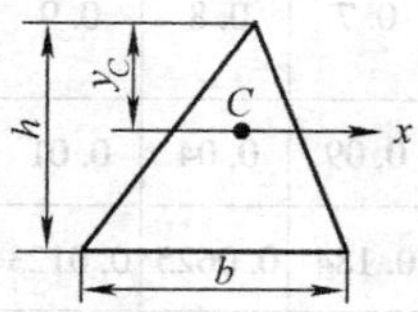	$\frac{1}{2}bh$	$\frac{2}{3}h$	$\frac{1}{36}bh^3$
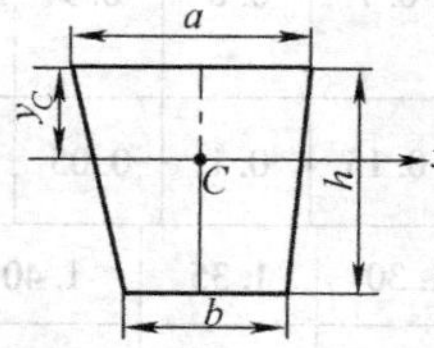	$\frac{1}{2}h\ (a+b)$	$\frac{1}{3}h\frac{a+2b}{a+b}$	$\frac{1}{36}h^2\frac{a^2+4ab+b^2}{a+b}$
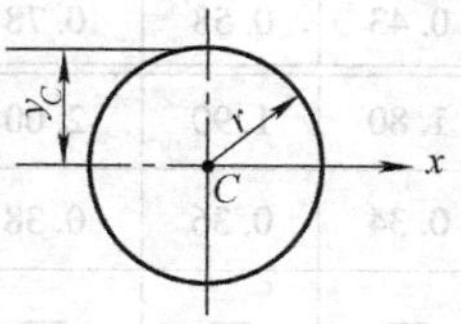	πr^2	r	$\frac{\pi}{4}r^4$
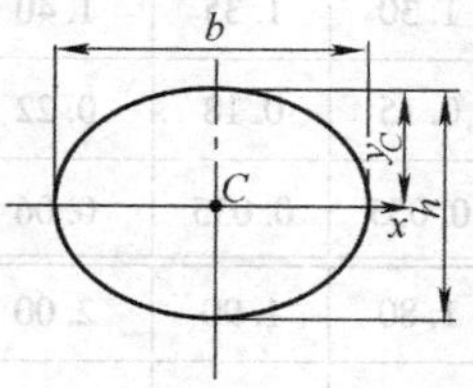	$\frac{\pi}{4}bh$	$\frac{h}{2}$	$\frac{\pi}{64}bh^3$
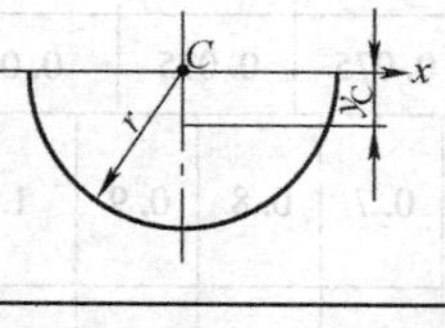	$\frac{\pi}{3}r^2$	$\frac{4}{3}\times\frac{r}{\pi}$	$\frac{9\pi^2-64}{72\pi}r^4$

注：图中的 y_C 标记的是几何图形本身的形心 y 坐标，与 y_p 公式中的 y_c 意义有所不同，当自由表面与截面顶端重合时两者意义才相同。

附表 2 常用管件的局部阻力系数

序号	名称	示意图	局部阻力系数(对应于图中箭头所示的流速值)											
1	管子入口	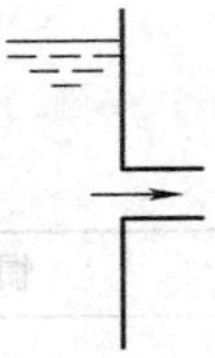	管口未作圆 $\zeta=0.5$ 管口略作圆 $\zeta=0.2\sim0.25$ 管口作圆(喇叭口) $\zeta=0.05$											
2	管口出口	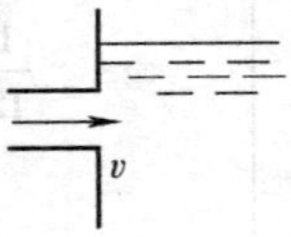	$\zeta=1.0$											
3	截面突然扩大	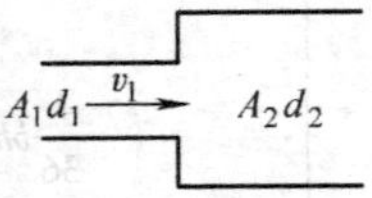	$\frac{A_1}{A_2}=\left(\frac{d_1}{d_2}\right)^2$	0	0.1	0.2	0.3	0.4	0.5	0.6	0.7	0.8	0.9	1.0
			ζ_1	1.0	0.81	0.64	0.5	0.36	0.25	0.16	0.09	0.04	0.01	0
			ζ_2	∞	81	16	5.44	2.25	1.0	0.444	0.184	0.0625	0.0123	0
4	截面突然缩小	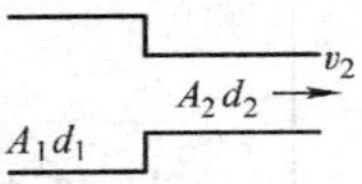	$\frac{A_1}{A_2}=\left(\frac{d_2}{d_1}\right)^2$	0	0.1	0.2	0.3	0.4	0.5	0.6	0.7	0.8	0.9	1.0
			ζ_2	0.5	0.45	0.4	0.35	0.3	0.25	0.2	0.15	0.1	0.05	0
5	大小头(管径逐渐扩大)	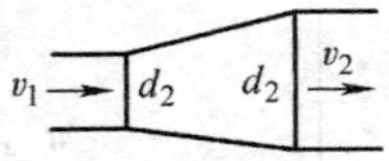	d_2/d_1	1.10	1.15	1.20	1.25	1.30	1.35	1.40				
			ζ_1	0.05	0.07	0.10	0.12	0.15	0.17	0.20				
			ζ_2	0.07	0.13	0.21	0.31	0.43	0.58	0.78				
			d_2/d_1	1.45	1.50	1.60	1.70	1.80	1.90	2.00				
			ζ_1	0.22	0.24	0.27	0.31	0.34	0.36	0.38				
			ζ_2	0.98	1.22	—	—	—	—	—				
6	大小头(管径逐渐缩小)	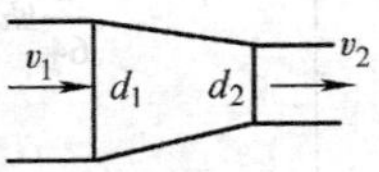	d_1/d_2	1.10	1.15	1.20	1.25	1.30	1.35	1.40				
			ζ_1	0.06	0.08	0.10	0.12	0.15	0.18	0.22				
			ζ_2	0.04	0.045	0.05	0.05	0.055	0.055	0.06				
			d_1/d_2	1.45	1.50	1.60	1.70	1.80	1.90	2.00				
			ζ_1	0.26	0.31	0.36	0.42	0.49	0.57	0.7				
			ζ_2	0.06	0.065	0.07	0.07	0.075	0.075	0.08				
7	流量孔板	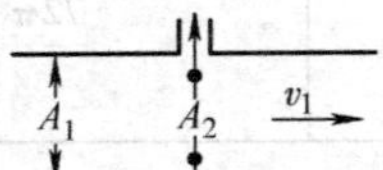	$\frac{A_2}{A_1}$	0.1	0.2	0.3	0.4	0.5	0.6	0.7	0.8	0.9	1.0	
			ζ_1	226	47.8	17.8	7.8	3.75	1.8	0.8	0.29	0.06	0	

（续）

序号	名称	示意图	局部阻力系数（对应于图中箭头所示的流速值）
8	闸阀	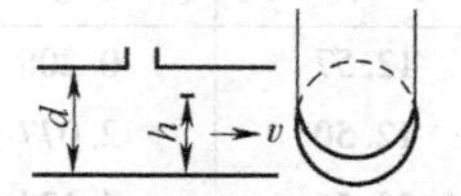	见下表
9	旋塞	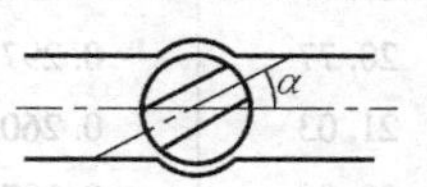	见下表
10	进口滤网安装在水泵的吸水管入口	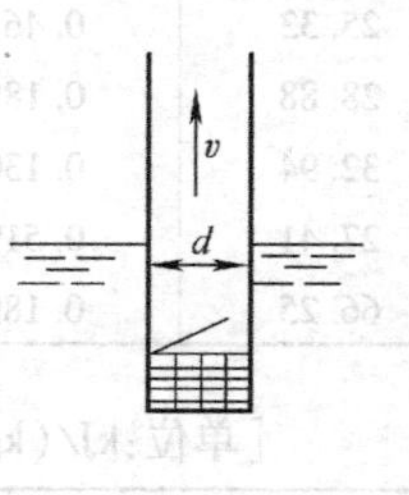	见下文
11	弯管	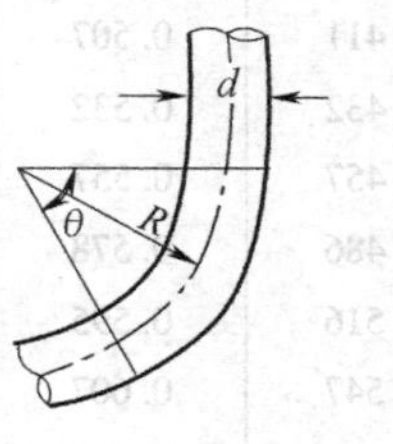	见下表
12	流入嵌在壁上的管子	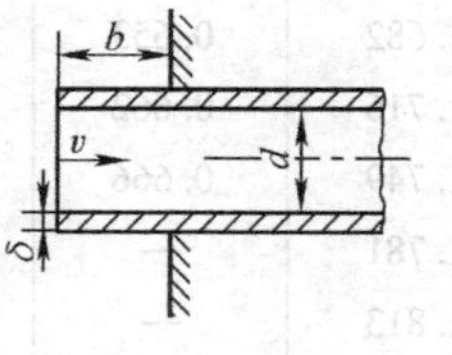	见下表
13	热补偿器	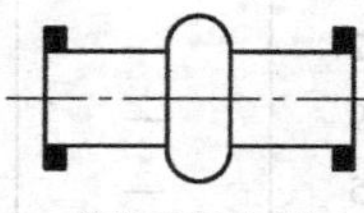 单波无导向管 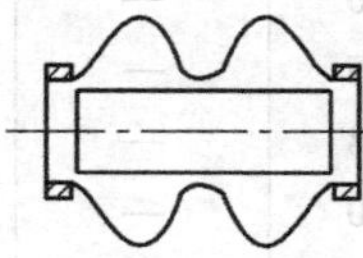 双波带导向管	见下表

8 闸阀

$\frac{h}{d}$	$\frac{1}{8}$	$\frac{1}{4}$	$\frac{3}{8}$	$\frac{1}{2}$	$\frac{5}{8}$	$\frac{3}{4}$	$\frac{7}{8}$	全开
ζ	97.8	17.0	5.52	2.06	0.81	0.26	0.07	0

9 旋塞

α	5°	10°	15°	20°	25°	30°	35°	40°	50°	60°	70°
ζ	0.05	0.29	0.75	1.56	3.10	5.47	9.68	17.3	52.6	206	486

10 进口滤网安装在水泵的吸水管入口

$$\zeta = (0.675 \sim 1.575)\left(\frac{A}{A_n}\right)^2$$

式中　A——圆管的面积

A_n——滤网所有孔眼的面积

如果滤网具有逆止阀（单向阀门）防止倒流，则 ζ 值如下表

管径 d/mm	40	70	100	150	200	300	500	750
ζ	12	8.5	7	6	5.2	3.7	2.5	1.6

11 弯管

煨弯弯管［弯曲半径为内径的 4.6~6 倍，$R=(4.6-6)d$］

θ	15°	30°	45°	60°	90°
ζ	0.025	0.04	0.06	0.08	0.1

焊接弯管（弯曲半径为 $DN+5d$，由 30°或 22°30′扇形节组成）

θ	30°	45°	60°~67.5°	90°
ζ	0.2	0.3	0.4	0.5

90°铸钢弯头（按连接管子内的流速计算）

公称直径 DN/mm	80	100	125	150	175	200	225	250
ζ	0.34	0.35	0.47	0.43	0.42	0.42	0.42	0.38

12 流入嵌在壁上的管子

δ/d \ b/d	0	0.01	0.02	0.05	0.1	0.20	0.50	∞
0	0.50	0.68	0.73	0.80	0.86	0.92	1.00	1.00
0.02	0.50	0.52	0.53	0.55	0.60	0.66	0.72	0.72
0.03	0.50	0.51	0.51	0.52	0.54	0.57	0.61	0.61
0.04	0.50	0.51	0.51	0.51	0.51	0.52	0.53	0.53
∞	0.50	0.50	0.50	0.50	0.50	0.50	0.50	0.50

13 热补偿器

波形补偿器（按所连接管子内的流速计算）无导向管的波形补偿器

波形	所连接管子的公称直径 DN/mm										
	100	125	150	175	200	250	300	350	400	450	500
单波	1.7	—	1.5	—	1.3	1.2	1.0	0.9	0.8	0.7	0.6
双波	3.4	—	3.0	—	2.7	2.3	2.0	1.8	1.6	1.4	1.3
三波	5.1	—	4.5	—	4.0	3.5	3.0	2.6	2.3	2.3	1.9
四波	6.8	—	6.0	—	5.2	4.8	4.0	3.5	3.2	2.8	2.5

带导向管的波形补偿器 $\zeta=0.1$（与波数无关）

套筒补偿器 $\zeta=0.2\sim0.5$

附表 3 常用理想气体的定值摩尔热容和定值比热容

物质	M/(kg/kmol)	c_p/[kJ/(kg·K)]	$C_{p,m}$/[J/(mol·K)]	c_V/[kJ/(kg·K)]	$C_{V,m}$/[J/(mol·K)]	R_g/[kJ/(kg·K)]	κ
氩 Ar	39.94	0.523	20.89	0.315	12.57	0.208	1.67
氦 He	4.003	5.200	20.81	3.123	12.50	2.077	1.67
氢 H_2	2.016	14.32	28.86	10.19	20.55	4.124	1.40
氮 N_2	28.02	1.038	29.08	0.742	20.77	0.297	1.40
氧 O_2	32.00	0.917	29.34	0.657	21.03	0.260	1.39
一氧化碳 CO	28.01	1.042	29.19	0.745	20.88	0.297	1.40
空气	28.97	1.004	29.09	0.717	20.78	0.287	1.40
水蒸气 H_2O	18.016	1.867	33.64	1.406	25.33	0.461	1.33
二氧化碳 CO_2	44.01	0.845	37.19	0.656	28.88	0.189	1.29
二氧化硫 SO_2	64.07	0.644	41.26	0.514	32.94	0.130	1.25
甲烷 CH_4	16.04	2.227	5.72	1.709	27.41	0.519	1.30
丙烷 C_3H_8	44.09	1.691	74.56	1.502	66.25	0.189	1.13

附表 4 理想气体的平均比定容热容 [单位:kJ/(kg·K)]

温度/℃ \ 气体	O_2	N_2	CO	CO_2	H_2O	SO_2	空气
0	0.655	0.724	0.743	0.626	1.398	0.477	0.716
100	0.663	0.744	0.745	0.677	1.411	0.507	0.719
200	0.675	0.747	0.749	0.721	1.432	0.532	0.724
300	0.690	0.752	0.757	0.760	1.457	0.557	0.732
400	0.705	0.760	0.767	0.794	1.486	0.578	0.741
500	0.719	0.769	0.777	0.824	1.516	0.595	0.752
600	0.733	0.779	0.789	0.851	1.547	0.607	0.762
700	0.745	0.790	0.801	0.875	1.581	0.621	0.773
800	0.756	0.801	0.812	0.896	1.614	0.632	0.784
900	0.766	0.811	0.823	0.916	1.618	0.615	0.794
1000	0.775	0.821	0.834	0.933	1.682	0.653	0.804
1100	0.783	0.830	0.843	0.950	1.716	0.662	0.813
1200	0.791	0.839	0.857	0.964	1.749	0.666	0.821
1300	0.798	0.848	0.861	0.977	1.781	—	0.829
1400	0.805	0.856	0.869	0.989	1.813	—	0.837
1500	0.811	0.863	0.876	1.001	1.843	—	0.844
1600	0.817	0.870	0.883	1.011	1.873	—	0.851
1700	0.823	0.877	0.889	1.020	1.902	—	0.857
1800	0.829	0.883	0.896	1.029	1.929	—	0.863
1900	0.834	0.889	0.901	1.037	1.955	—	0.869
2000	0.839	0.894	0.906	1.045	1.980	—	0.874
2100	0.844	0.900	0.911	1.052	2.005	—	0.879
2200	0.849	0.905	0.916	1.058	2.028	—	0.884
2300	0.854	0.909	0.921	1.064	2.050	—	0.889
2400	0.858	0.914	0.925	1.070	2.072	—	0.893
2500	0.863	0.918	0.929	1.075	2.093	—	0.897

附表 5 理想气体的平均比定压热容 [单位:kJ/(kg · K)]

温度/℃ \ 气体	O_2	N_2	CO	CO_2	H_2O	SO_2	空气
0	0.915	1.089	1.040	0.815	1.859	0.607	1.004
100	0.923	1.040	1.042	0.866	1.873	0.636	1.006
200	0.935	1.043	1.046	0.910	1.894	0.662	1.012
300	0.950	1.049	1.054	0.949	1.919	0.687	1.019
400	0.965	1.057	1.063	0.983	1.948	0.708	1.208
500	0.979	1.066	1.075	1.013	1.978	0.724	1.039
600	0.993	1.076	1.086	1.040	2.009	0.737	1.050
700	1.005	1.087	1.098	1.064	2.042	0.754	1.061
800	1.016	1.097	1.109	1.085	2.075	0.762	1.071
900	1.026	1.108	1.120	1.104	2.110	0.775	1.081
1000	1.035	1.118	1.130	1.122	2.144	0.783	1.091
1100	1.043	1.127	1.140	1.138	2.177	0.791	1.100
1200	1.051	1.136	1.149	1.153	2.211	0.795	1.108
1300	1.058	1.145	1.158	1.166	2.243	—	1.117
1400	1.065	1.153	1.166	1.178	2.274	—	1.124
1500	1.071	1.160	1.173	1.189	2.305	—	1.131
1600	1.077	1.167	1.180	1.200	2.335	—	1.138
1700	1.083	1.174	1.187	1.209	2.363	—	1.144
1800	1.089	1.180	1.192	1.218	2.391	—	1.150
1900	1.094	1.186	1.198	1.266	2.417	—	1.156
2000	1.099	1.191	1.203	1.233	2.442	—	1.161
2100	1.104	1.197	1.208	1.241	2.466	—	1.166
2200	1.109	1.201	1.213	1.247	2.489	—	1.171
2300	1.114	1.206	1.218	1.253	2.512	—	1.176
2400	1.118	1.210	1.222	1.259	2.533	—	1.180
2500	1.123	1.214	1.266	1.264	2.554	—	1.184

附表 6 理想气体的平均比热容直线关系式

气体	平均比热容/[kJ/(kg · K)]	气体	平均比热容/[kJ/(kg · K)]
空气	$c_V = 0.7088 + 0.000093t$ $c_p = 0.9956 + 0.000093t$	CO	$c_V = 0.7331 + 0.00009681t$ $c_p = 1.035 + 0.00009681t$
H_2	$c_V = 10.12 + 0.0005945t$ $c_p = 14.33 + 0.0005945t$	H_2O	$c_V = 1.372 + 0.0003111t$ $c_p = 1.833 + 0.0003111t$
N_2	$c_V = 0.7304 + 0.00008955t$ $c_p = 1.032 + 0.00008955t$	CO_2	$c_V = 0.6837 + 0.0002406t$ $c_p = 0.8725 + 0.0002406t$
O_2	$c_V = 0.6594 + 0.0001065t$ $c_p = 0.919 + 0.0001065t$		

注：t 的单位为℃。

附表7 以温度为序的饱和水与干饱和蒸汽表(节选)

温度	压 力	比体积		比 焓		汽化热	比 熵	
t/℃	p/MPa	v'/ (m³/kg)	v''/ (m³/kg)	h'/ (kJ/kg)	h''/ (kJ/kg)	r/(kJ/kg)	s'/ [kJ/(kg·K)]	s''/ [kJ/(kg·K)]
0.00	0.0006112	0.00100022	206.154	−0.05	2500.51	2500.6	−0.0002	9.1544
0.01	0.0006117	0.00100021	206.012	0.00	2500.53	2500.5	0.0000	9.1541
1	0.0006571	0.00100018	192.464	4.18	2502.35	2498.2	0.0153	9.1278
2	0.0007059	0.00100013	179.787	8.39	2504.19	2495.8	0.0306	9.1014
3	0.0007580	0.00100009	168.041	12.61	2506.03	2493.4	0.0459	9.0752
4	0.0008135	0.00100008	157.151	16.82	2507.87	2491.1	0.0611	9.0493
5	0.0008725	0.00100008	147.048	21.02	2509.71	2488.7	0.0763	9.0236
6	0.0009352	0.00100010	137.670	25.22	2511.55	2486.3	0.0913	8.9982
7	0.0010019	0.00100014	128.961	29.42	2513.39	2484.0	0.1063	8.9730
8	0.0010728	0.00100019	120.868	33.62	2515.23	2481.6	0.1213	8.9480
9	0.0011480	0.00100026	113.342	37.81	2517.06	2479.3	0.1362	8.9233
10	0.0012279	0.00100034	106.341	42.00	2518.90	2476.9	0.1510	8.8988
11	0.0013126	0.00100043	99.825	46.19	2520.74	2474.5	0.1658	8.8745
12	0.0014025	0.00100054	93.756	50.38	2522.57	2472.2	0.1805	8.8504
13	0.0014977	0.00100066	88.101	54.57	2524.41	2469.8	0.1952	8.8265
14	0.0015985	0.00100080	82.828	58.76	2526.24	2467.5	0.2098	8.8029
15	0.0017053	0.00100094	77.910	62.95	2528.07	2465.1	0.2243	8.7794
16	0.0018183	0.00100110	73.320	67.13	2529.90	2462.8	0.2388	8.7562
17	0.0019377	0.00100127	69.034	71.32	2531.72	2460.4	0.2533	8.7331
18	0.0020640	0.00100145	65.029	75.50	2533.55	2458.1	0.2677	8.7103
19	0.0021975	0.00100165	61.287	79.68	2535.37	2455.7	0.2820	8.6877
20	0.0023385	0.00100185	57.786	83.86	2537.20	2453.3	0.2963	8.6652
22	0.0026444	0.00100229	51.445	92.23	2540.84	2448.6	0.3247	8.6210
24	0.0029846	0.00100276	45.884	100.59	2544.47	2443.9	0.3530	8.5774
26	0.0033625	0.00100328	40.997	108.95	2548.10	2439.2	0.3810	8.5347
28	0.0037814	0.00100383	36.694	117.32	2551.73	2434.4	0.4089	8.4927
30	0.0042451	0.00100442	32.899	125.68	2555.35	2429.7	0.4366	8.4514
35	0.0056263	0.00100605	25.222	146.59	2564.38	2417.8	0.5050	8.3511
40	0.0073811	0.00100789	19.529	167.50	2573.36	2405.9	0.5723	8.2551
45	0.0095897	0.00100993	15.2636	188.42	2582.30	2393.9	0.6386	8.1630
50	0.0123446	0.00101216	12.0365	209.33	2591.19	2381.9	0.7038	8.0745
55	0.015752	0.00101455	9.5723	230.24	2600.02	2369.8	0.7680	7.9896
60	0.019933	0.00101713	7.6740	251.15	2608.79	2357.6	0.8312	7.9080
65	0.025024	0.00101986	6.1992	272.08	2617.48	2345.4	0.8935	7.8295
70	0.031178	0.00102276	5.0443	293.01	2626.10	2333.1	0.9550	7.7540
75	0.038565	0.00102582	4.1330	313.96	2634.63	2320.7	1.0156	7.6812

（续）

温度 t/℃	压 力 p/MPa	比体积 v'/(m³/kg)	v''/(m³/kg)	比 焓 h'/(kJ/kg)	h''/(kJ/kg)	汽化热 r/(kJ/kg)	比 熵 s'/[kJ/(kg·K)]	s''/[kJ/(kg·K)]
80	0.047376	0.00102903	3.4086	334.93	2643.06	2308.1	1.0753	7.6112
85	0.057818	0.00103240	2.8288	355.92	2651.40	2295.5	1.1343	7.5436
90	0.070121	0.00103593	2.3616	376.94	2659.63	2282.7	1.1926	7.4783
95	0.084533	0.00103961	1.9827	397.98	2667.73	2269.7	1.2501	7.4154
100	0.101325	0.00104344	1.6736	419.06	2675.71	2256.6	1.3069	7.3545
110	0.143243	0.00105156	1.2106	461.33	2691.26	2229.9	1.4186	7.2386
120	0.198483	0.00106031	0.89219	503.76	2706.18	2202.4	1.5277	7.1297
130	0.270018	0.00106968	0.66873	546.38	2720.39	2174.0	1.6346	7.0272
140	0.361190	0.00107972	0.50900	589.21	2733.81	2144.6	1.7393	6.9302
150	0.47571	0.00109046	0.39286	632.28	2746.35	2114.1	1.8420	6.8381
160	0.61766	0.00110193	0.30709	675.62	2757.92	2082.3	1.9429	6.7502
170	0.79147	0.00111420	0.24283	719.25	2768.42	2049.2	2.0420	6.6661
180	1.00193	0.00112732	0.19403	763.22	2777.74	2014.5	2.1396	6.5852
190	1.25417	0.00114136	0.15650	807.56	2785.80	1978.2	2.2358	6.5071
200	1.55366	0.00115641	0.12732	852.34	2792.47	1940.1	2.3307	6.4312
210	1.90617	0.00117258	0.10438	897.62	2797.65	1900.0	2.4245	6.3571
220	2.31783	0.00119000	0.086157	943.46	2801.20	857.7	2.5175	6.2846
230	2.79505	0.00120882	0.071553	989.95	2803.00	813.0	2.6096	6.2130
240	3.34459	0.00122922	0.059743	1037.2	2802.88	765.7	2.7013	6.1422
250	3.97351	0.00125145	0.050112	1085.3	2800.66	715.4	2.7926	6.0716
260	4.68923	0.00127579	0.042195	1134.3	2796.14	661.8	2.8837	6.0007
270	5.49956	0.00130262	0.035637	1184.5	2789.05	604.5	2.9751	5.9292
280	6.41273	0.00133242	0.030165	1236.0	2779.08	1543.1	3.0668	5.8564
290	7.43746	0.00136582	0.025565	1289.1	2765.81	1476.7	3.1594	5.7817
300	8.58308	0.00140369	0.021669	1344.0	2748.71	1404.7	3.2533	5.7042
310	9.8597	0.00144728	0.018343	1401.2	2727.01	1325.9	3.3490	5.6226
320	11.278	0.00149844	0.015479	1461.2	2699.72	1238.5	3.4475	5.5356
330	12.851	0.00156008	0.012987	1524.9	2665.30	1140.4	3.5500	5.4408
340	14.593	0.00163728	0.010790	1593.7	2621.32	1027.6	3.6586	5.3345
350	16.521	0.00174008	0.008812	1670.3	2563.39	893.0	3.7773	5.2104
360	18.657	0.00189423	0.006958	1761.1	2481.68	720.6	3.9155	5.0536
370	21.033	0.00221480	0.004982	1891.7	2338.79	447.1	4.1125	4.8076
371	21.286	0.00227969	0.004735	1911.8	2314.11	402.3	4.1429	4.7674
372	21.542	0.00236530	0.004451	1936.1	2282.99	346.9	4.1796	4.7173
373	21.802	0.00249600	0.004087	1968.8	2237.98	269.2	4.2292	4.6458
373.99	22.064	0.003106	0.003106	2085.9	2085.90	0.0	4.4092	4.4092

附表8 以压力为序的饱和水与干饱和蒸汽表(节选)

压力 p/MPa	温度 t/℃	比体积 v′/(m³/kg)	比体积 v″/(m³/kg)	比焓 h′/(kJ/kg)	比焓 h″/(kJ/kg)	汽化热 r/(kJ/kg)	比熵 s′/[kJ/(kg·K)]	比熵 s″/[kJ/(kg·K)]
0.0010	6.9491	0.0010001	129.185	29.21	2513.29	2484.1	0.1056	8.9735
0.0020	17.5403	0.0010014	67.008	73.58	2532.71	2459.1	0.2611	8.7220
0.0030	24.1142	0.0010028	45.666	101.07	2544.68	2443.6	0.3546	8.5758
0.0040	28.9533	0.0010041	34.796	121.30	2553.45	2432.2	0.4221	8.4725
0.0050	32.8793	0.0010053	28.101	137.72	2560.55	2422.8	0.4761	8.3930
0.0060	36.1663	0.0010065	23.738	151.47	2566.48	2415.0	0.5208	8.3283
0.0070	38.9967	0.0010075	20.528	163.31	2571.56	2408.3	0.5589	8.2737
0.0080	41.5075	0.0010085	18.102	173.81	2576.06	2402.3	0.5924	8.2266
0.0090	43.7901	0.0010094	16.204	183.36	2580.15	2396.8	0.6226	8.1854
0.010	45.7988	0.0010103	14.673	191.76	2583.72	2392.0	0.6490	8.1481
0.015	53.9705	0.0010140	10.022	225.93	2598.21	2372.3	0.7548	8.0065
0.020	60.0650	0.0010172	7.6497	251.43	2608.90	2357.5	0.8320	7.9068
0.025	64.9726	0.0010198	6.2047	271.96	2617.43	2345.5	0.8932	7.8298
0.030	69.1041	0.0010222	5.2296	289.26	2624.56	2335.3	0.9440	7.7671
0.040	75.8720	0.0010264	3.9939	317.61	2636.10	2318.5	1.0260	7.6688
0.050	81.3388	0.0010299	3.2409	340.5.5	2645.31	2304.8	1.0912	7.5928
0.060	85.9496	0.0010331	2.7324	359.91	2652.97	2293.1	1.1454	7.5310
0.070	89.9556	0.0010359	2.3654	376.75	2659.55	2282.8	1.1921	7.4789
0.080	93.5107	0.0010385	2.0876	391.71	2665.33	2273.6	1.2330	7.4339
0.090	96.7121	0.0010409	1.8698	405.20	2670.48	2265.3	1.2696	7.3943
0.10	99.634	0.0010432	1.6943	417.52	2675.14	2257.6	1.3028	7.3589
0.12	104.810	0.0010473	1.4287	439.37	2683.26	2243.9	1.3609	7.2978
0.14	109.318	0.0010510	1.2368	458.44	2690.22	2231.8	1.4110	7.2462
0.16	113.326	0.0010544	1.09159	475.42	2696.29	2220.9	1.4552	7.2016
0.18	116.941	0.0010576	0.97767	490.76	2701.69	2210.9	1.4946	7.1623
0.20	120.240	0.0010605	0.88585	504.78	2706.53	2201.7	1.5303	7.1272
0.25	127.444	0.0010672	0.71879	535.47	2716.83	2181.4	1.6075	7.0528
0.30	133.556	0.0010732	0.60587	561.58	2725.26	2163.7	1.6721	6.9921
0.35	138.891	0.0010786	0.52427	584.45	2732.37	2147.9	1.7278	6.9407
0.40	143.642	0.0010835	0.46246	604.87	2738.49	2133.6	1.7769	6.8961
0.50	151.867	0.0010925	0.37486	640.35	2748.59	2108.2	1.8610	6.8214
0.60	158.863	0.0011006	0.31563	670.67	2756.66	2086.0	1.9315	6.7600
0.70	164.983	0.0011079	0.27281	697.32	2763.29	2066.0	1.9925	6.7079
0.80	170.444	0.0011148	0.24037	721.20	2768.86	2047.7	2.0464	6.6625
0.90	175.389	0.0011212	0.21491	742.90	2773.59	2030.7	2.0948	6.6222
1.00	179.916	0.0011272	0.19438	762.84	2777.67	2014.8	2.1388	6.5859

（续）

压 力 p/MPa	温度 t/℃	比体积		比 焓		汽化热 r/(kJ/kg)	比 熵	
		v'/ (m^3/kg)	v''/ (m^3/kg)	h'/ (kJ/kg)	h''/ (kJ/kg)		s'/ [kJ/(kg·K)]	s''/ [kJ/(kg·K)]
1.10	184.100	0.0011330	0.17747	781.35	2781.21	999.9	2.1792	6.5529
1.20	187.995	0.0011385	0.16328	798.64	2784.29	985.7	2.2166	6.5225
1.30	191.644	0.0011438	0.15120	814.89	2786.99	972.1	2.2515	6.4944
1.40	195.078	0.0011489	0.14079	830.24	2789.37	959.1	2.2841	6.4683
1.50	198.327	0.0011538	0.13172	844.82	2791.46	946.6	2.3149	6.4437
1.60	201.410	0.0011586	0.12375	858.69	2793.29	934.6	2.3440	6.4206
1.70	204.346	0.0011633	0.11668	871.96	2794.91	923.0	2.3716	6.3988
1.80	207.151	0.0011679	0.11037	884.67	2796.33	911.7	2.3979	6.3781
1.90	209.838	0.0011723	0.104707	896.88	2797.58	900.7	2.4230	6.3583
2.00	212.417	0.0011767	0.099588	908.64	2798.66	890.0	2.4471	6.3395
2.20	217.289	0.0011851	0.090700	930.97	2800.41	1869.4	2.4924	6.3041
2.40	221.829	0.0011933	0.083244	951.91	2801.67	1849.8	2.5344	6.2714
2.60	226.085	0.0012013	0.076898	971.67	2802.51	1830.8	2.5736	6.2409
2.80	230.096	0.0012090	0.071427	990.41	2803.01	1812.6	2.6105	6.2123
3.00	233.893	0.0012166	0.066662	1008.2	2803.19	1794.9	2.6454	6.1854
3.50	242.597	0.0012348	0.057054	1049.6	2802.51	1752.9	2.7250	6.1238
4.00	250.394	0.0012524	0.049771	1087.2	2800.53	1713.4	2.7962	6.0688
5.00	263.980	0.0012862	0.039439	1154.2	2793.64	1639.5	2.9201	5.9724
6.00	275.625	0.0013190	0.032440	1213.3	2783.82	1570.5	3.0266	5.8885
7.00	285.869	0.0013515	0.027371	1266.9	2771.72	1504.8	3.1210	5.8129
8.00	295.048	0.0013843	0.023520	1316.5	2757.70	1441.2	3.2066	5.7430
9.00	303.385	0.0014177	0.020485	1363.1	2741.92	1378.9	3.2854	5.6771
10.0	311.037	0.0014522	0.018026	1407.2	2724.46	1317.2	3.3591	5.6139
11.0	318.118	0.0014881	0.015987	1449.6	2705.34	1255.7	3.4287	5.5525
12.0	324.715	0.0015260	0.014263	1490.7	2684.50	1193.8	3.4952	5.4920
13.0	330.894	0.0015662	0.012780	1530.8	2661.80	1131.0	3.5594	5.4318
14.0	336.707	0.0016097	0.011486	1570.4	2637.07	1066.7	3.6220	5.3711
15.0	342.196	0.0016571	0.010340	1609.8	2610.01	1000.2	3.6836	5.3091
16.0	347.396	0.0017099	0.009311	1649.4	2580.21	930.8	3.7451	5.2450
17.0	352.334	0.0017701	0.008373	1690.0	2547.01	857.1	3.8073	5.1776
18.0	357.034	0.0018402	0.007503	1732.0	2509.45	777.4	3.8715	5.1051
19.0	361.514	0.0019258	0.006679	1776.9	2465.87	688.9	3.9395	5.0250
20.0	365.789	0.0020379	0.005870	1827.2	2413.05	585.9	4.0153	4.9322
21.0	369.868	0.0022073	0.005012	1889.2	2341.67	452.4	4.1088	4.8124
22.0	373.752	0.0027040	0.003684	2013.0	2084.02	71.0	4.2969	4.4066
22.064	373.99	0.003106	0.003106	2085.9	2085.9	0.0	4.4092	4.4092

附表9 未饱和水与过热水蒸气表(节选)

p	0.001MPa			0.005MPa			0.01MPa			0.1MPa		
饱和参数	t_s=6.949℃ v'=0.0010001m³/kg v''=129.185m³/kg h'=29.21kJ/kg h''=2513.3kJ/kg s'=0.1056kJ/(kg·K) s''=8.9735kJ/(kg·K)			t_s=32.879℃ v'=0.0010053m³/kg v''=28.191m³/kg h'=137.72kJ/kg h''=2560.6kJ/kg s'=0.4761kJ/(kg·K) s''=8.3930kJ/(kg·K)			t_s=45.799℃ v'=0.00100103m³/kg v''=14.673m³/kg h'=191.76kJ/kg h''=2583.7kJ/kg s'=0.6490kJ/(kg·K) s''=8.1481kJ/(kg·K)			t_s=99.634℃ v'=0.0010431m³/kg v''=1.6943m³/kg h'=417.52kJ/kg h''=2675.1kJ/kg s'=1.3028kJ/(kg·K) s''=7.3589kJ/(kg·K)		
t/℃	v/(m³/kg)	h/(kJ/kg)	s/[kJ/(kg·K)]	v/(m³/kg)	h/(kJ/kg)	s/[kJ/(kg·K)]	v/(m³/kg)	h/(kJ/kg)	s/[kJ/(kg·K)]	v/(m³/kg)	h/(kJ/kg)	s/[kJ/(kg·K)]
0	0.0010002	−0.05	−0.0002	0.0010002	−0.05	−0.0002	0.0010002	−0.04	−0.0002	0.0010002	0.05	−0.0002
10	130.598	2519.0	8.9938	0.0010003	42.01	0.1510	0.0010003	42.01	0.1510	0.0010003	42.10	0.1510
20	135.226	2537.7	9.0588	0.0010018	83.87	0.2963	0.0010018	83.87	0.2963	0.0010018	83.96	0.2963
40	144.475	2575.2	9.1823	28.854	2574.0	8.4366	0.0010079	167.51	0.5723	0.0010078	167.59	0.5723
60	153.717	2612.7	9.2984	30.712	2611.8	8.5537	15.336	2610.8	8.2313	0.0010171	251.22	0.8312
80	162.956	2650.3	9.4080	32.566	2649.7	8.6639	16.268	2648.9	8.3422	0.0010290	334.97	1.0753
100	172.192	2688.0	9.5120	34.418	2687.5	8.7682	17.196	2686.9	8.4471	1.6961	2675.9	7.3609
120	181.426	2725.9	9.6109	36.269	2725.5	8.8674	18.124	2725.1	8.5466	1.7931	2716.3	7.4665
140	190.660	2764.0	9.7054	38.118	2763.7	8.9620	19.050	2763.3	8.6414	1.8889	2756.2	7.5654
160	199.893	2802.3	9.7959	39.967	2802.0	9.0526	19.976	2801.7	8.7322	1.9838	2795.8	7.6590
180	209.126	2840.7	9.8827	41.815	2840.5	9.1396	20.901	2840.2	8.8192	2.0783	2835.3	7.7482
200	218.358	2879.4	9.9662	43.662	2879.2	9.2232	21.826	2879.0	8.9029	2.1723	2874.8	7.8334
220	227.590	2918.3	10.0468	45.510	2918.2	9.3038	22.750	2918.0	8.9835	2.2659	2914.3	7.9152
240	236.821	2957.5	10.1246	47.357	2957.3	9.3816	23.674	2957.1	9.0614	2.3594	2953.9	7.9940
260	246.053	2996.8	10.1998	49.204	2996.7	9.4569	24.598	2996.5	9.1367	2.4527	2993.7	8.0701
280	255.284	3036.4	10.2727	51.051	3036.3	9.5298	25.522	3036.2	9.2097	2.5458	3033.6	8.1436
300	264.515	3076.2	10.3434	52.898	3076.1	9.6005	26.446	3076.0	9.2805	2.6388	3073.8	8.2148
350	287.592	3176.8	10.5117	57.514	3176.7	9.7688	28.755	3176.6	9.4488	2.8709	3174.9	8.3840
400	310.669	3278.9	10.6692	62.131	3278.8	9.9264	31.063	3278.7	9.6064	3.1027	3277.3	8.5422
450	333.746	3382.4	10.8176	66.747	3382.4	10.0747	33.372	3382.3	9.7548	3.3342	3381.2	8.6909
500	356.823	3487.5	10.9581	71.362	3487.5	10.2153	35.680	3487.4	9.8953	3.5656	3486.5	8.8317
550	379.900	3594.4	11.0921	75.978	3594.4	10.3493	37.988	3594.3	10.0293	3.7968	3593.5	8.9659
600	402.976	3703.4	11.2206	80.594	3703.4	10.4778	40.296	3703.4	10.1579	4.0279	3702.7	9.0946

（续）

p	0.5MPa			1MPa			3MPa			5MPa		
饱和参数	$t_s=151.867$℃ $v'=0.0010925\text{m}^3/\text{kg}$ $v''=0.37490\text{m}^3/\text{kg}$ $h'=640.35\text{kJ/kg}$ $h''=2748.6\text{kJ/kg}$ $s'=1.8610\text{kJ/(kg·K)}$ $s''=6.8214\text{kJ/(kg·K)}$			$t_s=179.916$℃ $v'=0.0011272\text{m}^3/\text{kg}$ $v''=0.19440\text{m}^3/\text{kg}$ $h'=762.84\text{kJ/kg}$ $h''=2777.7\text{kJ/kg}$ $s'=2.1388\text{kJ/(kg·K)}$ $s''=6.5859\text{kJ/(kg·K)}$			$t_s=233.893$℃ $v'=0.0012166\text{m}^3/\text{kg}$ $v''=0.066700\text{m}^3/\text{kg}$ $h'=1008.2\text{kJ/kg}$ $h''=2803.2\text{kJ/kg}$ $s'=2.6454\text{kJ/(kg·K)}$ $s''=6.1854\text{kJ/(kg·K)}$			$t_s=263.980$℃ $v'=0.0012861\text{m}^3/\text{kg}$ $v''=0.039400\text{m}^3/\text{kg}$ $h'=1154.2\text{kJ/kg}$ $h''=2793.6\text{kJ/kg}$ $s'=2.9200\text{kJ/(kg·K)}$ $s''=5.9724\text{kJ/(kg·K)}$		
t/℃	$v/(\text{m}^3/\text{kg})$	$h/(\text{kJ/kg})$	$s/[\text{kJ/(kg·K)}]$	$v/(\text{m}^3/\text{kg})$	$h/(\text{kJ/kg})$	$s/[\text{kJ/(kg·K)}]$	$v/(\text{m}^3/\text{kg})$	$h/(\text{kJ/kg})$	$s/[\text{kJ/(kg·K)}]$	$v/(\text{m}^3/\text{kg})$	$h/(\text{kJ/kg})$	$s/[\text{kJ/(kg·K)}]$
0	0.0010000	0.46	-0.0001	0.0009997	0.97	-0.0001	0.0009987	3.01	0.0000	0.0009977	5.04	0.0002
10	0.0010001	42.49	0.1510	0.0009999	42.98	0.1509	0.0009989	44.92	0.1507	0.0009979	46.87	0.1506
20	0.0010016	84.33	0.2962	0.0010014	84.80	0.2961	0.0010005	86.68	0.2957	0.0009996	88.55	0.2952
40	0.0010077	167.94	0.5721	0.0010074	168.38	0.5719	0.0010066	170.15	0.5711	0.0010057	171.92	0.5704
60	0.0010169	251.56	0.8310	0.0010167	251.98	0.8307	0.0010158	253.66	0.8296	0.0010149	255.34	0.8286
80	0.0010288	335.29	1.0750	0.0010286	335.69	1.0747	0.0010276	377.28	1.0734	0.0010267	338.87	1.0721
100	0.0010432	419.36	1.3066	0.0010430	419.74	1.3062	0.0010420	421.24	1.3047	0.0010410	422.75	1.3031
120	0.0010601	503.97	1.5275	0.0010599	504.32	1.5270	0.0010587	505.73	1.5252	0.0010576	507.14	1.5234
140	0.0010796	589.30	1.7392	0.0010793	589.62	1.7386	0.0010781	590.92	1.7366	0.0010768	592.23	1.7345
160	0.38358	2767.2	6.8647	0.0011017	675.84	1.9424	0.0011002	677.01	1.9400	0.0010988	678.19	1.9377
180	0.40450	2811.7	6.9651	0.19443	2777.9	6.5864	0.0011256	764.23	2.1369	0.0011240	765.25	2.1342
200	0.42487	2854.9	7.0585	0.20590	2827.3	6.6931	0.0011549	852.93	2.3284	0.0011529	853.75	2.3253
220	0.44485	2897.3	7.1462	0.21686	2874.2	6.7903	0.0011891	943.65	2.5162	0.0011867	944.21	2.5125
240	0.46455	2939.2	7.2295	0.22745	2919.6	6.8804	0.068184	2823.4	6.2250	0.0012266	1037.3	2.6976
260	0.48404	2980.8	7.3091	0.23779	2963.8	6.9650	0.072828	2884.4	6.3417	0.0012751	1134.3	2.8829
280	0.50336	3022.2	7.3853	0.24793	3007.3	7.0451	0.077101	2940.1	6.4443	0.042228	2855.8	6.0864
300	0.52255	3063.6	7.4588	0.25793	3050.4	7.1216	0.081226	2992.4	6.5371	0.045301	2923.3	6.2064
350	0.57012	3167.0	7.6319	0.28247	3157.0	7.2999	0.090520	3114.4	6.7414	0.051932	3067.4	6.4477
400	0.61729	3271.1	7.7924	0.30658	3263.1	7.4638	0.099352	3230.1	6.9199	0.057804	3194.9	6.6446
450	0.66420	3376.0	7.9428	0.33043	3369.6	7.6163	0.107864	3343.0	7.0817	0.063291	3315.2	6.8170
500	0.71094	3482.2	8.0848	0.35410	3476.8	7.7597	0.116174	3454.9	7.2314	0.068552	3432.2	6.9735
550	0.75755	3589.9	8.2198	0.37764	3585.4	7.8958	0.124349	3566.9	7.3718	0.073664	3548.0	7.1187
600	0.80408	3699.6	8.3491	0.40109	3695.7	8.0259	0.132427	3679.9	7.5051	0.078675	3663.9	7.2553

（续）

p	7MPa			10MPa			14MPa			20MPa		
饱和参数	$t_s=285.869$℃ $v'=0.0013515\text{m}^3/\text{kg}$ $v''=0.027400\text{m}^3/\text{kg}$ $h'=1266.9\text{kJ/kg}$ $h''=2771.7\text{kJ/kg}$ $s'=3.1210\text{kJ/(kg·K)}$ $s''=5.8129\text{kJ/(kg·K)}$			$t_s=311.037$℃ $v'=0.0014522\text{m}^3/\text{kg}$ $v''=0.018000\text{m}^3/\text{kg}$ $h'=1407.2\text{kJ/kg}$ $h''=2724.5\text{kJ/kg}$ $s'=3.3591\text{kJ/(kg·K)}$ $s''=5.6139\text{kJ/(kg·K)}$			$t_s=336.707$℃ $v'=0.0016097\text{m}^3/\text{kg}$ $v''=0.011500\text{m}^3/\text{kg}$ $h'=1570.4\text{kJ/kg}$ $h''=2637.1\text{kJ/kg}$ $s'=3.6220\text{kJ/(kg·K)}$ $s''=5.3711\text{kJ/(kg·K)}$			$t_s=365.789$℃ $v'=0.0020379\text{m}^3/\text{kg}$ $v''=0.0058702\text{m}^3/\text{kg}$ $h'=1827.2\text{kJ/kg}$ $h''=2413.1\text{kJ/kg}$ $s'=4.0153\text{kJ/(kg·K)}$ $s''=4.9322\text{kJ/(kg·K)}$		
t/℃	v/(m³/kg)	h/(kJ/kg)	s/[kJ/(kg·K)]	v/(m³/kg)	h/(kJ/kg)	s/[kJ/(kg·K)]	v/(m³/kg)	h/(kJ/kg)	s/[kJ/(kg·K)]	v/(m³/kg)	h/(kJ/kg)	s/[kJ/(kg·K)]
0	0.0009967	7.07	0.0003	0.0009952	10.09	0.0004	0.0009933	14.10	0.0005	0.0009904	20.08	0.0006
10	0.0009970	48.80	0.1504	0.0009956	51.70	0.1500	0.0009938	55.55	0.1496	0.0009911	61.29	0.1488
20	0.0009986	90.42	0.2948	0.0009973	93.22	0.2942	0.0009955	96.95	0.2932	0.0009929	102.50	0.2919
40	0.0010048	173.69	0.5696	0.0010035	176.34	0.5684	0.0010018	179.86	0.5669	0.0009992	185.13	0.5645
60	0.0010140	257.01	0.8275	0.0010127	259.53	0.8259	0.0010109	262.88	0.8239	0.0010084	267.90	0.8207
80	0.0010258	340.46	1.0708	0.0010244	342.85	1.0688	0.0010226	346.04	1.0663	0.0010199	350.82	1.0624
100	0.0010399	424.25	1.3016	0.0010385	426.51	1.2993	0.0010365	429.53	1.2962	0.0010336	434.06	1.2917
120	0.0010565	508.55	1.5216	0.0010549	510.68	1.5190	0.0010527	513.52	1.5155	0.0010496	517.79	1.5103
140	0.0010756	593.54	1.7325	0.0010738	595.50	1.7294	0.0010714	598.14	1.7254	0.0010679	602.12	1.7195
160	0.0010974	679.37	1.9353	0.0010953	681.16	1.9319	0.0010926	683.56	1.9273	0.0010886	687.20	1.9206
180	0.0011223	766.28	2.1315	0.0011199	767.84	2.1275	0.0011167	769.96	2.1223	0.0011121	773.19	2.1147
200	0.0011510	854.59	2.3222	0.0011481	855.88	2.3176	0.0011443	857.63	2.3116	0.0011389	860.36	2.3029
220	0.0011842	944.79	2.5089	0.0011807	945.71	2.5036	0.0011761	947.00	2.4966	0.0011695	949.07	2.4865
240	0.0012235	1037.6	2.6933	0.0012190	1038.0	2.6870	0.0012132	1038.6	2.6788	0.0012051	1039.8	2.6670
260	0.0012710	1134.0	2.8776	0.0012650	1133.6	2.8698	0.0012574	1133.4	2.8599	0.0012469	1133.4	2.8457
280	0.0013307	1235.7	3.0648	0.0013222	1234.2	3.0549	0.0013117	1232.5	3.0424	0.0012974	1230.7	3.0249
300	0.029457	2837.5	5.9291	0.0013975	1342.3	3.2469	0.0013814	1338.2	3.2300	0.0013605	1333.4	3.2072
350	0.035225	3014.8	6.2265	0.022415	2922.1	5.9423	0.013218	2751.2	5.5564	0.0016645	1645.3	3.7275
400	0.039917	3157.3	6.4465	0.026402	3095.8	6.2109	0.017218	3001.1	5.9436	0.0099458	2816.8	5.5520
450	0.044143	3286.2	6.6314	0.029735	3240.5	6.4184	0.020074	3174.2	6.1919	0.0127013	3060.7	5.9025
500	0.048110	3408.9	6.7954	0.032750	3372.8	6.5954	0.022512	3322.3	6.3900	0.0147681	3239.3	6.1415
550	0.051917	3528.7	6.9456	0.035582	3499.1	6.7537	0.024724	3458.7	6.5611	0.0165471	3393.7	6.3352
600	0.055617	3647.5	7.0857	0.038297	3622.5	6.8992	0.026792	3589.1	6.7149	0.0181655	3536.3	6.5035

（续）

p	25MPa			30MPa		
饱和参数						
t/℃	v/(m^3/kg)	h/(kJ/kg)	s/[kJ/(kg·K)]	v/(m^3/kg)	h/(kJ/kg)	s/[kJ/(kg·K)]
0	0.0009880	25.01	0.0006	0.0009857	29.92	0.0005
10	0.0009888	66.04	0.1481	0.0009866	70.77	0.1474
20	0.0009908	107.11	0.2907	0.0009887	111.71	0.2895
40	0.0009972	189.51	0.5626	0.0009951	193.87	0.5606
60	0.0010063	272.08	0.8182	0.0010042	276.25	0.8156
80	0.0010177	354.80	1.0593	0.0010155	358.78	1.0562
100	0.0010313	437.85	1.2880	0.0010290	441.64	1.2844
120	0.0010470	521.36	1.5061	0.0010445	524.95	1.5019
140	0.0010650	605.46	1.7147	0.0010622	608.82	1.7100
160	0.0010854	690.27	1.9152	0.0010822	693.36	1.9098
180	0.0011084	775.94	2.1085	0.0011048	778.72	2.1024
200	0.0011345	862.71	2.2959	0.0011303	865.12	2.2890
220	0.0011643	950.91	2.4785	0.0011593	952.85	2.4706
240	0.0011986	1041.0	2.6575	0.0011925	1042.3	2.6485
260	0.0012387	1133.6	2.8346	0.0012311	1134.1	2.8239
280	0.0012866	1229.6	3.0113	0.0012766	1229.0	2.9985
300	0.0013453	1330.3	3.1901	0.0013317	1327.9	3.1742
350	0.0015981	1623.1	3.6788	0.0015522	1608.0	3.6420
400	0.0060014	2578.0	5.1386	0.0027929	2150.6	4.4721
450	0.0091666	2950.5	5.6754	0.0067363	2822.1	5.4433
500	0.0111229	3164.1	5.9614	0.0086761	3083.3	5.7934
550	0.0127161	3336.4	6.1775	0.0101580	3276.6	6.0359
600	0.0141249	3490.2	6.3591	0.0114310	3442.9	6.2321

附表10 热绝缘材料

材料名称	温度 t/℃	密度 ρ/(kg/m^3)	热导率 λ/[W/(m·K)]
膨胀珍珠岩散料	25	60～300	0.021～0.062
沥青膨胀珍珠岩	31	233～282	0.069～0.076
磷酸盐膨胀珍珠岩制品	20	200～250	0.044～0.052
水玻璃膨胀珍珠岩制品	20	200～300	0.056～0.065
岩棉制品	20	80～150	0.035～0.038
膨胀蛭石	20	100～130	0.051～0.07
沥青蛭石板管	20	350～400	0.081～0.10
石棉粉	22	744～1400	0.99～0.19
石棉砖	21	384	0.099
石棉绳	—	590～730	0.10～0.21
石棉绒	—	35～230	0.055～0.077
石棉板	30	770～1045	0.10～0.14
碳酸镁石棉灰	—	240～490	0.077～0.086
硅藻土石棉灰	—	280～380	0.085～0.11
粉煤灰砖	27	458～589	0.12～0.22
矿渣棉	30	207	0.058
玻璃丝	35	120～492	0.058～0.07
玻璃棉毡	28	18.4～38.3	0.043
软木板	20	105～437	0.044～0.079
木丝纤维板	25	245	0.048
稻草浆板	20	325～365	0.068～0.084
麻秆板	25	108～147	0.056～0.11
甘蔗板	20	282	0.067～0.072
葵心板	20	95.5	0.05
玉米梗板	22	25.2	0.065
棉花	20	117	0.049
丝	20	57.7	0.036
锯木屑	20	179	0.083
硬泡沫塑料	30	29.5～56.3	0.041～0.048
软泡沫塑料	30	41～162	0.043～0.056
铝箔间隔层(5层)	21	—	0.042
红砖(营造状态)	25	1860	0.87
红砖	35	1560	0.49
松木(垂直木纹)	15	496	0.15
松木(平行木纹)	21	527	0.35
水泥	30	1900	0.30
混凝土板	35	1930	0.79

(续)

材料名称	温度 t/℃	密度 ρ/(kg/m³)	热导率 λ/[W/(m·K)]
耐酸混凝土板	30	2250	1.5~1.6
黄沙	30	1580~1700	0.28~0.34
泥土	20	—	0.83
瓷砖	37	2090	1.1
玻璃	45	2500	0.65~0.71
聚苯乙烯	30	24.7~37.8	0.04~0.043
花岗石	—	2643	1.73~3.98
大理石	—	2499~2707	2.70

附表 11　干空气的热物理性质($p=1.01325\times10^5$Pa)

t/℃	ρ/(kg/m³)	c_p/[kJ/(kg·K)]	$\lambda\times10^2$/[W/(m·K)]	$a\times10^6$/(m²/s)	$\mu\times10^6$/Pa·s	$\nu\times10^6$/(m²/s)	Pr
-50	1.584	1.013	2.04	12.7	14.6	9.23	0.728
-40	1.515	1.013	2.12	13.8	15.2	10.04	0.728
-30	1.453	1.013	2.20	14.9	15.7	10.80	0.723
-20	1.395	1.009	2.28	16.2	16.2	11.61	0.716
-10	1.342	1.009	2.36	17.4	16.7	12.43	0.712
0	1.293	1.005	2.44	18.8	17.2	13.28	0.707
10	1.247	1.005	2.51	20.0	17.6	14.16	0.705
20	1.205	1.005	2.59	21.4	18.1	15.06	0.703
30	1.165	1.005	2.67	22.9	18.6	16.00	0.701
40	1.128	1.005	2.76	24.3	19.1	16.96	0.699
50	1.093	1.005	2.83	25.7	19.6	17.95	0.698
60	1.060	1.005	2.90	27.2	20.1	18.97	0.696
70	1.029	1.009	2.96	28.6	20.6	20.02	0.694
80	1.000	1.009	3.05	30.2	21.1	21.09	0.692
90	0.972	1.009	3.13	31.9	21.5	22.10	0.690
100	0.946	1.009	3.21	33.6	21.9	23.13	0.688
120	0.898	1.009	3.34	36.8	22.8	25.45	0.686
140	0.854	1.013	3.49	40.3	23.7	27.80	0.684
160	0.815	1.017	3.64	43.9	24.5	30.09	0.682
180	0.779	1.022	3.78	47.5	25.3	32.49	0.681
200	0.746	1.026	3.93	51.4	26.0	34.85	0.680

（续）

t/℃	ρ/(kg/m³)	c_p/[kJ/(kg·K)]	λ×10²/[W/(m·K)]	a×10⁶/(m²/s)	μ×10⁶/Pa·s	ν×10⁶/(m²/s)	Pr
250	0.674	1.038	4.27	61.0	27.4	40.61	0.677
300	0.615	1.047	4.60	71.6	29.7	48.33	0.674
350	0.566	1.059	4.91	81.9	31.4	55.46	0.676
400	0.524	1.068	5.21	93.1	33.0	63.09	0.678
500	0.456	1.093	5.74	115.3	36.2	79.38	0.687
600	0.404	1.114	6.22	138.3	39.1	96.89	0.699
700	0.362	1.135	6.71	163.4	41.8	115.4	0.706
800	0.329	1.156	7.18	188.8	44.3	134.8	0.713
900	0.301	1.172	7.63	216.2	46.7	155.1	0.717
1000	0.277	1.185	8.07	245.9	49.0	177.1	0.719
1100	0.257	1.197	8.50	276.2	51.2	199.3	0.722
1200	0.239	1.210	9.15	316.5	53.5	233.7	0.724

附表12 烟气的热物理性质

（烟气中组成成分质量分数：$w_{CO_2}=0.13$；$w_{H_2O}=0.11$；$w_{N_2}=0.76$）

t/℃	ρ/(kg/m³)	c_p/[kJ/(kg·K)]	λ×10²/[W/(m·K)]	a×10⁶/(m²/s)	μ×10⁶/(Pa·s)	ν×10⁶/(m²/s)	Pr
0	1.295	1.042	2.28	16.9	15.8	12.20	0.72
100	0.950	1.068	3.13	30.8	20.4	21.54	0.69
200	0.748	1.097	4.01	48.9	24.5	32.80	0.67
300	0.617	1.122	4.84	69.9	28.2	45.81	0.65
400	0.525	1.151	5.70	94.3	31.7	60.38	0.64
500	0.457	1.185	6.56	121.1	34.8	76.30	0.63
600	0.405	1.214	7.42	150.9	37.9	93.61	0.62
700	0.363	1.239	8.27	183.8	40.7	112.1	0.61
800	0.330	1.264	9.15	219.7	43.4	131.8	0.60
900	0.301	1.290	10.00	258.0	45.9	152.5	0.59
1000	0.275	1.306	10.90	303.4	48.4	174.3	0.58
1100	0.257	1.323	11.75	345.5	50.7	197.1	0.57
1200	0.240	1.340	12.62	392.4	53.0	221.0	0.56

附表 13 饱和水的热物理性质

t/℃	$p\times10^{-5}$/Pa	ρ/(kg/m^3)	h'/(kJ/kg)	c_p/[kJ/(kg·K)]	$\lambda\times10^2$/[W/(m·K)]	$a\times10^6$/(m^2/s)	$\mu\times10^6$/Pa·s	$\nu\times10^6$/(m^2/s)	$a_V\times10^4$/K^{-1}	$\sigma\times10^4$/N·m	Pr
0	0.00611	999.9	0	4.212	55.1	13.1	1788	1.789	−0.81	756.4	13.67
10	0.01227	999.7	42.04	4.191	57.4	13.7	1306	1.306	+0.87	741.6	9.52
20	0.02338	998.2	83.91	4.183	59.9	14.3	1004	1.006	2.09	726.9	7.02
30	0.04241	995.7	125.7	4.174	61.8	14.9	801.5	0.805	3.05	712.2	5.42
40	0.07375	992.2	167.5	4.174	63.5	15.3	653.3	0.695	3.86	696.5	4.31
50	0.12335	988.1	209.3	4.174	64.8	15.7	549.4	0.556	4.57	676.9	3.54
60	0.19920	983.1	251.1	4.179	65.9	16.0	469.9	0.478	5.22	662.2	2.99
70	0.3116	977.8	293.0	4.187	66.8	16.3	406.1	0.415	5.83	643.5	2.55
80	0.4736	971.8	355.0	4.195	67.4	16.6	355.1	0.365	6.40	625.9	2.21
90	0.7011	965.3	377.0	4.208	68.0	16.8	314.9	0.326	6.96	607.2	1.95
100	1.013	958.4	419.1	4.220	68.3	16.9	282.5	0.295	7.50	588.6	1.75
110	1.43	951.0	461.4	4.233	68.5	17.0	259.0	0.272	8.04	569.0	1.60
120	1.98	943.1	503.7	4.250	68.6	17.1	237.4	0.252	8.58	548.4	1.47
130	2.70	934.8	546.4	4.266	68.6	17.2	217.8	0.233	9.12	528.8	1.36
140	3.61	926.1	589.1	4.287	68.5	17.2	201.1	0.217	9.68	507.2	1.26
150	4.76	917.0	632.2	4.313	68.4	17.3	186.4	0.203	10.26	486.6	1.17
160	6.18	907.0	675.4	4.346	68.3	17.3	173.6	0.191	10.87	466.0	1.10
170	7.92	897.3	719.3	4.380	67.9	17.3	162.8	0.181	11.52	443.4	1.05
180	10.03	886.9	763.3	4.417	67.4	17.2	153.0	0.173	12.21	422.8	1.00
190	12.55	876.0	807.8	4.459	67.0	17.1	144.2	0.165	12.96	400.2	0.96
200	15.55	863.0	852.8	4.505	66.3	17.0	136.4	0.158	13.77	376.7	0.93
210	19.08	852.3	897.7	4.555	65.5	16.9	130.5	0.153	14.67	354.1	0.91
220	23.20	840.3	943.7	4.614	64.5	16.6	124.6	0.148	15.67	331.6	0.89
230	27.98	827.3	990.2	4.681	63.7	16.4	119.7	0.145	16.80	310.0	0.88
240	33.48	813.6	1037.5	4.756	62.8	16.2	114.8	0.141	18.08	285.5	0.87
250	39.78	799.0	1085.7	4.844	61.8	15.9	109.9	0.137	19.55	261.9	0.86
260	46.94	784.0	1135.7	4.949	60.5	15.6	105.9	0.135	21.27	237.4	0.87
270	55.05	267.9	1185.7	5.070	59.0	15.1	102.0	0.133	23.31	214.8	0.88
280	64.19	750.7	1236.8	5.230	57.4	14.6	98.1	0.131	25.79	191.3	0.90
290	74.45	732.3	1290.0	5.485	55.8	13.9	94.2	0.129	28.84	168.7	0.93
300	85.92	712.5	1344.9	5.736	54.0	13.2	91.2	0.128	32.73	144.2	0.97
310	98.70	691.1	1402.2	6.071	52.3	12.5	88.3	0.128	37.85	120.7	1.03
320	112.90	667.1	1462.1	6.574	50.6	11.5	85.3	0.128	44.91	98.10	1.11
330	128.65	640.2	1526.2	7.244	48.4	10.4	81.4	0.127	55.31	76.71	1.22
340	146.08	610.1	1594.8	8.165	45.7	9.17	77.5	0.127	72.10	56.70	1.39
350	165.37	574.4	1671.4	9.504	43.0	7.88	72.6	0.126	103.7	38.16	1.60
360	186.74	528.0	1761.5	13.984	39.5	5.36	66.7	0.126	182.9	20.21	2.35
370	210.53	450.5	1892.5	40.321	33.7	1.86	56.9	0.126	676.7	4.709	6.79

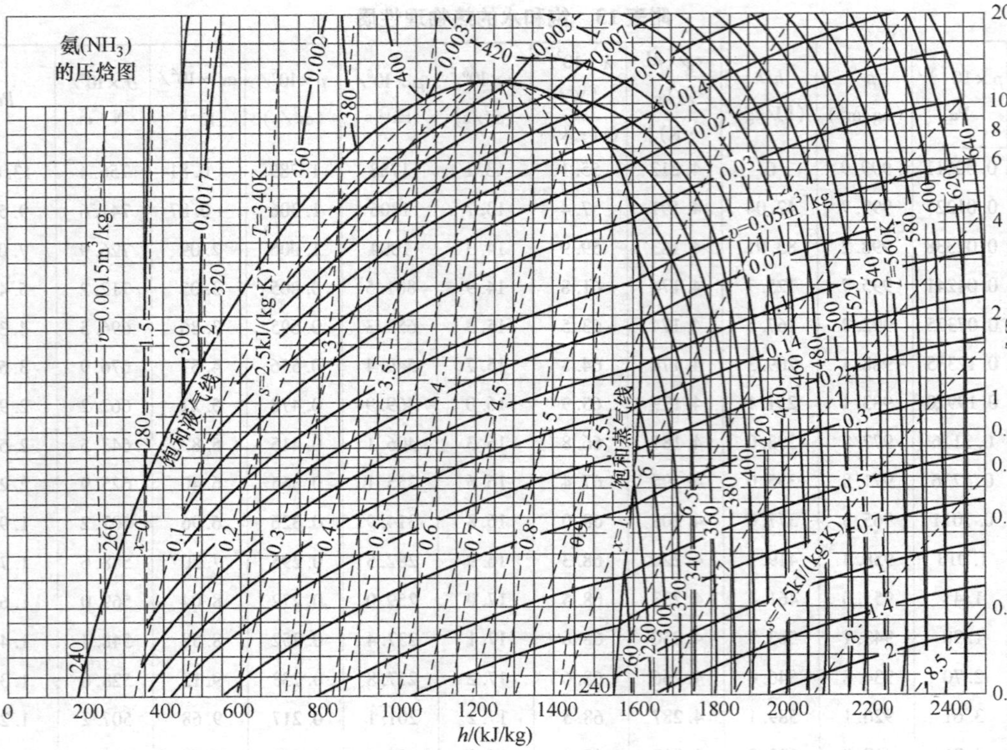

附图 2 氨(R717)的压焓图

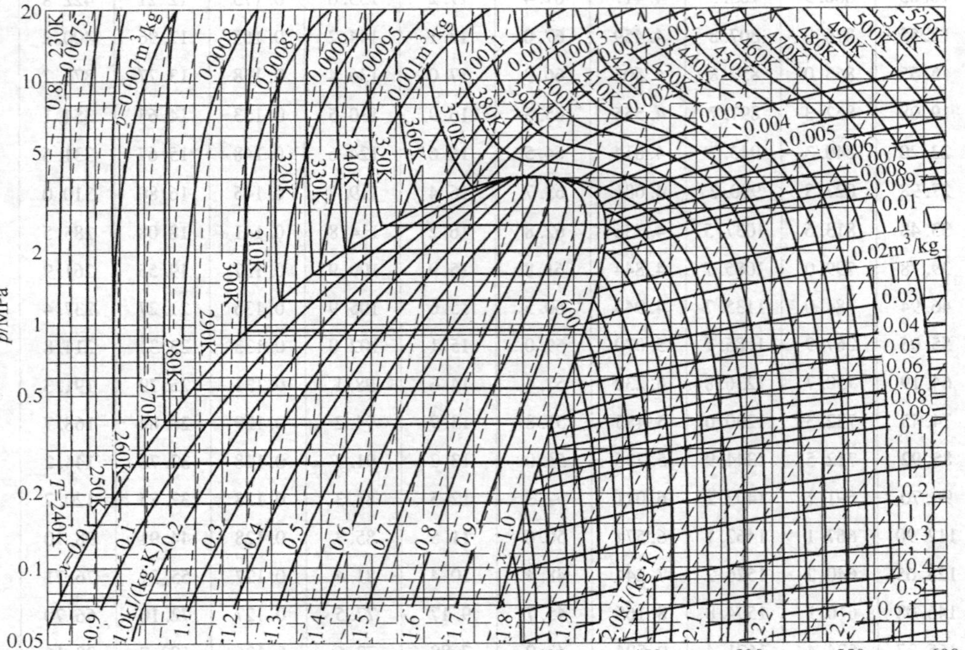

附图 3 R134a 的压焓图

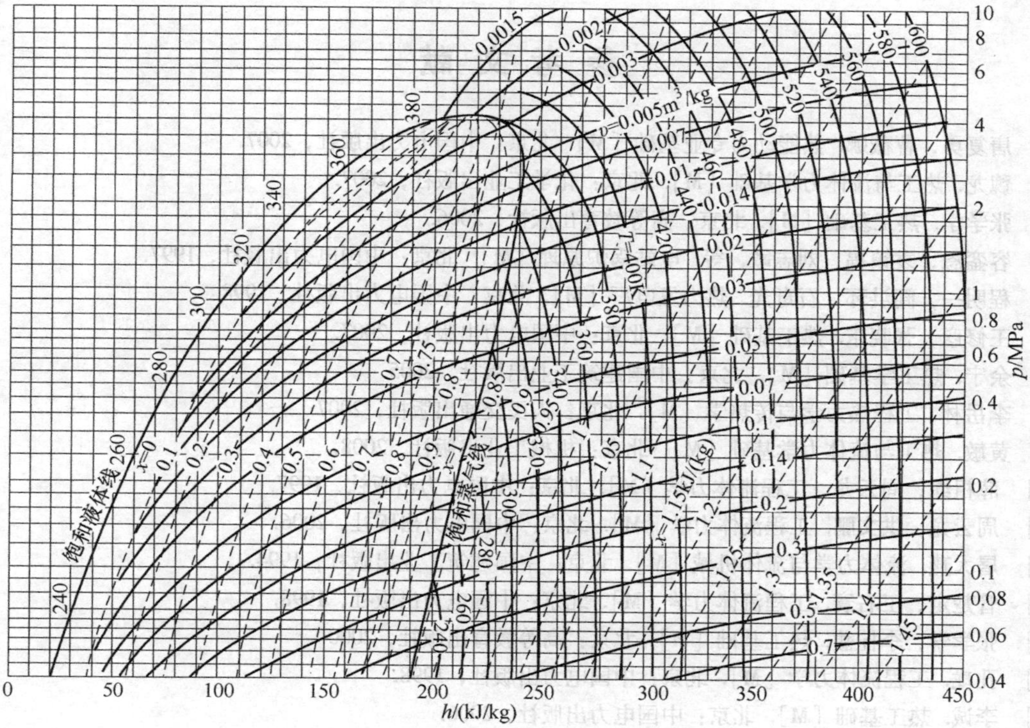
饱和液体线
饱和蒸气线
x=0
0.1
0.2
0.3
0.4
0.5
0.6
0.7
0.8
0.9
x=1
T=400K
v=0.005m³/kg
s=1.15kJ/(kg)
h/(kJ/kg)
p/MPa
0
50
100
150
200
250
300
350
400
450
10
8
6
4
2
1
0.8
0.6
0.4
0.2
0.1
0.08
0.06
0.04

附图 4　R12 的压焓图

参 考 文 献

[1] 唐复勇，曹薇娜．热能动力专业基础［M］．北京：中国电力出版社，2007.

[2] 魏龙．热工与流体力学基础［M］．北京：化学工业出版社，2007.

[3] 张学学．热工基础［M］．北京：高等教育出版社，2006.

[4] 容銮恩，袁镇福，刘志敏，等．电站锅炉原理［M］．北京：中国电力出版社，1997.

[5] 程明一，阎洪环，石奇光．热力发电厂［M］．北京：中国电力出版社，1998.

[6] 王修彦，张晓东．热工基础［M］．北京：中国电力出版社，2007.

[7] 余宁．热工学基础［M］．北京：中国建筑工业出版社，2005.

[8] 李岳林．工程热力学与传热学［M］．北京：人民交通出版社，2007.

[9] 黄敏．热工与流体力学基础［M］．北京：机械工业出版社，2008.

[10] 薛祖绳，周云龙．工程流体力学［M］．北京：中国电力出版社，1997.

[11] 周云龙，洪文鹏．工程流体力学［M］．北京：中国电力出版社，2006.

[12] 屠大燕．流体力学与流体机械［M］．北京：中国建筑工业出版社，1994.

[13] 管楚定，王右寰．工程流体力学［M］．北京：中国电力出版社，1998.

[14] 张学学，李桂馥．热工基础［M］．北京：高等教育出版社，2000.

[15] 孔珑．工程流体力学［M］．北京：中国电力出版社，1998.

[16] 李诚．热工基础［M］．北京：中国电力出版社，2006.

[17] 童军根，卢万成．热工基础［M］．上海：上海交通大学出版社，2000.

[18] 傅秦生，何雅玲．热工基础［M］．西安：西安交通大学出版社，1995.

[19] 陈忠海．热工基础［M］．北京：中国电力出版社，2009.

[20] 傅秦生．热工基础要点与解题［M］．西安：西安交通大学出版社，2006.

[21] 唐莉萍．热工基础Ⅱ［M］．北京：中国电力出版社，1999.

[22] 刘学来，宋永军，金洪文，等．热工学理论基础［M］．北京：中国电力出版社，2004.

[23] 张力．电站锅炉原理［M］．重庆：重庆大学出版社，2009.

[24] 徐德胜，邹振耀．制冷空调原理与设备［M］．上海：上海交通大学出版社，1996.